中国农业通史

近代卷

曹幸穗　王思明　主编

中国农业出版社
北　京

图书在版编目（CIP）数据

中国农业通史．近代卷 / 曹幸穗，王思明主编 . —
北京：中国农业出版社，2020.9
ISBN 978-7-109-23322-5

Ⅰ.①中… Ⅱ.①曹… ②王… Ⅲ.①农业史－中国
－近代 Ⅳ.①S092

中国版本图书馆 CIP 数据核字（2017）第 216006 号

中国农业通史．近代卷
ZHONGGUO NONGYE TONGSHI JINDAI JUAN

中国农业出版社出版
地址：北京市朝阳区麦子店街 18 号楼
邮编：100125
责任编辑：孙鸣凤 姚 红
版式设计：杨 婧 责任校对：沙凯霖
印刷：北京通州皇家印刷厂
版次：2020 年 9 月第 1 版
印次：2020 年 9 月北京第 1 次印刷
发行：新华书店北京发行所
开本：787mm×1092mm 1/16
印张：37
字数：790 千字
定价：240.00 元

《中国农业通史》第一版

编审委员会

《中国农业通史》第二版

编 辑 委 员 会

《中国农业通史》第一版

编 辑 委 员 会

《中国农业通史》第二版

出版说明

　　《中国农业通史》（以下简称《通史》）的编辑出版是由中国农业历史学会和中国农业博物馆共同主持的农业部重点科研项目，从1995年12月开始启动，经数十位农史专家编写，《通史》各卷先后出版。《通史》的出版，为传扬农耕文明，服务"三农"学术研究和实际工作发挥了重要作用，得到业界和广大读者的欢迎。二十余年来，中国农业历史研究取得许多新的成果，中国农业现代化建设特别是乡村振兴实践极大拓宽了"三农"理论视野和发展需求，对《通史》做进一步完善修订日显迫切，在此背景下，编委会组织编辑了《通史》（第二版）。

　　《通史》（第二版）编辑工作在农业农村部领导下进行，部领导同志出任编委会领导；根据人员变化情况，更新了编辑委员会组成。全书坚持以时代为经，以史事为纬，经直纬平，突出了每个阶段农业发展的重点、特征和演变规律，真实、客观地反映了农业发展历史的本来面貌。

　　这次修订，重点是补充完善卷目。《通史》（第二版）包括《原始社会卷》《夏商西周春秋卷》《战国秦汉卷》《魏晋南北朝卷》《隋唐五代卷》《宋辽夏金元卷》《明清卷》《近代卷》《附录卷》，全面涵盖了新中国成立以前的中国农业发展年代。修订中对全书重新校订、核勘，修改了第一版出现的个别文字、引用资料不准确、考证不完善之处。全书采用双色编排，既具历史的厚重感又具现代感。

我们相信,《中国农业通史》为各界学习、研究华夏农耕历史,展示农耕文明,传承农耕文化,提供了权威文献;对于从中国农业发展历史长河中汲取农耕文明精华,正确认识我国的基本国情、农情,弘扬中华农业文明,坚定文化自信,推进乡村振兴,等等,都具有重要意义。

2019 年 12 月

序

中国是世界农业主要发源地之一。在绵绵不息的历史长河中，炎黄子孙植五谷，饲六畜，农桑并举，耕织结合，形成了土地上精耕细作、生产上勤俭节约、经济上富国足民、文化上天地人和的优良传统，创造了灿烂辉煌的农耕文明，为中华民族繁衍生息、发展壮大奠定了坚实的基业。

新中国成立后，党和政府十分重视发掘、保护和传承我国丰富的农业文化遗产。在农业高等院校、农业科学院（所）成立有专门研究农业历史的学术机构，培养了一批专业人才，建立了专门研究队伍，整理校刊了一批珍贵的古农书，出版了《中国农学史稿》《中国农业科技史稿》《中国农业经济史》《中国农业思想史》等具有很高学术价值的研究专著。这些研究成果，在国内外享有盛誉，为编写一部系统、综合的《中国农业通史》提供了厚实的学术基础。

《中国农业通史》（以下简称《通史》）课题，是由中国农业历史学会和中国农业博物馆共同主持的农业部重点科研项目。全国农史学界数十位专家学者参加了这部大型学术著作的研究和编写工作。

在上万年的农业实践中，中国农业经历了若干不同的发展阶段。每一个阶段都有其独特的农业增长方式和极其丰富的内涵，由此形成了我国农业史的基本特点和发展脉络。《通史》的编写，以时代为经，以史事为纬，经直纬平，源通流畅，突出了每个阶段农业发展的重点、特征和演变规律，真实、客观地反映了农业发展历史的本来面貌。

一、中国农业史的发展阶段

（一）石器时代：原始农业萌芽

考古资料显示，我国农业产生于旧石器时代晚期与新石器时代早期的交替阶段，距今有1万多年的历史。古人是在狩猎和采集活动中逐渐学会种植作物和驯养动物的。原始人为什么在经历了数百万年的狩猎和采集生活之后，选择了种植作物和驯养动物来谋生呢？也就是说，古人为什么最终发明了"农业"这种生产方式？学术界对这个问题做了长期的研究，提出了很多学术观点。目前比较有影响的观点是"气候灾变说"。

距今约12 000年前，出现了一次全球性暖流。随着气候变暖，大片草地变成了森林。原始人习惯捕杀且赖以为生的许多大中型食草动物突然减少了，迫使原始人转向平原谋生。他们在漫长的采集实践中，逐渐认识和熟悉了可食用植物的种类及其生长习性，于是便开始尝试种植植物。这就是原始农业的萌芽。农业之被发明的另外一种可能是，在这次自然环境的巨变中，原先以渔猎为生的原始人，不得不改进和提高捕猎技术，长矛、掷器、标枪和弓箭的发明，就是例证。捕猎技术的提高加速了捕猎物种的减少甚至灭绝，迫使人类从渔猎为主转向以采食野生植物为主，并在实践中逐渐懂得了如何培植、储藏可食植物。大约距今1万年，人类终于发明了自己种植作物和饲养动物的生存方式，于是我们今天称为"农业"的生产方式就应运而生了。

在原始农业阶段，最早被驯化的作物有粟、黍、稻、菽、麦及果菜类作物，饲养的"六畜"有猪、鸡、马、牛、羊、犬等，还发明了养蚕缫丝技术。原始农业的萌芽，是远古文明的一次巨大飞跃。不过，那时的农业还只是一种附属性生产活动，人们的生活资料很大程度上还依靠原始采集狩猎来获得。由石头、骨头、木头等材质做成的农具，是这一时期生产力的标志。

（二）青铜时代：传统农业的形成

考古发现和研究表明，我国青铜器的起源可以追溯到大约5 000年前，此后经过上千年的发展，到距今4 000年前青铜冶铸技术基本形成，从而进入了青铜时代。在中原地区，青铜农具在距今3 500年前后就出现了，其实物例证是河南郑州商城遗址出土的商代二里岗期的铜以及铸造铜的陶范。可以肯定，青铜时代在年代上大约相当于夏商周时期（前21世纪—前8世纪）。主要标志是，从石器时代过渡到金属时代，发明了冶炼青铜技术，出现了青铜农具，原始的刀耕火种向比较成熟的饲养和种植技术转变。夏代大禹治水的传说反映出人类利用和改造自然的能力有了很大提高。这一时期的农业技术有划时代的进步。垄作、中耕、治虫、选种等技术相继发明。为适应农耕季节需要创立的天文历——夏历，使农耕活动由物候经验上升为历法规范。商代出现了最早的文字——甲骨文，标志着新的文明时代的到来。这一时期，农业已发展成为社会的主要产业，原始的采集狩猎经济退出了历史的舞台。这是我国古代农业发展的第一个高潮。

（三）铁农具与牛耕：传统农业的兴盛

春秋战国至秦汉时代（前8世纪—公元3世纪），是我国社会生产力大发展、社会制度大变革的时期，农业进入了一个新的发展阶段。这一时期农业发展的主要标志是，铁制农具的出现和牛、马等畜力的使用。可以认定，我国传统农业中使用的各种农具，多数是在这一时期发明并应用于生产的。当前农村还在使用的许多耕作农具、收获农具、运输工具和加工农具等，大都在汉代就出现了。这些农具的发明及其与耕作技术的配套，奠定了我国传统农业的技术体系。在汉代，黄河流域中下游地区基本上完成了金属农具的普及，牛耕也已广泛实行。中央集权、统一的封建国家的建立，兴起了大规模水利建设高潮，农业生产力有了显著提高。

生产力的发展促进了社会制度的变革。春秋战国时期，我国开始从奴隶社会向封建社会过渡，出现了以小农家庭为生产单位的经济形式。当时，列国并立，群雄争霸，诸侯国之间的兼并战争此起彼伏。富国强兵成为各诸侯国追求的目标。各诸侯国相继实行了适应个体农户发展的经济改革。首先是承认土地私有，并向农户征收土地税。这种赋税制度的变革，促进了个体小农经济的发展。到战国中期，向国家缴纳"什一之税"、拥有人身自由的自耕农已相当普遍。承认土地私有、奖励农耕、鼓励人口增长、重农抑商等，是这一时期的主要农业政策。

战国七雄之一的秦国在商鞅变法后迅速强盛起来，先后兼并了六国，结束了长期的战争和割据，建立了中央集权的封建国家。但秦朝兴作失度，导致了秦末农民大起义。汉初实行"轻徭薄赋，与民休息"的政策，一度对农民采取"三十税一"的低税政策，使农业生产得到有效恢复和发展，把中国农业发展推向了新的高潮，形成了历史上著名的盛世——"文景之治"。

（四）旱作农业体系：北方农业长足发展

2世纪末，黄巾起义使东汉政权濒于瓦解，各地军阀混乱不已，逐渐形成了曹魏、孙吴、蜀汉三国鼎立的局面。220年，曹丕代汉称帝，开始了魏晋南北朝时期。后来北方地区进入了由少数民族割据政权相互混战的"十六国时期"。5世纪中期，北魏统一了北方地区，孝文帝为了缓和阶级矛盾，巩固政权，实行顺应历史的经济变革，推行了对后世有重大影响的"均田制"，使农业生产获得了较快的恢复和发展。南方地区，继东晋政权之后，出现了宋、齐、梁、陈4个朝代的更替。此间，北方的大量人口南移，加快了南方地区的开发，加之南方地区战乱较少，社会稳定，农业有了很大发展，为后来隋朝统一全国奠定了基础。

这一时期，黄河流域形成了以防旱保墒为中心、以"耕—耙—耱"为技术保障的旱地耕作体系。同时，还创造实施了轮作倒茬、种植绿肥、选育良种等技术措施，农业生产各部门都有新的进步。6世纪出现了《齐民要术》这样的综合性农书，传统农学登上了历史舞台，成为总结生产经验、传播农业文明的一种新形式。

（五）稻作农业体系：经济重心向南方转移

隋唐时代，我国有一段较长时间的统一和繁荣，农业生产进入了一个新的大发展、大转折时期。唐初，统治者采取了比较开明的政策，如实行均田制，计口授田；税收推行"租庸调"制，减轻农民负担；兴办水利，奖励垦荒，农业和整个社会经济得以很快恢复和发展。唐初全国人口约3 000万人，到8世纪的天宝年间，人口增至5 200多万人，耕地1.4亿唐亩①，人均耕地达27唐亩，是我国封建社会空前繁荣的时期。

唐代中期的"安史之乱"（755—763年）后，唐王朝进入了衰落期，北方地区动荡多事，经济衰退。此间，全国农业和整个经济重心开始转移到社会相对稳定的南方地区。南方地区的水田耕作技术趋于成熟。全国农作物的构成发生了改变。水稻跃居粮食作物首位，小麦超过粟而位居第二，茶、甘蔗等经济作物也有了新的发展。水利建设的重点也从北方转向了南方，尤其是从晚唐至五代，太湖流域形成了塘浦水网系统，这一地区发展成为全国著名的"粮仓"。

（六）美洲作物的传入：一次新的农业增长机遇

从国外、特别是从美洲引进作物品种，对我国农业发展产生了历史性影响。据史料记载，自明代以来，我国先后从美洲等一些国家和地区引进了玉米、番薯、马铃薯等高产粮食作物和棉花、烟草、花生等经济作物。这些作物的适应性和丰产性，不但使我国的农业结构更新换代、得到优化，而且农产品产量大幅度提高，对于解决人口快速增长带来的巨大衣食压力问题起到了很大作用。

（七）现代科技武装：中国农业的出路

1840年爆发鸦片战争，西方列强武力入侵中国。我国的一些有识之士提出了"师夷之长技"的主张。西方近代农业科技开始传入我国，一系列与农业科技教育有关的新生事物出现了。创办农业报刊，翻译外国农书，选派农学留学生，招聘农业专家，建立农业试验场，开办农业学校等，在古老的华夏大地成为大开风气的时尚。西方的一些农机具、化肥、农药、作物和畜禽良种也被引进。虽然近现代农业科技并没有使我国传统农业得到根本改造，但是作为一种科学体系在我国的产生，其现实和历史意义是十分重大的。新中国成立、特别是改革开放以来，我国的农业科技获得了长足发展，农业增长中的科技贡献率

① 据陈梦家《亩制与里制》（《考古》1996年1期），1唐亩≈0.783市亩≈522.15米²。下同。——编者注

明显提高。"人多地少"的基本国情决定了我国只能走一条在提高土地生产率的前提下，提高劳动生产率的道路。

回眸我国农业发展历程，有一个特别需要探讨的问题，就是人口的增加与农业发展的关系。我国的人口，伴随着农业的发展，由远古时代的 100 多万人，上古时代的 2 000 多万人，到秦汉时期的 3 800 万～5 000 万人，隋唐时期3 000万～1.3 亿人，元明时期 1.5 亿～3.7 亿人，清代 3.7 亿～4.3 亿人，民国时期 5.4 亿人，再到新中国成立后的 2005 年达到 13 亿人的规模。人口急剧增加，一方面为农业的发展提供了充足的人力资源。我国农业的精耕细作、单位面积产量的提高，是以大量人力投入为保障的。另一方面，为了养活越来越多的人口，出现了规模越来越大的垦荒运动。长期的大规模垦荒，在增加粮食等农产品产量的同时，带来了大片森林的砍伐和草地的减少，一些不适宜开垦的山地草原也垦为农田，由此造成和加剧了水土流失、土地沙化荒漠化等生态与环境恶化的严重后果，教训是深刻的。

二、中国农业的优良传统

在世界古代文明中，中国的传统农业曾长期领先于世界各国。我国的传统农业之所以能够历经数千年而长盛不衰，主要是由于我们祖先创造了一整套独特的精耕细作、用地养地的技术体系，并在农艺、农具、土地利用率和土地生产率等方面长期居于世界领先地位。当然，中国农业的发展并不是一帆风顺的，一旦发生天灾人祸，导致社会剧烈动荡，农业生产总要遭受巨大破坏。但是，由于有精耕细作的技术体系和重农安民的优良传统，每次社会动乱之后，农业生产都能在较短期内得到复苏和发展。这主要得益于中国农业诸多世代传承的优良传统。

（一）协调和谐的"三才"观

中国传统农业之所以能够实现几千年的持续发展，是由于古人在生产实践中摆正了三大关系，即人与自然的关系、经济规律与生态规律的关系以及发挥主观能动性和尊重自然规律的关系。

中国传统农业的指导思想是"三才"理论。"三才"最初出现在战国时代的《易传》中，它专指天、地、人，或天道、地道、人道的关系。"三才"理论是从农业实践经验中孕育出来的，后来逐渐形成一种理论框架，推广应用到政治、经济、思想、文化各个领域。

在"三才"理论中，"人"既不是大自然（"天"与"地"）的奴隶，又不是大自然的主宰，而是"赞天地之化育"的参与者和调控者。这就是所谓的"天人相参"。中国古代农业理论主张人和自然不是对抗的关系，而是协调的关

· 5 ·

中国农业通史 近代卷

系。这是"三才"理论的核心和灵魂。

（二）趋时避害的农时观

中国传统农业有着很强的农时观念。在新石器时代就已经出现了观日测天图像的陶尊。《尚书·舜典》提出"食哉惟时"，把掌握农时当作解决民食的关键。先秦诸子虽然政见多有不同，但都主张"勿失农时""不违农时"。

"顺时"的要求也被贯彻到林木砍伐、水产捕捞和野生动物的捕猎等方面。早在先秦时代就有"以时禁发"的措施。"禁"是保护，"发"是利用，即只允许在一定时期内和一定程度上采集利用野生动植物，禁止在它们萌发、孕育和幼小的时候采集捕猎，更不允许焚林而搜、竭泽而渔。

孟子在总结林木破坏的教训时指出："苟得其养，无物不长；苟失其养，无物不消。"[1]"用养结合"的思想不但适用于野生动植物，也适用于整个农业生产。班固《汉书·货殖列传》说："顺时宣气，蕃阜庶物。"这8个字比较准确地概括了中国传统农业的经济再生产与自然再生产的关系。这也是我国传统农业之所以能够持续发展的重要基础之一。

（三）辨土肥田的地力观

土地是农作物和畜禽生长的载体，是最主要的农业生产资料。土地种庄稼是要消耗地力的，只有地力得到恢复或补充，才能继续种庄稼；若地力不能获得补充和恢复，就会出现衰竭。我国在战国时代已从休闲制过渡到连种制，比西方各国早约1000年。中国的土地在不断提高利用率和生产率的同时，几千年来地力基本没有衰竭，不少的土地还越种越肥，这不能不说是世界农业史上的一个奇迹。

我国先民们通过用地与养地相结合的办法，采取多种方式和手段改良土壤，培肥地力。古代土壤科学包含了两种很有特色且相互联系的理论——土宜论和土脉论。土宜论认为，不同地区、不同地形和不同土壤都各有其适宜生长的植物和动物。土脉论则把土壤视为有血脉、能变动、与气候变化相呼应的活的机体。两者本质上讲的都是土壤生态学。

中国传统农学中最光辉的思想之一，是宋代著名农学家陈旉提出的"地力常新壮"论。正是这种理论和实践，使一些原来瘦瘠的土地改造成为良田，并在提高土地利用率和生产率的条件下保持地力长盛不衰，为农业持续发展奠定了坚实的基础。

（四）种养三宜的物性观

农作物各有不同的特点，需要采取不同的栽培技术和管理措施。人们把这

_____

[1] 《孟子·告子上》。

概括为"物宜""时宜"和"地宜",合称"三宜"。

早在先秦时代,人们就认识到在一定的土壤气候条件下,有相应的植被和生物群落,而每种农业生物都有它所适宜的环境,"橘逾淮北而为枳"。但是,作物的风土适应性又是可以改变的。元代,政府在中原推广棉花和苎麻,有人以风土不宜为由加以反对。《农桑辑要》的作者著文予以驳斥,指出农业生物的特性是可变的,农业生物与环境的关系也是可变的。

正是在这种物性可变论的指引下,我国古代先民们不断培育新品种、引进新物种,不断为农业持续发展增添新的因素、提供新的前景。

(五)变废为宝的循环观

在中国传统农业中,施肥是废弃物质资源化、实现农业生产系统内部物质良性循环的关键一环。在甲骨文中,"粪"字作双手执箕弃除废物之形,《说文解字》解释其本义是"弃除"或"弃除物"。后来,"粪"就逐渐变为施肥和肥料的专称。

自战国以来,人们不断开辟肥料来源。清代农学家杨屾的《知本提纲》提出"酿造粪壤"十法,即人粪、牲畜粪、草粪(天然绿肥)、火粪(包括草木灰、熏土、炕土、墙土等)、泥粪(河塘淤泥)、骨蛤灰粪、苗粪(人工绿肥)、渣粪(饼肥)、黑豆粪、皮毛粪等,差不多包括了城乡生产和生活中的所有废弃物以及大自然中部分能够用作肥料的物质。更加难能可贵的是,这些感性的经验已经上升为某种理性认识,不少农学家对利用废弃物作肥料的作用和意义进行了很有深度的阐述。

(六)御欲尚俭的节用观

春秋战国的一些思想家、政治家,把"强本节用"列为治国重要措施之一。《荀子·天论》说:"强本而节用,则天不能贫。"《管子》也谈到"强本节用"。《墨子》一方面强调农夫"耕稼树艺,多聚菽粟",另一方面提倡"节用",书中有专论"节用"的上中下三篇。"强本"就是努力生产,"节用"就是节制消费。

古代的节用思想对于今天仍然有警示和借鉴的作用。如:"生之有时,而用之亡度,则物力必屈","天之生财有限,而人之用物无穷","地力之生物有大数,人力之成物有大限。取之有度,用之有节,则常足;取之无度,用之无节,则常不足",等等。

古人提倡"节用",目的之一是积储备荒。同时也是告诫统治者,对物力的使用不能超越自然界和老百姓所能负荷的限度,否则就会出现难以为继的危机。与"节用"相联系的是"御欲"。自然界能够满足人类的需要,但是不能满足人类的贪欲。今天,我们坚持可持续发展,有必要记取"节用御欲"的古训。

三、封建社会国家与农民关系的历史经验教训

封建社会国家与农民的关系，主要建立在国家对农民的政策调控和农民对国家承担赋役义务的基础上。尽管在一定的历史时期也有"轻徭薄赋"、善待农民的政策、举措，调动了农民的生产积极性，使农业生产得到恢复和发展，但是总的说，封建社会制度的本质决定了它不可能正确处理国家与农民的利益关系，所以在历代封建统治中，常常由于严重侵害农民利益而使社会矛盾激化，引发了一次又一次的农民起义和农民战争。其中的历史经验教训，值得认真探究和思考。

（一）重皇权而轻民主

古代重农思想的核心在于重"民"。但"民"在任何时候总是被怜悯的对象，"君"才是主宰。这使得以农民为主体的中国封建社会缺乏民主意识，农民从来都不能平等地表达自己的利益诉求。农民的利益和权益常常被侵犯和剥夺，致使统治者与农民的关系总是处于紧张或极度紧张的状态。两千多年的封建社会一直是在"治乱交替"中发展演进。一个不能维护大多数社会成员利益的社会不可能做到"长治久安"。

（二）重民力而轻民利

农业社会的主要特征是以农养生、以农养政。人的生存要靠农业提供衣食之源，国家政权正常运转要靠农业提供财税人力资源。封建君王深知"国之大事在农"。但是，历朝历代差不多都实行重农与重税政策。把土地户籍与赋税制度捆在一起，形成了一整套压榨农民的封建制度。从《诗经·魏风》中可以看到，春秋时代农民就喊出了"不稼不穑，胡取禾三百廛兮"的不满，后来甚至有"苛政猛于虎"的惊叹。可见，封建社会无法解决农民的民生民利问题。历史上始终存在严重的"三农"问题，这就是历次农民起义的根本原因。

（三）重农本而轻商贾

封建社会的全部制度安排都是为了巩固小农经济的社会基础。它总是把工商业的发展困围于小农经济的范围之内。由此形成了中国封建社会闭关自守、安土重迁的民族性格。明代著名航海家郑和七下西洋，比哥伦布发现美洲大陆还早将近 90 年。可是，郑和七下西洋，却没有引领中国走向世界，没有促使中国走向开放，反而在郑和下西洋 400 多年后，西方列强的远洋船队把中国推进了半殖民地的深渊。同样，中国在明朝晚期就通过来华传教士接触到了西方近代科学，这个时间比东邻日本早得多。然而后起的日本在学习西方近代文明中很快强大起来，公然武力侵略中国，给中国人民造成了深重的灾难。这段沉痛的历史，永远值得中华民族炎黄子孙铭记和反思。

（四）重科举而轻科技

我国历朝历代的统治者基于重农思想而制定的封建农业政策，有效调控了农业社会的运行，创造了高度的农业文明。但是，中国传统文化缺少独立于政治功利之外的求真求知、追求科学的精神。中国近代以来的落后，归根到底是科学技术落后，是农业文明对工业文明的落后。由于中国社会科举、"官本位"的影响深重，"学而优则仕"的儒家思想根深蒂固，科技文明被贬为"雕虫小技"。这种情况造成了中国封建社会知识分子对行政权力的严重依附性。这就不难理解，为什么我国在强盛了几千年之后，竟在"历史的一瞬间"就落后到了挨打受辱的地步。

四、《中国农业通史》的主要特点

这部《通史》，从生产力和生产关系、经济基础和上层建筑的结合上，系统阐述了中国农业发生、发展和演变的全过程。既突出了时代发展的演变主线，又进行了农业各部门的宏观综合分析。既关注各个历史时代的农业生产力发展，也关注历史上的农业生产关系的变化。这是《通史》区别于农业科技史、农业经济史和其他农业专史的地方。

（一）全书突出了"以人为本"的主线

马克思主义认为，唯物史观的前提是"人"，唯物史观是"关于现实的人及其历史发展的科学"。生产力关注的是生产实践中人与自然的关系，生产关系关注的是生产实践中人与人的关系，其中心都是人。人不但是农业生产的主体，也是古代农业的基本生产要素之一。农业领域的制度、政策、思想、文化等，无一不是有关人的活动或人的活动的结果。《通史》的编写，坚持以人为主体和中心，既反映了历史的真实，又有利于把人的实践活动和客观的经济过程统一起来。

（二）反映了农业与社会诸因素的关系

《通史》立足于中国历史发展的全局，全面反映了历史上农业生产与自然环境以及社会诸因素的相互关系，尤其是农业与生态、农业与人口、农业与文化的关系。各分卷都设立了论述各个时代农业生产环境变迁及其与农业生产的关系的专题。

（三）对农业发展史做出了定性和定量分析

过去有人说，中国历史上的人口、耕地、粮食产量等是一笔糊涂账。《通史》在深入研究和考证的基础上，对各个历史阶段的农业生产发展水平做出了定性和定量分析。尤其对各个时代的垦田、亩产、每个农户负担耕地的能力、粮食生产数量、农副业产值比例等，均有比较准确可靠的估算。

（四）反映了历史上农业发展的曲折变化

农业发展从来都不是直线和齐头并进的。从纵向发展看，各个历史阶段的农业发展，既有高潮，也有低潮，甚至发生严重的破坏和暂时的倒退逆转。而在高潮中又往往潜伏着危机，在破坏和逆转中又往往孕育着积极的因素。一旦社会环境得到改善，农业生产就会得到恢复，并推向更高的水平。从地区上说，既有先进，又有落后，先进和落后又会相互转化。《通史》的编写，注意了农业发展在时间和地区上的不平衡性，反映了不同历史时期我国农业发展的曲折变化。

（五）反映了中国古代农业对世界的影响

延续几千年，中国的农业技术和经济制度远远走在了世界的前列。在文化传播上，不仅对亚洲周边国家产生过深刻影响，欧洲各国也从我国古代文明中吸取了物质和精神的文明成果。

就农作物品种而论，中国最早驯化育成的水稻品种，3 000年前就传入了朝鲜、越南，约2 000年前传入日本。大豆是当今世界普遍栽培的主要作物之一，它是我国最早驯化并传播到世界各地的。有文献记载，我国育成的良种猪在汉代就传到罗马帝国，18世纪传到英国。我国发明的养蚕缫丝技术，2 000多年前就传入越南，3世纪前后传入朝鲜、日本，6世纪时传入希腊，10世纪左右传入意大利，后来这些地区都发展成为重要的蚕丝产地。我国还是茶树原产地，日本、俄国、印度、斯里兰卡以及英国、法国，都先后从我国引种了茶树。如今，茶成为世界上的重要饮料之一。

中国古代创造发明的一整套传统农业机具，几乎都被周边国家引进吸收，对这些地区的农业发展起了很大作用。如谷物扬秕去杂的手摇风车、水碓水碾、水动鼓风机（水排鼓风铸铁装置）、风力水车以至人工温室栽培技术等的发明，都比欧洲各国早1 000多年。不少田间管理技术和措施也传到了世界其他国家。我国的有机肥积制施用技术、绿肥作物肥田技术、作物移栽特别是水稻移栽技术、园艺嫁接技术以及众多的食品加工技术等，组成了传统农业技术的完整体系，在文明积累的历史长河中起到了开创、启迪和推动农业发展的重要作用。正如达尔文在他的《物种起源》一书中所说："选择原理的有计划实行不过是近70年来的事情，但是，在一部古代的中国百科全书中，已有选择原理的明确记述。"总之，《通史》反映了中国的农业发明对人类文明进步做出的重大贡献。

2005年8月，我在给中国农业历史学会和南开大学联合召开的"中国历史上的环境与社会国际学术讨论会"写的贺信中说过："今天是昨天的延续，现实是历史的发展。当前我们所面临的生态、环境问题，是在长期历史发展中累积下来的。许多问题只有放到历史长河中去加以考察，才能看得更清楚、更准确，才能找到正确、理性的对策与方略。"这是我的基本历史观。实践证明，采用历史与现实相结合的方法开展研究工作，思路是对的。

《中国农业通史》向世人展示了中国农业发展历史的巨幅画卷，是一部开创性的大型学术著作。这部著作的编写，坚持以马克思主义的历史唯物主义、毛泽东思想、邓小平理论和"三个代表"重要思想为指导，贯彻党中央确立的科学发展观和人与自然和谐的战略方针，坚持理论与实践相结合，对中国农业的历史演变和整个"三农"问题，做了比较全面、系统和尽可能详尽的叙述、分析、论证。这部著作问世，对于人们学习、研究华夏农耕历史，传承其文化，展示其文明，对于正确认识我国的基本国情、农情，制定农业发展战略、破解"三农"问题，乃至以史为鉴、开拓未来，都具有重要的借鉴意义。

以上，是我对中国农业历史以及编写《中国农业通史》的几点认识和体会。借此机会与本书的各位作者和广大读者共勉。

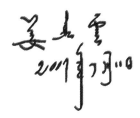

目　录

第三节　近代关于土地问题的改革主张 ·· 352

一、太平天国的最初土改方案 ·· 352

二、孙中山的"平均地权"思想 ·· 354

三、阎锡山的"土地村公有"思想 ·· 357

第十二章　田赋与农民生活 ··· 364

第一节　晚清时期的田赋税捐 ·· 364

一、田赋正额 ·· 365

二、田赋附加 ·· 366

三、田赋改折的浮收和勒索 ·· 367

四、农民的赋税负担 ··· 369

第二节　太平天国时期的赋税 ·· 371

一、以田亩计征的杂税 ·· 373

二、以户口计征的杂税 ·· 374

三、以营业、财产计征的杂税 ·· 375

第三节　北洋军阀统治时期的赋税 ··· 376

一、田赋及附加税 ·· 376

二、盐税 ··· 378

三、其他捐税和兵差 ··· 379

第四节　国民政府统治时期的赋税 ··· 380

一、田赋 ··· 380

二、盐税 ··· 384

三、杂捐和兵差 ·· 384

四、官僚土劣的非法榨取 ··· 386

第五节　近代农民的生活状况 ·· 388

一、近代农民生活的变化概况 ·· 388

二、农民借贷度日 ·· 392

三、贫苦农民的生活窘境 ··· 395

四、农民逃荒离村 ·· 397

第十三章　农村基层组织与宗法制度 ·· 400

第一节　晚清农村基层政权组织 ·· 400

一、晚清的保甲制 ·· 401

二、清末的乡村自治制度 ··· 402

第一章 世界近代农业与农学体系

中国历史分期的近代史，是从 1840 年开始的。这一年，爆发了西方列强入侵的鸦片战争。从此，中国陷入半殖民地半封建社会的深渊。这种状况直到 1949 年新中国成立才得以改变。对中国来说，近代史短暂的 109 年，远远超出了史学分期的年代意义，因为它承担着一种沉重的历史警示。正是在这 100 多年里，一个有着 5 000 年辉煌文明的古老而伟大的国家，沦落到"落后挨打"的境地。

但是，世界历史学的近代史，是从欧洲文艺复兴和美洲新大陆殖民运动开始的。世界近代史通行的起点是 16 世纪初。为了将中国 16 世纪以来的农业与西方同时期的农业做出对照，了解我们民族从什么时候开始失去数千年领先的地位，我们对中国近代农业的叙述，回溯到 16 世纪初。

世界与中国的近代，都是一个剧烈变化的时代，一个飞跃发展的时代，一个社会转型的时代。中国近代化走过的是一条格外艰难的道路。2 000 多年来，中国主体上都处在以农业文明为特征的自给自足的自然经济状态。在这样一个古老而又人口众多的国家，近代化的中心目标就是要把以小农社会为主体的封建国家转变成现代的文明国家。①

在阐述中国近代农业之前，有必要简略地回溯近代世界的农业与农学。中国的近代农业正是在借鉴世界农业科技的基础上生根萌发、开枝展叶、成长壮大的。

世界近代史起始的 1501 年，是中国干支历辛酉年（鸡年），大明弘治十四年。

---

① 金冲及：《中国近代的革命和改革》，《光明日报》1990 年 12 月 10 日。

第一节　近代史前夜的世界和中国

16世纪前夜，欧洲发生了两件影响深远的大事：一是文艺复兴运动；二是哥伦布发现美洲大陆。

13世纪末期，在意大利商业发达的城市，新兴资产阶级中的一些先进的知识分子借助研究古希腊、古罗马的艺术文化，通过文艺创作，宣传人文精神。这种被后世称为"文艺复兴"的社会思潮，后扩展到西欧各国。到16世纪，逐渐演变成一场思想文化、艺术与科学领域的革命。它揭开了近代欧洲历史的序幕，被认为是世界史中古时代和近代的分界。马克思主义史学家认为是封建主义时代和资本主义时代的分界。

文艺复兴在人类文明发展史上标志着一个伟大的转折，是当时社会的新政治、新经济的反映，也是新兴的资产阶级在思想和文化领域里的反封建斗争。文艺复兴的实质是资产阶级的思想解放运动，是近代欧洲的第一次思想解放运动。从文艺复兴开始，欧洲便进入了一个波澜壮阔的历史大转变时期，对世界的发展产生了广泛而深刻的影响。

文艺复兴在欧洲大陆上蓬勃发展，推翻了教会的精神独裁，打破欧洲思想界在封建高压下的万马齐喑的局面；推动了反封建的资产阶级革命运动，促进资本主义经济发展，为消灭封建制度和建立资本主义社会开辟了道路。文艺复兴为欧洲资本主义社会的产生奠定了思想文化基础，开辟了世界文明的新篇章。[1]

影响世界近代史进程的另一件大事是美洲大陆的发现与殖民。1492年8月3日，意大利航海家哥伦布受西班牙女王之命，带了87名水手，驾驶3艘帆船，离开西班牙的巴罗斯港，开始西行远航。在海上航行了70天以后，于1492年10月11日，哥伦布的船队见到了一个岛屿。哥伦布把这个岛命名为"圣萨尔瓦多"（San Salvador），意思是"救世主"。1493年3月15日，哥伦布返回西班牙巴罗斯港。后来直到1502年，他继续得到西班牙女王的资助，先后四次横渡大西洋，到达美洲大陆，成为名垂青史的航海家。

这个被称为"地理大发现"的历史事件，将人类文明进程带进了一个新纪元。这些欧洲航海家和探险家们怀着无比的兴奋和憧憬，揭开了美洲大陆的面纱。亚欧古代文明尚未涉足的辽阔的美洲大陆终于展现在欧洲人面前。随着航海事业的发展，为实现与美洲通航的便利，欧洲的经济中心也从古典的地中海沿岸转移到了大西洋沿岸，原先一直是人类文明先驱的巴尔干半岛各国让位于后起之秀的英国、荷

---

[1]　刘宗绪：《世界近代史》，北京师范大学出版社，2004年，5页。

兰、西班牙和法国等国家，引发了世界史上空前发展的商业革命。[①]

这些后来居上的国家在近代化道路上开始以领跑者的姿态走在了时代的前列。在社会制度上，实现了从封建社会向资本主义社会转变；在社会经济上，从自给自足为主要特点的小农经济向农业资本主义商业化农业转变；在制度体制上，从封建社会的皇权人治的制度向资本主义的法治制度转变；在人民的身份性质上，从封建时代带有人身依附关系的臣民向近代民主社会的公民身份转变，等等。这些巨大变化，使近代社会以前所未有的发展速度，创造出比过去 5 000 年历史总和还要多的文明成果。我们今天经常讨论的民主化、法制化、工业化、城市化、科技化等，都是从世界近代史开始的。也就是说，我们今天的时代，从本质上说，是延续了 500多年的同一个时代。

与欧洲的近代化进程相比，中国显然落后了整整一个时代。回溯历史，中国正是从 16 世纪开始逐渐落后于西方各国的。中国作为曾经辉耀世界文明的强大帝国，曾经引领人类文明绵延 5 000 年的文明古国，不仅没有开启新的文明征途，没有创造新的文明制度，反而锁闭了与世界先进文明的交往。从此，古老中国偏离了世界文明的主航道，一天天、一年年地衰落下去。

1990 年，国际经济合作组织发展中心首席经济学家安格斯·麦迪森在他的一部著作中写道，1820—1952 年，世界经济取得了前所未有的巨大进展。世界产值增加了 8 倍，世界人均收入增加了 2.6 倍。美国人均收入增加了 8 倍，欧洲人均收入增加了 4 倍，日本增加了 3 倍。日本以外的其他亚洲国家经济发展都非常缓慢。而在同一时期，中国的人均产值实际上还下降了。中国在全球 GDP（国内生产总值）中所占的份额从三分之一下降到二十分之一，实际人均收入已降低到世界平均水平的四分之一。[②]

不容否认，在世界近代史的起点，中国与后来的西方强国，都有过同样的举动，但没有获得同样的结果。若论国家的综合实力、文明的软实力，当时的西方各国还远远不是可以与中国相提并论的对手。例如，同样是远洋探险，中国的远洋航行早于西方将近一个世纪，远远先于麦哲伦、哥伦布、达·伽马等葡萄牙、西班牙的航海家，而且船队的规模大、舰船多、海员多、历时久，是史实确凿的当之无愧的"大航海时代"先驱。

1405—1433 年，明代航海家郑和率领 200 多艘大型帆船和近 3 万人组成的庞大船队，从苏州太仓出发，七次远航西太平洋和印度洋，到过爪哇、苏门答腊、苏

---

① 〔英〕波特、埃尔顿：《新编剑桥世界近代史》第 1 册，中国社会科学院世界历史研究所组译，中国社会科学出版社，1998 年。

② 〔英〕安格斯·麦迪森：《中国经济的长远未来》，楚序平、吴湘松译，新华出版社，1999 年，14～15 页。

禄、彭亨（今马来西亚）、真腊（今柬埔寨）、古里、暹罗、榜葛剌（今孟加拉国）、阿丹（今红海的亚丁，属今也门）、天方、祖法尔（今佐法儿）、木骨都束等30多个国家，最远曾到达非洲东部的红海、麦加。后人根据舰队的航行日志分析，认为他们还可能到过美洲、大洋洲甚至南极洲。①

但是时间相近的两个航海大事件的结果却迥然不同。郑和七下西洋，并没有引领中国走向世界，没有促使中国走向开放。而哥伦布返回欧洲之后，被奉为英雄，他的发现为后来的欧洲开辟了一个新世界、一个新时代。我们反而在郑和下西洋400多年后，守护国门的沿海将士仅仅面对西方的几艘军舰的冲击，就溃不成军，整个国家都被推进了半殖民地的深渊。

同样，中国在明代晚期就通过来华传教士接触了西方近代科学，远比东邻日本早得多。徐光启《农政全书》中就设了专章来介绍"泰西水法"。但是，明清两代，相继推行闭关锁国的政策，阻断了东西方文化的交流，在一个相当长的历史时期内，中国失去了吸收、借鉴世界先进文化的机会。

这就是中国近代史前夜的世界和中国。

第二节　近代实验农学的产生

鸦片战争之前，西方列强特别是当时的英、法等国，已经率先完成从农业社会向工业社会的过渡，实现了从中世纪的封建社会向资本主义社会的变革，逐步实现了近代化。而中国则受到西方列强侵略，被动地以西方资本主义为榜样而进行着社会变革的探索，仿照西方的发展方式进行包括农业科学在内的科技文化制度改造。

近代科学发展初期，欧洲社会的大批知识精英，冲破宗教神学和经院哲学的束缚，自觉地、自发地为科学实验而穷思竭虑，乃至为创立新的理论学说而英勇献身。这种科学精神逐渐渗透到农学之中，经过二三百年的科学探索与学术积累，到18世纪，西方世界确立了一套新的农学体系，从而改变了农业生产的传统方式，进而也改变了整个世界。

世界近代史的500多年里，农业生产和农业科技都发生了革命性的变化。与古代的"经验农学"相对而言，近代农学被称为"实验农学"。经验农学是指传统农业社会依靠经验积累、整体观察和外部描述的农学体系，而实验农学是基于个体观察、内部剖析和科学实验所建立起来的农学体系。当今世界农学领域的许多基础学科，都是从近代发展而来的。

诚然，古代的农学家们也采用过一些实验方法，但是它们与近代的实验农学不

---

① 王忠强：《郑和七下西洋的壮举》，吉林文史出版社，2006年。

是一回事。比如，5世纪中期的《齐民要术》作者贾思勰提出，编写农书要"验之行事"；17世纪的《农政全书》作者徐光启亲自在河北的涞水县开渠种稻，进行北方地区的水稻栽培试验，并写出了《宜垦令》《北耕录》等农书；明代理学家王阳明为了践行儒家"格物致知"理念，在自家的院子里，端坐木凳上，连续7天观察竹子生长，以致体力不支而晕倒，等等。前人的这些躬身实践的精神可敬可嘉，但这些做法还不能归入实验农学的范畴。因为科学意义上的实验农学，需要具备三个条件：一是要有明确的实验对象和技术路线；二是要有严密的实验环境控制和过程记录；三是要有完整的数量化的实验数据支持试验结论，并且能够让第三方据以重复试验和检验。

用以上三条来对照古代的农业试验，就可以发现他们只是做了"试验"，但还不是"科学实验"，因为当时都没有缜密的实验设计，也没有留下可供第三方检验的"实证数据"。而后面这两点正是科学实验的要旨。

近代各国的农学家们开创了许多新的农学研究领域。比如，对动植物个体进行解剖分析；探究动植物个体的内部结构乃至细胞结构，以便发现生命活动和种群遗传的规律；利用人为控制的空间环境（比如试验地或实验室）进行生物生长过程的模拟试验，从而在较短的时间内发现和抽象出生物个体的生长规律，并以此来指导农业生产，实现产量或品质的提高。

在萌芽时期，近代农学与生物学求知求真的探索性研究密不可分，它的许多研究都是依附于基础学科来开展的。早期的研究大多来自研究者个人的爱好，与农业生产实际需要相距甚远，但是它的研究结论和成果能够被农业生产应用或转化。

开创实验农学先河的一个经典研究选题，始自一株盆栽的柳树。1642年，荷兰科学家赫尔蒙特为了探究"植物靠什么长大"的问题，设计了一个材料、方法、数据完全遵循科学实验规范的柳树实验。实验开始时的基本数据是，盆中土壤干重90千克，扦插的柳条净重2.3千克。在整个5年期的实验过程中，只根据情况给柳树浇水，不向盆中添加或施用任何其他物质。5年后的实验结果是，原先90千克的土壤减少了90克，而柳树增重了74.6千克。在这个实验中，赫尔蒙特得出的研究结论是：植物靠水长大。不过，赫尔蒙特是个化学家，主要研究气体化学。他很快想到柳树生长过程中，空气可能有着重要的"助长"作用，于是他对盆栽的柳树枝进行"干馏"试验，发现有气体释放，并修正之前的结论：植物生长的大部分物质可能是从空气中吸收的。这个修正的结论给后来的植物生长实验带来方向性的指引和启迪。

许多对此感兴趣的科学家接着做了不少相关实验，使人类越来越接近对植物生长的要素和本质的认识。1772年，英国化学家约瑟夫·普利斯特列把一个活的植株放入蜡烛燃烧过的密闭玻璃容器里，他发现植株可以使容器中的空气变得清新起来。但是普利斯特利还没有弄清植物能够"清洁空气"的道理。他的同龄人荷兰植物学家詹·英根豪斯为这个实验结果做出了解释：植物之所以能够净化空气，是太阳光和植物叶片的绿色部分相互作用的结果。这个解释接近了植物光合作用的原理。瑞士科学家塞内比尔进一步发现了植物释放氧气和吸收二氧化碳的现象，认为它是使容器中的空气恢复清新的必要因素。这个解释又向真理靠近了一步。另一位瑞士化学家索秀尔后来观察到，植物通过叶片吸收二氧化碳，与根部吸收的水分相结合，形成糖类物质，并向空气中释放出氧气。他还发现，在黑暗中，植物通过叶片吸收氧气而放出二氧化碳。索秀尔的发现勾画出了植物光合作用和碳循环的基本原理。此外，索秀尔还进一步研究了无机物对植物生长的重要性，指出植物的氮素是从根部吸收的。1804年，索秀尔将他关于植物研究的成果汇编成《植物化学之研究》一书，并在序言中写道："毫无疑问，我为自己规定的任务是十分艰难和令人厌倦的。但是，如果考虑到我的目标是使农业日臻进步，那么，人们将会理解我面临的困难，并会谅解我工作中的不足和缺陷。"这段诚挚而感人的话语，道出了索秀尔的内心世界，他的一切研究工作都为了农业的"日臻进步"。

在近代农学兴起的初期，科学家们除了在植物生理学方面进行了大量的研究并卓有建树，随着显微镜的发明，还兴起了生物解剖学和显微生物学方面的开创性研究。显微镜是由一个叫札恰里亚斯·詹森的荷兰眼镜匠人于1590年发明的。起初，这个用一片凹镜和一片凸镜组成的简单装置并没有引起世人的重视。直到1665年，出生于荷兰代尔夫特工匠家庭的列文虎克，将一块他自己磨制的直径只有0.3厘米的小透镜，镶在一个架子上，又在透镜下边装了一块铜板，上面钻了一个小孔，使光线从小孔射进而反射出所观察物体的显微形状。有一天，列文虎克从院子里舀了一杯水，将其中的一滴放到显微镜小孔下的玻璃托片上观察，他惊奇地看到水滴中有无数的小生物在蠕动。以后，列文虎克又用显微镜发现了红细胞和酵母菌。这样，列文虎克就成为世界上第一个看到微生物的人。

列文虎克之后，马尔比基用显微技术研究动物的血液循环，研究植物显微解剖等。英格兰人胡克则用显微技术来研究昆虫、真菌等生物的结构，尤其是在用显微镜观察软木时，发现了其中有许多小房间一样的结构，他把这些植物体中的小室称为"cell"，这就是构成生物体的"细胞"一词的由来。格鲁利用显微技术对植物的结构进行了大量的研究，取得了许多重要成果，写成了《植物解剖》一书，对植物的根、茎、叶、花、果实等组织进行解剖学的显微观察。此外，格鲁还对动物的组织也作了解剖观察，第一个用不同动物进行比较解剖研究，写出了《胃肠的解剖》。冯·贝尔利用显微技术，从事胚胎学、解剖学、生理学研究，他深入研究了哺乳动物的卵细胞，提出了胚胎发育过程的胚层理论。

第三节　近代农学的体制化

农学体制化就是将农学的研究、教育、推广等相关工作纳入政府的主体职能之中，成为推动农学发展进步的主导力量。主要有三方面的标志：一是国家建立专门的政府机构来管理农业科技和农业教育的事业，使农业科学研究成为国家行政体系的组成部分，而不再是科学家个人的事情，政府实施对农业科研、教育、推广的规划、管理和指导。二是建立专门的农业科研、教育机构，这些机构接受国家的行政管理，根据国家农业生产的需要来确定研究选题。三是有了专职的农业科学家和农业教育家，他们领取政府或公私机构发给的工资薪酬，并为国家或机构组织的农业发展服务。以这三点来衡量，世界上最早实现农学体制化的是西欧的先进国家。

一、政府序列中的农政机构

在农学体制化过程中，政府设立农政机构是重要的一环。在西方，英国首先完成了从封建社会向资本主义社会的革命性过渡。1688 年英国君主立宪制变革后，在这个由国会主导的国家行政体系中，专门设立了"综理农事"的国家农政机关，成为政府内阁的组成部分。

英国政府设置主管农业的机关，不仅使本土的农业得到发展，特别是在协调"圈地运动"各方利益中发挥了作用，而且对世界其他国家起到了示范作用，产生了深远的影响。随着法国在 18 世纪末期的资产阶级革命，以及相继出现的西欧各国资本主义体系的建立，各国政府中都设置了掌管农业的机关，这对于近代农学的体制化，发挥了积极的作用。

例如，在美国，从 19 世纪 60 年代开始，联邦政府加强对农业的监控和管理。1862 年，美国农业委员会下设农业局。1889 年初，国会又将农业局升格为农业部，并设立了内阁级部长职位。美国的农业部不仅是一个管理和协调机构，而且是一个科研机构。此后，各州也建立了自己的农业管理部门。

几乎与美国同时，日本政府也在其行政序列中设立了农政机关。明治维新后，日本在内务省内设了劝业寮，1879 年变为内务省劝农局，1881 年改称农商务省农务局。

甚至在后进的中国，1898 年，清光绪帝也接连发布了关于推行农业变革的上谕，命令在中央政府内设立农工商总局，并要求各省"皆设立农务学堂，广开农会，刊农报，购农器，由绅富之有田者试办，以为之率"。

进入近代化进程的国家，通常都在中央政府设置专门掌管农业事务的部门，所谓"农有专官"。这个部门的设立，对于农业的有序发展、科学发展和持续发展，都起到促进和推动的作用。它可以有效配置国家甚至国际的农业资源、人才智力资源、市场贸易资源等，为国家的农业发展服务。其中，运用国家的财力和人才资源，举办农业教育和农业科研，成为近代各国政府的重要职能之一。

二、兴办农业教育

兴办农业教育，是世界农业近代化的一个重要创新，也是近代农业发展的强大推动力。19 世纪，世界上出现了以近代科学理念创办的农业教育，最早是从德国普鲁士开始的，被称为大学教育史的"洪堡模式"。从农业教育的兴办过程看，世界各国的农业教育可以分为原创型农业教育、接力型农业教育和移植型农业教育。

德国是世界原创型农业教育的肇启者。1810 年，时任普鲁士教育大臣的威廉·洪堡创办了世界上第一所近代式大学——柏林大学。之所以称为近代式，是因为柏林大学以教学与科研统一、学术自由、大学自治为办学原则，而此前的中世纪大学是以经院哲学和宗教神学为主导的。几乎与创办柏林大学同时，普鲁士还创办了世界第一所农业学校，开始用新的办学理念培养农业专门人才。该校先后培养了一大批杰出的农业科学家，如农艺化学创始人李比希（著有《化学在农业和生理学上的应用》）、植物学家休维尔茨（著有《植物园与文化》）、农业教育家布戈（著有《农业教科书》）、农业经济学家杜能（一译屠能，著有《孤立国同农业和国民经济的关系》）等。

至 1918 年，德国已有农林兽医类大学 9 所。此外，德国的许多职业技术学校也设有农业、森林、畜牧兽医等专业。这些职业技术学校的办学方式也不拘一格，灵活多样。他们培养的农学各专业的学生，掌握生产适用技术，实践操作能力突出，大多成为德国农村的基层技术员和企业家。

德国大力举办农业学校的成功经验，也为日后的世界农业教育树立了样板。日本近代农业教育基本是以德国为模板创办的，而后来的中国农业教育又是以日本为榜样创建起来的。所以，追根溯源，中国近代农业教育的模式，多少都带有德国的学术渊源。

18 世纪以前，世界各国都还没有设立专门的农业院校。12 世纪成立的牛津、剑桥等古典学府，曾开设过一些农业、农村、农民和农业经济方面的专题讲座或课程，此外还做了一些与农业生物、农业机械相关的试验和资源调查。虽然这些开创性的工作为后来的农业教育培养了人才，积累了经验，但是它们还不是近代意义上的正规农业教育。1845 年成立的皇家农学院是英国最早的高等农业大学，开启了英国农业教育的先河。紧接其后的 1848 年，法国国民议会批准在图卢兹建立了法国历史上第一所农业技术学校。这些都是具有里程碑意义的农业教育创举，它们将永存于人类农业史的记忆里。

19 世纪 70 年代，伦敦自治机关和伦敦各行业的同业公会共同制定了《全国技术教育方案》，督促各地举办技术学校、技术班和技术夜校。这些技术学校设置了工、商、农、家事、普通课五科。其中的农科学生所学课程包括许多实用型的专业，如种植、畜牧、兽医、园艺、机械等，是英国农业生产的基层指导者和实际劳动者。

美国是典型的接力型农业教育的代表。美国是一个从殖民地独立出来的新兴国家，它的办学人才、办学理念甚至办学的方式，都源自欧洲的宗主国。所以，我们称之为接力式办学，即把宗主国的办学资源接手过来，然后在原来的基础上创新和拓展，最终成为美国独特的大学模式。

1792 年，哥伦比亚大学创办了美国第一个农业讲座，1822 年在缅因州建立了第一所农业学校，1857 年在密歇根州建立了美国第一所高等农科学校。但是美国的公立农业大学教育始于 1862 年的《莫里尔法案》。该法案规定，以 1860 年人口普查数确定各州的国会参众议员的席位，每个席位无偿拨给联邦公有土地 3 万英亩①，这些土地的出售或租赁收益即成为各州的教育基金，用于发展农业和机械工业教育。这个法案执行之后，大约有 1 300 万英亩土地授予各州，对于创立州立大学和农学院起到了极为重要的作用。《莫里尔法案》的赠地办学模式，不仅对教育起到了很大的促进作用，而且是美国有史以来最重要的农业立法。

由于举办农业教育的拨地数量是以各州议员席位决定的，而各州的人口数量悬殊。西部各州人口稀少，法定议员席位也就少，获得的办学土地也就少。例如，堪萨斯州只有 3 名议员，仅得到 9 万英亩土地，而纽约州有 33 个议员，得到了 99 万英亩。这是美国各州办学条件相差悬殊的历史根源。但是总的看，其历史进步作用不容置疑。这时期建立的一批农学院和工学院，如著名的伊利诺伊大学、马塞里工学院、康奈尔大学，为美国的农业发展培养了大批专门人才。

1890 年，第二次《莫里尔法案》生效，联邦政府在第一年向各个州拨款 15 000 美元，以后每年再拨款 1 000 美元，使得拨款总数达到 25 000 美元为止。这些资金用于改善美国高等院校发展农业和工业教育的办学条件，增加办学设施。到 1898 年，当时美国本土的 45 个州、3 个领地利用这些土地获得的资金，先后创办了 64 所学院和大学。

日本是近代移植型农业教育的成功范例。1874 年，也就是岩仓使团巡访欧美回国的第二年，日本就开始在东京郊区创设农事修学场，可见这个国家推进农业近

---

① 英亩为非法定计量单位，1 英亩＝4 046.86 米²。下同。——编者注

代化的急迫之情。该场 1877 年迁移到驹场，改称驹场农学校（现在的东京大学农学部前身）。驹场农学校培养了日本最早的一批著名农学家。如盛冈、鹿儿岛两所高等农林学校（现在的岩手大学、鹿儿岛大学农学部）首任校长的玉利喜造，出任东京农业大学第一任校长的横井时敬，曾任农商务省农务局长的酒勾常明等，他们都是日本培养的最初的农学博士。

19 世纪以来，日本对欧美农学的引进，开始于 1871—1873 年的岩仓使团和维也纳国际博览会对欧美农学的认识。接着是 1874—1881 年引进英国的农学和农业技术，由于不合乎日本国情而告以失败，日本学者自称是"试错时期"。1881—1897 年，日本大批聘用德籍农业专家和教师，开始全面接受德国农学，并在此基础上创立日本的本土农学。1897 年，最后一位在日本任教的德籍教师回国，从此开始了日本农学的自立期。此后，虽然日本依然格外"崇尚"德国农学，但是日本自己培养的农学家已经担负起国家农业发展的重任。

在日本之后，中国的近代农业教育姗姗来迟。近代中国的落后，于此可见一斑。1897 年，杭州知府林迪臣创设浙江蚕学馆，为中国近代创办的第一所持续办学且影响深远的农业学校。而在这一年，日本辞退了最后一名德籍农学教员，在农学上开始自立成长了。此时的日本，不仅有了一批高等农业大学，而且在日本本土培养出了农学博士。

浙江蚕学馆之后，湖北、江苏等省相继设立农务、茶务、蚕桑等学堂。1902年，清政府颁布《钦定学堂章程》，将农业学堂作为实业学堂之一种列入正轨学制系统。1905 年中国正式废除科举制度，各省相继设立初等、中等、高等农业学堂，不少师范学校和普通中高等职业学校也开设了农科或农业课程，如南通师范学校农科（1906 年），京师大学堂农科（1910 年），清华学校的农业课程（1911 年）等。水产、茶业、兽医等各类专业学校也陆续开办。截至 1909 年，全国共有高等农业学堂 5 所，中等农业学堂 31 所，初等农业学堂 59 所，在校学生数分别为 530 人、3 226 人和 2 272 人。其中高等学堂也培养农业师资。此外，清末留学生中学农者有二三百人。

三、建立农业研究机构

农学是一个内容庞杂而且相互紧密依存的学科系统，不可能由科学家个体或者业余的科学爱好者来实现。农学的使命，关系到一个国家甚至全人类的粮食安全、食品安全和环境安全，需要由代表国家利益的政府部门来组织实施，农学的研究方向必须满足国家发展的目标，实现国家的意志。因此，经历了近代农学的个体化自由选题的初始阶段之后，世界各国不约而同地着手建立农业教育和农业研究机构。

在许多场合，农业教育和科研是一体的，并不能截然分开，尤其是近代早期，承担农学研究的主体是各国的大学，特别是农科大学。但是，农学有着特定的地域性、专业性和系统性，有时必须设立专门的机构来完成特定的任务。另外，农学与工学、医学、商学等学科不同，农学的本质是它的公益性，它的研究成果更多地表现为普惠性和共享性，一般不可能由研究项目的投资方或者承担者所独享，大多数情况下也不可能从农学成果中获得排他性的回报。因此，国立、公立的农业研究机构就应运而生了。

19 世纪初，各国相继兴办了农业高等教育机构，大学里的农科专业也逐渐普及起来，培养了大批受过正规教育的农业专门人才，为农业科学研究提供了坚实的基础和条件。

1838 年，英国的化学家布森高建立了第一个农业实验室。同年，劳斯建立了第一个农业实验站，1845 年研究型的皇室农学院成立。这些机构的出现，开启了农业科学实验体制化的时代。布森高在他的实验室里从事了大半生的农业实验，取得了许多影响深远甚至颠覆农业传统知识的革命性成果。例如，他通过严密的实验设计，证明了氮素对植物生长发育的极端重要性，从而开创了人工合成氮肥的工业制造肥料的时代，一直沿延至今。他同时还发现，饲料用的三叶草和豌豆在没有施用氮肥的地里也能正常生长，而在同样的条件下，小麦、燕麦等粮食作物就没有这种特性。虽然他当时还没有发现豆科植物的根瘤菌的固氮作用，但是他已经提出将豆科作物参与大田的轮作组合，能够提高土壤肥力，降低施肥成本。布森高进一步研究了作物从土壤吸收磷酸、钾、石灰和其他无机物的数量，确定了氮、磷、钾是植物生长发育必不可少的基本元素，从而确定了需要通过施肥对土壤加以补充的"肥料三要素"，为人工制造化学肥料提供了科学依据。正是由于布森高的研究成果，19 世纪 40 年代成为人类历史上的"化肥时代"，由此增加了多少农业产品，已经无法用数量来计算。

劳斯所建立的洛桑农业实验站的主要贡献在于家畜饲料方面，他们研究了不同饲料组合配比喂养的奶牛，对牛奶的成分变化的影响，从而提出了奶牛饲料配方的科学依据。此外，洛桑实验站还开创了大田试验，对农业生产进行了大规模的生产试验，提供指导生产实践的可操作的科学依据，开通了科学研究与生产实际相结合的渠道，使科学研究不再是科学家们的自娱性事业，而是普惠大众的知识源泉。

1911 年，德国成立威廉皇家学会。它既是一个科学家的社团组织，也是一个拥有大量实体研究机构的国家科学院。20 世纪初，威廉皇家学会是世界上规模最大、实力最强的研究机构，因此使德国一度成为世界科学的中心。1918 年，供职于威廉皇家学会物理部的马克斯·普朗克获得诺贝尔物理学奖，成为量子理论的奠基人。鉴于马克斯·普朗克对德国的科学研究的巨大贡献，德国决定将威廉皇家学会改名为马克斯·普朗克学会（简称"马普学会"）。目前，马普学会还是由政府资助的科学研究机构，下设生物和医学部，化学、物理和技术部以及人文、社会科学部，拥有 80 个研究所和 3 500 名科学家，12 000 名雇员。此外，还有近 8 000 名博士生、博士后、客座科学家在各个研究所里进行科研工作。该学会的众多涉农研究成果，使德国在 20 世纪前期成为世界农学的重要基地之一。

美国的公立研究机构的设立，与 1887 年颁布的《哈奇法》密切相关。该法令规定，每个州都要建立农业实验站。联邦政府每年拨给各州 1.5 万美元，为农业实验和科学研究提供了新的联邦基金。于是美国的农业实验站如雨后春笋般快速建立起来。到 1893 年，全国建立了 56 个实验站，进入 20 世纪时，农业实验站增加到了 66 个。1907 年又将这项经费增加了 1 倍，以支持开展农业科学研究与农业技术推广。

日本政府于 1873 年在东京设立了新宿试验场。该试验场开展了大量的果树、蔬菜及养蚕、畜牧等实验。1874 年，试验场划归内务省管辖，成为日本的国立农学研究所。1877 年该研究所迁移到驹场，新宿试验场原址于 1878 年变成宫内省植物御苑（现在的新宿御苑），而迁至驹场的试验场不久就改组成驹场农学校。此外，1877 年日本新开设了三田育种场。该场于 1884 年委托给具有国立背景的大日本农会经营，1890 年前后又转变为民办公助，三田育种场逐渐转变成种子经营的商业机构。与此同时，1890 年，日本设立了农务局临时试验场，1893 年扩大为农商省农事试验场。从此，农业科学研究在日本完成体制化的建制，为此后日本发展成为农学强国奠定了坚实的基础。

与近代先进国家相比，中国的农业科研机构设置要晚很多。1898 年，中国第一家农事试验机构——上海育蚕试验场成立。此后各地的农业试验机构相继出现，如保定直隶农事试验场（1902 年）、山东省立农事试验场（1903 年）、奉天农事试验场（1906 年）、农工商部北京农事试验场（1906 年）等。到清末，各地省府州县兴办的农业试验机构已达 40 余处。

第四节　近代农学的体系化

农学的体系化，就是农学领域内部的组织化、自律化和规范化。它体现在三个方面：一是农学内部建立的互相联系又各自独立而且门类广泛的学科体系；二是建立了不同层级不同专业的农业科学家和专业技术人员的自律性学术活动场所；三是创办了不同专业的众多的农学报刊，它们既是发表农学成果的平台，又为农学学术水平的衡量评定提供了一定的参考标准，自从有了农学报刊，农学研究才有了学术的积累，农学研究的选题才有了学术的依据。

一、近代农学的学科体系

在农业化学和生物学发展的基础上，近代农学逐渐分化出一些彼此相互关联但又具有不同内涵和不同发展方向的独立学科，由此构成了近代农学的学科体系。

1. 微生物学和病理学 1665 年，荷兰的列文虎克发明了一台完整的显微镜，观察到了微生物世界。列文虎克的发明，后来发展出两大农学学科：一是农业仪器装备学，专门为农学实验室提供检测装备的学科；二是微生物学，专门研究细菌病毒以及微观物质的学科。虽然虎克以后 200 年间，显微镜并没有发挥出它应有的作用，直到 19 世纪后半期，一个叫巴斯德的法国科学家才把显微镜应用到科学研究上，并从此开创了农业微生物学科。巴斯德通过显微镜观察发现，葡萄酒、啤酒的发酵过程实际上是微生物在起作用。食品变质腐败也是微生物在作怪。巴斯德进一步的研究发现，这些使食物变质的细菌在 50℃ 左右的温度下，经过一些时间就会死亡，于是发明了一种既能保持食品中的活性成分，又能杀灭使食品变质的细菌的食品加工方法，这就是今天一直在使用的"巴氏消毒法"。从此，微生物学成为独立学科，被广泛应用在医学、农业和食品加工领域。中国近代第一个出国留学生江生金，就是被派到法国去学习用"巴氏消毒法"防治蚕病的技术。

2. 昆虫学和农药学 早期的生物学家林奈、达尔文等，首先开创了昆虫的形态学和分类学。后来由于农业商品化的发展，扩大了农产品的流通，客观上造成了农业害虫的地域空间的传播。另外，农业商品化也使生产种植更加集中连片化和集约化，一旦发生虫害就会造成严重损失。所以，18 世纪以后，人们日益关注作物害虫的防治。由此产生了两个关联的学科：昆虫学和农药学。前者主要研究昆虫的形态特征和生活习性，特别是研究昆虫的生命周期和移动迁飞的规律；后者是针对昆虫的特点研制相应的药物及其防治对策。第一代农药主要是无机农药，如 1880 年发明石硫合剂防治介壳虫；1882 年用萘防治葡萄根瘤蚜；1886 年发明用氢氰酸熏蒸柑橘树等。此后到 1939 年，瑞士化学家发现 DDT（二氯二苯三氯乙烷）的杀虫作用，历史上曾经是农业害虫的致命武器（后来发现 DDT 对人类和环境有毒害作用，现已禁止在农业上使用）。农药学的另一个方向是除草剂。杂草是与作物同生共长的植物，历史上的防除办法就是人工拔除，非常费力耗时。后来人们就希望有一种药物，能够像杀灭害虫一样杀灭杂草而不伤害作物。19 世纪末，在用波尔多液防治葡萄病害时，意外发现地里的十字花科植物也被杀死了，而地里的小麦却安然无恙，这就启迪了除草剂的发明。后来德国、美国的科学家同时发现了硫酸铜也有这种选择性的除草作用。就这样，除草剂作为农药学的一个分支而发展起来了，直到今天还在农业生产上发挥重要作用。

3. 土壤学和肥料学 1878 年，英国的洛桑农业实验站的科学家沃林顿发现，土壤中的微生物使肥料中的铵变为硝酸盐，而后才能被植物吸收。沃林顿分离培养出了这种硝化细菌。1888 年，荷兰微生物学家贝叶林克分离出了豆科植物的根瘤菌，第一次证实了豆科植物通过根瘤菌固定了空气中的游离氮素，从而达到增加土壤肥力的作用。土壤学的形成得益于一批俄国、美国和德国的科学家。1883 年俄国的道库恰耶夫发表了黑钙土形成的研究报告，1892 年美国的希尔卡德阐明了土壤形成的主要过程及相关的学术概念。他的同事马伯特创立了土壤分类学，形成土类、土系、土组的分类层级概念。

1828 年，德国化学家维勒在世界上首次用人工方法合成了尿素，但当时尚未认识到尿素的肥料用途。直到 50 多年后，合成尿素才作为化肥投放市场。1838 年，英国的劳斯用硫酸处理磷矿石制成磷肥，成为世界上第一种化学肥料。李比希在 1850 年发明了钾肥。从此，植物吸收量最多的氮、磷、钾三要素，均可进行工厂化生产。近代农业进入施用化肥的阶段。

4. 植物生理学和植物营养学 1694 年，德国植物学家卡梅拉鲁斯进行了植物移去花蕊（雄花）的实验，由此证实花药是植物的雄性器官，而花柱和子房是雌性器官。1761—1766 年，另一位德国植物学家克尔罗伊特用实验证明，当用同种花粉与异种花粉同时向一种植物传粉时，只有同种花粉能起受精作用。他还发现了昆虫对植物的授粉作用。1793 年德国的植物学家施普伦格尔通过观察发现，许多植物的花是雌雄异株的，即使雌雄同株也很可能有雌雄花期交错的现象，因而植物界天然存在种群间或植株间的杂交。1800 年，瑞士的塞内比埃出版了世界上第一部《植物生理学》，标志着植物生理学的确立。

在植物生理学的领域中，最具开创性贡献的是德国化学家李比希。他是农业化学的创始人，从植物化学的角度揭示了植物生理学方面的许多机理和规律。1840 年，李比希发表了划时代的《有机化学在农业和生理学上的应用》。以后的 30 年里，他一直从事生物化学和农业化学研究，取得了丰硕成果。李比希之后的植物生理学家，进一步拓展了植物生理研究的领域。19 世纪 60 年代，俄国科学家季里亚捷夫设计了精密的仪器，用于研究植物叶片吸收的光谱，证明了植物叶绿素与光谱的联系。1865 年，德国的萨克斯进一步证明植物叶片中的淀粉体是光合作用的产物，弄清了植物呼吸所需的能量来自植物光合作用产生的物质所贮存的能量，从而证明，1842 年物理学发现的能量守恒定律在植物中同样存在。德国植物生理学家萨克斯和他的学生费弗尔的两部《植物生理学》，奠定了植物生理学的学科架构和学术内涵。

5. 遗传学和育种学 人类对动物的有性繁殖是自古已知的，但是，植物的有性繁殖直到 1676 年才由英国的尼西米·格鲁发现，并由德国的卡梅拉鲁斯通过实验加以证实。此后，1761 年科罗尔伊德用烟草进行实验，获得了人为控制下的第一个杂交种。格特纳是他那个时代的植物杂交育种的集大成者，于 1849 年发表了《植物杂交的实验和观察》。

1859 年达尔文出版《物种起源》。1865 年孟德尔提出遗传的基本法则，他用豌豆作为实验材料，经过 8 年的仔细观察、记数、统计、分析，于 1865 年发表了论文《植物杂交试验》；发现了遗传学的两大规律——遗传分离规律和独立分配规律，为近代颗粒遗传理论奠定了科学的基础，因此被后人尊称为"遗传学之父"。1905 年英国人贝特生为这门发展中的科学定名为 Genetics（遗传学），这个名词来源于希腊单词，其原义是"传代"。

1910 年，摩根发表《果蝇的性联遗传》一文，阐明了连锁和互换的观念，从而发现了遗传学的第三定律：遗传的连锁和互换定律。

6. 动物生理学和动物营养学　25 岁就成为法国科学院院士的化学家拉瓦锡，于 1779 年开始提出，动物的呼吸作用可能也是一种氧化过程。他和拉普拉斯使用几内亚鼠进行实验，证明动物体内产生的热量与消耗的氧气有关。在他们之后，鲁布纳测定出蛋白质、脂肪、碳水化合物在动物体内的化学反应中产生的热量。此后，吉尔伯特等人分析了动物和饲料的成分，许多复杂的有机化合物被分离出来，如乳糖、淀粉、叶绿素、甘油、乳酸、草酸、尿素等。维勒合成了尿素，科尔比合成了醋酸，贝尔纳证明了动物肝脏可以把食物分解为葡萄糖。这些都是 19 世纪重大科学发现、发明和创造。1859 年，法国的沃尔夫提出动物饲料的可消化成分的概念，即一定体重的畜禽个体，每日应饲喂的饲料干物质中的蛋白质、脂肪、糖分的总量，称为沃尔夫饲喂标准，后来 1897 年德国的 G. 莱曼进行了修订，提出了新的更合理的饲喂标准，合称为沃尔夫—莱曼标准。

7. 农业机械学　1705 年，英国的纽可门及其助手卡利发明了大气式蒸汽机，用以驱动煤井下的提水泵。这种蒸汽机在欧洲大陆得到迅速推广。1764 年，英国的仪器修理工瓦特在为格拉斯哥大学修理纽可门蒸汽机时，发现它存在许多设计方面的缺陷，例如热效能低，稳定性差等。于是瓦特在纽可门蒸汽机的原型上进行了许多新的改进设计。重大的改进包括气缸蒸汽进、出阀门采用平行四边形的联动机构，将曲柄连杆机构用在蒸汽机上等。瓦特的改进型蒸汽机受到极大的欢迎，迅速得到推广。他使原来只能固定用于提水的动力机械，成为可以在移动场合应用的动力机，并使蒸汽机的热效率成倍提高，煤耗大大降低。因此，瓦特被后世称为蒸汽机的主要发明人。

蒸汽机从两个方面改变了传统农机具的面貌。一个是传统的铁农具生产的人工作坊变成了以蒸汽机为动力的工厂。最具典型改变的例子是，1847 年，美国发明钢犁的约翰·迪尔将原先自己手工制造的钢犁作坊改造成了蒸汽机动力的钢犁厂，每年可生产上万把钢犁，这是手工时代所不可想象的。还有 1848 年美国芝加哥的麦考密克转臂收割机制造厂同样采用蒸汽机作动力，每年可生产收割机数千台。另外就是发明了蒸汽机拖拉机。开始时，由于这种蒸汽机过于体大笨重，热效能低，不太适合在移动场合使用。后来有人做出改进，将锅炉和蒸汽机结合做成一体机，称为"锅驼机"。这种动力机体积小，1870 年开始大量装配到拖拉机上，对美国西部的大规模开发简直如虎添翼。接着，意大利人也研制出了小型的蒸汽机拖拉机，法国人则另辟蹊径，将蒸汽机装配到火炮牵引车上，开启了机动武器装备的先河。

有了动力机，其他的专用农机具就应运而生了。如不同形制的联合收割机，不同用途的犁耕机、旋耕机、牧草打捆机、饲料粉碎切割机，各色各样的食品加工机，等等，都相继发明制造出来了。人类在很短的时间内改写了农业生产的历史。①

农学学科的内部分工体系的形成和完善，既促进了学科的发展，也形成了农业生产中的专用人才体系。

二、近代成立的农学社团组织

近代农学体系化的另一个标志是农学社团的建立。农学社团的出现是与职业农学家队伍的发展壮大紧密相关的。近代农学诞生初期，从事农学研究的科学家人数还不多，因此，这时的农学家们常常是在闲暇之时，三五为群，聚会交谈，或谈试验选题，或谈观察所得，既共同分享成果，也一道解疑析惑。

世界上最早的科学家社团"英国皇家学会"就是这样诞生的。1630 年前后，在伦敦的格雷沙姆学院出现了由 10 余名科学家自发组成的聚会小团体，他们自称无形学院。他们通常在学院里聚会，有时也会在某个成员的家里，或者在学院附近的某个小酒吧里，每次聚会都讨论交流各自的科学发现和见解，高兴而来，尽兴而归。1638 年，由于参与的人数增多，以及旅行距离上的不便，这个志同道合的科学兴趣小组分成了两个社群：伦敦学会与牛津学会。牛津学会人数较多，活动较为活跃，而且制定了许多规则，有了正规学术团体的雏形。伦敦学会依旧在格雷沙姆学院，克伦威尔军事独裁时期，1658 年伦敦学会被迫解散。1660 年查理二世复辟以后，伦敦重新成为英国科学活动的主要中心，参加科学社团活动人数大增。就在这一年，成立了"英国皇家学会"。这是人类历史上第一个由政府批准的科学家组织。

皇家学会与英国政府有着密切的关系，政府为学会提供财政资助。但是英国皇

---

① 邹德秀：《世界农业科学技术史》，中国农业出版社，1995 年。

家学会是一个独立的、自治的社团，没有设立直属的科研实体。学会致力于科学成果认定，奖励和促进国际科学交流，组织并推动科学教育和科学普及工作，致力科学史工作等任务。直至今天，英国皇家学会依然是世界上历史最长而又从未中断过的科学学会，在英国起着国家科学院的作用。英国皇家学会下辖 12 个学科委员会，其中的生物学科的许多项目都与农学有关。

此外，英国在皇家学会之后，还先后成立了不少的农业学会。1723 年，英国农业知识改进会成立，它是近代最早的农业协会组织。1804 年，英国皇家园艺学会成立；1838 年，英国皇家农学会成立；1840 年，英国皇家农学会报发行。

在法国，几乎与英国的情况一样，起先由一些爱好科学的人士自由组织兴趣小组，然后逐渐发展成为国家批准的学会。17 世纪初，巴黎科学界出现一些个人自由组织起来的学术性圈子或学会，例如由修道士梅森组织的一个小组，相约在梅森的修道室定期聚会，并邀请当时的著名人物如笛卡儿、伽桑狄、费马、帕斯卡等出席，一时在社会上声名远扬。梅森去世后，则在时任国务会议参事的蒙特摩家里举行。1663 年，蒙特摩向路易十四的财政大臣柯尔伯建议，请求资助科学。1666 年，巴黎科学院成立，成员 21 名，包括几何学家、天文学家、物理学家、化学家、解剖学家、植物学家和鸟类学家，由国王支付薪俸。巴黎科学院还吸收了外国著名的科学家作为首批院士，例如意大利科学家卡西尼和荷兰科学家惠更斯。法国大革命时期，巴黎科学院被视为王权的象征，1793 年被迫解散。1794 年 3 月，孔多塞在狱中自杀，5 月拉瓦锡被送上断头台。1795 年，国民公会将包括巴黎科学院在内的所有曾被取消的文化学术团体组织在一起，成立了"国家科学与艺术学院"。虽然历经曲折坎坷，法国科学院在历史的风霜中一路起来，不断汇聚了法国科学家以及相关领域的外国科学家，发展成为世界上著名科学院之一。

1885 年，德国创建了农业协会，总部位于德国法兰克福。该协会是致力于促进农业和食品领域的科技进步和发展的非政府组织，是欧洲领先的食品和农业发展组织之一。目前，德国农业协会拥有 200 多名专业人员，除了服务于德国农业，还在波兰、瑞士、意大利、罗马尼亚、土耳其、荷兰和中国等设立了办事处，提供农业和食品技术推广，农业机械质量安全认证，食品安全检测，出版与教育培训，农机和畜牧展览，以及田间现场指导活动等农学服务。

日本也在 19 世纪末期成立了农学团体。如 1884 年成立的日本兽医学会和 1887 年创立的日本农学会，都是亚洲成立最早的农学社团。

中国于 19 世纪末也出现了"农学会"的社团组织，如 1895 年孙中山在广州发起成立的农学会，1896 年梁启超等人在上海建立的农务会等。但是这些名为农学会的组织，与严格意义上的科学社团还不能等同并提。因为这时候中国还没有农业科研和教育机构，还没有职业化的农业教育家和农业科学家，这些以农学会命名的团体只是由热心农业、关心农事的社会人士所组成。中国出现真正的农学会组织是1917年成立的中华农学会，它标志着中国农业科学家群体的发展和壮大。

17世纪在欧洲各国相继出现的农学社团，在铸造科学精神、确立农学体系、评定农学成果、推广农学技术、普及农学知识、引导农学方向以及维护科学家利益等许多方面，都发挥了积极的作用。

三、近代发行的重要农学刊物

近代农学体系化的第三个标志就是农学刊物的出版。农学刊物是与农学团体并生共存的产物，有了农学机构和团体，有了农业科学家，有了农业科研成果和相关的论文，才有农业刊物的存在价值和空间。

据有关统计，目前在世界上公开发行的近5 000种主要的农学类刊物中，大约有50种是创办于20世纪之前的。也就是说，有大约1％的农学刊物诞生于近代史时期。其中最早的是1665年创刊的英国皇家学会《自然科学会报：生物科学》，迄今已350多年。该刊涉及生物学各个领域，特别是有机生物学、环境生物学和进化生物学、分子生物学、细胞生物学和发育生物学、生物医学科学等，与农学的关系极为紧密。这对于近现代农业科技的发展，起到了巨大的作用。

17世纪后期创刊的还有法国的《巴黎科学院院报》。历史上许多著名的科学家都在这份刊物上发表里程碑式的论文。直至今日，这份刊物依然是科学前沿的重要阵地。其后，著名化学家李比希于1831年创办《药物杂志》并亲任编辑，1840年后改名为《化学和药物杂志》，由李比希和维勒共同担任编辑。1840年，《英国皇家农学会报》发行。此后，西欧各国和东亚的日本都先后创办了农学各学科的专业刊物，为农学的学科建设做出了时代性的贡献。

总之，农业刊物的出现，立即发挥了它的独特的不可替代的作用。第一，它使农学知识和技术突破了地域空间的限制，能够跨越国家、团体、行业和语言文种的限制，实现最广泛的世界性的传播；第二，它使农学的知识成果成为人类文明进步的组成部分，成为知识积累的源泉，实现农学知识的代际传承和创新；第三，农学刊物成为科学创新的见证物载体，体现了尊重知识、尊重首创精神的科学道德，为科学成果的首创权、著作权、专利权的认定提供了实证物；第四，它为农学研究选题提供了已有成果的参照体系，自从有了农学刊物，农学家们进行科研选题时，首先要通过一道门槛，就是"查新"——前人在此领域做了什么，达到了什么程度，存在什么问题，成为科研立项的重要依据。这就是需要依据前人发表的成果来确定新的选题和方向，从而避免研究的重复和弯路。因此可以说，农学刊物的出现，是近代农学实现自身体系化建设的最重要的标志。

农学刊物是农学史的印记，是人类进步的足迹。它忠实地记载了历代农学家的研究成果，成为照亮后人前进的灯塔和路标。

由于科学的整体落后必然造成农学的落后，中国终于从一个原来的文化先进国逐渐变成了后进国，从一个经济强盛国变成了落后国。直到 1840 年发生西方列强入侵的鸦片战争，暮气沉沉的古老帝国才为之一惊，为之一震。

随着内忧外患的日益严重，中国社会各界经受了"落后就要挨打"的剧痛。当紧锁的国门被英国的"坚船利炮"轰开之后，觉醒的中国士绅阶层提出了"师夷之长技以制夷"的主张。但是，"夷人"之长在哪里呢？中国人首先注意到的是西方的"坚船利炮"，是他们强大的军事力量和发达的工商业。于是，人们热衷于兴办洋务，练兵、开矿、通商一时成为风气。这时候，知识阶层中还是"鲜有留心农事者"，人们还未认识到农业在国家近代化过程中的地位和作用。经过一个时期"富国强兵"的艰苦探索，国家依然没有摆脱积贫积弱的局面，这才促使各界社会贤达回过头来关注作为传统社会基础的农业，把目光转向西方的近代农业科学技术的介绍与引进。

随着光绪帝关于农业变革的谕令的颁布，中国开始仿效先进国家的农政管理经验并推行了农业科研、教育、推广等一系列政策措施，完成了近代农学从知识启蒙上升为国家意志的历史性转变。从此以后，以实验农学为学科体系的近代农业科研教育在中国得到了官方的承认和实施。历史由此进入了一个新纪元。

第二章　农业行政建制与资源条件

　　1840 年发生的鸦片战争是中国近代史的年代界标，也是中国由传统农业社会走向近代社会的转折点。中国的近代化是一个经济、政治、思想、文化等各种因素综合作用的产物。从 19 世纪后期到 20 世纪中期的中国，所谓的近代化就是通过国家力量来推行资本主义化。但是资本主义化绝不是仅指资本主义经济的发展，经济的发展常常需要政治等多种手段为其开辟道路。晚清政府在中央政权架构中设置了"综理农事"的农政机关，正是 2 000 多年的传统农业文明向现代工业文明转型的必然选择。①

　　中国近代的落后，本质上就是传统农业文明相对于近代工业文明的落后。而实现工业文明，需要重塑一整套适合工业化发展的国家机器，需要制定适合工业化的产业经济政策，需要整合国家乃至国际的所有经济资源，以实现国家的工业化的目标。因此，晚清政府的政治经济制度变革，都将农业变革列为主要内容，由此开启了近代农业史的新篇章。

第一节　农业行政建制

　　近代中国的社会转型，影响最深远的是晚清政府通过强化和扩展国家权力来有效地实现对农业经济的改造和干预。在行政体制变革中，第一次在"振兴实业"政策中包括了兴农举措，在法律制度下对国家的农业发展做出了强制性的政策安排，从国家层面上促进传统农业向近代农业转型。中国历史上在中央政府中设置农业行政管理部门，正是从这个时候开始的。

---

　　①　李文海：《对中国近代化历史进程的一点看法》，《清史研究》1997 年 1 期。

此外，在国家近代化进程出现的许多新的社会经济要素，都深刻地影响和促进了农业生产和农民生活的变革，诸如交通、通信、外贸、城镇工业和学校教育等。

一、晚清社会对农业发展的认识

中国对西方先进国家的认识，首先应当提到的是魏源（1794—1857）。魏源祖籍湖南邵阳，道光二十五年（1845）进士，曾任江苏高邮知州。魏源倡导学习西方先进科学技术，提出"师夷之长技以制夷"的主张，开启了了解世界、向西方学习的新潮流。这是中国从传统社会转向近代的重要思想标志。在著名的《海国图志》一书中，他用极为赞美的词句对西洋的先进农业作了这样的描述："农器便利，不用耒耜，灌水皆设机关，有如骤雨。"

比魏源稍后一点的另一位思想家王韬也在致江苏督抚李宫保的书信中提出，要购买和仿制西式"火机之纺器织具"和"犁耙播刈诸器"。还有马建忠、郑观应、陈炽等一批经济思想家也积极主张引进西洋农业科技，以改变农业技术的落后局面，发展中国的农业生产。

在近代农业科技启蒙中，近代民主革命的先行者孙中山留下了一笔巨大的思想遗产。孙中山顺应时代潮流，领导人民推翻了腐朽的封建统治，建立了中华民国。但是人们很少关注青年时代的孙中山对农业科技启蒙的贡献。1879年，13岁的孙中山随兄孙眉前往夏威夷生活，进入当地的学校读书。后又回国在广州、香港等地学医，于1892年在香港西医书院毕业。在这长达10余年的西方式的正规教育中，孙中山不仅掌握了近代医学的专门知识，而且对于关乎国计民生的农学，也有广泛的兴趣。1891年他尚在香港学医时，就写出了《农功》一文。孙中山在该文中对西方国家先进的农政管理、农业教育和农业科技进行了介绍，指出西方农业不仅得益于技术进步，而且还在于"农部有专官，农功有专学"。这表明他对于近代农学的关注点已经超越了在他之前的农学启蒙思想家。中国近代早期的农学启蒙思想家只是关注西方近代农学的物化成果，较少介绍农学与社会的关系。由于孙中山具有丰富的西方社会生活经历和深厚的科学素养，因此他的农学视野远比他的同辈启蒙思想家要宽阔得多。他甚至向清政府建议："派户部侍郎一名，综理农事，参仿西学，以复古初。委员赴泰西各国，讲求树艺农桑、养蚕畜牧、机器耕种、化瘠为腴一切善法。"孙中山还指出了发展农业与发展工商业的关系："以农为经，以商为纬，本末备具，巨细毕赅，是即强兵富国之先声，治国平天下之枢纽也。"①

---

① 广东省社会科学院历史研究所等：《孙中山全集》第1卷《农功》，中华书局，1981年，5～6页。

1892 年，26 岁的孙中山在澳门、广州一带行医。由于受到当时的改良主义知识分子的影响，他曾于 1894 年写了一封长达 8 000 余字的《上李鸿章书》。在这份上书中，孙中山认为，西方国家的富强，"不尽在于船坚炮利、垒固兵强，而在于人能尽其才，地能尽其利，物能尽其用，货能畅其流"。在解释"地尽其利"时孙中山说："所谓地能尽其利者，在农政有官，农务有学，耕耨有器也。"他甚至向封疆大吏李鸿章直言："国家自欲行西法以来，惟农政一事未闻仿效，派往外洋肄业学生亦未闻有入农政学堂者，而所聘西儒亦未见有一农学之师。此亦筹富强之一憾事也！"他还以日本在明治维新后仿效西法获得成功为例子，说明只要清政府采纳他的建议，国家富强就指日可待："其时不过二十年，必能驾欧洲而上之！"① 可是，李鸿章并没有理会青年孙中山的"天下兴亡，匹夫有责"的热血建议，没有"玉成其志"。正是由于上书提倡改良而不被清政府所采纳，加上目睹中日甲午战争中清政府的腐朽无能，使孙中山认识到："和平方法，无可复施"，从此走上了革命救国的道路。

农学启蒙更直接更有效的形式之一是创办学术刊物和翻译介绍农业科学著作。借助这种最具社会传播扩散力的媒体手段，早期的农学启蒙在知识阶层和开明士绅中产生了广泛的影响。1896 年，以罗振玉、徐树兰、朱祖荣、蒋黻等人为倡导，在上海创办了上海务农会。他们在务农会章程中写道："农据四民之一，虽与工商并称，然必地面生材饶裕，方能讲求工作，推广贸易，则农实为工商之本。循流溯源，则农尤先务。"因此，他们一批同仁"立会海上，讲求此事，将以广树艺、兴畜牧、究新法、浚利源"。上海务农会在成立次年的 1897 年，即创办了中国历史上第一份农业学术刊物——《农学报》。该刊一直到 1906 年停刊，十年间共发表了国外农业译文 700 余篇。此外，上海务农会还出版了一套《农学丛书》，收录农学译著 171 种，介绍了包括美国、日本、英国、法国和意大利等先进国家的农业科技、农政法规、农业教育、农业经济以及农业时事等内容。此外，江南机器制造局以及广学会、新学会社等团体，都组织译刻了不少农业教材。尤其是当时留学日本的中国学生，游学之余，他们还以自己在国外的所学所闻，翻译了当时的许多农学新著。所有这一切，都从不同的侧面增进了晚清社会各阶层对欧美及日本先进农学的了解，为中国近代农业科技事业的诞生起到了助产催生的作用。

应当指出，在农学启蒙过程中，除了少数在海外留学的青年学生，早期的农学启蒙思想家具有一个共同的特点，即他们作为一个特定的知识群体，都没有接受过西方近代农学的系统训练。他们只是从不同来源的分散的知识信息中，依稀地感觉

---

① 广东省社会科学院历史研究所等：《孙中山全集》第 1 卷《上李鸿章书》，中华书局，1981年，15 页。

到西方农学的先进。因此，他们所介绍的西方农学，是一种表象化的农业技术，或者说是一种被物化了的技术，比如农业机械和作物良种等。他们还没有揭示农业科技与整体科技文化之间的关系，没有揭示近代农业与资本主义工商业的关系，没有揭示农业科学技术内部的整体性和系统性结构，等等。当然，他们的先知先觉般的提倡，对于沉浸于历史传统中的古老中国，对于承袭了数千年积淀的传统农业技术，依然产生了前所未有的震荡，如同暗夜中的一缕亮光，燃起了一种全新的希望。①

历经鸦片战争至甲午战争的半个多世纪艰苦探索，面对日渐沉沦的国势，1895年，发生了一起中国历史上著名的"公车上书"事件。以康有为为首的一批进京考试的青年知识分子，抱着救国图存的满腔热情，集体上书朝廷，鼓吹变法。其中提到国家农业变革时，首先就是主张效法先进各国的农业科技和农政管理。《公车上书》中写道："外国讲求树艺，城邑聚落皆有农学会，察土质，辨物宜。入会则自百谷、花木、果蔬、牛羊牧畜，皆比其优劣，旌其异等。……吾地大物博，但讲求未至。宜命使者译其农书，遍于城镇设为农会，督以农官。"梁启超更具体地说到，改良中国农业，应当"近师日本，以考其通变之所由；远摭欧墨，以得其立法之所自"。罗振玉在他的一篇论述农业改良的文章中也提到："农业移植改良，日本之成效固昭昭矣，中国亟宜加意于此，而期农业之进步。"清末状元、著名实业家张謇也上书光绪帝，请求谕令全国设立农会，以"广开风气，维新耳目"。

1897年，张謇在《请兴农会奏》一文中指出："农不生则工无所作，工不作则商无所鬻，相因之势，理所固然。"② 次年的1898年4月，张之洞也上奏称，富国之道"不外乎农、工、商三事，而农务尤为中国之根本"③。

上述启蒙思想家的不断奔走呼吁甚至上书朝廷，客观上推进了中国农业近代化的进程。从鸦片战争到洋务运动，国人的着眼点只是西方的先进农业科技，仅仅在技术层次上对西方资本主义科技持仰慕欣赏的态度。甲午战争失败后，人们痛切地感到仅有西方科学技术、坚船利炮并不能拯救中国，开始寻找新的救国救民道路，从而使中国近代化的行程由技术层次推高到了思想层次；从早期改良派、维新派到革命派，参与政治改革的积极性不断高涨，农政变革终于从民国的思想启蒙进入政府的变革举措。④

---

① 曹幸穗：《启蒙与体制化——晚清近代农学的兴起》，《古今农业》2003年2期。
② ［清］张謇：《张謇全集》第2卷，江苏古籍出版社，1994年，13页。
③ ［清］张之洞：《张之洞全集》第2册，河北人民出版社，1998年，1285页。
④ 王翔：《论中国近代化的三个层次》，《中州学刊》1988年4期。

二、农工商总局的设立

由上述农业改良启蒙过程可以看到，起初只是舆论层面对西方农业科技知识的宣传介绍，后来逐渐发展成为一股兴农兴邦的社会潮流，成为维新变法的一项重要内容。1898年，光绪帝接连发布了关于推行农业变革的上谕，可见其推进农业变革之紧迫。5月16日发布的上谕中说："农务为富国根本，亟宜振兴，各省可耕之地未垦者尚多，著各省督抚督饬该地方官，劝谕绅民，兼采中西各法，切实兴办，不许空言搪塞。"在这则上谕中更特别指出："上海近日创设农会，颇开风气，著刘坤一查明该学会章程，咨送总理各国事务衙门查核颁行，其外洋农学诸书，并著各省学堂广为编译，以资肄习。"时隔一个月的6月15日，再次发布上谕："图治之法，以农为体，以工为用。著各省认真劝导绅民，兼采中西各法，讲求利弊，有能创新法者，必将立予优奖。……所有颁行农学章程，及制造新器新艺，专利给奖。"7月5日，再次发布上谕，命令在北京设立农工商总局，并要求各省"皆设立农务学堂，广开农会，刊农报，购农器，由绅富之有田者试办，以为之率"。这则成立"农工商总局"的命令，成为国家农业行政机关的"庆典元日"，后世的国家农业部都应是这个命令的延续和分化，因为在此之前几千年封建社会，中央政府只有一个"户部"，它只是管理户籍人口和农业赋税的机关。

晚清政府的农政机构的设立和农业政策的出台，是对洋务运动时期形成的"重商思潮"的反思，是举国朝野重新探寻国家经济发展的逻辑归宿。伴随着国内天灾人祸频仍和西方列强入侵，致使民生日蹙，国势日衰。在这种境况之下，以倚重田赋为财政支柱的清政府陷入了国用匮绌的窘境。"言常用则岁出岁入不相抵，言通商则输出输入不相抵，言洋债则竭内外之力，而更无以相抵。"①罗掘俱穷的经济危机与政拙令塞的政治环境相互交织，致使许多"以天下为己任"的有识之士开始重新认识农业的经济和社会价值，强调农业是立国之本、富强之道。

清末设立农工商总局的举措，实现了近代早期国家对农业改革的制度设计：以农为本，农工商一体化协同发展。此时所言的"以农为本"，与传统时代倡导的"农本"思想已大异其趣，表达出了促进农业发展的国家意志，是将农业作为国民经济基础的政治语境中的制度安排。因此，农工商总局的设立，实质上已经否定了"重农抑商"的传统观念。②

在推进农业近代化过程中，许多封疆大员以及内廷大臣，都不约而同地发现，

---

① ［清］盛宣怀：《盛尚书愚斋存稿初刊》第1卷，1939年，6页。
② 赵泉民：《论清末农业政策的近代化趋向》，《文史哲》2003年4期。

推行新政以来，随着国家的工商业有所发展，作为经济基础的农业生产已经不再是简单的满足国民温饱之需的自然经济部门，而是成为国家轻纺工业以及外贸出口的主要来源。因此，1901年9月，刘坤一和张之洞联名上奏，提出"今日欲图本富，首在修农政"的主张，并要求朝廷"立衙门，颁印信，作额缺，不宜令他官兼之，以昭示国家敦本重农之意"①。这个奏议的本意，实际上已经对之前设置的"农工商总局"提出了改革的建议，即国家应该有专理农事的农业部门，有专职的"不宜令他官兼之"的"督农课桑"的农政大臣，以提高农业管理的行政效率，提升农业在国家经济格局中的地位。1902年，山西巡抚岑春煊、直隶总督袁世凯也提出了内容相似的奏议："农工为商务之本，而商之懋迁，全赖农之物产、工之制造。欧美、日本以商战立国，而于农业、工艺精益求精，经营董劝不遗余力"，故中国应向这些国家学习，"尤注意务农，专部统之"。②

来自各方的呼吁建议，引起清政府决策中枢的重视。1903年9月，清政府决定设立统管全部经济产业的"商部"，其地位仅次于外务部而列居其他各部之前。商部内分设保惠、平准、通艺、会计四司。其中的"平准司"为执掌与农业相关的"开垦、农务、蚕桑、山林、水利、树艺、畜牧一切生殖之事"的"农政机关"。至此，清朝中央政府有了以筹划发展农业为旨归的行政部门，厘清了中枢机关与地方机构的农务行政责任，在一定程度上改变了先前中央部门和地方之间在职权事权方面的掣肘推诿弊端，为农业改良提供了制度与行政方面的合法性基础，为农业改良的制度化铺平了道路，创造了农业发展的行政环境。

三、农业发展的制度安排

晚清政府组建的近代式的农务行政部门，通过行政手段调动各种生产要素的配置，制定和颁布代表国家意志的"兴农"举措，并在法律体制框架下强制性推行，合理配置农业资源，推进国家农业生产的发展。这是中国农业管理模式开始走向近代化的开端。

清政府所颁行的政令，无论是在对举办农业学堂之扶持，还是在对建立农事试验场之激劝，或是对举办新式农会社团之倡议，其意图均在于开通民智、兴农裕民。因而其制度安排与农业政策大多侧重对先进农业要素的引进，诸如良种、农机具、化学肥料等。自清末以来，历届政府都采用近代式农业行政管理代替封建时代

---

① ［清］朱寿朋：《光绪朝东华录》第4册，中华书局，1958年，4758～4759页。
② 廖一中、罗其容：《袁世凯奏议》，天津古籍出版社，1985年，852页。

向农民征收丁银田赋的管理，这不能不说是一种顺应时代变革的历史性进步。①

与清末相比，北洋政府时期的农业行政管理既有明显的继承性，又在晚清的基础上有了较大的推进。北洋政府的农业行政机构设置更为详备，农业政策的制定更加系统，对农业科技的引进和传播更为重视。

辛亥革命后，孙中山于1912年1月1日在南京成立的临时政府，内设一个实业部，主管农、工、商各业。三个月后，袁世凯窃取了临时大总统职位，将实业部分设为农林、工商二部。农林部下设总务厅和农务、垦牧、山林、水产四司。1913年，农林部与工商部合并为农商部，内设三司一局，其中农林司、渔牧司主管农业。农林司的职权涵盖原农林部农务司和山林司的全部，渔牧司包括原农林部水产司全部和垦牧司的畜牧部分。

清末状元张謇出任北洋政府农商部总长，在经济上实行棉铁政策，注重农业改良事业。在张謇主持农商部期间，国家自上而下设立了体系化的农政管理机构和农业研究推广机构，颁布一系列农业法规，促进了近代农业的发展。1924年8月，农商部颁布《农作物选种规则》，要求各地农业机关注意选用"各地方适用应有"和"将来经济有利益"的品种；1914年4月，颁布《植棉制糖牧羊奖励条例》，奖励扩充、改良植棉；1916年5月，咨文要求江苏、四川巡按使，要求地方官员"迅饬产丝各县，传谕乡民，或派员分赴各乡，广行劝导，务使饲蚕各户，安心饲养，并力求推广，以期制丝原料逐渐增加，将来输出旺盛，生计日裕。国课商业，亦交受其益"。复又训令上海茶叶会馆："查华茶输入美国逐年减少，惟上品红茶一项销路渐增，亟宜趁此时机，竭力改良种法、制法，以期增加产量。"北洋政府对于畜牧业，也劝谕提倡。1912年9月颁布《农林政要》，其中即有"输入大帮纯种牛、马、豚、羊，在北边荒地放牧，一面繁殖佳种，一面改良土种，以滋生多数之良种农用、军用马匹，振兴肉乳织造等事业"的条文。此外，北洋政府时期还设置了地方农政机构，规定由地方的劝业道（1912年）、实业司（1913—1915年）和实业厅（1915—1928年）等部门来掌管农牧林渔等事业。②

北伐战争后成立的南京国民政府，也加强了对农业生产的领导与控制。南京国民政府主管农业的机构，先是农矿部，后划出单独成立农业部。此外还有许多机构兼涉农政和农村社会经济，如当时的全国经济委员会下设农业处、棉业统制委员会、蚕丝改良委员会、农村建设委员会、水利委员会、土地委员会等。还有中央行政院直属的"农村复兴委员会"和农本局等。农村复兴委员会于1933年5月成立，

---

① 赵泉民：《论清末农业政策的近代化趋向》，《文史哲》2003年4期。
② 夏如冰：《北洋政府时期的农政机构与农业政策（1912—1928年）》，《南京农业大学学报》（社会科学版）2003年3期。

由行政院院长兼任委员长，内政、财政、实业、铁道、交通、教育各部部长及各委员会负责人为当然委员，蒋介石、汪精卫、孙科、宋子文、孔祥熙五人为常委。该会所处理的事项为：关于土地及其他不动产所有权之争执；被毁坏之地界的整理；所有权未确定及无主土地代行管理或官有荒地之管理；土地耕佃之分配及田租之决定；农村合作社之提倡等。农本局于 1936 年 9 月 17 日正式成立。该局是由实业部联合国内各银行共同组织的"全国性之农业金融与农产供销业务之促进机关"，"以调整农业产品流通农业资金借谋全国农村之发达为宗旨"，拥有掌管全国农产品运销及仓储事务、发行农业债券、发放农贷、组织合作金库、商定农产品车船运价等权力。

在推行农业发展政策的同时，国民政府在处理农业生产关系方面也颁布了一些政策举措。例如，1927 年 5 月 10 日，国民政府颁布《佃农保护法》，试图协调地主与佃农之间的利益和矛盾。该法规定："凡租种官有私有田圃、山场湖池、森林牧场等之佃农皆受本法保护"，未被规定田租不得超过收获量的 40％，禁止预租、押租、包佃、包租等，在一定程度上保护佃农的权益。1930 年 6 月，国民政府颁布了《土地法》，规定农地的租率最高限额为 37.5％。此外，还规定了新的土地税和出租土地的人不得收取预租押租等。①

第二节　农业发展条件

除了上述的制度和政策环境，近代社会还为农业发展注入了许多旷古未有的新要素新环境，例如，农产品的国内外贸易环境、农产品的交通物流环境、乡村教育职业培训环境以及新型城乡关系环境等。在传统社会，农业生产基本是自给自足、男耕女织的自然经济，农产品中除了以田赋名义征收的粮食需要通过漕运方式进行远距离流通，其余的所谓商品性农产品主要是本地市场的消费品。民间有"十里不贩樵，百里不粜粮"的说法，就是传统农业市场的真实写照。进入近代以后，随着机电交通工具如火车、轮船、汽车的出现，国际化农产品市场的形成，近代式乡村学堂教育和农民职业教育的发展，为农业生产和农民生活提供了前所未有的全新的社会环境。

一、近代农业的贸易环境

近代的国内外农产品贸易加速了中国自然经济的解体，促进了城乡商品经济的

---

① 邱松庆：《简评南京国民政府初建时期的农业政策》，《中国社会经济史研究》1999 年 4 期。

发展。但是，对于刚刚从传统农业中走出来的稚弱的旧中国农民，面对强大的西方列强和业已形成的不平等的贸易条件，所谓的农业对外贸易不可避免地带有半殖民地半封建社会特有的市场风险。近代中国在不平等条约体制下被动开展的对外贸易，由于还没有建立起对付外国不正当竞争的保护性屏障，常常沦落为外国倾销剩余农产品的场所，在许多情况下都会蒙受惨重的损失。

在传统经济向市场经济过渡中，农产品一直占据着旧中国市场的最大份额。例如，粮食商品率在 1840 年以前为 10％，1894 年为 15.8％，1920 年为 21.6％，呈不断提高趋势。但粮食还不是近代农产商品经济中的主要品种。由于近代轻纺工业的发展和出口贸易的增加，粮食之外的茶叶、蚕茧、棉花、烟草等主要农产品的商品率获得快速增长。1840—1894 年，主要农产品商品率年均增长率不足 1.3％，到 1895—1920 年，年均增长率为 1.6％，1920—1936 年约为 1.8％，这表明近代农产品商品化呈现加速发展的趋势。但是，这一组贸易数据同时也反映出中国近代农产品贸易，直到抗日战争全面爆发前，仍然没有大的改善，仍然不能与工业的发展相适应。1894 年全国埠际贸易额约为 14 亿元，比 1840 年增长 1.5 倍，年增长率1.8％；1920 年约 70 亿元，比 1894 年增长 4 倍，这一期间年增长率 6.4％，比甲午战争前高出了很多。[1]

不可否认，近代中国的对外贸易是一把双刃剑。在贸易环境比较正常的年份，给闭塞的中国农产品市场带来一些机遇，但是一旦发生世界性的经济危机或者国际动乱，就会成为外国剩余农产品倾销的场所，其结果会造成经济的巨大震荡甚至社会危机。

资本主义各国向中国农村转嫁危机的最直接措施是将本国剩余农产品倾销到中国市场。日本当时将其所剩米粮 150 万余石，运往中国各通商口岸削价倾销，其损失则由日本政府填补，又使台湾殖民当局将所剩"蓬莱米"50 万石，销往广东福建等地。[2] 当时，没有关税自主权的旧中国，大量的稻米、小麦、面粉、棉花等涌进了中国的市场，对中国农业生产和农民生活造成了空前的打击。

西方列强还利用不平等的国际政治秩序加强对中国的掠夺。经济危机发生后，他们对中国的争夺更为激烈，因为当时的世界大市场中，只剩下中国、印度、苏联三处。而印度是英国所决不愿抛弃的殖民地，苏联则受到社会主义国家权力的强力统制，资本主义势力根本无法染指，因此列强所欲争夺的唯一市场，只有积贫积弱的旧中国。[3]

---

① 许涤新、吴承明：《中国资本主义发展史》第二卷、第三卷，人民出版社，1990 年、1993 年。

② 宪文：《日米运华倾销》，《新中华杂志》1934 年 4 期。

③ 叶作舟：《日本对于我国与国联技术合作的反响》，《东方杂志》1933 年 17 卷。

由于西方列强的低价倾销，从 1932 年起，中国的农产品价格持续跌落，若以 1931 年农产品价格指数为 100，那么 1932 年为 89.76，1933 年为 75.47，1934 年为 70.30。三年间跌落了三分之一。农产品购买力也呈下降趋势，1931 年为 100，1932 年、1933 年、1934 年分别是 96.31、88.72、83.61。[①] 农村经济的严重滑坡促使广大农民愈益赤贫化，在天灾人祸的夹击之下，离村逃亡的人数增多，农村社会徘徊在崩溃与解体的边缘。[②]

这就是旧中国的农业商品化的市场环境，其中充满着随时发生的政治风险、经济风险和技术风险。

二、近代农产品的流通运输变化

近代影响农业生产和农产品流通的社会环境中，交通运输方式的改变是重要因素之一。特别是陆路运输的铁路公路和机动轮船的海运业的快速发展，从多个方面对农业、农村和农民生活产生了亘古未有的深刻影响，甚至在一些地方引至农业布局和村庄兴废的历史变化。本部分仅以近代铁路为例，详述交通物流环境对于农业的影响。

1804 年，英国工程师理查德·特里维希克（Richard Trevithick，1771—1833）发明了世界上第一台实用性轮轨蒸汽机车。1825 年，英国的达灵顿—斯托克顿修筑了世界上第一条行驶蒸汽机车的永久性铁路。这之后，铁路便在英国和世界各地通行起来，几乎成为世界交通的主导者。进入 20 世纪后，飞机和汽车作为后来者与铁路一道分享人类交通的盛宴。

中国从 1874 年就提出了修筑铁路的奏议，此时距离英国第一条铁路的运营只有 50 年。由此可以说，在交通近代化的起步阶段，我们的先辈与世界的先进交通文明相距并不远。直到 1949 年 10 月中华人民共和国成立，中国的近代铁路事业经历了 75 年，可以分为五个时期：一是 1874 年从事洋务活动的清朝封疆大吏，为海防、漕运需要而提出修筑铁路的要求。而正在清政府对于筑路举棋不定之时，西方列强无视中国主权，擅自在上海兴建吴淞铁路。清政府在当时的社会舆论压力之下，一方面赎回并拆毁了吴淞铁路，另一方面又允许作为运煤工具的唐胥铁路以及台湾省铁路的兴筑，并由总理海军事务衙门兼领铁路事宜。二是 1903 年清政府开放铁路修筑权，制定了官办铁路、借债筑路的政策，批准设立了中国铁路总公司，

---

① 张培刚：《民国二十三年的中国农业经济》，《东方杂志》1935 年 13 卷。

② 汪效驷：《1929—1933 年世界经济危机对中国农村的影响》，《安徽师范大学学报》（人文社会科学版）2004 年 32 卷 3 期。

芦汉铁路、粤汉铁路、关东铁路、沪宁铁路、津浦铁路相继借债兴筑；同时，西方列强修筑了东省铁路、胶济铁路、滇越铁路。三是1903年以后，清政府宣布统领路政，颁布《铁路建明章程》，允许华商集股筑路，由此各省铁路公司纷纷创设，民办铁路兴起，有潮汕铁路、漳厦铁路、新宁铁路等民办铁路。詹天佑主持设计建造的京张铁路，表明中国工程师筑路技术的进步。1911年清政府以铁路干线国有为名，收回铁路修筑权并出让给外国列强，引起各省人民的保路运动，由此触发了辛亥武昌起义。四是北洋政府宣布取缔民办铁路，继续借债筑路，加上军阀纷争、政局动荡，使得中国铁路事业进入低潮。五是国民政府在"振兴实业"的旗号下制定了铁道建设计划和中外合资筑路政策，并为此进行了铁路路务整顿和铁路外债整理，出现了中国近代铁路建设新高潮，有浙赣铁路、粤汉铁路、陇海铁路等重要铁路干线和钱塘江大桥、南京铁路轮渡等重要铁路工程相继建成。日本帝国主义侵华期间，在中国东北和台湾擅自修筑大量铁路。1949年新中国成立，中国铁路路权发生了根本性变革，中国近代铁路史至此终结。[1]

1876—1948年，中国境内共建成铁路干线58条，全长23 443.21公里，连同各路支线，共计24 945.52公里。[2] 这些对促进中国的经济与商贸发展无疑起到了积极推动作用。铁路运输大大便利了"商旅之往来，货物之转运"[3]，加强了农村与城市及港口的联系，为农产品、工业原料运往城镇、港口，工业品运往农村提供了交通运输的便利，商品流通量大增。铁路设置之后，由于运输时间的减少，顿使内陆腹地、边远地区与沿海港口城市的联系密切起来，农村与城市、港口也有了密切联系，为农产品运往城镇、港口提供了交通运输的便利，使农产品的出售量大大增加。

例如，京绥铁路通车之后，沿线的80%商品性谷物都由京绥铁路转运到京汉、津浦、京奉等铁路沿线销售。远处西北的河套地区盛产珍稀杂粮，铁路通至包头后，杂粮云集包头，由火车外运，销路大开，一直运销到北京、天津等地。内蒙古的丰镇、集宁等地出产的油料种子和胡麻等，也经由铁路运销到北京和天津地区。青海、宁夏、内蒙古各地的驼毛、羊毛，新疆的棉花、葡萄干，甘肃的药材，也辗转通过陇海、京绥铁路，运销北京、天津、上海、武汉等地。陕西出产的棉花，云集陇海铁路转道京汉、津浦各线运销郑州、汉口、天津、上海等各大市场，"达棉产区外运棉花的99%"。[4] 河南、河北、山东等省出产的棉花，向来以自给为主，铁路修通之后，外运量大增。到20世纪20年代末，华北地区棉产区出产的棉花运

---

① 杨永刚：《中国近代铁路史》，上海书店出版社，1997年。

② 严中平：《中国近代经济史统计资料选辑》，科学出版社，1955年，171～180页。

③ 民国《昌黎县志·风土志》。

④ 中东铁路特区路警处：《中东铁路各站调查书》，1930年。

往天津、青岛等沿海商埠销售的约占收购总量的75%。①

铁路把农村中分散经营的个体农民引向了市场。河南、山东等地农村，向来有种植花生的习惯。自京汉、汴洛两铁路开通后，外国花生种子纷纷传入，产量大增。当时的农业调查资料记述道："民间多乐种之，每亩平均收成，可得百斤，获利较五谷为优厚，荒沙之区，向所弃置之地，今皆播种棉花，而野无旷土矣。民国以来，渐为出口土货之大宗物产。"还有一向以种植稻米、茶叶、甘蔗、蚕桑为主的江南地区，随着铁路的修筑和国际市场的变化，农作物种植状况也随之发生了变化，最为显著的是植棉面积的日渐扩大。以至长江和汉水流域，凡是各铁道线附近之地，海滨淤泥积涨之土，都成为植棉之地。②

总之，近代铁路运营加速了中国自然经济的解体，同时也在一定程度上促进了中国资本主义的发展。与铁路兴建关系密切的农产品商品化，虽然带有半殖民地性质，却也促进了中国资本主义的缓慢发展，这是符合当时中国社会发展方向的。铁路作为近代工业文明被植入传统农业社会，它既是中国近代社会转型的产物，又在相当程度上推动了中国近代社会的转型。③

与铁路运输形成水陆并驱局面的是轮船业。1829年，英属麦金托士洋行的小轮"福士号"（Forbes）第一次在中国领海水域出现。鸦片战争以后，华南沿海一带外商小轮迅速增加，活动范围逐步由省港地区向福建以及上海扩大。第二次鸦片战争以后，随着侵略者特权的扩大，外商在华轮运势力以前所未有的速度急骤扩张起来。仅仅在中国江海航线的航运企业就有旗昌轮船公司、德忌利士轮船公司（后改组为道格拉斯火轮公司）、公正轮船公司、省港澳轮船公司、北清轮船公司、太古轮船公司、华海轮船公司、杨子轮船公司、怡和轮船公司等。④

1855年黄河改道使大运河断航，标志着运河作为南北粮食运输主干道的功能彻底丧失。从此，北方地区的粮食运输途径发生重大变化，海上运输兴起，促进了中华民族轮船业的发展，轮船由1900年481艘，增加至1912年2 332艘。⑤进入民国时期以后，特别是北伐战争胜利后，中国轮船航运业在与列强航运势力的斗争中取得一定进展，处境有所改善。在1920年改组以后，轮船招商局和民生公司是

---

① 李占才：《铁路与近代中国农业生产的商品化区域化趋向》，《铁道师院学报》1997年14卷5期。

② 章有义：《中国近代农业史资料》 第2辑 1912—1927》，生活·读书·新知三联书店，1957年，133页。

③ 张明艳：《中国近代铁路的修建与农产品商品化率的提高》，《中国市场》2010年32期。

④ 〔美〕W. A. 哈维兰：《香港、珠江早期轮船业》，《美国海事杂志》1962年22卷1期，5~6页。

⑤ 樊百川：《中国轮船航运业的兴起》，四川人民出版社，1985年。

这时期中国轮船航运业发展中两个具有代表性的典型。

1867 年在总理衙门和曾国藩的来往信件中，已提到通商口岸有不少商人购买或租雇洋船而又寄名在洋商名下。这种现象使清政府不得不开放购买或租雇洋船的禁令。一些商人提出由中国人自组新式轮船企业。李鸿章在《论试办轮船招商》中说："目下既无官造商船在内，自无庸官商合办，应仍官督商办，由官总其大纲，察其利病，而听该商董等自立条议，悦服众商。"结果是当时拥有政治实权的李鸿章得到清廷的许可，于 1872 年成立轮船招商局。国民政府时期，招商局已走过了半个多世纪的历史，是中国当时的航业界老人。

民生公司由我国著名爱国实业家、教育家、社会改革家卢作孚先生于 1925 年在合川创办，1952 年公私合营，结束经营。民生公司的历程从一个方面证明，中华民族的传统中，孕育着强大的活力和创新能力，这种能力不仅在传统经济中创造过辉煌文明，在现代商品经济和市场经济的进程中，同样能够创造奇迹。①

此外，成立于 1927 年以前的虞洽卿的三北轮船公司，到 1936 年，其家族的轮船数已达 52 艘 67 850 吨，成为国内实力仅次于招商局的航业集团。②

据 1936 年对全国轮船公司的调查，500 总吨以上的有 64 家，其中 1927 年以后成立的 42 家，拥有轮船 81 艘 15 114 吨。到 1936 年，中国已拥有 5 000 吨以上的大中型轮船公司 27 家。其中，拥有万吨以上的轮船公司 14 家，除原有的招商局、政记、民生、三北、鸿安、宁兴等公司，新成立的大中型轮船公司占了大部分。1933—1934 年，从海关收回了航业管理权，建立了交通部直属的上海、天津、广州、汉口和哈尔滨五大航政局，统管全国航政工作，收回了长期旁落的航政主权。③

与铁路、轮船相比，汽车运输在近代化要迟缓落后很多。1917 年中国出现的第一家专业汽车运输公司是张库汽车运输公司，经营张家口至库伦（今蒙古国乌兰巴托）间的运输业务。其后，不断有华商和外商的汽车运输公司设立。国民政府成立后，逐渐掌握汽车运输业务，主要供军用。全面抗日战争爆发后，成立了西北、西南物资运输处，有中国运输公司、复兴公司等庞大的官僚资本运输机构，几乎垄断了全国的汽车货物运输业务。史料记载，全面抗日战争时期，全国约有汽车 3 万余辆，货物周转量每年约 1 亿吨·公里。1946 年全国有公私汽车（包括客车、货车、轻便车）共 74 899 辆，1947 年货物周转量为 4 亿吨·公里。当时中国每 100

---

① ③　朱荫贵：《1927—1937 年的中国轮船航运业》，《中国经济史研究》2000 年 1 期。

②　《航业年鉴》1937 年 8 月，259 页，转引自高廷梓：《中国航政建设》，商务印书馆，1947 年，212 页。

公里公路拥有汽车 0.58 辆，而同年美国为 6.07 辆。[①] 因此，近代的汽车运输业对于农业商品化影响甚微。

总之，近代以来，先后引进了铁路、轮船、机器、电力以及西方科技知识等，体现了人类的最新文明成果的应用和传播，其影响所及绝不限于社会表象发生了变异，而是在外来势力的强劲冲击下，使封建社会朝野上下都感受到剧烈的震动。从这时起，中国古老的封建社会无论在经济上、政治上乃至文化上都出现了前所未有的变局。[②] 近代农业就是在这样的时代背景下嬗变和新生。这就是近代社会赖以生长发展的环境。

三、乡村新式教育的发展

在影响农业发展的诸多要素中，农民的文化素质提高，是至为重要的因素之一。在封建社会，历来多是"学者不农、农者不学"。也就是说，在通常情况下，读书人不去种地，而种地的农民多不识字。虽然封建社会有"耕读传家"的理想愿景，提倡通过力农致富，然后供子孙读书求功名、进仕途，但最终还是要脱离农村，脱离农民。而且能够供子女读书的人家，也不是一般意义上的农民，至少也是乡村中的富裕农民或者住在乡村的庶民地主。直到近代，乡村中"农者不学"的情况才逐渐有所改变，尤其是晚清举办学堂教育以来，一些经济比较发达的地区或者风气开化比较早的乡村，能够接受基础教育的农民子弟逐渐多起来。乡村教育是五四运动以后勃然兴起的一种教育思潮和教育运动，成为近代农村社会环境划时代的巨大变化。

清朝末期，一些把教育看作社会改良动力的有识之士积极推动科举制度改革，建立新式学堂，推行新学制。维新人士对改革小学教育尤为重视，并主张实施义务教育。废除科举后，不少乡村也创办了学堂。

1915 年以后，随着新文化运动的兴起、国内经济结构的变化和西方教育理论、教育制度影响的日益加深，教育改革兴起，产生了一部比较完善的学制——壬戌学制。职业教育受到了重视，高等教育得到了发展。这期间出现许多新式教育思想，如蔡元培的美感教育、黄炎培的职业教育等。他们强调教育的平民性、实用性、科学性、教育对象的主动性和自觉性。近代教育特别是乡村教育的发展，对于促进近代农业的发展、改善农民的生活状态，促进城乡资源特别是劳动力资源的社会流

---

① 交通部中国公路交通史编审委员会：《中国公路史》第一册，人民交通出版社，1990 年，2~3 页。

② 聂宝璋：《轮船的引进与中国近代化》，《近代史研究》1988 年 2 期。

动，都起到了某些积极的作用。

中国近代最早关注乡村教育的是李大钊和余家菊等人。李大钊在 1919 年发表的《青年与农村》中说："我们中国是一个农国，大多数的劳工阶级就是那些农民。……农村中绝不见知识阶级的足迹，也就成了地狱，把那清新雅洁的田园生活，都埋没在黑暗的地狱里面。"因此，他号召知识青年到农村去，"青年多多的还了农村，那农村的生活就有改进的希望；只要农村生活有了改进的效果，那社会组织就有进步了"，"去作开发农村、改善农民生活的事业"，"把现代的新文明，从根底输到社会里面"。① 余家菊是中国近代最早提出乡村教育系统理论的乡村教育家。余家菊自幼生长于乡村，对于乡村生活有切身体验，由于受五四时期西方民主思潮的影响，使他较早地认识到乡村教育对于救济乡村社会危机的重要意义。"地方多一个无教育的人，那个地方就多一些危险。"② 1919 年余家菊发表于《中华教育界》的《乡村教育的危机》一文代表其关注乡村教育之始，那么，随后 1920 年发表的《乡村生活的彻底观察》一文则表明其研究乡村教育的决心和信心，也为其乡村教育思想的形成提供了有力的事实依据。1921 年和 1922 年发表的《乡村教育运动的涵义和方向》及《乡村教育的实际问题》二文中，余家菊则更加深入地研究了乡村教育，并开始形成其独有的思想和理论体系。③

中国近代乡村教育的最早践行者是 1886 年出生于一个旧式"晋绅之家"的乡村教育家王拱璧。王拱璧 1917 年获得公费资助东渡日本，入东京早稻田大学研习教育学。1920 年春学成回国，回到他的家乡河南西华县孝武营村开展乡村教育。1920 年 10 月，王拱璧得到家乡村自治会的支持，创办了一所青年公学，将"人人爱劳动，人人爱读书"的农教合一的理想变成了由他自任校长的乡村学校。该校最初只设有小学部，1925 年增设中学部，并逐步发展成为河南最早的农村中学。④

在推动乡村的青少年学历教育、公民教育和职业教育过程中，20 世纪二三十年代的乡村建设活动家们居功至伟。例如，1923 年成立的中华平民教育促进会（简称"平教会"），同当时众多的民间社团一样，缘起于社会疲弊、民生困顿之时，立志于革故鼎新、复兴中华之业。1926 年秋，平教会决定把设在北京的总部迁往定县。随同本部迁往河北定县参加乡村建设的达 700 多人，其中多数是留学归国的博士、教授，有的甚至放弃了大学校长职位。动员如此庞大的知识分子精英来到乡村，是为了实现"以图了解人民，探索救国的方略与道路"的平生夙愿。

① 李大钊：《青年与农村》，《晨报》1919 年 2 月 20—23 日。
② 余家菊：《余家菊景陶先生教育论文集》下册，台北慧炬出版社，1997 年，359 页。
③ 闻洁：《余家菊乡村教育思想述评》，《华中师范大学学报》（人文社会科学版）2000 年 5 期。
④ 王金玉、窦克武：《王拱璧"新村生活"述评》，《郑州大学学报》（哲学社会科学版）1987 年 4 期。

另一支由 100 多名知识分子组成的乡村建设队伍，在梁漱溟思想和行动的感召下，投身于山东邹平的乡村建设运动。他们中也不乏知名教授、学者，有的是青年夫妇。而梁漱溟本人不但要经常授课，勤于著述，外出视察、开会，还要接待国内外来参观的客人，几次因劳累而病倒。但他自己却乐此不疲。梁漱溟为山东乡村建设研究院农场撰写过一副对联："与马牛羊鸡犬豕做朋友，对稻粱菽麦黍稷下功夫"，可见其从事乡村建设的态度和热情。

与晏阳初、梁漱溟并道同行的还有黄炎培。1914 年 2 月至 1917 年春，时任江苏省教育会副会长的黄炎培，在考察国内外的教育现状之后，提出了"使无业者有业，使有业者乐业"的理念。职业教育社实施的职业教育实际上是面向广大民众的谋生教育，提出了"增加生产从教育入手"的主张，注重改造农村教育和提升农民生活水平。[①]

近代著名教育家陶行知（本名陶文濬）提出了一套完整的乡村教育改造理论并付诸实践，树起了近代乡村教育的一面旗帜。青年时期，陶行知在金陵大学毕业后赴美留学，其先入伊利诺伊大学学市政，半年后转入哥伦比亚大学，师从美国著名教育学家杜威，研习教育学。1923 年与晏阳初等人发起成立中华平民教育促进会总会，旋即赴各地开办平民识字读书处和平民学校，推动平民教育运动。1926 年起草发表《中华教育改进社改造全国乡村教育宣言》。1927 年创办晓庄学校。1932 年创办生活教育社及山海工学团，立志通过举办教育来改善人民的生活。陶行知有许多教育名言流传于世，如"农不重师，则农必破产；工不重师，则工必粗陋；国民不重师，则国必不能富强；人类不重师，则世界不得太平"，"活的乡村教育要教人生利，他要叫荒山成林，叫瘠地长五谷。他教人人都能自立、自治、自卫。他要叫乡村变为西天乐园，村民都变为快乐的活神仙"等。出生于农村的陶行知，对乡村有着不解之缘。他很早就关注乡村教育事业，倾一生精力来促进和发展乡村教育事业和乡村教师的培养，是中国践行乡村教育理念的先驱者之一。[②]

江南著名女教育家俞庆棠，1919 年赴美哥伦比亚大学教育学院深造，回国后出任上海大夏大学教授。1927 年任南京第四中山大学（后改为中央大学）教授兼扩充教育处处长，提出大力推行民众教育的主张。1928 年，创办了以培养民众教育师资为宗旨的江苏省立教育学院。该院在短时间内即在民众教育特别是乡村教育领域取得巨大成效，在当时产生了很大的影响，使民众教育的理念很快由江苏推广到全国，俞庆棠也因此被誉为"民众教育的保姆"。1933 年 12 月，她发起成立中国社会教育社，被选为常务理事兼总干事，创设河南洛阳、广东花县两个民众教育

---

① 苗春德：《中国近代乡村教育史》，人民教育出版社，2004 年，95～97 页。
② 苗春德：《中国近代乡村教育史》，人民教育出版社，2004 年，128～130 页。

实验区。抗日战争胜利后，俞庆棠在上海指导创办了 140 多所民众学校。1947 年出任联合国教科文组织中国委员会委员。1949 年 5 月，她应邀回国，作为教育界的代表出席中国人民政治协商会议第一届会议，被任命为教育部社会教育司司长。由于辛劳过度，不幸于 1949 年 12 月 4 日晚患脑出血逝世，终年 52 岁。

地处祖国边陲的广西民族地区的近代著名教育家雷沛鸿，1919 年赴美留学，获哈佛大学博士学位后回国。雷沛鸿主张教育改造与社会改造相结合，改造旧教育、建设新教育。在中华民族面临危急关头的 20 世纪三四十年代，雷沛鸿在广西大刀阔斧地推进教育改革，创建国民教育体系，促进社会改革、振兴民族精神。雷沛鸿倡导和推行国民基础教育运动，发展国民中学教育。以大众教育化为方针，促进了广西教育事业的发展，在全国产生了积极影响。1933 年，雷沛鸿在家乡南宁津头村，利用祖祠雷氏宗祠及家族地产，创办了广西普及国民基础教育研究院，培训广西各县市的教育行政干部和各地乡村学校师资，编写中小学和扫盲运动教材等。著名教育家胡适和陶行知曾亲临广西考察并大加赞许。①

除了上述的民间教育家的倡导和实践，近代历届政府也在一定程度上举办了一些乡村教育事业，同样在改变农村落后面貌方面取得了一些业绩，这是应当给予肯定的。例如，在中国较早开展近代学堂教育的华北地区，在晚清和北洋政府时期，即大力兴办新式国民学堂，推进了农村教育的发展。光绪三十一年（1905），山东巡抚杨士骧因为本省官立、公立学堂甚少，札饬各州县速立初等小学堂 30 所，"如有因循，即予参办"。② 至宣统元年（1909），山东省内的小学堂增至 3 856 所，学生增至 56 836 人。河南省的学堂总数达 2 405 所，学生人数达 81 304 人。③ 在直隶宣化县，1902—1907 年，新建和改建中小学堂达 29 所。④ 安平县的初等小学学生达到 4 000 余人。⑤ 国民政府通过没收庙产兴学，征收教育附加，发展乡村教育。1928 年 1 月，河南省政府颁发庙产兴学通令，7 月，复决定每丁银一两附加教育费二角至八角，"因而地方教育款项得有巨量之增加，而乡村各初级小学亦定考察成绩优劣，按等给予补助费办法，因而逐渐发展"。1929—1933 年，初小学生人数即由 556 000 人增至 1 149 000 人。

国民政府注意建立乡村教育经费收支制度，打击土豪劣绅侵占教育经费的行

---

① 苗春德：《中国近代乡村教育史》，人民教育出版社，2004 年，188～191 页。

② 《顺天时报》1905 年 11 月 15 日。

③ 清学部第一、二、三次教育统计，转引自陈启天：《近代中国教育史》第 10 章，台北中华书局，1979 年。

④ 光绪《宣化县乡土志·教育》。

⑤ 《安平县为筹建初等小学堂招考学生贴补学费详请学司批示立案文并批》，《北洋公牍类纂》卷一〇《学务》一，10 页。

为。河北省各县由县长选任著名绅士组成教育董事会，筹划教育经费，保管教育财产，审核县教育的预算与决算。各村也都有由村长佐、学董及村内其他领袖组织的教育董事会，职权为管理本村学款，并造具清册，报交教育局审核。

经过近代百余年的持续努力，几代教育家的辛勤奉献，中国的乡村教育从无到有，从点到面，奠定了乡村教育的基本格局。这一时期，至少为一部分农村青少年和一部分农民提供了最基础的初等教育或职业教育，同时也为闭塞的传统乡村打开了一扇文明的窗口。通过新式教育，一些农村中的农民提高了接受近代农业科技的能力，适应市场商品经济的能力以及外出进入城镇工厂谋生的能力。近代乡村教育构成了乡村发展的一个新要素、新环境。

第三节　人口与耕地

在中国历史上，清代人口的增长是空前的。在此以前，宋代及宋、金对峙时期总人口达到或超过 1 亿，而后在明代鼎盛时达到 1.5 亿，但从未突破 2 亿大关。清代人口不仅超出 2 亿，甚至还在此基础上翻了一番，进而奠定了近现代中国人口发展规模的基础。[①]

一、人口状况

中国近代人口指从 1840 年鸦片战争起至 1949 年中华人民共和国成立前的人口概况。有关中国近代的人口统计，文献繁芜，参差错讹，如不作修订考证，大多不可直接引以为据。整个近代的 109 年，几乎都是在兵燹连年、天灾人祸中度过，因此像人口统计这类需要动员社会各方参与的全局性工作，基本不具备开展的条件。其间，清政府也做过按年查报人口的工作，但是相关的档案中，每年都有漏报省份，而上报的省份中，也有漏报的府县。其中也有臆测虚拟的成分，所以统计的数字并非全国人口实际数量。进入民国以后，更由于军阀割据，没有形成统一的中央集权的政府，未能举办具有统计学意义的人口查报，偶尔有一些政府部门或个别学者作了一些局部的调查。近年，国内外的人口学者对中国近代人口进行了大量的考订和研究，大致厘清了"中国近代人口"这本糊涂账。

（一）人口数量

从中国历史长河中观察，清代是人口快速增长的转折时期，而近代又是在人口

---

① 姜涛：《中国近代人口史》，浙江人民出版社，1993 年，9 页。

高台上发生剧烈起伏跌宕的阶段。中国自汉代就有了官方的全国人口记录，此后直至明代的大约 15 个世纪中，中国核心版图内的人口总数，在大多数年代，基本在 2 000 万～6 000 万波动。其间曾出现过几次太平盛世的人口峰值。

人口史专家考证，明代后期，也就是 1620 年前后，中国的人口达到 1.6 亿左右，这是古代时期所达到的人口峰值。但是不久就发生的明末变局，社会再次陷入大动乱大变革中，杀戮、瘟疫、天灾等祸乱交加，全国人口瞬间锐减。到清朝初期的 1650 年，全国人口降为 0.9 亿，这是明清之际的人口最低值。此后，随着清朝统治的稳固，社会经济逐渐恢复和发展，于是在 1680 年前后，人口增长到 1 亿，平均年增长率约为 3.5%。再往后，1700 年，全国人口增长到 1.3 亿；1740 年前后，全国人口达到 2 亿。1680—1740 年平均年增长率约为 11.6%。[1]

清朝人口快速增长，与当时的社会经济环境有着密切关系。其中主要的一点，就是农业税收和人口税的政策变革。康熙五十一年（1712），颁行了"盛世滋生人丁，永不加赋"政策，就是以康熙五十年的全国人丁户口数为基准数，以后增加的人丁户口，不再承担丁役，免除了新增人口的劳役税。到雍正年间，进一步实行了"摊丁入亩"的农业税收政策，干脆彻底取消了封建社会延续几千年的人丁税。以上这些政策举措对人口统计数量的改变来自两个方面：一是刺激了人口生育，即人口的进补性增加；二是把此前为了避税而隐匿的存量人口进入了官方的统计册簿之中，使人口统计的数据第一次接近真实的情况。因此，雍正以后出现的人口数据快速增加的情况，不能单一地理解为出生率的增长，其中相当一部分数据来自原有的隐匿存量，至于二者之间的比重，已经无法详考。乾隆六年（1741），中国人口一举突破有史以来的 2 亿大关。[2] 到鸦片战争爆发的 1840 年，全国人口总数达到 4.13 亿。[3] 这就是中国近代人口的基数和起点。

1840 年鸦片战争之后，中国步入了半殖民地半封建的近代社会，人口的发展也进入了一个新的历史时期。从 1840 年的鸦片战争到 1919 年的五四运动的 80 年间中国人口数量的发展，大致经历了三个时期。

1. 鸦片战争后的 10 年是人口续增时期 在清代中叶人口猛增的基础上，这一期间全国人口仍呈继续增长的态势。1845 年，全国人口为 4.21 亿；1851 年达到 4.31 亿，这是清代人口增长的最高点。人口增长的原因大致有三：一是人口基数较大。在没有重大天灾人祸和大量人口外迁的情况下，人口再生产会循着增长惯性

---

① 姜涛：《中国近代人口史》，浙江人民出版社，1993 年，29 页。

② 李文治：《中国近代农业史资料 第 1 辑 1840—1911》，生活·读书·新知三联书店，1957 年，7 页。

③ 梁方仲：《中国历代户口、田地、田赋统计》，上海人民出版社，1980 年，254 页。但是根据前引姜涛《中国近代人口史》的推算，1840 年全国人口的修正值应是 4.3 亿。

自然增加。鸦片战争前中国人口已超过 4 亿，虽然此间增长速度大为减慢，但续增却是符合人口再生产规律的。二是清中叶刺激人口增长的一系列经济政策持续发生作用。"滋生人丁，永不加赋"和"摊丁入亩"等政策的实施，一部分隐匿人口变成了户籍册簿的统计人口。三是近代化早期，虽然资本主义侵略势力打开了中国闭关自守的大门，但它并未促使中国传统的自给自足的自然经济立即瓦解，因而对全国的人口增长的影响不大。

2. 太平天国时期的十余年是人口耗减时期 咸丰元年（1851），太平天国农民起义爆发，与此同时，北方的捻军起义，西北地区的回民起义以及边疆各地的少数民族起义，与太平天国遥相呼应，连成一片，农民起义前后持续十余年之久。这是中国近代人口下降的转折点。同治六年（1867），全国人口总数下降为 2.56 亿（其中有因战乱而统计缺漏的情况）。在战祸波及的主要地区，人口锐减更多。如江苏省 1851—1874 年人口由 0.44 亿减少到 0.20 亿；浙江省在册人口从 1851 年的 3 000 万下降到 1865 年的 640 万。其余的如安徽、甘肃、陕西、广西、直隶等地区人口总数均大量耗减。当然，这一时期，人口统计的缺失，地方册报的不实，都不免使具体数字失之准确。

3. 晚清最后统治的十余年及北洋军阀统治的最初十余年是人口起伏时期 太平天国起义平息以后，清政府开始推行"同光新政"，逐渐恢复社会秩序，奖励垦荒，发展生产。社会经济又逐渐复苏，人口数量也在缓慢出现回升。光绪元年（1875），全国人口总数回升为 3.23 亿。20 世纪初达到 4.26 亿。民国初年，全国人口总数曾有一度的回升，1919 年曾达到 4.5 亿。[①]

民国时期以后，在人口史上属于一个动荡的过渡时期。由于连年战乱，自然灾害频仍，这一时期全国人口的死亡率很高，人口增长极其缓慢。但在此期间，具备统计学意义的近代人口统计事业已渐次形成，若干官方或非官方的机构，曾有过各种形式的人口调查与统计。北洋政府曾数次下令进行全国人口调查。1928 年，南京国民政府也曾下令各省市办理人口调查。然而，由于缺乏安定的和平环境和健全的组织措施，这类人口调查在很多地方并没有得到认真的贯彻执行。抗日战争胜利后，国民政府再一次将全国人口普查提上议事日程，但因发动了全国规模的反革命的国内战争的爆发而始终未能如愿。因此，民国时期的中国人口数量始终是一个谜。虽然现存有大量的民国时期人口统计数字，但是这些数字来源复杂，彼此矛盾。根据 1953 年第一次全国人口普查公报显示的全国人口总数为 601 938 035 人（概数 6.02 亿）回溯，则新中国成立时（1949 年）的人口总数当在 5.5 亿以上。而民国后期社会上通行的"四万万五千万同胞"的说法，至少低估了 1 亿人口。

---

① 行龙：《中国近代人口数量及其分布》，《历史教学》1989 年 11 期，25～29 页。

(二) 人口分布

人口的分布，指一定时间内的人口地理分布状况，受地理环境以及社会政治、经济、军事等诸多因素的制约。随着人口演进过程及其影响因素的变化，人口的空间分布也处在不断的发展变化过程中，并表现出不同时期的不同特点。进入近代以后，全国人口总数达到了历史上的最高水平，而人口分布的重心明显偏于东南地区。其间经历太平天国起义的农民战争以及内地人口不断向边疆和海外的流迁，到清末，东西地区的人口分布的差距有所缩小。

咸丰元年（1851）是清代人口的峰值年份，全国人口总数为 4.31 亿。当时中国的陆地国土面积约为 535 万千米^2，人口平均密度为 81 人/千米^2。其中，江苏省448 人/千米^2，为人口密度最高之省份。其他如浙江、安徽、山东分别以 310 人/千米^2、232 人/千米^2 和 225 人/千米^2 的密度依次列后。大致上，山东以南各沿海省份，人口密度均超过或接近 100 人/千米^2。而在面积辽阔的西部和北部诸省，如奉天（今沈阳市）、吉林、陕西、甘肃、新疆、广西、云南、贵州等省均在 100 人/千米^2 以下，新疆甚至低于 1 人/千米^2。若以东经111°为界，此线以西占国土总面积大约为五分之三，人口总数却只占五分之一，平均密度与东部相差近 5 倍。

全国而言，总的人口分布呈现从沿海向内地递减的趋向。在华南，从广东经广西到云南，由 122 人/千米^2 锐减到 16 人/千米^2，往北，从福建经江西、湖南到贵州，由 172 人/千米^2 递减到 31 人/千米^2；在长江两岸，从江苏经安徽、湖北到四川，由 448 人/千米^2 递减到 84 人/千米^2。在黄河西岸，从山东经河南、山西、陕西到甘肃，也由 225 人/千米^2 递减到 32 人/千米^2。[①]

民国时期新设立的省份，人口都有较大幅度的增长。这不仅是因为这些省份都程度不等地吸收了大量的内地移民人口，同时也由于对当地少数民族人口加强了统计，使原先未入户籍登记的人口成为"编户人口"。尽管如此，西南地区仍有部分少数民族人口未能计入。1953 年人口普查时，云南、贵州、广西等省份人口大幅度增长，从而大大提高了它们在全国人口中所占的比重，很重要的原因就在于第一次科学全面地调查了少数民族人口。

北方各省区人口比重的持续上升与东北、内蒙古、新疆等地，尤其是东北地区继续接受大量移民人口有关。近代工矿业的兴起，无疑也是北方地区赖以维持较多人口的一个重要因素。南方各省人口比重的下降，看来与战争摧残（如江西等省）及大量人口迁往海外（如广东、福建）有关。不过，民国时期南北人口分布比重的相对变动，似乎带有某种回归的性质，即恢复或接近 18 世纪中叶清代乾隆年间的

---

① 行龙：《中国近代人口数量及其分布》，《历史教学》1989 年 11 期，25～29 页。

南北人口之比，而并没有从根本上改变中国人口分布的南重北轻的态势。[①]

（三）人口迁移

在影响人口空间分布的变动要素中，大规模、大范围的定向迁移是重要变量之一。历史上，中国人口迁移的规律，主要表现为从核心区域向四周边疆的扩散性迁移。北方的人口迁移，基本是以中原为中心的辐射状外迁，少数时代曾出现向南方地区的群体性迁徙。在清代，包括直隶、山东、河南、山西、陕西以及甘肃东部，都是中国历史上人口比较密集的地区，也是中国农业经济比较发达的地区。中原地区与东北、内蒙古地区比邻，并以河西走廊与新疆相通。近代以来，中原地区出现了生态恶化、灾害频仍、资源枯竭、人满为患的恶性循环局面。在人口不断增殖和生态环境严重退化的双重压力下，中原地区成为清代北方人口的主要迁出地。

近代以来，中原人口的迁移去向，主要有如下几个方向：

一是向东北迁移。清朝满族入主北京，从东北地区浩浩荡荡上百万人"罄国入关"，一度致使东北地区出现了人丁散去、田园荒芜的反常景象。清政府很快发现了这个"根基虚空、退无所守"的危险隐患。为了巩固"龙兴之地"的战略后方，从顺治元年到康熙六年（1644—1667）的20余年间，清政府采取招民开垦的优惠政策，招募关内人口迁往辽东等地居住耕作。顺治十年（1653）正式颁布《辽东招民开垦例》，除给应募者种种优惠，且以招民多少作为授予文武职官的依据。一时间，"燕鲁穷氓闻风踵至"，辽东经济得到一定的恢复和发展。

中日甲午战争时东北遭受日本侵略军的摧残，人口增长速率因而明显比咸丰时期以前下降，但其绝对数的增长仍十分惊人，说明仍有大量人口迁来。光绪三十三年（1907），整个东北三省的统计人口已高达1 445万。宣统三年（1911）户口调查，东北三省为278万户、1 841万人。

二是向内蒙古迁移。直隶、山西等省，及长城以外的内蒙古地区，清初即有华北各地的汉族人民前往垦地、经商或从事手工业劳动。"闯关东"（出古北口、喜峰口和山海关）的行列中，有不少实际上只是到内蒙古东部的昭乌达盟等地。还有不少人则"走西口"（出山西杀虎口）来到归绥和河套地区。开始时多是春去秋归，谓之"雁行"客户；渐有不少人家就地定居下来。19世纪末，在东北地区因面临沙俄侵略威胁而大举移民实边，内蒙古地区也开始放垦。光绪二十五年（1899），黑龙江将军恩泽奏称："以愚虑度之，若自大东以至大西，使沿边各蒙旗均能招民垦荒，则富强可期。一带长城，即无虑北鄙之惊矣。"于是哲盟首先设局招垦，绥远等地也设押荒局，招收汉族农民。

---

① 姜涛：《中国近代人口史》，浙江人民出版社，1993年。

三是向西北甘肃、新疆等地迁移。道光年间，内地生齿日繁，每有往回疆（即南疆）各城营生谋食者，清廷决定在回疆招民开荒，"日久可成土著，俾得安所乐生"。对于内地农民前往新疆领地耕种，时任陕甘总督的布彦泰提出"由各省官为资送"的官派官理的设想，但是四川总督廉敬反对此议，认为"若官为资送，则无业游民，势必借赴回疆为名，希图领费，甚至不肖之徒，或半路折回，或潜往他处，既不能按户查追，又不能逐程押送"，结果廉敬的意见得到道光帝的赞同，最后只是"由该地方官印行路票，发交该民自行前往"。咸丰元年（1851），官方统计的巴里坤、乌鲁木齐等地内地移民人口已达27.3万，咸丰七年更增至31.0万。

在北方，还有大批中国人前往俄罗斯的西伯利亚地区谋生。这些出国的侨民，多数是从内地出关到达东北三省，先行落脚定居，积攒盘缠资费，然后再伺机越界进入西伯利亚。到清朝末年，华人移往西伯利亚约有55万人。此外，第一次世界大战爆发期间，俄国在中国东北的中俄边界一带，先后招募20多万华工，运往欧洲东部战线修筑工事。在战场因遭德军袭击而死亡的华工即达7 000人。

南方沿海地区的省份，人口外迁的去向，主要有三条路线：

一是向各省的山区丘陵地带迁移。明代中后期，美洲高产作物玉米、番薯相继传入。由于这些作物对土质的要求不高，适应性强，便于耕种，因此为南方人口向各省边远山区的迁移提供了便利条件。雍正元年（1723），清政府以"国家承平日久，生齿殷繁，民食维艰"，劝谕官民开垦"闲旷土地"。当时应令而动者，只有北方的山西、河南、山东数省以及在西南的云南、贵州二省。乾隆五年（1740），上谕准民间自由开垦山头地角零星土地，或永免升科，各就本省情形而定。南方的各省出现了大量的山区棚民，垦殖了大量山地种植玉米、红薯，有的地区甚至出现了山区的过度垦荒而造成水土流失、河道滞塞的生态问题。

二是向台湾迁移。迁出地大多是东南沿海的广东、福建二省。

三是海外移民。有专家估计，近代海外的移民共达2 400万人。特别是近代海运交通发达以后，为沿海民众出国谋生提供了便捷条件。同时，世界发达资本主义国家和殖民地国家，为了从中国获得大量的廉价劳动力，也以某些优惠宣传吸引中国民众前往谋生。

第一次世界大战以后，南洋地区对橡胶与锡的需求量大增，刺激了该地区对廉价劳动力的极大需求。因而，20世纪20年代，广东、福建等沿海民众掀起了出国热潮。据统计，1918—1931年，仅从汕头、香港两地出境者已达380万人；此时整个南洋地区的华侨人数约为500万人。

（四）人口结构

所谓人口结构，又称人口构成，即是从某个特定要素来考察的人口内部关系。

这些要素是人口客观存在的反映，体现了人们对人口本质属性的认识。人口结构通常被区分为三大类：人口的自然属性，如性别、年龄等；人口的地域属性，如籍贯、地区、城乡等；人口的社会经济属性，如阶级、民族、婚姻、家庭、职业等。

我们在这里仅讨论对农业生产产生直接影响的城乡人口结构。

城市的产生，需要有两个先决条件：一是发达的农业；二是超越家族或血缘以外的社会文明。在经济上，城市与乡村相互依存，相互促进，当然有时也产生相互制约。城市人口所需的食品，甚至手工业产品所需的大量原料，几乎全部靠乡村供给。国家财政的主要来源之一的田赋，也来自乡村，来自农业。

中国自古以农立国，农民历来都是人口的主体。鸦片战争后，中国被迫开放广州、厦门、福州、宁波、上海五个沿海商埠，并允许外国人在通商口岸居住。沿海地区的近代式工商业逐渐发展起来，但是，严格意义上的"产业工人"的人数依然很少。据统计，到 20 世纪 20 年代初，全国的产业工人约为 260 万人。即使加上他们的家属，产业工人在全国四亿数千万人口中，所占仍不足 3％。

近代产业工人的来源，主要是乡村中的农民。而这些进城务工的农民，实际上也如当今的城市"农民工"，他们在农闲时候进厂务工，农忙时还回村耕种。如 20 世纪 20 年代的江苏无锡，"在昔农闲之候，农民之为堆栈搬运夫者甚多，近年来各种工厂日见增多，而乡间雇农，大都改入工厂矣"。微弱的工商产业并未能从根本上改变中国近代的城乡人口结构，这正是近代出现乡村穷困化、农民破产的社会根源。

民国初年，南京金陵大学曾抽样调查了分布于全国各省的 168 县的全部人口结构样本。其调查结果显示，村居者占 79％，市镇者占 11％，城市者占 10％。这里的村庄人口基本是农业人口，城市人口亦可认为都是非农业人口。而旧时代的市镇发育不完整，大多是半农半商的集镇，居民亦是农商混居，甚至农商兼业。因此，若以职业身份统计人口结构，则市镇人口中，应为农、商各半。由此可见，民国时期，中国的人口结构大致是，农业人口占 85％，城市非农业人口占 15％。

二、耕地状况及其分布

与历史上的人口数据一样，中国历代的耕地数据也是本"糊涂账"。历史上，官方文献中公布的耕地面积，一般认为是"纳税亩"，尤其是实行"摊丁入亩"、按亩征税以来，耕地统计的藏匿日多，与实际耕种的"地亩"差距很大。这是因为，一是乡村里有权势的地主为了少纳税而瞒报地产；二是各地的计税面积单位大小不一，并不是标准亩；三是部分条件不好的耕地属于轮种式耕地，并未纳入统计范畴；四是省际交界的山区垦殖，历来难以管辖和统计。凡上数端，即可知耕地的统计实为近似数值而已。

根据现有的概略性统计资料可知，中国在19世纪中叶有耕地7亿余亩，到20世纪新中国成立时，增加到14亿亩。一个世纪中，耕地面积翻了一番。虽然总体上看，多数省份的耕地面积都有所增加，但是主要还是得益于边疆移民开发的贡献，特别是在东北、云贵等边远地区增加耕地更大，这是因为内地的土地已开垦殆尽，内地民众纷纷向边远地区发展。

例如，1851年时，云南有耕地940万亩，到1949年增为3 391.5万亩；贵州1851年有耕地268.5万亩，1949年增为2 751.1万亩；东北地区吉林1851年有耕地144万亩，1949年增为6 869.4万亩；黑龙江1887年有耕地8.2万亩，到1949年增为8 511.4万亩。

也有一些省份受战争或灾荒的影响，人民流离而土地荒芜，耕地有所减少。如浙江省，1851年为4 641.2万亩，1949年减为2 847.7万亩；江西省，1851年为4 621.9万亩，1949年减为3 548.1万亩。[①]

中国国土辽阔，但可耕地比例却不高，在可耕地中已耕地比例也不大。据1932年统计，全国已耕地仅占全部国土面积的10.47%，其中以华北平原（冀、鲁、豫）土地利用率较高，达42.37%；长江中下游地区（湘、鄂、皖、赣、苏）次之，为21.4%；东南地区（浙、闽、粤）为14.67%；西南地区（川、滇、黔）为9.37%；东北地区（黑、吉、辽、热、察）为8.8%；西北地区（绥、宁、新、甘、陕、晋）最低，只有3%。

此外，中国耕地资源分布也不平衡，农民人均占有耕地南北差别较大。据1946年的统计，江南地区如湖南、浙江、江西、广东、广西农民人均还不足3亩，而东北、新疆则在9亩以上，是全国人均数4.25亩的2倍多。在3～5亩的有河北、山东、河南、安徽、江苏、湖北、台湾、四川、云南、贵州；5～7亩的有宁夏、青海、甘肃、陕西。[②]

三、"人口压力"的负面影响

鸦片战争以后的百余年间，全国耕地虽有所增加，但不及人口的增长，因此人均占有耕地的数量一直呈下降趋势。如乾隆十八年（1753）人均占有耕地为3.9

---

① 1851年数据见梁方仲《中国历代户口、田地、田赋统计》，上海人民出版社，380页"乙表61"。1949年数据见国家统计局编《全国农业生产恢复时期基本统计资料》。
② 1948年《中华年鉴》下册，1239页。转引自许道夫：《中国近代农业生产及贸易统计资料》，上海人民出版社，1983年，10页。

亩，同治十二年（1873）为 7 亩，民国时，人均占有耕地不过 2.4 亩[①]，庞大的人口基数对土地形成了巨大的压力。劳动力和土地面积比例严重失调的现象，对中国的社会经济发展产生了严重的阻滞作用。

首先，人口压力导致农村进一步贫困化。为了维持生计，大多数农民不得不外出佣工或从事农业以外的职业，如泥瓦匠、木匠之类的工作，以取得补充性收入，勉强维持家庭生活。农村经济变成了贫农经济，农民陷入了半破产境地。据国民政府农村复兴委员会的调查，1928—1933 年，江苏常熟的中农由占总农户的 28.1％下降为 25.1％，贫雇农由 60.1％上升为 65.6％。同期陕西渭南的中农户数由32.9％下降为 26.3％，各地的无地农户通常占 20％～50％，个别地方高达 70％。农民的贫穷成为社会动荡的隐患，一旦遇到饥荒则"民变"迭起。

鸦片战争后，随着外国资本的侵入，加速了农村经济的破产，各地农民起义更是不断发生，这固然有其深刻的社会政治原因，但人口过多超过了社会的供养能力无疑起了催化剂的作用。诚如罗尔纲所言，太平天国运动的爆发，"人口压迫"即为其中的一个重要原因。

其次，过多的人口造成环境生态的破坏。土地不堪重负，社会已到"人满为患"的地步。道咸时期的汪士铎（1802—1889）是古代议论人口问题最多而且多有独见的学者，他在《汪悔翁乙丙日记》一书中曾经充满忧虑地提到："人多之害，山顶已殖黍稷，江中已有洲田，川中已辟老林，苗洞已开深箐，犹不足养，天地之力穷矣。种植之法既精，糠覈亦所吝惜，蔬果尽以助食，草木几无孑遗，犹不足养，人事之权殚矣。"这足可表明，近代人口的暴增使土地所能提供的食物已经达到极限。为满足粮食所需，国家不得不依赖进口。据《中国近代农业史资料》国内粮食运销情况统计，1864—1911 年，中国纯进口粮食 3 578 万担，1888 年是进口最多的一年，为 713 万担。在粮食问题的重压下，人们不得不向土地作更多的索取，从事了一系列非理性的掠夺性的开发活动，包括毁林开荒，围湖造田等，从而严重破坏了生态平衡，导致了环境质量的恶化。最终造成土地效率递减，进入恶性循环。

第三，迫使农民弃耕迁移，造成田园土地荒芜。由于国家无法为大量过剩的农村人口提供就业的机会，人们迫于生存只好迁徙他乡。如江苏常熟，"农村经济破产后，生产锐减，于是发生劳力过剩现象。贫苦农民唯有向城市另谋生活之道"，"在过去三年中，因移动而减少的农民，其移动率为 4.3％；若以全部农民数量503 683 人计算之，则有 21 615 人远离乡井，麕集都市，竞谋生活"。又如浙江嘉兴，"乡村人民之离村，大多为出外谋生。离村户数，占总户数的 21.82％；离村

---

① 据李文治《中国近代农业史资料　第 1 辑　1840—1911》473 页表计算。

人数亦占人口总数 6.39％”。由于流亡外出的农民多半是精壮劳力，留村耕种的只剩下老、弱、妇等，所以农田耕种质量下降，甚至造成土地荒芜。① 当然，造成土地荒芜的主要原因是天灾和战乱。但人口过多，土地无力承载，迫使劳力离村出走无疑是其中的原因之一。特别在天灾和战乱的情况下更加重了这一趋势。

此外，人口的过剩，迫使农民拥挤在土地上进行劳动密集型耕作，从而导致了劳动生产率的降低。凡此种种，都严重阻碍了农业经济的发展。

总之，在近代中国，人口与土地的矛盾十分尖锐，土地已经无力承载过多的人口，积弱积贫无法自拔，农业长期滞留于危机的深渊中。

第四节　战争破坏与自然灾害

在影响近代农业发展和农村安定的诸多因素中，“兵荒交乘”是最真实的写照。它概括了近代 100 多年的天灾人祸相交织的悲剧。在此期间，外敌入侵，军阀争斗，兵燹频起，战火不熄；加之差徭如毛，灾赈弊窦，灾民四逃，农业凋敝。除此之外，更有人为制造的巨灾。最典型的就是 1938 年由国民党最高当局制造的“以水代兵”的花园口决口事件。这次人为炸开的郑州北郊 17 公里处的黄河南岸花园口，致使滔滔黄水漫淹豫皖苏 3 省 44 县市，89 万生灵殁于浊浪，并在以后整整 9 年形成了黄水乱流、无年不灾的广袤的黄泛区。

人祸加重天灾，也包括对自然生态的严重破坏。由于人口的剧烈增长和土地兼并的激化，社会的粮食需求和耕地缺少形成了巨大的反差，迫使人们不得不通过毁林开荒等掠夺性方式来谋求生存。晚清到民国年间，大批官僚商人为牟取税收或暴利，或强种罂粟，与民争食；或围湖屯垦，出卖沙洲，破坏了江湖的蓄泄功能。特别是战乱频发，堤破坝毁，森林植被遭到大片滥伐。这就是近代灾害频发，灾情日重的原因所在。②

一、近代战争的破坏

中国近代史是一个民族矛盾和阶级矛盾异常尖锐、社会变革极为深刻的大变动时期。连绵不断的战争，成为这一时期的内外矛盾尖锐斗争的社会常态。战争深刻地影响人类历史和文明的进程，每次战争都不可避免地把社会各阶层的人们卷入求

---

① 国民政府主计处统计局：《中国土地问题之统计分析》，1941 年，48 页。见章有义：《中国近代农业史资料　第 3 辑　1927—1937》，生活·读书·新知三联书店，1957 年，909 页。

② 刘晓、林树中：《读〈近代中国十大灾荒〉》，《中国人民大学学报》1996 年 1 期。

生图存的斗争漩涡。这其中有农民和其他劳动群众反抗封建压迫的起义战争，有资产阶级领导的为推翻封建王朝而进行的民主革命战争，更有中国军民反抗西方列强入侵的民族战争，还有反对帝国主义扶植的封建军阀的战争以及国民党发动的反革命战争。

（一）反抗外国入侵的战争

在中国近代的战争史中，反抗外国侵略的战争是富有爱国主义精神的正义战争，也是发生次数最多、最为惨烈的战争。包括两次鸦片战争、中法战争、中日甲午战争、义和团运动、八国联军侵华战争和抗日战争等。

第一次鸦片战争（1840 年 6 月—1842 年 8 月）是中国近代史的开端。"闭关锁国"后的中国逐渐落后于世界大潮，但是在外贸中，中国一直处于出超地位。为了扭转对华贸易逆差，英国开始向中国走私鸦片，来获取暴利。1839 年 6 月林则徐前往广州开展禁烟运动，打击了英国走私商贩的嚣张气焰。英国借口虎门销烟而发动了侵略战争。腐朽的封建王朝抵抗不住英国的侵略，道光帝派直隶总督琦善与英国议和，签订了中国历史上第一个不平等条约《南京条约》。中国开始向外国割地、赔款、商定关税，严重危害了中国主权。鸦片战争使中国沦为半殖民地半封建社会，同时揭开了近代中国人民反抗外来侵略的历史新篇章。

第二次鸦片战争起因于 1854 年。当年，英国政府企图扩大其在华权益，向清政府提出修改条约，遭到了拒绝。于是在 1856 年 10 月初，英国借口"亚罗号"事件，联合法国，再次发动侵华战争。1857 年底英法联军攻陷广州，1858 年侵略军北上占天津，签订《天津条约》，1860 年联军再占天津，占领北京，火烧圆明园，迫使清政府签订丧权辱国的《北京条约》。沙俄帝国趁机以"调停"有功，逼迫清政府于当年 11 月 14 日订立中俄《北京条约》，割占乌苏里江以东约 40 万千米^2 的中国领土。1864 年，俄国据此强迫清政府签订《中俄勘分西北界约记》，又割占巴尔喀什湖以东以南约 44 千米^2 的中国领土。

中法战争是 1883 年 12 月至 1885 年 4 月，由于法国侵略越南并进而侵略中国而引起的一次战争。法国远东舰队一度攻占鸡笼（今基隆），后因沪尾（今台北淡水镇）一役受挫及军中疫病流行，没有占领台湾全岛。战事初起，清政府因陆海战役皆遭惨败而临阵撤换了军机处，史称"甲申易枢"。后期，台湾及杭州湾防卫成功，冯子材统率各部于镇南关之役重创法国陆军，导致费里政权垮台。以此为契机，两国重启和谈，订定《中法新约》，受此次战争的影响，清朝始设台湾省。

中日甲午战争是起因于 19 世纪末日本侵略中国和朝鲜而发生的反侵略战争。它以 1894 年 7 月 25 日朝鲜半岛海战的爆发为开端，至 1895 年 4 月 17 日《马关条约》签字结束。战争爆发的 1894 年为甲午年，故史称甲午战争。这场战争以中国战败，北洋舰队全军覆没告终。中国清朝政府迫于日本军国主义的军事压力，签订了丧权辱国的不平等条约《马关条约》。

义和团，本称义和拳，是长期流行于山东、直隶（今河北）一带的民间秘密会社，清人有人认为与白莲教等传统民间秘密团体有关。1897 年 11 月，山东发生"曹州教案"，两名德国传教士被村民打死（起因不明）。德国乘机出兵占据了胶州湾和胶澳（今山东青岛）。接下来俄军进驻了辽阳南方的旅顺，英国和法国分别派兵占领威海和广州湾（今广东湛江）。外国的进占，更激发起山东各地的排外情绪。1899 年，山东巡抚提出"民可用，团应抚，匪必剿"，对义和拳采用抚的办法，将其招安纳入民团。于是义和拳成了"义和团"，而口号亦由"反清复明"改成"扶清灭洋"。义和团四处烧教会、杀教士；抵制所有外国事物和之前失败的"洋务运动"。

随着义和团运动在直隶和京津地区的迅猛发展，外国列强多次敦促清政府予以镇压。1900 年 8 月 14 日，英、法、德、美、日、俄、意、奥（指奥匈帝国）等国派遣的联合远征军进入中国，总人数约 5 万人。八国联军的强大武装，直接消灭了义和团以及击败了京津一带的清军，迫使慈禧太后挟光绪帝逃往陕西西安。1901 年 9 月 7 日，清政府与派兵的八国以及比利时、荷兰、西班牙等共十一国，在北京签订《辛丑条约》。这个条约是中国历史上赔款最多，签约国最多，丧失主权最多的条约。

近代历时最长、损失最大的是抗日战争。1931 年 9 月，关东军制造了震惊中外的九一八事变。东北人民进行了艰苦卓绝的抵抗斗争。九一八事变和华北事变激起全国抗日救亡运动。西安事变的和平解决，基本结束了十年内战，全国团结抗战局面初步形成。1937 年 7 月 7 日晚，日军发起卢沟桥事变，中国守军奋起还击。中国全面抗战由此开始。抗日战争是全民族战争，在抗日民族统一战线的旗帜下，中国各民族、各政党、各政治派别求同存异、共同抗敌：中国军队在正面战场展开了抵抗日军进攻的作战；八路军、新四军建立巩固的敌后抗日根据地，开展持久广泛的以游击战为主的战争，战略上配合了正面战场。中国抗日战争是世界反法西斯战争的重要组成部分，中国战场是世界反法西斯战争的东方主战场。1945 年 8 月15 日，日本向包括中国在内的同盟国无条件投降。抗日战争给中国造成了巨大的生命和财产损失，战争的胜利，是近代以来中国抗击外敌入侵所取得的第一次完全胜利，对维护世界和平的伟大事业产生了重要影响，重新确立了中国在世界上的大国地位，使中国人民赢得了世界爱好和平人民的尊敬。

（二）农民反抗封建统治的战争

太平天国运动，由洪秀全、杨秀清、萧朝贵、冯云山、韦昌辉、石达开组成的领导集团在广西金田村发动对清朝廷的武力对抗，是 19 世纪中叶中国的一场大规模反清运动。1864 年，太平天国首都天京陷落，标志着运动失败。

陕甘回民起义，是由回族和其他伊斯兰民族在 1862—1877 年发起的与汉族之间的战争，持续了十年多，波及陕西、甘肃、宁夏、青海和新疆等地区，战乱对西北地区造成了巨大的破坏，人口损失高达 2 000 万。动乱平定后，一部分回民逃入中亚，形成了现在的东干族。

（三）军阀战争

军阀战争是指拥兵割据、自成派系的军事集团之间，为争权夺利而进行的战争。军阀战争是和封建社会相联系的，封建主义的经济是其产生的基础。中国鸦片战争以前的古代军阀战争，具有纯粹的封建性。近代旧军阀、新军阀战争，又加入了资本主义色彩和帝国主义背景。地方的农业经济（不是统一的资本主义经济）和帝国主义划分势力范围争夺殖民地的政策，是中国近代军阀战争的根源。

（四）国民党发动的反革命战争

1927 年国共合作破灭后，国民党反动派多次发动反革命战争。自 1927 年到 1949 年，中国社会经历了国民革命时期、土地革命时期、抗日战争时期和解放战争时期。这些耗竭人民生命财产的反革命战争，给我国广大农村和农民造成了深重灾难。

从 1840 年爆发的鸦片战争，到 1949 年的解放战争，一百多年里，中国大地上几乎没有停息过战争。这些战争无一不波及广大农村以及广大农民。战争造成的社会动乱、财产损失、生命死亡、割地赔款、战场损坏等，都直接转嫁由农民承担。在对外战争中，军费开支、兵员征募、战场毁损以及战后的劫掠、战败赔款等，都是出自农民。历次对外战争中，为国捐躯牺牲的多是农民子弟。而在国内的战争，交战的兵员都是农家子弟，战亡兵士都是平民百姓。因此可以说，近代连绵不断的战争，是农村衰落、农民破产的重要原因。

二、近代的自然灾害

中国地域辽阔，地理条件和气候条件十分复杂，自古以来就是一个自然灾害多发的国家。特别是近代以来，社会处于动荡不定的社会转型期，国家治理和控制的能力减弱，造成了灾害频仍、灾情惨重的局面。根据李文海等人研究，近代历时 109 年，只有"1891 年（光绪十七年）为中等年景，虽不少省份均有水旱灾情，但未发现大灾"①。其余的 108 年，全国各地均出现了引起社会失序的灾情，其中尤以水、旱、蝗、地震、疫、风、雹等灾种为多。因此可以说，近代百年，无年不灾，无灾不烈。

1848—1939 年的近百年间，至少出现过 4 次洪水集中而频繁的年代，在少则 5 年，多则 9~10 年的一个周期内，全国性或广大区域性的水灾或连年迸发，或隔年而发，而当这种持续的大面积的水灾之后，紧接而来的往往是严重的干旱。近代最严重的旱荒，大体上每 10 年、20 年到 40 年发生一次，每次往往要经过 3~4 年的漫长时间才能越过它的巅峰阶段而趋向缓解。值得注意的是，水旱这类气象灾害不仅会直接引发蝗灾，还会带来瘟疫（咸丰年间飞蝗七载，有史书称之为"大旱蝗"）。

（一）近代黄河决口成灾

鸦片战争爆发的第二年，即 1841 年，河南祥符决口，1842 年的江苏桃源决口，以及 1843 年的河南中牟决口。这三次黄河漫决，受灾地区主要为河南、安徽、江苏等省，并波及山东、湖北、江西等地，这些地区大都离鸦片战争的战区不远，在战祸造成的社会震动上增添了更多的动荡和不安。也许是时运不济，祸不单行，自此之后的整个晚清时期，黄河发生较大决口的年份有 30 年，决口共 56 次，其中 1861—1895 年发生决口的年份就有 16 年，计 33 次，约占其中一半以上。② 1882—1890 年，黄河曾连续 9 年发生漫决，滔滔黄水浸淹黄河下游的广大地区。1855 年黄河铜瓦厢决口到 1912 年清朝覆亡的 56 年中，黄河下游发生决口成灾的有 52 年之多，大小决口达 263 次，平均每年决口 4.7 次，决口次数是改道前的 16 倍。③

近代第一次河患发生在 1841 年。当年 8 月 8 日是立秋的日子，秋汛猛涨，洪水直冲开封护城堤，地方官的奏折称"事之至重至急"。8 月 19 日，清政府不得不急命因虎门销烟而被革职遣戍伊犁途中的林则徐折返河南。9 月 30 日，林则徐到达开封，写下了"狂澜横决趋汴城，城中万户皆哭声"的忧伤诗句。这场来势迅猛的特大洪水，危害的不仅开封一城，灾难延伸到了整个中原大地。祥符河决后，大水直奔开封西北角，然后分流为二，汇向东南，又分南北两股，"计行经之处，河南、安徽两省共五府二十三州县"，其他如江南（今江苏）、江西、湖北等省，"均有被灾地方"。

---

① 李文海等：《中国近代十大灾荒》，上海人民出版社，1994 年，2 页。

② 岑仲勉：《黄河变迁史》，人民出版社，1957 年，583 页。

③ 袁长极等：《清代山东水旱自然灾害》，见山东省地方史志编纂委员会：《山东史志资料》第 2 辑，山东人民出版社，1984 年，168 页。

近代最大的河患是 1855 年的铜瓦厢决口。当年 8 月 1 日（咸丰五年六月十九日），黄河在河南兰阳（今兰考）北岸铜瓦厢决口。黄水先流向西北，后折转东北，夺山东大清河入渤海。铜瓦厢以东数百里的黄河河道自此断流，之前流经苏北汇入黄海的滔滔大河瞬间变为故道遗迹。这是黄河距今最近的一次大改道。河决之后，黄水将口门刷宽达七八十丈，一夜之间，黄水北泻，豫、鲁、直三省的许多地区顿被殃及。而清政府采取"暂行缓堵"的放任态度，无疑更加剧了这场灾难的广度和深度。一时间黄水浩瀚奔腾，水面横宽数十里至数百里。由于铜瓦厢地处河南东部，改道之后黄水北徙，流向直隶和山东，因此河南主要受冲的灾区只有兰仪、祥符、陈留、杞县等数县。"泛滥所至，一片汪洋。远近村落，半露树梢屋脊，即渐有涸出者，亦俱稀泥嫩滩，人马不能驻足。"[①] 直隶的开州（今河南濮阳）、长垣（今属河南）、东明（今属山东）等州县，也成了黄水泛滥的区域。这次黄河改道，受灾最重的是山东省。自此之后，黄河几乎年年决口，岁岁被灾，世人视如常态。

人为灾祸的花园口决口。1938 年 6 月 9 日，黄河历史上发生了亘古未有的人为大决口。为何发生如此严重的人造灾难，这得回溯全面抗日战争初期的敌我情形。当时，国民党的 20 万华中正规军，难以抵抗武器精良的 2 万多日本侵略军。1938 年 5 月，徐州陷落，日军沿陇海铁路西进。蒋介石见形势不利，电令第一战区司令长官程潜，立掘河堤以阻日军西进。6 月 6 日，新编第八师师长蒋在珍建议在花园口决口。7 日，用炸药将河南郑县（今郑州市）附近的花园口南岸堤防炸毁，使黄河改道南流，入贾鲁河和颍河，夺淮入海。花园口堤防于抗战胜利后（1946 年）经过修补，黄河回到决堤前旧河道出海。

关于这次河患大决堤，南京国民政府对外宣称是日军战机轰炸所致。但当时已有不少民间媒体（尤其是来华采访的西方战地记者）提出质疑。随着当事人和亲历者的回忆资料陆续面世，以及日本和中华民国政府军事档案的公开，事件原委逐渐明朗。

事实是，在国民党军队秘密执行决堤前，国民政府只是指令郑州当地官员组织民众撤离并发放了慰问金，决口下游泛区的人民并不知情。1938 年 6 月 10 日《新华日报》的报道称，国民政府决堤时就发放 50 000 元用于直接受害区的"急赈"。一周后，又发放 200 万元用于黄泛区持续性赈灾，但此时的灾情报告并无灾民死亡的记录。国民政府《豫省灾况纪实》记载：

> 泛区居民因事前毫无闻知，猝不及备，堤防骤溃，洪流踵至；财物田庐，悉付流水。澎湃动地，呼号震天，其悲骇惨痛之状，实有未忍溯想。间有攀树登屋，浮木乘舟，以侥幸不死，因而仅保余生者，大都缺衣乏

[①] 《再续行水金鉴》卷九二，2392 页。

食，魂荡魄惊。其辗转外徙者，又以饥馁煎迫，疾病侵夺，往往横尸道路，填委沟壑，为数不知几几。幸而勉能逃出，得达彼岸，亦皆九死一生，艰苦备历，不为溺鬼，尽成流民……因之卖儿鬻女，率缠号哭，难舍难分，更是司空见惯，而人市之价日跌，求售之数愈伙，于是寂寥泛区，荒凉惨苦，几疑非复人寰矣！

这则写于 1938 年花园口决堤大惨祸之后不久的文字，对灾情的描述悲恸入骨，当属真言不虚。但是文中没有灾民死亡的数据。关于这次决口淹死人数，中央研究院社会研究所与行政院善后救济总署编纂委员会在决口合龙复原后的 1948 年所作的追述说，这次河患造成了"数达 892 303 的居民不幸殉水"[1]。

（二）近代大水灾

近代水灾首数 1915 年 6 月的珠江流域大洪水。历时一个月的全流域连降暴雨，范围包括广东、广西两省以及福建、江西、湖南、云南等省部分地区，波及流域以外的桂南、粤西沿海、韩江上游、湘江、赣江、闽江的一些支流。据文献记载，此次大洪水是珠江流域 1784 年以来最大的一次。在此期间，北江连、武、浈等五水同时暴涨，齐入北江，为 1764 年以来的最大洪水。东江洪水稍先进入三角洲，紧接着西、北二江的洪水接踵而至。三江洪水同时汇入，使珠江三角洲地区洪水漫溢，顿成泽国。洪灾涉及云南、广西、广东、湖南、江西、福建等 6 省 100 多个市（县），其中广西、广东两省灾情最为严重。两广受灾人口 600 余万，受灾农田 1 200 万亩。广西的南宁、苍梧、柳州、田南、镇南等 30 余县均受水灾，灾民流离失所 40 万人，房屋冲塌 10 余万间，田禾财产牲畜荡然无存。广东的连县、清远、东莞、惠阳、龙川、高要、三水、南海、顺德、番禺、中山、新兴等 30 余县受灾。珠江三角洲灾民 328 万人，死伤 10 万多人。此外，粤汉、广九铁路中断 1 个多月。广西在梧州洪峰到达之前，浔江两岸已成泽国。广州被淹后，泮塘一带倒塌房屋五六成，死亡数百人。[2]

近代另一次大水灾是 1931 年江淮特大水灾。灾区涉及湖北、安徽等 8 个省区，被灾县份 386 个，被灾人口 5 311 万，死亡人口 42 余万，淹田 1.6 亿亩。在人口集中的沿江城市灾况，更显惨重。洪水袭来时，江淮地区江河湖泊堤防多处溃溢。长江干流自湖北石首至江苏南通段，其间堤坝溃决、满溢达 354 处之多。南京以上水面宽 10 多公里，九江附近达 30 多公里，而武汉至湖南境内洞庭湖与长江交汇处的城陵矶，更是一片汪洋，仅见少数山岳露出水面。受灾严重的地方，武汉三镇首当

---

① 韩启桐、南钟万：《黄泛区的损害与善后救济》，行政院善后救济总署编委会，1948 年。

② 李文海等：《中国近代十大灾荒》，上海人民出版社，1994 年，114 页。

其冲。武汉历来被称为长江的把门巨锁，素有"东南枢纽，八省咽喉"之谓。江淮水灾时，完全成了一片泽国。当时的灾情惨状是："武汉三镇没于水中达一个多月之久。大批民房被水浸塌，到处是一片片的瓦砾场。电线中断，店厂歇业，百物腾贵。二千二百多只船艇在市区游弋。大部分难民露宿在高地和铁路两旁，或困居在高楼屋顶。白天像火炉似的闷热，积水里漂浮的人畜尸体、污秽垃圾发出阵阵恶臭。"[1]

（三）近代大旱灾

俗话说，水灾一条线，旱灾一大片。这说明旱灾的危害波及的空间地域更广阔，灾害的程度更重。近代百年里，被记入史册的特大旱灾就有很多起。

旱灾首数"丁戊奇荒"。这次大旱灾始于光绪帝登基的 1875 年，灾情最惨重的是 1877 年和 1878 年。这两年的干支年号分别是丁丑年和戊寅年，是中国历史上极罕见的特大旱灾，因此合称"丁戊奇荒"。连续四年的华北地区大范围的干旱，重灾地区是山西、直隶、陕西、河南、山东等省，波及江苏、安徽、甘肃、四川等部分地区，是清朝"二百三十余年未见之凄惨、未闻之悲痛"，对中国晚清社会造成了严重影响。灾害使 1 000 余万人饿死，另有 2 000 余万灾民逃荒到外地，受天灾袭击的饥民达 2 亿人，占当时全国总人口的半数。1875 年，北方各省大部分地区先后呈现出干旱的迹象，一直到冬天，仍然雨水稀少。与此同时，山东、河南、山西、陕西、甘肃等省，都在这年秋后相继出现严重旱情。华北大部分地区的旱情在 1877 年达到巅峰。与此时的旱灾相交错，很多地方又接连发生水、蝗、雹、疫、地震等灾害，使得严重的灾情雪上加霜。以受灾最重的山西为例，全省各地无处不旱，按照巡抚曾国荃的说法是"赤地千有余里，饥民至五六百万之众，大侵奇灾，古所未见"。山西一省 1 600 万居民中，死亡 500 万人，另有几百万人口逃荒或被贩卖到外地。由于人口损失奇重，山西的部分地区如芮城、太谷、临汾以及河南灵宝等县的人口数目，直到民国时期，也未能恢复到灾前的水平。[2]

接下来的北方五省大旱灾发生于 1920 年。自 1919 年夏季起，华北灾区大多数地方一年多没有下过透雨，灾情到 1920 年夏秋之际急剧恶化。雨泽稀少，亢旱成灾，北方五省赤地千里，饿殍载途，大道上尘土蔽日，田野里寸草不生。这次大旱，涉及山东、河北、河南、陕西、山西五省 317 个县，灾民达 2 000 万，死亡约 50 万。旱灾发生后，北洋政府大总统徐世昌下令拨给山东、陕西、河南、直隶各 2 万元，以资救济。1920 年 9 月中旬，徐世昌再次为赈灾颁布了一系列命令，要求

① 李文海等：《中国近代十大灾荒》，上海人民出版社，1994 年，202 页。
② 李文海等：《中国近代十大灾荒》，上海人民出版社，1994 年，80 页。

内务部、财政部会同各省迅速筹款办赈，同时督饬地主官绅，开仓平粜，运粮车马舟船，一律准免税厘。1920 年 12 月 1 日，政府开始发行赈灾公债，总额共计 400 万元，分别摊派给各省。①

在华北地区，前一次大旱的赈济刚过，元气尚未恢复，后一次旱灾又接踵而至。1928—1930 年西北、华北又遇上了大旱灾。"其最甚者为陕、甘、晋、绥等省，终岁不雨，赤地千里。"② 1929 年，旱情发展到无以复加的程度，其中甘肃、陕西、山西、绥远、河南、察哈尔最为严重，60 余县绝粮，饥民骤增至 500 余万人，每日饿毙者恒数千人，甚至发生烹煮幼童、捕食生人惨相；陕西入夏后无县不旱，田野如焚，尤以关中渭北为甚，全省灾民达 700 余万人，流民 78 万人，饿殍 50 万人，食人惨剧时有发生；绥远人口约 250 万，灾民达 190 万，"甚至大人食小孩，活人食死尸，至食树皮草根，在绥省不以为奇"；山西灾民数百万人，"树皮草根，尽食无余，服毒自杀，辄毁全家，人将相食，惨状极苦"；河南 112 县，无县不灾，饥民达 1 500 余万人，死亡载道。③ 灾情之惨烈，不难想见。当时的政府赈灾和民间社会慈善团体已经渐次成立，在这次灾害中发挥了一定的作用。如晋冀察绥赈灾委员会、豫陕甘赈灾委员会、华洋义赈会、旅沪陕西赈灾会、旅京山西旱灾救济会、河北山东赈灾委员会、华北灾赈会、中国济生会以及国民政府赈灾委员会等，纷起组织赈灾。1929 年初，中国红十字会垫款 5 000 元、棉衣 2 000 套，散放急赈。中国红十字会连续在《申报》刊发大量乞赈广告，得到社会各界踊跃助赈④，后又专门设立筹赈委员会，推出"宝塔捐"，激起民众高昂的捐助热情，对西北、华北旱荒的救济，卓有成效。⑤

接着是 1942—1943 年的中原大旱荒。中原地区于 1942 年再次遭遇严重旱灾，其中又以河南灾情最重。1942 年，豫北、豫东、豫南 30 多个县的区域已被日军占领，豫中、豫西尚在国民政府管辖区域内。这次大饥荒从 1942 年夏到 1943 年春，中原地区连续夏秋两季大部绝收。大旱之后，又遇蝗灾，饥荒遍及 110 个县，3 000 余万民众被灾；仅河南一省就有 300 余万人饿死，另有 300 余万人西出潼关做流民，沿途饿死、病死、冬天扒火车挤踩摔轧而死者无数。⑥

这次特大旱灾也波及了中国共产党领导的太行山抗日根据地。根据地军民依靠根据地政府和民间力量进行急赈与互济，灾情缓解后立即组织群众展开兴修水利、

① 廖建林：《1920 年北方五省大旱灾及赈灾述论》，《咸宁学院学报》2004 年 8 期。
② 《申报》1929 年 4 月 1 日。
③ 李文海等：《近代中国灾荒纪年续编》，湖南教育出版社，1993 年，231～246 页。
④ 《中国红十字会总办事处为豫陕甘晋冀察绥灾民乞赈启事》，《申报》1929 年 2 月 4 日。
⑤ 池子华：《中国红十字会救助 1928 至 1930 年西北华北旱荒述略》，《社会科学战线》2005 年 2 期。
⑥ 夏明方：《1942—1943 年的中原大饥荒》，《纵横》1998 年 5 期。

抢种补种、运输纺织等生产自救，使救灾事业取得巨大成就。在太行区，1942 年需救济灾民有 33.6 万余人。[①] 到 1943 年，灾民在 35 万人以上，占总人口的 50％，再加上从冀西、豫北敌占区及黄河以南国民党统治区逃来的难民达 25 万人之多（太行、太岳两区合计）。面对严重的旱灾和如此多的灾难民，太行区党和政府领导人民经过标本兼治的救灾活动，挽救了成千上万人的生命，把死亡人口降到最低限度。旱荒期间，根据地的人口没发生大的减少，为生产救灾和恢复重建提供了人力保证。[②]

（四）咸丰蝗灾

咸丰帝在位时，全国大部分地区都发生了蝗灾，很不幸遇到了一个蝗祸泛滥的年代，因此历史上便有了以一个皇帝年号命名的"咸丰蝗灾"。

最先出现蝗灾的地区是广西。这里地处南方多雨多湿的地区，历史上蝗灾不多也不重。但 1852—1854 年，广西竟连续三年发生了蝗患。当时的广西巡抚劳崇光向朝廷奏报：1852 年 11 月前后，广西武宣、平南、桂平、容县、兴业、北流、贵县、岑溪等县先后发生蝗情。过了一段时间，藤县、大黎、安城、平马、雒容、来宾、柳城等县也出现蝗情。广西连续三年为蝗灾所困的饥荒年景，以至于朝廷在灾后的 1854 年一下子减缓了广西大片地区的"新旧额赋"。

与广西遥遥相对的北方近畿地区，在 1854—1858 年，也连续多次发生了蝗灾。其中以 1856 年（咸丰六年）的蝗患最为惨重，几次直接惊动了咸丰帝。首先是 1854 年，直隶东部的房山、滦州（今滦县）、固安、武清等地出现蝗情，武清还因此而出现了饥馑的年景。第二年，直隶被蝗地从上年的津东、津北转移到津南和津西一带。此外，这一年山西也发生了蝗灾。

由上可见，近代以来，因战争、饥荒和瘟疫等影响，造成大量人口的死亡流徙，从而不断改变局部地区的人口分布的状况。例如，国民党军队对江西苏区的五次大围剿，使江西人口的损失达到惊人的程度。日本发动的侵华战争，不仅使中国人口损失数千万之巨，而且造成了上千万人口在地区间迁移。

战争与灾荒有着直接的关系。邓云特在《中国救荒史》中说："战争亦为造成灾荒之一人为条件。战争与灾荒，此两者在表面本有相互影响之关系。实言之，战争固为促进灾荒发展之一有利因素。"在近代前期的 1840—1911 年，至少一半时间是处于战争之中。值得注意的是，晚清重大灾荒也大都发生在战争期间或之后。这

---

① 赵秀山：《抗日战争时期晋冀鲁豫边区财政经济史》，中国财政经济出版社，1995 年，169～170 页。

② 段建荣、李珍梅：《1942 年至 1943 年太行山抗日根据地抗旱救灾成效评述》，《山西大同大学学报》（社会科学版）2007 年 12 期。

不能说是巧合。事实证明，频繁的战争也是导致晚清灾荒频发的重要原因。每次战争都会对生态环境造成极大破坏，而生态环境的恶化，又是产生水旱灾害的主要原因。森林植被的破坏，导致生态系统失衡，造成水文条件恶化，直接加大了水灾发生的频率。①

---

① 鲁克亮：《近代以来黄河下游水灾频发的生态原因》，《哈尔滨学院学报》2003 年 11 期。

第三章　乡村改良思潮与实践

中国 20 世纪前半叶开展的乡村建设运动，缘起于 20 世纪 20 年代末、30 年代初的关于中国社会性质问题的论战及中国社会史与中国农村社会性质的大论战。论战围绕马克思提出的"亚细亚生产方式"展开。争论波及中国的各个知识阶层和学术派别。论战焦点是：中国是否存在过"亚细亚生产方式"时代；中国有没有奴隶社会阶段；中国近代社会是"半殖民地半封建社会"，抑或为"封建主义与商业资本结合"的社会等。①

从上述的"半殖民地半封建社会"的讨论，引申出中国农村社会的贫穷落后，进一步更引发出改造农村落后现状的目标、途径和办法，于是就有心怀救国兴邦的热心知识分子，深入民众、深入农村，躬身进行救治农村的实践。这就是乡村建设运动的产生和壮大的深刻的社会背景。作为一种以改造乡村社会为直接目标的实践性社会运动，必然有其所针对的社会问题。同时，它的发生又与知识界对中国社会的思考和认识有密切的关联。旧中国农村的贫穷落后，是乡建运动的直接动因。②

---

① 盛邦和：《20 世纪 30 年代前后中国社会性质大论战》，《上海财经大学学报》（哲学社会科学版）2012 年 4 期。

② 徐秀丽：《民国时期的乡村建设运动》，《安徽史学》2006 年 4 期。

第一节　关于中国社会性质和农村阶级的论战

一、关于"半殖民地半封建社会"的论战

1928 年 7 月，中国共产党第六次全国代表大会的决议提出，中国革命的性质是半殖民地半封建社会的反帝反封建的民主主义革命，批判了认为中国革命当时阶段已转变到社会主义性质革命的错误论断。"半殖民地半封建社会"的概念，成为更多人的共识。中共的重要理论家张闻天（化名刘梦云）指出，因为帝国主义的统治，封建势力在农村中占着优势，中国资本主义不能独立发展。经济恐慌使广大的农民群众贫穷化、乞丐化，使他们不能到城市中变为无产阶级，而去当兵、当匪，或者大批冻死与饿死，使地主们更加容易地利用他所集中的土地去加紧对他们的剥削。[1] 经过张闻天的论述和宣传，20 世纪 30 年代初期，社会各界开始更多关注农村和农民，关注农村经济的现状。张闻天说："现在中国农村租佃制度下的剥削关系，是封建式的剥削关系。"要打破这种封建剥削关系，必须解决农民土地问题。在半殖民地半封建社会，"中国经济实在是帝国主义侵略下的一个半殖民地的封建的经济"。因此，"只有在根本上推翻帝国主义及肃清中国封建势力以后，只有这样才能使中国经济发展"。这就是中国近代的乡村改良运动和合作化运动的理论源泉。

在相继进行了中国社会史论战和中国社会性质论战之后，20 世纪 30 年代中期接着转向中国农村社会性质论战。中国自古以农立国，农业和农民历来都是中国社会的主体。因此，认识中国社会的性质首先要认识中国的农村。由于当时世界经济危机尚未解除，帝国主义列强不断向没有关税自主权的贫弱中国转嫁危机，中国农村经济顿时陷入崩溃的境地，农村资金大量流向城市，于是各党各派都从不同的立场提出各种挽救农村破产的方案，诸如复兴农村、救济农村、乡村建设等时尚论点纷纷登场。直接参与论战各方，除了此前的社会学、经济学、历史学的学者之外，此时还加入了从事农业科学的技术专家和农业经济学家等。由于参与论战的各方有了自然科学技术的因素，使论战的派别中增加了一个技术改良派。

20 世纪 30 年代中国农村社会性质论战的核心内容就是关于中国农村是半殖民地半封建社会还是资本主义社会，挽救中国农村经济破产的办法是发展生产力还是改革农村社会关系，中国社会的出路是解决愚穷弱私的问题还是反帝反封建的论

---

[1]　李洪岩：《从〈读书杂志〉看中国社会史论战》，《中国社会科学院近代史研究所青年学术论坛》，1999 年。

争。而这些问题在前期的中国社会性质论战中已经凸显了出来。"动力派"与"新思潮派"基于对中国社会性质的不同判定，也相应地对中国农村的社会性质给出了不同的答案。①

1939 年 12 月，毛泽东在《中国革命和中国共产党》一文中明确指出："中国现时的社会，是一个殖民地、半殖民地、半封建性质的社会。只有认清中国社会的性质，才能认清中国革命的对象、中国革命的任务、中国革命的动力、中国革命的性质、中国革命的前途和转变。所以，认清中国社会的性质，就是说，认清中国的国情，乃是认清一切革命问题的基本的根据。"毛泽东对中国社会性质及其革命意义的论述，为持续多年的关于中国社会性质的论战，做出了科学的结论。

二、关于小农社会的改造途径的论战

在关于中国传统小农社会的历史特点及其改造途径的争论中，可以归纳为三个主要的学派。他们分别从不同的角度来解释中国近代为什么落后的原因，并提出了各自不同的改造途径。他们就是技术改造学派、社会改良学派和马克思主义学派。

1. 技术改造学派 有时也被称为"形式主义"学派，后者是由于他们所主张的小农经营与资本主义农场在"形式上"并无本质差别而得名。这个学派强调，中国经济落后的总根源是人口过剩，人口过密。解决这一问题的出路，一是实行人口节制，二是提高技术水平以增加土地产量。他们认为，中国的人均土地占有量仅够维持生存需要，尽管中国历史上的土地占有并不平均，地主占有较多的土地，但是即使平均分配土地也不能改变人多地少这一事实，也不能根本性实现中国农业的现代化。

这个学派的代表学者是在南京金陵大学农业经济系任教的美国教授卜凯（John Lossing Buck，1890—1975）。1920 年，卜凯受邀到金陵大学农学院任教，主讲农业经济、农村社会学、农场经营和农场工程等课程，并结合教学组织学生利用暑假开展农村调查。直到 1944 年返回美国，在中国任教 25 年。其间发表了多部在学术界产生重大影响的关于中国农村经济的著作。其中的《中国农家经济》和《中国土地利用》两书在 20 世纪 30 年代出版后，不仅划时代地建立起了中国近代农业经济的一套最完善的调查资料，而且提出了对中国农业经济改造的一系列的政策和技术改良的建议。卜凯本人也因此而被尊为世界上关于中国农业经济最优秀、最权威的

---

① 左用章：《三十年代中国农村社会性质之论战》，《南京师大学报》（社会科学版）1990 年 1 期。

学者。① 卜凯在他的著作中特别指出，中国农业经济直到 15 世纪以前还是世界上最先进的，到了 19 世纪和 20 世纪上半叶，欧洲和北美农业发展了，经历了农业革命和商业革命，而中国的农业生产出现停滞，根本的原因在于土地利用方面出现了问题，而非土地产权制度问题，因此他提出的解决中国近代农业问题的主要办法，就是改善农业经营的方式和提高农业生产技术水平。中国要向西方学习，加强农业科学技术的研究和应用，通过改良种子、改善农作物保护、增用肥料、防治病虫害、改进灌溉排水系统、修造梯田及完善运输与交通设施等，提高中国农业生产力水平，增加农产品的产量，从而实现农业现代化。卜凯以农学家的身份提出的改良中国农业的主张，使他成为 20 世纪 30 年代的农业技术派的代表。②

此外，中国学者王宜昌、张志澄、王景波也认为，在中国农村经济中，资本主义经济占有优势地位，农村的基本问题不是土地问题，而是资本和生产技术问题。这一学派认为，中国农民作为一个"经济人"，毫不逊色于任何资本主义企业家。只要向农民提供可以合理运用的"现代生产因素"，一旦有了经济利益的刺激，农民便会为追求利润而创新，从而实现传统农业的改造。

技术改造学派认为，中国的人口压力通过两条主要途径造成中国经济落后：一是它蚕食了农民维持生计以外的剩余，使农民无资本积累。二是由于人口众多，人均资源匮乏，农村社会发展余地很小。这一派学者以英国的近代化经验证明，佃农的地租并不影响农业现代化，小农式生产组织应该保留，不应以革命方式来改变农村社会的结构。因此，这个学派主张，要消除中国的人口压力，打破农业的停滞状态，必须把中国开放给世界市场，提供近代农业科技，刺激中国农业经济的发展。他们认为，国际贸易和科技传输若能不受限制地发挥作用，必能导致中国工业化，从而促进中国农业现代化。

2. 社会改良学派 有时也被称为"实体主义"学派，这是由于他们认为传统的农业社会是一种带有"经济互惠"性质的村庄实体，这类自然经济色彩很浓的村庄区别于资本主义的农场。在旧中国，这一学派是以梁漱溟为代表的"乡村建设"派，他们不赞成共产党的农民革命。他们从文化本位出发，认为中国社会是以人伦关系为本位，只有职业之别，而没有阶级之分，因此只有建设之任务而没有革命之对象。中国农村出现的问题是由于近代西方文明冲击所造成的文化失调而产生的，改造中国农村的出路是改良文化而不是制度革命，是通过乡村建设"复兴中华文明"。不能把小农经营当作资本主义经营看待，小农经济不能以资本主义学说来解

---

① 陈意新：《美国学者对中国近代农业经济的研究》，《中国经济史研究》2001 年 1 期。
② 张霞：《民国农业问题研究的"技术派"——卜凯视野下的中国农村与农业》，《贵州社会科学》2010 年 9 期。

• 60 •

释。因为在许多场合，中国农民的耕种畜养，主要是为了满足其家庭消费需要，而不是为追求农业产品的利润。

在资本主义市场出现之前的传统社会中，经济行为植根于社会关系，如古代的互惠关系，而非取决于市场和追求利润。资本主义经济学的前提是人人都能做出经济抉择，但小农家庭事实上并不具有这种经济抉择的条件，比如，传统小农家庭不能"解雇"自家多余的劳力，因为土地、劳力都不能作资本主义式的流动。

社会改良学派则认为，中国传统经济主要是小农式自给自足经济，因此分析农村社会落后的原因应从小农家庭经济的微观层面入手。他们认为，小农家庭经济状况主要随家庭中消费者与劳动者的比例的周期性变化而升降（例如家中子女数目和年龄变化）。当家中成年夫妻不需供养老人又还没有生养子女时，经济状况最佳，反之则最差。这种以"生命周期"变动为主导的封闭经济体系，缺少有效的外在刺激和内在动力，没有促使经济增长的新要素，所以经济长期停滞不前。这一派学者认为所谓的落后只是相对落后，对实体经济自身而言，只是停滞，不是落后退步。他们认为要改变落后状态，就要打破封闭的生命周期循环，建立市场经济，使封闭家庭加入社会经济大循环，激活小农经济，从而促进经济发展。

3. 马克思主义学派 这一学派同时批判上述两大学派的观点。这一学派认为，小农经济是封建经济的基础。他们强调小农社会的阶级关系，认为农民的生产剩余，通过地租（劳役、实物、货币）和赋税形式被地主及国家榨取了。因此，传统社会的小农，既不是资本主义经济学分析中的追逐利润的企业家，也不是实体主义经济学描绘的互惠共同体。传统社会的小农实际上是租税的交纳者，受剥削的耕作者，其生产的剩余用来维持统治阶级和国家机器的生存。

马克思主义学派认为，中国经济的落后源于封建主义的高额剥削。剥削阶级所控制的社会剩余又只作为奢侈性消费，并没有成为促进经济发展的资本积累。也就是说，传统社会是有经济剩余的，并不像技术改良派学者所指出的那样，人口压力蚕食了全部社会剩余，不能为经济发展提供原始积累。那么，怎样改变落后状况呢？正确的道路是通过国家革命，从统治阶级手中夺回社会的潜在剩余，将这部分社会剩余用于生产性投资，从而使社会经济得到发展，改变落后状态。

在论战中，上述三大学派的理论，实际都只强调了传统农村社会中的某一个阶层，代表着不同阶层的利益。技术改良派强调的是经营式地主，或者是商业化的农业。社会改良派强调的是自耕农。制度革命派即马克思主义学派强调的是农村中的雇农和贫农。由于理论出发点不同，关注的对象不同，因此各派所主张的对传统农业的改造方向和途径也不同。

在上述的争论过程中，以《中国农村》杂志为言论阵地的马克思主义学者不断载文予以反驳。钱俊瑞、薛暮桥、孙冶方、何干之等人纷纷撰文，首先从方法论上驳斥其"技术决定生产关系"等论点。他们认为，在生产力与生产关系问题上，只强调生产力而忽视生产关系变革的观点是不对的。指出农村问题的中心不是生产技术或资本问题，而是封建土地所有制。整个长达 10 年的有关中国社会性质论战，逐渐深入到乡村和农业经济方面，从中国农村社会的角度去更深一层地认识中国社会的性质问题。

第二节　乡村建设实验

20 世纪二三十年代兴起的中国农村性质大论战，各种派别的知识分子从各自不同角度不同层面提出可能相互对立的解决方案，引起了社会各界对农村衰落困窘的广泛关注，汇聚了一批热心农村变革、甘愿奉献农村事务的乡村建设的知识分子，为近代开展的乡村建设实验打下了基础、创造了条件。

出现于中国近代乡村的建设实验运动，实际上是一个非常繁杂的社会行动。参与其中的成员和组织，有着不同的政治背景和意图，有着不同的建设目标和手段，有着不同的经费来源和支持渠道，甚至对于运动中出现的通用概念和语汇的诠释，都各不相同。因此，不能简单地说近代中国出现过一个"乡建派"。它们实际上并不是一个有着明确目标边界的派系组织，共同之点只是大家都利用了乡村这个大舞台，各自表演了不同版本的关于乡村万物万象的剧本。

一、梁漱溟的乡建理论与"乡农学校"

1928 年，梁漱溟在广东省办了一个"村治讲习所"，宣传他的"村治"理论，培训"村治人才"。1929 年，应时任河南省政府主席的韩复榘邀请，转到河南省辉县办了一个"村治学院"。可是事举不久，1930 年，韩复榘奉令调任山东省政府主席，河南辉县的村治学院因此停办。而梁漱溟则随韩复榘移到山东，继续筹办村治或乡治事宜。遂于 1931 年 6 月组建了由山东省政府资助的"山东乡村建设研究院"。院址设在邹平县城东门外，设有研究部、训练部、实验部、总务处和示范农场等。[①]"乡村建设"这一名词是梁漱溟于 1931 年成立山东乡村建设研究院时开始使用的。梁漱溟说："我等来鲁之后，金以'村治'与'乡治'两名词不甚通俗，于是改为'乡村建设'。这一名词含义清楚，又有积极的意义。民国二十年（1931）春即开始应用。"当时在山东开办的研究村治或乡治的单位称为"山东乡村建设研

---

① 李雪雄：《中国今日之农村运动》，中山文化教育馆，1943 年，14～15 页。

究院"。①"乡村建设"这一名词便自此用开了。

梁漱溟解释说："所谓乡村建设，事项虽多，要可类归为三大方面：经济一面，政治一面，教育或文化一面。虽分三面，实际不出乡村生活的一回事。"又说：在经济、政治、教育或文化三面中，"经济为先；必经济上进展一步，而后才有政治改进、教育改进的需要，亦才有作政治改进、教育改进的可能"。关于农村经济上的进展，包括两个内容，一是改良农业技术，例如推广农业生产中的良种良法，以提高农产品的品质和产量；一是改进农业生产的经营方法，例如提倡农村合作，以降低生产费用，增加农民经济收益等。② 而提倡农村合作亦是广义的农业推广，所以农业推广是进行乡村建设的根本项目。

山东乡村建设研究院（简称"乡建院"）是梁漱溟为试行他所设想建立的政、教、养、卫合一的农村而创办的研究院。成立于 1931 年，经费由山东省政府拨给。院内设研究部和训练部。前者招收研究生，进行乡村建设理论的研究；后者招收20 岁以上、30 岁以下有一定文化的青年，训练一年后，派往农村从事乡村建设的实际工作。

当时划邹平、菏泽二县为实验区，后又增划济宁等县为县政实验区。他们的办法是在实验区内，利用农闲时间举办乡农学校，3 个月为一期。凡年龄在 18～50岁的农民分批入学。学习期间除传播浅近的农业科学知识和农村合作思想，更主要的是灌输传统礼教、传统道德，以稳定农村社会的秩序，这有利于当时政府的统治，故得到韩复榘的支持。按照规定，乡农学校可行使乡的行政职能，取代原来的乡公所、镇公所，把农村中的行政和教育打成一片。这是乡建院设想的特点。乡农学校除处理乡镇中的行政事务及举办乡农日常训练等工作，还办理农业推广，提倡组织农村合作社，达到改善农家经济的目的。

梁漱溟认为，中国的根本问题在于旧的社会秩序已经崩坏，而新的社会秩序又未建立，整个社会处于无序状态，以致"各方面或各人其力不相益而相碍，所成不抵相毁，其进不逮所退"。乡村建设的任务就是"重建一新组织构造，开出一新治道"。他坚信："外国侵略虽为患而所患不在外国侵略，使有秩序则社会生活顺利进行，自身有力量可以御外也；民穷财尽虽可以忧而所忧不在民穷财尽，使有秩序则社会生活顺利进行，生息长养不难日起有功也。"因此，乡村建设运动"是救济乡村的运动，是乡村自救的运动，是民族社会的新建设运动，是重新建设中国社会组织结构的运动"③。

---

① 《山东民众教育月刊》1934 年 5 卷 6 期。
② 梁漱溟：《山东乡村建设研究院设立旨趣及办法概要》，《乡村建设》3 卷 27 期。
③ 梁漱溟：《乡村建设理论提纲》，山东邹平乡村建设研究院印，1934 年。

梁漱溟以他的乡村建设理论为依据，设计了一套付诸行动的"实验办法"，这就是 20 世纪 30 年代颇有声势的山东邹平乡村建设实验。

梁漱溟的乡村实验活动都集中于"乡农学校"之中，这是他的乡村建设的立足点和出发点。何谓"乡农学校"？它不是一般意义上的教育机构，而是组织农民，再造乡村社会的一种形式，其目的是"化社会为学校"，推行社会学校化。乡农学校由三部分人组成：一是乡村领袖，二是成年农民，三是乡村运动者。只要是某乡的农民，就被认为是某个乡农学校的成员。农忙时节，乡农学校组织农民开展农业生产，传播农业技术，促兴乡村经济。农闲时就组织农民读书识字、传授农业知识和陶冶性情等。"乡农学校"是"政、教、富、卫"合一的农村组织形式。梁漱溟认为，他所提倡的"乡村建设运动"，既不同于共产党领导的农民运动，也不同于当时盛行的乡村教育运动，他说："他们都各站极端，故我们的运动，不称农民运动而称乡村运动；不称乡村教育而称乡村建设，但最好是称乡村自救运动。"① 由此可以看出，梁漱溟的乡村建设实验，实质上是主张以温和的改良主义来实现乡村自救和社会进步的一种尝试。

二、晏阳初的平民教育理论与河北定县实验

我们首先需要说明的是，河北省定县是近代乡村改良运动的策源地。早在 20 世纪初，即在晚清的"新政"改革中，定县翟城的开明乡绅米鉴三因在旧式的科举考试中屡考不中，转而认为传统的孔孟之道过分强调知识分子的修身齐家，强调个人的心性修养，而无益于经世济民的实际效用。因此他不再鼓励儿子米迪刚重蹈科举仕进的正统之途，而是把他送往日本留学，接受新式教育。这个在当时非常超前的决定改变了米迪刚一生的轨迹。1902 年起，米鉴三应知县孙发绪之请，出任定州牧劝学所学董，在定县创立新式学堂，推广民众识字和公民教育。这种别开生面的乡村改良，一时受到朝野上下的关注和赞许。到 1908 年晚清政府倡导地方自治的改良时，拥有极大社会声誉和影响力的米氏家族自然地在当地获得了自治运动的主导权。米氏将乡村改良的重点放在农民教育、移风易俗（比如禁吸鸦片，禁止缠足）以及平靖治安等方面。这显然抓住了乡村问题的焦点，因而不久之后，翟城竟成为全国的乡村改良的模范。米迪刚留学回国后，也把加强乡村机构看作全国复兴的基础。1924 年起，米迪刚与王鸿一、米阶平、彭禹廷、梁仲华、伊仲材、王怡柯等一批有影响力的新式士绅共同创办《中华日报》《村治月刊》，由此发展成乡村

---

① 梁漱溟：《乡农学校的办法及其意义》，载于《乡村建设论文集》，山东乡村建设研究院，1934 年，137 页。

建设运动中的"村治派"。1916 年，孙发绪跃升山西省省长，即将定县经验运用于山西，创设了村治制，成为后来统治山西的阎锡山推行的"村治制度"的基础。[①]

翟城米氏先行的乡村改良经验和遗产，显然成为 20 多年后晏阳初选择定县作为乡村改良的实验基地的重要因素之一。当然，接受过良好而系统西式教育的晏阳初的平民教育理念并非来源于米氏，而是起因于第一次世界大战期间在法国开展华工识字教育的实践。晏阳初当时是美国基督教青年会华籍干事。第一次世界大战时奉派去法国，为战时被招募前往法国的中国劳工进行识字教育。大战结束，晏阳初等回到国内。1923 年在基督教青年会资助支持下，由晏阳初发起，在北京成立中华平民教育促进会，以"除文盲，作新民"为该会的宗旨。

在开展平民教育工作之初，晏阳初就深切感到，中国农村问题千头万绪，基本的问题就是农民的"愚、穷、弱、私"。要诊治这"四大病根"，最好的办法就是开展"文艺、生计、卫生、公民"四大教育，采取"学校、社会、家庭"三种教育方式。

为了实践"除文盲，作新民"的教育理念，1926 年，晏阳初改变工作方向，把平民教育工作从城市转向农村，选定地点为河北定县，中华平民教育促进会亦从北京搬到定县，开设平教会定县实验区，在定县农村中开展平民教育工作，推行文艺、生计、卫生、公民四大教育，从一般的识字教育运动逐渐演变为乡村建设运动。[②]乡村建设项目包括经济、政治、教育或文化三个方面。平教会在定县推行的公民教育是政治方面的项目，生计教育是经济方面的项目，文艺教育、卫生教育属于教育或文化方面的项目。所以平教会在定县推行四种教育实际就是在定县从事乡村建设实验。至于生计教育的具体内容则是向农民灌输农业科学知识，推广良种良法，改进农业生产技术和指导农民组织信用、产销等合作社。[③] 平教会的经费主要来自美国教会和洛克菲勒基金会的资助。

平教会在定县编制了一个庞大的"十年计划"：头三年在全县开展文艺教育，扫除青壮年文盲；再三年完成生计教育，发展农村经济；后四年集中搞公民教育，提高农民的道德素质。而卫生教育则穿插于各阶段进行。这样的"计划"显然是脱离实际的一厢情愿，因为任何人都不可能把纷繁复杂的农村社会办成一所鸣钟上学的大学校。施行两年之后，他们发现原先的计划根本无法实行，于是另行制定了一个比较切合实际的"六年计划"。

---

① 米鸿才：《我国历史上最早出现合作社的地方是河北翟城村》，《河北经贸大学学报》1996 年 1 期。

② 王洁、王小丁：《近十年晏阳初平民教育思想研究概况及评价》，《文史博览》（理论）2014 年 2 期。

③ 晏阳初：《中华平民教育促进会工作报告》，1934 年。

这个新的"六年计划"决定，实验内容包括农民教育和农村建设两大部分。农民教育按"除文盲，作新民"的要求，重点在农民的识字教育。平教会在编写农民识字课本、出版农村浅易读物方面，确实做了不少有益的探索与实践，其中有的做法至今还有借鉴参考价值。① 农村建设则主要是大力推广农作物良种和改良家畜品种。一大批学有专长的农业专家，深入农村实实在在地开展农业技术推广，在当时确实起到了积极作用。有鉴于农村卫生设施的落后，平教会除了力所能及地普及种牛痘，还提出了一个"农村三级保健制"的设想：第一级为每村设一个"保健员"，负责村民的小伤小病的治疗；第二级为若干村庄共设一个"保健所"，负责区内保健员不能处理的医疗保健事务；第三级为设施较齐备的县级"保健院"，称作"平民医院"，负责县内重大伤病的住院治疗。这样一个由村、区、县组成的医疗保健系统，能使"农民在他们的经济状况之下，有得到科学治疗的机会，能保持他们的最低限度的健康了"②。

为了做好在定县的农村建设实验，平教会在全县范围内选择了一个研究区，在研究区内确定一个研究村，另在研究区外选出三个实验示范村，村内选出示范农户，以逐级推广农业改良成果。同时制订了一套"调查、研究、实验、示范、推广"的工作程序。仅就这个工作程序而言，应当说还是具有相当的科学成分的。当年所作的农村调查，至今仍然是学术研究中经常引用的重要资料。但是，虽然晏阳初等人在定县做了十余年的"实验"，结果丝毫也没能挽救定县农村的破产，甚至比实验前的情况更糟。它充分证明，在半殖民地半封建社会条件下，任何"和平"的改良主义都是不可能成功的。

三、江苏省的三大乡村建设实验

（一）高践四的江苏无锡实验

1927 年之后，南京国民政府把民众教育列为训政的主要内容之一，民众教育正式成为国家教育的一个重要方面。"改良派的农村运动，受了农民运动的反响，就以民族自救，民族改造的新姿态，普泛地在各处活动起来。"③。当时蔡元培主持教育行政委员会，筹设中华民国大学院及中央研究院，主导教育及学术体制改革。在他的推动下，国民政府建立大学区的教育体制。大学区以高等学校为中心，高等学校也面向社会开展民众教育。正是在这种背景下，江苏省立教育学院成立，最初

---

① 徐秀丽：《民国时期的乡村建设运动》，《安徽史学》2006 年 4 期。
② 李雪雄：《今日中国之农村运动》，89 页。
③ 千家驹、李紫翔：《中国乡村建设批判》，上海新知书店，1936 年，3 页。

名为"大学区民众教育学院"。1928 年 6 月，学院改名为"中央大学区民众教育院"，校址迁往无锡荣巷。

以高践四为院长的江苏省立教育学院在无锡乡村建立黄巷、高长岸、北夏、惠北等民众教育实验区，开展乡村民众教育实验，创立了乡村建设的无锡模式。[1] 乡村建设的内容包括四个方面：首先从事乡村教育，包括设立民众学校、建设乡村小学、举办青年学园和训练班；其次，成立乡村自治协进会，开展地方自治，进行民众教育与保甲合一的实验；第三，指导农事和进行农业推广，与江苏省农业银行无锡分行合作设立北夏农民借款储蓄处和惠北农村贷款处流通金融；第四，推进农民合作，发展家庭副业，建设农村公共卫生等。

自 1929—1932 年，江苏省立教育学院在无锡北门外的黄巷村实施了三年多的"民众教育实验"，内容分为健康、生计、家事、政治、文字、社交、娱乐等 7 项。实验的结果，除了培养出一批"初等民校毕业生"而使该村的文盲率有所下降，很难说有什么实质性的成绩。参加无锡民众教育实验的一批青年知识分子，后来在一份总结性报告中，对这类民众教育实验作了深刻的反思。他们指出："局部之建设，常常在枝枝节节上下功夫；根本改造，当非教育所能为力。黄巷的民众所最需要的为耕地，为工作，而耕地无多，地权不属，丝厂倒闭，茧价惨落，同人听到黄巷民众哀痛的呼声，只觉心余力绌，所谓政治建设、经济建设、文化建设，只是将颓墙败壁略加修补，并非根本改造。"在一个"政治只为豪绅张目"的社会中，这类改良主义的乡村建设和民众教育都是无济于事的。

（二）黄炎培的江苏昆山实验

中华职业教育社（简称"职教社"）是以黄炎培为首的职业教育工作者的团体，设于上海。原来做的是发展工商职业教育方面的工作，后来扩大业务范围，也从事农村职业教育工作。该社于 1926 年与南京的东南大学教育科及农科合作，在昆山县的徐公桥创立乡村改进会。1928 年东南大学退出这项工作，由职教社独力举办。该社通过兴办农村教育事业，包括农业推广，进行改进农村的实验。1929 年，该社又在镇江黄墟、1931 年复将吴县善人桥划为改进农村实验区，举办农村教育，作改进农村的实验。次年又在浙江莫干山成立莫干山新村，进行农村改进工作。[2] 职教社在各地办的农村改进实验都是试图从教育入手进行乡村建设。

黄炎培领导的中华职业教育社于 1926 年与中华教育改进社、平民教育促进会

---

[1] 胡明、盛邦跃：《江苏省立教育学院与无锡乡村民众教育实验区》，《教育评论》2010 年 1 期。

[2] 《中华职业教育社农村工作报告》，《乡报建设实验》第 2 辑；宋希庠：《江浙重要农业推广机关调查纪》，《农业推广》1933 年 5 期。

以及东南大学农科等单位合作，选择江苏昆山徐公桥乡作为乡村改进实验区。1928年，又与当地人士共同组织了一个"徐公桥乡村改进会"，以建成一个"土无旷荒，民无游荡，人无不学，事无不举，全村民家呈康乐和亲安之现象"的理想农村为目标，拟订了一个包括文化、经济、组织三个方面的乡村改进事业实施计划。这个计划十分庞大和详尽。例如，关于农村经济发展的计划内容有：设立农场或特约农户，研究改良农作；推广良种及新式农具；垦荒造林；扶助农民开展副业生产；举办农艺展览会，奖励优良农艺；设立公共仓库；改良水利设施；设立职业介绍所，等。虽然中华职教社列出了一长串乡村建设计划，但在当时的条件下，这类计划是无法得到实施的。他们在徐公桥实验多年，只有少数几项有些微成效，如推广新式稻麦良种，使当地的作物产量高于过去的传统品种；又如创办义务教育实验小学，分为全日、半日和夜学三类，以让家境困难的儿童得以接受最低限度的教育。在当时的农村环境下，能如此推行乡村教育，已算是难能可贵了。①

（三）陶行知的乡村教育实验

1915—1917年，陶行知在哥伦比亚师范学院学习，接触到杜威教育理论，至为仰慕，因为杜威的教育理论正好与明代理学家王阳明的知行合一的教育思想相吻合。陶行知于1917年秋学成回国，先后任南京高等师范学校、国立东南大学教授、教务主任等职。开始关注西方教育思想和当下的中国国情，提出了"生活即教育""社会即学校""教学做合一"等教育理论。他特别重视农村的教育，认为在3亿多农民中普及教育至关重要。在1923年任南京安徽公学校长期间，与朱其慧、晏阳初等人在北京发起成立中华平民教育促进会，推行平民教育。但是，陶行知在积极参与以城市为基础的中华平民教育促进会的工作之后，于1927年突然放弃了他所参与的城市教育工作和推行西式教育的努力，选择在南京郊外的一个村庄开办了一所师范学校。这所设在晓庄的学校，力图通过培养未来的教师，能够深入农民生活并改造乡村社会。

陶行知曾说："乡村师范要培养学生具备农夫的身手，科学的头脑和改造社会的精神，要使每一个乡村师范毕业生能担负改造乡村的责任"，而农业推广是改造乡村的途径。所以当时有些乡村师范学校也开展农业推广工作，例如南京近郊的栖霞乡村师范，浙江萧山的湘湖乡村师范，都在学校附近举办农业推广，供学生实习，使学生熟悉乡村的实际情况，锻炼改造乡村的能力，同时也建设了学校附近的乡村。所以这些乡村师范学校附近的地区也是小型的乡村建设实验区。

① 曹幸穗等：《江苏文史资料》第51辑《民国时期的农业》，《江苏文史资料》编辑部，1993年，45～46页。

但是，在当时的社会政治生态中推行乡村教育，总是绕不开与当权者的复杂干系，要么获得扶持甚至庇护，要么受到干涉甚至取缔。不幸的是，陶行知的处境属于后者。蒋介石本人曾短暂地对晓庄学校的进展感兴趣，但 1930 年 4 月 12 日，因支援南京和记洋行工人罢工及反对日舰停泊下关，陶行知被国民政府下令通缉，晓庄师范学校被南京卫戍司令部封闭。陶行知为晓庄学校被查封而发表的"护校宣言"指出：当局断然以迅雷不及掩耳的手段停办晓庄学校远因近因虽多，归总起来只是因为我们不肯做少数人的工具，不肯做文刽子手，去摧残现代青年之革命性。我们认清了教师之职务是教人学做主人。另一个更深层面的原因是，时人都知道，陶行知和冯玉祥之间有着隐秘私交关系，冯当然可能会帮助晓庄学校的事业。而冯玉祥恰是蒋介石的政治对手。陶行知举办民众教育、改良乡村社会的善良初衷，夹杂在复杂的政治网络关系之中，他的乡村实验不能获得任何当权者的有效保护成为必然的归宿。

1930 年 4 月，陶行知因遭国民党通缉被迫流亡日本。1931 年春回国，先后创办山海工学团、晨更工学团、报童工学团、流浪儿童工学团，提倡普及教育。其间，创办《生活教育》半月刊，并任《生活教育》和《普及教育》周刊主编。1936 年组织国难教育社并任理事长，提倡国难教育运动。1938 年 12 月在桂林成立生活教育社，任理事长。1939 年在四川合川创办育才学校。1945 年参加中国民主同盟，被选为中央常委兼教育委员会主任，主编《民主教育》月刊。1946 年创办重庆社会大学，任校长。当年积劳病逝。

四、卢作孚的重庆北碚乡村综合改造

卢作孚（1893—1952）是近代著名的爱国实业家、教育家、社会活动家、农村社会工作先驱者。1921 年，在四川泸州推行"新政"的川军师长兼永宁道尹杨森邀请卢作孚前往泸州任永宁道尹公署教育科科长，以推行"建设新川南"的工作，开始接触到民众教育活动。但因杨森在军阀混战中失败，卢作孚在川南的乡村教育改革随之中止。1924 年，杨森复出并任四川军务督理兼摄民政，再邀卢作孚任成都民众通俗教育馆馆长。卢作孚到任后积极推广通俗教育，很快建立起了博物馆、图书馆、运动场、音乐演奏室和动物园等，一时声誉遍及全国。可是 1925 年杨森在军阀混战中再次败逃，卢作孚的教育工作也因之终结。他由此感叹道："纷乱的政治不可凭依"，欲改造社会，实现富国强民的理想，必当谋求实业救国之道，只有以实业发达作基础，文化教育始可生发繁盛。1925 年，他回到家乡合川，自筹资金创办了"民生实业股份有限公司"，从此，走上创办实业与促兴文教相结合的救国之路。①

卢作孚的民生实业公司获得成功后，遂以重庆北碚为中心，倾注心力在嘉陵江三峡地区举办乡村建设事业，并一直持续到新中国成立前夕，并取得了中外瞩目的成就。

1927 年 3 月，卢作孚出任江（北）、巴（县）、璧（山）、合（川）四县防团务局局长②，即将辖区内的 30 多个乡镇辟为乡村建设基地，使北碚这样一个昔日贫穷落后、交通闭塞、盗匪横行的山区小乡，变成了一个名震中外的美丽城市。1987年，梁漱溟在《怀念卢作孚先生》文章中，盛赞卢作孚在北碚推行的乡村建设是"从清除匪患，整顿治安入手，进而发展农业工业生产，建立北碚乡村建设实验区。终于将原是一个匪盗猖獗，人民生命财产无保障，工农业落后的地区，改造成后来的生产发展，文教事业发达，环境优美的重庆市郊的重要城镇"③。

从 1927 年起，卢作孚不仅在北碚兴办工厂，发展工业，还创办正规学校，建立图书馆、博物馆、科学院、运动场、俱乐部、医院、报社等；并且开展民众教育，大力整顿北碚市容市貌，规划城区，建立公园，扩宽街道，绿化环境，开通电信，开办银行等。可以说，凡是作为一个城市应该有的设施，他都逐步建设和完善起来。北碚的城市化建设，有效地带动了整个峡区的乡村建设。④

卢作孚的"乡村现代化"构想，就是"以经济建设为中心"的乡村建设模式。卢作孚在四川北碚所实验的"实业民生加乡村现代化"模式获得了社会的赞许。卢作孚不仅是一位爱国实业家，同时也是民国乡村建设运动中具有模式意义的代表人物。⑤

五、彭禹廷领导的镇平自治

河南省的镇平县的乡村建设，与一位曾任冯玉祥秘书的旧式军人彭禹廷有关。据说，1927 年，在西北军任职的彭禹廷回乡奔母丧途中，阻于匪患，波折 18 天才到家，后又亲历亲感于当地匪祸惨烈，民不聊生，"全县人民终日在刀光枪影下讨生活，受土匪之蹂躏践踏，其损失不能以数计"。⑥ 遂辞去军籍，就地出任镇平南

---

① 王安平：《卢作孚的乡村建设理论与实践述论》，《社会科学研究》1997 年 5 期。

② 重庆市北碚区地方志编纂委员会：《重庆市北碚区志》，科技文献出版社重庆分社，1989 年，1 页。

③ 梁漱溟：《怀念卢作孚先生》，《名人传记》1987 年 5 期。

④ 刘重来：《论卢作孚"乡村现代化"建设模式》，《重庆社会科学》（创刊号）2004 年 1 期。

⑤ 郭剑鸣：《试论卢作孚在民国乡村建设运动中的历史地位——兼谈民国两类乡建模式的比较》，《四川大学学报》2003 年 5 期。

⑥ 王彬之：《镇平乡村工作报告》，见乡村工作讨论会：《乡村建设实验》第 1、2 集，中华书局，1934 年，179 页。

区区长，旋任河南人民自卫团豫南第二区区长，率部参与本县及邻县的剿匪战斗，地方局面为之平靖。

1929 年 6 月，彭禹廷应河南省主席韩复榘之邀赴辉县主持村治学院。彭禹廷甫一离开，镇平即匪氛复炽，惨遭破城之劫，邻县亦不得幸免。在家乡父老的恳请下，彭禹廷于 1930 年 9 月间，经匪区辗转回县，与邻县内乡、邓县、淅川民团领袖召开联防会议，成立宛西地方自卫团，再次与土匪展开激战。地方平定后，开始进行各项建设事业。首先就从加入防卫民团的兵士教育开始。当时民团各连均设有国民补习学校，教以识字及常识。经过 4 个月训练的壮丁，都是后备民团，回乡各安职业，实行耕练结合、亦兵亦农的编制，按地域组织成军队建制。如有匪警，队长受区长指挥堵剿；平时则按原来受练之队号集合，即为常备民团。而民团则系仿照瑞士义务民兵制的办法，为军队式的平民组织。[①] 镇平由地方自卫而发展到政治经济文化建设，带有强烈的军事化色彩，也正因为如此，镇平自治机构与政府当局的关系紧张，对抗性质明显。镇平自治的领袖人物彭禹廷将"地方自治"等同于"地方革命"，因为"这种反抗贪官污吏、匪式军队的行动，就叫做革命！""我们想实行地方自治，不能不铲除地方自治的障碍；对于那些匪式军队，贪官污吏，万恶土匪，就不能不抵抗。抵抗那些东西，就不能不与政府发生误会！所以我说，按现在实际地方情形论，地方自治就是地方革命。"[②]

彭禹廷任宛西四县政治委员会主任和宛西四县联防办事处副主任期间，提出一个"自卫、自治、自富"的"三自主义"，实施地方自治。诸如训练小学教师，成立各级息讼会，平均田赋，减轻穷人纳赋负担，大兴实业，修筑公路，兴修水利，禁烟，禁赌，控制物价，发展教育，创设西医院，建立养老院等，镇平自治政绩斐然。

但是，彭禹廷的自治式乡村建设，同样触犯了国民党地方当局及土豪劣绅的利益，他们贿买了彭禹廷的侍卫人员，1933 年 3 月 25 日夜，彭禹廷不幸遇害。彭禹廷是中国现代史上从事乡村建设运动的主要代表人物之一。他所创办的宛西自治，曾被乡村建设派奉为样板，他本人也在乡村建设派中享有较高声誉。

六、"赣南新政"与江宁兰溪自治实验县

蒋经国在赣南开展的乡村建设运动，缘起于 1939 年 6 月担任江西省第四区

---

① 镇平县十区自治办公处：《镇平县自治概况》，京城印书局，1933 年，147~158 页。
② 许莹涟等：《全国乡村建设运动概况》第 1 辑下册，山东乡村建设研究院编印，1935 年，508 页。

行政督察专员之时，终止于 1945 年 6 月离开赣州。蒋经国乡村建设的方案，分为乡村政权建设、乡村社会建设、乡村农业建设、乡村教育建设四个部分。由于蒋经国的独特身份，因此他当年开展的赣南乡村建设运动，曾产生过一定影响。主要表现在：乡村建设改变了"皇权不下县"的传统国家政权结构，尝试了政权下延到乡镇的试验，重组和调适了传统乡村的权力配置和习俗文化，促进了乡村社会的现代化变革等。蒋经国的赣南乡村建设与其他地区相比，具有鲜明的现代性特征，取得的效果亦较全国其他地区明显。虽然蒋经国采用的乡建模式与其他地区的乡村模式有所不同，但就其本质而论，它和其他乡建运动一样属于乡村改良运动。①

1932 年举行的国民政府第二次内政会议，通过了各省设立县政建设研究院及实验县的计划。江宁自治实验县即是国民党官方成立最早的县政建设实验县。1933 年 2 月，江苏省通过了《江宁自治实验县县政府暂行组织条例》。在《县政建设实验区办法》尚未颁布之前，即于 1933 年 6 月拟具《江宁县政设计委员会组织条例》及《实验县计划》，设立县政委员会，推荐县长。此后，根据内政部《各省设立县政建设实验区办法》、《江苏省江宁自治实验区设计委员会组织条例》（1933 年 7 月通过）和《江宁自治实验县组织规程》等法规，首先对县及县以下的政制进行了改革。江宁的改革，以地政改革和公路修筑成就最大。在地政方面，江宁实验县依靠人才、资金和技术优势，仅用两个半月就完成了多年来悬而未决的全县土地陈报和税制改革。② 在公路修筑方面，实验县制定了三年计划，以 50 万元完成县交通网。不过，这个样板工程在当时即遭到社会上的广泛批评，县长梅思平也承认这主意打差了，应当将筑路之钱用在农业改良上。③

兰溪实验县是另一个代表国民党官方立场的县政建设实验县。1933 年 9 月，奉令置兰溪实验县。1934 年 8 月，设兰溪区行政督察专员公署，辖金华府 8 县及建德、桐庐、分水共 11 县。1937 年撤销实验县，恢复为普通县。前后历时不足 4 年。

由于兰溪实验县均是依照江宁县成规所制，它的实验内容和步骤也与江宁基本相同。由于兰溪实验县远离首都，其实验的实绩自然也远不如江宁。几年时间里，主要完成了全县的土地清查工作，并在此基础上清算在历年拖欠的田赋地税等。所称，在改制自治实验县之前，兰溪历年的田赋实征数仅及额定的三成，而改制后的田赋实征则达到应征额的八成以上。④ 实际就是加强了权力监管，提高了统治执行

① 吕晓娟：《蒋经国乡村建设模式研究》，赣南师范学院硕士学位论文，2008 年。
② 李锡勋：《五个实验县的说和做》，见汗血月刊社：《新县政研究》，汗血书店，1935 年。
③ 张海英：《"县政改革"与乡村建设运动的演进》，《河北师范大学学报》2004 年 3 期。
④ 泳平：《兰溪实验县财政改进之实绩》，见汗血月刊社：《新县政研究》，汗血书店，1935 年。

力。在公安管制方面，兰溪实验县主要是整顿原有之保卫团，加强社会治安管理。此外是在乡村抽训壮丁，以取代警察，推行乡村保甲制，使原有一些赌毒之风盛行的乡村有了一些改观。兰溪实验县没有江宁所享受的特殊条件和政府资源，因此更具有普遍的推行价值，其经验对于国民党一般县份的改制更具有普遍性的借鉴价值。

第三节　乡村建设实验的结局与启示

1927—1937年，乡村建设实验在国民党统治区内的20余省份几十个县几千个乡村相继展开。不少忧国忧民的知识分子抱着振兴农村、拯救农业的强烈愿望，深入乡村，进行乡村改革和乡村建设。

除了以上所述几处乡村建设实验单位，北平大学农学院在北平西郊所设的农村建设实验区，齐鲁大学在历城县龙山镇办的农村服务社，全国经济委员会在江西省办了十个农村服务区，广东顺德县建立该省的蚕业实施区等，都是各有特色的近代乡村建设实验单位。[①]

山西阎锡山在治晋期间，提出要落实孙中山提倡的"民有民治民享"，必须把政治放在民间："什么叫民间呢？省不是民间，县也不是民间，实在是村是民间。所以省县无论什么机关，不是官治就是绅治，总不是民治。换句话说，就是欲民治主义，非实行村治不可。"这也算是乡村建设之一法。此外，广东、福建、广西、云南等地也都开展了形式内容相似的各种乡建实验运动。

抗战时期，乡建运动依然在大后方各省得以延续。1937年日本帝国主义全面入侵中国，华北及东南沿海一带很快沦陷，乡村建设实验单位也不得不解散或内迁。前面所述的平教会、职教社和乡建院的部分工作人员则转移入川。这时期位于重庆的四川省立教育学院在离学校不远的歌乐山成立乡村建设实验区。平教会、职教社、乡建院人员入川后亦恢复他们乡建实验工作，职教社的部分人员在成都与四川省教育厅合办乡村职业教育实验区。[②] 乡建院的部分人员则在南充县利用当地的民众教育馆做一些乡村建设的实验。他们的规模都很小，亦无多大成绩，只是表明他们不废弃过去的伟业而已。

正当中国的知识阶层热烈讨论中国社会的性质以及乡村社会的改造的时候，20世纪20年代末，世界上发生了空前严重的经济危机。这次经济危机波及了整个资本主义世界，贫弱的半殖民地半封建的旧中国，自然成为帝国主义列强倾销剩余农

---

① 徐秀丽：《民国时期的乡村建设运动》，《安徽史学》2006年4期。
② 施中一：《战时全国乡村建设鸟瞰》，《农业推广通讯》1942年3卷2期。

产品、转嫁经济危机的市场。中国农业经济因此遭受了空前沉重的打击，农村社会一片衰落破败。面对国家政治动乱、社会黑暗、经济凋敝，不少胸怀爱国热情的知识分子，采用不同的方式，提出了解决农村与农业问题的种种主张和理论。在国民党统治区出现了各式各样的农村改良派别，他们高举"农村复兴"的旗号，深入乡村开展"农村建设"的实验，当时称为"乡建运动"。①

美国学者费正清在《剑桥中华民国史》中说：1927 年风行一时的"农民问题"，从某种意义上说，并不是新东西，乡村进步是晚清维新派所关心的焦点之一。这时候新的因素是某些城市知识分子强烈关注乡村发展，这些知识分子大多受过西式教育，但对中国乡村生活却没有多少亲身体验。他们研究乡村问题的方法包括一些政治实验，更为典型的是以乡村的教育工作为目标。在这个意义上，"乡村建设"也具有自由主义的信念，即认为政治制度的变革若不是建立在思想意识变革的基础上，就毫无意义。乡村建设派也往往认为，在农民学会了解决他们可怕的经济问题之前，乡村生活的政治结构绝不会是健全的。②

当时，知识舆论界的共识是，救济农村就是拯救国家，"农村破产即国家破产，农村复兴即民族复兴"。③ 因此投身乡村建设运动就是热爱国家、奉献民众。20 世纪二三十年代，中国仍然是个农村社会。农业人口占总人口的 80％以上，农业在国民生产总值中所占比重高达 61％，其中尚未包括农村手工业。④ 因此可以说，整个国家的"国民经济完全建筑在农村之上"⑤。

另外，在传统文化上，乡村是中国传统文化之本。只有将西方社会的"团体组织"和"科学技术"嫁接到中国乡村这棵老树上，才能发芽滋长。在乡建运动领袖梁漱溟看来，民国以来的政治改革之所以不成功，完全在新政治习惯的缺乏。要想政治改革成功，新政治制度建立，那就非靠多数人具有新政治习惯不可。而新政治习惯的培养，"天然须从乡村小范围去作"。⑥

因此，乡村建设运动的出现，不仅是农村落后破败的现实促成的，也是知识界对农村重要性自觉体认的产物，两者的结合，产生了领域广阔、面貌多样、时间持久、影响深远的乡村建设运动。用梁漱溟的话说，救济乡村只是乡村建设的"第一

① 这里为了叙述方便，只涉及国民党统治区的改良主义的"乡建运动"。中国共产党在苏区、抗日根据地和解放区农村进行的一系列重大改革和实践，安排在第 14 章中叙述。

② 〔美〕费正清、费维恺：《剑桥中华民国史 1912—1949 下》，刘敬坤等译，中国社会科学出版社，1998 年，400～411 页。

③ 李宗黄：《考察江宁邹平青岛定县纪实》，出版机构、出版年代不详，考察时间为 1934 年，"自序"，1 页。

④ 巫宝三：《中国国民所得 1933 年》，中华书局，1937 年，12 页。

⑤ 李宗黄：《考察江宁邹平青岛定县纪实》，"自序"，1 页。

⑥ 梁漱溟：《梁漱溟全集》第 5 卷《我的一段心事》，山东人民出版社，1995 年，533～535。

层意义"，乡村建设的"真意义"在于创造新文化，"乡村建设除了消极地救济乡村之外，更要紧的还在积极地创造新文化"。① 唯有理解和把握了这一点，才能理解和把握乡村建设运动的精神和意义。②

由于时代的局限以及上述乡村建设理论本身脱离中国农村实际的缺陷，当时曾热闹一时的农村改良运动成效甚微。

乡村建设运动在 20 世纪 30 年代逐渐汇聚成为波澜壮阔的时代潮流。形形色色的乡建团体的出发点各不相同。有从扫除农村文盲出发的，如晏阳初领导的中华平民教育促进会；有欲以乡村为基地再造中华新文化的，如梁漱溟领导的邹平乡村建设运动；有以推广工商职业教育、发展农村经济为手段的，如黄炎培领导的中华职业教育社；有以乡村改造以实现经济现代化为目标的，如民族实业家卢作孚在重庆北碚所作的乡村综合改造实验；有以身感乡村土匪祸乱的切肤之痛，故而组织农民自卫的，如彭禹廷领导的镇平自治；也有以社会调查和学术研究为发轫，重在学术调查实验的，如金陵大学、燕京大学等；更有国民政府倡导、以实现国民党训政时期的政治目标的，如国民政府的江宁、兰溪等自治实验县；还有国民党少壮派领袖蒋经国在赣南以"赣南新政"为旗号的乡村建设等。③全国从事乡村建设工作的团体和机构有 600 多个，先后设立的各种实验区有 1 000 多处。这些团体和机构，性质不一，情况复杂，诚如梁漱溟所言，"南北各地乡村运动者，各有各的来历，各有各的背景。有的是社会团体，有的是政府机关，有的是教育机关；其思想有的'左'倾，有的右倾，其主张有的如此，有的如彼"。④

毋庸讳言，在国民党统治区内进行的乡村建设实验，尽管参与乡村建设的主体复杂，乡村建设的类型众多，有西方影响型和本土文化型的，有教育型和军事型的，有平民型和官府型的，等等，但是所有类型都有一个共同点，就是都必须与国民党的政治取向密切关联，至少要在它的政治底线之上开展活动。在当时，欲通过乡村建设实验教育民众复兴农村，必然意味着要得到国民政府当局的支持、保护或者默许。因为在一个组织起来的乡村改造计划中，任何同农民打交道的企图必然引起政治方向的问题以及合法性的问题，不管该计划是否有明显的政治目的或者敌对活动。而这里说到的"政治方向"和"合法性"，完全取决于国民党政府的裁定。例如，定县实验和邹平实验从最初的日子就得到省政当局的同意或默许。而陶行知和彭禹廷的实验行动不仅得不到充分的政

---

① 《乡村建设的意义》，转引自梁漱溟乡村建设理论研究会：《乡村：中国文化之本》，山东大学出版社，1989 年，1 页。

②③ 徐秀丽：《民国时期的乡村建设运动》，《安徽史学》2006 年 4 期。

④ 梁漱溟：《梁漱溟全集》第 2 卷《我们的两大难处》，山东人民出版社，1995 年，582 页。

治支持，反而引起国民政府的怀疑和反对，最终这两项非正统的实验都被当局所扼杀。①

① 〔美〕费正清、费维恺：《剑桥中华民国史 1912—1949 下》，刘敬坤等译，中国社会科学出版社，1998 年。

第四章 农政机构与农业管理

近代建立的农政机构，将农业生产以及相关的研究、教育、推广等纳入政府的主体职能之中，推动农业的发展进步。主要有三方面的标志：一是国家建立专门的政府机构来管理农业科技和农业教育的事业，使农业科学研究成为国家行政体系的组成部分，而不再是科学家个人的事情，政府实施对农业科研、教育、推广的规划、管理和指导；二是建立了专门的农业科研、教育机构，这些机构接受国家的行政管理，根据国家的农业生产需要来确定研究选题；三是有了专职的农业科学家和农业教育家，他们领取政府或公私机构发给的工资薪酬，并为国家或机构组织的农业发展服务。

第一节 农业行政机构的演变

清末设立农工商总局和商部、农工商部是受日本和欧美等西方国家的影响，在政治、经济极度危机的压力下被迫做出的改良举措，其农业上的目的在于指导农业生产，发展农业经济，为振兴民族工商实业服务，以期加强国力，图求自存。农政机关从事的农事试验、农业教育等活动，虽收效甚微，且未曾全面展开，但一开重视农业科技的风气，推动了农业近代化的发展进程。在此之后的北洋政府和南京国民政府，继续开展了相应的农业科研教育事业，逐渐形成了中国近代的农业行政制度。

一、清末的兴农事业

光绪二十四年（1898），光绪帝接受维新派的主张，决定实施变法。当时维新变革的骨干分子康有为登殿上疏，建议变革后的中央政府设置 12 个职能部门，其中之一就是综理农业事务的"农局"。后来决定仿照日本农商省的建制，改称农工商总局。7 月，光绪帝谕令："训农为通商惠工之本，中国向本重农，惟尚无专董其事者，不为倡导，不足以鼓舞振兴，著即于京师设立农工商总局。"清廷调派直隶霸昌道的端方、直隶候补道的徐建寅、吴懋鼎三人负责筹建，赏给三品卿衔，指定由端方主持农政，特许"一切事件，准其随时具奏"①。但事隔不到两个月，9 月 21 日，以慈禧太后为首的顽固守旧派发动政变，推翻了变法维新的一切设施，农工商总局也被撤销。到 1903 年，清政府再次倡行新政，复设一个商部，其中的"平准司"主管"开垦、农务、蚕桑、山林、水利、树艺、畜牧一切生殖之事"，实际上也是一个综理农事的机关。光绪三十二年，又以名实相符为由，将工部并入商部，改称农工商部。农工商部的设立，使农业科技有了行政管理上的保证，使之得以在全国上下普遍推行。

农工商部平准司改为农务司，"掌农田、垦牧、树艺、蚕桑、水产、丝茶等事，并各省河湖江海堤岸、闸坝、港道工程岁修核销事宜，统辖京外农务学堂、公司、局厂，兼管本部农事试验场"②。农业行政方面的主要工作是"区别土性，调查物产……奏办农事试验场，以资研究；奏订农会章程，以示标准；而于各省绅商之禀办农业公司者莫不优加奖励，量予维持"，其中，创办农事试验场是其中一项比较突出的工作。

光绪三十二年（1906），农工商部选定北京西直门外乐善园官地成立农工商部直属农事试验场，面积千余亩，场内设农林、蚕桑、畜牧等科，各科都进行各自的试验。例如农林科曾把各省选送和从国外购进的各种作物种子进行栽培试验；蚕桑科进行桑树繁殖、国内外蚕种比较试验等。③

在设立农工商总局前，一些省份即有地方各级农政机构的设置。戊戌变法期间，光绪帝谕令"各直省由督抚设立（农工商）分局，遴选通达时务、公正廉明之绅士二三员总司其事"④。此后设立商务局或农工商分局的省份渐趋增加。戊戌变法失败后，清廷并未改变发展工商实业的政策，各地商务局、农工商分局基本没有中断。这些机构是朝廷的官办机构，由各省督抚委派在职或候补官员担任总办和会办。

光绪三十四年（1908），清廷规定各省设劝业道，"归本省督抚统属，管理全省农、工、商、矿及各项交通事务"⑤。农业方面的事务包括农田、屯垦、森林、渔

①④《清德宗实录》卷四二七。
② ［清］刘锦藻：《清朝续文献通考》卷二六，浙江古籍出版社，2000 年，总 8862 页。
③ ［清］刘锦藻：《清朝续文献通考》卷三八一，浙江古籍出版社，2000 年，总 11282 页。
⑤ ［清］刘锦藻：《清朝续文献通考》卷一三四，浙江古籍出版社，2000 年，总 8942 页。

业、树艺、蚕桑及农会、农事试验场各事项，各厅、州、县设劝业员一人，受劝业道及该地方官指挥监督，掌理该厅、州、县实业及交通事宜。

各省农业行政机构的主要工作是创办农事试验场、设立实业学堂、创立农业公司和兴办农会。据宣统元年（1909）农工商部统计，各省农业行政情况为：奉天设有农事试验场、农业讲习所、森林学堂，吉林、黑龙江有农事试验场、实业学堂，直隶有高等农业学堂、农事试验场、营田垦务所、正定林业公所，热河有喀喇沁林业公司，山东、山西有农林学堂、农事试验场，安徽有垦牧树艺局，江西有农事试验场、实业学堂，浙江有高等农业学堂，福建有农事试验场，河南有农事试验场，陕西、甘肃有农业学堂、农事试验场，湖北有高等农业学堂，广东、广西有农业学堂，四川有农业学堂，贵州有农林学堂等。此外，直隶、甘肃、江西、河南等省均奏设农务总会，各府、厅、州、县普遍设立农务分会。

此外，晚清时期，各地还成立了一些官营或者官商合营的近代的农牧公司，如奉天天一公司，黑龙江瑞丰农务公司，江苏海赣、通海、溧阳各垦牧公司，茅麓、茂达、吉金各树艺公司，安徽贵池垦牧公司，江西树德垦牧公司，浙江永裕垦务公司，福建顺昌垦务公司，广东琼崖垦矿公司、普生农牧公司、钦廉开垦公司，等等。

二、北洋政府农政机构及其事业兴作

（一）中央农政机构

1912 年，孙中山在南京宣誓就任中华民国临时大总统，从此结束了中国长达两千多年的封建社会。新成立的民国中央政府设实业部，主管农、工、商各业。三个月后，袁世凯窃取了临时大总统职位，将实业部分设为农林、工商二部。农林部下设总务厅和农务、垦牧、山林、水产四司。总务厅分机要、统计、会计、庶务四科，负责办理农林劝业会、万国农会和考察外国农业等事务；农务司分为农政、树艺、蚕丝、水利、土壤、化验六科，职权为农业改良、蚕丝业、水利和耕地整理、茶棉糖豆各业、天灾、虫害预防善后、农会和农业团体、气象等；垦牧司包括垦务、边荒、畜牧、兽医四科，职权为开垦、移民、牧畜改良、荒地处分、种畜检查和兽疫、垦牧团体等；山林司包括林政、经理、业务、监查四科，职权为山林的监督、保护、奖励、管理保安林、国有林、林业团体、狩猎等；水产司包括渔政、河产、海产三科，职权为水产品监理和保护、渔业的监理和保护、公海渔业的奖励、渔业团体等。

1913 年 12 月 24 日，农林部与工商部合并为农商部，内设三司一局，其中农林司、渔牧司主管农业。农林司的职权涵盖原农林部农务司和山林司的全部职责，渔牧司包括原农林部水产司全部和垦牧司的畜牧部分。北洋政府时期，农商部延续时间最长。直至 1927 年 6 月，张作霖于北京就任陆海军大元帅，取消农商部，改设农工、实业两部。农工部内设农林、工务、渔牧、水利四司，管理农、林、渔、牧、水利和工务。①

北洋政府农商部直辖的农业机关，重要的有 1916 年 1 月 3 日设立的林务处。其主要职掌有如下各项：开荒植林、保护并利用公有林、奖励私人植林、培养造林人才，等等。林务处设督办一人，由农商总长兼任。同年 10 月 17 日，农商部裁撤林务处，另于部内设置林务研究所，从事林业研究。

农商部直辖的农业单位，还有先后设立的若干农业试验场，主要有以下各处：

——清政府 1907 年在北京西直门外开办的农事试验场，北洋政府接管后改称中央农事试验场。

——1912 年 8 月在北京天坛筹设北京林业试验场，稍后又在山东长清和湖北武昌设立林业试验场。

——1915 年，农商部在安徽祁门设模范种茶场，两年后，改称茶业试验场，1926 年停办。

——农商部为改进棉花生产，发展棉业，1915 年起先后在河北正定、江苏南通、湖北武昌、北京和河南彰德开办棉业试验场。

——1915 年，为了改良畜种，农商部分别在察哈尔张家口、北京西山和安徽凤阳石门山设立第一、第二、第三种畜试验场。

（二）北洋政府时期的地方农政机构

省级农政机关，先后设立有劝业道（1912 年）、实业司（1913—1915 年）和实业厅（1915—1928 年）。1913 年以前对于省级行政机关的设置尚没有全国统一规定，各地设置的情况比较复杂。1913 年 1 月 8 日公布《划一现行各省地方行政官厅组织令》后，规定各省设省行政公署，下置一处（总务处）四司（内务、财政、教育、实业），农业行政归实业司职掌。但有些省份限于财力或其他原因并未设置实业司。如安徽和福建等省，把实业司裁去，改于内务司内设置实业科。1913 年 9 月，北洋政府国务院通电各省"节财减政"，文中明令除直、苏、鄂、粤各省事务较繁，其余各省均可仿照安徽办法，裁并教育和实业二司。如广西即于 1914 年 3 月实行裁并，新疆改设实业局，旋又改局为科。

实业司与农业有关的职掌有以下各项：农业改良；农事试验场；蚕丝业改良和检查；地方水利和耕地整理；天灾、虫害的预防和善后；农会；实业讲习；农

① 钱实甫：《北洋政府时期的政治制度》，中华书局，1984 年。

林渔牧各种团体；畜牧改良；种畜检查和兽医；公私林的监督、保护和奖励；苗圃、林业试验；狩猎监察；水产试验和讲习；水产业监理、保护、奖励；劝业会等。

1914年5月23日，《省官制》公布后，省行政机关又有不少变动。省行政公署改称巡按使公署，下设政务厅与财政厅。政务厅内设四科，其中包括实业科，职权与原来的实业司大致相同。

1918年，省级行政机关改为一处四厅，其中实业厅掌管农、工、商实业。实业厅为农商部的直属机关，同时兼受省行政长官的监督。实业厅下设各种直属单位，进行农林垦牧等业务，各省情形有所不同。如山西省1920年后将省农桑总局与山西省农事试验场合并成立山西省农桑局。据1923年调查，山东省实业厅下辖9个直属单位，属于农业试验的有济南农事试验场；属于林务的有济南森林局与青州（益都）森林局；属于垦务的则有6个：利津垦务局、沾化垦务局、无棣垦务局、广饶垦务局、阳寿垦务局和郓城垦务局。① 1923年，河南省在开封、信阳、南阳、洛阳、辉县分别设立5个农林局。

北洋政府时期，县级农政机关，较大的县在知事公署内设有实业科，小县则不设实业科而由教育科兼管农政。有的地方如浙江省，农政由民政科办理。县知事公署以外，也可设与农政有关的机构。如1917年以后，直隶、山东、陕西、江苏等省，在各县设有劝业所或实业公所，大多由当地士绅主办。1925年4月25日，农商部公布《实业局规程》后，各县才逐渐统一设置实业局，归属省实业厅领导。② 县级各实业机关，在倡导农政方面，大率皆有农地作为农林试验、示范的场所。以山东掖县为例，1921—1922年，在县劝业所的领导下，全县种树600余万株，种桑3万余株，凿井十余眼，筹设苗圃30余亩，创办林会70余处。③

地方各级农政机构所辖单位中，以农事试验场最为普遍。1916年，在绝大部分省已设立农事试验场。旋即农商部颁布《中央及地方农事试验场联合办法》，规定中央农事试验场的试验方法和日常管理，中央试验场的方法及成绩可推行于地方农事试验场，地方场的试验方法和成绩可报请中央场审核。地方场遇到疑难问题，可请中央场指导。这一时期各地省立、县立农事试验场纷纷成立。1916年，省以上的综合试验场已有18处。1917年时，中央、省、县各级农事试验场共有113个，其中，有不少专业性的试验场或改良场，如棉业试验场、稻作试验场、麦作试

① 转引自张玉法：《山东的农政与农业：1916—1937》，载台湾"中央研究院"近代史研究所：《近代中国农村经济史论文集》，1989年。
② 钱实甫：《北洋政府时期的政治制度》，中华书局，1984年。
③ 《（四续）掖县志》卷五，转引自张玉法：《山东的农政与农业：1916—1937》。

验场，安徽屯溪、江西修水还设有茶业试验场等。①

这一时期虽然各地成立的农事试验场数量颇多，但由于人才缺乏，经费不足，加之各级政府督导不力，各省农事试验场"数年以来所费不赀，而于农事尚无明效大验"②。

三、国民政府前期的农政机构及其科教事业

（一）中央农政机构

南京国民政府成立后，于1928年春设立农矿部，主管农业和矿业。部内设农民司、农务司、林政司主管全国农政。1930年12月，农矿部和工商部合并为实业部，部内设渔牧司、农业司，主管农业。次年增设林垦署，管理林政和垦务。1936年1月，实业部内增设合作司。

在当时的农业专家等有识之士的倡导呼吁下，国民政府比较重视农业科研，设立了较为系统的农业科研机构和实验场所。其中实业部于1932年1月创办的中央农业实验所（简称"中农所"）是全国最高的农业科研实验机构。中农所的任务是研究及改进中国农业、森林、蚕丝、渔牧、农艺及其他农业技术及方法；就中外已知之良法加以研究及试验，并推广其有效之成果；调查农业实际情形，并输入有益农业之动植物；调查及研究农村经济及农村社会；以科学方法研究农产品或原料之分级。中农所成立后积极开展农业科研，在作物改良试验、病虫害防治、土壤肥料、园艺、蚕桑、畜牧等方面取得了一定的科研成果，产生了较好的经济、社会效益。

除中农所，实业部直属的农业科研机构还有河北正定中央棉业试验所，1931年在原北洋政府农商部第一棉业试验场的基础上，恢复扩建而成；以及1933年在南京小九华山设立的中央种畜场等。

针对各地农业生产及农村经济情形，农业行政部门比较重视农业技术推广工作。1929年6月，国民政府农矿部与内政、教育二部联合制定颁布《农业推广规程》，第一次以法令的形式肯定了农业推广的重要性，并对各级推广组织建设及其应办事业进行了具体规定。同年12月25日，成立中央农业推广委员会，直属农矿部，负责指导、督促全国农业推广的开展。1930年成立实业部后，归属实业部。

1936年6月，国民政府"为流通农业资金、调整农业产品、借以发展农村起

---

① 唐启宇：《近百年来中国农业之进步》，国民党中央党部印刷所，1933年。
② 《政事》，《农商公报》1916年5期。

见"，由实业部联合各银行，设立了农本局。农本局的业务包括农资和农产两部分。农资部分的业务有补助各地农业银行、合作社、农民典当；一般农产物之再抵押及农村金融机构所有抵押品之再抵押；酌放改良农产借款及向农民信用借款；倡办农村牲畜保险事业等。农产部分的业务包括经营农产品仓库事务，并商得各铁路局建筑仓库，廉价租与经营者；接受政府之委托，代理买卖农产品事务；一般农产品之运销，或代理运销事务；抵押品中之农产部分之处分事务；关于农产改进及调整事务。[①]

除农矿部、实业部，与农政有关的重要机构尚有直属于行政院的全国经济委员会（1931 年 9 月—1937 年）和农村复兴委员会（1933 年 5 月—1936 年 1 月）。

1931 年 9 月，国民政府设全国经济委员会，蒋介石、汪精卫、孙科、孔祥熙、宋子文任常务委员。全国经济委员会先后设有棉业统制委员会（1933 年 10 月—1937 年 7 月）、蚕丝改良委员会（1934 年 2 月—1937 年 7 月）、农业处（1934 年 2 月—1937 年）、水利处（1934 年 10 月—1937 年 12 月）、合作事业委员会（1935 年 9 月—1936 年 7 月）和祁门茶业改良委员会等农业机构。

棉业统制委员会下辖中央棉产改进所及河南、陕西、湖北、河北、山西五省棉产改进所（会），从事棉花的生产试验、品种改良、棉花运销等业务。其中中央棉产改进所 1934 年 4 月于南京成立，内分总务室及植棉、棉业经济、分级检验三系，设有棉作、棉虫、棉病、棉化、品级、品质等研究室，并附设孝陵卫棉场 320 亩及上海运销总办事处，徐州、江浦两个指导所。[②] 农业处共分三科，农村建设科，办理农村的一切建设事业；农业改良科，办理农业技术改进；农业工程科，办理河流、荒地的开发垦殖。

农村复兴委员会名义上是行政院为了计划复兴农村的方法，筹集复兴农村的资金，辅助复兴农村事业，而于 1933 年 4 月设立，实际上是为配合国民党对革命根据地的"围剿"而设。该委员会聘请委员 40 人，内设经济、技术、组织三组以及多个专门委员会，主要任务是调查研究有关农业改进的问题，向行政院建议或备行政院考查咨询，同时联络全国与改进农业有关的单位并促进其工作的开展。

（二）地方各级农政机构

全面抗日战争前，各省农政多由农矿厅或建设厅管辖。以江苏为例，1927 年省政府同时设有农工、建设二厅，1928 年 5 月农工厅改为农矿厅，1931 年 12 月裁

① 三秋：《农本局的性质和前途》，《中国农村》1936 年 2 卷 6 期。
② 中国第二历史档案馆：《中华民国史档案资料汇编》第 4 辑（一），凤凰出版社，1991 年，437 页。

撤，业务由建设厅办理。1933 年 11 月，建设厅内设管理农政的第三科，分设二股，农矿股办理农林、垦牧、蚕桑、渔猎、采矿等事项，合作事业股办理关于合作事业及农业仓库等事项。1935 年 7 月，建设厅内设秘书室、二科及农业管理委员会。农业管理委员会设农矿、合作二课，职能明确为关于农林渔牧之试验指导及管理改进事项；关于蚕业丝业之指导及改进事项；关于合作暨工商事业之推进及监督指挥事项；关于农林推广之计划、实施及监督指导事项；关于矿业之管理监督事项；关于土壤调查及肥料管理事项；关于农业动植物病虫害之防治事项，以及关于农用器械之制造、改良及推广应用等事项。

1937 年 6 月，江苏省建设厅成立农业设计委员会。该委员会之职责为集思广益，协助改进本省农业事宜，凡关于农林、牧渔、蚕丝、合作、改良农用器械及其他有关农业改进之设计及建议事项皆属之。

除农矿厅、建设厅，各省政府一般还设有其他管理农业的专门委员会。仍以江苏省为例。1929 年 11 月，成立江苏省调节食粮委员会。1933 年 10 月，成立农村金融救济委员会。1934 年 2 月，成立推进苏北农村副业设计委员会。1934 年 4 月，成立蚕业改进管理委员会。1934 年 12 月，成立垦殖设计委员会。1937 年 6 月，成立谷物检定委员会，等等。

关于县级政府的农政机构，各地的设置配置也不划齐一致，即使一省之内也不统一。主要有将农政归入县府建设局与县府第三科或第四科等几种情况。江苏省的地方县级建设局的嬗变大致可以反映出当时县级农政机构的情况。

国民政府在南京成立后，江苏省政府将原来的实业厅改为建设厅，于是各县原有的实业局或实业科亦废止，另置建设局。但因经费不济、人才难觅等原因，全省各县设局迟缓，历时一年，各县始告完成。此时县建设局经费只赖省库部分补助，工作难以开展。及至 1930 年 7 月，县建设局经费改在各县建设专项下支给，原有省库补助一律废止，于是各县建设局的经费更显拮据，不得不改变方法，将江浦等 12 县建设局一律裁并，改归邻县建设局兼管，并受兼管建设局局长和本县县长指挥监督。由此办理相关政务诸事，深感不便，故自 1932 年 7 月起，这 12 个县又改设建设事务所，与邻县建设局脱钩。另外，1930 年 9 月，苏北高邮等 5 县因灾情重大，各项事业难以照常进行，故将建设局并入县政府，仅留用技术员 1 人，以节省开支。及至 1932 年 8 月底，该 5 县也成立建设事务所，不再恢复建设局。至此，江苏全省已有 17 个县将建设局改为建设事务所。

1933 年 1 月，遵照省政府通过的新县政府组织通则规定，江苏各县建设局、建设事务所一律裁撤，而在县政府内另设技术室，沿袭原来建设局的工作。1934 年 2 月，省政府再度变更办法，以建设经费多寡为标准，分为设局、设科和不设科三种组织方式。至 1935 年，江苏省 61 县中，除江宁自治实验县，设立建设局的共有 6 县，设置建设科的共 26 县，不设建设科的计 28 县。

除县政府内的建设局或主管科，各县还设有与农政有关的专门委员会，以与省级委员会相对应。如县赈务委员会分会、县食粮管理委员会、县建设委员会、县合作社整理委员会、县清查田赋委员会等。[①]

国民政府前期，全国主管农业的机关很不统一。中央农政机构繁复，事权重叠。如行政院下有实业部，设农业司、渔牧司、林垦署主管农林垦务；全国经济委员会设农业处、棉业统制委员会、蚕丝改良委员会、农村建设委员会等，建设委员会又设有模范灌溉管理局、振兴农村实验区。行政院还直辖有农村复兴委员会。这些机构各自为谋，不相辖属，使职权难以统一，政出多门，农政十分混乱。至于省县农业机关，叠床架屋的现象也十分普遍，而且上级管理机关过多，苦于周旋应付，加上经费拮据，农业人才多集中于中央机构。如此种种，造成了"未尝一日无农政，然而未尝一日见农政之实行"的局面。

四、全面抗战期间及抗战胜利后的农政机构

（一）中央农政机构

1937 年全面抗日战争爆发后，为适应形势变化，国民政府对国家机关加以调整。这一时期，军事委员会、国民政府、行政院均有直属的经济建设行政机构，加上主管经济的实业部，职权重复，系统过于分散。为此，"中央行政调整案"对经济行政机构进行重大调整。1938 年 1 月，实业部被裁撤，另设经济部，直属国民政府行政院，将全国经济委员会棉产部分以及负责战时办理食粮、棉花生产运销的军事委员会第四部并入经济部。经济部内设农林司，掌管全国农林事宜，钱天鹤任农林司司长。另设资源委员会，部长翁文灏兼任主任委员。原实业部农本局改属经济部，并将军事委员会的农产调整委员会及原属财政部的粮食运销局一并归于经济部农本局。

在战争形势下，后方各省人口激增，居民粮食及军需物资严重匮乏，发展农业生产、增加粮食产量成为当务之急。因此，以战时增产为主要目标的农业技术推广工作受到当局高度重视。由于中央农业推广委员会已不存在，1938 年 5 月，国民政府在西迁途中于汉口成立农产促进委员会，直属行政院，3 个月后迁往重庆。是年冬，又在成都增设办事处。

农产促进委员会的主要职责，一是统筹后方农业推广工作，二是在行政上确立

---

① 曹余濂：《江苏文史资料》第 67 辑《民国江苏权力机关史略》，《江苏文史资料》编辑部，1994 年。

农业推广督导制度，以收督促、联系、协调推广工作之效。其主要工作是决定推广方针，拟具推广计划，训练推广人才，提供推广资料，以技术人员和经济力量协助各省农业机关团体，并派督导员分赴各省辅导农业推广机构的建设和农业推广工作的开展。

为促进战时农业推广的深入进行，中央农产促进委员会根据全面抗战爆发前乌江、江宁等地办理农业推广实验区及模范农业推广区的经验，与各地农业科研机关及地方行政机关合作，先后在四川、广西、陕西、贵州、甘肃、河南、湖北、福建等省开办农业推广实验县共27处，推动了后方的农业生产。① 1942年，农产促进委员会划归农林部。

为加强农林行政管理力量，推动农林建设，1940年5月，国民政府行政院决定在经济部农林司的基础上设立农林部。1940年5月11日公布了农林部组织法，并于7月1日正式成立农林部，直属国民政府行政院。农林部成立之初，设农事、林业、渔牧、农村经济、总务五司；秘书、参事、技术三处；会计、统计二室以及垦务总局。农事、总务两司各分四科，其余三司各分三科，垦务总局内分五科及秘书、技术、会计三室。1941年，改总务司第四科为人事室，垦务总局第五科为局人事室，并增设粮食增产委员会及附属机关业务审核委员会。1942年，改附属机关业务审核委员会为业务工作设计审核委员会，不久又改为业务工作设计考核委员会。1944年，设立农业复员专门委员会，1945年初，改组为农业复员善后计划设计委员会。抗战胜利后，正式成立农业复员委员会。由于农产促进委员会和粮食增产委员会同是办理农业推广工作的机构，无须同时存在，1945年这两个委员会合并为农业推广委员会。同年，奉令裁撤垦务总局。

抗战胜利后，农林部由重庆迁回南京。1946年10月30日，再度修正农林部组织法。根据此组织法，1946年底将原渔牧司分置为渔业、畜牧二司，并增设垦殖司。同年，农林部设联络委员会，作为政府农业粮食主管机关与联合国粮农组织联络的机构。1947年11月，为加强对粮食生产工作的领导，复设粮食增产委员会。至此，农林部内部组织包括总务司、农事司、农村经济司、林业司、渔业司、畜牧司、垦殖司等七司和秘书处、参事处、技术处、会计处、人事室、统计室等。另设有设计考核委员会、农业复员委员会、农业推广委员会、粮食增产委员会、联络委员会等专门委员会。

农林部成立于全面抗日战争时期，鉴于后方各省农业基础薄弱，人才、经费缺乏，除拨助经费充实各省农业机构，农林部利用撤退至后方的众多技术人才，设立

① 曹幸穗等：《江苏文史资料》第51辑《民国时期的农业》，《江苏文史资料》编辑部，1993年，156~157页。

农、林、渔、牧、垦各直属事业机构，积极改进农产，从事试验管理。抗战胜利前夕，这些单位有的移交给地方，有的予以裁并，还有一部分加以充实，继续办理。抗战胜利后，农林部直属全国性农业机构大多迁设南京、上海，其他区域性的机构亦进行调整、迁移。农林部还接管日伪原有全国性及区域性的农业机构，经过整理、合并，改组为新的部属机构，又恢复全面抗战前原有部分机构。此外，根据需要，更增设了一些直属机构。现将这些机构分为农事、林业、渔业、畜牧、垦殖、农村经济、农业推广等七类，分别介绍如下。

1. 农事机构 一是抗战胜利后复员的机构，包括中央农业实验所1932年在南京成立，战时移设四川荣昌，嗣迁北碚，1946年迁还南京原址；病虫药械制造实验厂，1942年设立于重庆江北，1946年移设上海；骨粉厂，农林部于1941年与赣、粤、桂、滇，1942年与陕、浙、湘、康、豫、甘等省分别合办，后受战事影响，除陕西省，其余均停办，抗战胜利后，广西等地恢复办理；中国农业机械公司，农林部于1943年与中国农民银行等合资设立，1947年移至上海。

二是抗战胜利后裁并或改组的机构，包括全面抗战前设立的江西农村服务区管理处，改设东南麻业改进所；在湖南宜章、四川峨边、贵州平坝及广东英德先后设立的第一、二、三、四国营农场；在陕西武功与广东曲江分设的两个改良作物品种繁殖场；在广东化县设立的柑橘试验场。

三是抗战胜利后接收改组敌伪的机构，包括中国蚕丝公司，1946年成立于上海，为农林部与经济部合办；无锡农具制造实验厂，1946年成立于无锡；东北农事试验场，1947年成立于吉林公主岭；中农所北平农事试验场，1946年正式成立于北平；病虫药械制造实验厂北平分厂，1946年成立；棉产改进处，1946年先期成立华北、华中两个棉产改进处，1947年合并为棉产改进处，设于南京，并于北平、上海、汉口、西安设四个分处；东北病虫药械制造实验厂，1947年成立于沈阳；东北农具制造实验厂，1947年成立于沈阳；海南岛农林试验场，1946年先设立中央林业试验所华南林业试验场，1947年底与其他农渔机构合并改组成立海南岛农林试验场，设于海口；1947年设烟叶改进处于南京。

2. 林业机构 一是抗战胜利后复员的林业机构，包括中央林业实验所，1941年在重庆设立，1946年迁至南京；第一经济林场，1941年成立于广东乐昌，原名第三经济林场，后改此称；第二经济林场，1942年成立于广西龙津，原名第四经济林场，后改此称；秦岭国有林区管理处，1941年设立于陕西周至；洮河流域国有林区管理处，1941年设于甘肃岷县；天水水土保持实验区，1942年设立于甘肃天水；西江水土保持实验区，1945年设立于广西柳州；洪江民林督导实验区，1942年在湖南洪江设立。

二是抗战胜利后裁并改组的林业机构，包括岷江流域国有林区管理处设于四川理番；大渡河流域国有林区管理处设于四川峨边；青衣江流域国有林区管理处设于西康天全；雅砻江流域国有林区管理处设于西康盐边；祁连山国有林区管理处设于甘肃张掖；金沙江流域国有林区管理处设于云南丽江；第一经济林场设于贵州镇远；第二经济林场设于陕西陇县；洛水、汉水、泾水、红水河及赣韩两江各水源林区，分别设于洛宁、汉中、平凉、罗甸及赣县。以上机构场所在抗战胜利前后裁并改组而成。

三是抗战胜利后接管改组敌伪而成的机构，包括中国林业所华北林业试验场，1946 年成立于北平；西北防沙林甘肃景泰林场；部省合办西北防沙林宁夏防沙林场；部省合办西北防沙林东胜防沙林场；部省合办西北防沙林都兰防沙林场。此外，在黄泛区豫皖两省，农林部会同有关机构，各成立一个防沙造林工作队。

3. 渔业机构　一是全面抗战前原有、抗战胜利后恢复的渔业机构，包括上海鱼市场，1945 年恢复；渔业银团，1947 年恢复，仍设在上海。

二是接收改组敌伪原有机构而成的渔业机构，包括中华水产公司，1945 年开始接管改组，1948 年 1 月正式成立于上海；黄海水产公司，1946 年筹备，1947 年正式成立于青岛；海南水产公司筹备处，1946 年设于广州；青岛鱼市场，1946 年筹备，1947 年正式成立于青岛。

三是抗战胜利后新设立的机构，包括中央水产实验所，1947 年成立于上海，设远洋渔业、沿海渔业、淡水渔业、水产制造、水产养殖、海洋观测、渔船渔具、水产生物、渔业经济、渔业推广共 10 系；冀鲁区海洋渔业督导处，1946 年设于天津；江浙区海洋渔业督导处，1946 年设于上海；闽台区渔业督导处，1946 年设于福州；广海区海洋渔业督导处，1946 年设于广州；天津鱼市场筹备处，1947 年设于天津；广州鱼市场，1946 年委托广东省政府筹设，1947 年 11 月由农林部收回管辖，设于广州。

4. 畜牧机构　一是抗战胜利后继续办理的机构，包括中央畜牧实验所：1941 年在广西桂林良丰成立，不久迁至四川荣昌，1946 年初迁上海，不久迁至南京；西北兽疫防治处，前身为卫生署蒙绥防疫处与西北防疫处兽医部分，1941 年划归农林部后，于兰州改组设立；西南兽疫防治处：1940 年农林部组织战时兽疫防治大队，1941 年设立川黔湘鄂四省边区防疫总站于贵州湄潭，1943 年改组为第一兽疫防治总站，并于昆明、桂林增设第二、第三两总站，1944 年将三站合并为东南兽疫防治站，1945 年将湄潭兽疫防治大队、东南兽疫防治站及筹设中的西康兽疫防治处合并改组为西南兽疫防治处，设在贵阳；青海兽疫防治处：1942 年先在西宁设立青海兽疫防治大队，1943 年改队为处；西北羊毛改进处，1940 年设立于甘肃岷县，1943 年总处移设兰州；西北役畜改良繁殖场：农林部于 1942 年设第七耕牛繁殖场于陕西宝鸡，不久改称宝鸡耕牛繁殖场，同年设第一役马繁殖场于陕西眉县，1945年将两场合并为西北役畜改良繁殖场，移设陕西武功。其余的6家国立耕牛繁殖场即第一（四川）、第二（贵州）、第三（广西）、第四（湖南）、第五（江西）、第六（河南）等场也在抗战胜利后改组或保留。其中第一耕牛繁殖场与曾经筹设的成都、昆明两耕牛繁殖场合并成南川耕牛繁殖场，第二、第四耕牛繁殖场改称为湄潭、零陵耕牛繁殖场。

二是抗战胜利后裁并改组的机构，为河南兽疫防治处。

三是敌伪原有改组而成的机构，即中央畜牧实验所北平工作站（设在北平）。

四是新设立的机构，包括东南兽疫防治处，1946年设于南京；华西兽疫防治处，1947年设于成都；华北兽疫防治处，1947年设于北平；晋绥兽疫防治处，1947年设于绥远归绥；滁县牛种改良繁殖场，1946年设于安徽滁县；良丰牛种改良繁殖场，1946年设于广西桂林良丰。

5. 垦殖机构　一是抗战胜利前裁撤的机构，包括农林部曾接管经济部等四部主管的国营陕西黄龙山及陕西黎坪两个垦区管理局，并增设甘肃岷县、江西安福、四川雷马屏峨、福建顺昌（后移至莆田，改滨海垦区）、甘肃河西关外、西康泰宁等垦区管理局，四川东西山、西康西昌（后改西昌垦牧实验场）、河南伏牛山（后改垦区管理局）、甘肃河西（后改河西永昌垦区）、贵州六龙山（后改垦区办事处）等屯垦实验区管理局，以及四川金佛山垦殖实验区管理局。1944年分设浙闽、皖赣、湘鄂、陕西、河南5个垦务督导区。以上各垦务机构均于1945年垦务总局停办后裁撤，移交给地方政府。

二是全面抗战前原有胜利后恢复的机构，即金水流域农场，1946年恢复，由农林部与湖北省政府合办，仍设在武昌。

三是敌伪政权原有改组设立的机构，即河北垦业农场，1946年设于天津。

6. 农村经济机构　一是抗战胜利后继续办理的机构，即遂宁合作农场办事处，1941年在四川成立，兼协办北碚合作农场辅导事宜。

二是抗战胜利前裁撤的机构，包括初设立重庆南岸、四川成都、四川璧山、四川北碚等辅导办事处，以及川、陕、豫、黔、滇、鄂、湘、粤、赣、闽10省19县农场经营指导员办事处。1942年设立农场经营改进处，综管其事。抗战胜利前，以上机构陆续裁撤。

三是敌伪原有改组设立的机构，即上海实验经济农场，1946年设于上海。

四是抗战胜利后新设立的机构，即农业经济研究所，1947年设于南京，共分农业调查、土地经济、农场经营、农产贸易、农业金融、农村社会经济六系和秘书室。

7. 农业推广机构　一是抗战胜利前设立，抗战胜利后改组的机构，包括华西区推广繁殖站，设于成都，原川站改组；西北区推广繁殖站，设于陕西武功，原陕站改组；西南区推广繁殖站，设于广西柳州，原桂站改组；华中区推广繁殖站，设于湖南邵阳，原湘站改组。

二是抗战胜利后改组迁设的机构，包括华南区推广繁殖站，设于广东顺德，原粤站改组迁设；鄂豫区推广繁殖站，设于武昌，原鄂站改组迁设。

三是抗战胜利后新设立的机构，包括华东区推广繁殖站，设于杭州；华北区推广繁殖站，设于青岛；苏皖区推广繁殖站，设于南京。

（二）地方农政机构

抗日战争前，各省农林行政，先后由实业厅、农矿厅、建设厅主管，所辖农林试验推广机构各省多不一致。抗战期间，为了加强对农林机构的管理领导，国民政府补助后方各省农业改进经费，使省农业改进机构成为统一管辖的行政组织。除全面抗战前江西省已有直属于省政府的农业院、广西已有隶属于建设厅的农林局，战时四川、贵州、陕西、甘肃、湖南、湖北、河南、西康、浙江、绥远、山西、安徽等省先后成立农业改进所，广西省成立农业管理处，福建省成立农业改进处，等等。以上机构均隶属省建设厅。此外，宁夏先成立农林局，后改为农林处，直属于省政府。

抗战胜利后，各省主管农政的机构仍为建设厅。1946—1947年，建设厅下属农业机构继续调整。云南省成立农林改进所，河北省成立农业改进所，绥远、安徽两省原有的农业改进所均改为农林处，广西农业管理处改为农林处，广东省农林局改为农林处，江苏、山东、察哈尔、台湾四省均新成立了农林处。

建设厅所辖的农林处一般设有若干科室，各有分工，并有多个附属机构。如广西农林处，共设六科和秘书、会计、人事三室。第一科分管农务，第二科分管林务，第三科分管渔业畜牧，第四科分管农田水利，第五科分管农业经济，第六科分管农业推广。农林处附属机构有广西农事试验场，广西无忧示范集体农场，广西第一、二、三、四、五区农场，广西骨粉厂，桂平茶业改良工作站，百色蔬菜示范繁殖场，凌云蔬菜示范繁殖场，百寿山林管理局，省立六万、南宁两林场，广西家畜保育所，广西第一、二、三、四、五、六、七、八区兽疫防治工作站及总站，省水利林垦公司，蒲芦河、合江两坝灌溉工程管理处，恭城势江灌溉工程管理处，崇左海渊灌溉工程管理处，永福金鸡河灌溉工程办事处，洛寿渠灌溉工程管理处，柳江凤山河灌溉工程办事处，田阳那坡灌溉工程管理处，隆安渌水江灌溉工程办事处等。[①]

除农林处，省建设厅还辖有其他有关农政直属机构。如江苏省直属省建设厅的

[①] 熊襄龙：《广西省政府农林处一年来之工作概况》，《广西农业通讯月刊》1937年。

农政机构有农民贷款、垦务处及农林渔业各试验专场、泰兴种猪保育实验区、原蚕种制造场、蚕丝试验场、棉产改进所等。

县级农业行政机关则设有建设局，局分四课（科）或三课，各地有所不同。设四课的建设局，其中第三课掌理"关于农林、蚕桑、畜牧、渔业、矿冶业之规划、奖进、保护、管理，益虫益鸟之保护及害虫之防治，农村之改良，农民银行及合作社之管理，地质及土壤之调查等事项"。裁局改科后，县政府设有三科的，第三科掌理农、工、商、森林、水利、农村合作等建设及教育事务。县政府也有设四科的，农业行政由县政府第四科掌理。设五科的，则农业行政由第五科职掌。但即使一省之内各县情形往往也不一致。

第二节　农业立法

一、清末农业立法

20世纪初，晚清政府推行"新政"，政治上预备立宪，经济上推行变法，实行振兴实业的政策。在此过程中，晚清政府逐渐认识到制定相应法规的重要性。光绪二十八年（1902）二月上谕中已提及制定经济法规的必要性，强调指出："为治之道，尤贵因时制宜，今昔情势不同，非参酌适中，不能推行尽善。况近来地利日兴，商务日广，如矿律、路律、商律等类，皆应妥议专条。"当时还提出了拟订法规的步骤和办法："著各出使大臣，查取各国通行律例，咨送外务部，并著责成袁世凯、刘坤一、张之洞，慎选熟悉中西律例者，保送数员来京，听候简派，开馆编纂，请旨审定颁发。总期切实平允，中外通行，用示通变宜民之至意。"[①] 从这条上谕中可以看出，晚清政府力图在原则、步骤和方法上，做到与时俱进、中外兼备、尊重民意、切实平允等法律制定的基本要求。

光绪二十九年至宣统三年（1903—1911），清政府先后颁发经济法规近60种，涉及工商、金融、矿业、铁路等方面，其中包括一部分农业法规，如《改良茶业章程》（1905年8月）、《农会简明章程》（1907年10月）、《推广农林简明章程》（1909年4月）和《奖励棉业章程》（1910年1月）等。

为扩大茶叶出口，商部拟订《改良茶业章程》颁行各地商会。该章程包括茶树、地土、勤力、肥料、防寒、采摘、焙制、洁净8个部分，主要规范了茶树栽培管理、土壤培护耕作、肥料施用、茶叶采摘焙制等内容，尤其强调了"外洋讲求卫

---

① ［清］朱寿朋：《光绪朝东华录》五，中华书局，1958年，总4833页。

生，最喜洁净"，为保证出口，在制茶过程中，厂房、人员和制茶器具都要做到"时时留意"，保持洁净，"以保华茶声名"。① 在《商会简明章程》颁布数年后，为"开通智识""改良种植""联合社会"，光绪三十二年（1906）十月，农工商部奏筹办农会，酌拟简明章程折，获准施行。《农会简明章程》共23条，规定各省必须设立农务总会，于府厅州县酌设分会，其余乡镇村落市集次第酌设分所。总会设总理1人、协理1人，分会只设总理。总理、协理以下设董事，总会董事20～50人，分会10～30人。凡一切蚕桑、纺织、森林、畜牧、渔业各项事宜，农会均可酌量地方情形，随时条陈农工商部次第兴办。章程规定，总会地方须设农业学堂和农事试验场，分会、分所地方应设农事半日学堂和农事演说场，以造就农业人才，推广农学知识。农会还有义务办理地方水利和垦殖，报告当地收成情况、粮食市价及灾情。有能"阐明农学、创制农具、改良农产、编译农书"之人，由农会向农工商部汇报，给予奖励。②

清末通关以后，纱布进口日益增多，选择优良棉种、改善种植方法成为当务之急。光绪三十四年（1908）正月上谕农工商部："详细考查各国棉花种类、种植成法，分别采择，编集图说，并优定奖励种植章程，颁行各省，由该省督抚等督率，认真提倡，设法改良。"③ 宣统二年（1910），农工商部奏定《奖励棉业章程》14条，规定奖励对象为改良种法、收成丰足、棉质洁白坚韧、能纺细纱的公司或个人，开办棉业会或棉业研究所三年以上成绩昭著的，"能仿造轧花、弹棉、纺纱、织布各项手机，运用灵便不逊洋制者"以及"实力劝导、成效卓著的地方官"。奖励分五等，分别奖农工商部一至四等顾问官、农工商部一至五等议员、酌奖职衔顶戴、奖给匾额、奖给金牌、银牌执照。此外，能开垦官荒植棉者，可放宽升科年限，由地方官加以保护。④ 这个"奖励章程"重在鼓励选用优良品种，改良棉花品质，以替代进口洋纱。

此外，1906年颁布的《奖给商勋章程》对在农业上能推陈出新的人员也规定了奖励办法，"能造新式便利农器或农家需用机器；及能辨别土性，用新法栽植各项谷种，获利富厚，著有成效者；独力种树五千株以上成材利用者；独力种葡萄、苹果等树，能造酒约估成本在一万元以上者；能出新法制新器，开垦水利，著有成效者，均拟奖给三等商勋并请赏加四品顶戴"⑤。

在清末众多实业法规中，为数寥寥的几项农业法规显得微不足道，反映了危在

① 《东方杂志》1906年3卷8期。
② 《东方杂志》1908年5卷5期。
③ ［清］朱寿朋：《光绪朝东华录》，中华书局，1958年，总5843页。
④ ［清］刘锦藻《清朝续文献通考》卷三八二，总11290～11291页。
⑤ 《东方杂志》1906年3卷12期。

旦夕的清王朝迫切振兴工商、发展经济而将工商实业置于农业之上，一反千百年"重农抑商"的传统，首次推行"重商轻农"的经济政策。这数项农业法规多是在贸易逆差越来越大的形势下临时制定的被动措施。《改良茶业章程》就是在华茶出口受到印度茶叶的影响而大减的情况下制定的，因此特别注重茶叶品质。《奖励棉业章程》中也明确规定奖励对象为"确系改良种法，能纺细纱"以替代洋纱者。商部在奏酌拟奖给商勋折中也说明其目的在于推陈出新，鼓励仿造西式工艺，以替代进口洋货，减少利源外溢。这些法规应一时之需临时制定，因此并无系统可言，完全从属于工商法规，对农业生产的推动作用甚微。尽管如此，这数项首次颁行的专项农业法规对于此后的农业法制建设仍具有开创意义和奠基作用。

二、北洋政府时期农业立法[①]

清末以来的实业救国热潮在民国初年得到延续和发展。一大批资产阶级代表人物的参政议政，使发展资本主义的强烈愿望与需求，得以更充分地表达出来。这集中表现为一系列经济法规的出台和实施。而农业法规的建设在承前启后的北洋政府时期也得到了延续和发展。北洋政府在 10 余年的时间里，先后颁布近 30 项农业法规，内容涉及农事、畜牧、渔业、林业、垦殖、试验场、农民社团、农业调查等诸多方面。

农事方面，张謇任总长的农商部，于 1914 年 4 月颁布《植棉制糖牧羊奖励条例》，7 月颁布其施行细则。张謇在其《奖励植棉制糖牧羊提案》中强调，"农产品为各种制造品之原料，不有以增殖之，则工商业之发展永无可望"。基于这种对工农业关系的清醒认识，张謇十分注意对与工业发展密切相关的农副业生产进行鼓励和保护。《植棉制糖牧羊奖励条例》奖励扩充和改良农产、畜牧，规定凡扩充植棉者，每亩奖银 2 角，改良植棉者，每亩奖银 3 角；凡种植制糖原料者，蔗田每亩补助蔗苗银 3 角、肥料银 6 角，甜菜田每亩补助甜菜种银 1 角、肥料银 3 角；凡牧场改良羊种者，每百头奖银 30 元。上述植棉、种植制糖原料者，面积必须在 20 亩以上才能请奖。条例还严格限定奖励对象必须采用优良品种：埃及或美洲棉种、德国甜菜种、爪哇甘蔗种和美利奴羊种。与清末相比，这些奖励对象趋向中小业者，奖励条件也不再可望而不可即，奖励措施较之赏戴花翎、赐给匾额更为实际有效。施行细则则对植棉、植蔗和试种甜菜区域加以划定。

民国初期对病虫害的研究工作一直比较重视。1914 年 3 月农商部曾发布《征集植物病害及害虫规则》，要求各地采集植物病害和害虫标本，按规则详细填

---

① 本部分内容主要依据《法令大全·农商》，商务印书馆，1924 年。

表，注明病原为害情况和害虫习性，报送农商部。1923 年 5 月 12 日，农商部公布《农作物病虫害防除规则》，规定各省农业机关必须对下列事项进行调查研究：农作物病虫害；防除病虫害易得之药剂；益虫、益鸟之繁殖及保护；病菌及害虫、益虫之标本制作。该规则特别强调地方官员必须亲自参与防除病虫害，公告防除方法，募集防治捐款、征集夫役等。防除病虫害卓有成绩者，可颁给奖章或勋章。

民国初期的病虫害防治仍以传统防治为主。虽然中央农事试验场和一些省立农事试验场设有病虫害科，1922 年江苏省还设立了昆虫局，但科学防治尚处在萌芽时期，尤其是化学防治方法基本没有得到应用。因此，该规则所涉及的主要防除方法仍以使用土产杀虫灭菌药物和生物防治为主。

出于工商业和对外贸易的需要，清末以至民初政府，一直提倡选用优良品种，在一些农业法规中屡有体现。直至 1924 年 8 月，农商部公布《农作物选种规则》，终于有了一个专门法规。该规则的宗旨是选用优良农作物之种苗以促进品种之改良；规则要求各省农业机关尤其要注意选用"各地方适用应有"和"将来经济上有利益"的品种，规定通过品种比较试验选育的优种应隔离栽植以保持品质纯正，隔离栽植所得的优种应续行独本选种法以固定其优良品质，优种选出后应公布、推广。该规则特别对商办种苗公司的种苗质量控制规定了严格措施：各省实业厅责令农事试验场检查种苗公司所售种苗是否纯良并试验其发芽力，检查其有无掺假掺杂现象，按期编印种苗检查报告，公布各种苗公司种苗质量等。

垦殖问题关乎国计民生，在民初实业热潮中得到了充分重视。不仅有关垦殖的吁请和建议层出不穷，而且涌现出一批致力于垦殖的团体。1914 年颁布的《国有荒地承垦条例》和《边荒承垦条例》规定，国有荒地范围为"江海山林新涨及旧废无主、未经开垦者"，边荒的范围为"直隶边墙外，奉天东北边界，吉林、黑龙江、川滇等边界，陕西、甘肃、山西、新疆、广东等省边墙外"，属此范围的草原地、树林地或沙积地。上述荒地除政府认为有特殊用途者，均许人民依法承垦，用于耕种、畜牧或植树。为鼓励垦荒，政府给予承垦者以较低的地价，如能提前竣垦，依其提前期限，得减地价 5％～30％，承垦者缴纳地价后就可以获得所垦荒地的所有权。农商部还根据各地区差异较大的情况，明确规定边远省份可根据当地实际情形自行编定承垦章程，报部核准后施行。根据这一规定，一些地方性垦殖法规如《黑龙江招垦规则》《吉林全省放荒规则》《黑龙江放荒规则》《绥远清理地亩章程》《奉天试办山荒章程》等得以陆续出台。

晚清以来，农业科研活动多由农事试验场进行。北洋政府时期，虽农业院校更多地承担起科研活动，但农业试验场在农业科研、试验、推广中的作用依然得到相当重视。尤其是在 1917 年先后成立农事试验场 23 处，是年 8 月，农商部集中制定或修订了一批专业试验场章程。属于修订的有《改订中央农事试验场章程》《改订种畜试验场章程》《改订棉业试验场章程》《改订林业试验场章程》，又新定《糖业试验场章程》和《茶业试验场章程》。章程均规定了试验场所掌事务，尤其要求各试验场均须招考学生，使实地学习，并须附设标本陈列室，棉业试验场、茶业试验场还必须每年征集新收获的产品，开棉业、茶业品评会。农商部还制定规则，对各直辖试验场进行随时考察，《农商部直辖各试验场查察规则》规定，应行查察事项为各场职务之服务情形、业务之进行状况、试验方法及效果、物产数量及价格。

农业社团方面，北洋政府沿袭晚清做法，仍设各级农会作为改良农事的团体。1912 年 9 月农林部公布的《农会暂行规程》及其施行细则确立农会为法人团体，并对农会的主旨、会员资格、组织设立、会章、职员、经费、业务等进行了规定。同时颁布《农会调查规则》，要求"省、府县、市乡等农会每年须就该区域内之一切农事确实调查，按照表式填明报告"。1923 年 5 月 19 日，北洋政府农商部公布《修正农会规程》及其施行细则，对原来的《农会暂行规程》稍作修订补充，内容大同小异。

综观北洋政府时期的农业法规，在继承清末法规的同时也有所突破创新，但它们依然体现出重工商轻农业的风尚。这些法规的制定源于扩大出口、减少贸易逆差的需要，因此表现为事后制法，远不如工商法规翔实完备。这种立法上对基础产业的偏废，构成农业大国早期现代化的一大缺陷。

三、南京国民政府农业立法[①]

南京国民政府成立后，对农业建设抱着较为积极的态度，而且随着立法制度的建立，农业立法逐渐系统化、规范化。农矿部还专门成立农矿法规起草委员会，负责农矿法规的起草和审议。在继承北洋政府一小部分法规的基础上，一大批新的农业法规相继出台，内容涵盖农事、蚕桑、渔业、畜牧、林业、垦殖、农业经济、农业社团等诸方面。

1929 年 6 月 13 日，农矿部与内政部、教育部会同公布《农业推广规程》共 6 章 20 条，1933 年 1 月中央农业推广委员会对其修改补充，增加为 24 条，分为总则、组织、经费、管理、业务、附则 6 章，3 月 29 日由农矿、内政、教育三部会同公布。规程确定农业推广的目的在于"普及农业科学知识，增高农民技能，改进

---

① 主要参考农矿部总务司：《农矿法规汇刊》第 1 辑，1929 年 12 月；《农矿法规汇刊》第 2 辑，1930 年 10 月；陆费执：《农业法规汇辑》，中华书局，1937 年。

农业生产方法，改善农村组织、农民生活，及促进国民合作"。规程规定其组织形式在省由国立、省立专科以上农业学校与农政主管机关会同相关机关团体共同成立省农业推广委员会，或单独由农业学校设农业推广处，或由省农政主管机关设置农业推广机构；在县则设农业推广所或农业指导员办事处。省级农业推广机构应配备专门委员，由农林专家担任，县级农业推广机构应设农业指导员、农业副指导员及农村合作指导员，均由具有农林学识和经验的人员充任。农业推广经费由政府和农民团体补助。农业推广的业务为：推广农林科研机构和农业院校的成果，指导组织改良合作社，举办各种农业示范和农民教育活动，规划并扶助乡村社会之改良与农村经济之发展，提倡并扶助垦荒造林、耕地整理及水旱防治，实施农业调查与统计，举办种子、种畜或树苗的繁殖场等。其内容涉及农业生产和农民生活的各个方面。这个规程是政府第一次以法令的形式肯定了农业推广的重要性，成为当时全国各地兴办农业推广事业的法律依据。规程实施后，"对于乡村实地工作以增加农业生产，发展农村经济，指导农村合作，改善农民生活尚获效益"。①

1932 年 11 月 21 日实业部颁布《奖励实业章程》，规定凡创办或指导、推广、补助各种实业确著有成效者，分别授予奖金、奖章、褒状或匾额，但未指明奖励对象。专门规定对农产奖助的先后有 1929 年 11 月 5 日农矿部公布的《农产奖励条例》及其施行细则（1930 年 4 月公布）和 1937 年 3 月 5 日实业部公布的《各省市奖励农产通则》。《农产奖励条例》鼓励应用科学方法或新式机械改良品种或增加产量，颁奖对象为在农产展览会或农产比赛会经评定成绩优良者；认定其成绩优良者；农民自行呈请奖励，经派员查明其成绩确属优良者，等等。除授予获奖者奖金、奖章、褒状或奖牌，还可于一定年限内减免国内各种产销税或国营交通事业运输费。《各省市奖励农产通则》对《农产奖励条例》作了较多补充，条文由 9 条增加为 22 条，使之更加具体可行。尤其是规定发现优良新品种或新方法，改良农具、改良农村副业产品也予奖励，扩大了授奖范围。

20 世纪 20 年代末，由于国产蚕丝品质不良，价格低落，导致蚕丝业日见衰落，最主要的原因是蚕种低劣。为此，农矿部分别于 1929 年 10 月和 1930 年 2 月颁布《检查改良蚕种暂行办法》和《蚕种制造取缔条例》，规定于农产物检查所内特设蚕种检查处，检查进口蚕种或国内私人制种。制种者须呈请省级农政机关核准；制种设备和蚕室均须消毒；应特别设置制种室，不得在饲育普通蚕室内制造原蚕种。1931 年，实业部公布《蚕种制造取缔规则》和《蚕种进口检验规程》，对原规定加以修改补充，要求蚕种制造单位的主任技术员须有规定的学历和经验；原蚕

---

① 中国第二历史档案馆：《中华民国史档案资料汇编》第四辑（一），凤凰出版社，2000 年，365～371 页。

种必须用纯粹种和固定种，具体品种由实业部指定；原蚕种要接受蚕卵、蚕儿、蚕茧及母蛾的检查，并制定了具体的检查标准，不合格的蚕种必须烧弃；对欺诈或违反规定的制种者，给予停止营业没收蚕种、退还售款等处罚。凡从外国输入蚕种，必须有出产国的证明书，经商品检验局检验合格后方准销售。1936年2月，国民政府制定颁布更为详密的《蚕种制造条例》，次年颁行施行细则，反映当时政府对改良蚕种、提高蚕丝质量的高度重视。

渔业方面，南京国民政府初期的法规主要是1929年11月国民政府颁布、1932年修正的《渔业法》。该法界定了渔业权及入渔权的范围，确立了渔业行政管理的基本制度、渔业保护、奖励、惩罚的对象与方法。规定对有助于改良、发达渔业的下列情事，主管官署可呈请授予奖金：凡以汽船或帆船在远洋捕鱼或运鱼的；设置护船，常在一定水面担任救护及巡缉的；改良渔船、渔具或采捕方法的；创办水产学校著有成绩的；开办水产品制造场的；设置水产物储藏仓库或搬运舟车的；新辟渔港或船澳的；新设水产繁殖场、蓄养场、鱼种场、人工孵化场的，等等，均可报呈官署授奖。

国民政府于1929年11月颁布，1932年8月修正的《渔会法》则对渔业社团的设立目的、渔会的任务、组织方式、会员资格等加以界定，订明渔会"以增进渔业人之智识技能，改善其生活，并发达渔业生产为目的"。渔会的任务是改良渔业，整理渔村渔市，筹措渔业资金及租赁渔船渔具，筹办渔业共同贩卖、制造、运输事项，举办渔业教育，筹办水产陈列所及赛会，组织生产、消费、购买信用住宅等合作社事项，举办储蓄、保险、医疗所、托儿所，关于渔业保护及救恤，渔业调查及建议，官署之咨询及委托，调处渔业争议，筹设水上标识等关于会员共同利益的事项。

鉴于畜牧业在农业生产和国家经济中的重要地位，国民政府先后颁布数项法令保护家畜。1931年1月实业部公布《保护耕牛规则》，"以谋耕牛之改良繁殖"。该规则规定符合年龄、体高、体格、性能标准的水牛、黄牛、役牛为保护牛，由地方行政官署选定并烙印加以保护，给予耕牛所有者保护费。保护牛的配种、转让均须经地方行政官署核准，保护牛不得屠宰或贩运出口。1934年2月，实业、军政两部会同公布《民用马牛驴骡家畜保育标准办法》，制定了民用家畜使役、饲喂的明确标准，对挽曳用家畜的挽曳重量、驮载用家畜的驮载重量、每日饲料和水的饲喂量、饲喂时间、次数、每日作业时间等规定得十分细致具体。同时明令民用家畜不得无故宰杀。兽疫防治方面，国民政府于1937年9月公布《兽疫预防条例》，规定了兽疫的种类、防治机构、发病死亡报告、防疫区域、染疫牲畜处置、染毒人、染毒场所、染毒物品的处置、损失赔偿及惩罚方法。中央管理兽疫预防的机构为中央兽疫预防委员会，由实业部、军政部、卫生署共同设立，各省市政府相应设立兽疫预防委员会，对瘟病、传染性胸膜肺炎、口蹄疫、炭疽病等传染性疾病的防治进行指导管理。此外，还制定了《种畜场种畜配种规则》（1929 年 11 月）、《改良种畜技术合作办法》等规范牲畜改良的政策法规。

垦殖方面，除援用北洋政府 1914 年《国有荒地承垦条例》，国民政府前期也颁布了数项法规提倡垦荒。1933 年 5 月，国民政府公布《清理荒地暂行办法》，限定在 1936 年底前对各省市公有、私有荒地普遍勘查。同时公布《督垦原则》，限令各省市在一定期限内将可垦荒地全部开垦。对私有荒地，必须严定竣垦年限，逾期未垦者予以处罚。已开垦的，给予保护和奖励。为鼓励移民垦殖，内政部会同实业部于 1933 年 2 月制定《奖励辅助移垦原则》，要求举办移垦前须预先筹划垦区水利、交通、教育、卫生、治安、移民指导等事项。移民可贷予资金以购买生产和生活资料。1936 年行政院又公布《内地各省市荒地实施垦殖督促办法》，将内地各省市的可垦荒地分为两期进行垦殖，由当地政府负责督促检查。

南京国民政府成立后，解散了农民协会，直至 1930 年 12 月，国民政府颁布《农会法》，才在各地恢复建立农民团体。《农会法》规定，农会必须设置农业试验场、农产陈列所及农具陈列所，办理农业及农民的调查统计。农会应在土地、水利、种子、肥料、农具改良、森林培护、病虫害防治、农村教育、公共图书室、阅报室的设置、信用事业的提倡、治疗所、托儿所及养老济贫事业的兴办、粮食储存调剂、荒地开垦等方面协助政府，指导农民。会员资格上，没有土地的贫雇农不再具有入会资格，地主、资本家成为农会主要成员。农会的设立需经国民党党部指定人员出席指导，并由主管官署指定人员监选。农会的各项活动直接受政府监督。1937 年 5 月 21 日，国民政府对《农会法》进行修正，并予以公布。修正后的《农会法》主要对有关会员资格及经费筹措的某些条文作了修改：佃农和一年以上的雇农具备了入会资格；农会的会费由会员负担，分入会金和常年金，其最高限额分别为每人 1 角和 5 角；农会的事业费由农会筹集，必要时可由政府予以补助。

此外，在佃农保护方面，国民政府于 1927 年 5 月 10 日颁布《佃农保护法》，规定佃农租额不超过收获量的 40%。除地租，所有额外苛例一概取消。地租应在收获季节缴纳，禁止预收押金或预缴地租。遇有灾害或战争造成减产，佃农可要求减租或免租。佃农对所耕种的土地有永佃权，废止包田制和包租制。1932 年内政部颁发《保障佃农办法原则》，对以上内容有所补充，限定地租形式为当年当地的正产物，最高租额不超过当年正产物收获量的 37.5%，副产物一概归佃农所有。此外，"佃农如对土地有特别改良之设施，解佃时得要求地主予以赔偿"。

四、全面抗战期间及抗战胜利后的农业立法①

全面抗日战争爆发后，农业生产较有基础的省份相继沦陷，战时粮食和其他军需物资的需求急剧增加，粮食供给严重匮乏。因此，国民政府着力增加农产，除先后设立直属行政院的农产促进委员会和农林部，并制定了一系列法规奖助农业科研、保障粮食生产。此外，有关农田水利、渔牧、林垦、农村经济的法规也多有增益。抗战胜利后，国民党忙于发动全国规模的反革命的国内战争，新颁农业法规寥寥无几。

农事方面，新颁布的法规以促进粮食增产为主。如 1941 年农林部颁布的《农林部粮食增产委员会组织章程》《各省粮食增产督导办法大纲》《禁种糯稻改植籼粳紧急措施办法》，农林部、教育部会同公布的《调用各级农业学校学生从事粮食增产工作办法》，1942 年农林部公布的《改良作物品种登记规则》等。

《各省粮食增产督导办法大纲》规定全国粮食增产工作由农林部负责主持，各省由省政府负责。各省设总督导员一人，由省建设厅厅长或省政府主席兼任，负督导推行该省粮食增产事宜之总责。根据稻作、麦作、杂粮、病虫害防治、农田水利、垦殖、兽疫防治、农村经济等专业，分别设主任专业督导一人，专业督导若干人，由各省农业技术人员兼任。各县督导人员设置与此相对应。《禁种糯稻改植籼粳紧急措施办法》严格限定糯稻种植面积不得超过水田总面积的 1%，糯米市价不得超过籼粳米价格，禁止以稻米、杂粮酿酒熬糖，违者依法处罚。《调用各级农业学校学生从事粮食增产工作办法》应农业生产技术人员匮乏的需要而制定，规定所调用学生以三年级结束为限，并限定了调用工作期限。

为奖助农业科研，农林部于 1943 年公布《设置奖学金暂行办法》和《农业研究奖助办法》。《设置奖学金暂行办法》说明农林部设置奖学金的目的是"为奖励农林学术研究，培育农林专门人才，以适应农林事业之需要"。奖学金在专科以上学校设置，每年奖励学生 100 名，根据不同学科和院校分配名额。奖学金分为甲、乙、丙三级，授予思想纯正、体格健全、品行端正、未受过任何处分、规定学科的辅科成绩平均 80 分以上且各科成绩全部及格、志愿于毕业后效力于受奖学科之事业者。《农业研究奖助办法》的奖助对象为国内公立或经立案的私立专科以上农业学校及农林研究机关的研究人员，每一学校或机关至多不超过两种研究，每种研究时间至多一年、经费至多一万元。申请奖助金的人员应于年度开始前拟具研究计划

---

① 主要参考农林部参事室：《农林法规汇编》，1943 年 12 月；广东省政府农林处：《农林法规辑要》，1946 年 12 月；《农林部农田水利法规》等。

及概算，经所在学校或机关审查合格后报送农林部申请奖励。接受奖助的研究人员须将研究进度、经费支用情况于 6 月底和 12 月底各向农林部报告一次，研究结果于年终书面报告农林部。

农田水利建设在这一时期也备受重视，表现为《水利法》等一系列法规的相继出台。1942 年 7 月 7 日，国民政府颁布《水利法》，次年 4 月施行。该法包括水利区与水利机关、水权、水利事业、水之蓄泄、水道防护、罚则等内容。规定水利委员会为中央主管水利的机关，但农田水利事业则由农林部主管。关于灌溉工程管理，1944 年 9 月 15 日行政院公布《灌溉事业养护管理规则》，规定凡兴办灌溉事业的机关应于完成工程后，负责对其管理、养护，灌溉区所征水费应优先用于工程养护、偿还工程投资和作为管理养护经费。灌溉区应成立管理机构。其主要管理工作如下：规定水渠水量的分配比例和用水次序；制定灌溉方法；按照农田种植情形规定各农田每次灌溉用水量及灌溉周期；管理渠道和各闸、斗门的启闭；指导农民办理渠道、斗门等简单工程；查报各户用水权的注册和转移事项；查报用水实况及收获情形；督导行水人员；鉴定水量标准；主持行水人员会议，商讨一切业务有关事项；调解用水纠纷；与当地农业改进机关取得联系，从事研究或试验，改良农事设施，以增进农业机关；测验水文以与原设计相印证，并注意研究输水损耗、用水经济及稳定流速等问题。工程养护工作分为平时养护、岁修、防风和特别修理四项。

限于战时资金不足，政府提倡各地兴办小型农田水利工程，并颁行《各省小型农田水利工程督导兴修办法》《非常时期强制修筑塘坝水井暂行办法》《办理各县小型农田水利贷款暂行办法》等法规。《各省小型农田水利工程督导兴修办法》，订明应行修复或新建水利工程的种类，要求各省必须详细调查所应兴修工程，并拟定分期督导兴修计划，各县按照兴修计划指导工程受益业主限期自动修建。所需经费、材料由受益地主或承佃人自行筹措，必要时可向金融机关贷款。各省指派技术人员协助指导工程的勘测、设计、施工及管理养护。各级政府鼓励组织农田水利团体利用合作经营方式推进农田水利工作。对于地点适宜、经济价值优越、所需经费较多、民力不易举办的工程，由省政府筹款修筑，作为示范督导。1943 年 1 月 25 日行政院颁布《非常时期强制修筑塘坝水井暂行办法》，制定了强制措施以保证小型水利工程能按时兴修，满足战时增加农业生产的需要。该办法明令以下各类塘坝水井必须在两年内分区分期完成：在农作物生育期内其塘坝水井蓄水量不敷灌溉用者；原有塘坝水井业已淤废者；现有塘坎水井渗漏而失储水效用者；有关筒车设置之坝闸堤堰及车水道失修者；塘坝水井不敷使用者。以上工程的一切技术事宜由各省农业改进机关会同水利机关共同负责。由于兴修水利工程急需资金，加之战时农贷以增加粮食和军需物资生产为主，因而农贷侧重于投向农业推广和农田水利，因此小型农田水利工程贷款有所保证。《办理各县小型农田水利贷款暂行办法纲要》规定各县举办小型农田水利工程，如有融通资金必要时，可向当地中国农民银行申请贷款。贷款用途为挖塘或清塘、修缮堰闸圩堤、凿井或修井、防止土壤冲刷的小型工程、排水或吸水设备。贷款对象为合法登记的合作社、专营农田水利事业的农民组织和农民个人。贷款额度以全部工程所需工料及设备费用的 80％ 为最高限额，期限一年，有特殊情形的可延长至三年。此外，还规定了贷款利率、贷款担保、借贷手续、还款办法等事项。

1941 年 4 月，农林部颁布了关于畜牧业的五项法令，作为直辖耕牛繁殖场从事耕牛繁殖改良事业的依据。《农林部直辖耕牛繁殖场奖励耕牛繁殖暂行办法》规定，国营耕牛繁殖场以附近各县为实施奖励区域，对该区域内耕牛进行调查登记，指导繁殖。耕牛如发生疫病，由繁殖场免费防治。繁殖场在适当地点设立配种站，供农户或社团的母牛配种。凡农户或社团所养母牛所产仔牛如发育良好，每头奖励 5 元。每年春秋两季由繁殖场举行耕牛比赛，评定等级，分别给奖。依据此项办法，农林部制定《农林部直辖耕牛繁殖场配种站配种办法》，规定农民的母牛与配种站土种优良公牛配种免收配种费，与荷兰种公牛配种，酌收费用。《农林部直辖耕牛繁殖场贷款繁殖耕牛办法》规定，由农林部会同当地省政府向银行商借资金，设立耕牛贷款基金，主要贷给耕牛生产合作社，贷款用途限定为购买母牛和种公牛，贷款额依当地牛价而定，最多不超过三头，可在三年内偿还。国营繁殖场应在贷款区域内举办耕牛保险，并派技术人员对农民贷款购买的耕牛予以指导饲养和免费防疫。为便利附近农民耕种，缓解农民耕牛不足的状况，《农林部直辖耕牛繁殖场出租耕牛办法》规定，繁殖场邻近 10 公里以内的农民经申请、登记、担保后，可向繁殖场租牛耕种，租用期不超过 5 天。如发现租牛户虐待耕牛，可随时停止租用。耕牛发生疫病应通知繁殖场派员医治，遇耕牛发情应牵回繁殖场配种，如在租牛期间耕牛走失、被窃或伤亡，租用农民必须赔偿。《农林部直辖耕牛繁殖场委托寄养耕牛办法》规定，繁殖场可将耕牛委托附近农户寄养，每头牛每日给予饲料津贴 1～3 元。受托寄养的农户须填具寄养耕牛志愿书，由当地乡镇保甲长或殷实商号担保，其饲养管理方法应受繁殖场的指导，农户可利用耕牛劳力，但所生小牛归繁殖场所有。寄养耕牛如发生疫病须通知繁殖场，耕牛发情时应牵至指定配种站配种。繁殖场随时派员巡视，如农户饲养使用不良即予收回，耕牛无故伤亡走失的，由领养农户负责赔偿。

1942 年 3 月 12 日，农林部颁布《保护耕牛办法》，与 1931 年颁布的《保护耕牛规则》比，其保护的范围扩大，除老弱力衰、眼盲脚跛及重伤疾病不能医治的耕牛，均由地方行政官署予以保护，不得屠宰及贩运出国，违者处 500 元以上、1 000 元以下罚金。但保护措施没有原《规则》所规定的有力，对保护牛不再烙印，也没有保护费，只有优先防治疫病的权利。为防止疫病传播，该办法严格禁止将患传染病的耕牛宰杀出售、任意抛弃或运输贩卖，违者处以 500 元以上、1 000 元以下罚金。此外，地方行政官署还必须设置检疫员。1947 年 7 月 31 日，农林部公布《农林部附属畜牧机关推广种禽种畜办法》，规定附属畜牧机关必须从事优良品种推广，其推广方式如下：设置配种站，免费与农民禽畜交配；免费供给幼年公畜；酌收饲养费，供给纯种公母种禽种畜。①

全面抗战爆发后，国土大片沦陷，耕种面积大幅缩减。国民政府为发展农业生产，支援抗战，同时安置大量难民，通令各地举办垦殖，并颁布了一些符合实际的法令。如 1939 年国民政府颁布、1941 年 2 月修正的《非常时期难民移垦条例》，规定由农林部会同内政部、财政部、赈济委员会统筹管理难民移垦事宜。自行或限令各省政府从速调查并划定垦区，确定能容纳垦民人数，拟定各项移垦详细实施办法或计划，并办理难民移垦登记。所移送从事垦荒的难民须体强力壮、吃苦耐劳，具有耕作技能且无不良嗜好。难民的编制、移送、保护、管理及衣食、医药的供给由赈济委员会会同有关机关及地方政府办理。垦区的治安、水利、交通等事项应预先筹划办理。垦区内私有荒地必须在限期内垦种，否则由垦区管理机关强制租赁、强制出卖或强制征收。垦民垦竣公有荒地后，无偿取得耕作权。垦区管理机关必须办理垦民住宅、垦民生产生活资金的贷予、农业生产技术的指导、公共事业的规划指导等事项。农林部对直辖垦区的管理也有多项法规。1942 年 5 月 4 日公布的《农林部直辖垦区垦殖经营办法》，要求各垦区以户为单位组织垦殖队，并确定了荒地分配原则，公共劳作和公益费用的分担方法，人、畜、工的统筹支配和结算及农具的保管使用方法。规定各垦户种子、肥料等农用物资、住房、家具、粮食及生活日用品，以联合购置为原则，主要农产品以集中贮藏、合作运销为原则，必要时组织合作社办理。资金的借入应组织信用合作社办理。此外，强调各垦户栽培作物的种类、品种、面积、轮作制度，饲喂牲畜的种类、品种、数量，以及栽植林木的种类、数量等，均由垦区管理局及垦殖队统筹支配。1947 年 9 月 5 日公布的《农林部直辖垦区垦民贷款办法》，规定了直辖垦区内垦民的生活贷款和生产贷款办法。

1942 年 6 月 3 日公布的《渔业合作推进办法》，要求各级合作主管机关积极指导渔民组织合作社，办理生产运销等业务，注意同渔业主管机关相互协助配合，所训练的合作指导人员应有渔业基本知识，举办渔民训练时要设置合作课程。渔业区合作主管机关还要设置渔业技术人员，开办水产物盐干制造示范厂、渔具渔船制造厂，筹建鱼市场、渔业港以促进渔业生产、改善渔民生活，并提倡内地养鱼事业以

---

① 《中农月刊》1948 年 9 卷 6 期。

发展农村副业。

农业金融方面，农林部与中央银行、中国银行、交通银行和中国农民银行的联合办事处（简称"四联总处"）于 1942 年 5 月订立施行《农贷工作联系办法》，以促进农业行政机关、农业技术机关与农业金融机关密切配合，发展农林建设。该办法要求农林部及所属机关在四联总处投资或贷款于农林事业时，予以技术上的协助；农业行政、技术机关举办农林事业时，可请四联总处所属金融机关予以贷款。次年 2 月，四联总处理事会通过《农贷办法纲要》，试图通过开展农贷达到"促进农业生产，发展农村经济，以适应抗战建国之需要"的目的。该纲要规定各省农贷须由中国农民银行与各省政府订立农贷协议书，其贷款对象为合作组织、农民团体、农业改进机关及农场、林场等。贷款种类包括农业生产贷款、农田水利贷款、农业推广贷款、农村副业贷款以及农产运销贷款。并订立了农贷准则，规定各种农贷的用途、额度、期限、对象、保障、利率等事项。该纲要强调农田水利贷款应同时注重旧工程的修治与新工程的建设，鼓励农民利用农闲自行举办小型农田水利工程；农业推广贷款特别注重优良种子、种畜、肥料、农具、病虫害药剂及家畜防疫血清的推广。

全面抗战期间，国民政府尤其注重农民团体的建设，先后发布数次关于农民团体的法令。1938 年 10 月 31 日，社会部颁布《各级农会调整办法》，对农会组织机构、会员数量以及纵横系统有相当调整，以求适应新的形势。继之全国最高国防委员会通令全国普遍倡导农会组织。1939 年 10 月 3 日，行政院为促进各地农会事业的顺利开展，于第 434 次会议正式修正通过财政、经济两部会同中央社会部拟具的《中央补助农会事业费办法》，共补助各地农会 50 多万元。1943 年 6 月 14 日，国民政府再次修正公布《农会法》，在农会设立宗旨中增加了"协助政府关于国防及生产等政令之实施"的内容；会员资格上，地主不再是会员，自耕农、半自耕农和佃农均应加入农会，一年以上雇农、具有农业知识和经验并现在从事农业改良工作者，以及公私团体经营农业的员工可自愿加入。1944 年 8 月 18 日，行政院通过《加强农会基层组织及业务办法》，倡导基层农会积极参与农业推广、农业贷款及土地金融贷款、乡镇造产、农产品加工、运销与储押等业务。

抗战胜利后，国民政府着手在各地重建农会。1946 年 1 月 8 日，农林部、社会部共同修正公布《示范农会实施办法》，试图通过选择农业较发达、地点适宜、便于辅导的地区设立示范农会，借此推动各地农会组织的健全。示范农会的工作内容包括了农副业生产、农业推广、农村行政、文化教育等方面。所需经费由主管部门及省、市、县政府予以补助。同年 12 月 17 日，行政院发布《健全农会组织彻底推行二五减租办法》，规定各级农会以推行"二五减租"为中心工作，以此作为农会负责人的主要考核标准。此外，为使农会真正发挥作用，行政院规定农会中要增加佃农和雇农的比例，并至少要有一个佃农出任乡农会理事，参加乡镇调解委员会。

第三节 农业政策的兴替

一、清末农业政策

随着资本主义经济的出现和发展，一些有识之士认识到传统农业与近代工商业之间的不协调关系，纷纷提出振兴农业的主张。

（一）鼓励农学知识的引入和传播

在一批士绅知识分子的倡导下，1885 年，清廷学务处选派 7 人出国留学学农。甲午战争后，清政府开始鼓励和选派人员出国学习农学知识，规定"学生有愿赴日本农务学堂学习，学成领有凭照者，视其学业等差，分别奖给官职。赴欧洲美洲农务学堂者，路远日久，给奖较优；自备资斧者，又加优焉，令其充各省农务局办事人员"[①]。

（二）创办农业学堂

戊戌变法期间，光绪帝上谕："其外洋农学诸书，并著各省学堂广为编译，以资肄习"，并令"各省州县皆立农务学堂"。于是，各地农业学校纷纷创立。至 1909 年，全国已有直隶高等农业学堂等高等农业学堂 5 所，在校生 530 人；中等农业学堂 31 所，在校生 3 226 人；初等农业学堂 59 所，在校生 2 272 人。[②]

（三）改良植棉，发展蚕桑茶业

19 世纪后半叶，中国棉花和纱布为出口大宗。但到 20 世纪初，国外纱、布进口日增，白银大量外溢。为此，清政府在推广种植棉花的同时，较为注重引进良种，改良品质。

光绪三十年（1904）四月，商部通咨各出使大臣考查各国商务及棉业，同年，商部从美国输入"乔治亚""皮打琼""奥地亚"等大批陆地棉种，分发给江苏、浙

---

① 光绪《东华续录》卷一六九。
② 清学部总务司：《宣统元年第三次教育统计图表》，转引自曹幸穗等：《江苏文史资料》第 51 辑《民国时期的农业》，《江苏文史资料》编辑部，1993 年，24 页。

江等省棉农试种。光绪三十四年正月，上谕指出："查美洲等处棉花种类精良，茎叶高大，花实肥硕，所出之绒细韧而长，织成之布滑泽柔软，胜于内地所产数倍。皆由外国农业家于辨别种类、审度土性燥湿考验精详，故能地产日精，商利日厚。"而中国棉花品质逊于外国，尤其不注意种植方法，因此，"著农工商部详细考查各国棉花种类、种植成法，分别采择，编集图说，并优定奖励种植章程，颁行各省，由该省督抚等督率，认真提倡，设法改良"①。1910 年，农工商部编辑棉花图说，刊印分行各省，并奏定《奖励棉业章程》，对栽种优良品种、改良棉花品质者授予商勋、议员头衔等奖励。

晚清时期，丝茶是最主要的出口农产品，因此政府屡加提倡。光绪二十四年（1898）七月，谕令已开通商口岸及出产丝茶省份各督抚，迅速筹议开办茶务学堂和蚕桑公院。光绪三十一年八月，商部奏准颁行《改良茶业章程》，对茶树种植、培护、茶叶采摘、加工等项予以规定，以提高茶叶质量，扩大出口。同年，派遣代表团赴印度、锡兰（今斯里兰卡）研究学习种植制造方法。1910 年，清政府通饬各省设立蚕业讲习所，并同意农工商部拨款补助京师蚕业讲习所，令各省酌量仿办。

清末对农业的鼓励政策和改良措施一定程度上刺激和推动了中国传统农业向近代农业的转型，具有其历史合理性和进步性。但衰败的清政府在庚子赔款的重负下以搜刮聚敛为急务，在政策的制定和执行上表现得十分摇摆混乱，各级官吏视为具文，敷衍塞责，使近代农业在清末未能得到应有的发展。

二、北洋政府的农业政策

有一批资产阶级代表人物参加的北洋政府在经济上实行棉铁政策，特别是随着对外贸易的增长和西方科技的不断传入，政府对农业改良颇为注重，在自上而下设立农政管理机构的同时，颁布一系列农业法规，设立众多农业研究推广机构，兴办农业教育，促进了近代农业的发展。

（一）鼓励选用良种

选用优良品种是提高产量、改善品质的基础。农商部曾征集各地稻种和中外棉种，进行比较试验，选出优良品种分发各省种植。1922 年 9 月，农商部印行选种办法，咨行各省省长，要求"转行各该地方农事机关团体，联合农校农场，酌就该地主要谷菽暨重要特产各项种苗品种及选种方法，悉心考验，注意增加产量、改善

---

① ［清］朱寿朋：《光绪朝东华录》，中华书局，1958 年，总 5843 页。

品质，切实推行，以图改进而增农利"①。为此，农商部制定了专门法规。1924 年
8 月，农商部颁布《农作物选种规则》，要求各省农业机关注意选用"各地方适用
应有和将来经济上有利益"的品种，通过品种比较试验选育出优良品种，并隔离栽
植以保持其品质纯正。此外，对商办种苗公司的种苗质量制定了相应的检查、控制
措施。

（二）推广植棉

为扶植民族棉纺织业，农商部总长张謇大力提倡植棉，1914 年 4 月拟订《植
棉制糖牧羊奖励条例》呈准公布。条例规定，凡扩充、改良植棉者均予奖银，但扩
充植棉者应选用细子末核及其他优良精种，改良植棉宜选埃及或美洲棉种。

1915 年 3 月，农商部于直隶正定、江苏南通、湖北武昌等三处设棉业试验场，
采购美棉进行比较试验。同年聘请美国专家约翰逊为顾问，指导棉花改良，1916
年，农商部成立北京棉业试验场，并要求各省农事试验场采购美、印、埃及等处棉
种进行试验，分别传布，以图普及。同年，公布美棉奖励细则。1917 年 2 月，又
订定推广美棉办法，通行产棉省份；并从美国输入大批"脱字棉""郎字棉"，由各
省实业厅分给农民种植。1920 年又从朝鲜输入美国王棉，分发种植。1921 年 3 月，
农商部训令各省实业厅："比年以来，国内纱厂逐渐扩充，而美棉产量，仍未增进，
亟应设法推广，通饬各县，切实劝种，以应原料之需求。"②

1924 年 9 月，农商部实业会议通过数则决议，提倡推广、改良植棉。

（三）改良蚕业、茶产

丝茶是近代出口输出的主要产品。尤其是第一次世界大战爆发后，欧洲各国产
丝大减，同时国内丝织工业兴起，对丝茧需求日增。因此，农商部于 1916 年 5 月
特咨文于江苏、四川巡按使，要求地方官员"迅饬产丝各县，传谕乡民，或派员分
赴各乡，广行劝导，务使饲蚕各户，安心饲养，并力求推广，以期制丝原料逐渐增
加，将来输出旺盛，生计日裕，国课商业，亦交受其益"③，不久，袁世凯下令农
商部与沪、粤丝商对蚕业剀切讲求，商榷改良。

这一时期各级政府还设立了蚕业试验推广机构。中央农事试验场设有蚕桑科，
从事栽桑、养蚕、制种等试验，浙江、江苏、广东等省也开办有蚕桑试验场等研究
机构。各地农业学校也多设有蚕科。

---

① 《农商公报》1922 年 99 期。
② 《农商公报》1921 年 81 期。
③ 《农商公报》1916 年 23 期。

民国初年，印度、爪哇、日本等国茶业逐渐发达，而华茶质量不求改良，出口日减，而且价格低落，同时洋茶进口不断增加，1915 年超过 500 万元。在此情形下，1915 年政府主持在汉口、上海和福州设立茶叶调查局，在安徽祁门等地设立茶业试验场，并对遵照农商部所规定栽培方法的茶农给予补贴。同年，茶叶出口税降低 20％。

1915 年 7 月 18 日，农商部在给安徽、浙江等八省巡按使的咨文中要求各省巡按使"饬产茶各县，责成茶商从速自辟荒山，限今年秋季选购茶子，明年春初一律添种，至少每县添种茶树百万丛；并速租买山户茶山，施肥修剪，俾明年即多生树叶。一面组织直接运销公司，设行外国，登报鼓吹，以利推销，而兴茶利"[①]。

1924 年，农商部训令上海茶叶会馆："查华茶输入美国，逐年减少，惟上品红茶一项，销路渐增。……亟宜趁此时机，竭力改良种法、制法，以期增加产量，广销美国。……至最易销售美国之红茶，应由茶商径与该公司接洽，确定标准，转由实业厅、茶业公会等，发给茶户，俾资取法。庶几供求相符，销路愈广。"[②] 虽然政府大力提倡改良茶叶生产、运销，但由于英、美等国限制华茶进口，北洋政府时期茶叶出口量一直没有超过 90 万担。

（四）提倡发展畜牧业

民国肇造，政府对于畜牧多方提倡。1912 年 9 月颁布的《农林政要》中即有"输入大帮纯种牛、马、豚、羊，在北边荒地放牧，一面繁殖佳种，一面改良土种，以滋生多数之良种农用、军用马匹，振兴肉乳织造等事业"这样的条文。1914 年 4 月，农商部公布《植棉制糖牧羊奖励条例》，奖励改良羊种，"凡牧场改良羊种者，每百头奖银三十圆"，并限定羊种必须采用美利奴羊。

北洋政府先后设立国营种畜试验场多处，从事畜种改良、推广。1914 年，设在察哈尔的农商部第一种畜试验场开始运作。1917 年，第二种畜试验场在北京西山门头村成立，又在安徽凤阳与盱眙之间的石门山设第三种畜试验场。这些试验场从事家畜的繁殖改良、畜产制造试验，并有美利奴羊等优良种畜供民间家畜无偿配种。

（五）重视农业科研、农业教育

北洋政府成立后，一面接管前清遗留下来的农事试验机构，同时又创设新的机

---

① 《农商公报》1915 年 13 期。

② 《银行周报》1924 年 8 卷 12 号转引自章有义：《中国近代农业史资料 第 2 辑 1912—1927》，生活·读书·新知三联书店，1957 年，176～177 页。

构。中央方面，北洋政府接管前清农工商部农事试验场，改称中央农事试验场，直属农商部。此后，在正定、南通、武昌、北京、彰德5处设棉业试验场，在安徽祁门设茶业试验场，于北京天坛、山东长清、湖北武昌3处设立林业试验场，在张家口、北京西山、安徽观阳石门山设种畜试验场。各地省立、县立农业试验场在这一时期也有长足的发展。1916年，直省以上的综合试验场已有18处。1912—1927年各地共设立试验场约251处。[①]

民国初年，北洋政府公布了《学校系统令》《专门学校令》《实业学校令》《大学令》《专门学校规程》《实业学校规程》《大学规程》等法令性文件。根据这些规定，农业教育分属普通学校、专门学校和实业学校三个系统。

1913年公布的《大学规程》规定，大学分为7科，农科为其中之一。农科又分为农学、农艺化学、林学、兽医4门。农业专门学校为专门学校之一种，主要讲授高等农业技术，培养农业专门人才。实业学校分甲、乙两种。甲种农业学校分农学、森林学、兽医学、蚕学、水产学等科，修业期4年；乙种农业学校分农学、蚕学、水产学等科，修业期3年。至20年代，甲、乙两种农业学校又改为高级和初级农业职业学校。

在政府提倡和各界扶助下，北洋时期农业学校逐渐增多。至1921年，全国共有专科以上农业学校（或大学农科）12所，甲种农校79所，乙种农校328所。[②]这些农业学校除课堂教学，大多设置农业试验场、研究室等，一面供学生实习，一面从事各项研究工作。一些学校还设有农业推广机构，开展农业推广。

三、南京国民政府的农业政策

南京国民政府成立后，实行"以党治国"的国民党制定了《训政纲领》，宣布进入"训政时期"，着手整顿财政经济，对作为工商业基础的农业也采取了一系列扶植措施。

1929年6月，国民党第三届中央执行委员会第二次全体会议通过决议，要求"奖励农业，发展林业，兴办水利，提倡农村合作，改良农民生活，以确立农业政策为发展工商业之基础"[③]。1930年3月召开的三届三中全会通过了《关于建设方针案》，拟定建设方针13条，强调"应特别注意农业之发展""竭力提倡农业合作"

---

① 章有义：《中国近代农业史资料 第2辑 1912—1927》，生活·读书·新知三联书店，1957年，182页。

② 邹秉文：《新学制实行后之各省农业教育办法》，《农学杂志》1卷1期，转引自曹幸穗等：《江苏文史资料》第51辑《民国时期的农业》，《江苏文史资料》编辑部，1993年。

③ 朱子爽：《中国国民党农业政策》，国民图书出版社，1940年，49页。

"限期成立农民银行，扶助农村经济之发展"①。1931 年 11 月国民党第四次全国代表大会政治决议案称："中国为农业国家，今后固须尽力基本工业之建设，而尤不能不注意于农业的发展，合作事业之提倡，以及本党土地政策之实施，一切水陆交通运输事业、金融事业之建设方针，均须以便利于农业之发展与农民之生计为要件，此为国计民生建设之方针。"②

由于农民所受封建地租剥削严重，制约了农业生产的发展，1926 年 10 月，国民党在广州召开的联席会议通过《本党最近政纲决议案》，其中确定解决农民问题的政纲之一是减轻佃农田租的 25%，这便是"二五减租"的肇始。南京国民政府成立后，于 1927 年 5 月公布《佃农保护法》，规定田租不得超过收获量的 40%。1930 年 6 月，国民政府颁布《土地法》，在保护地主对土地的所有权基础上，规定地租不得超过正产物收获总额的 37.5%。1932 年又颁布《租佃暂行条例》，禁止包租、预租和押金等，但实际上上述"二五减租"法规未获认真执行。

1933 年以后，为加强国民党的集权统治，同时防御日本的进一步入侵，国民政府决定在经济领域扩大经济统制政策。在 1933 年实业部拟订的《实业四年计划》中，标明"统制经济政策，先以保险业、粮食、棉花、煤炭等重要产业，用政府力量通盘筹划，使其统制起来"③。1934 年，国民政府为"剿共"需要，成立粮食局，又在上海成立"七省粮食运销局筹备局"，推行粮食统制。棉花统制方法是，一方面强制推广种植，一方面规定农民所产棉花一律售与政府。1934 年全国经济委员会下设蚕丝改良委员会，统制蚕桑的生产、销售。继之，政府又实行烟叶、茶叶、糖料等统制。全面抗战开始后，为适应战争需要、克服经济困难，国民政府加强了战时经济统制，以实行计划经济作为发展战时经济的基本方针。

（一）提倡农业科研试验，改良农业生产

南京国民政府成立后，在农业科研试验方面最重要的措施是于 1932 年 1 月设立了中央农业实验所这一全国最高农业科研机构。在此前后，实业部还成立中央种畜试验场、中央棉业试验所等。1934 年后，全国经济委员会在南京先后设立中央棉产改进所和全国稻麦改进所，它们和中农所合作，开展棉、稻等方面的科研试验。1938 年经济部成立后，原属全国经济委员会的蚕丝改良场、棉产改进所、稻麦改进所一律归并中农所，中农所的科研力量得到加强。

1941 年 7 月，农林部以中农所畜牧兽医系为基础，并入部属兽医大队，成立

---

① 陆仰渊、方庆秋：《民国社会经济史》，中国经济出版社，1991 年，218 页。
② 朱子爽：《中国国民党农业政策》，国民图书出版社，1940 年，49 页。
③ 陆仰渊、方庆秋：《民国社会经济史》，中国经济出版社，1991 年，392 页。

中央畜牧实验所。中畜所成立后，设立了一些下属机构，如1943年在贵州湄潭、云南昆明、广西桂林设第一至第三兽医防疫总站，在西昌设立垦牧实验场等。此外，在中农所森林系的基础上，与中畜所同时成立了中央林业实验所。

除上述三大科研机构，抗战时期国民政府还在后方设立了一批示范性农林场等生产改进单位，配合农业科研机关进行科研试验。主要有4个国营农场、3个国营林场、3个经济林场、5个水源林场、7个耕牛繁殖场，以及西北兽疫防治处、西北羊毛改进处、淡水鱼养殖场、西南各省和陕西的改良作物品种繁殖场、广西柑橘试验场等。

除普遍设立农业科研试验机构从事农业试验改良，国民政府先后颁布了数十项法规，鼓励改良农业生产。1929年11月5日农矿部公布《农产奖励条例》，鼓励应用科学方法或新式机械改良品种或增加产量。1937年3月5日实业部公布《各省市奖励农产通则》，特别规定对发现优良新品种或新方法、改良农具、改良农村副业产品者予以授奖。农矿部、实业部还先后公布《农产物检查条例》等多项农产物检查法规，制定各种农产品检验标准和检验规程，对提高农产品品质、防止病虫害传播起了一定作用。《检查改良蚕种暂行办法》《蚕种制造取缔条例》《蚕种制造条例》等法令则对改良蚕种、取缔不良蚕种规定了具体办法。此外，实业部还制定《保护耕牛规则》《民用马牛驴骡家畜保育标准办法》《私立养鸡场登记暂行规则》《种畜场种畜配种规则》《改良种畜技术合作办法》等法规，倡导畜禽改良。全面抗日战争时期，农林部曾颁布《各省粮食增产督导办法大纲》《禁种糯稻改植籼粳紧急措施办法》《改良作物品种登记规则》《农林部设置奖学金暂行办法》《农业研究奖助办法》等法令，奖助农业科研，保证粮食增产。

抗战胜利后，中农所、中畜所、中林所迁至南京，同时接收改组了一批日伪农业科研单位，并新成立中央水产实验所等研究机构。各省也纷纷成立农业改进所并恢复全面抗战前开办的试验场、改良场等。但农业科研并未取得大的进展。

（二）重视农业推广

北洋政府时期，中央对农业推广尚未引起重视，农业推广活动主要由一些农业院校开办。南京国民政府成立后，开始利用行政力量，开展农业推广工作。1929年3月，国民党第三次全国代表大会通过《中华民国之教育宗旨及设施方针案》，指出农业推广的重要性，要求各地"凡农业推广方法之改进、农业技术之增高、农村组织与农民生活之改善、农业科学智识之普及以及农民生活消费合作之促进，须全力推行"。是年6月，国民政府农矿、内政、教育三部会同公布《农业推广规程》，第一次以法令形式肯定了农业推广的重要性，并对各级推广组织的组织形式、经费及应办事业做出明确规定。12月25日，国民政府设立中央农业推广委员会，属农矿部管辖，作为全国农业推广工作的最高协调机关，负责指导和督促全国农业推广的开展。1930 年，中央农业推广委员会先后与中央大学农学院、金陵大学农学院合办中央模范农业推广区和乌江农业推广实验区，推广农作物及畜禽良种，提倡农村副业，举办合作社、农民教育、农村卫生等多种业务。全面抗战爆发后，中央农业推广委员会不复存在。

战时推广农业科研成果、增加农产显得尤为重要。为此，国民政府于 1938 年 5 月成立农产促进委员会，直属于行政院，统筹后方农业推广工作。1942 年，农产促进委员会改隶农林部，至 1944 年又与粮食增产委员会合并为农业推广委员会。

农产促进委员会成立后，制定了一系列农业推广章则、办法。1939 年 5 月公布的《全国农业推广实施计划纲要》，计划在推广组织上设立中央—省—县的农业推广体系，同时进行人才培训，设立推广实验区。根据这个纲要，农产促进委员会又公布《全国农业推广实施办法大纲》，并制定了《农产促进委员会工作实施方案》，该方案确定农业推广业务为增加产额、改进品质、改良生产技术、防御损失、提倡农产副业及手工业、促进农业金融与合作。从这个方案可以看出，当时的农业推广工作包括农业生产和农业经济两方面，而且改良与推广并重。为训练推广人才，农产促进委员会制定《各级农业推广人员训练纲要》，详细规定了各级推广人员的训练机构、学员招考、训练方式等事项。农产促进委员会还拟订《农业推广督导组织纲要》，建立农业推广督导制度，并订立《农业推广巡回辅导团实施计划纲要》，设置农业推广巡回辅导团，以宣传推广目的、调查推广问题、训练推广技术、树立推广机构。[①]

根据上述办法和农林部颁布的《各省推广繁殖站组织通则》、行政院颁布的《县农业推广所组织大纲》等法令，抗战时期，除中央设立农产促进委员会，后方各省成立农业推广委员会、农业推广处或农业推广繁殖站，各县成立农业推广所，基层农业推广工作则主要由农会承办。这样就形成了较为完备的农业推广体系。1942 年，共有省推广繁殖站 12 处，至 1944 年，县级农业推广所共有 592 处。

由于政府的推进督导和广大推广工作者的努力，农业推广工作收到了一定实效，粮食、棉、蚕桑、畜牧及农村副业生产得到恢复和发展。抗战胜利后，在对原有推广机构进行改组的基础上，又新设华东、华北、苏皖三个区推广繁殖站。但由于国民党政府发动了全国规模的反革命的国内战争，推广工作陷入停滞状态。

（三）鼓励垦殖

与北洋政府相比，南京国民政府对垦务的管理较为重视。1928 年农矿部成立

---

① 《农产促进委员会各项章则及办法汇辑》，1941 年 1 月印行，南京图书馆特藏部藏。

后，即于农政司特设一科，专司垦务。1930 年国民政府颁布《土地法》，规定公有荒地开垦后的所有权仍归国有、承垦人只有耕作权，私有荒地必须限期开垦，同年，农矿部召开全国农垦会议。次年，农矿部与工商部合并为实业部后，成立林垦署，使全国垦务有了一个统一的专职管理机关。1933 年后，国民政府先后颁布《奖励辅助移垦原则》《清理荒地暂行办法》《督垦原则》《徒刑人犯移垦暂行条例》《内地各省市荒地实施督垦督促办法》《垦荒实施方案》等法规，规定由各地政府督促检查，限期开垦各类荒地，并实行移垦。

全面抗战爆发后，迫于当时救济难民、发展生产的紧迫形势，国民政府制定了战时垦殖政策：督导省营、民营垦殖，增加生产；举办难民垦殖，寓救济于生产；实行荣誉军人屯垦，化消费为生产；办理垦殖准备工作，奠定抗战胜利后移民屯垦基础。①

战时垦务初由赈济委员会与经济、财政、内政三部共同办理。1940 年农林部成立垦务总局，统理后方垦殖工作。不久，又成立垦务设计委员会，负责编订移垦计划、改进垦务技术、拟订垦务法规、设置调整垦务机关。1941 年 7 月，组织荒地调查团分赴西北、东南诸省实地调查垦荒及准备情况。

农林部接管原由经济部等四部合管的国营陕西黄龙山垦区管理局和陕西黎坪垦区管理局后，又增设甘肃岷县、江西安福、四川雷马屏峨、福建顺昌、甘肃河西关外、西康泰宁等垦区管理局，四川东西山、西康西昌、河南伏牛山、甘肃河西、贵州六龙山等屯垦实验区管理局，以及四川金佛山垦殖实验区管理处。1944 年分设浙闽、皖赣、湘鄂、陕西、河南 5 个垦务督导区。上述机构均于 1945 年垦务总局裁撤前先后移交地方政府办理。

这一时期政府颁布了《非常时期难民移垦条例》等垦殖法规，农林部对其直辖垦区的管理也有多项法令。此外，农林部于 1941 年设垦务人员训练班，教育部于 1942 年主办农垦班，培养垦殖人才。

通过政府的鼓励兴办，后方垦殖得到较大发展。据 1948 年《中华民国统计年鉴》统计，全面抗战时期江西、湖北等后方 12 省共垦地 125 万多亩，安置垦民约 25.7 万人。抗战胜利后，后方垦务陷于停顿。虽农林部于 1946 年设立垦殖司，但全国垦殖再无多大建树。

（四）发展农村金融

国民党在定都南京前，即确立了发展农村金融的政策。1926 年 1 月第二次全国代表大会曾决议"从速建立农民银行"；同年 10 月中央及各省区联席会议关于农

---

① 李顺卿：《垦殖政策》，《中农月刊》1943 年 4 卷 10 期。

民的决议案也提出"设立省、县农民银行"。1928 年，江苏省农民银行首先诞生。1930 年农矿部成立农业金融讨论会，负责拟议全国农业贷款制度、法规及进行计划。实业部成立后，设有农业金融讨论委员会。在政府的参与下，至 1935 年，以"农民""农商""农工"命名的农业银行已有 23 家。[①] 次年 9 月 17 日，实业部联合国内各银行成立农本局，从事全国农业金融的流通与管理。

除农业银行，还设有农业仓库、合作金库等金融机构。1933 年，行政院农村复兴委员会第一次大会决定，农民银行应在各县设立农业仓库。同年，实业部饬令中央农业推广委员会会同农业救济委员会举办中央模范农业仓库。1935 年 5 月 9 日，国民政府颁布《农仓业法》，规定"凡为调节人民粮食、流通农村金融而经营农产品之堆藏及保管者，得依本法设立农仓"。各地政府和银行相继设立农业仓库，主要向农民进行农产品抵押贷款。1935 年 4 月，国民党军事委员会南昌行营公布《合作金库组织通则》，并通令豫、皖、鄂、赣等省成立合作金库。次年 12 月，实业部颁布《合作金库规程》，规定合作金库的机构分为中央、省（市）、县三级，在全国通行。

1938 年，军委会颁布《战时合作农贷调整办法》，要求所有金融机关对全面抗战前约定办理合作农贷的区域所发放的农贷不得减少。1938 年 8 月，行政院核准发布《扩大农村贷款范围办法》，要求扩充农村贷款数额。财政部先后于 1938 年、1939 年召开两次全国金融会议，规定金融机关除旧有业务，应增加农业金库经营、农产品储押、农业生产资料贷款、农田水利贷款等业务，注重农产品的收购、运销，并通过集中贷放资金，促进农业生产。1938 年起，国民政府在大后方广泛建立地方农业金融机构，逐渐完善农村金融网络，建立合作金库、农业仓库、信用合作社，作为农村基层金融组织。抗战胜利后数年，农贷数额迅速增加，仅中国农民银行农贷发放额即较全面抗战前约增加 5 倍。

---

① 章有义：《中国近代农业史资料 第 3 辑 1927—1937》，生活·读书·新知三联书店，1957年，177 页。

第五章　农业教育科研和推广的发展

自古以来，中国社会崇尚"学而优则仕"。种地养羊的人大都不识字、没文化；而有学问、有文化的人又不会去种地。"农者不学，学者不农"成为千百年来乡村社会的写照。封建政府也没有设立教授稼穑畜牧的专门学校。进入近代以后，中国才开始仿照东西洋先进国家的做法，提倡官民兴办农业学校和农事试验场等农业教学科研机构。最早于1896年筹设或建立了江宁储才学堂（筹设）、高安蚕桑学堂、遵化农算学堂；1898年，中国出现了近代第一所持续办学且影响深远的农业学校，并由清朝政府谕令，要求各省、府、州、县设立农学堂。

第一节　农业教育的发展

一、浙江蚕学馆与湖北农务学堂的兴办

为响应清廷"诏兴农学"的谕旨，中国于1898年创办了两所持续办学且影响深远的农业学校，一所是浙江蚕学馆，另一所是湖北农务学堂。

浙江蚕学馆是时任杭州知府林迪臣所创办。浙西杭嘉湖地区是中国蚕桑业最发达的地方。19世纪中叶以前，这里所产的蚕丝已有一部分用于出口。鸦片战争以后，用于外销生丝和丝织品就更多了。当时国际上的生丝市场几为中国所独占。日本虽亦有蚕丝出口，但不能和中国相匹敌。可是19世纪中叶以后，日本开始兴办蚕业教育，用近代科学改进和发展蚕业，使原来落后于中国的蚕丝业突飞猛进。19世纪90年代，日本的蚕丝出口已赶上甚至超过中国，在国际生丝市场上成为中国

的劲敌。①

杭州知府林迪臣有鉴于中国蚕业亟须改进，认识到唯有效法日本兴办蚕业教育，用近代科学改进蚕业，才能使中国的蚕丝在国际生丝市场上的地位不致被日丝所攘夺。因此，1896 年报请浙江省府拨官银开办蚕学馆。于是利用西湖边上的废旧祠庙，改建为学堂，于 1898 年 3 月 11 日开学，学制三年，每年招收学生 30 名。初时，延聘了中国最早赴法国留学、专门研习蚕病防治和育蚕新法的江生金为蚕学教习。次年，又增聘了日本蚕师多人前来任教。由此开始，该学堂一切教学制度和实习安排，都取法日本已有成制。② 浙江蚕学馆是中国近代创办的第一所持续办学且影响深远的蚕业教育机构。

创办浙江蚕学馆的林迪臣，本名启，福建闽侯人。他在任杭州知府的四年中，除创办浙江蚕学馆并派遣稽侃等人去日本攻读蚕学，还创办过求是书院（即今浙江大学前身）以及养心书塾等初级国民教学机构。他热心于地方教育事业，又是中国蚕业教育的创始人。1900 年病逝任所，杭州人爱戴他，将其留葬于西湖边上的孤山。

另一所早期的农业学校是湖北农务学堂，由湖广总督张之洞于 1898 年创办。张之洞，字孝达，直隶南皮县人。虽然身为清朝封建统治的高级官员，但张之洞热心教育事业，曾在成都、武昌、广州创建过书院。当清政府决定改书院为学堂后，在他的主持和倡议下，又在其任职的各地创办师范学堂等 20 所，还在广州、南京、武昌分别奏设水陆师学堂、陆军学堂和武备学堂③，堪称中国兴办近代教育的先驱。在创办湖北农务学堂之前，他已于 1889 年任两广总督时，在广州创办了水陆师学堂，内设矿学、化学、电学、植物学、公法学五科。④ 其中植物学一科，聘请德国专家葛路模（Percy Groom）为教师。张之洞倡议开设的"植物学"一科，从当时的课目设置和教学安排上看，实际上应称为作物栽培学，而不是当今学科定义中的植物学。后来张之洞于 1895 年改任两江总督，又计划在南京筹设"储才学堂"，拟议设立农政、工艺、商务、交涉四科，农政科分设种植、水利、畜牧、农器四目，即今天所称的四个专业。筹议中的储才学堂是一所包括农、工、商、文等四个学院的综合性高等学堂。⑤ 张之洞当时曾委托清朝驻外大使分别在德、法两国

---

① 《黄公迈条陈》，《农商公报》1923 年 106 期。

② 参见《农学报》第 10 册、第 65 册。《农学报》是上海务农会于清光绪二十三年四月二十四日（1897 年 5 月 25 日）创办的农学期刊。初名《农学》，复改《农会报》，第 15 册起定名《农学报》。第 18 册以前为半月刊，从 1898 年 1 月的第 19 册起改为旬刊。本章以下参引，不再另注。

③ 陈学恂：《中国近代教育大事记》，上海教育出版社，1981 年，18 页。

④ 张之洞：《张文襄公奏稿》卷二六《增设洋务五学片》，光绪十五年。

⑤ 张之洞：《张文襄公奏稿》卷二六《创设储才学堂折》，光绪二十一年。

帮助物色延聘专业教师。可是此事尚在筹办之时，张之洞又奉命调离两江总督首府南京，溯江而上武汉，改任湖广总督。继任的两江总督刘坤一续成了张之洞的夙愿，办成了储才学堂。可惜仅设了培养外交和外语人才的"交涉"一科，未设农科。

张之洞赴武汉到任后，立即着手筹办湖北农务学堂。前述的浙江蚕学馆是单科性的农业学校，而湖北农务学堂则为综合性的农业学校，设农、蚕二科，于1898年8月17日开学。首期招收学生120名。蚕科亦聘请日本蚕师为教习，农科则聘请美国农学家白雷耳（Brill）为教习。[1] 该学堂先借用武昌城内的一些会馆公所的闲置房屋为校舍，稍后即在武昌城外筹建固定校园，并获官方圈拨长江堤岸内侧官地2 000余亩为学堂的校办农场，供师生日常科研实习之用。[2]

二、清末学制的拟订及早期高等农业学堂的创办

清政府为了发展新兴的教育事业而拟订办理学堂的章程，称为《钦定学堂章程》，张之洞亦为拟订章程的主持人之一。该章程于1902年拟成，这年农历为壬寅年，故通常称此章程为"壬寅学制"。该章程当年并未对外公布施行。次年，复将壬寅学制稍加修改，正式颁布，称《奏定学堂章程》，即后世通称的"癸卯学制"。

应当指出，中国近代拟订的学制基本都仿照日本的成例。学制中将各类学堂分为普通、师范、实业三大系统。普通学堂是国民的基础教育机构，履行公民教育的职责，以传授基础知识，造就通识通才为目标；师范学堂则以培养各级各类学校师资为本职；实业学堂为农、工、商、矿等行业领域培养具有专业知识和技能的人才。师范学堂不分科，普通学堂中、小学阶段也不分科，大学阶段分科，其中设有农科。实业学堂分科，其中农科分三个等级，即高等农业学堂、中等农业学堂、初等农业学堂。[3] 在留存的史料文献中，关于高等农业学堂的资料较多，下面根据文献中的记载，简述中国近代的高等农业学堂情况。

前述浙江蚕学馆和湖北农务学堂都是中等农业学堂。进入20世纪后，各地陆续兴办高等农业学堂。据1909年统计，全国共有高等农业学堂5所，在校学生530人。[4] 中国早期的5所高等农业学堂是：

——直隶高等农业学堂。1902年直隶省在保定创办农务学堂，初期设一年卒业的速成科和五年卒业的预备科。1904年，这所农务学堂改称直隶高等农业学堂，

---

① 《农学报》，第12册。
② 张之洞：《张文襄公奏稿》卷五七《筹设学堂规模次第兴办折》，光绪二十八年。
③ 费旭：《中国农业教育纪事（1840—1983）》，江苏教育出版社，1988年，7页。
④ 清学部：《第二次教育统计图表》卷一，光绪三十四年。

设农、蚕二科，后增设林科。

——京师大学堂农科。清政府于1898年创办京师大学堂，为当时的全国最高学府，最初未设农科。1905年成立分科大学，共分八科，农科是其中之一。农科内初设农学及农艺化学二门。

——山西高等农林学堂。1902年山西省创办山西农务学堂，初设农科，以后增设林科。1906年更名为山西高等农林学堂。

——山东高等农林学堂。1905年山东省在济南成立农桑会。1906年以农桑会为基础，改为设有农、林、蚕三科的山东农林学堂。最初属中等程度，1907年将农科改为高等程度，并更名为山东高等农林学堂，但林、蚕二科仍为中等程度，以后才改为高等程度。

——江西高等农业学堂。江西省于1905年创办中等程度的江西实业学堂，设有农科。1910年改实业学堂为高等农业学堂，并增设林科。

除了以上的5所农业学堂，尚有一所北洋马医学堂，北洋新军于1904年创办，设于保定。聘日本兽医专家为教习，1907年改称陆军马医学堂，是国内第一所高等西兽医学堂。[①]

三、民国初期的农业教育体制

辛亥革命后，北洋政府教育部命令"学堂"一律改称"学校"，高等农业学堂改称"农业专门学校"。例如，直隶高等农业学堂改称直隶公立农业专门学校，山西高等农林学堂改称山西公立农业专门学校，山东高等农林学堂改称山东公立农业专门学校，江西高等农业学堂改称江西公立农业专门学校，等等。京师大学堂1912年改称北京大学，内设农科学堂。到1914年，农科学堂从北京大学分离出来，改为独立的北京公立农业专门学校。

民国初期，除上述五所农业专门学校，又新增四所，分述于下：

——四川省于1906年创办四川省农政学堂，以后学堂扩大，于1912年改称四川省立高等农业学堂，1914年又改称四川公立农业专门学校。

——河南公立农业专门学校成立于1912年。1913年3月开始招生。1927年与其他学校合并为第五中山大学农科。

——广东公立农业专门学校的前身是广东省于1909年在广州东郊开办的农事试验场，当时农场内附设有农林讲习所。1917年这个讲习所改组为广东公立农业专门学校，内设农、林二科。

---

① 《北洋马医学校——陆军兽医学校历史》，《养马杂志》1980年1期。

——浙江公立农业专门学校的前身是浙江省于 1910 年在杭州开办的农业教员养成所，以后学校体制和名称一再改变，至 1918 年才定名为浙江公立农业专门学校。

除了上述的 9 所农业专门学校，还有前面讲到的陆军马医学堂，辛亥革命后改称陆军兽医学校，隶属民国政府陆军部，不属于教育部管辖。

清末时期，各省也相继兴办了一些地方性的初等或中等农业学堂，较有成效如江苏省 1904 年成立的江南高等农业学堂。辛亥革命后，该学堂改组为江苏省立第一农业学校。[①] 这时期，江苏的两所高等综合性大学设有农科。一所是美国教会在南京办的金陵大学（简称"金大"），一所是南京高等师范学校（简称"南高"）。

1911 年，金陵大学教授裴义理（Joseph Bailie）招集贫民组织"义农会"，以工代赈，在南京紫金山等官荒开垦造林。在此之前他还在中国北方举办垦殖事宜。在垦殖工作中，他常常感到农林技术人才缺乏，乃发起在金陵大学内增设农科，次年又增设林科。1916 年两科合并为农林科，学制四年。[②]

南京高等师范学校于 1917 年增设学制为二年的农业专修科。1920 年，在南京高等师范学校的基础上创办国立东南大学，原来的农业专修科改为东南大学的农科，学制增为四年。[③] 金陵大学和东南大学的农科都采用美国农业教育的体制。前文说到，清末兴办农业教育完全模仿日本，自从金陵大学增设农科起，中国农业教育渐渐都效仿美国学制。金陵大学增设农科的 1914 年，是中国农业教育开始由日本模式转向美国模式的一年。

1922 年，教育部公布《学校系统改革案》，其中规定大学校可设一科，亦可设数科。[④] 金陵大学和东南大学都是多科性的综合大学，农科是其中的一科。自从《学校系统改革案》公布后，上述 9 所农业专门学校中，有 7 所与其省内其他高等学校合并，组成综合性大学，农业专门学校成为大学中的农科。山西和江西两所农业专门学校未与其他学校合并，但改称为农业专科学校。从此"农业专门学校"这一名称不再存在，这是中国高等农业教育体制上一次大的变化。

四、全面抗战前十年间高等农业教育的发展

以上所述是北洋政府统治时期中国高等农业教育体制的演变。1927 年，北洋

① 据 1913 年 7 月 26 日《教育杂志》5 卷 4 号记载：农业促进会在南京鸽子桥设立的农业专门学校开学，有学生 500 余人，另有试验场 5 处。
② 《农林汇刊》1930 年 4 期。该刊系金陵大学农林科学生于 1929 年创办。
③ 恽宝润：《农学家邹秉文》，载《全国政协文史资料选辑》第 88 辑，1983 年。
④ 参见《第四次中国教育年鉴》，台北正中书局，1974 年。

政府瓦解，同年 4 月，国民党在南京建立国民政府。从这时起到抗日战争全面爆发，前后历时约十年。在这十年中，由于农业教育工作者的努力，中国高等农业教育有一定程度的发展。全国增设了十余所高等农业学校，其中最令人鼓舞的是西北和东北地区都新建或增设高等农业学校和学科。

早在 1913 年，陕西省当局成立"西北大学创设会"，拟以西安中学及其实业学校为基础创办西北大学，预定先设预科，然后设文、商、农各科。但是不久就改变计划，原打算成立的西北大学改为西北法政专门学校。直到 20 世纪 20 年代末，西北大学并没有在陕西建立起来，增设农科更无从说起。同样，20 世纪 20 年代后期，甘肃亦只有一所法政专门学校。在此之前，广大的西北地区没有一所高等农业学校。

20 世纪 30 年代初，国民政府拟定西北大开发计划。甘肃省首先于 1931 年将法政专门学校改建为甘肃大学，次年又将甘肃大学改称甘肃学院，并在学院中设立了农业专修科。① 同年，陕西省政府决定在陕西武功筹设西北农林专科学校，开始建筑校舍。经过两年时间，到 1934 年部分建成，并将此前在西安成立的陕西水利专科班合并到武功来。② 这一年，西北农林专科学校开始招生，首次招收了水利系两个班及高级农林职业班。此外，被国民政府查封的上海劳动大学农学院亦同时并入该校。经过两三年的建设，从 1936 年开始，该校各系都正式招生。

在新疆，早在清末即在迪化（今乌鲁木齐市）筹设农务学堂，和阗（今和田）设有蚕桑实业学堂，乌苏有农业学堂，都是中等农业学堂。③ 此后直至 1935 年成立新疆学院，设有农牧系。

到全面抗日战争爆发前夕，西北的陕、甘、新三省都有了高等农业教育。

在东北地区，20 世纪 20 年代中叶以前，辽、吉、黑三省各有甲种农业学校一所及乙种农业学校数所，尚无高等农业学校。1929 年，沈阳的东北大学增设了农学院。同时东北三省为满足社会各方对于农业技术人员的迫切需要，三省政府协议，联合在沈阳创办了一所农林专科学校，学制二年。这样在沈阳同时有了两所高等农业学校。但是，两年后日本帝国主义发动九一八事变，很快强占中国东北三省。在战争动乱之下，东北农林专科学校被迫停办，东北大学农学院师生则流亡关内，先后在北平大学及河南大学借读。

---

① 《兰州大学历史概况》，《甘肃省文史资料选辑》第 17 期，甘肃人民出版社，1984 年。

② 20 世纪 20 年代后期 30 年代初，关中连年大旱，严重影响农业生产。水利专家李仪祉发起在关中兴建水利灌溉工程，为水利工程培训技术人员，于 1933 年在西安开办陕西水利专科班。

③ ［清］刘锦藻：《清朝续文献通考》卷一一二，商务印书馆，1936 年。

五、国民政府时期农业教育的发展

20世纪20年代中叶以后的十年，中国的高等农业教育，除西北和东北地区有如上所述的发展，长江流域的安徽大学和武汉大学，西南的广西大学，福建的协和学院等综合性高等学校也都先后增设了农学院或农业科系。还有一些单科性的农业专科学校，如1932年成立的河北省立水产专科学校。该校的前身是1910年（宣统二年）由孙子文创办的直隶水产讲习所，之后多次易名，先后称为水产学校、直隶省立甲种水产学校、河北省立水产专门学校、河北省立水产专科学校，是一所培养水产品捕捞、制作、加工等方面人才的专门职业学校。华北沦陷期间，该校停办，抗战胜利后恢复办学。

此外，还有察哈尔、上海、江西三所兽医专门学校。察哈尔省立张北畜牧科技职业学校前身是始建于1923年的察哈尔实业学校，此后曾多次易名为察哈尔省立农业专科学校、张家口高级农业学校、张家口畜牧兽医学校等。上海兽医专科学校于1930年创办，隶属国民政府时期的上海商品检验局和上海市卫生局双重领导，首任校长是著名教育家蔡元培之子蔡无忌博士。江西省立兽医专科学校初建于1932年，中国著名兽医专家盛彤笙曾在该校任教。

江苏省立蚕丝专科学校的前身是杭州蚕学馆1902年首期毕业生史量才于1903年创办的上海女子桑业学堂，校址在上海高昌庙桂墅里。1911年，上海女子桑业学堂改为公立，1912年迁址苏州浒墅关，次年定名为江苏省立女子蚕业学校。从1918年起著名蚕学家郑辟疆担任校长。1924年改为江苏省高级蚕丝职业学校，1935年改为江苏省立制丝专科学校，1937年改为江苏省立蚕丝专科学校。

从20世纪30年代初起，一些省市地方为开展民众教育而创办教育学院，以培养办理地方民众教育和农民教育的工作人员。例如，1930年成立的江苏省立教育学院[①]，1931年成立的湖北省立教育学院，及1933年成立的四川省立教育学院，都设有民众教育系和农业教育系以及农艺系、园艺系、农产制造系等，还有四川省私立相辉文法学院农艺系，私立华西协合大学农艺系。[②] 农业教育系所开设的课程与一般农业专科学校基本相同，所以这些教育学院的农业教育系亦可视为高等农业教育的组成部分。这时期不但高等农业学校数量增加，质量上也有所改进。

在民国时期的农业教育中，还有一个特殊的领域就是农科大学附设的农科研究

① 童润之：《江苏文史资料选辑》第13辑《江苏省立教育学院始末记》，《江苏文史资料》编辑部，1990年。

② 《中国高等学校简介》，教育科学出版社，1981年；西南农业大学校史办：《西南农业大学史稿》，1990年，西南农业大学校史办，1990年。

所。如 1934 年中央大学设立了农科研究所，有农艺及森林两个学部；1935 年，中山大学设农科研究所，有农林植物及土壤两个学部；1936 年金陵大学设农科研究所，初期设有农业经济学部，至 1940 年增设农艺学部；西北农学院于 1941 年设农科研究所农田水利学部，浙江大学于 1945 年设农科研究所。这些大学增设农科研究所，反映出这一时期中国高等农业教育的进步。

六、全面抗战期间及抗战胜利后的高等农业教育

正当中国农业教育在迅速发展之时，日本帝国主义悍然发动了大规模的侵略战争，使包括农业教育在内的中国整个教育事业受到沉重打击，有些高等学校的农科被迫停办，有些学校的农学院随校向大后方内迁。内迁时许多设备不能移动，能带走的也在迁移途中损失很大。当时中央大学迁重庆，金陵大学迁成都，浙江大学农学院迁贵州湄潭，河南大学农学院迁至陕西宝鸡。中山大学及岭南大学农学院辗转迁至粤北乐昌县。北平大学农学院随校到达陕西后，曾在陕南勉县开课了一段时间，1939 年奉令与武功的西北农林专科学校合并成立西北农学院。[1]

全面抗战期间，从战区和沦陷区转移到后方来的青年学生很多，后方原有学校不能完全容纳。为此，国民政府在后方各地开办了一些新的学校，其中有 10 所是设有农科的综合性高等学校，分述于下：

——云南大学。全面抗战爆发前，昆明的云南大学没有农学院。1938 年增设农学院，先期设立了农学、森林二系，后又增设蚕桑、畜牧、园艺等系。[2]

——协和学院。美国教会在福州办的协和学院，在 1936 年时已试办农科，设有农经、农艺、园艺等系。1938 年因战事迁往福建省西北部的邵武县，1940 年正式成立农学院，后又增设农业教育系。[3]

——英士大学。全面抗战爆发后，浙江省政府在丽水开办战时大学，收容失学青年。1939 年，该校从丽水迁往金华，改组为英士大学，设农、工、医三个学院。农学院先办农艺系，后又陆续增设农经、畜牧兽医、森林等系。[4]

——复旦大学。全面抗战前复旦大学没有农学院。1938 年从上海内迁到重庆附近的北碚，成立农学院，设茶叶、园艺二系，后又增设农化系，并有垦殖、茶叶两个专修科。

——中正大学。1940 年成立于江西泰和，其农学院设有农艺、森林、畜牧兽

---

① 《西北农业大学校史》，陕西人民出版社，1993 年。
② 西南农业大学校史办：《西南农业大学校史》，西南农业大学校史办，1990 年。
③ 《协大农报》1934 年 4 卷 3 期，1940 年 6 卷 3、4 期。
④ 国民政府教育部：《第三次教育年鉴》，中正书局，1940 年。

医、生物等四系。

——福建省立农学院。1940年创办于永安，设有农艺、园艺、森林、病虫害、农经、畜牧兽医及农化七系。[1]

——铭贤学院。该校是美国教会在山西太谷兴办的一所中等学校。1919年，校中增设农科，1939年因战事迁到四川金堂县，后改成农工专科学校，1943年升格为铭贤学院，内设农科，有农艺、农经、畜牧兽医三系。[2]

——贵州大学。1941年，贵州省创办农工学院，次年扩大为贵州大学，其农学院设农林、农经、农化三系。

——湖南省立农学院。1941年成立省立农业专科学校。1944年一度停办，旋即复校，改为湖南省立农学院，设农学、森林、农经、农田水利等系。

——乡村建设学院。1941年中华平民教育促进会在四川璧山县创办，是一所民办性质的职业培训学校，设有乡村教育、农村社会、农学、农田水利等系。

全面抗战期间，除上述10所综合性高等学校增设农学院或农业科系，还新办了几所专科性质的农业学校，其中3所技艺专科学校是国民政府教育部于1939年同时开办的。

——中央技艺专科学校。该校设于四川乐山县，涉农科系有农产制造及蚕丝二科。蚕丝科先设于南充，后迁至乐山。

——西康技艺专科学校。设于西昌，二年制专科设有农林、畜牧二科，五年制专科设有农林一科。[3]

——西北技艺专科学校。设于兰州，有农学、森林、畜牧兽医、农经等科，后又增设牧草和农田水利二科。[4]

此外，尚有美国教会在成都办的华西大学，于1940年增设农业专修科。新疆学院曾有农牧系，全面抗战初期停办，1941年恢复，后增设农艺及畜牧兽医两个专修科。

特别要指出的是，中国共产党领导的陕甘宁边区政府，在这一时期也办了一所体制与国民党统治区的学校不太相同的学校，即延安自然科学院，成立于1940年1月，是从事自然科学教学和研究的单位，设有生物系，后改称农学系。

七、抗战胜利后高等农业学校复员回迁

1945年8月，日本侵略者无条件投降，全国人民无不欢欣鼓舞。可是不久战

---

① 周邦任、费旭：《中国近代高等农业教育史》，中国农业出版社，1994年。

②③ 西南农业大学校史办：《西南农业大学校史》，西南农业大学校史办，1990年。

④ 《教育杂志》1946年31卷1号。

事又起，时局动荡，物价暴涨。在抗战胜利后的三四年中，高等农业教育方面可入史记述的主要有以下几点：

抗战胜利后，国民政府派员前往台湾，接收了日本统治时期创办的台北帝国大学，接收后改名台湾大学，其理农部改为台湾大学农学院，设有农艺等8个系，又接收了台中农业专科学校和恒春农业专科学校等。[①]

1946年，内迁的北京大学从昆明回到北平。北京大学原来没有农学院。回到北平后即增设了农学院，并接收了七七事变后敌伪所办的伪北京大学农学院。清华大学从昆明迁返北平时亦增设了农学院。中央大学迁回南京时，接收了汪伪政府于1940年开办的伪中央大学及其农学院。

1946年美国农具公司赠送给中央大学的农用机器及配件运到南京，1947年，中央大学农学院增设农业工程系。中央大学在东南大学时已有农机教育，在中断了20多年后又重新恢复。金陵大学回到南京时，也用美国农机商赠送的多种农业机器充实了设备，并于这时期将农艺系中的农具组扩大为农业工程系。20世纪40年代后期，中国的农机教育进入新的发展时期。[②]

华北大学农学院的成立，是20世纪40年代北方高等农业教育史上的一件大事。这所农学院是由北方大学农学院递变而来的。而北方大学农学院的前身是1947年由延安自然科学院农学系转移到晋冀鲁豫边区的部分教职人员建立的。华北大学农学院设于石家庄，有农艺、农业化学、农业机械、畜牧兽医、经济植物等五系及糖业、兽医、森林三个专修科。[③]

抗日战争胜利后的两三年中，还有一些新成立的农学院或其他高等学校中增设农业科系。这些农学院或农业科系，都在新中国成立后的高等院校调整中裁并进入各地的农学院中。

八、高等农业院校的科系设置

1903年清政府颁布的《奏定学堂章程》中，关于农科大学的科目只列农学、农艺化学、林学和兽医学四门（这与日本当时的农科大学相同）。随着教育事业的发展，高等农业学校中所设的科系逐渐增加。据1941年教育部门的统计，全国高等农业学校共有73科系。[④] 这73科系中，既有异名同属，也有同名异类者，因此可将之归纳为农艺、农业经济、畜牧兽医、林学、园艺、病虫害、蚕桑、农业化

① 国民政府行政院新闻局：《台湾农业与渔业》，国民政府行政院新闻局，1947年。
② 吴起亚：《发展中国农业工程教育》，《中华农学会报》1948年190期。
③ 周邦任、费旭：《中国近代高等农业教育史》，中国农业出版社，1994年。
④ 《中华农学会通讯》1942年23号。

学、水产、农业工程十类。

据国民政府教育部统计，1941 年国民党统治区内农业专科以上学校在校学生共 4 637 人，其中农学、农艺二系共 1 303 人，如果把农垦系的学生亦包括在内，则农学或农艺这一类学生数，约占 73 科系学生总人数的 30%。① 农学或农艺系是讲授粮、棉、油等大田作物生产的科系，这些作物与人民生活关系最密切，这一类科系学生数居各科系的首位是理所当然的。

上引的统计中，学生人数占各科系第 2 位的是农业经济系（简称"农经系"）。民国初年已有一些高等农业学校开设了农经方面的课程，但到 1921 年才由金陵大学首先成立农经系。② 中国在兴办农业教育之初，国人单纯注意农业技术的改进，但后来渐渐认识到，农业经济工作也很重要，于是设置农业经济科系的学校渐渐多起来。到 20 世纪 40 年代初，已有 9 所高等农业学校设立农经系，新开办的高等农业学校大多都设有农经科系。

《奏定学堂章程》中已规定兽医为农科大学四门学科中的一门，但最早兴办兽医教育的却是清政府北洋新军于 1904 年在保定所设的马医学堂，民国初年改称陆军兽医学校，隶属军政部门。在教育系统内，北京农业专门学校于 1914 年设畜牧科③；四年后南京高等师范学堂增设农业专修科，其中有畜牧组；江西公立农业专门学校于 1917 年设有兽医组。这些学校的畜牧科、兽医组等都是中国高等农业学校开设畜牧兽医教育的开端。1920 年，东南大学成立时，把南京高等师范学堂的畜牧组改为畜牧系。以后，畜牧系中开设的兽医课程增多。到 1928 年东南大学改称中央大学时，把畜牧系改称畜牧兽医系。全面抗战期间，该系迁往成都，抗战胜利后返回南京，复将畜牧兽医系析为畜牧及兽医二系。以上所述为畜牧及兽医二科系在中国高等农业学校中开始设置的过程。④ 畜牧和兽医二门虽关系密切，但所开设的课程有很大差别，一所学校中既设畜牧系，又设兽医系，反映畜牧、兽医教育事业日趋完整。

林学也是《奏定学堂章程》中所列四门科目中的一门。中国创办最早的直隶农务学堂于 1904 年改为直隶高等农业学堂，其中增设了林科，这是中国正规林学教育的开端。其后，山东、山西二省一建校就直接称为农林学堂。在校名中把"林"和"农"相提并论，可见农业教育和林业教育在中国早就受到同等重视。

在中国早期的农业教育中，园艺一门是包括在农艺科系中的，后来渐把园艺从

农艺中独立出来。辛亥革命后，成立于苏州的江苏省立第二农业学校就有园艺科。高等农业学校中最先设园艺系的是东南大学。该校于1921年设园艺系，次年广州的岭南文科大学附设的农科班改组为岭南农科大学时，设有四系，园艺为其中之一。1923年北京农业专门学校改组为北京农业大学时亦设园艺系。金陵大学设园艺系虽迟至1927年，但1916年时该校已开办园艺场。其后一些高等农业学校也设园艺系。

上引1941年教育部门的统计，当时全国有10所高等农业学校设了森林系，也有10所高等农业学校设了园艺系。10所学校的森林系、园艺系的学生数分别为当时全国高等农业学校学生总人数的7%～8%。

1920年，东南大学成立时，其农科中即设有植物病虫害系，此为中国高等农业学校中设植物病虫害系之先河。但1928年东南大学农科改组为中央大学农学院时，改系为科，即此前独立的植物病虫害系被降格为课程级的专修科，之后再分为植物病理及害虫二组，包含在农艺系中。北京农业大学的情况亦相类似。1923年，北京农业专门学校改组为北京农业大学，设植物病虫害系。在北京农业大学改为北平大学农学院时，此系亦被撤销。植物病虫害防治无疑是一门很重要的学科，但中国常将其隶属于农艺系中，成为农艺系的组成部分。金陵大学早在20世纪20年代初即有植物病理组，后又成立经济昆虫组，这两组初隶生物学系。20世纪40年代初，该校将二组合并，成立植物病虫害系。据1941年统计，当时后方各省只有3所高等农业学校设了植物病虫害系，一般学校中只设教学组或只开设防治病虫害课程。

中国近代农业教育是从兴办蚕桑教育起步的，早期的农业院校大多设有蚕科。其后，有些省感到兴办蚕业教育并无十分必要，已设的蚕科随即停废。全国蚕桑业最发达的是苏、浙、粤三省，全面抗战爆发前夕，只有这三省的高等农业学校有蚕桑系。上引1941年统计资料显示，大后方只有3所高等农业学校有蚕桑系，当指从广州内迁的中山大学、岭南大学和从杭州内迁的浙江大学。

至于农业化学一门，《奏定学堂章程》亦列为农科大学四门科目之一。此门包括两个内容，一为土壤和肥料科学，二为农产制造学。据1941年统计，当时大后方有6所高等农业学校设有农业化学系，其余学校或只开设土壤肥料或农产制造的课程。

水产一门是中国农业教育中薄弱环节之一。抗战之前，江苏省立水产学校一度改为水产专科学校，1929年停办。1929年10月，河北水产学校升格为河北省立水产专科学校，全面抗战爆发后停办，抗战胜利后复校。同时青岛的山东大学增设水产系，广东省在汕头创办海事专科学校，有渔捞、驾驶、轮机各一班。①

农业工程是中国农业教育中另一薄弱环节。农业工程包括两个内容，一为农田水利，一为农业机械。上引 1941 年的统计中，只有西北农学院一所学校设有农田水利系。抗战胜利后接收的台湾大学农业工程系主体是农田水利方面的课程。关于农业机械方面，以 1923 年东南大学农科开设农机课程为最早，但不久停废了。金陵大学则在农艺系中设农机组。北平大学农学院于 20 世纪 30 年代中叶开设农业机械的课程，直到 40 年代后期，中央大学和金陵大学得到美国农机商赠送的大批农用机器后才正式成立农业工程系。中国农业工程教育的大发展则在新中国成立之后。

以上所述是中国近代高等农业教育各科系设置的概况。

九、近代以来的中初等农业教育

据清政府学部 1909 年统计，当时全国有中等农业学堂 31 所，学生 3 226 人，初等农业学堂 59 所，学生 3 272 人。② 前述浙江蚕学馆和湖北农务学堂都属中等农学堂。

辛亥革命后，北洋政府教育部颁布的《学校系统令》规定：中初等农业学校分甲、乙二级，甲级的称甲种农业学校，相当于清末的中等农业学堂；乙级的称乙种农业学校，相当于清末的初等农业学堂。③ 民国初年，各省都开办一些甲、乙种的农业学校。1922 年，教育部颁布《学校系统改革案》，又改变中初等农业学校的名称，规定乙种农业学校称农业职业学校，甲种农业学校改称高级农业职业学校。④

20 世纪以来的四五十年中，正规的中初等农业学校办得并不多，尤其是初等农业学校，20 世纪 20 年代以后办得更少。各中初等农业学校之间，因经费的多少，教师、设备的优劣，以及其他条件的不同，办学的成绩也有很大差距。条件优越的中等农业学校，其教学质量和一般农业专科学校相比，似无逊色。

前文述及，浙江蚕学馆是一所单科性的中等农业学校，湖北农务学堂是综合性的中等农业学校。单科性的学校以蚕桑方面的较多，亦有很少几所是水产方面的。绝大多数中初等农业学校是综合性的，即以讲授大田作物栽培的农艺科为主体，也有兼设林业、园艺、蚕桑等科的。

自从浙江蚕学馆成立以后的 30 多年中，苏、浙二省的中等蚕桑学校对两省

---

① 国民政府行政院新闻局编印：《渔业》，1947 年。
② ［清］学部：《第三次教育统计图表》，1909 年。
③ 《教育杂志》1919 年 4 卷 7 期。
④ 《第二次中国教育年鉴》第 6 编，商务印书馆，1948 年。

蚕丝业的改进和发展曾起过很大作用。浙江蚕学馆于 1908 年改名为浙江中等蚕桑学堂。进入民国后，于 1914 年改称浙江省立中等蚕桑学校，1928 年改名浙江省立高级蚕桑中学，1934 年增设丝科，改称浙江省立杭州蚕丝职业学校。该校始终是一所中等农业学校，但它是推动浙江乃至中国的蚕丝业改进的人才培养基地之一。①

江苏省于 1903 年创办的上海私立女子蚕桑学堂，也是一所单科性的中等蚕桑学堂，它最大的贡献在于首开中国女子职业教育的先河。1912 年，该学堂改为江苏省公立，迁往吴县浒墅关，改为江苏省立女子蚕业学校。1929 年该校改称江苏省立高级蚕丝科职业学校。② 这所中等蚕业学校对苏南地区蚕丝业的改进和发展有很多贡献。20 世纪 20 年代中叶，江浙皖丝茧总公所负责人沈联芳曾写文章说：江苏蚕业改良“乃出于苏省教育之赐，盖全部推广员皆为苏省女蚕校之生徒，因其学有专门也，故所见所知能感乡人之视听”③。

单科性水产方面的中等学校，都在沿海几省，屈指可数，如直隶省立甲种水产学校、江苏省立水产学校、浙江省立高级水产职业学校等。这些水产学校，或困于经费拮据，或因毕业学生就业机会太少，因而时停时续，不像一般普通中等职业学校那样办得有生气。

由于受传统习俗思想以及社会职业偏见的影响，在近代，要办好农业学校也很不易。曾担任江苏省立第一农业学校（当时简称“一农”）校长的过探先撰文说：一农学生来自城市，这些学生的志趣并不一定在农，因此这些学生入学后专业思想很不稳定，对农业课程很少下功夫，而于“英文、算学等课程则孜孜是务。入学仅一二学期则相率转学矣”。转学没有成功而留下的学生，因在校时对农业课程未予钻研，再加上其他原因，毕业后“幸有服务机会，因知识不足，不能展其所长；不幸赋闲家居，社会上视为高等游民”④。当时中初等农业学校毕业生的就业机会不多。过探先所反映的情况是比较普遍的现象，时间上也不限于民国初年，直到全面抗战爆发前夕，中等农业学校学生的专业思想仍然很不稳定。据 20 世纪 30 年代中叶对苏、浙、湘、闽、豫、晋等省十所中等农业学校的调查，这些学校二年级的学生数，平均只有一年级时学生数的 48%，其余不是转学就是半途辍学了。⑤

为了不招收“志趣并不在农”的学生入学，过探先等农业教育家曾提出主

---

① 李化鲸：《浙江省新种业盛衰记略》，《浙江省蚕种制造技术改进会月刊》1936 年 9 月。
② 苏州蚕桑专科学校：《苏州蚕桑专科学校校史（1903—1989）》，苏州蚕桑专科学校，1989 年。
③ 沈联芳：《改良推广江浙皖蚕业之管见》，《农学杂志》，商务印书馆，1919 年 3 卷 4 期。
④ 过探先：《农业训育问题》，《农林汇刊》（过探先科长纪念号）1929 年 1 期。
⑤ 赵植基、孙祖荫：《十个中等农业职业学校调查的研究》，《农林新报》1934 年 17 期。

张，农业学校应招收农家子弟。当时有许多人具有和过氏相类似的想法，他们还进行了招收农家子弟入学的尝试。例如 20 世纪 20 年代后期，清华大学、燕京大学、香山慈幼园、华洋义赈会①等联合举办的清华园农事讲习所，招收初中以上程度学生，非农家子弟不予录取。讲习所完全免费，膳宿讲义全由讲习所供给。② 三年毕业，讲授农业技能和知识，目的在于造就具有科学头脑和农民身手的务农者。20 世纪 20 年代北京农业专门学校所设的农业简易讲习所和 20 世纪 30 年代初浙江大学农学院举办的农事训练班，都注意招收能从事田间操作的农家子弟入学。这些讲习所、训练班都是试办性质，最后或因经费不继，或因社会需求不振而停办。

20 世纪 20 年代中叶以后，各地所办各种农业方面的训练班、讲习班很多，基本是中央和地方的各类农业机关所举办，也有委托农业学校代办的。这些训练班或讲习班的目的不是为招收农家子弟，而是为开展某项业务而培训适用的工作人员。这种训练班、讲习班，培训的时间短，一般只几周或几个月，费用较省。它们既然是为了开展某种业务而培训，所以培训的目标明确，受训的学员结业后不存在就业问题。这些培训班在性质上属于中等或初等农业学校一类，是中等或初等农业教育的补充形式。

十、早期农业学校的师资和教材

1. 选派农科留学生 谈到中国近代农业教育的师资，必须提到中国选派青年出国学农的情况。因为早期在外国学农的留学生，回国后绝大多数都在农业学校中执教或从事与农业教育有关的工作。

据记载，中国最早期出洋学农的是福建人陈筱西，他于 1879 年去日本学习蚕桑，是中国在日本学习蚕桑的第一人。1881 年，谭锡光自费赴美学农科；1901 年，陈振先也自费往美国留学，二人均在加州大学读农科。③ 19 世纪 90 年代中叶以前，中国只有很少几人出洋学农，而且主要还是自费的。所以 1894 年孙中山《上李鸿章书》中说："国家自欲行西法以来，惟农政一事未闻仿效，派往外洋肄业学生，亦未闻有入农政学堂者。"④

---

① 香山慈幼园是北平社会人士在香山所组织的慈善机构。华洋义赈会是"中国华洋义赈救灾总会"的简称，是中外救灾团体联合组成的义赈慈善机构。
② 《农业周报》1930 年 23 期。
③ 周邦任、费旭：《中国近代高等农业教育史》，中国农业出版社，1994 年。
④ 广东省社会科学院历史研究所等：《孙中山全集》第 1 卷，中华书局，1981 年，15 页。

1896 年，清政府派 13 名学生去日本留学，其中有胡宗瀛一人学农。① 1897 年浙江蚕学馆派嵇侃、汪有龄二人赴日本学养蚕制丝；1899 年，湖广总督张之洞在武昌办的两湖书院，派程家柽到日本东京帝国大学学农；1903 年，京师大学堂选派 31 名学生去日本留学，其中有攻读农学及农艺化学各一人。1905 年，商部选派实业学生 30 人赴日本学习农务。② 同年山东省选派学生 24 人去日本学习，其中有 10 人学农。进入 20 世纪后，中央或地方的公私费出国学农的人渐渐多起来。

这时期出洋留学去日本的学生多，去欧美的学生还很少。其原因正如张之洞所说："游学之国，西洋不如东洋，路近费省，可多遣；中、东情势风俗相近，易仿行。事半功倍，无过于此。"③ 1908 年，美国政府决定将庚子赔款中的 1 000 多万元归还中国，协助中国发展教育事业。于是清廷用此款在北京清华园开办学生留美预备学堂，并设游美学务处，办理选派学生赴美留学事宜。据统计，在清朝的最后三年，即 1909—1911 年，留美预备学堂通过考试共录取 179 人，其中有 13 人学农，他们都在美国获得学位后回国。④

去欧洲学农的留学生，人数比去美国的少。例如，1916 年官费出国学农的留学生共 68 人，其中去英国 1 人，去德国 2 人，去法国 5 人，去美国亦 5 人，去日本的有 55 人。⑤ 中国早期出国的农科留学生，回国后绝大部分从事农业教育工作。因为当时国内兴办农业教育，最需要的是农科教师，有不少农科留学生，从学成回国开始，一生全扑在农业教育岗位上。

2. 延聘农业院校的师资 中国开办农业学堂早于派遣学农留学生，所以早期农业学堂的农学教师唯有从外国聘请。张之洞 1889 年在广州水陆师学堂增设的植物学一科（相当于后世所称之作物栽培学），即聘请德国农学家葛路模为教师。1896 年在南京筹建储才学堂时，内设农科，亦曾计划在法德等国延聘教师。后来在武昌创办的湖北农务学堂，蚕科教师聘自日本，农科教师聘自美国。总之，近代早期中国开办农业学校，必须从国外延聘教师，因为此时中国尚未培育出掌握近代农业科学知识的专门人才。

大概由于从欧美聘请教师的费用较高，而中日是近邻，农业生产的情况又比较近似，所以从 1902 年直隶农务学堂开始，中国农业学堂农业课程的教师都聘自日

① 〔日〕实藤惠秀：《中国人留学日本史》，谭汝谦、林启彦译，生活·读书·新知三联书店，1983 年。
② 《东方杂志》1907 年 3 卷 1 期。
③ 张之洞：《劝学编·外篇》，两湖书院刊本，光绪二十四年。
④ 刘曰仁：《中国农科研究生教育》，辽宁科学技术出版社，1991 年。
⑤ 郭秉文：《五十年来中国之高等教育》，《最近之五十年》，申报馆编辑出版，1923 年。

本。直隶农务学堂于 1902 年曾一次聘请日本教师十多人。[①] 再如 1903 年南京的三江师范学堂，亦从日本聘请教师 11 人，其中有农学教师 1 人。[②]

聘用外国教师不但所需费用较多，而且言语隔阂，上课时必须有译员翻译，译员须充分掌握外国语文，同时又须对于所授课程有一定程度的知识方能胜任。前述 1896 年清政府派往日本留学的胡宗瀛，回国后就曾在京师大学堂担任日本教师的课堂口译。

为寻找外国教师上课时的合格译员实属不易，为此，1903 年清政府学部曾建议各省及早选派学生出洋学习实业各科，以解决兴办实业学堂聘用外国教师所发生的种种困难。[③] 于是很多省份都选派学生出国留学，其中有一些是学农的。进入民国时期，中国学成回国的农科留学生渐多，他们多数在各类农业学校任职，自此以后，中国的农业学校除教会办的学校，聘用外国教师就不多了。

3. 近代早期的农学教材 中国农业教育兴办之初，农业专业课的教师既都聘自外国，而外国教师所用的教材不用说都是从外国带来的。在外国学农的留学生回国后在农业学校任教所用的农业课程，大多也是沿用从外国带回的教材。外国的教材是根据外国的农业情况编写的。教材中除农业科学的基础知识，涉及农业生产实践的知识技能时，则各国的自然条件、社会经济情况不同而中外有别。因此，外国的农学教材不一定完全适用于中国。

中国早期农业学校的学生从洋教师或回国的农科留学生那里学习书本知识，则往往缺乏解决生产实际问题的能力；如果将来他们仍然在农业学校执教而不去补充中国农业生产的实践内容，势将严重影响农业教育的效果。民国初年，江苏省立第一农业中等学校校长过探先曾对当时中国农业教育单纯传授书本知识深表不满。他指出："教材辗转抄袭，陈陈相因。其所教者仅属纸上空谈，所学者毫无实效。"[④]

有鉴于此，中国的出版机构如商务印书馆、中华书局、新学会社[⑤]等，都曾约请农学专家编辑出版适合中国教学需要的中初等农业学校教科书，其中有一些是聘请在日本的留学生参照日本的农业学校教科书而编写的。参与编教科书的留学生当然也知道一些关于中国农业生产实际的内容，但是当时中国尚无对祖国农业生产的实际情况进行过系统的调查总结的专家学者。因此，中国早期编辑出版的中初等农业学校教科书并不能完全密切联系中国农业生产实际，不可避免地存在脱离生产实

---

① 苏润之：《我国最早的农科大学——直隶农务学堂》，《过去的学校》，湖南教育出版社，1982 年。

② 三江师范学堂为南京高等师范的前身，见《政艺通报·皇朝外交政史》1902 年 3 期。

③ 清学部：《奏定实业学堂通则》，1904 年 9 月。

④ 过探先：《农业训育问题》，《农业汇刊》（过探先科长纪念号）1929 年 1 期。

⑤ 新学会社后改名"中国农业书局"。

际的情况。

到 20 世纪 30 年代初，商务印书馆、中华书局、正中书局等也曾先后约请专家编辑出版一些"大学用书""大学丛书"等，其中有若干种是农业方面的著作，可供高等农业学校作教材之用。

从历史发展进程的角度看，中国早期农业教育所用的教材不能做到密切联系中国国情和农业生产实际，这是时代局限所必然，也是近代农学在起步阶段需要付出的代价。那时候，中国农业学校教师注重课堂教学，注重书本知识的传授，而脱离生产实际的教学方法，引起了有见识、有抱负的农学家们的关注和批评。例如，著名农学家邹秉文等都曾多次疾呼，要求农业学校的学生除课堂教学，必须加强农场实习。农业课程的教师除授课，必须兼做农村调查或农业科研试验，以便所授课之内容能与生产实际相联系，能让学生对中国农业生产实际有所认识，将来能在农业实践中解决中国农业存在的问题，能够提出解决中国农业痼疾的对策良法。[①]

当然，解决农业教学与农业生产相联系的问题，本身就是一项复杂的社会系统工程，不是单独由农业学校的老师和学生们所能完全解决的。它既要求有稳定和谐的社会秩序，也要有充足的教学科研经费，还要有正确的科研调查的技术路线和理论指导，所有这些，在民国时期的社会局势中，都不可能得到满足和改善，因此也就不可能期望这些问题得到解决。这些筚路蓝缕的农学先辈们的历史功绩在于，他们亲手开启了中国农学发展的新方向、新道路，开启了一个农学变革的新时代。

第二节　农业科研事业

大约从 18 世纪开始，西方国家在近代科学技术的基础上，逐渐创立了一套新的农学体系。其特点是利用人为控制的有限环境（比如试验地或实验室）来进行生物生长过程的模拟试验，从而在较短的时间内发现和抽象出生物个体的生长规律，并以此来指导农业生产，实现产量或品质的提高。由于这套农学理论在指导农业生产实践中所体现出来的高效性和速效性，因此逐渐在世界范围内发展成为占主导地位的农学体系。中国自晚清时期开始引进西方近代农学的知识体系和试验方法。

一、清末民初的农事试验场

中国农民向来很重视作物的品种选育，但古人选育良种并不将其作为一件专门

---

① 邹秉文：《改进吾国农业专门学校办法之商榷》，《教育与职业》1921 年 1 期。

的试验项目来做，而是在平常的耕作栽培中注意挑选培育。近代西方国家的作物良种选育是通过试验进行的，即在农事试验场中划出一块土地，专供育种试验之用。经过试验选育良种效果比较显著。中国农业机关和学校为了采用近代西方国家的科学育种方法，自必仿效西方国家设立农事试验场，因此在 20 世纪初中国才有农事试验场。

（一）中国早期的农事试验场

中国最早的农事试验场是直隶省设置的。1902 年，直隶督署在保定西关外租购土地 230 余亩，并拨给公有桑园 169 亩，成立农事试验场。场内设蚕桑、森林、园艺、工艺四科。① 直隶农事试验场成立后，清廷随即于 1903 年号召各省都仿照外国设置农事试验场。② 山西和山东二省就在这年成立省级农事试验场，江西省于 1904 年、奉天和福建二省于 1906 年开办农事试验场。到辛亥革命前夕，全国除西藏、青海等少数几省外都陆续设置了农事试验场。有些省办的农事试验场不止一处。当时有些州县也成立了地方的农事试验场。

各省所设的农事试验场的规模因省当局对此重视的程度不同和经费是否充裕而有很大差别。当时规模最大的是奉天省农事试验场。该场以沈阳大东门外官地 200 余亩为场址，初分禾稼、蔬菜、花卉、果木、牲畜、鸟鱼等 6 科。③ 延聘日本技师指导研究业务工作。试验场还附设学堂一所，由日本技师兼任教习，招收学生，学制一年，主要培养试验场工作人员，并为以后在各府、州、厅设立试验分场作准备。

1907 年，清政府委派当时从美国留学回来的陈振先为试验场场长。他到任后，将试验场扩大至 1 300 余亩。全场划为试验区、普通耕作区、蔬菜区、果树园、苗圃、桑地、牧草地、树林地 8 区。1908 年，在新民、锦州、吕图等地设立分场。并奉天省镇安勘地 66 000 余亩，设立奉天官牧场。

福建亦于 1906 年成立农事试验场。该省将福州蚕桑局内隙地及邻接的水师废署共 60 亩地辟为农事试验场。因经费有限，"规模暂从简略，专门技师一时未能延聘，所有一切试验事宜暂时仍照土法考研"。④ 由此可知，福建创设这一农事试验场，其动机只是出于响应清廷的号召，因陋就简，似有应付塞责而为之。当时采取这种态度的，当不止福建一省而已。

---

① 清农工商部总务厅：《第一次农工商部统计表》，光绪二十四年。

② ［清］刘锦藻：《清朝续文献通考》卷三七九，浙江古籍出版社，2000 年。

③ 清农工商部总务厅：《第一次农工商部统计表》，光绪二十四年；［清］刘锦藻：《清朝续文献通考》卷三八〇。

④ 清农工商部总务厅：《第一次农工商部统计表·农政》，光绪二十四年。

（二）晚清和北洋政府的中央试验场

清廷除号召各省成立农事试验场，其主管农政的农工商部亦于 1906 年在北京筹设农事试验场，这是中国最早设立的中央一级的农事试验场。场部位于北京西直门外三贝子花园（今北京动物园）。初设树艺、蚕桑、畜牧三科。在此之前，清朝皇室在这个花园中饲养过一些玩赏动物，故农事试验场成立时仍附设动物园。辛亥革命后，该场定名为"中央农事试验场"，内设总务、树艺、园艺、蚕丝、化验、病虫害等股，动物园附属总务股。园艺股除在场内栽培果树、蔬菜、花卉，还利用北京西山锐健营校场 120 亩土地栽种果树。[①]

该场处于全国首善之区北京，条件应比各省农事试验场优越。清末民初的十多年中，该场曾进行一些试验研究，动物园则始终出售门票供人游览。稍后经费日趋拮据，政府拨发的经费渐不敷支出。据记载：1919 年，该场全年支出的一半需仰赖动物园的门票收入弥补。经费如此困难，就不得不紧缩或停止科研试验。北洋政府瓦解后，该场改称"北平农事试验场"，场务更加颓废，场内较好的房屋则被占为私人住宅，动物园也七零八落。到后来更谈不上农事科研试验，实际上已不能算是一所科研试验的单位了。

北洋政府农商部除上述中央农事试验场，还先后成立几处单科性的农事试验场：

1915 年起，农商部陆续在正定、南通、武昌、北京各设一个棉业试验场。1916 年该部又借袁世凯在河南彰德的土地 200 亩，设模范种植场，主要用以植棉。

1915 年春，祁门红茶参加巴拿马万国博览会，行情看好，盛况空前。消息传国内，国人为之振奋。有鉴于此，当时的北洋政府决定成立专门的机构开展茶叶研究工作，地点选在皖南的祁门县，定名祁门茶叶改良场，隶属中央农工商部。

北洋政府还先后在北京天坛、山东长清、湖北武昌各设一处国立林业试验场。

在察哈尔的张家口、北京西山、安徽凤阳各设一个种畜试验场。

农商部办的这些专业试验场后来大多划归地方管理。清末民初，各省设置的农事试验场都是综合性的。也有少数省办的单科性的试验场，如江苏省立稻作试验场、山东省棉作试验场等，都是 1920 年前后才成立的。

20 世纪 20 年代以前，中国的农业科研试验，大多由农业学校开展。自从兴办农业教育以来，中国各级农业学校都有试验场等设施。以东南大学和金陵大学为例，两校在南京城内外都有五六处试验场，从事几种主要作物的良种选育试验。东南大学还在上海杨思、江苏江浦、河南郑州等地有棉作试验场，在江苏昆山有稻作

---

① 陶昌善：《考察中央农事试验场呈文》，《农商公报》1921 年 82 期。

试验场。① 金陵大学在安徽和县和陕西泾阳有试验场。该校更因基督教会的关系有不少合作试验场分布于北京、山西的太谷、山东的济南、青州、周村，安徽的宿县、河南的开封、河北的定县等地。南京大学在北平有 1 000 亩地的试验场。② 中山大学以选育水稻良种为主要业务，有水稻试验总场和 6 处分场。③

此外，20 世纪 20 年代，还成立了一些专门的农业机构，比如 1922 年在南京成立的江苏省昆虫局。它不是农事试验场，却是一所虫害防治的科研试验及行政机构。它的经费初时一半来自江苏省署，一半由上海银行界所组成的上海银团承担。一年后，上海银团撤销，该局经费全由江苏省拨发。但它的日常业务和试验均与东南大学农科合作进行，实际上类似于该校内设的一个研究部门。

江苏昆虫局在上海郊区设有棉虫研究所。该所后来迁往棉花产区南通。又设蝗虫研究所于徐州，并在淮阴、东海二处设捕蝗分所，在无锡设螟虫研究所及桑虫研究所，后螟虫研究所移至昆山。这些研究所在昆虫学的研究上和在害虫防治上都做出不少成绩。④ 1931 年，江苏省政府以财政困难等原因不再给该局拨发经费，江苏昆虫局随即停办。

二、农业科研试验方法的演进

中国早期的农事试验场做试验所用的方法，有用外国传入的所谓"洋法"，也有用中国传统的所谓"土法"。不管用的是洋法还是土法，它们和科学的试验方法都有很大差距。土法自然简陋粗略，当时的洋法也不过稍具科学试验方法的形式。中国近代棉作界前辈孙恩麐回忆民国初年许多农事试验场所做的棉花品种试验时说：各试验目标模糊，方法简单粗放，根本谈不上田间技术。有些试验场做试验似乎比较认真，也有许多数据记录，但因试验方法不科学，取得的数据就不可靠。根据这样的数据，无法准确判断品种的优劣。⑤ 由于试验的方法不科学，试验得不到准确的结果，所以早期的试验场虽做试验，却少有成绩可言。

中国作物育种试验最早采用西法而取得成绩的是金陵大学农科。1914 年，金陵大学增设农科，任农科科长的美籍教授芮思娄（J. H. Reisner）即在南京附近农田中选取小麦单穗，进行品种选育试验。试验方法虽然模仿美国，但事属创始，再加上其他一些原因，以致试验中应记录的数据也残缺不全。到 1920 年前后，该校

① 《国内高等农业教育之调查》，《农业周报》1929 年创刊号。
② 南京大学高教研究所：《金陵大学史料集》，南京大学出版社，1989 年。
③ 林北海：《成长中的中山大学农学院》，《农业推广通讯》1944 年 6 卷 9 期。
④ 孙恩麐：《我国棉作改良之演进》，《中国棉讯》1940 年 22 期。
⑤ 施珍吾：《今后之农场》，《农业周报》1930 年 16 期。

才开始建立试验制度，统一记录试验数据的项目及格式。1924 年，作物品种试验的方法、制度才渐臻完备。1925 年，该校与美国康奈尔大学订立《农作物改良合作办法》。自此以后，金陵大学农科的小麦育种试验完全采用康奈尔大学的规章制度，走上正轨。国内其他学校和试验场的小麦育种亦都取法于金陵大学农科。①

中国棉作科研试验走上正轨，亦开始于 20 世纪 20 年代前期。第一次世界大战期间，中国机器棉纺企业有较大发展。世界大战结束，欧美棉纺厂商卷土重来，在上海经营棉纺织业。上海的华商纱厂为与洋商纱厂竞争，组织成立华商纱厂联合会（简称"联合会"）。联合会认为：提倡国内引种美棉和改良中棉，以拓展原料棉的来源，是和洋商纱厂竞争的途径之一。19 世纪 80 年代起，中国已多次引种美棉，但美棉栽培始终未能在中国稳定下来。联合会认为要引种美棉成功，必须经过试验，该会因此于江苏、湖北、河南、河北等省棉花重要产地设置 8 处棉场，以便各场分头举行试验并作为推广栽培美棉的据点。

1919 年，该会从美国引进 8 个美棉品种，在各产棉省的 26 处棉场举行品种试验，试验亦采用洋法。这年秋季，该会请美国棉作专家顾克（O. F. Cook）来华对棉花品种试验的各棉场进行技术业务指导。顾克视察后，除对引种美棉提出几条重要建议，并指出各棉场的试验方法都不合要求，应加以改进。联合会接受顾克的建议，并决定将改进棉作试验方法的工作委托东南大学农科办理，同时将该会在各地所设棉场亦全部划归东南大学农科管理。②

东南大学农科接受此项委托任务后，随即参考国外一些国家的棉作试验方法，根据本国具体情况，制定棉作试验的各种制度，拟订了株选、考种的程序方法，并和金陵大学农科讨论后，订立《暂行中美棉育种法大纲》，又写成《棉作纯系育种方法》一篇，供从事棉种选育试验者参考。这样中国棉作试验工作者有了一套科学的育种方法可以采用，试验效果因此得到普遍提高。③

水稻采用近代科学方法育种，比小麦和棉花稍晚几年。1919 年，南京高等师范增设的农业专修科即征集水稻品种，进行水稻育种试验。这是中国最早运用近代科学方法进行的水稻品种选育。最初方法比较简略，到 20 世纪 20 年代中叶而渐趋完备。金陵大学农科于 1924 年开始水稻育种试验。广东中山大学曾育成多种水稻良种，该校开始水稻育种又比金陵大学晚一年。江苏省于 1924 年成立省稻作试验场，专门从事水稻良种选育。20 世纪 20 年代中叶是江苏、广东二省水稻良种选育的发轫时期，其他各省开始用科学方法进行水稻育种稍晚几年。④

---

① 《金陵大学之改良小麦》，《金陵大学农学院专刊》1930 年。
② 胡竟良：《中国棉产改进史》，商务印书馆，1945 年。
③ 王善铨：《棉作试验新法之商榷》，《中华农学会报》1933 年 116 期。
④ 陆国英：《我国稻麦品种改进工作概述》，《农业推广通讯》1944 年 6 卷 12 期。

综上所述，到 20 世纪 20 年代中叶，中国最重要的稻、麦、棉三种作物的选育试验，在育种方法上都开始步入正轨，其他各种作物用近代科学方法育种要比稻、麦、棉略晚。大体说，20 世纪 20 年代中叶是中国农业科研事业开始发展提高的时期。

三、农业科研事业的进步

20 世纪 20 年代中叶起，中国农业科研事业开始发展提高。中央农业实验所（简称"中农所"）的成立则是发展和提高的具体标志。

1931 年，国民政府实业部筹建中农所，勘定所址在南京中山门外的孝陵卫，有耕地 2 500 亩（即今江苏省农业科学院所在地），1932 年 1 月正式成立。该所最初设有植物生产、动物生产及农业经济三科。科下分设系和研究室。植物生产科有农艺、森林、土壤肥料、植物病虫害四系；动物生产科设蚕桑、畜牧兽医二系；农业经济科有农情报告及农业经营二系。后来系和研究室有增加和调整。[①] 中农所是当时全国最高的农业科研试验机关。

北洋政府时期的中央农事试验场虽也进行了一些科研试验，但不久即停废，少有成绩可言。中农所于 1933—1937 年逐步开展了规模较大的科研试验工作。在中农所成立之前，各农业学校和农事试验场等各自为政，各做各的试验，以致试验研究彼此内容重复，造成研究资源的大量浪费。中农所成立后，与各地农业学校及各省农业机关联系协调，与各地农业学校和机构的农事试验场分工合作，提高了试验的成绩和成效。[②]

除了成立中农所，1934 年 4 月，全国经济委员会还在南京成立了中央棉产改进所。该所是植棉方面的专业研究机构，也是棉业生产的推广单位。有些棉作试验课题也和中农所合作进行。

此外，为了加强稻、麦生产和良种选育改良等工作，行政院的农村复兴委员会会同实业部、全国经济委员会等于 1935 年 9 月成立了中央稻麦改进所。

不过，在中农所之外再成立两个与之平行的中央级的专门农业机构，这在当时引起了不小的争议。因新成立的稻、麦、棉改进所的职责，本来就是中农所的主要工作，中农所之外又设中央棉产改进所和中央稻麦改进所，实际上是全国经济委员会等另立门户的表现。正因如此，全面抗战爆发后，中央棉产改进所和中央稻麦改进所均被裁撤，其业务和工作人员并入中农所。

---

① 李治楫：《国内农事试验机关概况》，《农业推广》1934 年 7 期。
② 《农报》1935 年 2 卷 32 期"本所工作栏"。

（一）育种试验方法的改进

1925 年金陵大学与美国康奈尔大学订立《农作物改良合作办法》后，康奈尔大学先后三次派遣教授来金陵大学传授新的作物育种方法。洛夫（H. H. Love）便是该校最早派遣来华工作的育种学专家。洛夫于 20 世纪 20 年代末来到金陵大学，任教一年后即回国，1931 年洛夫又应中国政府邀请再度来华。其时中农所尚未成立。为便于工作，先请其担任江、浙二省临时联合组成的"江浙农作物改良委员会"的总技师。1932 年，中农所成立后，改任中农所总技师。[①]

1931 年，洛夫在金陵大学农学院举办的暑期农作物讨论会上主讲生物统计方法，并用中国的农业试验材料编成《生物统计方法》一书，由中农所译成中文，交商务印书馆出版，向中国农业科技工作者传播在试验中运用生物统计的方法。1934 年中农所与中央棉产改进所联合举行的中美棉品种比较试验便是洛夫倡议、设计和主持的。[②]

1934 年秋，中农所聘请英国剑桥大学生物统计学教授韦适博士（John Wisharf）来华，在该所举办的田间技术研究班讲授生物统计学，又在该所的作物冬季讨论会上讲授田间技术及生物统计。[③] 1936 年中农所与中央稻麦改进所联合聘请美国明尼苏达大学教授、作物育种家海斯博士（H. K. Hayes）来华讲授作物育种方法。[④]

20 世纪 30 年代初，生物统计和田间技术在欧美亦属新兴课程。中农所聘请洛夫等来华讲学后，中国一些主要的农业试验单位都改进了试验方法，在他们的作物育种试验中，都开始以生物遗传变异理论设计试验，运用先进的田间技术进行试验，用生物统计方法来分析试验所得的数据，试验方法比以前精密，所得结论也比较准确可靠。20 世纪 20 年代中叶以后的十年中，中国的农业科研试验是有很多进步的。[⑤] 由此观之，中国当时的农业科研水平，在某些方面已经能够紧跟国际前沿，与先进国家的技术差距并不大。

（二）兽用血清疫苗的研制

20 世纪 20 年代中期前后，中国在畜牧兽医及蚕业方面的科研亦有成就。这时期畜牧兽医方面最为大家所熟知的成就是兽用血清疫苗的研制，蚕业科研则主要在

---

① 《农业周报》1931 年 1 卷 16～18 期的"国内农业消息"。
② 顾元亮：《我国现行棉作育种法应行改革之点及其政策》，《农业推广通讯》1942 年 4 卷 11 期。
③ 马保之：《介绍行将来华之英国生物统计学家韦适博士》，《农报》1934 年 1 卷 11 期。
④ 马保之、范福仁：《介绍行将来华之作物育种专家海斯教授》，《农报》1936 年 3 卷 4 期。
⑤ 沈宗瀚：《中国作物育种之过去、现在及将来》，《农报》1935 年 2 卷 15 期。

蚕种改良方面。

20世纪20年代以前，中国出口牲畜，都须先经外商所设之检疫机关注射预防血清，然后方能起运。这一情况，不但利权外溢，而且也暴露出中国畜牧兽医事业的落后。实业部青岛商品检验局为挽回利权，曾与外商交涉，牲畜出口前的预防血清注射，改由该局负责办理。但当时中国尚不能生产兽用血清，为此，该局成立了兽疫血清制造所。首先研究牛瘟血清疫苗的制造方法，试制成功后，随即批量生产。这是中国兽用血清疫苗等生物药品制造的开始。该制造所后来生产的生物药品有牛瘟、猪瘟、鸡瘟、猪肺炎等血清及狂犬病预防液等。①

正在此时，上海江湾一带发生牛瘟，很快蔓延到浦东等地。当时上海商品检验局派出兽医，用从青岛兽疫血清制造所买来的牛瘟血清在江湾、浦东等地给牛群注射后，疫情得到及时遏止。经过这次防治成功，上海商品检验局立即研究试制牛瘟血清，筹建牛瘟血清制造所，终于在1932年4月制成第一批牛瘟血清，用来为上海各奶牛场的奶牛及上海近郊农家耕牛免费注射。② 以后相继研究和生产了猪、牛等多种疫病的血清疫苗。

1931年，广东省农林局在广州成立血清制造厂，制造抗牛瘟血清等。全面抗战爆发后，因广州沦陷而停办，1940年在粤北连县恢复生产。中农所于1936年在南京成立设备较先进的兽疫血清厂。全面抗战期间，兽用血清遍及西南及西北很多省份。陕甘宁边区的光华农场于1944年设厂制造牛瘟血清疫苗等。晋察冀边区的畜牧兽医机关则在抗战胜利后在山西设厂制造猪瘟血清及猪瘟脏器疫苗。

在蚕业研究方面，中国在民国时期也取得了一定的进展。中国早期成立的农事试验场大多设有蚕桑研究科系。例如，1902年成立的直隶农事试验场、1906年成立的农工商部农事试验场、奉天农业试验场等都设有蚕桑研究部门，山东省甚至直接创办了农桑试验场。

当时中国生产生丝外销，都从上海或广州出口。上海出口的生丝基本是江浙太湖地区生产的，广州出口的生丝则是珠江三角洲生产的。民国初年，江苏、浙江二省都在太湖地区设置蚕桑专业的试验机关。1912年，浙江省在杭州成立农事试验场，内设蚕桑科。两年后，又在杭州成立蚕种制造场。该场虽为研究蚕种的机关，但也试验改良蚕种的制造。1927年，该场改为省立蚕业试验场，一年后又扩大为省立蚕桑改良场。

江苏设置蚕业试验机关比浙江稍晚几年。1917年，江苏省设蚕桑模范场于扬

---

① 《农业周报》1931年1卷27期。
② 邹秉文：《上海商品检验局的筹设经过——初期工作概况》，《全国政协文史资料选辑》1983年88期。

州，次年又成立育蚕试验所于无锡。前者以推广蚕业技术为主要业务，以试验研究为辅；后者以试验研究为主要业务，而以推广为辅。1927年，扬州蚕桑模范场改为江苏省立扬州蚕业试验场；1928年在无锡育蚕试验所内增设制丝部分，并将该所扩大为省立蚕丝试验场。1929年又将扬州蚕业试验场的原种部扩组为原蚕种制造所。[①]

广东省于1923年成立广东全省改良蚕丝局，附设于岭南大学内。最初因经费不足，只做些蚕业调查工作。1930年，该局改归广东省建设厅领导，经费稍裕，得以开展蚕业的试验研究。这一年，实业部在筹设中农所时原打算同时成立与中农所平行的中央蚕丝试验所和原蚕种制造场，后因经费不足，只在中农所内设蚕桑系。抗战期间，该系曾搜集40余个蚕品种进行蚕种改良试验，又进行蚕的生理病理试验、桑叶生长试验以及蚕的白僵病研究，研制成功防僵粉，是防治白僵病的有效药剂。

四、全面抗战期间及抗战胜利后的农业科研试验机构

日本帝国主义发动的侵略战争对中国农业科研事业造成了严重破坏。全面抗战爆发前，中国的农业科研事业主要分布在东南沿海，其次在华北及华中地区；全面抗战爆发后，这些地区很快沦陷。这里的农业科研试验机关，有的解散，有的迁移，许多科研试验被迫中断，科研试验的工作人员可以转移到后方去，而试验场等设施设备不能移动，毁损严重。

中农所是全面抗战前最主要的农业科研机构，全面抗战爆发后，中央棉产改进所及中央稻麦改进所并入中农所。中农所先迁湖南长沙，继迁广西柳州。1938年春，实业部撤销，成立经济部。中农所改隶经济部，奉命入川，在巴县的北碚开辟新的试验基地。在两次迁徙过程中，大部分科技人员被分派到川、滇、黔、桂、湘等省成立工作站，一方面把全面抗战前已进行的试验在这些省继续进行，另一方面充实这些省的技术力量，与驻地的科技人员合作进行科研试验。[②] 全面抗战期间，这些省的科研试验成果，很多是中农所工作站与各省农业科研单位合作取得的。

1940年，农林部成立，中农所划归农林部。同时，中农所内设的森林系划出，另设中央林业实验所，将中农所内畜牧兽医系划出，另设中央畜牧实验所。1941年7月中央林业实验所成立于重庆，所内设造林研究、水土保持、林业推广、林产

---

① 金晏澜：《江浙各蚕业机关略史及现状》，《农矿公报》1930年24期。
② 曾宇石等：《抗战时期的中央农业实验所》，《中国科技史料》1992年13卷第3期。

制造、森林工艺、森林副业、林业经济七系。[①] 同年在桂林成立中央畜牧实验所。该所于1943年迁至四川荣昌，内设畜牧及兽医二部。畜牧部的工作分工是家畜育种、家畜饲养、畜产加工、畜牧调查等；兽医部的工作是兽医研究、血清菌苗制造及兽疫防治等。

1939年，陕甘宁边区政府在延安三十里铺建立边区农业试验场。1940年边区政府为改善边区生活条件，又在延安南门外成立光华农场，1941年将边区农业试验场并入光华农场，改称光华实验农场，内分农艺、园艺、畜牧兽医三部分，从事科学实验以改进农业技术，配合边区农业建设。此外，各抗日民主根据地也相继建立了一些农业科研试验机关。例如，晋察冀边区行政委员会的农林垦殖局在冀中等地设立了试验农场。这些农场虽然以垦殖为主要业务，同时也兼做作物改良栽培等方面的试验研究工作。[②]

抗战胜利后，农林部复员回到南京，新成立了下列4所农业科研机构：

——成立中央农业经济研究所于南京，内设农业调查、土地经济、农场经营、农业金融、农产贸易、农村社会经济6系。

——成立中央棉产改进处于南京，并在北平、上海、汉口、西安各设一个分处。

——成立中央水产实验所于上海，其业务为渔业研究、渔船渔具等改良、水产养殖、水产资源保护、水产品保鲜加工等，以及经营水产事业的有关事项。[③]

——成立中央烟产改进处于南京，它既是烟业管理的行政机构，也是烟草品种改良及种烟技术的试验单位。

农林部复员后，立即着手接收整编敌伪的农业科研试验单位，主要有：接收伪华北农事试验场，并改名为北平农事试验场；接收敌伪在华北的多处森林事业机构，归并后成立华北林业试验场，归属中央林业实验所管辖；接收敌伪在华北的多处畜牧事业机构，成立北平畜牧工作站，划归中央畜牧实验所管辖。[④]

此外，1946年中国蚕丝公司成立蚕业研究所。全面抗战期间，日本丝商为掠夺江浙一带的丝茧资源，曾于1939年在上海成立华中蚕丝公司，并在江浙蚕桑业比较发达的地方设分支机构。抗战胜利后，国民政府接收华中蚕丝公司及其分支机构，改组扩展后成立"中国蚕丝公司"。该公司在上海设蚕业研究所，同时在镇江及苏州分别设立分所。

抗战胜利后，中国共产党领导的解放区亦成立了一些农业科研试验机构。例

---

① 《访问中央林业实验所》，《中华农学会报》1948年188期。

② 中国农业博物馆：《中国近代农业科技史稿》，中国农业科技出版社，1996年。

③ 郭文韬等：《中国近代农业科技史》，中国农业科技出版社，1989年。

④ 乔荣升：《二十六年度农林部工作新动向》，《农业通讯》1937年1卷1期。

如，1946年，东北解放区在伪满佳木斯农事试验场的基础上建立东北解放区最早的农业科研单位，从事农业科研试验。翌年，东北行政委员会在萨尔图筹建种畜场。随着解放区的逐步扩大，东北地区的农业科研试验单位次第建立起来。1948年冬，东北全境解放，东北行政委员会农业部成立公主岭农事试验场，作为东北地区农业科学研究的中心。1947年，山东解放区设置的莒南农业实验所，虽然当时解放战争正在激烈进行，该实验所的人员在艰苦困难的条件下仍坚持开展相应的农业试验。1948年5月华北人民政府农业部成立，并在石家庄建立华北农业试验场。1949年5月在北平成立华北农业科学研究所。这些新成立的农业科研机关都朝气蓬勃地开展农业科研试验。而国民党统治区内抗战胜利后复员和新设的农业科研试验单位，都因战事重起、物价飞涨、人心浮动，无法开展工作。

第三节　农业推广事业的发展

农业推广有广狭二义。广义上的农业推广，包括一切能够促使农民改进其农业生产方法、改善农村组织、提高农家生活、提倡农村合作等的措施办法。但一般说的农业推广则是狭义的，即引导农民广泛采用先进的农业生产经验和科研成果，借以提高农业生产的活动。古往今来，农业的改进和发展都离不开农业推广。

农业推广有农民自发的，也有由推广工作者推动的。例如，某一农家栽培的某种作物的品种优良，或某种耕作方法较为先进，引起附近农家的羡慕而向其索取这一优良品种的种苗，或观摩学习其先进的耕作方法而仿效之。于是一传十，十传百，经过不太长的时间后，这一良种或良法就在一定地区内传播开来，这个传播的过程就是农业推广。不过这种农业推广乃出于农民自发的要求，是通过农民之间相互交流生产经验的方式进行的。这种农业推广，我们姑且称之为"农民自发式农业推广"。

另一种方式的农业推广是经由政府机关、农业学校或社会团体，把农业上的某种良种或良法，通过宣传示范等方法介绍给广大农民，促使农民采用，以提高其生产。这种方式的农业推广效力高，传播的速度快。

在中国古代偶有政府官员为提倡某种作物的良种或某种农具而开展农业推广活动，但古代占主导地位的则是农民自发的农业推广。近代和现代农民自发的农业推广依然在进行，但常为社会所瞩目的则是由政府机关、农业学校或社会团体通过宣传示范等而开展的农业推广。

一、早期的农业推广

（一）早期推广栽培美棉

中国近代农业推广是从 19 世纪 80 年代开始的。最早推广的是栽培美棉。19 世纪 80 年代，中国开始用机器纺纱织布。用美棉为原料才能纺出细纱，织成细布。而当时中国广泛栽培的全是中棉。中国新办的棉纺织厂为能在国内购得理想的原料棉，故提倡植美棉。中国最早办的机器棉纺厂是"上海机器织布局"，该局于 19 世纪 80 年代中叶筹建的时候，即从美国购一定数量的美棉种子，连同编译的《美国种植棉花法》宣传册在上海附近棉区的农村中散发。① 这是中国近代最早的农业推广。

湖广总督张之洞在武汉创办的"湖北机器纺纱织布局"是中国第一家机器棉纺企业。张之洞于 1892 年委托清廷出使美国大臣崔国因选购适宜湖北种植的美棉种子 34 担寄运到湖北，由该纺纱织布局经办散发给湖北省产棉县的棉农栽种，并向棉农保证收获后将"从优给价，尽数收买"。同时还声明，对于种得好的农家将给予奖赏。② 由于这次棉籽寄运到湖北时间较迟，以致农民播种太晚，再加上农民初次试种美棉，种法上也不合要求，所以收成不佳。为此，张之洞于 1893 年再次从美国购买美棉种百余担，于农历二月下旬即将棉籽及《美国种棉法》一文散发给棉农，同时要求各产棉县地方官广为劝种。③ 这是中国第二次推广栽培美棉。

清末民初，政府中的高级官员很多投资于机器棉纺企业。所以清末民初农政机关亦热心引种美棉。成效较大的是从美国输入美棉种子推广。如 1904 年，清政府农商部即从美国购买大批美棉种子配发给长江及黄河中下游各产棉省，转发给棉农播种。东昌府是山东省最主要的产棉区。1905 年，山东省从美国购得棉籽 1 500 磅在东昌府试行推广。这年霜期较早，农家试种成绩欠佳。1907 年，该省再次请清廷驻美官员代购棉种 60 包，每包重 150 磅，于农历三月中旬运抵山东，除 15 包转让给河南、直隶二省，其余均在山东省内推广。④

1914 年农商部颁布《奖励植棉条例》，鼓励农家植棉，又从朝鲜输入金字棉美棉种配发给冀、鲁、豫、苏、浙、鄂等省的农业机关，转发给棉农种植。1913 年，

① ［清］郑观应：《盛世危言·农功》卷四，1894 年石印版。
② ［清］张之洞：《张文襄公牍稿》卷一一《札产棉各州县试种美棉种子》，光绪十八年四月初七日。
③ ［清］张之洞：《张文襄公牍稿》卷一一《札各营县续发美棉种子暨章程种法》，光绪十九年二月二十二日。
④ 山东省商务局：《山东全省劝业公所报告书》山东省商务局，1906 年，14～16 页。

上海的棉纺企业资本家也曾从美国定购美棉种子寄运到上海，在浦东沿江一带推广。[1]

清末民初多次引种推广美棉，大都没有成绩。原因是：从国外买来的棉种，在散发给棉农前，未经驯化；散发后又不指导农民选种保纯。当时以为只要把棉种送到农民手中，就算完成了推广任务。这样的推广，如遇风调雨顺之年，又认真培种，则最初一二年尚能得到比较满意收成。但连续栽种下去则优良种性很快因退化混杂而消失，产量和品质下降，有时反不如原来种的中棉。总的说，1920年以前中国引种推广美棉是失败的。自从东南大学农科拟定《暂行中美棉育种法大纲》后，中国引种推广美棉才走上成功的道路。

（二）早期改良蚕种和种畜的推广

清末民初推广的另一个项目是改良蚕种。中国推广改良蚕种是由浙江蚕学馆开始的。该馆成立的当年，即由所聘蚕学教师江生金用他从法国学到的制造无病蚕种的方法制成改良蚕种500张，分送附近蚕农试养。这是中国首次向蚕农推广改良蚕种。1899—1911年，该馆每年约制造改良种两三千张，1912年以后增至四五千张。这些蚕种大多以低价销售的方式推广。[2] 自此以后，制造改良蚕种的单位，包括学校、机关和公营或私营制种场渐渐多起来。

必须指出，近代改良蚕种业有较大发展的是江苏和浙江省。提到江浙二省改良蚕种的制造和推广，就必须说一说中国合众蚕桑改良会（简称"合众改良会"）。该会是法、英、美、日旅沪丝商所组织的机构，成立于1918年2月，它除在江、浙、皖三省蚕桑业较发达的地方设立几处制种场制造改良蚕种，同时与江苏、浙江省的蚕业学校合作，推广改良蚕种。[3] 推广经费由合众改良会负担，具体推广工作则由各校进行。

清末民初，江浙二省推广改良蚕种是有一定成绩的，不过推广的数量不多，而且20世纪20年代中叶以前推广的改良蚕种都是纯系蚕种。纯系蚕种所结的蚕茧虽较优良，但蚕体虚弱较难饲养。所以当时推广的纯系蚕种，广大蚕农并不很欢迎。

清末民初，有些地方曾推广从国外引进的某些家畜、家禽的优良品种。清末各地成立的农事试验场大多设有畜牧部门。例如农工商部办的农事试验场设有畜牧科，稍后又在张家口成立模范牧场。奉天省农事试验场亦在场内划出一区栽培饲养家畜用的牧草，同时又在镇安等地设置官牧场及分场多处。这些设有畜牧部的农事

---

① 杨逸农：《我国棉花增产事业之检讨》，《农业推广通讯》1944年6卷5期。
② 李化鲸：《浙江省新种业盛衰记略》，《浙江省蚕种制造技术改进会月刊》1936年9月。
③ 李毓珍：《参观蚕桑改良会记》，《江苏省立育蚕试验所汇刊》1919年1期。

试验场及官牧场都购买优良品种家畜繁殖推广。下面以引进美利奴羊为例，说明清末民初羊品种的改良推广。

奉天官牧场自 1906 年从日本购得美利奴羊 32 只后，又从美国输入美利奴羊数百只以改良本地绵羊品种。[①] 上述张家口模范牧场，辛亥革命后北洋政府农商部将其改为部属第一种畜试验场，另设第二种畜试验场于北京西山，第三种畜试验场于安徽凤阳，饲养从国内外征集到的牛、羊等家畜品种。民国初年，上述三个种畜试验场各有从澳大利亚引进的美利奴羊一二百只，用以与此间土种羊配种。[②] 1919年，山西省在省城西门外设总牧羊场，购得澳大利亚美利奴羊千头，分拨给各牧场，与当地羊配种。引进美利奴羊以改良土种绵羊是当时北方各种畜场最重视的一项课题。

清末民初是中国农业推广事业的萌芽时期，前面所述是萌芽时期美棉引种、改良蚕种及美利奴羊三方面的推广情况。当时这些推广工作都未能取得满意成绩，有的甚至是失败的。

二、农业学校开展农业推广

清末民初的农推事业所以未能取得成绩，有的甚至失败，固然有技术上的原因，但和政局也有关系。19 世纪末到 20 世纪最初十年，清王朝统治风雨飘摇，而农业推广工作事属初创，难以开展。北洋政府时期，农业推广根本不为政府当局所重视，军阀混战，财政拮据，政府对农推事业非但不予支持，有时反起阻滞作用。

改进和发展农业，不可脱离农业推广，所以爱国的农业教育工作者十分重视农业推广。20 世纪 20 年代中叶起，很多农业学校设农业推广单位，办理本校的农推事宜。例如，金陵大学农林科于 1924 年设推广部，东南大学农科于 1926 年设推广部。他们把本校育成的良种，或贷或售，推广给农家，不依赖政府机关的帮助。

也有一些学校自己尚未育成良种，则推广先进的耕作方法和近代农业科学知识。例如广东大学农科，于 1924 年已成立推广部，最初推广的就是该校编印的农事浅说等宣传品，在农村中散发。20 世纪 30 年代，该校已改称中山大学时，其农学院才推广自己育成的水稻良种。再如浙江大学农学院设推广部较迟，在未设推广部之前已编印散发农业浅说、举办农民夜校、举行农事讲习会、农产评比会等农业推广活动。到 20 世纪 20 年代后期才成立推广部。[③]

---

① ［清］刘锦藻：《清朝续文献通考》卷三五〇，1912 年。
② 《江西省农会报》1915 年 5 期。
③ 《国立浙江大学农学院农业推广实施概况》，1930 年。

关于蚕业推广方面，前已述及，最初推广的纯系蚕种并不太为蚕农所欢迎。蚕农最欢迎的是一代杂交种。最先制成一代杂交种的是江苏省立女子蚕业学校。该校于 1923 年设推广部，先在学校附近及吴江的震泽推广一代杂交种，接着又在无锡北乡推广。1923 年该校试制人工孵化秋蚕种成功，经过试育，效果良好。1925 年起大量生产，供推广之用。这年浙江省立蚕桑学校从日本购买诸桂、赤熟等优良原种制成一代杂交种万余张在省内推广。[①]

20 世纪 20 年代中叶，一代杂交蚕种已深为广大蚕农所信任，于是争相购饲，刺激了江苏、浙江二省改良蚕种业的大发展。据统计，1931 年江苏全省有制种场 154 家，浙江全省有制种场 79 家[②]，两省 200 多家制种场每年生产大量改良蚕种向广大蚕农销售推广。

三、中国农业推广步入发展时期

中国近代农业推广中最主要的是作物良种推广，中国作物良种的推广在 20 世纪 20 年代中叶以前只有金陵大学育成较早的"金陵大学 26 号"小麦良种，20 年代中叶推广的美棉，只有从美国引进的爱字棉和脱字棉。总之，20 年代中叶以前中国推广的作物品种的项目很少，推广的规模也很小。到 20 年代后期，新的农业推广事业在中国才开始进入较大发展时期，而以政府正式颁布农业推广法规、设置农业推广专业机构为标志。

（一）政府颁布农推法规，设置管理农推的专业机构

北洋政府统治十多年，最初几年，农商部曾公布《植棉制糖牧羊奖励条例》等属于农推方面的法令，但后来随着政局混乱的加深，对农业推广等事越来越不关心，农政机关形同虚设。20 世纪 20 年代后期国民政府设置农政机关。与北洋政府相比，国民政府的农政机关对农业推广等事比较重视。1929 年，国民政府行政院颁布《农业推广规程》及与此规程有关的法令细则，这是中国政府最早颁布的农业推广法规。1929 年底农矿部成立中央农业推广委员会（简称"中央农推会"）。《农业推广规程》的颁布和中央农推会的设置表示中国农推事业进入新的阶段。[③] 不过江苏省在 1928 年已成立江苏省农林推广事业委员会。在农推专业机构的设置上，江苏先走了一步。1930 年起，江苏的这个委员会改称江苏省农业推广委员会。其

---

① 蒋猷龙：《浙江蚕种生产发展史》，《浙江蚕业史研究论文集》，1980 年。

② 《江苏省蚕丝试验场民国二十三年度工作报告》；徐世治：《战前浙江之蚕丝业》，《浙江经济月刊》1946 年 3 期。

③ 郭霞：《四十年来之中国农业推广》，《农业推广通讯》1948 年 10 卷 8 期。

后各省亦相继成立省级农推机构，有的省亦称农业推广委员会，有的省则称农业推广处。[①] 各省虽设置农推机构，但很多省因限于经费等原因未能充分开展农推工作。中央农推会亦因经费不足和其他一些原因没能把各省农推工作推动和管理起来，只编辑出版《农业推广》等农推方面的几种报刊，和与金陵大学农学院合办乌江农业推广实验区，又与中央大学农学院在江宁县合办中央模范农业推广区等事项。

（二）乌江农业推广实验区和中央模范农业推广区

乌江农业推广实验区位于安徽和县的乌江乡，这一带是安徽的产棉区。1923年，金陵大学农科首次前去推广爱字棉及百万华棉，共散发棉籽500斤，但这次散发给农家的棉种只有9户农家用以播种，其余都废弃了。原因是在此以前没有人在这里做过推广工作，对金陵大学免费散发棉种觉得可疑，也不知道所散发棉种的优劣。金陵大学农科接受这次教训，认识到推广良种必须加强示范等宣传活动。为此次年再去推广时，先在乌江租地数十亩作为示范田。为求推广工作的开展，同时又在乌江办了一所半日制的小学校。棉花收获后举行植棉展览会，邀请棉农参观，参观时宣讲改进植棉的知识。通过这些措施，取得了农民的信任。自此以后，金陵大学农科在乌江逐步增加推广的项目，如提倡农村副业，推广农村合作制度和改进农村文教卫生等，关于农业生产方面的推广，除棉花，还推广粮食和蔬菜等作物良种。

20世纪30年代，乌江农业推广实验区推广的项目越来越丰富，归纳起来有下列诸方面。

农业生产方面：推广棉、麦、玉米、大豆等粮食作物良种以及马铃薯、甘蓝、大白菜等蔬菜良种和栽培方法。除了作物，还推广优良的种畜、种禽品种及兽疫防治，提倡植树造林，鼓励经营各种副业。

农村合作方面：指导农民成立各种合作社，如信用合作社、棉花运销合作社、养鱼合作社及耕牛保险等。

农村社团方面：指导农民组织农会，这是办理农业贷款和农业推广的基层单位。帮助组织妇女会，协助政府建立保甲制度。

文娱教育方面：将原来的半日制小学改为全日制，又成立民众学校、农民夜校若干所。春节期间举行新春农业研究会，农闲时放映电影幻灯，举行巡回演讲会、农友茶话会，举办私塾教师讲习会，又成立以培养儿童具有科学的头脑、健康的身体、勤劳的双手、纯洁的心灵为目标的所谓"儿童四进团"。同时还设立民众图书馆、书报阅览室，编辑出版《乌江农户报》等。

---

① 章之汶、李醒愚：《农业推广》，商务印书馆，1936年。

所有上述各项目都与农业推广工作有关。此外，还设立农家记账团、农民咨询处、农民代笔处、医疗诊所等为农民服务的单位，经常发动农民举行清洁卫生运动。①

金陵大学农科把乌江农业推广实验区作为探索改进农业推广工作的实验场所，也是该校农业推广课程的教学实习基地。全面抗战爆发后，金陵大学内迁成都，乌江农业推广实验区解散。抗战胜利后，金陵大学迁回南京，该实验区恢复继续办理。乌江农业推广实验区是中央农推会以补助经费的形式与金陵大学农学院合办的。

1930 年，中央农推会划江宁县两个乡与中央大学农学院合办中央模范农业推广区，不过合办不久，中央大学停拨经费而退出这项工作。中央模范农业推广区遂由中央农推会独力办理，但部分推广工作仍由中央大学农学院承担。例如模范农业推广区设立育蚕指导所，配发改良蚕种，指导蚕农改进养蚕方法等都由中央大学蚕桑系负责办理。② 中央模范农业推广区的性质与乌江农业推广实验区相类似，只是推广项目较少，规模较小。该推广区于全面抗战爆发后解散。

四、全面抗战期间的农推工作

（一）成立农产促进委员会及社会农推机构

全面抗战爆发后，政府机构改组，以适应战时需要。实业部被撤销，实业部所属的中央农推会亦随着裁撤。1938 年 5 月成立农产促进委员会（简称"农促会"），以取代中央农推会，它的任务是管理和加强后方各省的农业推广。该会成立后，首先拟订公布了《全国农业推广实施计划纲要》及《实施办法大纲》等加强战时各省农业推广工作的纲领性文件。③ 农促会直属于行政院，属部一级机构，政府对于农业方面有这样一种倾向，即倾注全力于农业推广工作，其他各种农政措施，无不以便利助成农业推广为目标。④

全面抗战之前，西南、西北各省农业推广机构很不健全。中央成立农促会后，各省在农促会以经费和技术力量等方面的帮助下，调整和加强了农业推广机构。四川省是后方各省中农业推广基础较好的一省。全面抗战前，该省的几个农业科研试验场所，如稻麦改进所、植物病虫害防治所、棉业试验场、甘蔗试验场等都各自办理推广工作。例如稻麦良种则由该省的稻麦改进所自行推广。1938 年 9 月，该省

---

① 《乌江农业推广实验区工作概况》，《农业推广》3 期；崔玉隽：《乌江实验区的今昔》，《农业推广通讯》1946 年 8 卷 11 期。
② 中央农业推广委员会：《中央模范农业推广区工作概要》，《农业推广》1931 年 3 期。
③ 毛雍：《中国农业推广事业之回顾》，《农业推广通讯》1944 年 6 卷 10 期。
④ 乔启明：《农林部成立以来之农业推广动向》，《农业推广通讯》1943 年 5 卷 7 期。

成立农业改进所。农业改进所则设农业推广委员会统筹全省的示范推广等事宜。事权统一，效果较好。1940年，农业改进所派员分赴各县辅导成立县农业推广所。当时四川全省123县成立县农业推广所，除过于偏僻之县，其余都成立了县农业推广所。

1937以前，贵州省未注重农推工作，农业推广力量亦很薄弱。全面抗战爆发后，该省才举办农推人员训练班，学名毕业后被派到各县从事推广工作。1940年，农促会补助该省经费，并派员前去帮助，在贵阳等14县成立县农业推广所。以后贵州省农推工作发展较快，县农业推广所逐渐增加。据统计，1948年贵州有县农业推广所68所。① 县农业推广所一般都是综合性的。当时云南省的体制不同，该省所设县级农业推广机构是专业性的。抗战后期，该省有烟草推广所17处，蚕桑推广所7处，稻麦推广所十余处。②

20世纪30年代末40年代初，河南省一些县沦为战区。在农促会补助经费下，该省将离战区较远地区划为农业推广区，区内各县一律设置农业推广机构。③ 西北的陕、甘，华中的两湖，都在农促会的推动和帮助下设置了省农业推广委员会和一些县的农业推广所。湖南省各县是将原来县属农业单位合并为县农业推广所。广西亦经农促会的资助成立主管农业推广的农业督导室。20世纪40年代初，广东农林局先后在各县设农业推广指导站，1943年时有56县成立了县农业推广所。④ 总的说，督促各省建立省、县各级农业推广机构和树立农业推广制度是20世纪30年代末40年代初农促会的主要工作。⑤ 抗战胜利后，收复区的一些县也恢复和新设了县农业推广所。据1948年统计，全国2 016个县有586个县设立了农业推广所。⑥

各县农业推广所行政上由县政府领导，业务上由省农业改进所指导。省农改所随时派员到县指导帮助。县农业推广所在农推工作中是一个很重要的环节，不过当时各县经费窘困，工作人员待遇菲薄，影响了业务的开展。

20世纪30年代末，农促会曾与金陵大学农学院及川、陕、黔、桂等省农业改进所合作办了20多个农业推广实验县，作为县一级办理农业推广的实验基地，重点开展农业推广工作，同时也作为一般县的示范表征。⑦ 农业推广实验县不是永久性的，当实验任务完成后即改为一般的农业推广县。

① 郭敏学：《中国农业推广制度之史的检讨》，《农村月刊》1948年2卷8期。
② 朱晋卿：《今后之农建与农运》，《农业推广通讯》1944年6卷2期。
③ 党林涵：《河南农业推广之鸟瞰》，《农业推广通讯》1941年3卷8期。
④ 冯觉民：《广东之农业机构与业务》，《农业推广通讯》1946年8卷7期。
⑤ 《五年来农产促进委员会工作概况》，《农业推广通讯》1943年5卷6期。
⑥ 郭霞：《四十年来之中国农业推广》，《农业推广通讯》1948年10卷8期。
⑦ 朱晋卿：《农业推广实验事业回顾与前瞻》，《农业推广通讯》1939年1卷5期。

（二）农推工作的基层组织

当时县的农推机关在进行农推工作时常利用的是保甲组织。保甲组织是旧时代官府统治人民的基层工具，战时征兵征粮、摊派徭役等都是保甲长的工作。农推工作委托保甲长来做，他们不免草率从事。至于技术性较强的农推工作，更非保甲长所能胜任。因此农促会主张：农推的基层工作最好由农民自己组织的农会来承担。

1930年国民政府颁布《农会法》，命令各地限期成立农会。当时成立的农会组织不健全，在开展农推工作方面未起多大作用。全面抗战期间，国民政府要求农会成为推行国家农业政策、发展农村经济的基层组织，还希望它能帮助政府动员农民参加抗战、协助保甲、做好农村派款抽丁等事项。所以对组织农会颇为重视。1939年国民政府颁布的《全国农业推广实施计划纲要》中规定："县农业推广机关应辅导农民组织健全之乡农会，以建立农业推广下层机构。"1943年政府再次颁布的《农会法》规定：农会以发展农村经济、增进农民知识、改善农民生活，并协助政府关于国防及生产政令的实施为宗旨。此处说的"发展农村经济、增进农民知识"即属于农业推广范围内的工作。

当时政府常派指导员下乡辅导农民组织农会。很多农会是在指导员帮助下成立的，指导员一撤走，农会往往随即涣散或落入土豪劣绅之手。[①] 这样的农会就不能成为农推工作理想的基层单位。在农推工作重点地区，主管农推的机关对当地农会掌管比较认真，农会组织也比较健全，这样的农会在农推工作中才能发挥一定作用。据1944年3月统计，经政府核准备案的农会，省级农会9个，县级农会140个，乡级农会2 139个。[②]

（三）建立各级农业推广的辅导制度

为了提高农推工作的效率，农促会曾制定各级农业推广的辅导制度。县级的农推辅导办法是于县境内成立中心推广站，县农业推广所则派员到站辅导附近乡镇的农推工作。省级的农推辅导办法是将全省划为若干农业推广督导区或辅导区，其区划与当时各省所设的行政督察区相同。督导区或辅导区设置农推机构，业务上一般由农业改进所领导，行政上受当地的行政督察专员公署监督。

农促会进行的农推辅导工作是成立农推巡回辅导团，其任务是督促各地农推工作的进展，交流农推工作的经验，沟通中央与地方农推工作的情况及发现和解决各地农推工作中产生的问题并及时予以解决。农促会于1940年首次组织农业推广巡

---

① 李植嵘：《现阶段的农民组织问题》，《农业推广通讯》1944年6卷8期。
② 乔启明：《今后农业推广之展望》，《中农月刊》1945年6卷4期。

回辅导团，分川康、西北、西南三路巡回辅导。1942 年组成的巡回辅导团只去湖南一省；1943 年组成的巡回辅导团只去广西一省。

1942 年和 1943 年所组织的巡回辅导团比 1940 年所组织的规模大为缩小，这可能和农促会的隶属起了变化有关。1940 年以前农促会直属行政院，为部级机构，1942 年改隶农林部，成为司局级机构，经费等方面不如以前充裕了。

(四) 农林部设置粮增会、中央农推会及农业推广繁殖站

农林部成立时，鉴于战时粮食生产特别重要，故在部内设粮食增产委员会（简称"粮增会"）。该委员会的任务是推动和督导后方各地的粮食增产事宜，其业务亦是农业推广性质。农林部设粮增会，各省、县级政府亦设粮食增产督导机构。其实粮食生产的推广工作本来就是农促会及省、县各级农推机关的主要业务，农林部设粮增会，省县各级设粮食增产督导机构的目的，不过是为了加强这方面推广工作的监督指导而已。

1945 年粮增会与农促会合并成立中央农业推广委员会。该委员会与 1929 年实业部的中央农推会没有承续关系。新成立的中央农推会规模及业务，比全面抗战前扩大很多，已非 1929 年成立的中央农推会可以相比了。新的中央农推会成立，农促会和粮增会已不再存在。至 1947 年，为加强粮食生产的督导工作，农林部再度设置粮增会。[①]

农业推广繁殖站也是农林部所设置的属于农业推广方面的单位。该部于 1942 年起，利用分设在各地的国营农场等机构，分别改组为农业推广繁殖站。当时所设的各站为：川站设于成都，陕站设于武功，陕站的豫西分站设于灵宝，甘站设于兰州，黔站设于贵阳，桂站设于柳州，鄂站设于恩施，粤站设于曲江，赣站设于泰和，滇站设于自贡，湘站初设宜章，后迁邵阳。1942 年曾设闽站，一年后撤销。

农业推广繁殖站的任务是协同所在省的农业改进所，在统一的政策方针下举办有关农业推广的调查、实验、良种繁殖等工作，目的在使各种推广材料得以分区就近提供，同时协助所在省培训推广人员。各站除进行繁殖良种，也特约农家繁殖良种。除协助所在省的农推机关办理推广工作，也自行示范推广。[②]

各农业推广繁殖站最初都直属农林部，从 1945 年起划归中央农推会领导。抗战胜利后，各省的农业推广繁殖站作了调整，原川站改为华西区站，原陕站改为西北区站，原桂站改为西南区站，原湘站改为华中区站，以上各站地点不变。原粤站改为华南区站，地点由曲江迁往顺德，原鄂站改为鄂豫区站，地点由恩施迁往武

① 潘简良：《一年来之粮食增产》，《农业推广通讯》1943 年 5 卷 7 期。
② 沈鸿烈：《推广繁殖站之使命》，《农业推广通讯》1943 年 5 卷 5 期。

昌。另外新设华东区站于杭州，华北区站于青岛，苏皖区站于南京。

农林部所设的各农业推广繁殖站都具一定的规模，能繁殖数量较多的良种，供推广之用。全面抗战前，推广的良种一般都由选育该品种的学校或试验场自行繁殖或委托其他农场繁殖，数量较少，各乡村建设实验单位推广所用的良种，大多是由这些育种的学校或试验场提供的。

（五）全面抗战期间的乡建实验单位

全面抗战爆发后，华北及东南沿海一带很快沦陷，位于这些地方的农业机关、学校和试验场或停办或撤走。分布在这些地方的各推广机关和乡村建设实验单位也不得不解散或内迁。前面所述的平教会、职教社和乡建院的部分工作人员则转移入川。这时期位于重庆的四川省立教育学院在离学校不远的歌乐山成立乡村建设实验区。平教会、职教社、乡建院人员入川后亦恢复他们乡建实验工作。职教社的部分人员在成都与四川省教育厅合办乡村职业教育实验区。[1] 乡建院的部分人员则在南充县利用当地的民众教育馆做一些乡村建设的实验。他们的规模都很小，亦无多大成绩，只是表明他们不废弃过去的伟业而已。

平教会的情况和职教社、乡建院不同。平教会有美国教会等资助，经费较充裕。该会部分人员转移到湖南后，即受湖南省当局的委托，办理该省的行政干部训练班，同时部分人员到四川璧山，在璧山县筹建中国乡村建设育才院，又在中华基督教协进会及其他机关的资助下，划璧山县为农业推广实验县，从事农推工作的实验示范。1945 年，中国乡村建设育才院改组为四年制的乡村建设学院。上述平教会、职教社都是社会团体。乡建院虽由山东省政府拨发经费，但也不是政府机关。全面抗战期间，开展建设乡村的实验却都是由政府机关主持的。例如全面抗战初期，浙江省政府从杭州转移到浙东后，该省建设厅即在丽水、龙泉、松阳、遂昌等县成立 7 处经济建设实验区，推行的项目无非是推广改进农业技术，发展合作事业，垦殖荒地，经营副业等。

20 世纪 30 年代后期，政府发展合作事业。1939 年，经济部成立合作事业管理局。该局首先在四川的永川、綦江、绵阳，湖南的安化，陕西的西乡，甘肃的秦安等县筹设合作实验区。在实验区内以组织合作社为推行的中心项目，同时也推广农业生产上的良种良法等。

前已述及，全面抗战前，全国经济委员会曾在江西省建立 10 处农村服务区，从事乡村建设实验。全面抗战爆发后，全国经济委员会撤销，10 处农村服务区由经济部管理。有些服务区因邻近战区，其管理部门在省内作了迁移。1940 年农林

---

[1] 施中一：《战时全国乡村建设鸟瞰》，《农业推广通讯》1941 年 3 卷 1 期。

部成立后，服务区改隶农林部。据记载，全面抗战期间，这些服务区推行的项目是改进农业生产，推广良种良法，组织青年农艺团，举办农民讲习会，组织青苗保护会、保林会，成立各种合作社等，都以经济方面的项目为主体。同时也注意改善农村中的文教和卫生，设立医院及分诊所多处。创办示范国民学校，办理成人班、妇女班、农民教育馆、托儿所等，大体上仍推行全面抗战以前所定的项目。全面抗战初期，广东省银行已组织农村服务团，目标是为了促进该行的农贷业务，曾组织信用等合作社千余社，性质和江西的农村服务区又不很相同。

上述全面抗战时期由政府机关主持办理的这些经济建设实验区、合作实验区、农村服务区等所用经费都依靠实验区本身的收益，所以推行的项目亦侧重在经济方面。这和全面抗战以前各地盛行的乡村建设实验区经费都由中外社会团体所资助的情况不同。

农促会为探索办好县级农业推广工作的办法，为一般县农推工作做好示范、表征，与当地的农业改进所合作举办了一些农业推广实验县。这些实验县性质上和浙东的经济建设实验区、合作实验区等亦相类似。无论乡村建设实验区、经济建设实验区、合作实验区、农村服务区、农业推广实验县，它们的旨趣内容互不相同，但总的目标都是为了探索建设农村的方法，也都离不开农业推广。

从农业推广的角度说，全面抗战爆发前，各机关、学校和从事乡村建设实验的各单位，办理农业推广，各行其是，分歧散漫，难以管理，当时政府亦未加管理。全面抗战期间，农促会、粮增会先后成立，在中央由农促会、粮增会以及后来两会合并而成的中央农推会统筹规划，在地方则由各省县的各级农推机关及建设农村的各实验单位分头进行，力量比较集中，这是中国农业推广工作的一大进步。

第六章　垦殖与水利

近代人口剧增的巨大压力，加之列强入侵和掠夺，使中国的人地矛盾升到了空前严峻的境地，迫使垦殖业面临史上从未有过的挑战。国家垦殖重心转向东北、西北、西南及台湾等地区，这些地区先后得到前所未有的开发。到清末民初，耕地比明末增加了一倍，达14亿～15亿亩。[①] 民国时期引人瞩目的两淮盐垦、河套开发、东北移垦和全面抗战期间的后方垦务，结合近代优良品种的传入、复种指数的提高、耕作技术的改进、粮食作物以外其他作物的大量种植以及水利设施的增修，使近代特别是清末的农业经济得以发展。但社会腐败、外敌入侵以及多次战乱，导致垦殖和水利事业的落后，毁林开荒、围湖造田造成的水土流失和生态破坏，后患无穷。

第一节　东北的垦殖

清政府从康熙七年（1668）起对东北实行封禁，目的是维持和扶植满族旗人在东北（今辽、吉、黑及内蒙古东部）的绝对统治地位。但是这一举措大大延缓了东北的农业开发进程。特别是从乾隆朝起，实行严格封禁，虽然汉族人民向东北迁徙和垦辟的活动从未停止过，但规模都很小，对整个国家的农业没有产生大的影响。直到1840年鸦片战争后，列强入侵，并随着汉族人的出关和土地从国有转向私有，才打破了乾隆时期以来的封禁政策。清末东北的全面开放和大规模垦殖，加上民国初年的自由放垦和大规模移垦，使东北垦殖得到了空前的发展。

---

① 高王凌：《明清时期的中国人口》，《清史研究》1994年3期。

一、清末土地的放垦

清末东北土地放垦经历了局部地区的弛禁放垦和全面放垦等几个阶段。清末最后 30 年，是其放垦数量最大和速度最快的时期。

(一) 局部地区的弛禁放垦和移民的涌入（咸丰至光绪初年）

1840 年鸦片战争之前，清政府一方面加强对东北局部地区的封禁，制止汉族流民流入东北垦荒；另一方面，京旗闲散之辈贪图享乐，不愿移垦关外。而东北的旗田和官庄至道光年间已逐渐典卖与民，转变为民田，这样，迫使清政府改变在东北的土地政策，承认民垦的合法性，并于咸丰初年在东北实行局部地区开始弛禁。清政府采取弛禁政策，还由于以下几方面原因：

1. 列强入侵，边防告急 1840 年鸦片战争之后，东北横遭列强入侵，中俄《瑷珲条约》（1858 年）和《北京条约》（1860 年），使黑龙江以北、乌苏里江以东约 100 万千米² 的领土被割让，这是清政府长期封禁的直接后果；中英《天津条约》（1858 年）、中法《天津条约》（1858 年），迫使清政府开牛庄（后改名为营口）为商埠，开辟了列强经济入侵的基地。这样，屯垦实边成为解决东北边防危机的重要手段。

2. 流民起义 咸丰初年，震撼辽河东西地区的流民起义此起彼伏，咸丰五年至八年（1865—1858），呼兰地区流民起义，咸丰七年，辽宁丰宁县大阁儿沟流民起义，咸丰八年，凌源县叼尔登矿工和流民起义，咸丰九年，李白玉领导流民起义，等等，迫使清政府改变过去的封禁政策，以安民济食。

3. 天灾横行，灾民入关 自道光三年至光绪年间，直、鲁、豫三省发生数千次虫、涝、旱灾，农业生产受到极大破坏，大量灾民只好背井离乡，闯关东北，垦荒以济食。

首先弛禁招民放垦的是黑龙江、吉林、奉天三省的边荒，这是由于清政府唯恐流民集聚对朝廷构成威胁。黑龙江是开放最迅速、开放最早的省，开放所谓东荒地区即呼兰地区和绥芬地区是东北弛禁之首。咸丰二年（1852）七月甲午，咸丰帝就谕示："呼兰城地方辟远，开垦原应预为筹画，以抵俸饷之需。"[1] 黑龙江将军和御使吴焯也先后奏请开垦呼兰地区，此次招民开垦的条件相当优厚：招佃时不收押租，按垧只收公用京钱数百文，开垦之初，山林木石听民伐用，樵采渔猎一概不禁。但因咸丰帝弛禁的决心并不很大，所以该地区的垦荒问题一直未提上议事日

---

[1] 《清文宗实录》卷二一九，咸丰七年二月甲午。

程。直到咸丰十年，清政府同列强订立《北京条约》，政治上极大失败，黑龙江将军特普钦也于该年四次上书，力陈招民垦荒的重要性：招民垦荒一来可解决亏欠两年之久的 60 万两俸银和守边官兵的困苦，二来可加强边地的防务，防止俄国人的窥探。不得已，清政府终于同意招民放垦呼兰地区的 200 多万垧（东北地区一垧约合 15 亩）荒地，但不是完全开放。据黑龙江将军特普钦的调查，自咸丰二年开始议垦后，不少附近居民闻风而至，到咸丰十年，已有农民 2 500 多人，私自垦地 8 000 余垧。[①] 自咸丰十一年起，至同治七年（1868），共放毛荒 20 余万垧。[②] 继任将军德英继续发放荒地，但屡放屡停，至光绪二十三年（1897），历年均有荒地放出。

继呼兰地区开放后，景淳、特普钦等人以绥芬、乌苏里的边区一向禁止居民居住，地方空旷，以致俄国船只得以闯入为主要理由，建议招民开垦，保卫边区。咸丰帝虽担心汉民聚众生事，但也认为"似此厚集人力，渐壮声威，俄人当不俟驱逐而自退"，最终还是于咸丰九年（1859）谕令放垦绥芬、乌苏里的边区围场。

接着放垦的是黑龙江最肥腴的地段——通肯（今海伦市）。[③] 该地段是光绪二十二年（1896），查办大臣延茂、将军恩泽一再上奏后，朝廷批准放垦的。通肯共有毛荒 99 万垧，至光绪三十年，共放出毛荒 71.48 万垧。[④] 光绪二十四年，克音、榨树冈、巴拜等地开始放垦，光绪二十五年，将军恩泽又奏请放垦内蒙古哲里木盟扎赉特荒地（直到光绪三十一年始行放竣，这实际上是出放东北内蒙古荒地之首），光绪二十七年，将军萨保派道员周冕办理放垦哲里木盟的郭尔罗斯后旗。从咸丰十年至光绪二十七年（1860—1901），黑龙江省共放垦土地 1 248 742 垧。[⑤]

吉林省自乾隆末至嘉庆年间，西部地带一直有流民进行私垦。吉林将军富俊在道光年间以移驻京旗为由获准放垦了伯都讷围场，虽然此次屯垦非常成功，在三年内招集民人 3 600 户，设屯 120 个，垦地 10 800 垧，达到了富俊所预期的"敏于成功，俭于经费"的效果，但由于并无一户京旗移垦，使垦出的 10 000 垧官荒地逐

① 李文治：《中国近代农业史资料 第 1 辑 1840—1911》，生活·读书·新知三联书店，1957 年，790 页。

② 李文治：《中国近代农业史资料 第 1 辑 1840—1911》，生活·读书·新知三联书店，1957 年，791 页。

③ 1899 年 5 月 4 日（清光绪二十五年三月二十五日），分呼兰副都统辖区北部，增设通肯副都统，置通肯府。通肯府辖区范围，包括今海伦、拜泉、青冈一带地方。府治通肯 1913 年废。

④ 李文治：《中国近代农业史资料 第 1 辑 1840—1911》，生活·读书·新知三联书店，1957 年，791～792 页。

⑤ 李文治：《中国近代农业史资料 第 1 辑 1840—1911》，生活·读书·新知三联书店，1957 年，793 页。

渐变为民人的私田。① 吉林省的大规模放垦始于咸丰十年（1860），不仅放垦凉水泉南界舒兰以北土门子一带的禁荒约 10 万垧，还放垦阿勒楚以东蜚克图站的可垦地 8 万余垧，双城堡剩存圈荒及恒产夹界边荒可垦地 4 万余垧，以及西部围场。吉林的各围场，乾隆朝以后屡次经过流民的侵蚀，每侵蚀一部分，即开放一部分。盛京围场和阿勒楚以东蜚克图站以东围场一直未被流民私垦，至咸丰十一年，清政府自动陆续开放前者，后者在同治末年因流民移入而在光绪年间逐步开放。这样，到光绪十四年（1888），吉林省共放垦伊通、敦化、伯都讷、五常、双城、宾州、宁古塔、珲春等地的土地 1 061 652 垧。②

奉天（今辽宁省）在乾隆年间由于流民的不断涌入，人口就达到饱和，私垦盛行，到咸丰六年（1856），户部奏请开垦盛京大凌河地亩，咸丰七年，清政府知道牧场的封禁已无法坚持，承认了旗人及牧丁对大凌河牧厂的私垦，同治二年（1863），又开放其东厂。同治十一年（1872）十二月，西自边栅，东至浑江，南接前查地段，北至哈尔敏河口等处，共查出坐落 64 处，已垦熟地 103 100 余亩。③

虽然清政府迫于各种压力采取弛禁政策，但由于害怕流民聚众会对其政权造成威胁，所以直到光绪前期对放垦都持犹豫态度，还于光绪六年（1880）十二月壬戌谕令禁止开垦呼兰所属克音、通肯一带荒地，光绪十年、十三年、十五年分别谕令，永远封禁黑龙江地区的围场荒地。④ 光绪六年以后，东北的土地才逐步全部放垦，黑龙江省的荒地到光绪三十年后才全部开禁。

（二）土地的全部放垦和移垦的大规模进行（光绪宣统年间）

1. 移垦的继续、垦务机构的设立（光绪年间） 　边防危机加深，加速了移垦的进程。早在第二次鸦片战争期间，就有大量沙俄移民在其政府于 1858 年制定的优惠的《移民条例》的鼓励之下进入黑龙江口和乌苏里江以东地区开垦，并于中俄《瑷珲条约》签订后完全占领了乌苏里江至海地区，1860 年逼清政府签订中俄《北京条约》，累计使中国痛失东北约 100 万千米^2 的土地，光绪六年（1880）后，沙俄加强了在这一带的军事布防，在黑龙江边区，俄人还越界至漠河一带偷采金矿，并逐渐建立起了势力范围，中俄关系十分紧张。面对战争爆发的危险，清政府开始重视在东北移民垦边，巩固边防。另外，甲午战争后，清政府内外交困，财政破

---

① 王毓铨等：《中国屯垦史》下册，农业出版社，1991 年，342 页。
② 李文治：《中国近代农业史资料　第 1 辑　1840—1911》，生活·读书·新知三联书店，1957 年，786 页。
③ 《清穆宗实录》卷三四七。
④ 许淑明：《清代东北地区土地开垦述略》，见马汝珩等：《清代边疆开发研究》，中国社会科学出版社，1990 年，112 页。

产。不得已，在黑龙江将军和吉林将军的奏请下，清政府被迫从光绪三十年起，采取旗、民兼放的办法开禁东北全部土地，垦民开垦的官有土地，免税五年，对前往边远地区的垦民实行补助，此后，关内农民不断涌入。

光绪二十六年（1900），由于东北边防经费连年欠缺，导致边防单薄，俄国得以趁义和团起义之际，出兵占领东北，朝廷只好批准黑龙江将军寿山的奏请，放垦布特哈属讷漠尔河流域土地。光绪二十八年，又开放蒙荒地 135 000 华里，以达到"移民实边"和"开荒济用，就地筹饷"的目的。[1] 并于光绪三十年，日俄交战、形势吃紧时，批准黑龙江将军达桂和齐齐哈尔副都统程德全的奏请，在省城设立垦务总局，专司其事。之后，黑龙江省土地大量放垦，光绪三十一年至三十四年，先后放垦郭尔罗斯后旗、杜尔伯特贝子旗、铁道以西蒙荒地、汤旺河一带、甘井子荒地、讷漠尔河荒地、郭尔罗斯后旗沿江荒地、省城附廓荒地等。

1904—1905 年，日俄战争之后，日本取代俄国获得旅大的"租借地"，组建"关东州""都督府"，实行长期侵略渗透，东北南北部分别成为其势力范围。清政府为与之抗衡，于光绪三十三年（1907）决定在东北进行官制改革和建制改革（裁将军，建行省），整顿东三省军制，建立振兴实业的机构，并在呼伦设立边垦总局，实行军垦编制，计划五年内向黑龙江移民 200 万人，以屯垦戍边。这样，黑龙江右岸东南区萝北、阳原、通河以东等县 2 万余亩土地开放。除开放黑龙江沿边地带，为鼓励垦荒者前往更边远的呼伦贝尔、东兴、瑷珲一带，黑龙江巡抚周树模制定了《黑龙江沿边招民垦荒章程》，采取不收押荒地价、减价乘坐轮船火车等励垦政策。

吉林省在此期间，获准清丈旗地和民地，并丈放零荒，续放郭尔罗斯前旗所剩荒地（清末已放垦全旗 51％ 的土地），再次清查旗户田地，照章升科。光绪三十四年（1908），招民放垦牡丹江、绥芬河、穆棱河上游地区，并丈放了于清初发放给八旗作牧养官马练习骑射之用的官马厂，为发放官马厂，还制定了《吉林省清丈六旗马厂章程》[2]。

奉天在光绪十二年（1886）清政府正式宣告废除围场后，先放垦了大凌河西场、辉南县境的鲜围场、养息牧场、盛京大围场荒地。[3] 原本为内蒙古哲里木盟长达尔汗王的不动产的双山县，最终也于光绪三十三年被总督徐世昌派兵员放垦了，面积达 60 万亩之多。另外，东蒙古哲里木盟所辖喀喇沁旗（今内蒙古的喀喇沁旗、宁城县和辽宁的凌源县、建昌县、喀喇沁左翼自治县和河北省平泉县一带）在嘉道

---

[1] 《满洲旧惯调查报告》下卷《一般民地》，210 页附录。

[2] 李文治：《中国近代农业史资料 第 1 辑 1840—1911》，生活·读书·新知三联书店，1957 年，786～787 页。

[3] 李文治：《中国近代农业史资料 第 1 辑 1840—1911》，生活·读书·新知三联书店，1957 年，776 页。

年间就完成了牧区向农区的转化，农业开发在咸丰、同治以后更快，在光绪三十年大规模放垦蒙地后，放垦面积达土地面积的 50% 以上，并在垦区新设府、县，隶属于奉天省，由汉官行使管理权，到宣统元年（1909），喀喇沁三旗垦地面积达116 400顷，占喀喇沁三旗总面积的七分之一，土地利用率几达可耕地的极限。[1] 奉天于光绪三十二年在锦州设立丈放局后，把嘉庆年间的官许试垦地丈放给报领者，至此，官有围场全部丈放。至光绪三十四年，奉天省的耕地面积已达63 725 104亩。[2] 截至光绪末年，东北全境已开出熟地 108 001 420 垧。[3]

2. 有组织的大规模移垦和垦殖公司的出现（光绪末年至宣统年间）　宣统元年（1909）后，清政府开始主动、积极地向东三省移民招垦。这是在研究完法部尚书戴鸿慈的奏疏后做出的励垦决定。戴鸿慈在出使俄国的途中，看见奉天以北直至长春的南满铁路沿线，商店、民居多是日本人的，长春以北的东清铁路沿线，则是俄国人的势力范围，而且都加快了往东北移民的速度，形势咄咄逼人。因此，戴建议：除利用本地人开荒，还可由大资本家集资筹股，组织移民开垦公司，由官方给予保护，十年后再开始上税，若成效显著，朝廷予以奖励。戴的建议很快被朝廷采纳，农工商部很快给其答复，并于宣统二年（1910）在汉口、上海、天津、烟台、营口、长春等地设立了边垦招民所。同年，东三省总督锡良还在讷漠尔河官站一带设立招垦行局，将湘、鄂灾民分批送到瑷珲、兴东道、呼伦贝尔三处，并于次年二月发布《东三省移民实边章程》七章四十六条，规定给垦民更多资助。移民的大量进入，加快了垦荒速度。这一年，东三省人口已增至 1 841 万，比近代之初增加 6 倍以上。[4]

黑龙江省除在宣统元年至宣统二年（1909—1910）将原八旗官兵的生计地全部发放给官兵个人，还放垦了海伦、黑尔根、恒升堡、萝北、汤原、延兴、绥东城、泉眼河等地。

吉林省于宣统二年（1910）招民开垦东边蜜蜂山一带生荒，同样用给予路费、酌助房屋、种子、牛马的鼓励政策，建立小农户。同时，通过招南洋侨商和内地富绅领垦建立垦务公司来招垦，建立大农地。奉天也于吉林之后开放国有荒地，各个垦殖公司竞相领垦。

3. 土地兼并的加重　在 1904—1910 年东北土地全部丈放期间，东三省共丈放

---

① 王玉海：《清代喀喇沁的农业发展和土地关系》，见马汝珩等：《清代边疆开发研究》，中国社会科学出版社，1990年，197页。

② 李文治：《中国近代农业史资料 第1辑 1840—1911》，生活·读书·新知三联书店，1957年，779页。

③ 田志和：《清代东北流民》，载吉林省东北史研究会：《东北史研究》第1辑，1983年。

④ 戴逸：《近代中国人口的增长和迁徙》，《清史研究》1996年1期。

土地 6 975 996 垧[①]，且大部分由民人垦种，民田为土地占有制的主要形式，在此期间，还逐步建立起了向国家缴纳税的小农经济和大农庄，具有资本主义企业性质的垦殖公司也开始建立。但因清政府弛禁放垦采取的是清丈和放荒的办法，即垦种者必须缴纳所谓"地价"，而一般农民根本无力缴纳，所以，放垦的过程就是农民被掠夺和失去土地的过程，大量土地被地主、军阀、商人所占有，据 1908 年不完全统计，奉天就有 3 000 亩以上土地的大地主 39 家。[②] 土地兼并的加重，使广大农民的生活难以维持。各垦殖公司也多是垄断土地，转租土地给垦民以谋利，并不是资本主义企业式的大规模经营，如此，导致放荒虽多而垦种的极少，据光绪三十四年（1908）统计，黑龙江省开放之荒地不及十分之二，已垦种的不过十分之三。

二、民国时期的移垦高潮和垦殖的停滞

（一）北洋政府的放垦和移垦

中华民国成立，临时大总统孙中山大力倡导在东北、西北发展垦殖事业，东北三省成立垦务总局，专司垦殖事宜。民国初年，北洋政府通令废除清代皇室私有皇庄，由各地方政府陆续放垦。这样，官田、旗地、屯田、荒地可以自由买卖和垦殖，东北的官地大部分被大军阀和大官僚极其迅速地强占。时任黑龙江省省长吴俊在 1924—1925 年，即攫取地土几遍全省，另外在辽宁省洮南县占有土地 2 万亩。张作霖在 1916 年强迫达尔汗亲王放垦辽河南北 180 多万亩土地，其中 50 万亩被他占为己有，还利用其督军和东三省巡阅使的权势，低价收购较好的土地，并慢慢吞并其四邻的土地。虽然农商总长张謇制定了国有荒地承垦条例，但长期的军阀混战，政府除收取领垦费和给予一定方便，以自由移垦为主，对垦务既不直接管理也不承担责任。

这一时期东北土地开垦较快的是奉、吉两省，一方面由于政府提倡，另一方面各省督军为培植自己的势力无不提倡招民开垦。1914 年 3 月，黑龙江省清丈开发总局成立，发布垦荒布告，颁布垦荒规则[③]，放垦其中部、北部荒地，1918年清丈完毕。1913 年，吉林成立阜宁屯垦局，1917 年吉林官地清丈局改组为清查局，1920 年改组为田赋局，丈放了松花江、牡丹江及乌苏里江沿江荒地。1915 年奉天官地丈局成立，丈放官荒、淤荒、牧场、围场、苇塘及东边道一带

---

① 李文治：《中国近代农业史资料 第 1 辑 1840—1911》，生活·读书·新知三联书店，1957年，800 页。

② 李文治：《中国近代农业史资料 第 1 辑 1840—1911》，生活·读书·新知三联书店，1957年，682 页。

③ 黑龙江档案馆等：《黑龙江历史大事记（1912—1932）》，黑龙江人民出版社，1984 年。

荒地。东北土地在这一时期的迅速开垦，还由于大量移民涌入。1912—1927 年爆发的多次战争，使农村经济受到极大破坏，连年天灾（此期间每年约有三分之一以上的耕地受灾），迫使大批农民投奔新垦区，特别是 1912 年后，山东因受日德战争和水灾的影响，大量难民向北大荒迁徙，使乌苏里江以西、大小兴安岭以南的宽广地带得以开发。据 1928 年调查，山东每年为此减少 200 万人。[①] 另外，河南、河北也有大量移民入关。据铁路公司统计，此期间进入东北的移民达 500 万人，开辟荒地数千万亩。[②] 据不完全统计，1923—1928 年关内移民数至少在 250 万人以上。[③]

除自发入关移民，政府和民间团体如垦殖公司也组织移民。1925 年北洋政府在长春设立移民局，专门负责招垦事务，此时的长春，移民密度最大，已成为关内移民集散地。交通部制定了一系列利于移民的优惠措施，在京奉铁路发售移民减价票，还在中东铁路宽城子车站设免费运送移民的列车，黑龙江省长公署也设立移民招待所，并在重要城镇设事务所以援助移民。这期间相继成立的民办垦殖公司，在招民移垦方面起到了一定作用。

日、俄、韩的移垦，对此时东北的垦殖也有一定影响，以朝鲜、日本人居多且数量不少的外侨在东北从事垦殖活动。早在同治年间，朝鲜族农民就渡江前往瑷珲县开垦种稻，光绪二十二年（1896），俄国修筑中东铁路时招收的大批朝鲜工人在工程结束后也在铁路沿线定居开垦植稻。自宣统元年《中韩间岛条约》承认朝鲜人在间岛（图们江中心岛屿）地方有居留权后，朝鲜人以每年数万人的速度剧增。1913 年俄国在东北的侨民已达到 7 万余人[④]，日侨达 20 万人。

据 1929 年的统计，东北已耕地占可耕地面积 43.5%，即可耕地已有接近一半被开垦。需要指出的是，自 1843 年中英《虎门条约》准许外国人在中国开辟租界后，帝国主义列强就开始在各通商口岸以开辟租界为名侵占中国大量农田，在东北，沙俄还利用其在中国境内修建铁路的特权霸占土地，东清铁路修通后，共占 162 万多亩土地，沿线农田被侵夺无数。[⑤] 另外，外国商人也直接侵夺农民的土地，日本在东北收购土地的专门机构——东亚劝业株式会社，仅 1921 年就以低廉

---

① 章有义：《中国近代农业史资料第 2 辑 1912—1927》，生活·读书·新知三联书店，1957 年，27 页。

② 曹幸穗等：《江苏文史资料》第 51 辑《民国时期的农业》，《江苏文史资料》编辑部，1993 年，236 页。

③ 李积新：《东北垦务之今昔》，《中农月刊》8 卷 1 期。

④ 朱蕙方、董一忱：《东北垦殖史》上册，从文社发行，1947 年。

⑤ 曹幸穗等：《江苏文史资料》第 51 辑《民国时期的农业》，《江苏文史资料》编辑部，1993 年，268 页。

的价格收购东北土地 260 万亩①，美国的垄断组织也侵占东北大量民田。

（二）国民政府对东北垦务的重视及移垦的继续

1. 政府对垦务的组织与管理　1927 年国民政府成立后，加强了对垦务的管理，把垦殖事业纳入政府的直接控制和管理之中，并制定了一系列法规条令，1931 年内政部拟定了庞大的垦殖计划，把东北三省辽河、鸭绿江、松花江沿岸划为实行垦殖区。东北当局于 1928 年设立"东北屯垦委员会"，1929 年改为东北垦殖浚河委员会，1930 年成立兴安屯垦督办公署，下设兴安区第一垦殖局、第二垦殖局，在东北保安司令张学良"开辟资源、保卫国防"的号令下，三个团的士兵集中屯垦，首期目标基本达到，开出荒地 2 000 垧，第二、三期因东北沦陷而未能实现在三年内开荒 6 万垧的目标。②

2. 难民的涌入和移垦的继续　1928—1935 年，水、旱、风、雹、虫灾等天灾频繁，每年都有一半省份受灾，灾民以数千万计，大量难民闯关东北，仅 1927—1929 年，就有华北和山东的难民 250 万人进入东北③，在此前后平均每年有 16 万人以上难民进入东北，虽只有少数成为垦民，仍使耕地继续扩大。如中东铁路附近各区，1924—1929 年，难民人数增加了 7 倍，耕地面积也增加了四分之一。④ 另外，外侨垦殖有增无减，九一八事变前夕，东北的朝鲜人有 130 万～200 万人之多，其中绝大多数是种植水稻的农民，他们几乎遍及东北的各个县，所占耕地约 354 万亩，这是日本"韩民移满、日民移韩"间接移民的结果。1935 年，俄国人在三河 18 村已开垦 13 村，主要从事畜力耕作和饲养肉用牲畜，至 1934 年三河村总户数已达 1 217 户。⑤ 同年，日本人激增至 50 万人⑥，后因日本农民过不惯垦区艰苦生活、农事熟练程度不及中国人及受到中国人民的强烈抵抗等原因而告失败。

到 1931 年，东北已开垦农田 1.47 亿亩，可耕荒地的一半以上已被开垦出来（同年可垦荒地面积为 1.17 亿亩），在近 30 年的时间内耕地增加了 500 万垧，约 7

---

① 章有义：《中国近代农业史资料　第 2 辑 1912—1927》，生活·读书·新知三联书店，1957 年，27 页。

② 黑龙江档案馆等：《黑龙江历史大事记（1912—1932）》，黑龙江人民出版社，1984 年。

③ 陶诚：《我国的耕地面积和农业人口》，《古今农业》1990 年 2 期。

④ 陈洪进：《中国的垦殖问题（一九三六年四月）》，载陈翰笙等：《解放前的中国农村》，中国展望出版社，1986 年，230 页。

⑤ 章有义：《中国近代农业史资料　第 2 辑　1912—1927，生活·读书·新知三联书店，1957 年，27 页。

⑥ 章有义：《中国近代农业史资料　第 3 辑　1927—1937》，生活·读书·新知三联书店，1957 年，507 页。

500 万亩，其中移民开垦的约有 375 万垧，即 5 625 万亩。①

3. 东北的殖民　九一八事变之后，东北垦区整个经济完全殖民地化，日寇一方面严格限制汉民入关，取消了过去国民政府对移垦之民的各种优惠；另一方面更加肆无忌惮地掠夺农民的土地，在所谓"没收叛变者所有土地及财产"的"法令"下侵占了东北农民的大量土地。1934 年 12 月 3 日，日伪民政部发布"建设集团部落"的通告，执行毒辣的"匪民分离"政策，大搞归屯并户，到 1939 年共建立了 13 451 个"集团部落"②。这种"集团部落"实质上是日本帝国主义对东北人民实行殖民统治的法西斯集中营，其结果之一是大量土地荒芜，给东北人民带来巨大灾难。1940 年 1 月，日本在伪满洲国各省成立了 89 个集团移民区，主要分布在东北的东部和东北部③，占夺了近三分之一的可耕地。④

东北光复后，广大农民依然摆脱不了受压迫、受奴役的命运，不能拥有自己的土地，垦殖停滞不前。国民党政府虽以"垦殖"的名义在东北大办所谓的"国营"农场和"集体"农场，利用联合国善后救济署提供的拖拉机开办机械农场，国防部也在东北原日本移民垦区组织转业官佐从垦，复垦一些土地，农林部 1946 年设立垦殖局，协助政府各机关把被日本占领的土地以租佃方式交给农民耕种⑤，但其并不是真正的垦殖，并非是要发展生产和改善人民生活，只是借此机会接收日本侵略军强占农民土地而建成的农场和再次侵占大量的官地和无数的农民土地，大发横财，并为其发动全国规模的反革命的国内战争提供原料和物资。

近代东北的垦殖，以清末民初的大规模民屯和移垦为顶峰，得到空前的发展，但并非是主动的、有目的、有计划、有组织的垦殖。

第二节　西北的垦殖

西北地区（主要包括新疆、内蒙古西部、陕西中部、甘肃大部、宁夏、青海等省），由于独特的地理气候条件，一直是地旷人稀，待垦荒地较多。加之清代统治者采取的满汉隔离政策，使其成为流放犯人、军队屯垦戍边的地方。直到清后期，内地人民开始作季节性的往返垦殖，林则徐、左宗棠在西北力主发展屯垦，清末民初王同春在河套修渠垦地，才掀起近代西北垦殖的高潮。民国时期的国营垦务虽然一时受到全国关注，国民政府也制定了移内地民众 60 万人前往西北屯垦的计划，

---

① 曹幸穗等：《江苏文史资料》第 51 辑《民国时期的农业》，《江苏文史资料》编辑部，1993 年，236 页。

②④ 薛虹等：《中国东北通史》，吉林文史出版社，1991 年，640 页。

③ 〔英〕琼斯：《1931 年以后的中国东北》，胡继瑗译，商务印书馆，1959 年，95 页。

⑤ 《当代中国》编辑部：《当代中国的农垦事业》，中国社会科学出版社，1986 年，3 页。

但因连年兵匪之乱和社会动乱，垦绩并不理想，从垦民人数和所垦地亩看，都无法与东北相比。

一、新疆农地的全面开垦

（一）清末南北疆土地的大规模开垦

与东三省不同，新疆自康熙末年就开始实行屯田，其时主要是边疆兵屯，规模尚小。乾隆帝进兵统一新疆地区后，于天山南北大规模发展屯田，乾隆四十二年（1777），南北疆兵屯已达 288 108 亩，另外，还有规模不等的民屯（户屯）、旗屯（八旗士兵屯田）、回屯（维吾尔族农民屯田）、遣屯（犯人屯田）。嘉庆以后，清政府着重发展民屯，嘉庆二十一年（1816），兵屯已降至 171 270 亩，民屯则升至 750 009 亩。[①] 至此，新疆的垦殖主要集中在北疆，南疆的大规模垦殖，始于道光年间。

1. 北疆屯田的继续发展和南疆的全面兴垦（道光至咸丰初年）　道光二十年（1840）后，北疆的屯田继续有所发展，在乌鲁木齐地区，新垦地 35 690 亩，宜禾也垦出 9 330 亩。同时，随着开垦中心的逐渐西移，地处西陲的伊犁地区的开垦也进入高潮。从道光十八年开始，在有组织的大规模水利建设的促进下，定向拓出四块垦地：塔什图毕及三道湾；三棵树（含红柳湾）；阿勒卜斯；阿齐乌苏。其间因热心开垦事业的新任伊犁将军布彦泰于道光二十二年至二十三年在三棵树、红柳湾、阿勒卜斯顺利开渠引水垦地 194 350 亩，道光帝大加嘉奖，并指示新疆"当以开垦为第一要务"。各界人士在此鼓励之下，屯垦热情高涨，在以上四处开垦完后，局部的勘垦、报垦一直持续到咸丰年间。经过 20 年的大规模水利建设和土地开垦，到咸丰初年，伊犁垦区的耕地比乾隆、嘉庆年间各类耕地的总和增长 1 倍，达到 723 200 亩，与乌鲁木齐的规模接近，这一时期乌鲁木齐因没有组织大规模的垦拓，只零星开垦出 86 519 亩。北疆其他地区耕地，也有不同程度的增加，如继道光十九年吐鲁番招民认垦、裁屯改户后，清政府于道光二十三年批准在喀喇沙尔（今焉耆）裁屯改户（改兵屯为户屯），共垦地 100 000 亩。[②] 兴垦使北疆的财政和民食状况得到很大的改善。

在南疆，清政府于道光初年就开禁招民携眷认垦，道光二十四年（1844）后，加快了南疆大规模发展屯田，这是因为道光初年平定南疆张格尔、玉素普之乱后，

① 冯锡时：《清代新疆的屯田》，载马汝珩等：《清代边疆开发研究》，中国社会科学出版社，1990 年，247 页。

② 华立：《清代新疆农业开发史》，黑龙江教育出版社，1995 年，161 页。

急待巩固边防、加强治理；人口增长和土地不足的矛盾日益尖锐；清朝国力衰落，财政困难。为疏散内地过剩人口、充实边疆，道光帝对这次南疆开发十分重视，并根据布彦泰的建议，委派正在伊犁地区投身屯田和水利事业的林则徐赴南疆实地勘垦。林则徐对南疆的屯垦倾注了极大的热情和心血，于道光二十五年开始其历时半年的履勘活动，所到之处，清丈地亩，勘查水利，以库什为第一站，渐次向南，至乌什、阿克苏、和阗、叶尔羌（今莎车）、喀什噶尔（今喀什），最后向东折返，勘查喀喇沙尔、吐鲁番、哈密，在充分了解各地实际情况之后，提出了将垦地"全部给回""民回兼顾"及"全部招民"的设想，并上奏力陈把耕地"给民给回"的利弊得失，批驳了"田地给回，恐致内占"的论调，最终说服道光帝准许招募维吾尔族农民屯田，并将给回地亩的科则制定为亩征五升（原朝廷议定的方案为平分入官），减轻了维吾尔族垦民的负担，改变了长期以来限制维吾尔族开垦的政策。事实证明，维吾尔族农民对南疆的开发做出了很大贡献。林则徐的此次履勘，为南疆兴垦清除了主要障碍，使南疆重新出现了全面兴垦的盛况，达到了"百余年入版图未有之盛"[1]。到道光三十年，不仅林则徐等勘报的地亩全数垦成，还开出续勘荒地上万亩，经过试种、减半征收，进入全行升科的正式耕种阶段。据统计，道光、咸丰年间南疆农田面积至少扩展了近 100 万亩，是入清以来从未有过的，即使与同时期北疆各地的开垦总和相比，也堪居榜首。[2] 林则徐还于道光二十五年（1845）与布彦泰进一步提出了采用多种方式招徕内地人口领垦的具体方案，使南疆出现了各族人民共同居处、共事垦拓的景象。随着农田的扩大，以小麦为主的粮食作物总产量大为增加，棉花生产除南疆西半部的叶尔羌、和阗、喀什噶尔等老产区生产规模进一步扩大，东半部的吐鲁番、喀喇沙尔作为重要的产棉区迅速崛起，为南疆绿洲农业注入了新的活力。

2. 咸同年间外患内乱对新疆垦殖的破坏　鸦片战争后，英、俄加紧对新疆的蚕食，1860 年第二次鸦片战争后，沙俄施展武力威胁和外交权术，利用不平等条约，强占中国斋桑湖至图穆淖尔（伊塞克湖）以西 44 万千米^2 的土地，新疆面临严重的边防危机。与此同时，清政府由于东南门户洞开，财源枯竭，统治腐败，变本加厉地将巨额战争赔款分摊到各省。咸丰元年（1851）太平天国起义爆发，各省又要筹饷以镇压太平军，这样，给新疆的协饷几至断绝[3]，新疆的清朝大臣和大小伯克对人民"横征暴敛，民命不绝如缕"[4]，激起各族人民的反抗，从咸丰年间起，新疆各地的起义此起彼伏，各方势力兵戎相见。特别是同治三年（1864），为响应

---

① 《续碑传集》卷二四《林文忠公传》。
② 华立：《清代新疆农业开发史》，黑龙江教育出版社，1995 年，180 页。
③ 《清文宗实录》卷一三一，24～25 页。
④ 《清文宗实录》卷三一〇，5 页；卷三五一，2 页。

陕甘回民起义，以库车为中心的南疆爆发大规模的起义，不久就发展到北疆。同年，中亚浩罕军官阿古柏在英帝国主义的支持下乘机入侵并占领新疆大部分地区，建立所谓"哲德沙尔"汗国，实行极其残暴的统治。同治十年沙俄军事占领伊犁后，伊犁回屯不复存在。只是在东部的巴里坤、哈密等地，退守的清军组织军民一面垦种，一面防守，并于同治十三年西征军出征前驻军哈密，大兴屯垦，垦荒1.9万亩。[1]

3. 政治和经济关系的改变、移民的进入促进了农垦的恢复和发展（建省后）在左宗棠等爱国将领的力主下，清政府于光绪三年（1877）出兵收复新疆，推翻了阿古柏的统治，光绪七年，收复了被沙俄侵占十年之久的伊犁大部分地区，结束了长达14年之久的全疆范围的大浩劫，恢复了新疆的统一，并于光绪十年正式建省。这场浩劫给新疆垦殖业带来毁灭性破坏，阿古柏残部在向西逃窜时裹胁10万人随行，俄国军队也先后掳掠中国伊犁居民7万人以上[2]，使新疆人口锐减，不仅以农业为中心的开发完全中断，而且连乾隆以来历经百余年的建设成果也损失殆尽。为恢复新疆的农业经济，清政府屡次下令大兴屯垦、发展生产，并于光绪十三年正式宣布裁汰伯克，使伯克占有的大片农田转复为国家土地，并使过去为伯克无偿劳动的燕齐农户摆脱了对伯克的人身依附，开始以佃农的身份租种官府土地，使其封建农奴制经济转为封建地主所有制，租佃制经济取代劳役制经济，调动了农民垦种的积极性。左宗棠在收复新疆后，仿照内地，在南疆推行摊丁入亩之法，使南疆的农业生产得到迅速恢复，维吾尔族农民同样在南疆的开发中做出了重大贡献。左宗棠还与第一任巡抚刘锦棠等人把就地重新聚集农业人口、培植发展民间农业生产能力放在首位，在全疆范围清丈土地、核查田亩，采取了帮助当地农户复归本业、改造兵屯汰勇归农、内地户民出关承垦、助垦人犯携眷实边及本地人户区内迁移5种办法，百姓因此纷至沓来，使全疆人口得以增长，出现了"土、客生息蕃庶，岁屡有秋。关内汉、回挟眷承垦，络绎相属"的局面，新疆垦务大兴。左宗棠同时注重兴修水利，使吐鲁番、乌鲁木齐、巴里坤、玛纳斯、库车、库尔勒及喀什一带恢复了绿洲农业。到光绪十三年，全疆共有各类荒、熟耕地11 480 000亩。[3] 宣统三年（1911），清政府清丈出全疆地亩为1 055余万亩，纳粮20万～30万石[4]，为新疆光绪以来的最高水平。但这一时期南北疆的发展并不平衡，北疆因战乱期间受创过重、人口不易聚集和自然灾害频繁等原因，复垦拓垦进展较南疆缓慢。光绪三十一

① 华立：《清代新疆农业开发史》，黑龙江教育出版社，1995年，208页。
② 华立：《清代新疆农业开发史》，黑龙江教育出版社，1995年，197～198页。
③ 《清史稿》卷一二〇《食货》一。
④ 华立：《清代新疆农业开发史》，黑龙江教育出版社，1995年，233页。

年，册报升科垦地数字中，北疆镇迪、伊塔两道仅占 14.4%[1]，虽经刘锦棠等人苦心经营，采取散食捐衣、以工代赈、减免额粮、割除悬欠等措施，到光绪末年使北疆农业经济得到稳定，大部分州、县粮食生产自给，但北疆屯田仍未恢复到道光、咸丰年间的规模。

（二）民国时期垦殖的缓慢发展与停滞

辛亥革命后，孙中山先生提倡在西北实行垦殖。1913 年后，新疆进入杨增新的独裁统治时期，在其统治的 15 年中，新疆地区比较封闭，没有直接参与内地的军阀混战，为维持其统治，不得不采取措施开渠垦荒，并于 1916 年规定"各县每年至少须招垦六十户以定知事考成，能招者准其留用，否则随时撤换"。于是上督下行，使南北疆的闲散游动劳动力逐渐归农，内地贫民也大量流入新疆，增耕荒地 100 多万亩，使全疆耕地达到 1 300 多万亩[2]，成为不依赖中央任何经济资助而得以发展的省份，这在新疆历史上也是不多见的。但这一时期受军阀的武力威胁，农民被迫种植鸦片，在塔城、伊犁、阿善、阿基斯林等地区遍地都种植着鸦片。

1930 年蒋、冯、阎、桂系决战后，以蒋介石为首的国民党反动势力统治西北，新疆继金树仁独裁统治后，即遇上连续三年的盛马之战，垦殖受到相当严重的破坏，仅哈密一地，耕地由 1 000 多万亩减少到了 400 多万亩。[3] 盛世才统治新疆后，提出"建设新疆"的口号，采取一些恢复农业生产的措施，如拨专款贷给垦民用于购买生产资料，从苏联引进拖拉机等近代农机具和纺织、榨油、面粉等加工设备，建立各种小型农产品加工厂，开展农业教育和科技推广等。这些措施直接刺激了农业的发展，除复垦部分土地，到 1933 年，全疆土地面积达到历史及近代最高水平，为 1 491 万亩。[4] 东北沦陷后，开发西北的呼声更高，国民党政府的国营垦务有所起色，并将华北沦陷区的难民及其他地区的灾民送往新疆垦殖，但其垦绩并不理想。到解放战争期间，便根本谈不上开发了，不但大肆征兵扩军，使农村劳动力大量减少，还要农民负担沉重的地租、田赋（达收获量的六到九成），使农村经济受到极大破坏，大量土地垦而复荒。

近代新疆的垦殖，使其耕地在 1873—1933 年是除东北、西康、西藏外增加最多的省，并使其逐水而居的单纯游牧经济，转变为屯垦点星罗棋布的农业经济，从根本上改变了有史以来北牧南农的经济格局，并使农业生产水平大幅度提高，新疆人口由乾隆年间的 100 万增至清末的 200 万、民国末年的 1 300 万，为巩固边防、

① 华立：《清代新疆农业开发史》，黑龙江教育出版社，1995 年，234 页。
② 张波：《西北农牧史》，陕西科学技术出版社，1989 年，374 页。
③ 张波：《西北农牧史》，陕西科学技术出版社，1989 年，376 页。
④ 严中平：《中国近代经济史统计资料选辑》，中国社会科学出版社，2012 年，357 页。

稳定社会秩序起了积极作用。

二、内蒙古西部及河套地区的开发

(一) 私垦和部分放垦（道光至光绪二十八年前）

把蒙古保留在密闭状态下、禁止开垦蒙地，是清政府的根本政策。因此，从乾隆至道光年间，清政府一再重申禁垦法令，采取各种措施实行满汉隔离，严禁汉民涌入蒙古地区开垦定居，规定不许再"多垦一亩，增居一户"。对违禁开垦的蒙古王公贵族也严以惩处，只是在漠北喀尔喀地区，自康熙起实行军屯，以解决驻防清军的食粮和骑兵饲料饲草。嘉庆以后，清政府日渐衰败，内地封建剥削更加残酷，大量破产农民不断涌入蒙古地区开垦谋生，加之外强势力侵入，清政府的禁垦政策完全破产。道光、同治以后，土地垦殖范围更加扩大，阿拉善旗南部黄河两岸，至道光十九年（1839），已开垦土地达 1 190 余亩。[①] 同治年间，清政府为镇压西北回民起义，设防于河套地区，并招汉民屯田耕种以济军粮。黄河北道乌加河以南黄河改道后淤积出的大片膏腴土地，到同治末年已得到大规模开垦，山西、陕西、河南、河北的大量贫民竞相涌入，常常能看到数万人在荒野上垦殖的场面。不仅汉民移垦定居，部分蒙古牧民也从事粗放的农业生产，半农半牧，并因其耕种的是自己的"户口地"，或租佃营农，基本不用缴纳租粮押银和赋税，比汉民负担轻得多，从而促进了蒙古人从事农耕。光绪八年（1882）清政府设立丰宁押荒局，开始征收押荒，自此，有了专事丈放蒙地的特定垦务机构，该押荒局直到光绪二十八年还作为察哈尔右翼的特定垦务机构。

1. 漠北喀尔喀地区的屯田　清政府自康熙年间起就对漠北喀尔喀地区的屯田种粮极为重视，曾多次调遣内地绿营兵、服刑的犯人、河套地区善于经营农业的土默特人前往耕种，并派遣懂农业生产的官员赴漠北督促、传授农耕技术，还从山西调运大批农具支援其垦殖。到道光年间，漠北蒙古高原已开发出阡陌连片的军屯、民屯垦区，仅科布多地区的军屯种田，粮仓储米就达 28 700 余石。[②] 光绪七年（1881），清政府在乌里雅台设立农垦屯庄，对垦民的房屋修建、种子、耕畜、修渠等费用予以补助，让当地部落的蒙古人"学试屯垦"。到清末，漠北喀尔喀地区的一部分蒙古人由游牧转向农耕，并掌握了掘沟开渠、平整土地、引水灌溉等垦殖技术和在农田挖壕设栅、在田头立木偶以防止牲畜及鸟类糟蹋庄稼等减灾措施，农业生产已达到精耕细作的程度。因大多数蒙古人日常生活主要以"食兽肉，饮其汁"

---

① 卢明辉：《清代北部边疆民族经济发展史》，黑龙江教育出版社，1994 年，89 页。

② 卢明辉：《清代北部边疆民族经济发展史》，黑龙江教育出版社，1994 年，98 页。

为饮食，所需的谷米主要依靠与"旅蒙商"交换，所以漠北仍以游牧为主，垦殖则主要依靠军屯、民屯和部分蒙古人及寺庙沙毕纳尔（庙奴）开垦耕种部分土地。

2. 河套地区的大规模开发和灌溉垦殖　河套地区包括宁夏全省，绥远的临河、五原和安北县，伊克昭盟的达拉特旗、杭锦旗、鄂托克旗、乌兰察布三公旗，由于黄河横贯其中，农田水利条件优越，曾多次得到开发。康熙时一度弛禁，允许汉人开垦套南长城以北部分禁留地，其后越界种植势不可当，农田不断向北扩展，咸丰以后，私垦更加盛行。河套地区的垦殖，以后套的灌溉垦殖最为著名。后套，即清初黄河北支流五加河上游淤积断流后南支流（今黄河正道）以北的一片广阔平衍的冲积地带，因其土地肥沃，又有黄河两支流丰富的水力资源，自秦汉以来就曾设县移民开垦。但长期的南北征战使这一地区的农业开发始终没用得到大规模进行。明清之际，这里是蒙古人的游牧场，清初陕西、甘肃等地的破产农民涌入河套鄂尔多斯和阿拉善部南部地区开垦试种，其后逐渐向后套地区迁徙发展垦殖业。因宁夏、甘肃回汉商民与蒙古贸易往来，后套地区成为通往乌拉特、阿拉善蒙古诸部和漠北喀尔喀蒙古的库伦、乌里雅台等地区的商路枢纽，一些在后套设店的商人，见这里河道纵横，土肥草盛，便通过贿赂本地蒙古王公，私下典租土地开垦，所产出的粮食就地加工为麦面或炒米卖给蒙古人，获利远超过从内地运输米谷的10倍以上，其后迁来定居的内地汉民越来越多。咸丰以后，随着山西、陕西、直隶等地汉民的不断移入，土地开垦日渐扩大，形成了这一地区历史上的第三次大规模垦荒，仅达拉特旗，"岁收租银，不下十万"。[①]

同治年间，清政府为镇压西北回民起义，在河套地区设防，左宗棠组织军队就地屯垦，并招汉民屯田耕种以济军粮，成为大规模开发河套地区的先锋军。与此同时，山西、陕西、内蒙古接壤区沿长城一线全线开发，不断向北推进至河套地区。后套地区的八大家商号在同治年间开始合资修渠以灌溉农田。同治六年（1867），河北邢台人王同春联合另外三家大商号，在五原、临河、安北大规模开河挖渠，修成大干渠十余条，以水利兴垦，仅王同春本人就占领后套大半土地，成为后套地区拥有上万顷土地的大地主豪绅。

这一时期土地利用和土壤改良技术的发展，也使河套地区的垦殖得到发展。前套地区的郑万福，改造了前套二三十处湖泊不毛之地，成田千顷以上[②]，与王同春并雄于河套地区。

这一时期河套地区的大规模私垦，极大地推动了河套农业的发展，但因所垦之地大多是游牧草场，使草原面积大减，出现了滥垦扰牧的情况。对此，上至朝廷官

① 卢明辉：《清代北部边疆民族经济发展史》，黑龙江教育出版社，1994年，101页。
② 张波：《西北农牧史》，陕西科学技术出版社，1989年，391页。

员，下至百姓，都有所认识，当地蒙民多有抗词，汉人也认为极不明智。光绪时靖边县令杨锡奎也呈文阻止滥垦山西至甘肃一带的蒙边牧地，确认其"有碍于蒙民游牧，即广为开辟，势必得不偿失"。据《河套图志》记载，山西、陕西、内蒙古接壤区长城一带东自府谷，西至定边，东西 1 300 余里，南北 50 余里、100 余里、200 余里不等的地区，到 19 世纪末已垦熟地 1 427 000 亩，加快了这一地区水土流失和土地沙化的进程。

3. 漠南蒙古西、南部地区的垦殖 漠南蒙古西南黄河流域和大黑河两岸的土默川平原、鄂尔多斯、阿拉善南部、乌拉特前旗等地区，在明末清初，就有部分土地被开垦，农业生产已有时断时续的发展。顺治、康熙以后，这些地区不仅有大量内地汉民移入开垦定居，也有部分蒙古游牧民开始粗放耕种。道光、同治以后，土地开垦范围逐渐扩大，归化土默特地区，尤其是归化城，因其地理位置决定，是调遣军队和集散军需的战略要地，曾经在雍正至乾隆年间为筹措驻防八旗军粮而进行大规模屯垦，开辟良田达 30 000 顷[①]，其以东的察哈尔地区也开垦了大量军民田地。光绪十三年（1887），经奏请放垦归化城地区（雍正十二年在归化城设立鄂尔昆和绥远两城）六成官地，加上以前私垦地，共开垦土地 57 600 余亩，察哈尔地区的私垦一直在缓慢发展，道光年间对宜开垦和租佃耕种的各种官牧厂、军马厂、围场等官地，全部放垦。光绪八年（1882）丰宁押荒局的成立，加速了这一地区的放垦。

（二）蒙地的全面放垦和社会各阶层对滥垦的抗拒（光绪宣统年间）

中日甲午战争和八国联军发动侵华战争及四亿五千万两白银的"庚子赔款"，使东三省和蒙古地区处于被吞噬的危机中，全国朝野上下掀起"恤蒙实边""筹蒙殖民"的呼声。光绪二十三年（1897），山西巡抚刚毅等就奏请改变对蒙古的封禁政策，组织内地移民开垦蒙旗荒地，"以兴屯利，而固边防"。因朝廷对蒙地的一贯政策和蒙古封建王公的强烈反对，清政府未批准实施。其后，张之洞、刘坤一等地方督抚又多次上疏，直到山西巡抚岑春煊上奏"筹议开垦蒙施工土地"之后，清政府才正式将开放蒙地之事提到议事日程。面对外患和国库的空虚，清政府于光绪二十八年宣布取消长达 260 余年的蒙古封禁政策，在蒙古地区大力推行"移民实边"，同时任命贻谷为钦命督办蒙旗垦务大臣，下旨加快对西北乌兰察布、伊克昭盟十三旗的开垦。1903 年贻谷还被任命为绥远将军，他到任后，在蒙古西部设立官商合办的张家口东路垦务公司、归化城西路垦务公司，下设张家口垦务总局、丰宁垦务总局、包头垦务总局，分别办理察哈尔左翼四旗、察哈尔右翼和伊乌两盟的垦务事

---

① 王毓铨：《中国屯垦史》下册，农业出版社，1991 年，310 页。

宜。到光绪三十四年，将伊克昭盟七旗、乌兰察布六旗和察哈尔右翼四旗共放垦土地757万亩[1]，其他盟旗所能开垦掠卖的土地，也基本放垦殆尽，有的盟旗甚至把水草丰盛的游牧地都出卖殆尽，将广大游牧民和畜群排挤到荒山贫瘠的僻野。

这一时期农业垦殖声势最大最有成就的还是河套地区，在贻谷任督办垦务大臣后，垦务由官商合办的垦务公司经营，招陕西、甘肃、山西等省汉族农民垦种，承认汉人租用套地的合法性，并受官方保护。由此，各方垦民蜂拥而至，开垦地有一日千里之势，此后十余年时间放垦近800万亩。[2] 长期为蒙古王公所有的土地收归国有，王同春等大地主独享膏腴的局面有所改变，贻谷还奏请慈禧太后发内帑银100万两，命垦务局以没收的私渠为基础，兴修水利，河套水利的勃兴使垦务大振。

清末蒙地的全面放垦，主要目的是搜刮地价银两，以济日益空虚的国库。承办垦务的大小官吏、包揽大片领荒经营土地投机业的大地商、一部分蒙旗札萨克王公贵族等，也通过放垦土地，收取地价租银，获取大量实惠。特别是过惯了奢靡生活而负债累累的蒙古王公贵族和寺庙上层喇嘛，利用其掌握的蒙旗土地、牧地和领地，与清政府的垦务官员相互勾结，不顾广大游牧民及畜牧业生产的损失，不管实际的土地开垦和农业生产条件的改良，竞相报垦丈放土地的数量，甚至连根本不适宜农作物生长的"荒寒地区"，也强行放垦。呼伦贝尔草原为八旗驻防之地，以游牧为主，此时被强行放垦，许多蒙民的"生计地"、汉民向蒙古地主租垦多年的熟地被强行丈放，并再次索取高额"押荒"地租银。随着土地滥垦的扩大、广大游牧民赖以生存的游牧地逐渐缩小和由此造成的自然生态环境的恶化，使大量游牧民的生活更加贫困乃至破产，畜牧业生产日渐落后，民族矛盾和农牧矛盾更加尖锐。随着土地放垦、新垦地区被重新设置的大批府、州、县所取代，蒙古王公贵族也逐渐失去其世袭领地和属民，各种既得利益被剥夺，由此亦对"官放蒙荒"深表不满，从而，聚众抗官的抗垦斗争在各地层出不穷。光绪二十九年（1903），伊克昭盟盟长兼杭锦旗札萨克阿尔宾巴雅尔，被迫代表去贻谷垦务大臣的行辕报垦，后因报垦后拒不交出土地丈放而被贻谷革去盟长职务。准格尔旗协理台吉丹丕尔因坚决反对官垦，而被贻谷杀害。乌兰察布盟六旗王公和蒙人，坚持不报放垦土地数量，清政府降旨对违旨者严惩不贷。贻谷为亲办河套地区的垦务和水利，设计打击王同春，五原厅抚民同知兼西蒙垦务督办姚学镜也强迫王同春把渠道归公，最终致使灌溉水渠受到极大破坏，许多良田又变成沙碛。[3] 义和团运动后，朝廷才开始筹款赎地，

① 卢明辉：《清代北部边疆民族经济发展史》，黑龙江教育出版社，1994年，89页。
② 张波：《西北农牧史》，陕西科学技术出版社，1989年，391页。
③ 李文治：《中国近代农业史资料 第1辑 1840—1911》，生活·读书·新知三联书店，1957年，787～847页。

耕地面积有所恢复。光绪三十四年，清政府为缓和矛盾，以"败坏边局、欺蒙巧取，蒙民怨恨"为由，将贻谷革职拿问，并撤销查封贻谷所设立的垦务局等机构，各垦务公司陷于停顿，一时声势宏大的河套垦务也由此中落。至此，清政府在西蒙的官垦终告结束。

清末蒙地的全部放垦，促使了蒙古封建领主制向封建地主私有制的过渡，蒙古王公和土地投机商等通过租佃、典卖、买卖和勾结官府强占、赏赐等形式将土地据为私有，土地兼并日趋严重。由于已开垦地区被新设的府、厅、州、县所代替，札萨克等封建领主失去了原有的支配统治权，这样，使一部分游牧民摆脱了与蒙古封建领主的人身隶属关系，改牧从农，另一部分人则依靠"生计地"通过土地租佃、典押等形式收取租金或实物地租，逐渐脱离了游牧生活，从此意义上说，土地制的这一改变促使了垦殖的发展。另外，值得一提的是，20世纪初，义和团运动失败后，各帝国主义国家以"教案"赔款和"庚子赔款"的名义，利用教会势力，大量侵占农田，仅河套地区，就有荷、比、法三国教堂百余所。在达拉特旗，因教案关系，被强制赔偿37万两，除由该旗蒙民变卖牲畜田园房屋及一切蒙款地租归公换取现款赔偿，尚欠14万两，不得已，只好用河套卜尔地2 090余顷来抵押。[1] 在取得对土地的支配权后，大规模招民开垦，或转租给当地农民而坐收地租，类似的情况在当时全国各地都有发生。

（三）移垦的恢复、垦殖公司的失败（北洋时期）

从1915年起，政府陆续派官员办理垦务，设立垦务总局，绥远垦务总局就是1915年4月成立的，但垦务不久又处于停顿状态，其间也有内地移民进入开垦。1919—1920年，大量河北人进入后套，1925年，主持山东移垦事务的王鸿一将1 000农户移往五原、临河一带垦殖，但只领到很少安置费，房舍、种子、田地都一无所有，靠绥远省府通电王同春拨地贷粮，才安顿下来，但终因无钱开渠，开出的地大多成为石田，王同春死后更是无法收拾。直到1926年，冯玉祥垦务总办到任，河套垦务又重整旗鼓，采取了优待移民的做法，招河南、山东、湖南等地移民开垦，并派兵修浚八大干渠。五原县在1913年取消垦务局后，水渠又由民商承包，水利有所起色，一些耕地随之复垦。后套则采取"自报垦地即给以价"并将此垦地转卖于民的办法，鼓励开垦。另外，蒙民为不让地租被提取，上下一致抵制官办垦务，私自将土地租给移民，也使垦殖有所发展。在西盟河套一带，就有九所外国教堂，各领蒙地数千顷，分租于信教贫民，筑室耕田。据统计，北洋政府期间，河套

---

① 李文治：《中国近代农业史资料　第1辑　1840—1911》，生活·读书·新知三联书店，1957年，235页。

已垦地达 22 万顷。①

但连年社会动乱使拓垦没能得到发展，包头、临河沿线，自民国元年起就饱受匪患，农民甚至不敢前往田间耕种，无人领垦土地。在河套地区，贻谷实行"凡民垦之地，一概夺之归官，而租之民间者，又各加以重租"的垦务政策一直沿袭下来②，且变本加厉，使垦民实在无力承受，只好"弃地而逃"。后套所筑水渠，在1912 年改为包租制，弊端百出，后来军界杨某办一官田公社，承办官渠，三年后欠公银 4 万两，致使渠道淤塞，大片肥沃的良田重新变成荒芜之地。王同春的私渠则因财力不足，不能重新挖掘，河套东部 300 余里，荒草遍野，许多五六十户人的村庄，只剩下几户人家，如临河县，1929 年人口为 56 000 人，1933 年只剩不到40 000 人③，又回到放垦以前的状态。后套地区有可耕地 5 万顷，实际耕种的只有7 000 顷。河套之外可耕种的土地不下 100 余万顷，但耕种的不过万分之一。④ 绥远地区则因筹款不足等原因，垦务陷入停顿。包头、西达拉特旗，蒙古王公放出土地应得的押荒（售出地价的 35％），被挪作行政费、军费，致使他们不再放垦土地。

清末民初兴起的各垦殖公司的经营也先后破产，1915 年，王同春与张相文、张謇等合办西通垦牧公司以乌兰脑包附近 10 800 亩地为基础从事垦殖，但因交通不便、官吏贪婪、军队骚扰、土匪猖獗而失败。临河县 10 家垦殖团体，到 1936 年时只剩下一二家。⑤

这一时期土地垦殖失败的另一主要原因是封建的土地制，即土地大部分集中于达官大贾手中，自耕农极少。以临河县来说，自耕农不过十几户⑥，前者一方面拖欠押荒，另一方面置地不垦，国家无力支持水利建设，农民更无此财力，所以，虽然土地全部丈放，荒芜的部分尚多。大部分佃农和少量存在的自耕农无法承受新设县府和蒙古王公的双重剥削和横征暴敛，难以维持生活，或沦为土匪，或弃地而逃，垦种者日渐减少，耕种的地亩有减无增。

（四）河套垦务的再次兴起和生态平衡的破坏（国民党统治时期）

九一八事变以后，在国内一片开发西北的呼声下，河套地区的垦殖再次受到国

---

① 张波：《西北农牧史》，陕西科学技术出版社，1989 年，373 页。

② 张波：《西北农牧史》，陕西科学技术出版社，1989 年，665 页。

③⑥ 陈洪进：《中国的垦殖问题（一九三六年四月）》，载陈翰笙等：《解放前的中国农村》，中国展望出版社，1986 年，235 页。

④ 章有义：《中国近代农业史资料 第 2 辑 1912—1927》，生活·读书·新知三联书店，1957年，666 页。

⑤ 曹幸穗等：《江苏文史资料》第 51 辑《民国时期的农业》，《江苏文史资料》编辑部，1993年，264 页。

民政府的重视，京绥铁路发售移民减价票，1932 年绥远垦务会拟定了十二条鼓励民垦的条例，内容之一是：若没有或缺少经费，可向绥远垦务会申请资助，条件是必须在规定的移民村落进行开垦并接受上一级的安排。1934 年河北南部黄河泛滥，绥远设北新村接纳了此灾区的灾民 330 户共 1 000 多人，这次移垦的发起人河北富绅、河北移民协会干事段承泽于 1936 年又组织 100 户 330 人进入绥西开垦。以山西绥靖主任阎锡山为代表的地方势力也加入了此次开发，制定了鼓励民垦和实行屯垦的计划。为筹集垦务经费，阎锡山于 1932 年 12 月 1 日批准绥西垦业银行发行兑换券 200 万元，公私一律通用，并于 1933 年派数千官兵于五原、临河一带进行屯垦，辟荒地 1 200 顷。之后又有数批人马驻兵绥远进行军屯，并在 1932—1934 年新挖渠 225 公里，修旧渠 140 公里，灌溉面积达 50 余亩。阎锡山还在萨拉齐开办农业试验场，采用一些先进的种植技术和工具，到 1935 年共开垦土地 2 000 余顷，有垦民 1 000 余人。其他省区也先后组织移民到河套地区进行垦殖，1935 年，韩复榘用专车送鲁西灾民 1 200 人前往绥西屯垦，朱霁青等联合组织西北移垦委员会，于同年将流落在平津一带的东北抗日人员 400 多人送往安北县和硕中垦区开垦。[1]这一时期河套垦务虽受到重视，但最终成绩并不理想，政府办理垦务，不过是将蒙旗牧地转卖于地商巨贾，从中取利而已，耕地是否开垦根本不予过问，水利设施毁坏与否也无人知晓，加上交通不便、治安混乱和社会动乱等原因，使垦务无法进行下去，致使许多土地垦而复荒。绥远垦务局自其成立至 1931 年共放垦的 18 万余顷土地，6 万余顷土地因三分之一以上的垦民逃离兵匪之乱而复荒，到 1930 年，包头、五原、临河、安北四县可耕地六七万顷，虽报垦达 36 000 顷[2]，但因领垦者多为官户，对农事知之甚少，一半以上的地依然放荒。阎锡山的军屯，也弊端甚多，军队本身并不垦种，只是将土地租给农民而坐收渔利，扰民事件层出不穷，比当地土匪有过之而无不及，致使垦民弃土远离。宁夏自 1933 年马鸿逵当政后，为搜刮民财，在成立垦殖局之后大搞土地清丈，每清丈一亩地收取费用 3 元，其他田赋和税款也增加一倍，贫苦农民无力支付，被迫弃地离村，把曾是"塞上江南""鱼米之乡"的宁夏摧残到田园荒芜的悲惨境地。

全面抗战期间，国民党政府将垦务总局迁至西北，并制定了移民至西北 60 万人的计划。同时，在全国水利委员会的主持下，农田水利工程有所进展，部分水利设施得到恢复和修建，灌溉面积有所扩大，河套地区的垦殖又有所起色，军垦的规模也达到了有史以来的最高峰。但随着国民党政府的腐败和朝不保夕，垦务之事又

① 曹幸穗等：《江苏文史资料》第 51 辑《民国时期的农业》，《江苏文史资料》编辑部，1993 年，266 页。

② 曹幸穗等：《江苏文史资料》第 51 辑《民国时期的农业》，《江苏文史资料》编辑部，1993 年，268 页。

不了了之，并因其无休止的滥垦和粗放经营，极大地破坏了当地的自然生态环境，加重了水土流失和土地沙漠化程度。如 1941 年，国民党伊克昭盟守军，为解决驻军缺粮问题，在今伊金霍洛旗一带一次就开垦荒地 1 万顷，不仅把好几处上好的草场都开垦了，而且把许多庙地、马厂地、会盟地也开垦了，甚至连"禁地"成吉思汗陵附近的土地也没放过。

三、陕甘青的垦殖

(一) 陕甘垦种棉桑的复兴 (道光至光绪年间)

陕甘 (当时还包括宁夏和青海) 地区在清初曾大力推行屯田，是开拓经营最为成功的地区之一。陕西于顺治初年增兵陕西北边沿长城一线加强屯垦，此后仅三年就垦出田地 11 000 顷①，其军屯成绩为全国之首。对新疆屯田起到宝贵借鉴作用的甘肃河西地区的兵屯，始于雍正初年，是清政府平定准格尔部过程中为解决西路军粮草而兴办的西路屯田的一部分，随之兴起的民屯也在雍乾年间得到了不同程度的发展。清政府同时推行的水利兴垦，更促进了陕甘地区的农业发展。鸦片战争后，随着列强入侵和中国逐渐沦为半殖民地社会，双重掠夺使陕甘地区的农业经济受到极大破坏，特别是 1846 年陕西地区遭受严重干旱以后，虽然其时的陕西巡抚林则徐采取各种赈灾措施，禁止宰杀耕牛，但仍不能弥补天灾的巨大损失。咸丰十年间，除 1855 年，水、旱、寒、雹、蝗、瘟疫、地震等时有发生，堪称"十年九灾"，甘肃也天灾频繁，加之清初所立农政渐弛，吏治腐败，民不聊生，陕甘回民于同治元年 (1862) 揭竿而起，1866 年黄淮地区的捻军从东部突入陕甘，各路起义军相互配合，攻城掠府，杀死贪官污吏，清政府对此大肆镇压。经过 20 多年战乱，陕西人口减少 300 多万，本是回民集中的关中地区，几乎见不到回庄，在陕甘经济繁荣和粮作高产区，只剩下"田园荒芜、断无人烟"的景象。直到同治十三年，左宗棠经过八年督兵陕甘，先后平定各地起义后，采取"安集流亡、垦辟荒田"的措施，农业生产才逐渐恢复。同治四年 (1865)，陕西巡抚就将已平定地区回民的"叛产"和无主田产丈量清查，制定相应章程实行官佃，再逐渐转为私有，这对陕西的垦殖颇有推动。左宗棠对甘肃的剿抚也非常成功，还于光绪元年 (1875) 拨银一万两兴办宁夏垦务。在对陕甘回民的安置上，更是处心积虑，选择有灌溉条件并且无主的田地让其耕种，并给予房屋、种子、耕畜，对垦民实行保甲编组，管理十分细致。因甘肃省城供给全部依赖陇中旱涝保收的砂田，故此左宗棠不惜挪用西北军饷库银，借款给农民广铺砂田，使陇中砂田面积在同治年间得以扩

---

① 王毓铨：《中国屯垦史》下册，农业出版社，1991 年，261 页。

大。为振兴西北经济，左宗棠等地方官竭力倡导垦种棉桑，并"刊《种棉十要》并《棉书》，分行陕甘各属，设局教习纺织"[①]，使陕西历时久而发展缓慢的植棉业在同治、光绪年间得以复兴。甘肃许多地方经倡导也开始植棉，并开荒山荒坡栽种桷、橡、柞、椿、青冈等树木饲养野蚕。

陕甘地区的垦殖虽在这一时期得以复兴，但受鸦片入侵的影响，毒品作物罂粟也泛滥于这一时期，陕西屡禁不止，只好于咸丰十年（1860）起征收烟土税。左宗棠在甘肃也只能禁种而无法禁吸，由此鸦片种植在西北合法化，出现了"烟苗广植，无地无之"的可悲景象。陕甘的百姓大多也因此而吸食成瘾，致使土地的垦殖质量低劣，很多土地因无力耕种而复荒。同时，滥垦扰牧现象在草原牧区甚为严重，左宗棠虽采取一些恢复畜牧业的措施，如拨银 6 800 多两，借给皋兰一带贫民用于买羊牧畜，在河西等地区也多方倡导畜牧，但因地方政府财政的枯竭和天灾人祸的并行，滥垦并未得以制止。

（二）垦殖的停滞（清末民初）

在辛亥革命前的十五六年间，陕甘农业在帝国主义以索取"赔款"及其他经济手段的掠夺和清政府繁重的苛捐杂税的剥削下，遭受严重摧残的农民勉强维持低水平的生产。在各界仁人志士的呼吁下，清政府被迫颁行"新政"，陕甘地方官吏也采取了一些有利于农业生产的措施，如修复水利设施，使垦种得以维持。关学殿军刘古愚亲自筹建机器纺织局，在泾县兴办轧花厂，把轧棉机推广到渭北农村，推动了陕西棉花的种植，使棉花出口逐年增加，并在 20 世纪初成为陕西主要出境货物，行销上海、汉口等大城市，四川、甘肃、青海用棉也主要依赖于此，广泛植棉带动了垦殖的发展。甘肃推行新政、振兴经济则把垦荒作为主要手段，将垦殖目标转向青海地区，于 1909 年设青海大臣，拨库银 2 000 余万两试办垦务，在气候温和、土壤肥沃的黄河沿岸设立垦区，但因领垦者多为地主和寺院上层人物，贫苦农民无力维持以交纳高额地租为代价租用的荒地，故未取得显著成效。辛亥革命后，北洋政府颁布兴农法令，当时棉丝市价暴涨，陕西植棉面积随之继续扩大，桑蚕业也有所复兴，垦务有所进展，但军阀混战使陕西聚集了陕、甘、晋、豫、川、滇、黔军队 20 多万人，关中成了满目皆兵的大军营。甘肃虽战事不多，但统治阶级矛盾重重，省府官员如走马灯一样更换频繁，垦殖之事自然不了了之。1919 年张广建督甘时，在兰州设立屯垦使署，试图将大量荒地作价租给不断移民到西北的汉回各族垦民，以增加财政收入，但因管理不善而徒具虚名、未见寸功。1924 年，宁海镇守使马麟在西宁设甘边宁海垦务总局，在青海推行屯垦，成效不大。1927 年设立的西宁道属垦

---

① 张波：《西北农牧史》，陕西科学技术出版社，1989 年，363 页。

务总局（1928年改为宁海道属垦务总局），也只放垦荒地 2.8 万余亩。① 1929年青海省建省设立省垦务总局后，丈放荒地及私垦熟地 1 207 750 亩②，但1930年后垦务由财政厅下设垦务总处兼办，将办垦与清赋同时进行，官吏借清赋之机敲榨垦民，致使垦民积极性受到挫伤，垦殖停滞下来。甘肃垦务总局成立于1930年，虽然通令各县成立分局，但军阀割据，有令难行，陇东、陇南、甘州、肃州所属地不但没有设立分局，连总局所派的勘察人员都不让入境。第一次国内革命战争期间，陕甘农区是交兵之地，数十万军队的粮草和军火兵饷都出自泾渭农民，致使陕甘农民被剥夺殆尽，毫无垦殖热情。地方军阀为筹军费，还强迫农民种植鸦片以榨取高额烟税，而使粮、棉田面积剧减，农田地力下降，一些肥沃的土地逐渐瘠薄。1923年的陕西因种植鸦片太多而无足够的人手去收割，本来拥有肥沃良田的渭南地区，粮食供给反而依赖于渭北。1924年陕西烟税高达 1 000 万元③，1924年的甘肃，10亩地中有 8 亩种鸦片④，导致粮价飞涨，农民忍饥挨饿，农业生产力受到极大摧残。

（三）国民党统治时期耕垦部分恢复

1929—1932年，历史上罕见的大旱持续降临西北，许多地方兼遭水、蝗、雪、雹、霜害，灾后瘟疫横行，加之西北为鸦片流毒之地，人民死伤难计，甘肃定西人口 6 万，灾后仅剩 3 000 人，武功人口 13 万，死亡 7 万人，陕甘两省死亡人数在600 万人以上。⑤ 农民断炊，家畜无料，最后连耕畜也被宰食，除少数地主，农村很少见到牲畜。劳力、畜力的严重损毁，极大地破坏了垦种。与此同时，军阀乘机拉夫，地主商人大放高利贷，贪官污吏逼粮催款，农民只好将所剩的田产、农具廉价出卖，关中上等的沃土一亩只作价几元，使大量的土地被军阀、官绅和地富兼并，大批农民失去土地，毫无垦殖热情，西北地区 3 000 万灾民出外逃荒。⑥ 据1933年5月30日《中央日报》报道，国民党主席林森在赴陕西视察时，汽车行驶40多分钟也没看见沿途地里有青苗，即使是受灾较轻的地方，播种的土地也只有

---

① 杨炯茂：《青海古代和近代农业纪略》，《古今农业》1994年2期。
② 曹幸穗等：《江苏文史资料》第51辑《民国时期的农业》，《江苏文史资料》编辑部，1993年，262页。
③ 周宪文：《中国之烟祸及其救济策》，《东方杂志》1926年23卷20期。
④ 章有义：《中国近代农业史资料 第2辑 1911—1927》，生活·读书·新知三联书店，1957年，630页。
⑤ 张波：《西北农牧史》，陕西科学技术出版社，1989年，375页。
⑥ 陶诚：《我国的耕地面积和农业人口》，《古今农业》1990年2期。

十之二三。① 环县、合水等接近陕北的地区，四五十里才有三五户人家②，其荒凉程度可想而知。青海的荒地很多，但垦绩差，1933 年孙殿英被委任为青海西北屯垦督办时奉命率部 5 万～6 万官兵屯垦，1934 年青海将西宁县属官荒 1 000 万亩放垦，因请垦费太高（水田每亩最高价达 300 元），贫苦农民无力领垦而终无成效。国民党为维持其统治，在巨大的舆论压力下，不得不采取一定的措施，通令各省府设立土地局，禁烟，兴修陇海铁路和关中四大惠渠等，以恢复经济，重振农牧生产。在陇海铁路通入陕甘后，东南地区资本主义工业逐渐被引入，兴建了纺织、轧棉、面粉、榨油、制革等农牧产品加工企业，直接服务并刺激了农牧业的发展。四大惠渠的修成，使陕甘摆脱了旱灾之境，牧区出现畜群兴旺的景象，农区也获得连年丰收，垦殖业在全面抗战爆发前有所恢复。陕西在 1934 年大力提倡禁烟种棉后，棉田面积恢复至 300 万亩左右。③ 青海在省土地局成立后，垦务推行顺利，到 1935 年，耕地面积达近代最高水平，当年粮食播种面积达 636 万亩。④ 但随之进行的青海全省清丈土地使农民无法担负高额的丈地款和层层勒索，不仅荒地未曾放垦，连熟地也沦为撂荒地。陕甘地区耕地荒芜现象也十分严重，沉重的赋税和大量的军队摊派以及被拉去做炮灰，使农民处于水深火热之中，甘肃河西地区，全面抗战前五年间荒废的耕地已占原来耕地面积三分之一以上。⑤

　　抗战期间，在开发西北的呼声下，政府投资的加大，大批沦陷区同胞流亡西北，沿海地区民族工业和事业单位的西迁，给陕甘青经济增添了新的活力，垦殖业又有起色，建立垦区数处。1939 年，国民政府将陕西省属黄龙山垦区改为国有，设立管理局，计划容纳 40 万垦民，1942 年招华北沦陷区难民和灾民 29 500 人，开垦荒地 171 886 亩。农林部所属陕西黎坪垦区，1942 年收容垦民 5 043 人，开垦荒地 39 709 亩。⑥ 1941 年底，拨开办经费近 50 万元，成立垦地面积 10 万亩的甘肃岷县垦区，第二年又拨款 70 多万元，并在天水小陇山地方选定荒地 1 万亩，举办军垦实验区，招荣誉军人垦荒。1942 年拨 50 万元，在适宜农作物生长、荒地面积为 1 417 500 亩的河西酒泉县东部，成立甘肃河西屯垦实验区管理局，招垦民和军人耕种，并于 1944 年在河西永昌设专门垦区安置伤残荣誉军人，仅半年就垦荒 14 500 亩，同时扶植当

　　①⑤ 章有义：《中国近代农业史资料 第 3 辑 1927—1937》，生活·读书·新知三联书店，1957 年，910 页。

　　② 范长江：《中国的西北角》，新华出版社，1936 年，116 页。

　　③ 赵汝成等：《民国时期陕西的棉花生产》，《古今农业》1992 年 3 期。

　　④ 杨炯茂：《青海古代和近代农业纪略》，《古今农业》1994 年 2 期。

　　⑥ 秦柳方：《抗战中的垦殖事业》，载陈翰笙等：《解放前的中国农村》二，中国展望出版社，1986 年，612 页。

地居民开垦 10 000 亩。① 青海省主席马步芳为增强其实力，1935 年后开始组织其士兵和农民在海西、海北开荒种地，1938—1939 年，强制互助等县农民在互助北山一带开荒数万亩。② 同时，陕、甘、青特别是甘肃，中小水利灌溉有所发展，对垦殖的发展起了一定促进作用。

抗日战争胜利后，国民党政府把精力集中于发动全国规模的反革命的国内战争，开发陕甘的计划不了了之，代之而来的是大肆征兵，抢夺百姓的粮草。1948年，胡宗南为挽回西北战场的败局，在陕甘疯狂征兵以补充兵源，仅陕西地方被征者就达 53 000 人。马步芳也在青海征兵征马，青壮年即便不被抓，也不敢从事垦种，三年期间农事只靠老弱应付，同时还要负担高达收获量六到九成的地租、田赋，供应国民党军队的粮草和军饷。加之国统区严重的经济危机和通货膨胀，百姓普遍吸毒（尤其是甘肃），造成民情懒惰，陕甘青的经济处于瘫痪萧条的总崩溃中，农村大片田园荒芜，水土流失严重，垦殖业遭受彻底破坏。

（四）陕甘宁边区卓有成效的垦殖

1937 年 9 月，陕甘宁边区政府成立，在中国共产党的领导下，进行了卓有成效的经济建设，成为西北乃至全国农牧业生产的特殊典范。

边区北部与鄂尔多斯高原相连，南面延伸到渭北高原的边缘，西面紧接甘宁高原及六盘山麓，东面以黄河与山西分界，包括陕北、陇东和宁夏东南的 26 县。由于工业基础薄弱，同时缺少发展商业的经营条件，边区政府始终把重点放在农牧业生产上。在宣布停止没收地主土地的同时强调实行"减租减息"，减轻农民负担，保护地主和农民双方的利益，采取休养民力、争取外援和发放低利农牧业贷款以帮助农民解决耕牛、种子等困难的措施，发动农民兴修水利、开垦荒地，仅两年时间，边区耕地面积增加了 23%，达到 1 000 万亩。③ 1940—1942 年，在国民党掀起的一次次反共高潮和日本帝国主义的严密封锁下，边区经济在极端困难的情况下图强发展，边区政府号召军民开展大生产运动，并通过精兵简政使大批干部投入农业生产，在农村切实进行"减租减息"，军民生产热情高涨，耕地面积扩大到1 250万亩。④ 边区军民的衣食用品实现全部或大部分自给，边区经济走上稳定发展的道路。1943 年毛泽东提出"发展经济，保障供给"的经济方针后，边区普遍颁行了《土地租佃条例》，彻底减租保佃，进一步提高了农民的生产积极性，

① 曹幸穗等：《江苏文史资料》第 51 辑《民国时期的农业》，《江苏文史资料》编辑部，1993年，267 页。

② 杨炯茂：《青海古代和近代农业纪略》，《古今农业》1994 年 2 期。

③ 张波：《西北农牧史》，陕西科学技术出版社，1989 年，382 页。

④ 张波：《西北农牧史》，陕西科学技术出版社，1989 年，383 页。

边区社会安定，人口随之增加。自全面抗战爆发以来移入的大量难民和有志之士，也成为边区建设的一支重要力量。边区政府规定对新移民不征公粮，并帮助解决生活生产资料使其安居乐业。在农村，政府前后发放农贷 3 000 万元，特别奖励植棉，规定棉田三年不交公粮，奖励劳动模范，形成劳动光荣、努力生产有功的社会风气。推行深耕多锄的精耕细作法，仅一年，边区的农业取得了巨大成就，耕地面积扩大 160 多万亩。[①] 1944—1945 年，其经济达到历史最好状况，有力地支持了抗日战争。1946 年起，边区政府根据农民迫切要求得到土地的实际情况，发布了一系列有利于调动农民积极性的土地政策，再次提倡大生产运动，大力推广改良土壤、深耕细作和植树造林等农业技术，各地的劳模也创造了许多高产耕作法，使 1946 年的生产效率超过了以往任何一年。1946 年 11 月起，国民党对边区实行重点进攻，胡宗南占领以延安为中心的部分边区城乡后，烧杀抢掠，再加上先后发生的旱、涝、雹、霜、瘟疫等自然灾害，荒芜耕地 660 多万亩。在党中央和边区政府的领导下，边区军民开展生产自救，加紧生产。1947 年 9 月，中共中央召开全国土地会议，制定了《中国土地法大纲》，为解决新中国成立后农民土地问题制定了总方针。1949 年，边区在战胜了天灾战祸后，垦殖业很快得到恢复。

第三节　其他地区的垦殖

近代的大规模垦殖，主要在东北和西北地区进行，其他地区以西南山地的拓垦、全面抗日战争时期后方的垦殖、两淮盐垦、台湾的开发较为著名。

一、清末民初西南地区山地的垦拓

西南地区（主要包括云南、贵州、四川、陕南、广西）的垦殖，由清前期的大规模移垦（清代于鸦片战争前迁往边疆地区内地移民约 1 000 万人，进入云南、贵州、四川西部的移民就达 300 万～400 万人[②]），发展到近代山地的充分开发利用。伴随土地资源被较多地利用，这一地区的农业生产有了较大发展，商品经济也有所发展。产量较高的粮食作物和多种经济作物的种植，使人口的压力有所减轻，但毁林开荒和陡坡种植导致了水土流失的加重，清末民初鸦片的滥种也给垦殖业带来严

---

① 张波：《西北农牧史》，陕西科学技术出版社，1989 年，384 页。
② 郭松义：《清代人口流动与边疆开发》，见马汝珩等：《清代边疆开发研究》，中国社会科学出版社，1990 年，40 页。

重破坏。

（一）山地的进一步垦拓

为解决人口激增和粮食不足的矛盾，康熙后清政府放宽升科年限，鼓励移民垦种，土地开垦出现高潮，大部分抛荒地和易垦土地都被开垦，著名的"湖广填四川"就开始于这一时期。康熙五十一年（1712），西南地区除一些高山密林，已是"人民渐增，开垦无遗……而山谷崎岖之地，已无弃土，尽皆耕种矣"①。雍正初年后延长旱田的升科时间（十年起科），在西南少数民族地区实行更大规模的"改土归流"（道光后仍在进行），废除残酷、落后的土司制度，设置府、厅、州、县等行政建制，没收土司的土地赐给官吏或分拨给农民，留兵屯垦，招民垦荒，使西南山区得到进一步开发，到乾隆时期，垦荒已注意到地头边角和山坡瘠壤了。经过乾、嘉时期的大量开垦，至道光时期，陕南地区除汉中、安康、商丹盆地的边缘山地被开垦，蓝田县、凤县、岚皋县、紫阳县境内已出现了"老林开空"的现象。②四川也因人多地少的矛盾日趋显著，盆周山区多被开发，川北大巴山区道光时太平县、南江县等地老林开垦许多，城口厅"高坡陡岭皆为开垦"③，川东、川西山地也得到开垦，据同治《万县志·物产》载："县境举目皆山，……今则开垦几尽"，名山县"缘山转谷垦荒秽发莳梁菽，间于山腰回曲处叠石疏泉为田而稻焉"④。随着人口的不断增长，不少川民开始向贵州山区迁移。四川及湖广移民进入贵州后，或向苗寨头人租地开垦，或开垦荒山野岭，"锄戴石之土，杂种包谷高粱粟谷毛稗，尤恃番薯以给朝夕"，⑤使耕地比清初增加近2倍。但因清末人口达到870余万，是清初的14.5倍⑥，也出现了人多地少的问题。云南周边山区，道光以后在大量湖南、湖北、四川、贵州的贫民和广西、贵州的瑶族、苗族移民进入后得到广泛开垦，前者大都集中在开化、广南、普洱一带，"往搭寮棚居住，斫树烧山，艺种包谷之类"。⑦瑶族农民则在深山开垦以济食，收获一两季后又迁移到另外的山头开垦，苗族垦民虽也在高山开垦，但相对稳定。广西由于人口在乾隆十八年至道光二十年（1753—1840）由197万增至817万⑧，平地和山地都得到较多开垦，此后人

---

① 《清圣祖实录》卷二四九。
② 道光《秦疆治略》。
③ 道光《城口厅志》卷六。
④ 民国《名山县新志》卷八。
⑤ 道光《思南府续志》卷二。
⑥ 张芳：《明清时期南方山区的垦殖及其影响》，《古今农业》1995年4期。
⑦ 道光《威远厅志·艺文》。
⑧ 胡焕庸：《中国人口地理》下册，华东师范大学出版社，1986年。

口的增长使未经开发的边远山区得到开发，不断地平田开山，使桂西山区基本自给，桂东稻谷有所盈余而输入广东等人口增多的省区。1870年后，西南地区开垦速度随着人口的增加更加迅猛，如表6-1所示，到1933年，西南四省的耕地面积都成倍增加。

表6-1 清末至民国年间西南四省耕地面积

单位：亩

省份	光绪十三年（1887）	民国二十二年（1933）
四川	46 417 417	159 459 000
云南	9 319 360	26 215 500
贵州	2 765 006	23 173 500
广西	8 993 043	27 493 500

资料来源：高王凌：《明清时期的耕地面积》，《清史研究》1992年3期。

此后，垦殖发展速度减慢，而且，伴随自然灾害和国民党统治的无能，很多耕地垦而复荒，如四川雷（波）马（边）屏（山）峨（边）四县，农村人口在1915—1935年由12万减少到6万，严重影响了垦殖的发展。其间虽有地方军阀督办屯垦，如四川军阀邓锡侯、刘文辉分别在1931—1936年和1935年设立垦区屯垦，但其主要目的还是借机搜刮百姓，扩充兵饷，故并无多大建树。直到全面抗战爆发后，国民党迁都重庆，西南地区的垦务方有起色。

西南地区垦殖在清末民初得以发展，除人口方面的原因，还由于云南、广西等省份地处边陲，受到英、法等帝国主义国家殖民扩张的极大威胁，促使清政府和民国初年许多爱国人士认识到了加快对这一地区的开发的重要性。光绪二十五年（1899），光绪帝批示："四川、云南两省毗连西藏，边务至为紧要。若于该两省边疆开办屯垦，广兴地利，足以固川滇之门户，即足以保西藏之藩篱。"[1] 民国初年在以蔡锷为首的军政府的支持下，云南边远地区的开发步伐加快，特别是毗邻西藏和四川、界连缅甸、邻近印度的滇西北地区。

（二）不合理的开垦和鸦片种植的严重后果

近代西南地区的开发，无论从广度还是从深度来说，都达到了历史上前所未有的程度，但由于开垦的加剧和粗放的耕作方式，水土流失、水旱灾害也伴随而来。在川中丘陵地区，因为"嘉道后地密人稠，荒岭山脊皆植"[2]，虽有部分浅丘被修

[1] 《清德宗实录》卷四四八，3～4页。
[2] 宣统《广安州新志》卷五。

成了梯田，但大部分深丘和低山的坡地，因土壤是易侵蚀的紫色砂页岩和薄砂岩，暴雨之后就产生严重的水土流失。陕南和四川大量垦山造成的水土流失，还使长江中游河道沙洲增多，淤积加重。云贵南部高原的垦山，多采取刀耕火种的方式，瘠薄的山土在垦种二三年后就被雨水冲刷殆尽，留下一座座荒山秃岭。开发历史悠久的广西东部地区，则因不断焚林开荒，导致山枯泉竭，农田缺水灌溉，旱灾增多。不合理的开垦，最终导致了山丘区生态平衡的破坏和地力的严重下降，极大影响了农业生产的发展，使山区日益贫困。

另外，清末民初鸦片的滥种给这一地区社会、经济也带来重大影响。随着两次鸦片战争后，鸦片种、吸的合法化和鸦片种植所带来的丰厚的利润，土质、气候皆适于种植鸦片的西南地区开始大量栽种，到 19 世纪 80 年代，产量猛增，成为国内著名的鸦片产地。仅 1880 年、1881 年，川、滇、黔就出产烟土 26.5 万担，除本地消费 15.5 万担，其余的被烟商运销到外省。[①] "川土""云烟"成为当时黑市的紧俏货。20 世纪 20 年代，为增加税收、中饱私囊，云南、贵州、广西当局勒令所有的肥田都用于种烟，云南、贵州几乎三分之二的土地上种植着罂粟。[②] 种粮的耕地被大量占用，导致粮食紧缺，饥荒丛生，许多地方人民饿死不计其数。除此之外，种茶、种棉、种桑业都受到冲击和破坏，人民身心也被鸦片严重摧残，农村生产力极大衰退。

二、全面抗战时期的后方垦殖

为救济国统区民众和安置大量涌入的难民，农林行政部门制定了督导民营省营垦殖、难民屯垦、荣誉军人屯垦的战时垦殖政策，并于 1940 年在农林部设立垦务总局，直接领导各直辖垦区管理局，后方各省也成立垦务局（委员会）。西南四省以及江西、福建等省，和西北地区一样，成为吸纳难民较多和垦殖成绩较好的地区。

四川省垦务委员会于 1940 年初通过了川南、川北的垦殖计划，调拨资金，设立垦区，在 36 个垦殖社团中，最终取得较显著成绩的是侧重种植业的农林部直属川南雷马屏峨垦区。它以 1938 年重庆实业界发起组织的东群垦殖公司的垦区为基础，总面积 1 633 万亩，占全省荒地的 65%，至 1945 年，共有垦民 13 310 人，开垦土地 1 156 900 亩。[③] 另外，农林部在川的直辖垦区西康西昌垦区、东西山屯垦

---

① 《益闻录》第一四五号，光绪八年二月十四日。

② 章有义：《中国近代农业史资料　第2辑　1911—1927》，生活·读书·新知三联书店，1957年，628～630 页。

③ 潘信中：《生气勃勃的后方垦殖事业》，《人与地》1941 年 20 期。

实验区、金佛山实验垦殖区共垦地近 2 万亩。[1]

云南省政府早在 1936 年就划出开远、蒙自交界处的 10 万亩荒地成立开蒙垦殖局，1938 年拟定了难民移垦的实施方案，1939 年划定车里、佛海、南屏、镇远四县为由泰国归国的华侨垦殖区。1940 年省垦殖局成立后，将全省分为四个农业推广区，兴修水利，垦荒增产，1942 年又划堵普一带为侨垦区。这期间各垦殖公司也发挥不少作用，1939 年成立的华西垦殖公司，由政府银行、国民党要人、殷商和海外华侨募集资金，在建水创立占地 10 万亩的实验垦区，招募难民及归侨耕种。[2]

贵州因受水利条件限制，垦殖规模较小，较大的省立农业改进所和私立西南垦殖公司，也只在贵阳附近设有较小的垦区，至 1941 年，前者垦地 4 300 亩，后者造林 3 000 亩。[3]

广西战时的垦务以举办水利带动垦殖发展为特点，1938 年，实业界人士就筹组"广西利农垦殖水利有限公司"，在柳江县兴办水利垦殖。1940 年垦殖局成立后在柳州、田阳等处设立可容纳 50 余万难民的垦区，并将战时囚犯移垦公有荒地的办法实施。在百色等青壮年男劳力奇缺的地区，女子自动组成垦荒队，成为后方各地学习的榜样。[4] 同四川一样，广西的战时垦务有所发展。

江西省战时的垦殖也有所发展，划出 45 个县，设立吉安、泰和等六大垦区，收容难民垦殖。到抗战胜利时，全省共有垦殖场 54 家，加上各地零星垦殖的，共垦地 20 多万亩[5]，其中成效最大的是农林部直辖安福垦区，垦地达 10 余万亩。这一时期的军屯也有发展，如奉新、高安的驻军，在自垦土地解决部分用粮的同时，还帮助当地农民进行耕作。

另外，福建、湖南、广东、河南在战时的垦殖也有发展。福建设立垦区，组织沿海失业渔民、难民和归侨从事垦种。湖南在收容难民进行开垦的同时，办荣誉军人垦殖，湘西靖县荣军垦区，就开辟荒山万亩。广东除当局鼓励垦荒，还利用侨资开办垦区，仅 1941 年就开荒 30 多万亩。战时较为著名的还有 1939 年开办的河南邓县垦区，面积 4.3 万亩，收容难民近万人。浙江也开展"保民垦殖运动"，帮助

---

①⑤ 施珍：《成长中之中国垦殖》，《中农月刊》1945 年 6 卷 9 期。

② 秦柳方：《抗战中的垦殖问题》，载陈翰笙等：《解放前的中国农村》二，中国展望出版社，1989 年，611 页。

③ 潘信中：《生气勃勃的后方垦殖事业》，《人与地》1941 年 20 期。

④ 曹幸穗等：《江苏文史资料》第 51 辑《民国时期的农业》，《江苏文史资料》编辑部，1993 年，271 页。

难民开荒生产。①

全面抗战时期的后方垦殖，对稳定社会秩序、解决难民生活问题起到了一定的积极作用。

三、清末民初的两淮盐垦

由于易垦土地全被开发，人多地少的矛盾日益突出，江苏沿海一带的穷苦盐民只好开垦盐场灶地种棉以谋生。大规模盐垦始于19世纪与20世纪之交，民国初年进入短暂繁荣时期，于民国中后期衰落。

两淮盐垦是以私营公司招股集垦为主的垦殖。垦区总面积1 900万亩②，南起南通吕泗场，北抵涟水陈家港，东临黄海，西界范公堤，横贯江苏省的10个县市。垦区内取得较好成效的是各垦殖公司，其中，著名实业家张謇创办的几家垦牧公司成绩最为显著。张謇年轻时就立志开垦滨海荒芜的灶地，并在开办大生纱厂盈利后立即进行盐垦试验，终于在光绪二十七年（1901）经两江总督刘坤一批准奏准立案，创办通海垦牧公司，领垦土地10万亩，租佃于垦民种植棉花，收效很好。之后又创办大晋、大豫两公司。张謇任北洋政府农商总长后，大力推行盐垦，于1914年在南通石港设立淮南垦务局，放垦盐场灶地，征收地价，大批地主、商人、官僚、军阀及民族资本家携款而至，规模不等的盐垦公司涌现出来，两淮盐垦骤然兴起。同时第一次世界大战的爆发，使外棉进口减少，棉价高涨，各垦殖公司因此得到较快发展，在经营的470多万亩灶地中，20余万垦民开垦出土地120万亩，年产棉花60余万担。③但随着1918年第一次世界大战的结束，洋纱卷土重来，国内棉业受到极大冲击，加上具有浓厚封建宗族性质的各垦殖公司的经营不善、管理混乱，只顾收取佃租而不管垦种，两淮盐垦业逐渐衰落。此后虽有政府和个人欲振兴盐垦业，但终未实现，如1932年由实业家荣宗敬发起、江苏省政府制定的耗资数千万元的官商合营开垦苏北盐荒的庞大计划，在商方已筹资半数时因官方所负的另一半无着落而中途告罄。

轰轰烈烈的两淮盐垦虽昙花一现，但不失为盐碱地改良的成功范例。从修建各种水利设施到土壤改良，从不同季节种植利于改土的作物到提高地力，广大垦民从中积累了一整套改良盐碱地的经验。

---

① 秦柳方：《抗战中的垦殖问题》，载陈翰笙等：《解放前的中国农村》二，中国展望出版社，1989年，611页。

② 孙家山：《苏北盐垦史初稿》，农业出版社，1984年，1页。

③ 曹幸穗等：《江苏文史资料》第51辑《民国时期的农业》，《江苏文史资料》编辑部，1993年，246页。

四、清末台湾土地资源的开发

中国人民对台湾的开发已有悠久的历史，在最具成功的郑成功的开发下，康熙四年（1665）起，台湾粮食已能自给自足，又经清前中期的 120 万～150 万人口的大规模移民垦辟，嘉庆十六年（1811），其人口已从清初的 10 万增至 200 万[①]，耕地面积达 2 097 顷（约合 20 万亩）[②]。台湾西部平原直到台中盆地、台北盆地逐步开发，并向东部和中部腹地山区推进，乾隆至嘉庆年间，一年的丰收足供四五年之食，台湾成为"内地一大仓储"，产出和大米"近济东南，远资西北"。然而，开发成果最大、速度最快的时期还是在光绪元年至二十年（1875—1894）。

1875 年以前，清政府对台的政策为"为防台而治台"，严禁偷渡，严禁汉人进入"番地"，限制铁器输入台湾，驱逐无妻室产业居民，禁止携眷入台等，虽有不少内地垦民偷渡，但很大程度上阻碍了台湾经济的发展。直到同治十三年（1874），日本借牡丹社事件对台湾进行了大规模的军事进攻，清政府方认识到台湾的重要战略地位，一面派兵防守，一面废除上述禁令，招内地人渡海入台垦荒。在清军分三路将横断中央山脉的道路开通之后，立即设立抚垦委员会，在厦门、香港、汕头也设立招垦局组织移民，大陆人民渡海赴台十分踊跃。光绪十年（1884），中法战争爆发，法军攻陷基隆，只用 10 余艘军舰就封锁了台湾海峡，清政府更感台湾在国防上的重要性，于光绪十三年正式建省，刘铭传被委派为首任巡抚。之后全台很快形成了政治、经济、文化、军事的整体结构，极大加强了各族人民开发建设的凝聚力，地方官吏的集中领导和部署，使台湾的开发事宜得以顺畅进行。巡抚刘铭传在建省之前就以设防、练兵、抚番、清赋为要务，大胆引进先进技术，克服种种困难进行近代化建设，于光绪十二年设立"抚垦总局"，统一组织开垦工作，台东丘陵和内山地区得以快速开垦，岛内的山间河谷、平原、盆地等生产条件较好的地区基本得到开垦。光绪二十年，耕地面积激增到 850 万亩，人口也达 370 万，糖、茶、樟脑等扬名海内外，出口大增，海关贸易额由同治四年的 2 335 508 海关两猛增到光绪二十年的 12 694 495 海关两。[③] 垦殖业的发展极大带动了水利、工业、交通、通信、商贸特别是台湾对外贸易等产业的发展，使台湾成为当时最近代化、最先进

① 郭松义：《清代人口流动与边疆开发》，载马汝珩等：《清代边疆开发研究》，中国社会科学出版社，1990 年，25 页。
② 李文治：《中国近代农业史资料 第 1 辑 1840—1911》，生活·读书·新知三联书店，1957 年，60 页。
③ 何瑜：《清代台湾与海南经济开发之异同》，载马汝珩等：《清代边疆开发研究》，中国社会科学出版社，1990 年，394 页。

的省份。

不幸的是，1894 年中日甲午战争后，清政府被迫于 1895 年 4 月签订中日《马关条约》，台湾全岛及附属各岛屿、澎湖列岛沦为日本的殖民地，直到 1945 年抗战胜利。

第四节 农田水利建设和水利问题

配合垦殖业的发展，近代水利建设也取得一定成效，其中以西北地区恢复和建成的多处大型农田排灌工程所发挥的作用最为显著，西南地区在民国年间也完成多处农田水利工程。另外，东北三省水稻灌溉技术的传播，南方山区陂塘堰坝等小型水利设施的修建，长江中下游著名农田水利设施的建造，珠江三角洲突飞猛进的堤围建设，台湾农田灌溉的长足发展，机电排灌的运用，水利技术研究和水利教育兴起，西方先进的水利技术的引入等，一定程度上促进了垦殖业的发展，保证了农业生产的顺利进行。但生产关系的落后和外敌入侵，使农田水利事业的发展受到限制。

一、西北农田灌溉的发展

（一）新疆人工引水灌溉渠网的基本形成

新疆在道光年间和建省后分别掀起水利建设高潮，并取得重大成就，民国前期水利设施失修废弃，抗战期间有所增修。

1. 大批水利工程的兴建与绿洲农业（道光年间） 配合道光年间大规模屯田，全疆兴建多处引水工程。道光二十四年（1844），为灌溉阿齐乌苏荒地，惠远城东建成灌溉面积近 20 万亩的引水工程[1]。同年十一月，林则徐开始往返万里南疆履勘活动，兴办了以下主要水利工程：一是修建正渠长 80 余里、支渠 6～7 道、花费人工 16 万之多的引水工程，[2] 引接哈拉木扎什和色热瓦特两大水渠的水灌溉和尔罕（今蒲犁）和叶尔羌的垦地。二是在喀喇沙尔的北大渠南岸再开一道中渠，把库尔勒北山根的灌渠渠口展扩，再挖一条并行的新干渠和 4 条支渠，引水灌溉一万多亩荒地。这项工程的独特之处在于，在地尾挖退水渠一条，可起到防止土壤盐碱化的作用。三是完成伊拉里克（今托克逊县西）200 里长的引水工程，该渠道穿越沙

① 水利水电科学院《中国水利史稿》编写组：《中国水利史稿》下册，水利电力出版社，1989 年，340 页。

② 华立：《清代新疆农业开发史》，黑龙江教育出版社，1995 年，181 页。

石戈壁，建设者们在沙石渠底铺垫旧毛毯，减轻了渗漏。为加强渠道管理，林则徐制定了《经久章程》4 条。① 四是在吐鲁番积极倡导发展坎儿井。这是一种地下水利工程，能将地下含水层中的潜流通过直井底部凿通的暗渠引水横流，并渐引渐高，直到地面明渠转入农田。在极度干旱少雨、夏季酷热高温、蒸发强烈的吐鲁番，这是非常理想的水利设施。据《清史稿·萨迎阿传》记载，到咸丰初年已增开60 余处。上述设施，保证了道光年间兴屯的顺利进行，为绿洲农业的发展打下了良好基础。

2. 光绪年间军民共建的灌溉体系 同治年间全疆的大乱使各地的水利设施遭到严重破坏，光绪三年（1877），左宗棠、刘锦棠领兵收复失地后立即组织军民修复部分地区淤毁严重的河道、干渠。为了恢复南疆两大主要绿洲的农业生产，总兵余虎恩、提督杨彦率军民堵住了叶尔羌河、喀什噶尔河的多处决口，挑挖沙洲，加高、增厚河堤，开挖支河、截断横流，逐一修复了巴楚州（今巴楚）的大连、小连、北连各渠，修复了龙口桥向上游方向的河道及两岸水渠。在修复哈密石城子渠时，左的部下张曜等还发明了架槽和铺毡的方法以解决渗漏。此外，南北疆各地的水利设施也得到不同程度的恢复，吐鲁番还增开坎儿井 185 处。②

光绪八年（1882）建省后，新疆水利建设进入声势浩大的全面修治阶段，除继续恢复原有的水利设施，还在综合吸收过去行之有效的治水手段和治水经验的基础上，进行了改造改建、渠网调整、配套组合、拓展新渠等系列工程建设。在左宗棠和刘锦棠等人的督导和全疆军民的共同努力下，光绪二十年前后，主体由三级或两级干支渠体系连接起来的人工引水灌溉渠网基本形成，据《新疆图志·沟洫志》统计，全疆有干渠 900 多条，灌溉面积达 1 100 多万亩，其中迪化县和巴楚州干、支渠最为发达，灌溉面积分别达到 18 万亩和 20 万亩。③

3. 民国时期西方水利技术引进 原有渠系因施工时全凭经验、工程简陋、使用后缺乏管理等原因，多有废弃，直到全面抗日战争时期，为保证所有增加的耕地的灌溉，才在 1938—1944 年进行了 15 处水利工程建设，可灌田 140 多万亩。其中规模较大的工程为迪化区的天池水库、乌鲁木齐的红盐池水库，均能灌田数万亩。另外，乌鲁木齐地区开渠 30 条，可灌溉水田 22 万亩，伊犁区引水工程灌溉面积达60 余万亩，焉耆平原新修水渠 37 处，可灌溉 13 万亩土地，吐鲁番盆地坎儿井增

① 《清史列传》卷五二《全庆传》。
② 《左文襄公全集·奏稿》卷五六，20 页。
③ 水利水电科学院《中国水利史稿》编写组：《中国水利史稿》下册，水利电力出版社，1989年，341 页。

加到 379 处，灌溉面积达 17 万亩，成为全疆灌溉最发达的地区之一。[①]

这一时期的水利建设与清末相比发生了质的变化，这就是近代水利技术的引用。1944 年，在全国水利委员会的指导下，水利勘测总队对沙湾县新盛渠进行设计、测量和施工，改造利用旧渠，在玛纳斯河上重新修建拦河坝，并在距进水口 1 公里处建造沉沙池，完工后实行科学管理和养护，按渠道系统规划乡村建设，使灌区成为当年新疆的模范灌区。但是，多数水利工程所用材料和设备仍较简陋，实际效益远未达到设计要求，如天池水库，拦水坝漏水占蓄水量的 70%。

（二）内蒙古河套地区的引黄灌溉

近代河套地区农业的大发展，很大程度上得益于水利的兴修，著名的后套八大干渠、复兴渠和利用有效的灌溉方法改良土壤，成为中国农田水利史上的典范。

1. 清末后套八大干渠的建成　与农田开垦齐头并进的民间农田水利建设，自道光以后在后套地区蓬勃展开。同治年间，由地产商甄玉出资开凿的缠金渠（后改名永济渠）修成，之后当地八大商号合伙集资，相继开凿了刚目渠、丰济渠、沙河渠、义和渠、通济渠、长胜渠、塔布渠，八大干渠头引黄河水、尾入五加河，加上各大支渠，灌溉面积达 200 多万亩。[②] 八大引黄渠灌及渠道纵横的水利灌溉网络的建成，使后套地区成为利用黄河水资源唯一受益的地区。八大干渠修建的同时，锻炼、成长起来一批具有丰富经验的水利工程师，王同春就是其中的代表，他在主持、参与八大干渠中除永济渠之外的七大干渠的修建中，积累了大量治理天然河道、修渠挖堰、灌溉排洪、管理渠道的实践经验，成为民间著名的水利专家，1914 年被农商部总长和导淮督办张謇聘为水利顾问。经过长期的灌溉实践，河套地区劳动人民还总结出一套利于改良土壤的灌溉方法，即根据当地气候特点和黄河含沙肥性的季节变化，头年用伏水灌田，秋天将余水放出，使来年春天的土壤"酥如鸡粪，不用犁耕，把一次即可插耧撒籽"[③]，避免了土地生碱板结。此外，利用冬水冲刷、疏导渠道，以补充人工疏导的不足。

出于增加税收的目的，清政府于光绪末年对河套水利实行官办，垦务大臣贻谷强行收买了王同春的所有渠道，对灌区实行统一管理。在对渠道进行维修、拓宽、挖深、疏通，增修支渠，并调整了杭锦旗和达拉特旗的地界后，灌溉面积有所扩

①　水利水电科学院《中国水利史稿》编写组：《中国水利史稿》下册，水利电力出版社，1989 年，522 页。

②　水利水电科学院《中国水利史稿》编写组：《中国水利史稿》下册，水利电力出版社，1989 年，423 页。

③　周晋熙：《绥远河套治要》，1924 年。

大。贻谷制定了"渠地所入当留以治渠"的政策[1]，保证了灌区的维修和发展经费，还于宣统年间制定了水利灌溉法规，这对灌区持续发挥作用有一定积极意义。但统一水政维持的时间不长，承办官吏的腐败导致水利设施相继失修、灌溉面积萎缩。另外，因渠道修建时缺乏科学的测量和规划，如渠道都是无坝引水，进水无法控制，不仅不能防洪，还使不同年份灌溉面积相差 5～10 倍，黄河河床的摆动也使渠口经常改迁。同时，五加河年久淤积、排水困难，直到民国时期，这些问题依旧未得到解决。

2. 民国时期复兴渠的建造　1927—1928 年，河套东部连续大旱，绥远省府与华洋义赈总会合资，运用新技术施工，于 1931 年在萨拉齐（今土默特右旗）和托克托县境建成了干渠长达 72 公里的民生渠，但因技术问题很多导致无法灌水而废弃。东部灌区主要依靠清末民初陆续建造的各引黄河支流的小渠灌溉农田。直到 1943 年，才由农民银行贷款、部分军队参加，在丰济渠以东建造了干渠长 68 公里、尾水排入五加河、灌溉面积 30 万亩的复兴渠。[2] 该渠的工程从规划、测量到施工，都采用了较先进的技术手段，因而进展十分迅速，当年 4 月动工，6 月 10 日即开始放水灌田。

（三）陕、甘、青及宁夏的农田水利建设

该地区近代水利建设的主要成效是修复了一些萎缩和废弃的古代水利工程，农田水利设施以民国时期修成的关中四惠渠最为著名。

1. 清末水利机械的使用　左宗棠平定陕甘之乱后，水利得以复兴。在陕西，不仅修复了泾水龙洞渠、明代利民渠等水利设施，还大力提倡凿井，使以人畜机械汲灌的"水车井"大增。为突破自古以来的郑白引泾体系，左宗棠亲自设计方案：在陇东泾水上源作坝蓄水，再节节引流，灌田可计百万顷。在这项工程中，左派人专门从德国购回开河机械、聘请德国技师操作，这也是西北地区首次引用水利机械，后因诸多原因该工程没能完成。陕西较大水利工程的修建，是在戊戌变法前夕，关中地区完成的二华水利工程的修整，它由陕西巡抚魏光焘于光绪二十二年（1896）动议整修，第二年二月动工，仅半年就全部竣工，新开小渠 27 条，修复小河渠 44 条，修桥坝 20 座，整修被水淹的农田 15 万亩，当年就播种收获。[3]

在甘肃，左宗棠不惜拆借军饷，帮助陇中农民广铺砂田，使同治年间砂田面积得以增加。砂田是把卵石和粗沙平铺在田上，然后在其上种植作物，它能截留和拦

---

①③　《清实录》卷五五九。

②　水利水电科学院《中国水利史稿》编写组：《中国水利史稿》下册，水利电力出版社，1989 年，423 页。

蓄天然降雨以灌溉土壤，并具有良好保墒作用，这在年降水量仅300毫米、蒸发量高达1 500～1 800毫米的甘肃中部，是最为稳产的耕作方式，在砂田上生产的小麦、蔬菜、瓜果品质优良。左宗棠对渠道的修建也很重视，在开凿河州引水渠道时，他令部下王德榜用2 600石火硝磺（炸药）轰山炸石，不到一年的时间就在山石中修凿出70里的渠道①，开了现代炸石筑渠工程的先河。在宁夏地区，左宗棠将光绪元年（1875）用于兴办垦务的一万两白银一分为二，一半用于修复被毁坏的水渠。除修复灌区各渠，还对各旧渠进行多次改口、改道，并于光绪末年开凿灌田百顷的天水渠。到宣统元年（1909），修成长148里、引自宁夏四大灌渠之一的唐徕渠、灌田2 000顷的湛恩渠后，宁夏灌区有大渠38条。②

2. 民国时期兴建的水利工程及灌溉制度　20世纪20年代末30年代初西北大旱，而这时以农田水利著称的关中地区，灌溉总面积仅有2 000余亩。③ "赤地千里、饿殍载道"的惨景使当局和人民都痛感水利复兴的重要，陕西省主席杨虎城特邀著名水利专家李仪祉主持水利工作。李仪祉于1930年着手恢复引泾灌溉，并于1931—1936年先后主持完成了规模大、设计先进、管理科学、效益显著的泾惠、洛惠、渭惠、梅惠四大惠渠的修建，其中首先完成灌溉面积65万亩的泾惠渠，是中国第一座应用近代技术建设的大型灌溉工程。泾惠渠沿袭于古代白渠，但与之大不相同，它在泾水出口处修建拦河坝以抬高上游水位，同时修建用人力齿轮绞盘机启闭的平板进水闸，干渠也分为上段的引水洞和下段的明渠，而且这些设施的建造均运用了现代工业材料和水利工程技术。四大惠渠的修建还有赖于国人的大力相助和灌区人民的全力以赴，其中，泾惠渠第一期工程仅用了一年半时间，所需款项，一半由陕西省府负担，一半由华洋义赈会捐助，加上爱国华侨募捐的大量钱物，总额达100多万元。④ 修建时采用"以工代赈"的办法，既赈济了当时的灾民，又充分动员了劳力。四大惠渠建成之后，关中黑、涝、沣、泔四惠渠，陕南汉、褒、胥三惠渠，陕北定惠渠相继完成，全面抗战期间中小水利灌溉进一步发展，到1947年，各灌区灌溉面积达138万亩，取得的成就为民国期间全国之首。⑤

在关中水利复兴的带动下，甘肃、青海、宁夏也开展了一定规模的水利建设。甘肃进行了12项灌溉工程的施工和整修，并于1944年完成了最能代表黄土高原小型水利建设特点、灌田万亩以上的洮惠、湟惠、溥济、永乐、汭丰五渠。这些渠的

① 张波：《西北农牧史》，陕西科学技术出版社，1989年，399页。
② 姚汉源：《中国水利史纲要》，水利电力出版社，1987年，514页。
③ 水利水电科学院《中国水利史稿》编写组：《中国水利史稿》下册，水利电力出版社，1989年，424页。
④ 张波：《西北农牧史》，陕西科学技术出版社，1989年，377页。
⑤ 张波：《西北农牧史》，陕西科学技术出版社，1989年，428页。

修建投资不多，且主要用于基本建设，渠工由灌区农民承担，不计报酬。较大型的水利工程，是建于 1944 年、位于河西走廊的鸳鸯池水库，它建在酒泉县北 50 公里处的讨赖河出山口处，主要建筑有土坝、溢洪道、导水墙、给水涵洞、进水闸，蓄水量 1 200 万米^3，灌溉面积达 10 万亩。这一时期河西走廊和黄河上游灌区（包括湟水、洮水等支流）的 170 多条灌渠，加上沿黄河各县新安装的 254 架、可灌田 5 万多亩的汲水天车，灌溉面积达 270 多万亩。[1]

宁夏灌区继 1930—1932 年在原有灌渠的基础上新建 8 条小渠，于 1934 年修建了一条干渠长 75 公里、灌田 20 万亩的云亭渠。[2] 由于有清初水利建设的基础，河东、河西、河北三大灌区干渠总长达 2 500 里，支渠 3 000 余条，特别在河西区，集中了唐徕、惠农、汉延、大清宁夏四大灌渠，灌溉面积达 106.8 万亩。[3] 但为时不久，地方的兵匪之乱和横征暴敛，致使人民四处逃散，田园荒芜，灌区的设施也随之荒废，灌溉面积缩小，到 1936 年前后，宁夏灌区的总灌溉面积只有 80 万亩左右。[4] 在相对发达的宁夏灌区，灌溉制度也比较完善，有根据作物生长季节制定的灌水计划，除保证作物需水、改善土壤墒情，还总结出防治土地盐碱化的办法，即每种三四年就改种一年水稻，以水压碱，或在初春灌水洗碱。

青海引黄灌区和引湟灌区渠道也有所延伸，干旱区在开垦的同时修筑了不少水渠，据 1945 年统计，东部 12 县有渠道 181 条，灌溉面积达 63 万余亩。[5]

值得提出的是，陕甘宁边区的人民群众，在大生产运动中创造出特殊的灌溉方法：推行水漫地。即筑坝拦截山上流下来的水和肥厚的泥，让水全漫到地上，既浇灌了土地，长年以后也使整个山沟都漫成平滩，耕地面积得以扩大，坝上还种植沙柳和柠条子，起到保持水土的作用。

（四）清末民初山西的农田水利事业

近代山西的水利建设，以晋中盆地汾河流域的多级筑堰引水工程和雁门关外海河流域桑干河上大规模开渠引水工程最为著名，即被后人称为"南八堰""北三渠"的两项工程。南八堰的完工，使 1935 年汾河流域 22 县灌溉面积达到 150 万亩[6]，

---

① 张波：《西北农牧史》，陕西科学技术出版社，1989 年，380 页。

② 水利水电科学院《中国水利史稿》编写组：《中国水利史稿》下册，水利电力出版社，1989 年，422 页。

③ 姚汉源：《中国水利史纲要》，水利电力出版社，1987 年，515 页。

④ 郭文韬等：《中国农业近代科技史稿》，中国农业科技出版社，1989 年，310 页。

⑤ 水利水电科学院《中国水利史稿》编写组：《中国水利史稿》下册，水利电力出版社，1989 年，421 页。

⑥ 张含英：《黄河志·水文工程》，国立编译馆，1936 年。

北三渠的修建，采取了筑坝拦河、挖渠引水的方法，在桑干河流域建成引水大坝十几处，其中规模较大的沙河引水大坝，长 120 丈、高 2.1 丈、宽 1 丈，使雁北近百万亩干旱地和盐碱地得到灌溉和改良。[①] 其中北三渠的建设，是民族资产阶级成功兴办实业的典型事例。从光绪三十年到民国二年（1904—1913），许多主张实业救国的有识之士集资百万，相继成立了"广裕""富山""广济"水利公司（又称"北三渠"水利公司）。公司在成立之初，具有鲜明的民族资本主义企业性质，因为它是由一大批积极兴办实业的知识分子、社会活动家和开明富绅创办，所以它既不属于某一个人，也不属于政府，公司民主选举董事会或理事会，由其管理公司，民主协商解决重大问题，直到 1920 年工程相继竣工，当地农民和公司都因此获利，水利事业蓬勃发展。1921 年后，北三渠工程虽然仍在不断扩建和得到正常维修，但以阎锡山为代表的官僚集团，采取经济和超经济的手段，垄断了公司的股金，控制了水利公司，其代办和办事人员借机勒索敲榨农民，公司变成官僚资本主义性质的公司。

二、西南地区农田水利设施的建设

（一）清末的梯田灌溉面积增加

清末西南山区的大规模垦殖，使梯田的修筑增多，即使在滇、黔少数民族地区，开梯田种稻也具有相当的规模，这也促进了与之配套的水利设施的修建，如兴修塘堰、架设筒车。虽然受山区地形起伏的限制，灌溉面积有限，但仍建成规模较大的塘堰，如四川南溪县光绪年间建成的合堰，可灌田万余亩。[②] 梯田具有保水、保土和保肥的功用，可充分利用泉水、蓄积雨水和径流，使灌溉更有保证，其中冬水田（又称"囤水田"）更是一种大面积的蓄水工程，它在秋季水稻收获后蓄积雨水，翌年春天可供附近二三亩干田整田插秧的需要。据咸丰时吴振棫所著《黔语》记载："黔山田多，平田少，山田依山高下层级开垦如梯……冬必蓄水，曰'冬水'。地势稍宽阔处宜用塘堰，可救旱。"在四川，冬水田的修筑更为普遍。

（二）民国时期水利设施的增修

全面抗战期间，国民党政府出于支援抗战、稳定后方的需要，在兴办西南三省农田水利方面进行过较多的投入，除修复都江堰等古代水利设施，还兴建了不少大型堰、渠工程。

---

① 李夏、王克非：《浅析北三渠水利公司的性质及其历史地位》，《雁北今古》1989 年 1 期。
② 张芳：《明清南方山区的水利发展与农业生产》，《中国农史》1997 年 1 期。

　　四川省水利局于 1935 年冬、1936 年秋冬两次修复被洪水冲毁的都江堰枢纽工程，全面抗战期间更加强了管理，每年的维修经费也得到保障，使该灌区灌溉面积达到 190 万亩。[①] 但抗战胜利后该工程再次破败。

　　在这一时期西南三省共修筑了 39 处农田水利工程，占同期全国修建农田水利工程总数的 54%，灌溉面积达 57 万多亩，其中灌溉面积较大的堰、渠有：四川三台县的永城堰、郑泽堰，可灌田 4.5 万亩；绵竹县能灌田 8.4 万亩的官宋堋；云南弥勒县仿效关中泾惠等渠修建的、灌溉面积 2 万亩的甸惠渠，等等。[②]

三、东北的农田水利

（一）农田灌溉的普遍兴起（清末民初）

　　古时东北的农田水利少有发展，随着种植水稻的朝鲜农民的相继进入，东北的农田灌溉自光绪初年起有了突飞猛进的发展，水田由延边地区逐渐向南扩展，水稻灌溉技术得以传播。主要管理农田水利的水利局也于宣统三年（1911）设立，民国时期稻田面积继续增加，到 1930 年，东北三省水田面积达 98 985 公顷。[③]

（二）水田的急剧增加和机械提水工程的建设（东北沦陷时期）

　　为供应侵华战争所需物资，日本除将其移民组成"开拓团"造植水田，还胁迫东北人民加速农业生产，各主要河流流域的水田面积因此剧增，到 1943 年，已达到 320 446 公顷。为解决灌溉问题，1938 年在东辽河上建拦河坝、水库，灌溉梨树、双辽等县水田 75 万亩，在营口一带抽辽河水灌溉 66 万亩农田。[④] 之后，日本人在盘山、郭前旗等灌区建造电力抽水站，在东辽河、查哈阳等灌区修建拦河坝，到 1945 年，盘山灌区的 4 座电力抽水站灌溉面积为 16.5 万亩，前郭旗的第一和第二抽水站的一部分能灌田 1.8 万公顷。但上述工程到 1945 年均只完成一部分，灌溉面积十分有限。[⑤]

---

　　① 水利水电科学院《中国水利史稿》编写组：《中国水利史稿》下册，水利电力出版社，1989 年，438 页。

　　② 水利水电科学院《中国水利史稿》编写组：《中国水利史稿》下册，水利电力出版社，1989 年，436～438 页。

　　③ 水利水电科学院《中国水利史稿》编写组：《中国水利史稿》下册，水利电力出版社，1989 年，432 页。

　　④ 姚汉源：《中国水利史纲要》，水利电力出版社，1987 年，523 页。

　　⑤ 水利水电科学院《中国水利史稿》编写组：《中国水利史稿》下册，水利电力出版社，1989 年，432～434 页。

四、南方山区陂塘堰坝等小型水利设施的建设

南方山丘区的独特条件，使当地农民总结出一套利用自然水流如溪水、河水和雨水灌溉庄稼的方法，这就是建立中小型陂塘堰坝工程和修建沿山渠、撇洪渠。"陂"是在溪流上筑坝以拦截抬高溪水；"塘"分山湾塘和平塘，山湾塘是在汇水的沟谷筑坝蓄水，相当于现在的小水库，平塘则是一般位于田的上部，塘的下沿有坎无坝，依靠挖深塘底蓄水；"堰"是在河中筑坝拦水以抬高水位；"沿山渠""撇洪渠"主要是拦截山坡上部的径流用于灌溉，保护下部的农田不受冲刷。因塘坝和沿山渠、撇洪渠可以拦截洪水和泥沙，所以具有水土保持的功用。清末湖北、湖南、陕南、广东、广西、江西、浙江、福建、海南岛山丘区的这一类型的农田水利建设发展较快，如陕南水利发展最好的汉阴县，清末时除沿流经当地的月河修渠数十道，还有官堰 19 处，民间私堰数百处，能灌田数十万亩。[1] 湖南醴陵县志记载："邑中陂塘不下五百余处。"[2] 沅水流域的溆浦县，除合建圳、渠、堰、平塘，还修筑了 7 个在两山之间建造的山塘[3]，蓄积泉水，与现代的水库非常相似。广东、广西在地方官员的督导下，利用河流众多、降水丰富的自然条件，不仅修建大量陂塘堰坝，还在临江处筑坝架设水车，采取多种方式灌溉农田，极大促进了农业生产的发展。据光绪《郁林州志·陂坝》记载，地处桂东的郁林县，灌溉面积达农田总数的 40%。海南岛台地区，水利建设与上述山丘区具有相同的特征。

民国时期，南方各省的水利建设有所发展。安徽省于 1935—1936 年采用增设进水节制闸等措施完成了芍陂的修治，使这一始建于公元前 6 世纪的古老水利设施由灌田几万亩增加到 20 万亩。[4] 福建于 1927 年由海军筹备兴建了长乐县莲柄港抽水灌溉工程，灌溉面积 6 万亩。广西在 1935 年前后建成了灌溉面积 1 万亩以上、总灌溉面积达 50 余万亩的水利工程 16 个。

民国期间苏区和抗日根据地的水利建设也取得了引人瞩目的成绩。为贯彻毛泽东同志"水利是农业的命脉"的重要方针，苏区和根据地群众以极大的热情投入生产运动，修筑起许多规模不等的陂、圳、河堤，架设水车、筒车，积极支持了革命

---

① 民国《陕西通志稿》卷六〇。

② 民国《醴陵县志·水利》。

③ 同治《溆浦县志》。

④ 水利水电科学院《中国水利史稿》编写组：《中国水利史稿》下册，水利电力出版社，1989年，431页。

战争。以 1934 年的江西瑞金县为例，春耕建设使全县 94% 的耕地得到灌溉。[①]

五、长江中下游著名农田水利设施的建造

由于长江中下游及其湖区的水患频繁，尤其是咸丰十年（1860）和同治九年（1870）的特大洪水，使其防洪和排水方面的压力更大，但受帝国主义入侵和控制，除道光末年大规模延伸、加固江堤和增筑垸堤，长江治理主要以疏浚航道为主，致使水患时有发生，大量农田被淹。民国时期虽然修筑一些堤垸，但仍旧没有改变水患频繁的格局。1931 年的特大洪水导致多处决堤，受灾面积达 8 000 万多千米^2，农业损失巨大。之后，长江中下游排水工程的建设有所加强，江苏白茆河节制闸、安徽华阳河泄水闸、湖北金水河排涝闸，就是这一时期修建的，其中江苏白茆河节制闸是比较成功的工程，它是由成立于 1935 年的扬子江委员会于 1936 年在常熟以东距河口 4 公里处修建的一座钢筋混凝土闸门，采用手摇启闭机启闭，较大地改善了沿河地区圩田的排水问题。1933—1935 年建成的湖北金水河排涝闸，可避免 90 多万亩农田被淹。但 1937—1945 年，长江中下游被日寇控制，之后国民党忙于发动全国规模的反革命的国内战争，这一区域的农田水利建设处于停滞状态。

六、台湾的农田水利

康熙以后，随着台湾全岛农田的增加，民间修建的陂、圳、塘逐年增多，乾隆年间，台中、台北的灌溉系统已初步形成，水田代替了旱地，到光绪二十一年（1895），灌溉面积在 10 万亩以上的陂圳灌区至少有四处，其中，有始建于康熙五十八年（1719）、凤山县（今高雄）人施世榜于光绪二十四年出资修建的彰化县八堡圳，地方政府修复被洪水冲毁的圳后，将其收归公有，灌溉面积达 10 万亩。[②]道光十七至十九年（1837—1839）由官方出资建成的凤山县曹公圳，灌溉面积又有所增加。此后，较大型农田灌溉系统都是在民国年间建成的，最著名的台南嘉南大圳，建于 1920—1930 年，有干渠 112 公里，支渠 1 200 公里，排水渠 500 多公里，所属乌山头水库灌区建成长达 1 273 米、高 5.6 米的拦河坝，灌溉面积达 150 万亩，所属浊水溪灌区则开三个引水口引水，可灌田 70 万亩，灌区内其他陂塘共灌田 60 万亩。[③]较大的农田水利工程还有位于新竹县建于 1916—1930 年的桃园大圳，

---

① 水利水电科学院《中国水利史稿》编写组：《中国水利史稿》下册，水利电力出版社，1989 年，444 页。

②③ 姚汉源：《中国水利史纲要》，水利电力出版社，1987 年，524～525 页。

其渠系与散布于附近的 8 000 多个小型蓄水池相连，能灌田 33 万亩。八堡圳于 1923 年并入几个小圳后灌溉面积也达 30 多万亩。① 到 1948 年台湾有防洪堤约 420 公里，防护田 180 万亩，灌溉面积 800 万亩。②

针对暴雨集中、河流短、坡降陡的特点，近代台湾还建有几处规模较大的灌溉排水工程，其中规模最大的是 1932 年水灾后重新建成的八堡圳园林排水工程，排水沟全长 25 450 米，底宽 30～57 米，并在排水沟上建水闸，可排可蓄。具一定规模的排水工程还有凤山县灌溉排水工程、盐埔灌溉排水工程。

七、珠江三角洲的堤围建设

珠江水系包括云南、贵州、广西、广东，支流众多，由于其主要支流西、北、东江下游缺乏湖泊调蓄，雨季洪水汇聚珠江三角洲，常常泛滥成灾。而且，随着上游地区山地大量开垦导致的水土流失加重和下游地区围垦造成的水道紊乱，其下游河道淤积加速，排洪能力下降，因此，珠江三角洲的防洪排水成为历代水利建设的重点。自宋代特别是明清以来，进行了大量堤围建设，为保护农田发挥了重要作用。近代，除修建、整治围堤，还在整治航道的同时，进行了部分水道疏浚，在西、北、东江上各修建了几座调蓄洪水的节制闸，其中建于 1920—1924 年位于北江的芦苞闸规模最大，共 6 孔，使用钢闸门和机械启闭，它的建成，消除了 200 多千米² 的积涝。③ 1937 年西江丰乐园围的改建和 1946—1947 年的东江马鞍围的增、改建，排水沟和排水闸的修建，使 50 万亩农田免受水涝之害。④ 这些措施一定程度上减轻了下游的防洪压力，消除了局部地区的积涝，但仍未从根本上有效地控制珠江三角洲流域的涝灾，民国时期平均一年一次水灾，1947 年的大水使三江下游 800 万亩农田被淹，灾民 420 万人。⑤

---

① 水利水电科学院《中国水利史稿》编写组：《中国水利史稿》下册，水利电力出版社，1989 年，447 页。

② 姚汉源：《中国水利史纲要》，水利电力出版社，1987 年，524 页。

③ 水利水电科学院《中国水利史稿》编写组：《中国水利史稿》下册，水利电力出版社，1989 年，292 页。

④ 水利水电科学院《中国水利史稿》编写组：《中国水利史稿》下册，水利电力出版社，1989 年，448 页。

⑤ 水利水电科学院《中国水利史稿》编写组：《中国水利史稿》下册，水利电力出版社，1989 年，438 页。

八、机电排灌的运用

光绪三十二年（1906）夏，江苏武进县农民向上海铸造局租借抽水机用于农田排水，这是机器排灌在中国首次使用。光绪三十四年，无锡农民都庭标首先使用煤油机拖动龙骨水车。1912年，天津海河北岸军粮城一带采用蒸汽机提水，1919年有扬水站21处，灌排面积2.86万亩。[①] 1915年开始使用柴油抽水机，同年，中国民族工业——厚生铁厂制成3马力和5马力内燃机和双翼水风箱（即水泵）后，机器排灌在武进一带普遍使用。电力排灌的试用，是1924年武进戚墅电厂建成后，在该县定西乡使用2套27马力的电动机及抽水机，可灌田2 000亩。之后，电灌推广到无锡、常州等县，1929年共建成抽水站42处，专用电线95公里，灌溉面积3.97万亩。[②]

此后，相继建成一些规模较大的机电排灌设施。1927年开工的福建长乐县莲柄港提水灌溉工程，是当时最著名的机电排灌工程，它用1年10个月的时间，建成两级扬水站、渠道和若干抽水站，引闽江水灌溉农田4万亩。1935年改用电力，仅5个月时间完成全部输电工程，输电工程设计、铁塔及电器设备制造均由中国技术人员完成。其间，工程技术人员克服沿海季风等困难，建造跨越闽江、高53.7米、塔距730米（当时为中国跨距最大）的输电铁塔，这在世界范围也是少有的，由于电力的运用，灌溉面积达到6万亩。[③] 灌区内还开办了360亩的农田水利试验场。

中国机电排灌在近代虽已起步，但应用范围十分有限，且大部分农田谈不上排灌，完全是靠天吃饭，生产水平十分低下。

九、农田水利技术研究和水利教育的兴起

20世纪20年代，广州中山大学农学院对两类水稻进行灌溉试验，对全灌溉水量、水稻各生长期灌水量、各类蒸发和渗漏与灌水量的关系、产量与灌水量的关系、自然降雨与作物生长期和人工灌溉的关系等进行了测量研究。之后，北方、东南太湖流域相继建立各种类型的农田水利试验场。1929年在河北宁河县渤海边筹

[①] 水利水电科学院《中国水利史稿》编写组：《中国水利史稿》下册，水利电力出版社，1989年，381页。

[②] 孙辅世：《太湖流域模范灌溉事业之进行状况》，《水利》1931年1卷1期。

[③] 水利水电科学院《中国水利史稿》编写组：《中国水利史稿》下册，水利电力出版社，1989年，382页。

建的崔兴沽试验场，占地 4 800 多亩，试验田 480 亩[1]，试验项目有灌溉定额、盐碱地改良试验，试验的农作物有小麦、高粱、棉花及小站稻。成立于 1931 年的太湖流域试验场，其武（进）无（锡）试验区主要为推广电力排灌服务，吴江庞山试验场则主要进行灌溉定额、水稻栽培、良种选育等工作。以上两处试验场，前者于 1937 年毁于日军炮火，后者也在日寇入侵后中断试验。全面抗战期间，后方科研人员虽进行过一些试验，如广西农事试验场对广西"早稻"和晚稻、四川稻麦研究所对四川稻麦等作物、陕西西北工学院水工试验室对汉中麦棉开展小规模的灌溉定额试验，但农田水利技术的研究和推广仍十分落后。

中国水利教育的兴起始于光绪末年，最早的河工培训机构是光绪三十四年（1908）由吕佩芬倡导开办的"河工研究所"，每年培训 30 名河工。之后，山东巡抚孙宝琦在山东开设"河工研究所"。中国第一所水利高等学府是 1915 年由张謇倡议，黄炎培、沈恩孚在南京开设的"海河工程专门学校"，学制四年，1924 年改名为"海河工科大学"，学制五年，1928 年并入"中央大学工学院"。此后，水利高等教育开始在综合性大学中成为一个独立的系种或专业，同时，多层次的水利专科、中等和初等职业教育也开始进行。然而，受社会制度的局限，水利教育落后于西方，培养出的专业人员也大多报国无门。

---

① 水利水电科学院《中国水利史稿》编写组：《中国水利史稿》下册，水利电力出版社，1989 年，387 页。

第七章　农业生产结构与作物布局

19世纪中期至20世纪中期，中国农业生产结构及作物布局发生了显著的变化。这种变化的产生不能说与自然条件的变迁没有关系，但主要推力是社会政治和经济环境的改变。中国近代农业生产结构与作物布局的变化实际上是中国逐步融入世界经济体系，开始其近代化进程的一个重要方面。

第一节　农业生产结构的变化及其动力

中国近代经济结构变化的原因有：第一，手工业、商业的繁荣和规模的扩大。特别有意义的是棉纺织、缫丝、制茶、制烟和酿酒等农产品加工业在此时期有了很大的发展。随着手工业的发展，许多手工业产品遍销全国各地以至海外，由此也引起了商业的发展和地区间经济交流的加强。第二，工商城镇的兴起。此时期工商城镇的兴起主要是在东南沿海地区，特别是市镇的发展甚至超过了府城和县城。市镇的发展一方面是农产品交换发展的结果，另一方面又为农产品流通创造了条件，成为工商城市原料供应的聚集基地，也成为农村人口流向非农业领域的最大容纳处。第三，手工业特别是农产品加工业的迅速发展，农产品对外贸易的开展，使为农产品加工业提供原料和为外贸出口提供物资的农作物种植面积大大增加，引起近代部分地区农业产业结构局部变化。而且由于商业的繁荣，农产品进入市场的数量逐渐增加，更进一步引起农村经济结构的变化。据文献资料记载，这些变化在东南沿海地区表现得较为明显。①

---

① 吴柏钧：《影响中国近代粮食进口贸易的诸因素分析》，《中国经济史研究》1988年1期。

一、中国传统农业的生产结构

中国的农业生产自周秦以降，基本是以粮食作物种植为主，并且由于自然地理及气候条件的差异，在长期的发展过程中逐渐形成了以粟、黍、麦、菽为主的北方旱作农业体系和以水稻生产为主的南方水田农业体系。明代中期以后，特别是清代，人口迅速增长，政府一方面倡导复种和精耕，另一方面厉行垦荒，一些原来较为荒僻的内地山区及东北等边疆地区获得了规模空前的开发，使得粮食生产恒有增加，基本满足了人民生产和生活的需求。

但由于中国长期以来形成的自然条件与社会经济的特点，除北方少数传统牧区，农业生产以种植业为主，辅之以猪鸡等禽畜饲养的基本格局，直到近代没有大的改变，这一点是不同于某些欧美国家的。有关的统计数据显示，在20世纪初，中国用于畜牧生产的土地在总土地中所占比重只有4.6%，而同期的德国为17.4%，意大利为20.1%，美国为35.1%，英国为56.8%。在这些国家，牧地与耕地之比，少则是耕地的二分之一，多则是耕地的1.5倍。

在欧美国家中，即使是耕地，也有相当大的部分被用于畜牧生产。有关资料表明，20世纪20年代，中国的耕地中，用于农作物生产的超过90%，用于牧草生产的仅为0.1%。而同期英国耕地用于牧草生产的为53.7%，德国为34.6%，意大利为26.2%。[1]

据一项关于1929—1933年中国22省154县168处的农村调查数据，农区中89.6%的土地被用于农作物生产，牧地及有林牧地二者合计仅为1.1%。相比之下，同期美国农区土地中用于畜牧生产的土地达47%。[2] 1800年美国种植业产值在农业总产值中的比重为36.8%，畜牧业为63.2%。此后种植业比重虽有所上升，但在农业总产值中的比重仍低于50%。1930年美国畜牧业比重仍高达57.3%。[3]

中国的牲畜大约四分之三是用作牵引动力，只有四分之一用于肉、蛋、皮毛之类的消费性生产。相比之下，美国用作牵引动力的为五分之一，英国仅为十分之一。虽然中国畜牧业在农业中所占比重不大，但动物单位面积的密度却相当之高，不仅远高于日本，也高于美国，差不多是英国的二分之一。这主要源于中国多种经营的传统，也正是这种多种经营的传统使中国精耕细作的农业体系得以普遍建立。

---

[1] 〔美〕卜凯：《中国土地利用》，乔启明译，金陵大学，1937年，204~206页。International Yearbook of Agricultural Statistics 1930—1931。

[2] 〔美〕卜凯：《中国土地利用》，乔启明译，金陵大学，1937年，173~174页。

[3] 中国科学院经济研究所世界经济研究室：《主要资本主义国家经济统计集》，世界知识出版社，1962年，23页。

家庭畜禽生产的广泛开展使得种植业生产所必需的有机肥有了稳定的来源，而有机肥的不断投入使作物生产得以持续发展。

明清之际，因植桑种棉挤占粮田，江浙稻米产区在国内稻米生产雄居第一的地位已被湖广取代。到了近代，因商业性农业的发展，江浙粮田面积进一步减少，致使原来著名的余粮区变成经常性缺粮区，年年依赖长江上、中游的米粮和关东的杂粮接济。19 世纪中叶，楚米接济江浙每年达三四百万石。[①] 每年由长江输入江浙的大米总量不下 1 500 万石，足以养活 500 万人。[②] 至此，"苏杭熟，天下足"已完全演变成"两湖熟，天下足"的局面。同样，广东也更加依赖湖南、湖北和广西米粮的供给。

近代以来，稻米生产总的来说，略呈下降之势，其在粮食总产中所占比重由 1914—1918 年的 53.1％，下降到 1938—1947 年的 36.4％。种植面积在粮食作物中的比重也从 35.5％下降到 24.7％。而同期小麦生产却因市场需求的扩大而有一定的增长。1914—1918 年小麦年产量由 28 228 万担增加到 20 世纪 40 年代的 39 458万担。在近代粮食生产中，无论是播种面积还是总产量都增长较快的是玉米、甘薯、谷子等杂粮作物。

中国幅员辽阔，不同的土壤、气候条件适宜不同的作物生长，因而粮食作物种类丰富多样。水稻主要分布在长江流域及其以南地区，尤其是四川、广东、江西、湖南、湖北、江苏、浙江等省。小麦分布较广，除华南热带地区少数省份，全国大多数地区均有种植。但长江以南小麦的产量较少，其在粮食生产中的地位不很重要。秦岭淮河一线，南北皆种冬麦。长城一线以北，春小麦居主导地位。此外，六盘山山脉以西的甘肃、新疆地区为荞麦、冬麦混合区。就种植面积和年产量来看，中国最重要的小麦产区为河南、河北、陕西、山西、山东等省。粟主要分布在黄河流域及其以北地区，以山西、河北、山东等省种植面积最大。玉米主要分布在东北、华北和长江中上游地区的山谷地带。

尽管不同粮食作物在不同省份面积大小有异，但在作物种植总面积中它们无一例外地占绝大比例。据统计，民国时期粮食作物种植面积在作物总面积中比例高于 90％的省份有绥远、察哈尔、宁夏、新疆、山西、福建、广东和广西；比例为 80％～90％的有陕西、河北、河南、安徽、湖北、湖南、江西、四川、云南、贵州和浙江；其余的也多为 66％～80％。[③] 个别的地区粮食作物比例稍低，如东北地区，粮食作物只占 62％左右，这是由于该地区是中国的大豆主产区，而大豆列入

① ［清］冯桂芬：《显志堂文集》卷一〇。
② 吴承明：《中国资本主义发展史》，人民出版社，1985 年，274～275 页。
③ 吴传钧：《中国粮食地理》，商务印书馆，1946 年，24～26 页。

油料作物统计，占 28％以上。另外，华南地区是中国热带水果主产区，其粮食作物种植面积也在 80％以下，而园艺作物占到 15％以上，全国其他地区这一指标都在 10％以下。

从作物的重要性来看，水稻居第一位。在稻作区，它约占耕地达 60％。其次是小麦，在麦作区，它约占耕地 40％。再次是小米、玉米和高粱。据一份 1929—1933 年对全国 22 省 15 县的调查报告称，水稻播种面积约占作物总播种面积 32.4％，小麦占 29.2％，小米占 10％，玉米占 9.6％，高粱占 9％。

近代农业的一个突出特点是经济作物的迅速发展，这主要得益于国内外经济联系的加强和国内市场的扩大。

1904—1933 年，粮食作物中除玉米种植面积有较明显增加，水稻、小麦大体稳定，大麦、高粱和小米则呈下降趋势。与之相反，此期经济作物的种植则呈明显上升趋势。其中棉花上升了 6 个百分点，花生上升了 3 个百分点，芝麻上升了 5 个百分点，鸦片上升了 6 个百分点，油菜上升了 13 个百分点。只有靛蓝呈急剧下降之势。这是因为其作用迅速被进口化学染料所取代的缘故。

经济作物生产的商业化指向和国际国内市场的扩大，促进了社会分工的进一步深化，致使农业生产在作物布局方面出现了明显的专业化倾向。

二、近代以来农业生产结构的变化趋向

尽管以种植业为主的基本格局未变，但种植业内部的确发生了许多引人注目的变化，这种变化在 1840 年以后表现得尤为显著。主要表现为：

（1）粮食作物生产总量持续增长。据一些学者估算，从 20 世纪初期至 1937 年，中国粮食的种植面积增加了 10％～30％。统计资料显示，在粮、油、棉三类作物的总种植面积中，粮食所占比重是下降的，由 20 世纪初的 87％～88％下降到 30 年代前期的 80％～81％。其中传统大宗作物，如小麦等种植面积持平。水稻略有下降，在粮食作物中的比重从 1914—1918 年的 35％下降到 1938—1947 年的 24.7％。

（2）玉米、甘薯、马铃薯等明清时期传入中国的美洲作物播种面积迅速增加。玉米 1914—1918 年年产量仅为 7 319 万担，到 1938—1947 年猛增到 17 961 万担；甘薯 1924—1929 年在粮食总产中的比重为 11.2％，到 1938—1947 年上升至 16.2％。①

（3）自明代中期以后，日趋衰落的传统蚕丝业转而勃兴，其繁荣一直持续到

---

① 许道夫：《中国近代农业生产及贸易统计资料》，上海人民出版社，1983 年，338～340 页。

20 世纪 30 年代。

（4）经济作物，无论是传统的棉、茶、大豆、芝麻，还是新引入的花生、烟草等，在种植面积和种植区域上都呈现前所未有的扩展。1904—1929 年花生在中国作物播种面积中上升了 2 个百分点，芝麻上升了 6 个百分点，棉花上升了 7 个百分点，油菜上升了 11 个百分点。

经济作物的发展对于扩大农业基础，提高经济效益，增加国民积累和促进资本主义的发展均有十分重要的作用。如 19 世纪后期日本借助蚕丝出口促进了工业化进程，美国的棉花、澳大利亚的羊毛和瑞典的木材亦具有同样的作用。

清代前中期，经济作物虽有发展，但除了棉花，总的来说比重变化不很大。经济作物真正长足发展是在鸦片战争以后。因中国耕地紧缺，可供开垦的荒地十分有限，经济作物比重的上升势必挤占粮食生产的土地资源。因此清末民初，不少地方出现了桑争粮田、棉争粮田的现象。如松江府的奉贤、上海、南汇三县，种棉豆多于水稻，"棉之盛，其种稻者不过十分之三四"①。太仓州有耕地 8 000 余顷，其中"种木棉者十之七，种稻者十之二，菽杂粮十分之一"②。因稻谷种植面积的下降，导致这些地区出现了严重缺粮的现象。

三、农业生产结构变化的原因与动力

农业生产结构的发展变化取决于多种因素。可以说，它是一定自然环境、社会经济结构、生产技术条件和农民传统习惯等多种因素综合作用的产物。与明清相比，近代在自然条件方面虽然没有显著的变化，但在社会政治与经济环境方面却变化剧烈，影响深远。

明清以来，中国长期实行闭关锁国的政策，对西方近代文明的发展掩耳不闻，闭目不视，致使中国逐渐落后。当西方的近代工业兴起之后，中国仍然是一种传统的"男耕女织"、自给自足的农业社会。农业生产结构必然与这种社会经济结构相适应。据统计，鸦片战争前中国粮食流通虽然在商品总流通额中接近 40％，但它在粮食总产中的比重只有 10.5％。③

鸦片战争以后，中国的国门被西方列强的炮舰打开，迫使清政府签订了一系列不平等条约，中国逐渐沦为半殖民地半封建社会。社会经济结构开始发生剧烈的变化，传统的自然经济逐步解体，农村商品经济迅速发展。近代农业生产结构的诸多

---

① 光绪《松江府续志》卷五，5 页。
② 民国《太仓州志》卷三，22～23 页。
③ 吴承明：《中国资本主义与国内市场》，中国社会科学出版社，1985 年，251～253 页。

变化就是在这种背景下发生的。因此，这些变化，从一开始就具有两个鲜明的特点。一是从其发端来看，近代农业生产结构的变动，不是农村经济自然发展的产物，而主要是外在因素拉动的结果。二是它自始至终受着国际、国内市场需求变动的影响，受着国外和国内资本的制约。这些特点与农村小生产的分散性特点相结合，使得近代农村的产业结构逐渐形成一种小生产、大流通以及流通支配生产的格局。

据统计，1873—1930 年中国各种商品出口中，农产品的价值由原来占出口商品总值的 2.6% 上升到 45.1%。20 世纪 20 年代，东北各省农产品出口量占市场总投入量 70% 以上。1924—1930 年，东北产大豆 79.3% 用于出口，国内消费的只占 20.7%。1925 年直隶等 6 省 16 县所生产的花生有 52% 用于出口。[①]

甲午战争以后，资本输出已成为西方列强对华侵略的重要手段，外资在中国直接投资设厂日益增多。据统计，1895—1913 年国内资金 10 万元以上的外国纺织与食品工厂共有 55 家，总投资近 3 亿元。[②] 1936 年在华外资纱厂拥有的纱锭占总纱锭的 46.2%，拥有的线锭占总线锭的 67.4%，拥有的布机占总布机的 56.4%。[③]

在国内，因政府和民间的大力推进，近代民族工业也迅速发展，尤其是纺织与食品工业。据统计，1940 年东北地区已有纺织工厂 1 725 家，资本 2 亿元，食品工厂 2 553 家，资本 2.8 亿元，木材及木制品加工厂 1 034 家，资本近 5 000 万元。三类工厂加起来共 5 312 家，总资本 5.3 亿元，其中 80% 以上为国内资本。全面抗日战争爆发前，华北地区各类工业资本总计 4.6 亿元，其中外国资本占 71.7%，中国资本占 28.3%。国内资本在各类工业中所占的比例不尽相同，在毛纺织工业中占 46.6%，在丝织棉布工业占 100%，在皮革工业占 73.8%，在面粉工业占 96.2%，在制糖工业占 100%，在蛋粉工业占 57.37%，在木材及木制品工业占 99.1%。[④] 这些数据表明，20 世纪初期，国内与传统农业经济有着密切联系的近代工业发展相当迅速。

轻工纺织和农产品加工制造业的建立，极大地促进了商业性农业的发展。近代以前，经济作物主要作为农村家庭手工业的原料，大部分在农村就地加工成手工品进入国内市场。进入近代以后经济格局发生了变化，经济作物生产不仅要为传统

---

① 章有义：《中国近代农业史资料　第 2 辑　1912—1927》，生活·读书·新知三联书店，1957 年，226、229～231 页。

② 李文治：《中国近代农业史资料　第 1 辑　1840—1911》，生活·读书·新知三联书店，1957 年，168 页。

③ 严中平：《中国近代经济史统计资料选辑》，科学出版社，1955 年，136 页。

④ 陈真等：《中国近代工业史资料　第 2 辑　帝国主义对中国工矿事业的侵略和垄断》，生活·读书·新知三联书店，1958 年，951～954 页。

手工业提供原料，而且还得自觉或不自觉地为世界资本主义市场和国内近代机器工业提供原料。20 世纪 30 年代初期，中国作物生产中出售率在 30％以上的有烟草（76％）、鸦片（74％）、花生（61％）、油菜（61％）、棉花（37％）、大豆（30％）。相比之下，粮食作物出售率大多较低，其中稻米仅为 15％，大麦 12％，小米 10％。[①] 中国农业产值中商品经济的比重 1920 年为 37.35％，1936 年提升到 43.86％。

受上述因素的影响，这种生产的结构性变动在地域分布上与国内外资本影响的程度密切相关。1890 年时仅上海有华商纱厂；1898 年该纱厂的纱锭数占全国 52％。虽然以后武汉、无锡等地纱厂陆续发展，但直到 1911 年，上海华商纱厂所拥有的纱锭数仍占全国 33.3％。如果将上海、武汉、无锡和南通四地加起来，则纱锭总数占全国的 63％。[②] 也正因如此，江苏、湖北两地成为全国最重要的棉花产区和棉纺织基地。

烟草种植的发展也具有同样情形。光绪二十一年（1895），南洋华侨简照南创设南洋烟草公司，在香港、上海等地设立五厂，并在河南许州、安徽凤阳、山东潍县等处建筑厂场，提供种子劝民种植，同时向烟农广收烟叶。20 世纪初期，英国和美国烟草公司为避免恶性竞争，获得更多的垄断利润，也投巨资联合组建了英美烟草公司。为获得稳定的原料来源，他们将美种烤烟在气候风土最为适宜的山东威海、坊子，河南许昌以及安徽凤阳等地推广。凭借其雄厚的财力，英美烟草公司对农民放贷资金，免费发种，辅导耕种并高价收购，使得豫、皖、鲁等地的烟草生产迅速发展。

全面抗战期间，英美烟草公司总产量占全国卷烟工业的 70％以上。中国美种烤烟的年产量虽无精确统计，但一般估计在 1.8 亿磅左右，而英美烟草公司收购之数约占全国烟草总收购量的 63％，可见其对中国烟草种植发展之影响。[③]

商品性农业的发展不仅有赖于市场的扩大，与通达市场的交通建设也有密切的关系。运输的费用往往占销售总成本的 80％以上，因此价值太低的农产品显然不适于远距离运输，尤其是价低量小的产品，一般不会进行远距离商业性贩卖。清末民初，农村中主要的运输方式仍然是肩挑或车拉。采用不同运输工具，其成本大不一样。通常情况下，肩挑的成本差不多是四轮马车成本的四倍。

19 世纪中叶以后，中国对外贸易增长迅速，而各地区比较，又以长江下游增长速度为最快。究其原因，是因为这一地区水陆交通最为便利。在江浙一带，因沪

---

① 〔美〕卜凯：《中国土地利用》，乔启明译，金陵大学，1937 年，235 页。

② 严中平等：《中国近代经济史统计资料选辑》，科学出版社，1955 年，107～108 页。

③ 陈真等：《中国近代工业史资料　第 1 辑　民族资本创办和经营的工业》，生活·读书·新知三联书店，1958 年，105～106 页。

杭甬铁路和沪宁铁路的开通运行，使商品率很高的棉花种植迅速发展，不少江浙各地的许多州县百分之七八十的耕地都用于植棉。同时，栽桑育蚕之家也有增加。1900 年由上海输出之货值为 7 800 万两，至 1910 年猛增至 17 800 万两，输入亦由12 600 万两增至 19 800 万两。20 世纪 30 年代经由上海出口的货物在对外贸易总值中所占的比重多在 50％以上。

1905 年京汉铁路通车以后，河南各地之物资得以汇聚汉口，进而通过长江输出。1904 年经汉口输出的货值不过 740 万两，到 1910 年增至 1 790 万两。[1] 1900年广州输出为 1 900 万两，到 1910 年猛增至 5 400 万两，输入亦由原 1 400 万两增至 3 300 万两。这多是因为广三铁路、粤汉铁路和广九铁路陆续建成通车的缘故。[2]又如，铁路铺设以前，东三省的大豆运输全靠辽河，但每到大豆输送最盛的冬季，辽河足有四个月结冰，交通就此断绝。但自南满铁路经营后，大连渐成东三省农产品的输出输入中心。其在全国贸易港中的地位也不断提升，由 1901—1903 年占全国各关出口总值的 4.9％上升到 1919—1921 年的 15％。[3]

虽然农业生产的这种结构性变化刚开始或多或少是被动受外部牵动的结果，但影响其长期变动的主要原因是经济规律在发生作用。大量历史资料表明，农民之所以放弃粮食生产而种植经济作物，在种植经济作物时又根据市场需求做出不同的选择，主要原因是期望获得更高的收益。如上海、南汇二县以及浦东一带，因植棉利多，农民"均栽种棉花，禾稻仅及十中之一二耳"[4]。"浙江海滨沙地，皆棉田也"，究其原因，"各处纱厂日多，商贩其多故也"。以致"新花山积，而价值仍复甚涨"。[5] 在华亭县，农民多改禾种花，"六磊塘北种花已十之三，再东北十之七矣；大洋泾南种亦十之三，再东南十之六矣"。因为"花贵米贱"，"种花较赢"。[6] 据山东棉作改良场 1929—1933 年的一项调查，1930 年前济东农家采行一年一熟之棉作，收益是种植大豆、小麦、高粱、小米等类作物二年二熟制的一倍。[7] 从江苏通海城牧公司 20 世纪初垦地种植农作物的面积统计也可看出，因利益之驱动，棉挤粮田的状况显而易见。

又如在陕西，农村中主产品历来是小麦，但"作为输出品来说，更重要的是棉

---

① 李文治：《中国近代农业史资料 第 1 辑 1840—1911》，生活·读书·新知三联书店，1957年，415 页。

② 峙冰：《铁道与贸易》，《上海总商会月报》1921 年 6 卷，20～21 页。

③ 严中平等：《中国近代经济史统计资料选辑》，科学出版社，1955 年，69 页。

④ 《申报》光绪二年七月二十八日。

⑤ 《农学报》15 期，光绪二十三年十一月（上）。

⑥ 姚光发等：光绪五年《华亭县志》卷二三，4 页。

⑦ 金城银行：《山东棉业调查报告》，1935 年，40～41 页。

花。因为同样的重量，论价值远较小麦为高"。因所产棉花多运往四川、甘肃、青海等地，以至"本省产棉不足本省的需要，须另外从河南盛产棉花的黄河流域运入这种商品"。① 由此可见，比较效益是农民决定作物生产种类时的一个重要考量因素。

此外，新的生产要素的引进和应用推广，也是推动近代农业生产结构变化不可忽视的一个因素。虽然中国近代农村经济中占统治地位的仍然是传统生产技术，但伴随西方近代科技知识和物质成果的引进，农牧生产中也出现了一些新的生产要素，引进和推广利用优良品种就是其中重要内容之一。如高产优质的美棉引进后，在中国南北棉区迅速推广，很快成为国内各棉产区主要栽培品种。山东寿光，以前只邢姚、南河、杨家、柳坑等村植棉，20 世纪初，因美棉"绒最长，种者日多"②，以至于很快在全县推广，成为寿光的主要产品。在河南陕县，也因"德美各棉，其收更丰，故栽植者尤多"③。

花生良种的引进也效果显著。近代以前，中国所种之花生皆为小粒种，产量很低。自 19 世纪 90 年代美国大种花生引进山东后，因其产量高而且耐贫瘠，很快为农民所接受，在山东、河南、山西、江苏、安徽等地传播开来。郑州、商丘一带，过去很少种花生，但随着美国大种花生的引入，往日"荒沙之区，向所弃之地，今皆播种花生，而野无旷土矣"④。有关资料表明，清末年间，从国外引进的作物良种不下 40 余种，种类包括棉、麦、稻、花生、玉米、烟草、马铃薯、蔬菜、水果等，这对于改变中国原有的作物构成、扩大作物的种植区域起到了积极的推动作用。民国以后，随着中国近代农业科技体系的初步建立，也取得了不少研究成果。据不完全统计，1949 年前，中国共育成水稻品种近 40 个，推广面积 400 多万亩，育成小麦良种 60 余个，推广应用 30 余种，种植面积 200 多万亩。⑤

近代农业生产结构的变化，对农民来说，在生产中的选择余地更大了，各类生产之间相互替代的程度进一步增强了。在价值规律的作用下，它有利于农村经济中的新增要素的开发和应用。对农区来说，如果某种作物的生产缺乏市场，它可以转向有市场前景的其他作物的生产，与传统的、相对闭塞的自给性生产相比，这无疑是一种进步。

---

① 〔德〕F. V. 李希霍芬：《中国：我的旅行与研究》，第 2 卷，1907 年，670 页。
② 民国《寿光县志》卷一一《物产》。
③ 民国《陕县志》卷一三《实业》。
④ 《农商公报》1919 年 65 期，34 页。
⑤ 郭文韬等：《中国农业科技发展史略》，中国科学技术出版社，1988 年，446 页。

第二节 粮食作物结构与产量变化趋势

1840年后，鸦片战争和太平天国运动先后爆发，苏、浙人口数量剧烈下降[①]，1887年苏、浙两省出现过短暂的粮食供大于需的现象。同样作为粮食主产区的豫、鲁和京津冀地区，人口密集，清中后期其粮食产出也难以满足大幅增长的粮食需求，开始大量输入粮食。与此同时，清末东北地区开始大规模移民放垦。有研究表明，1840—1908年，其耕地面积增长近2倍，增加约5.4万千米^2，成为北方乃至全国重要的粮食生产地。[②]

民国时期，粮食不足地区主要是豫、鲁、苏、浙、闽，以及京津冀和粤琼地区，基本为东部经济发达、人口稠密的省份，耕地产出难以满足当地人口需求，是主要的粮食消费区。[③] 粮食富余区主要是皖、赣、湘、桂和东北地区，并形成芜湖、九江和长沙三大米市。这一时期，东北地区大量修建铁路，为粮食运输提供了便利，大豆和高粱成为主要的输出产品。与清中后期相比，川渝地区人口逐渐达到饱和，人地矛盾加剧，粮食需求增大，由粮食富余区变为粮食自足区。[④]

一、近代的粮食作物结构

粮食作物在中国的农业生产布局中历来都占据中心地位，古往今来，概莫能外。在探讨近代的粮食作物结构变迁时，通常会遇到三个层次的问题，底层是粮食作物在整个农作物结构中的比重变化；中层是粮食作物中的水稻、小麦等精粮作物的比重结构变化；顶层是水稻自身结构中的粳糯类高档品种的比重变化。以上三种类型的变化及其趋势，大致反映出近代社会经济大局中的粮食种植结构的变化轨迹和规律。

粮食作物的商品率通常较低，而经济作物的商品率较高。通过对这两类作物种植面积比例变化的数据的比较，可以显示出农业商品经济发展的程度和动态关系。据北洋政府农商部《第四次农商统计表》相关数据计算，1914年时，中国粮食作物面积占作物总面积的88.9%，油料作物面积占8.8%，棉花面积占1.9%，烟叶面积占0.4%。这就是说，民国初年，中国农业经济总体上为自给自足式的自然经济，粮食作物种植面积占近九成。此后直到1937年，与上述数据相关的《中华民

---

① 郦纯：《太平天国军事史概述》，中华书局，1982年。

② 叶瑜、方修琦等：《东北地区过去300年耕地覆盖变化》，《中国科学》（D辑）2009年3期。

③ 张培刚、廖丹清：《二十世纪中国粮食经济》，华中科技大学出版社，2002年。

④ 王金朔等：《1644—1949年中国粮食生产与运输格局变迁初探》，《资源科学》2014年11期。

国统计提要》显示，列入统计的 15 个省的粮食作物面积占作物总面积的比重已经降为 83%，而同期的油料作物面积占 13%，棉花面积占 3%，烟叶面积占 1%。再往后的 1946 年，粮食作物面积占作物总面积的比重再降为 81%，油料作物面积则占到了 15%，棉花面积占 3%，烟叶面积占 1%。从此组比较数据中可以看出，中国从 1914—1946 年粮食作物种植面积的比重稍有减少，经济作物种植面积的比重略微增加，这说明，20 世纪前半期，中国农村商品生产有一定程度的发展，但粮食作物面积占耕地总面积最高达 89%，最低为 81%。[①]

表 7-1　1914 年七大区主要农作物结构统计

单位：万亩，%

地区	种植面积	粮食作物		纺织原料作物	
		面积	占比	面积	占比
华北区	35 542.6	29 391.0	82.7	1 334.5	3.8
华东区	19 280.4	1 554.7	80.7	1 283.6	6.7
华中区	39 102.1	36 375.4	93.0	538.1	1.5
华南区	7 999.6	6 246.7	78.1	103.9	1.3
西南区	30 465.3	28 329.7	93.0	154.5	0.5
西北区	5 941.7	5 393.6	90.8	306.0	5.2
东北区	14 052.9	8 761.6	62.3	688.0	4.9
合计/平均	152 384.6	130 052.7	85.3	4 453.6	2.9

地区	油料作物		烟茶蔗作物		瓜果园艺作物	
	面积	占比	面积	占比	面积	占比
华北区	3 470.0	9.7	72.8	0.2	1 274.3	3.6
华东区	1 213.4	6.3	167.1	0.9	1 061.6	5.5
华中区	499.0	1.1	616.8	1.6	7 077.8	2.8
华南区	249.7	3.1	182.5	2.3	1 216.8	15.2
西南区	374.0	1.2	441.2	1.4	1 165.9	3.8
西北区	95.5	1.6	22.7	0.4	123.9	2.1
东北区	3 993.5	28.4	91.2	0.6	513.6	3.7
合计/平均	9 845.1	6.5	1 594.3	1.0	6 438.9	4.3

注：七大区范围：华北区包括直、鲁、豫、晋、察、热；华东区包括苏、浙、皖；华中区包括鄂、湘、赣；华南区包括闽、粤、桂；西南区包括川、云、贵；西北区包括陕、甘、新；东北区包括奉、吉、黑。

资料来源：李进霞：《近代中国经济作物生产的发展》，《河南商业高等专科学校学报》2009 年 3 期。

---

① 丁长清：《关于中国近代农村商品经济发展的几个问题》，《南开经济研究》1985 年 3 期。

还有一组数据是探讨粮食作物内部的品种构成的变化，它能从另一个侧面反映出粮食种植对国民经济以及农业商品化程度的影响。首先，从表7-2考察，它反映出两方面的重大变化信息。一是水稻与小麦的消长变化关系。以1914年为100，1947年的小麦升为133，而水稻降为92。这组数据说明粮食的商品率有了较大提高。因为大米通常是用于直接食用的，大部分是口粮消费，而小麦是加工面粉的原料，近代机器面粉加工业发展较快，刺激了小麦种植的发展，因此20世纪前期中国的小麦种植指数从100升至133，增长了三分之一。而以直接食用为主的水稻种植指数则从100降为92，减少了8%的种植。表7-2反映的第二点是，再从水稻内部的籼粳糯三类的种植比例关系考察，可以看到，1914年的指数为100，到1947年时，籼粳类基本没有变化，同为100；而糯稻降为48，降幅超过一半。这组数据反映的是，籼粳类大米是中国居民的主要口粮，具有消费刚性，需要保持恒定的供应，因此长达30年的种植比例结构基本不变；而糯米是节庆或糕点加工的特需消费，与口粮相比其供需弹性较大，因此当小麦种植面积扩大时，首先被挤掉的是糯稻的种植面积。它从更深的层面上反映了中国农业商品经济的提高。

表7-2　谷物种植面积增减指数

时期	稻　类			小麦	玉米	高粱	大麦	谷子	糜子
	籼粳稻	糯稻	合计						
1914—1918年	100	100	100	100	100	100	100	100	100
1924—1929年	102	75	98	143	157	131	138	—	—
1931—1937年	99	64	93	145	164	110	158	84	102
1938—1947年	100	48	92	133	197	99	125	100	70

注：以1914—1918年的种植面积为基期＝100。

资料来源：许道夫：《中国近代农业生产及贸易统计资料》，上海人民出版社，1983年，338～339页。

二、近代粮食产量

粮食总产量变化反映的是国家粮食供应的变化，以及与之相关的粮食安全系数，如果粮食总产量急剧减少，则意味着粮食供应紧张，严重时会发生社会震动甚至失序动乱。因此，在考察近代农业发展的程度时，需要对粮食生产和长期变动情况做出定量的考察检测。而全部测定工作的基础，主要是根据种植范围广、种植面积大的稻、小麦、大麦、玉米、高粱、谷子、甘薯7种作物的产量进行估算（表7-3）。

表 7-3　1916—1946 年七种主要粮食作物的产量变化

单位：千市担标准粮

作物	1916 年	1921 年	1926 年	1931 年	1936 年	1941 年	1946 年
稻	1 159 848	969 228	887 740	985 950	1 046 400	836 871	985 430
小麦	357 391	381 026	429 880	475 750	486 850	340 980	437 650
大麦	105 944	97 688	123 110	154 830	156 400	115 624	116 000
玉米	74 840	72 608	244 430	140 970	142 800	92 896	193 000
高粱	165 621	148 141	229 890	231 740	234 940	81 087	238 980
谷子	77 165	98 547	123 840	201 850	207 990	67 091	248 480
甘薯	28 812	53 513	68 983	73 602	79 225	98 645	108 330
合计	1 969 621	1 820 751	2 107 873	2 264 692	2 363 605	1 633 194	2 327 870

从表 7-3 可以看出，20 世纪上半叶中国粮食总产量的变化趋势基本是上升的，在总的上升趋势中有两个较大的下落点：一个是 1937—1945 年全面抗日战争时期。期内产量最高的 1939 年粮食总产为 1 831 482 千市担（标准粮），仅相当于 1936 年的 75%；另一个是 1947—1949 年的第三次国内革命战争时期，期内 1949 年的粮食总产为 2 008 268 千市担（标准粮），相当 1936 年的 82%。不过这两个时期产量的下落，并不是由于经济原因，而是由于战争所致。一旦社会动乱的外生因素消除后，情况就得到扭转。新中国成立后，1950 年一年就使粮食产量增加了 15.4%，达到 2 317 541 千市担（标准粮），已相当于 1936 年的 95%；1951 年进而增长 8.3%，超过了 1936 年的水平；此后，中国的粮食产量就基本是平稳地增长了。①

表 7-4　1916—1951 年全国人均粮食占有量及相对指数比较

年份	粮食总产量 （千市担标准粮）	总人口 （万）	人均粮食产量 （斤标准粮）	指数 （1916 年＝100）
1916	1 983 506	42 538	466	100
1921	1 879 743	44 241	425	99
1926	2 176 168	46 011	473	102
1931	2 338 068	47 252	495	106
1936	2 440 237	46 136	529	114
1941	1 686 110	46 120	366	79
1946	2 403 293	46 104	521	112
1951	2 509 897	55 138	455	98

---

① 文洁、高山：《20 世纪上半叶中国的粮食生产效率和水平》，《经济科学》1982 年 4 期。

测定粮食的总产量之后，还有一个重要指标就是人均粮食占有量，这是衡量一个社会生活水平程度的重要指标之一。由表 7 - 4 可以算出，1916—1951 年，粮食总产量的平均年增长速度为 0.67%，人口的平均年增长速度为 0.74%，粮食增长略低于人口的增长，即生活水平略有降低，但是幅度不大。大致地说，近代人均粮食占有量只是围绕 450~500 斤这个水平上下徘徊。

三、近代的粮食流通贸易

粮食流通大致包括流通政策、流通过程、流通效用等方面，涉及范围十分广泛。近代以来尤其是 20 世纪初以后，中国逐渐沦为粮食进口大国。近代中国粮食进口是多种因素合力作用的结果，国内粮食流通状况是重要因素之一。

在第一次世界大战以前，中国经济已受到国外资本的侵入和控制，外粮自由行销中国市场的基本政治经济条件已经形成，但导致此时期外粮进口的主要因素是国内经济发展中经济结构变化引起的粮食供求不平衡。第一次世界大战以后，随着国际市场粮食供求关系的变化，特别是世界小麦市场供需矛盾的加剧，各粮食输出国带着倾销和盈利的双重目的，凭借资本主义国家在华的政治经济权益，把滞销于世界市场的粮食大量兜售于没有贸易保护的中国市场，并且在中国市场形成了其充分的市场销售条件。因此，此时期影响中国粮食进口贸易并决定其规模的主要因素，是国际粮食市场供求状况及其体现的各主要粮食输出国粮食经济局势，以及国际粮食商人资本对中国的粮食倾销活动。国内经济结构变化引起的粮食供求不平衡因素降于相对次要的地位。此外，中国粮食经济受封建经济结构的束缚，其经济实力和行为不仅不能抵制外粮的倾销，而且通贯于整个近代，始终成为导致中国粮食进口贸易发生和发展的原因。[①]

总体上说，中国近代正常的收成年份，大米供求总量是基本平衡的。所谓的不平衡，病根表现为区域性不平衡、季节性不平衡和品种结构性不平衡。工商经济发达、人口稠密的东南沿海地区是缺粮区，而长江中游的传统稻米产区则是余粮区，两者间必须进行大量的粮食流通贸易和余缺调剂。[②] 但是，限于当时的物流条件，两地间的运力不足，特别是内陆地区粮食运输外调困难。而沿海地区的新兴市镇的粮食贸易异常活跃，出现了许多畸形的粮食市场。出现内地米麦滞销与沿海大量进口并存，"谷贱伤农"与"谷贵伤民"同现的失调失衡景象。

晚清时期，中国人口增长过快，粮食供应紧张，因此各地曾相继出台了"禁

---

① 吴柏钧：《影响中国近代粮食进口贸易的诸因素分析》，《中国经济史研究》1988 年 1 期。
② 张培刚、廖丹清：《二十世纪中国粮食经济》，华中科技大学出版社，2002 年，251 页。

粜"政策，即地方官府禁止省内粮外运的政策。例如，光绪三十一年（1905），清政府曾颁布《定运米出省章程》及《稽查私运米石章程》，人为地加剧了缺粮地区的困难。[①] 民国以后，"省自为政"的状况更甚，产粮各省常有禁粮出省政策，甚至有"县禁"之举。在发生了米荒的 1934 年和 1936 年，湖南、安徽和江苏等省就实行了禁粮出省政策。缺米麦地区在国内来源断绝的情况下，只得唯洋米麦是求。同时因为没有统一的国内粮食市场，导致粮食市场组织和运销机构效率低下，粮食交易中间环节多，成本高，造成国产粮的竞争力减弱。粮禁政策也造成谷贱伤农现象。"封禁之时，往往不明歉折究竟若何？存粮有无多寡？封禁以后，因不流通之关系，使米价低落，迨新谷登场，农民欲思出粜，致遭因封禁而有谷贱伤农之害。"[②] 各省在粮食出境时课以重税，特别是产粮大省，以此税种视为财政支柱，税卡林立。1931 年，粮食运输关键的粤汉路湘鄂段，征税机关有 14 个，津浦路竟达 139 个。[③] "出境有照费；通过有捐税；就地有特税；经售有佣费，重重叠叠，米谷之成本重，即有余粮，亦难与洋米角逐于市场。"[④]

1929—1933 年世界经济危机期间，橡胶产品销售困难，中国近邻的南洋各国，一改橡胶园为水稻田，致使国际稻米产量突增。在日本，政府对出口米谷进行补贴政策。同时，中国自康熙年间至 1932 年，对进口粮食没有任何限制，而且有免税优待，但因此也造成外粮价格低，竞争力强。[⑤]

外粮大量倾销入境引起了国民政府的重视，政府相继召开了多次全国粮食会议，制订了"食粮调节办法"，并且采取了一系列具体措施：

一是设立全国粮食运销局。调剂全国粮食的前提是精确统计各地供需状况和流通状况。1930 年，米价高涨，米荒严重，12 月 20 日，"内政部制定调查全国食粮生产状况表册，分发各省市，切实调查，限两月内报部，以资统计，藉谋调剂方法"[⑥]。"内政部乃为全国积谷之第一次调查，报告者十二省一市，得谷二百三十余万石。"[⑦] 1933 年，国民党实业部中央农业实验所开始主办全国性的农业调查，在全国各地设有农情报告员，"调查各省主要农产之收获丰歉及各地农产经济之兴衰

① 郎擎霄：《中国民食史》，商务印书馆，1933 年，174 页。
② 钱然：《中国粮食问题之检讨》，《钱业月报》1935 年 3 期。
③ 章有义：《中国近代农业史资料 第 2 辑 1912—1927》，生活·读书·新知三联书店，1957 年，137~138 页。
④ 冯柳塘：《中国的民食问题》，《文化建设》1934 年 1 卷 1 期。
⑤ 蔡胜：《20 世纪 30 年代粮食流通问题探析》，《内蒙古农业大学学报》（社会科学版）2010 年 5 期。
⑥ 《内部调查全国生产》，《申报》1930 年 12 月 21 日。
⑦ 冯柳塘：《中国民食行政之总检讨》，《国际贸易导报》1936 年 8 卷 6 期。

实施"。① 农村复兴委员会成立以后，委托社会经济调查所进行南京、浙江等省市的粮食调查，并汇成粮食调查丛刊。1933 年，小麦价格一再低落，行政院"议决派员分赴各省实地调查此次滞销之原因"②。由实业、铁道、财政三部，南京市政府和农村复兴委员会联合调查小麦的产销、运销和各地捐税。

1934 年 5 月，国民党中央决定粮食运销局"归由官办。中央前认一百万流动资金，作为营业资本，运销总局设于上海，由蒋委员长委顾馨一主持其事，国内各商埠区域设立分局，或运销代办处"③。11 月 20 日，行政院通过《粮食运销局暂行组织章程》，由财政部"设置粮食运销局，办理全国粮食运销事宜"④。

二是开放禁令和减免费用。国民政府对国内粮食流通采取的措施主要是开放禁令和减免流通费用，以此来促进国内粮食流通。1930 年米荒现象严重，各产粮区禁粮出省，国民政府一再申令各省市禁止遏籴。但各省禁粮出省现象仍十分严重，即使开禁，也是寓禁于征，捐税繁重。财政部长宋子文在 1932 年 12 月国民党第四届三中全会中提议"流通国内米麦案"，会议照案通过，由行政院于 1933 年 1 月 12 日通令实行《流通国内米麦令》，"由政府通令各省一律开放米麦禁令，使省与省县与县均得自由轮转，绝对流通。其抽收米麦捐费省分，并应通令彻底取消，以后永远不得再有类似此项捐费名目发生"⑤。铁道部也随之减免运粮费用，"为平准各地粮食起见，已将米、麦、豆、玉蜀黍等农产品，运价由四等减至五、六等核收。此外，又定有特定运价，论其等级，已在第六等之下，几与泥土之运价相等"⑥。此后，禁粮出省现象有所好转。

三是进口征税和出口免税。国民政府对粮食国际流通的主要措施是进口征税和出口免税，意图减少进口，增加出口，避免谷贱伤农现象。1928 年国民政府通过改定新约，取得了关税自主权，粮食进口征税成为可能。1929 年 6 月上海市粮食委员会建议改定粮食进口税，以示限制。但因当时米荒现象严重，行政院虽知"洋米有征税之必要，然仍不即行"。1930 年底颁布的进口新税则，仍对粮食免税。1932 年的"调节民食会议"，议定滑准税率，国内米粮价格，如跌至某价，则对于洋米有累进之进口税；如超过假定之价格，则进口免税，以为斟酌平衡之计。1933 年 5 月公布的国定进口税则，米麦进口依然免税。1934 年 7 月进口税率为，米每

---

① 沈宪耀：《三年来之农情报告概况》，农林部中央农业实验所，1941 年 2 期。

② 李渭清：《外麦输华与国产麦供需之概况》，《中央银行月报》1933 年 2 卷 11 期。

③ 《八省粮食运销局全部业务决归官办》，《申报》，1934 年 5 月 21 日。

④ 行政院农村复兴委员会：《设立粮食运销局案》，《农村复兴委员会会报》1934 年 2 卷 6 期。

⑤ 荣孟源、孙彩霞：《中国国民党历次代表大会及中央全会资料》下，光明日报出版社，1985 年，19 页。

⑥ 马寅初：《中国经济改造》，商务印书馆，1935 年，129 页。

公担征 1.65 金单位，谷每公担征 0.83 金单位，小麦每公担征 0.50 金单位。[1]

禁止粮食出口是中国传统的粮食政策，1930 年，国民政府还是严禁米麦出口。1931 年 6 月 1 日，行政院公布《出口新税则》，米谷每担征 0.34 关平银，小麦每担征 0.25 关平银，在政策上对出口粮食有所松动。1932 年以后，谷贱伤农愈演愈烈，1933 年 10 月行政院"决议将原禁粮食外运之举，停止执行，准予自由运销，其出口税则内列之出口税，并免予征收"。国民政府实施的上述政策取得了一定的成效，外粮进口数量急剧下降，国内流通也逐渐好转。以广东为例，1930—1935年，平均年进口洋米 959 万担，输入国米 152 万担，洋米占广东总输入米谷的 86.3%，而到了 1937 年，洋米进口 458 万担，输入国米 611 万担，洋米只占广东总输入米谷的 42.8%。[2]

近代以后，中国粮食流通格局再次发生变化，主要表现在以下四个方面：

首先，粮食流通数量继续增加。20 世纪 30 年代全国仅稻米长距离贸易即达 4 500 万担。[3] 小麦和杂粮运销合计远远超过稻米数量。也就是说，全国粮食的运销总量至少在 1 亿担以上。鸦片战争以前中国已有粮食进口，战后发展迅速。据统计，1867—1921 年全国共进口大米、小麦和面粉 176 亿余担，平均每年约进口 502 万余担。1922—1937 年大米、面粉和小麦共进口 5.2 亿余担，年均进口 3 250 万余担。[4] 粮食大量进口自然也增加了粮食流通数量。

其次，粮食供应地发生变化。例如四川输出大米数量逐渐减少，民国以后已经不再是米谷供给地，在灾荒之年，湘米、皖米甚至有倒灌入川之势。1931 年四川输入稻谷 10 万余担，1937 年输入芜湖米 2 万余袋。[5] 湖北米谷供给也在减少，有时尚需仰仗湘米。20 世纪 30 年代湖南的年均净输出之食米仅为 400 万市担。另外，粮食需求地也发生变化。虽然长江下游和闽粤仍旧为粮食进口地区，但是随着城市化进程迅速发展，粮食销售市场日益集中于沿海口岸城市。原来全国最大的粮食集散地苏州米市逐渐衰落，为无锡米市、上海米市、镇江米市所取代，上海变成全国最大的消费市场，其次为广州、天津等商埠，上海、广州、天津成为全国粮食贸易三大中心。随着粮食需求地区发生变化，也引起了粮食商品性质的变化[6]，即

① 冯柳塘：《洋米免税及其征税之经过》，《申报月刊》1935 年 4 卷 7 期。
② 陈启辉：《广东土地利用与粮食产销》（下），载萧铮：《民国二十年代中国大陆土地问题资料（51）》，台北成文出版有限公司，1977 年。
③ 徐正元：《中国近代稻米供需、运输状况的计量考察》，《中国经济史研究》1992 年 1 期。
④ 徐畅：《近代中国粮食进口中的阶段和影响》，《史学月刊》2010 年 6 期。
⑤ 吴传钧：《中国粮食地理》，商务印书馆，1948 年，70 页。
⑥ 吴承明：《中国资本主义与国内市场》，中国社会科学出版社，1985 年，255～258、272、291 页。

近代以后以工业品或者经济作物换取粮食的趋势逐渐加强,与鸦片战争前粮食流通基本为农业产品的互通有无和与手工业产品交换性质不同,某种程度上反映了中国经济的转型。[①]

第三,粮食流通的分散性和层级性。近代中国粮食作物的商品化程度不高,农户种粮多供自家消费,中小农户大多自食不足,无余粮出售,出现于市场的粮食占总产量比例极低。[②] 最终输送到消费地的粮食就是千家万户的小农将其点滴"余粮"汇集贩运到乡村集市,再经过层层转运,运销到区域性或者全国性粮食聚散市场,最终转运至粮食需求地的。因为粮食来源具有零散性,因而就决定了粮食流通格局的多层级性,而多层级性也相应地提高了对粮食流通体系的要求。

第四,粮食流通具有长距离性。粮食流通虽然具有层级性,但是长距离贸易也是其最重要的特征之一。虽然上文在谈到粮食流通格局时说近代以来粮食流通线路有所缩短,但无论是由长江中游运往下游,还是运往东南沿海的闽粤省份,无论是从东北南运山东或者是运往上海和江浙,毕竟还有相当数量,都是长距离贸易。长距离贸易对运输工具、运输组织的要求程度相对较高,而事实上落后的近代中国很难有效地满足粮食长距离贸易的要求。粮食流通量大值低,利润微薄。粮食是老百姓的生活必需品,并且需求量庞大。中国近代粮食流通的绝对数量虽然很大,但是相比较而言,价值却相对较低。数量庞大、价值较低的粮食流通特点,加上运输体系不够发达和完善,影响了粮食流通的效率。[③]

第三节 经济作物专业化生产区域的形成

如前所述,中国的农业生产以作物生产占绝大比重。作物的生产又分粮食作物与经济作物两大类。近代在粮食作物的生产方面,受自然和历史的影响,南方以稻米为主,北方以麦、粟、玉米、高粱为主的基本格局未变。作物的种类更趋多样化,分布区域及品种所占的比重也有细微变化。

一、纤维作物生产

(一)棉花的生产

明清以来,棉花种植就相当普遍。主要产区有江苏、浙江、河北、山东、湖北等地,其中又以江苏为最多。

---

① ③ 徐畅:《近代中国国内的粮食流通与粮食进口》,《东岳论丛》2011 年 11 期。

② 张培刚、廖丹清:《二十世纪中国粮食经济》,华中科技大学出版社,2002 年,220 页。

辛亥革命以后，张謇出任北洋政府农商部长，提出了著名的"棉铁主义"主张，推动了中国近代的棉花种植和棉种的改良，促进了植棉业的发展，对中国经济社会产生了深远的影响。中国近代棉业生产的变化，主要采取了三项措施：

（1）制定法令、法律，利用国家政权的力量对棉花生产实施一定的干预。例如，北洋政府分别于1914年4月和1915年7月颁布了《植棉制糖牧羊奖励条例》《农商部奖章规则》和《植棉制糖牧羊奖励条例细则》三项法令。特别是在细则中做出了明确规定，将直隶、山东、江苏、浙江、安徽、江西、湖南、湖北、山西、河南、陕西等11省列为植棉区。还规定凡经勘定可行植棉之县份，如有未垦的荒地，县知事须设法招垦，扩充植棉。奖励植棉体现了政府对棉业生产的支持，而建立了专门的棉花种植区域则是促使棉花生产走向区域化、规模化。[1]

（2）培养农业科技人才，兴办农业试验场，推动农业科技进步，为植棉业的发展提供科技支持。设立各地棉场等实习和试验场所。如江苏南通农业大学创立棉作物实验室，在阜宁拨出11万亩作为棉花栽培试验基地。设立试验场于正定、南通、武昌等处。为了加快棉种改良的步伐，还特聘美国棉花专家周伯逊（H. H. Johson）为顾问，指导棉作技术的改良。1916年前后，穆藕初在家乡浦东开办植棉试验场；1917年，中华植棉改良社在上海吴淞、奉贤、南通设试验场，又建有多处植棉实验厂。1919年，上海华商纱厂联合会在宝山、南京设立棉业试验场；1920年前后，在长江及黄河流域的重要产棉区设植棉场，总场设于南京，在江苏境内还设有江浦、溧水、金坛、宝山、灌云、铜山、萧县、宝应等分场。1933年4月，中央棉产改进所在南京成立；1934年，中央研究院与棉业统制委员会在上海合办棉纺织染试验馆。

（3）创办棉业组织和农垦公司。清末民初以来，中国出现了一些新式棉业同业公会。1917年，穆藕初等人在上海组织中华植棉改良社，1918年上海华商纱厂联合会成立，并先后设有"棉作改良推广委员会"和"植棉改良委员会"。1931年3月，中华棉产改进会成立。1936年底，上海纺织业同业公会有10余家。[2]

20世纪20年代中期以前的北洋政府时期，中国棉产改进十分缓慢，中央和地方政府虽然也屡屡提倡推广棉花种植和棉种改良，但是成效尚不显著。其间，最为引人注目的是社会团体开始介入美种棉花的引进、改良及推广工作，引进的棉花品种有爱字、脱字、斯字和德字等号。1927年南京国民政府成立后，仍然没有太大的作为。

1933年以前，南京国民政府的棉产改进事业，主要集中在华中和西北地区，

---

① 曹发军：《基于农业现代化视角对张謇推进植棉业发展的评述》，《甘肃社会科学》2009年3期。

② 李义波、王思明：《民国时期长三角棉业组织研究》，《中国农史》2012年3期。

主要有设立棉业试验场，从事棉种改良，选购、分发、培育棉种等。① 以优良棉种推广而论，"1931年各省所有公立棉场，每年出产良种，不足一千担，杯水车薪，无济于事"。② 1933年国民政府提倡统制经济，成立了棉业统制委员会。1934年成立的中央棉产改进所，与各大学和农事试验场合作，推广棉种改良工作，与中央农业推广委员会及各地农业推广机构合作，推广植棉，与金融界合作，改善棉花运销。③

1937前，中国年产100万～300万担皮棉之主要产棉省有河北、湖北、江苏、河南、陕西、山东等。全面抗战爆发后，除陕西省，多数省份都先后沦为战区。

全面抗战爆发后，后方各省，陕西、四川、云南、贵州、甘肃等棉产额之合计只有200万担左右，虽纱锭数目同时剧减至184 000枚，然而因为后方纱业的迅速兴起，加之填充、制火药、药棉之消耗，为数仍是可观，共需棉花300万担，产销相抵，仍有100万担的差额。陕西成为大后方唯一完整的产棉区域，军民被服大多仰赖陕棉供给，故陕西棉业关系抗战前途。全国经济委员会在陕西专门设立棉业改良所，以提高棉花产量和质量。提高产量方法有扩充棉田面积与增加每亩产量。1937年前，陕西棉田面积年有增加，1937年达483万亩。全面抗战期间，陕西棉产业在增加产量的同时也十分注重品质的改进，推广优良品种。④

由于政府和社会团体上下一致推广棉花生产，大大促进了近代棉花生产，形成了华北、华东和西北等主要产棉区，促进了中国棉纺业的发展。

（二）麻类的生产

麻类属纤维作物之一。宋元以前，其在中国作物上的地位不逮蚕丝。明代以后，因植棉之推广，又不及棉花。但苎麻质轻有丝光，吸水性强，易传热，是很好的夏服衣料。亚麻布因有不易漏水的特点，常用于做防雨物品及绳索。黄麻、洋麻纤维粗短，宜纺麻袋，等等。因麻类产品的特殊价值，它在近代的国民经济中逐渐占据重要的地位。

中国麻类主要品种有苎麻、大麻、亚麻、黄麻、苘麻和洋麻。大麻、苎麻栽培历史最为远久，到19世纪，南起云南北至黑龙江，均有栽培种植。亚麻种植亦早，主要分布于西北、华北和东北各地。黄麻性喜高温多雨，主要分布于长江以南各

---

① 刘阳：《抗战前南京政府对美种棉花的引进改良与推广》，《中国农史》1999年3期。

② 章有义：《中国近代农业史资料 第3辑 1927—1937》，生活·读书·新知三联书店，1957年，929页。

③ 徐畅：《抗战前河北棉花生产和运销改进述析》，《河北大学学报》（哲学社会科学版）2003年4期。

④ 曾玉珊、王思明：《冯泽芳与抗战时期的后方棉产改进》，《安徽史学》2013年2期。

省。苘麻分布于长江流域以北各地。洋麻在中国栽培历史较短，经济上的重要性也较次，20世纪三四十年代在东北、浙江有一定种植。

麻类产品多非当地消费，而是贩运外地。清末民初，四川、山西、湖北、湖南、河南等省的麻类产品大多汇集汉口，然后通过长江运往各地。其每年输出额，经汉口税关者达十五六万担，倘再加上经厘金局部分及当地自用部分，则销售额当有三十五六万担。[①] 以上各种麻类产品中，以苎麻生产最为重要。这是因为19世纪80年代以后，世界苎麻市场几乎完全依赖中国供给，从而极大地刺激了苎麻的生产。中国最重要的苎麻产地有江西、湖南、湖北、福建、广东、四川诸省，如江西之抚州、建昌、宁都、广信、赣州，湖南之浏阳、湘乡、攸县、荣陵、醴陵，广东的新兴等，皆是著名麻乡。中国近代之苎麻远销朝鲜、日本、南洋和欧美各地。

二、油料作物的生产

(一) 大豆的生产

大豆对土壤的要求不严，沙土、黏土及新开垦之土皆可种植，因此它的分布很广。除关陇以西种植较少，全国大多数地方都有种植。广东、云南等靠近热带的地方，日照长，终年无霜，一年可种两茬。浙江、江西和福建一些地方多为秋作大豆区。长江流域大豆品种最为丰富，是夏作大豆区。河北、山西、陕西北部、宁夏和甘肃为春作大豆区。

1862年以前，清政府实行"豆禁"政策，严格限制大豆及其制品的出口，当时东北生产的大豆主要运往中国的江南地区。1862年3月迫于形势的压力清政府正式对外"许开豆禁"，允许外国到中国港口从事大豆的转口贸易。"豆禁"的解除大大增加了国内和国际市场对大豆的需求，从而刺激了东北大豆的生产和出口。1873年维也纳万国博览会上中国东北的大豆参展，并引起轰动，进一步提高了中国东北大豆的知名度。1908年一家外国商行将中国东北大豆运至欧洲试销，获得极大成功，使得国外对中国东北大豆的需求大大增加。同时大豆用途推广到化学工业和制造工业上，也使得国外对大豆的需求大量增加，从而刺激了国内的大豆生产。[②]

随着大豆用途的多样化，生产范围不断扩大。19世纪东北荒地开辟，大豆得

---

① 日本外务省：《清国事情》上，1907年，891页，转引自李文治：《中国近代农业史资料第1辑 1840—1911》，生活·读书·新知三联书店，1957年，435～436页。
② 王国臣：《近代东北地区大豆三品贸易研究》，《农业经济》2006年9期。

到繁育，种类既多，产量亦丰。尤其是豆油成为新兴化工原料后，进一步刺激了大豆的生产，使东北成为中国最主要大豆产区。1894年全国年产大豆约4 132万担，东北即占1 322万担。

近代中国的大豆生产在世界上具有举足轻重的地位。据统计，1929—1933年中国生产的大豆占世界大豆生产的89.4%，1934年占84.6%，1935年占79.0%，1936年占83.3%。中国东北地区是大豆生产的集中产区，其种植面积和产量均占全国的很大比例。在20世纪上半个世纪里东北大豆的种植面积占全国耕种大豆面积的30%以上，一般年份占全国的40%以上，最高时占全国耕种面积的一半以上。[①]

因出口不断增加，东北大豆的播种面积不断扩大。1910年南部和北部大豆已占种植面积20%，1927年，进一步增至23.2%，北部增至34.5%。[②] 有关资料显示，东北大豆种植面积从1914年的3 000万亩增加到20世纪40年代的6 000万亩，年产大豆从3 000余万担增加到8 000余万担，分别占全国种植面积和产量的51%和48%。[③]

（二）花生的生产

近代以前，中国的花生仅限于福建、广东等南方省份种植。1860年前后，从美国传入了中国目前普遍种植的花生品种"弗吉尼亚种"（普通型），即通常所称的"洋花生"或"大花生"。这个新品种有直立型和蔓生型两种，含油量比中国历史上引种的品种稍低，但适应性更强，颗粒大，产量高。据记载，大花生品种最初由美国人于1857年把种子带到了上海，可能只在当地少量或花园内种植，并没有在社会上广泛传播种植。1862年，美国传教士梅里士从上海将它带到了山东省蓬莱试种。在山东试种成功后，这种新品种迅速向内地传播，在很短时间内便传遍了全国各地。由此，大粒型花生在中国的栽种面积迅速扩大，产量空前增加。特别是在黄河流域及东北、华北地区大面积种植，形成了近代的主要花生产区。花生逐渐成为中国的重要经济作物，在国计民生中的地位越来越高。

到19世纪80年代，随着大粒花生的普及及国际市场的需求，花生种植很快被推广到长江流域和北方各省。1909—1911年，中国年出口花生43万担，1929—1931年增至181万担，20年间增长了4倍。[④]

---

① 王国臣：《近代东北地区大豆三品贸易研究》，《农业经济》2006年9期。

② 章有义：《中国近代农业史资料 第2辑 1912—1927》，生活·读书·新知三联书店，1957年，226页。

③ 许道夫：《中国近代农业生产及贸易统计资料》，上海人民出版社，1983年，181~182页。

④ 严中平等：《中国近代经济史统计资料选辑》，科学出版社，1955年，74页。

民国初年，全国 17 省花生种植面积约 1 390.2 万亩，总产量约在 1 789.4 万担（约合 89.47 万吨），出口量在 450 万担左右。其中山东花生输出占到了一半左右。到 20 世纪 30 年代，全国 17 省花生种植面积约在 2 251.2 万亩，生产总量在 5 380.4 万担左右。①

中国近代花生主要产地在黄河下游，即山东、河北、河南三省及江苏、安徽两省的淮北地区。据河北河间、山东章丘的调查统计，花生种植面积占耕地面积的比重，1900 年为 4%，1915 年为 10%，1924 年增至 31%。② 20 世纪 20 年代，山东烟台的花生种植面积已占耕地面积的三分之一。1924—1929 年，全国 17 个主要花生产区，种植面积已达 1 680 万亩，年产 5 085 万担。1931—1937 年，种植面积更增至 2 251 万亩，产出花生 5 380 万担。③

（三）芝麻的生产

芝麻为汉代张骞从中亚细亚引入，因其得自胡地，初称胡麻，以别于原产中国之大麻。芝麻自传入后，首先在黄河流域推广。19 世纪时，芝麻在中国东西南北皆有种植，栽培面积上千万亩。近代以后，中国芝麻多分布在气候比较温暖、雨量比较调顺的地区，其主要产区分布在淮河、黄河及长江三大水系流域，如河南、湖北、安徽、江西、河北及四川等地。其中河南省是中国近代的芝麻集中产区，种植面积和产量一直稳居全国首位，形成了全国芝麻种植的专门区域。河南出产之芝麻大多运往南方各省，以致当地麻油价格大涨。④ 湖北所产芝麻大多经汉口向海外输出，年输出额在 50 万担以上。⑤

芝麻种植的发展，与对外贸易有密切的联系。20 世纪初期，除河南省，种植较多的还有湖北和江苏。1917 年时，两省种植面积 180 万亩，年产芝麻籽 168 万担。1931 年，仅京汉铁路沿线的鄂豫产区运出的芝麻已占世界市场供应量的 40%。1931—1937 年，全国芝麻种植面积 2 148 万亩，年产芝麻籽 1 681 万担。⑥

近代以来，河南芝麻的种植逐渐形成区域化专门生产的规模，其主产区以豫南地区最为集中。"河南芝麻产量较多之地为驻马店、漯河、周家口、郾城、遂平、

---

① 许道夫：《中国近代农业生产及贸易统计资料》，上海人民出版社，1983 年，195～198 页。
② 章有义：《中国近代农业史资料 第 2 辑 1912—1927》，生活·读书·新知三联书店，1957 年，205 页。
③ 许道夫：《中国近代农业生产及贸易统计资料》，上海人民出版社，1983 年，195～196 页。
④ 《时报》光绪三十二年十月初六。
⑤ 日本外务省：《清国事情》上，1907 年，901 页，转引自李文治：《中国近代农业史资料第 1 辑 1840—1911》，生活·读书·新知三联书店，1957，439～440 页。
⑥ 许道夫：《中国近代农业生产及贸易统计资料》，上海人民出版社，1983 年，201 页。

西平、临颍、汝南、归德等地。"① 这些芝麻产区大都位于平汉铁路沿线，根据
1933 年的调查，河南省有 36 个县种植芝麻面积在 1 000 亩以上，其中约有半数的
县份位于铁路沿线。芝麻产区除了集中于铁路沿线，还较多分布在沿江沿河的
市镇。②

20 世纪上半叶，国内外市场对芝麻的需求旺盛，刺激了中国芝麻种植的积极
性，芝麻种植日益发展，逐渐成为出口的主要物资。市场需求的扩张，反过来又刺
激芝麻种植的进一步扩张。特别是在主产区河南省，芝麻的种植处于特别重要的地
位。③ 1931—1937 年，河南年平均产量为 460 余万担，约占全国总产量的三分之
一，成为当时全国芝麻的集中产地，初步形成专门化、规模化的芝麻集中产区。④

（四）油菜的生产

在古代，油菜最初主要作为蔬菜，称为芸薹菜，后来逐渐将油菜从菜用转为
蔬、油兼用。11 世纪的《图经本草》中才称它为油菜，并列入油料作物。中国栽
培的油菜有芥菜型、白菜型和甘蓝型等三种。其中的甘蓝型油菜是近代才从国外引
进的，另外两种是中国原产。菜籽油可供食用和燃用。菜油在品质上虽不如麻油，
但它能在冬季栽培及寒冷地带种植，可利用冬闲田种植，增加农民收入。因此明清
时期，油菜栽培在南方和北方都有很大发展。清末民初，油菜栽培面积在长江流域
的冬季作物中占据首位，其重要性甚至超过小麦，原因是油菜籽产量高价格贵。中
国近代最大的油菜产地是四川省，其种植面积超过全国总面积的十分之一。其他重
要产区还有安徽、浙江、江苏、江西、湖南、湖北、云南、贵州等省。

三、糖料作物生产

糖料是中国粮、棉、油之后播种面积最多的农作物。中国近代制糖工业起步较
晚，最早的甘蔗机制糖厂是 1909 年侨商郭祯祥在福建龙溪建立的华祥制糖公司。
最早的甜菜糖厂是 1908 年波兰人在黑龙江建立的阿什河精制糖股份公司，日处理
甜菜 350 吨。近代制糖工业从 20 世纪初起步，经历了将近半个世纪，发展极其缓
慢。到 1949 年时，国内的近代机制糖厂只有广东的顺德、东莞、番禺市头和东北
的阿城、哈尔滨、范家屯等六家糖厂，年产机制糖 3 万吨左右。⑤

---

① 实业部国际贸易局：《芝麻》，商务印书馆，1940 年，7 页。
② 中共河南省委党史工作委员会：《五四前后的河南社会》，河南人民出版社，1990 年，686 页。
③ 许道夫：《中国近代农业生产及贸易统计资料》，上海人民出版社，1983 年，163 页。
④ 丁德超：《20 世纪上半叶河南芝麻生产及其运销格局初探》，《古今农业》2010 年 4 期。
⑤ 贾志忍：《我国糖业的回顾与展望》，《大连轻工业学院学报》1993 年 4 期。

（一）甘蔗的生产

中国的甘蔗种植历史久远，多数分布在中国南方的热带亚热带地区。各地的甘蔗品种略有差异，有以生吃为主的，称"果蔗"；有以榨糖为主的，称"糖蔗"，通常用来制糖的品种，均以细茎、质地坚硬而著称。在广东潮汕地区，甘蔗有竹蔗、腊蔗、胶蔗诸种，胶蔗是近代从台湾引种的，品种较优，出糖率高。[①] 土种竹蔗每亩产糖量为 300～400 斤。[②] 在福建漳州地区，甘蔗有大蔗（白蔗）、竹蔗两种，前者用于生吃，竹蔗主要用来制糖。在福州地区，一亩蔗田产蔗约 4 000 斤，上等者可得蔗糖 400 斤，中等者 300 斤左右。[③] 在江西省各产糖区，甘蔗有粗茎蔗、细茎蔗、青皮蔗及黄皮蔗等四种，其中细茎蔗及黄皮蔗多用来制糖。通常一亩蔗田产蔗 4 000 斤。[④] 在四川沱江流域，甘蔗有芦蔗、小立叶、红蔗三种，红蔗多供食用，蔗农多喜种芦蔗。沱江流域气候温热，雨水充沛，特别适宜甘蔗种植，产量也较他处高许多。史料记载，当地平均亩产蔗 5 000～7 000 斤，出糖 400～500 斤，当地的资阳与淮州甚至每亩地出糖达 550 斤净糖。[⑤] 在广西，甘蔗的种类有红蔗、蚋蔗及竹蔗三种，以种植竹蔗为主，普通情况一亩蔗田产蔗 5 000 斤。[⑥]

中国近代的食糖产业，除了北方东三省有少量甜菜糖，主要是南方的甘蔗糖。而蔗糖业又与甘蔗的种植地区相依相邻，是近代农产布局结构中最富有地域特点的产业之一。近代机制蔗糖产区的分布，以广东、福建两省为主。[⑦] 广东省内蔗糖产地以潮州府所属的潮阳、饶平、登海、潮安、普宁、揭阳等县为最多，次为南海县的佛山、新会县的江门、番禺县的南岗、新造及东莞等地。[⑧] 1933 年 8 月至 1936 年 1 月，在檀香山铁工厂、捷克斯可达厂两家厂商的承包下，在广东建成了市头、顺德、东莞、新造、惠阳、揭阳 6 座机械化制糖厂。其设计的总生产能力为每天压榨甘蔗 7 000 吨，每天产白糖 700 吨。机器设备全部由外国进口，工艺技术、设备规模都是空前的，广东遂成为全国机械化制糖业的重要基地。福建省内重要的蔗糖产地为漳州地区及福州、福宁二府所属地区，其中漳州府居于首位。[⑨] 在长江流域，蔗糖产区主要分布于江西及四川省内。江西省的蔗糖产区是锦江沿岸的东乡、

---

① 饶宗颐：民国《潮州志》之《实业志·农业》，1946 年，18 页。
② 冷东：《潮汕地区的制糖业》，《中国农史》1999 年 4 期。
③ 日本东亚同文会：《中国省别全志》14 卷《福建》，台湾南天书局，1988 年，715、750 页。
④ 日本东亚同文会：《中国省别全志》11 卷《江西》，台湾南天书局，1988 年，608、613 页。
⑤ 内江地区档案馆：《民国时期内江蔗糖档案资料选编》上册，1984 年，14、28 页。
⑥ 日本东亚同文会：《中国省别全志》2 卷《广西》，台湾南天书局，1988 年，757、758 页。
⑦ 台湾也是近代中国的重要砂糖产地之一，有关内容在本卷第 16 章内叙述。
⑧ 《中国砂糖景况》，《领事报告资料·通商报告》，通卷号数 2234，1890 年 12 月 8 日，8 页。
⑨ 日本东亚同文会：《中国省别全志》14 卷《福建》，台湾南天书局，1988 年，714 页。

乐平、万年、鄱阳、德兴、余干及赣江沿岸的赣州属地。[①] 四川省则主要分布在长江、沱江、岷江及嘉陵江沿岸。尤以叙州、资州及泸州为多，内江县最为著名。[②] 在西南地区，广西、云南、贵州三省均有甘蔗种植区，云南省产糖最多的是阿迷州（今开远市）的本坝。广西蔗糖主要在南宁、龙州及左右江河谷地区等地。贵州省只有贞丰及兴义等黔西南地区有少量蔗糖产出。[③]

20 世纪以来，台湾省机械化制糖业发展较快。最早的机器制糖厂建立于 1901 年，至 1945 年，全省已有 42 家机械化制糖厂。1934—1943 年，台湾糖业发展迅速，糖产量剧增，并有大量出口。1938—1939 年制糖期，机制糖产量达到 137 万吨。在大陆地区，糖产量的最高年份是 1936 年，当年的成品糖产量只有 41 万吨。

（二）甜菜的生产

中国的甜菜栽培，虽然历史悠久，但皆用作菜物或饲料，古名"若蓬"或"恭菜"，诸多古籍中屡有记载。20 世纪初，在中国东北境内爆发日俄战争，俄军中的波兰人军官格拉吐斯来到阿什河畔的阿城，黑土地吸引了这位波兰人在这里试种甜菜，因为他的家族在波兰经营糖厂。试种成功后，遂于 1905 年在阿什河畔兴建加工能力为 350 吨/日的糖厂，机器设备来自俄国和德国。1908 年建成投产，这就是在中国境内建设的第一座甜菜糖厂。

阿城糖厂之后，中国的民族资本也开始投向甜菜制糖产业。1908 年（光绪三十四年）奉天候补道李席珍和候补知府王沛霖联名上书当时东三省总督徐世昌，请求在呼兰府境内开办一座甜菜制糖工厂，取名为"富华制糖股份有限公司"，并通过在哈尔滨的德商瓦尔诺公司订购全套机械设备。后因资金不足未能建成。后于 1911 年改由东三省官营，更名为"东三省呼兰制糖厂"。当时正处于清朝垮台民国初建之际，至 1915 年才正式投产。该厂加工能力为 350 吨/日，是中国自办的第一座甜菜糖厂。

另外，日本帝国主义于 1916 年在"满铁"的支持下，成立了"南满洲制糖株式会社"，并在沈阳兴建了加工能力为 500 吨/日的奉天制糖厂，1917 年投入生产。日本人复于 1922 年在铁岭建设第二座甜菜糖厂，加工能力也为 500 吨/日，九一八事变后，1938 年将该厂迁往长春附近的范家屯。原奉天糖厂因经营不善于 1944 年停产倒闭。因此中国近代在东北境内北部共有阿城、哈尔滨和范家屯三座甜菜

---

① 日本东亚同文会：《中国省别全志》11 卷《江西》，台湾南天书局，1988 年，607 页。

② 日本东亚同文会：《中国省别全志》5 卷《四川》，台湾南天书局，1988 年，731～732 页。

③ 赵国壮：《日本调查资料中清末民初的中国蔗糖业》，《中国经济史研究》2011 年 1 期。

糖厂。①

四、烟草的生产

烟草系 17 世纪初由菲律宾传入中国。20 世纪以前，烟草种植不多，因烟叶品质不佳，植株又小，产品多用作管烟和水烟，产区主要在湖南、湖北、江西、甘肃等省。直到 20 世纪初期，英美烟草公司和日本大力推广美种烟草并进行收购，这一作物的种植才得到快速发展，并逐渐形成了山东、河南、安徽等著名烟草产区。据 1933—1934 年山东潍县、河南襄城和安徽凤阳三县 6 个村的调查，种植烟草的农户占到该地农户的 63.4％。② 20 世纪 20 年代，安徽凤阳西部有 60％的土地利用于种烟。1934 年，河南许昌、襄城一带，也有 24％～40％的耕地被用于种植烟草。③

20 世纪初，美种烟叶大部分依赖进口，但到 20 年代，因烟草种植的迅速发展，进口美种烟叶的数量已大大减少。但从全国的情形来看，直到 30 年代中期本土种烟草的生产才超过了美种烟草的生产，全国种植约 600 万亩。美种烟草只相当于本土种烟草生产面积的六分之一，产量相当于其五分之一。说明生物的适应性、市场发育程度、运输条件及传统习惯等多种因素从不同程度影响着不同地区的烟草生产。

烟草按烟叶的加工方法可分为三类，即黄花烟、烤烟和晒烟。黄花烟因抗旱、抗寒的特点主要分布于东北和西北，较著名的有关东烟、兰州水烟、陕北烟；烤烟主要分布于河南、山东、安徽和广东等地，全面抗日战争爆发后，在四川、陕西、云南、贵州、东北等地也有种植；晒烟则广布于全国，种植面积较集中的有浙江、江西、湖南、湖北、安徽、四川、福建等地。

五、其他经济植物生产

（一）瓜果花菜的生产

随着城镇经济的进一步发展，近代水果的种植面积也不断扩大，逐渐形成了一些著名的水果产区，如辽东半岛的苹果，天津的桃子，广东潮安、饶平、普宁、蕉

---

① 陶炎：《我国糖业发展的历程与五十年代甜菜糖业兴起的回顾（三）》，《糖业中国甜菜》1993 年 2 期。

② 陈翰笙：《帝国主义工业资本与中国农民》，复旦大学出版社，1984 年，22 页。

③ 李文治：《中国近代农业史资料 第 1 辑 1840—1911》，生活·读书·新知三联书店，1957 年，203 页。

岭和惠来的橘子，等等。广州郊县的庄头村，亦称"花田"，是著名的花乡。村民多以种花为业，茉莉、含笑、夜合、鹰爪兰、珠兰、内兰、玫瑰、夜来香之属，皆广为播植，"每日凌晨，花贩络绎于道"。

开埠以后，因上海的崛起，这一带城郊的园艺业发展十分迅速，洋葱、甘蓝、药芹、生菜等，民多种之，收后多往城市销售。宝山县也是一样，"应社会之需，菜蔬花木，拓植日繁，无论动植，兼传洋种。种植较多的蔬菜有卷心菜、花菜、生菜、水芹、石刁柏、洋葱、马铃薯等，收后或售西人或出口"。①

（二）桐油的生产

在中国12种主要出口农产品中，桐油的地位也稳步上升，由1919—1921年的1.1％上升到1936年的10.3％，进而提升到1947年的15.2％。②

1875年，法国人克鲁兹研究发现，桐油具有强烈的干燥性，可以在工业上替代亚麻仁油。此后，桐油出口业务才有所增加。19世纪末，因欧美市场需求旺盛，促使中国桐油生产稳步增长，四川、浙江、广西、广东、湖南等省的桐油种植均有所增加。1903年，重庆首次向美国出口桐油155担。1916年，随着各国制漆工业的发展，对桐油的需求量大增，而中国又是桐油的少数几个生产国之一，各国开始从中国大规模进口桐油。20世纪30年代，适逢西方各主要强国疯狂扩军备战，从中国大规模进口桐油，桐油的价格与出口值遥遥攀升，成为中国当时最主要的出口物资之一。

四川是中国最大的桐油产地，其产量约占全国的1/3，种植区域多达60余县，"东至夔巫，南至津綦及南六县，西至屏山、嘉、叙、雅安，北至阆中"③，也就是现在四川的南充、泸州、宜宾和整个重庆直辖市。其中以长江流域下川东的云阳、奉节、开县、万县、忠县最盛，乌江流域各县次之，嘉陵江流域又次之。近代四川桐树的具体种植数目，据万县桐油业公会称，"全川约有壮年桐树三千万株，幼年桐树九千万株"。而据四川建设厅1931年的调查，全川壮年桐树约有2 000万株。虽然数目上有所差异，但可以肯定的是，20世纪30年代，四川桐树种植规模颇大，桐油产量每年达到了70万担。④

（三）罂粟的种植

鸦片泛滥是中国近代最严重的社会问题之一。鸦片毒害主要来源于两个方面：

① 钱淦等：《宝山县续志》卷六，1921年，21～22页。
② 严中平等：《中国近代经济史统计资料选辑》，科学出版社，1955年，76页。
③ 陈鸿佑：《下川东的六大特用作物》，《四川经济季刊》1946年2期。
④ 梁勇：《近代四川桐油外销与市场整合》，《重庆三峡学院学报》2004年1期。

一是外国殖民者的输入，二是中国本土的种植。关于西方殖民者对华的鸦片输入，已往关注和论述较多，而对于中国本土的鸦片种植，人们较少论及。

鸦片战争前后，国内开始有人稍稍私种罂粟。罂粟系二年生草本植物，果实球形，籽粒如粟，花开艳丽，美如芙蓉，因此又被称为"米襄花""阿芙蓉"等。这种植物并不是中国的土特产，原产希腊，大约在 9 世纪初经阿拉伯半岛传入中国。到了清初，吸食鸦片的方法从台湾传入大陆，有个别人士开始将鸦片与旱烟掺和起来吸食。18 世纪 60 年代，英属东印度公司占领了印度的鸦片产地孟加拉国，开始向中国大量走私鸦片。当时中国境内所种罂粟极少，尚无鸦片生产。鸦片战争前，中国境内最早种植鸦片的地方是云南。道光二年（1822）十二月，御史尹佩棻奏："（云南）迤东、迤西一带复有种罂粟花，采其英以作鸦片烟者。"① 虽然清政府一经发现当即明令禁止，但是并未得到执行。1831 年春，有官员上奏说："近年内地奸民，种卖鸦片烟，大黔小贩，到处分销，地方官并不实力查禁。"道光帝"降旨严饬各省督抚确切查明惩办，并将如何严禁之处，妥议章程具奏"②。当时，清廷把禁烟的重点放在了东南沿海，放松了对国内的鸦片种植管禁，因此鸦片种植就像一颗毒瘤，很快向外扩散。

鸦片战争后，清政府与英国签订了丧权辱国的《南京条约》，但并未对鸦片的输入采取坚决禁止，鸦片走私比战前更猖獗，吸者日众。政府为减少鸦片进口导致的白银外流和增加税收的来源，在许多地区鼓励农民种植罂粟。"种烟人户，以山、陕、甘、新、滇、桂、蜀、西、奉、吉等省，苏之徐州、浙之台州等府为最。其土物以烟土为出产大宗，数十年来，直为衣食所利赖。"③

晚清时期中国西部的云南、贵州、四川、陕西、甘肃等省种植鸦片很多。云南的鸦片种植相当普遍，鸦片的主产地在南部的临安府、普洱府，西部的蒙化厅、大理府，东部的曲靖府。贵州的鸦片产地主要是贵阳附近的大定府。四川除省城所在的成都平原，全省一切适宜罂粟生长的地方都在不同的程度上种植了罂粟，甚至连彝族地区和羌族地区也有了鸦片的生产。④ 陕西关中西部的兴平、武功、周至、户县，东部的渭南、华县、大荔，陕北的延川、宜君，陕南的南郑等县都成为著名的鸦片产地。光绪三十二年（1906）种植鸦片"五十三万一千九百九十余亩"⑤。

东部及沿海的山东、闽广等地鸦片种植面积也不小。山东的鸦片产地主要分布

① 《宣宗实录》卷四六，道光二年十二月戊申。

② 《宣宗实录》卷一八四，道光十一年二月戊戌。

③ ［清］姚锡光：《尘牍丛钞》卷下，光绪三十四年，52 页。

④ 《四川省凉山彝族社会历史调查》，四川省社会科学院，1985 年，15 页；《羌族社会历史调查》，四川省社会科学院，1986 年，202 页。

⑤ 《续陕西通志稿》卷三五。

于鲁西大平原，泰安、兖州、济宁、曹州、沂州所属各县是主产区，位于胶东的青州、莱州、胶州所属各县也盛产鸦片。浙江鸦片以台州、温州为主，江苏以徐州府所属之铜山、宿迁、睢阳、那州、丰县、沛县、萧县及淮安府所属之清河、桃源、安东、海州等地为主。"福建沿北半省，农民嗜利，大半栽种罂粟为衣食之谋，近日有增无已，连畦接畛，几如丰台之芍药，无处不是，而嗜烟者传染愈众。"① 福建南部各地"因见其大可获利，故田亩之专用以种罂粟而不种米谷与别种食物者日有所增"。就连鼓浪屿"亦见长满罂粟"②。清代两广的鸦片产量每年各约 500 担，播种面积大体上在万亩左右。③ 此外，东北黑龙江的卜魁、墨尔根，吉林的宁古塔、阿拉楚喀，盛京的奉天府、哈达等地和东部蒙古亦种有鸦片。据 1906 年的一项调查，中国 22 省普遍种植罂粟，其中种植数量最多的是四川，其次为云南、贵州、陕西、山西等地。估计种植面积有 1 871 万亩。④

辛亥革命后，孙中山在就任临时大总统时，曾明令查禁鸦片，他认为"禁烟之第一要者，固在全国禁种，然如不于禁种之时同时禁卖，则禁烟之令，极难施行"⑤。北洋政府建立后，也曾采取了一些积极的禁烟措施。1912 年 10 月 28 日，颁布《重申鸦片禁令》，规定种植者若不将烟田改种他物一律治罪，官员故纵者也要受到惩治。由于北洋政府采取了这些措施，所以禁烟工作取得了一些成效。

但是，1917 年副总统冯国璋以医用为名，按每箱 6 200 元的价格收买价值 2 000 万元的烟土，又以每箱 8 000 元的价格转销于江苏、江西等省。从 1918 年开始，烟禁渐废，各地军阀以鸦片为利薮，操纵鸦片生产，巧立名目，征收烟税，作为财政的主要来源，迫使农民种烟。于是，鸦片又重新泛滥起来。北洋政府统治的后期，再次出现种植鸦片的狂潮，弛禁之说流行。

南京国民政府成立后，复设禁烟机构，制定禁烟法规。1928 年 8 月，国民政府成立禁烟委员会。从 1928 年 7 月 1 日到 1929 年 6 月，江苏、河北、山东、河南、黑龙江、广东、湖南、福建、江西、浙江等省的公安部门共办理烟案 21 429 起。1930 年 1—9 月，共查获鸦片 331 429 两（另有外来鸦片 7 131 两）。1929—1933 年，各海关共查获境外私运进口烟土 255 480 两，烟膏 4 515 两，可

---

① 《益闻录》第 201 号，光绪八年九月十七日。
② 厦门大学历史研究所中国社会经济史研究室：《福建经济发展简史》，厦门大学出版社，1989 年，81~82 页。
③ 李文治：《中国近代农业史资料 第 1 辑 1840—1911》，生活·读书·新知三联书店，1957 年，88 页。
④ 李文治：《中国近代农业史资料 第 1 辑 1840—1911》，生活·读书·新知三联书店，1957 年，457 页。
⑤ 孙中山：《孙中山全集》第 1 卷，中华书局，1981 年，569~570 页。

见当时各地鸦片种植之盛。

东北沦陷后，日寇在东北强种鸦片，使禁烟工作出现新的困难。据文献记载，"日人对热河省之罂粟种植区，已由三千三百五十顷，增至六万顷。热河能种农产品之全部土地，几完全被划入鸦片区域内"。[①] 1937年日本发动了全面侵华战争，并将其鸦片政策推行到山西、河南、山东、察哈尔、绥远、湖北、安徽、江西、广东等沦陷区，强令沦陷区人民种植鸦片。20世纪40年代初，日本占领下的东北、台湾鸦片种植面积不断扩大。1941年伪满洲国的烟田面积达到116万亩，烟土产量达4 000万两。

1936年6月，国民政府裁撤禁烟委员会，废止禁烟法，特设禁烟总监，颁布新的禁烟条例，制定6年禁烟计划，以办理全国的禁烟事宜。国民政府规定，河南、湖北、湖南、江西、安徽、江苏、浙江、福建、广东、广西、山东、山西、河北、察哈尔、青海、西康、新疆等17省为绝对禁种省份。陕西、甘肃、贵州、云南、四川、绥远、宁夏7省因属产烟省区，划为分期禁种省份。但是，在国民党统治区内，烟毒一直未能禁绝。具有讽刺意味的是，1947年国民政府的禁烟成绩竟然是，当年在20个省份查处了种烟案386起，铲除烟苗107 911亩。[②]

第四节 林业、茶叶与蚕桑的发展变化

一、近代林业的发展

森林是生态系统的主体，除了能为人类提供木材和其他林产品外，还具有吸收二氧化碳、释放氧气、防风固沙、涵养水源、调节气候、防止水土流失，以及为野生动物提供栖息环境等多种生态功能。历史上，中国是一个森林资源非常丰富的国家。在春秋战国时期，中国的森林覆盖率达42.9%。[③] 此后，因人口增长，耕地需求的增加及大兴土木，修建各种工程，森林资源逐渐减少，黄土高原荒漠化开始出现，经济重心逐渐南迁。

明清时期，由于人口的急剧增加，社会需求的不断增加，促使毁林开荒和砍伐林木规模空前。鸦片战争前后，中国的森林覆盖率已降至12.61%。20世纪20年代，世界森林面积为30.3亿公顷，森林覆盖率22.5%，平均每人占有1.76公

---

① 《申报》1935年2月12日。

② 方骏：《中国近代的鸦片种植及其对农业的影响》，《中国历史地理论丛》2000年2期。

③ 曲格平、李金昌：《中国人口与环境》，中国环境科学出版社，1992年，68页。

顷。① 按 1934 年的统计，中国森林面积仅占世界森林面积的 3%，森林覆盖率只相当于世界水平的 26.36%，人均占有相当于世界水平的 8.8%。

近代中国森林资源的减速之所以异常之快，另一个重要原因是帝国主义对中国森林资源的肆意掠夺。咸丰年间，沙皇俄国割占了黑龙江以北和乌苏里江以东约 100 万千米^2 的中国领土。这片土地上 6 800 多万公顷的原始森林被侵吞。同治年间，又侵占了中国天山山脉西段大面积的土地和森林。20 世纪初，俄国资本家闯入东北滥伐森林，所伐木材在中国国内和国际市场销售，年获利在 1 亿银元以上。② 甲午战争后，日本帝国主义霸占了中国台湾，全岛 200 多万公顷森林落入日本人之手。1904 年后日本势力又进一步伸入中国东北，大肆掠夺中国的林木资源。据统计，到 1945 年东北光复，日本帝国主义共掠夺中国东北木材 1 亿米^3 以上。③ 鸦片战争前后中国共有森林 15 700 万公顷，1947 年已降至 8 412 万公顷，林地面积减少了近一半，森林覆盖率减少了 5.2 个百分点④，致使中国本已脆弱的生态环境更加脆弱。

另外，中国森林资源的地理分布也很不均匀。东北和西南森林最多，其次是华中、东南和西北，华北森林最少。据 1934 年实业部公布的各省森林资源情况，黑龙江和四川两省的森林面积都在 2 亿亩以上。四川省的森林覆盖率高达 34%，居全国首位。黑龙江森林覆盖率达 28%，居全国第二。接下来是吉林、云南、湖南、湖北、江西等地。华北平原的河南、河北、山东及长江下游的江苏、上海等地森林覆盖率最低。河南的森林覆盖率仅 0.6%。

20 世纪 40 年代，国民政府农林部曾将全国划分为东北、西北、西南、东南、华中、华北六大林区。其中，东北林区包括辽宁、吉林、黑龙江三省，是全国森林最集中的地区，据 1947 年的统计，东北林区面积 97 500 万亩，林木蓄积量为 28.5 亿米^3；西北林区包括新疆、青海、甘肃、陕西和四川部分地区，计有林地面积 1 794 万亩，木材蓄积量 1.35 亿米^3；西南林区含四川、云南和贵州三省，计有森林 9 446.4 万亩，林木蓄积量 12.07 亿米^3；东南林区范围包括浙江、福建、广东和台湾等省，有林地面积 14 436.3 万亩，林木蓄积量 2.06 亿米^3；华中林区包括湖南、湖北、江西和安徽等省，计有森林面积 2 407.5 万亩，林木蓄积量 0.78 亿米^3；华北林区包括山西、山东、河南等省，有森林面积 598.7 万亩，林木蓄积量 14.78 万米^3。⑤

---

① 安事农：《林业政策》，华通书局，1933 年。
② 辽宁省林学会等：《东北的林业》，中国林业出版社，1982 年，123 页。
③ 《梁希文集》编辑组：《梁希文集》，中国林业出版社，1983 年，305 页。
④ 农林部林业司：《中国之林业》，1947 年。
⑤ 农林部林业司：《中国之林业》，1947 年，6～21 页。

林地日益萎缩与巨大需求之间的矛盾以及对生态环境带来的恶果使护林造林的努力从来没有停止过。1914 年和 1915 年北洋政府先后起草并公布了第一部《森林法》《狩猎法》及《造林奖励条例》。随着中国近代化的发展，西方先进的林业观念与科技成果也被引入中国。如新式林业机器、优良树种及植保化学药剂等。这些科技成果对于改造中国传统的林业生产方式，促进林业生产的发展起到了一定的作用。如在造林方面，民国初年，在南京紫金山采用以工代赈的方式造林。从欧美及日本等国引进皂荚、雪松、沼生栎、日本榧子、日本云杉、金松等树种，在山东、辽宁、江苏、安徽、福建、湖南、广东、江西、云南等省广泛种植。在木材加工利用方面，近代引进了不少木材采伐运输及林产加工方面的机具。1878 年，有人引进国外锯木机器在上海开设锯木厂。1906 年，日商人在奉天安东建立木材厂，购入成套机器，每日可锯木 1 000 根。[①] 大约在 19 世纪 80 年代，中国开始使用西洋机器造纸。总之，近代百余年的时间中，虽然西方新的林业思想与技术陆续引入，但因生存的压力、混乱的政局和连年的战乱，林政难修，造成滥垦、滥伐、火灾，森林资源破坏多于修复，生态危机进一步加剧。

二、近代茶叶的生产

茶叶是中国最重要的传统经济作物之一。近代以前，茶叶与丝绸出口在对外贸易中一直雄居榜首。但 17 世纪以前，华茶对外贸易多限于亚洲国家。1640 年中国红茶首先由荷兰人转运到英国。1664 年英国东印度公司在中国购茶 2 磅以赠英皇，自此饮茶之风在欧洲各国逐渐兴盛起来。到 19 世纪中叶，中国茶叶在国际市场上几乎居于垄断地位。19 世纪七八十年代，中国茶叶输出达到高峰，平均年输出 200 万担左右，茶叶出口货值占出口总货值的 50%～60%。[②]

对外贸易的增长刺激了茶叶的生产。老茶区种植面积扩大，新茶区亦不断开辟。如著名的安徽祁门红茶即始于清代咸丰年间，浙江平水茶区也是在 19 世纪 50 年代以后才开辟种植。湖南茶叶生产发展尤为迅速，不少原本不产茶叶的地方也开始了茶叶生产，如湖南济阳原来"家家种麻"变成"拔而植茶"[③]。1841—1896 年，全国茶叶种植面积扩展到六七百万亩，年产量达 200 余万担。主要产茶省有安徽、浙江、湖南、湖北、江西、四川等。

但自 19 世纪 80 年代以后，茶叶的生产与出口均大幅下降。1902 年，年产

① 汪敬虞：《中国近代工业史资料 第 2 辑 1895—1914》上册，中华书局，1962 年。
② 姚贤镐：《中国近代对外贸易史料》第三册，中华书局，1962 年，1609 页。
③ 《农学报》1906 年 12 期。

茶叶降至 230 万担。湖南、江西、安徽、福建、广东等省茶区,茶园都被荒废或改种其他作物。如 1897 年厦门生产的茶叶只相当于十余年前的十分之一。广东南海也由于"茶叶失败,山人往往将地售作坟墓,所产茶株比前百不存一"①。1893 年中国出口之茶叶,占世界茶叶总出口量的二分之一,较印度多一倍,是锡兰的 3 倍。但到 1947 年中国茶叶输出只及锡兰的十二分之一,相当于印度的十八分之一。

中国茶叶生产的衰落,究其原因,主要是因为种茶制茶技术逐渐落后,在国际市场上缺乏竞争力所致。19 世纪末至 20 世纪初期,中国茶叶出口在与印度、锡兰和日本的竞争中节节败退。印度产茶远晚于中国,但 1834 年后,在英国的扶持下,印度在阿萨姆、杜尔斯、大吉岭和爪盘谷等地,广辟茶园,引用中国茶种,种茶制茶成功。此后锡兰、印度尼西亚也引进中国和阿萨姆茶种,种植效果良好。印度和锡兰一般用机器制茶,生产效率高,成本低,品质均匀,包装精美,因而在国际市场具有较强的竞争力。而中国红茶在欧洲市场上的地位逐渐为印度所取代。1874 年以前,英国茶市的供应仍为中国茶和印度茶分担,此后中国茶每况愈下,增加份额全部为印度茶所独占。1868—1870 年日本茶的出口只相当于中国绿茶的 24%,但到 1873 年,日本茶出口为中国的 59%,第二年增至 70%,1876 年底日本出口茶额已是中国的一倍。②

为了振兴茶叶生产,晚清政府、北洋军阀和国民党政权都曾致力于茶叶生产技术的改进,但政府控制力薄弱,推力不强,使许多改良措施不能充分贯彻。加之三四十年代世界性经济危机及连年战乱的影响,茶叶生产颓势不止,终难有起色。1949 年,茶叶年产量仅 82 万担,约为产茶盛年的十分之一。

三、近代蚕桑业的变化

中国自古栽桑养蚕,蚕业非常发达。但宋元时期棉花传至中原后,因其"比之蚕桑,无采养之劳,有必收之效"③,使棉花种植迅速发展。明初,政令虽有桑麻棉并重的指示,但因棉花较之桑蚕,成本低而安全,棉布较之麻布,更舒适而温暖,因而桑麻生产受到严重影响。明中期以后,除少数几个传统产区,蚕业呈日渐萎缩之势。

鸦片战争以后,中国沦为半殖民地半封建社会,随着《南京条约》等一系列不

① 李文治:《中国近代农业史资料 第 1 辑 1840—1911》,生活·读书·新知三联书店,1957 年,448、452 页。

② 《海关贸易报告》,1876 年,59 页。

③ [元]王祯:《农书百谷谱·木棉序》。

平等条约的签订，上海、福州、汉口等地被逼辟为商埠。丝为纺织工业重要原料，洋商纷纷争购，使得蚕丝生产衰而复兴。19 世纪中国提供了西方丝绸工业所需的大部分生丝，南浔、云泽、黎里一带著名的"辑里大经"每年出口货值千余万元，生丝主要销往美国和西欧。1885—1900 年，中国年出口西方市场之生丝量是日本的两倍多。1873 年农产品出口在出口总值中的比重只有 2.6%，1910 年上升到 39.1%。

近代中国蚕桑业产区主要集中在江浙粤川四省，其中又以江浙两省最盛。浙江的杭州、嘉兴、湖州及太湖流域的苏州都是著名的蚕丝产区。清代在江宁、苏州、杭州分别设立有织造局，从事官营纺织业。乾隆、嘉庆年间，仅江宁就有织机 3 万张，织工 20 万人。[1] 在浙江 75 个县中，产蚕丝者有 58 县，其中 20 余县完全以养蚕为业，其出口生丝，历年位居全国第一。[2]

鸦片战争后，虽然蚕丝主产区仍在江、浙、粤诸省，但分布的州县明显扩大。以湖州为中心的太湖流域蚕桑区向无锡、武进、镇江、南京等沪宁、沪杭沿线扩展；珠江三角洲蚕桑区也从顺德、番禺扩大到南海、新会等地。在国内外生丝市场不断扩大的刺激下，不仅传统蚕丝产区更加发达，原来非蚕桑产地也日趋兴旺，如广西等地的蚕桑生产，主要是在近代发展起来的。为振兴农业，此期官民有识之士也力倡蚕桑，如陈宏谋劝蚕桑于陕西，贺昌龄劝蚕桑于贵州，涂宗瀛劝蚕桑于河南，等等，这些都促使养蚕之户的增多和植桑面积的扩大，极大地推动了中国的蚕丝生产。中国蚕丝出口在 1840 年以前，一般不超过 1 万担。1845—1850 年平均每年增至 1.5 万担。1888—1897 年均 96 238 担，1908—1911 年，年均达 13 万担。1840 年以前，全国约存桑田面积 240 万亩，鲜茧产量 96 万担，到甲午年间，全国桑田面积已增至 480 万亩，蚕农 240 万户，年产鲜茧 243 万担，加上柞蚕茧达 539 万担。[3]

中国近代的蚕桑生产的趋势，也如同上述的茶叶，但其衰落之势来得没有那么猛、那么快。整个 19 世纪和 20 世纪初期，中国蚕丝出口总量维持了将近 140 年的增长，但从比较的观点来看，19 世纪末已开始衰落。其重要原因之一是受到日本蚕丝竞争的影响。1863 年中国生丝出口还是日本的 3.5 倍，但 1909 年下半年，日本生丝出口已超过中国，到 1930 年，日本生丝出口是中国的 3.7 倍。1885—1900年，中国供应了西方蚕丝市场的 42%，但到 1930 年日本占据了西方蚕丝市场的 75%，中国降为 10%。[4]

---

① 嘉庆《江宁府志》卷一一，10 页。
② 刘石吉：《明清时期江南市镇研究》，中国社会科学出版社，1987 年，31 页。
③ 徐新吾：《中国近代缫丝工业史》，上海人民出版社，1990 年。
④ Liu K. C., Hou C. H., Foreign Investment and Economic Development in China, 1966, P21.

中日在蚕丝生产方面相对地位的转换，究其原因，主要是日本自明治维新以来努力学习西方先进科学技术，改善养蚕条件和制丝技术，使得生丝质量优于中国。由于化学处理人工孵化及缫丝工艺等一系列技术的发展，尤其是杂交种夏秋蚕良种的选育，使得日本的蚕茧生产由 1870 年的 35 000 吨增加到 1920 年的 350 000 吨，蚕业生产在农业总产值中的比重由 5％提升至 15％。[①] 19 世纪末蚕丝出口创汇约占出口创汇总额的 50％，成为推动日本经济快速增长的"功勋产业"。

20 世纪 20 年代爆发的世界性经济危机对中国蚕业影响极大。由于出口锐减，丝价下跌及国内缫丝工业衰落，桑农纷纷砍倒桑树改种其他作物。据估计，江浙两省桑田减少百余万亩，武进有四分之一的桑田改种水稻，无锡桑园也砍了二分之一。[②] 以江苏一省而论，每年可产干茧 15 万担，约合鲜茧 45 万担，浙江每年可产干茧 10 万担，约合鲜茧 30 万担，但 1933 年江苏仅产鲜茧 23 万担，浙江仅产鲜茧 10 万担。[③] 1937 年，蚕茧年产已降至 281 万担。全面抗战爆发后，江浙粤等主要蚕区陷落，被毁桑园 200 万亩，受害蚕农 260 万户。[④] 全面抗战期间，年均生产量仅及 1936 年的 37.5％，抗战胜利后，不仅未见恢复和发展，反而更降至全面抗战前的三分之一。

---

① 普通蚕的饲育时间是 4—6 月，这正好是水稻及其他作物劳作高峰期。夏秋蚕推迟了蚕种的孵化时间，使育蚕可以在播种与收获的农闲期进行。明治之初（1868 年）夏秋蚕茧的产量为 12 000 吨，约占总产的 25％，到 1920 年增加到 119 000 吨，约占总产的 50％，使日本的蚕丝生产后来居上，逐渐超过法国、意大利和中国。

② 张履：《江苏武进物价之研究》，《金陵学报》1933 年 3 卷 1 期，20 页。

③ 李雪纯：《焦头烂额之中国丝绸业》，《新中华》1934 年 2 卷 8 期。

④ 谭熙鸿：《十年来中国之经济》，中华书局，1948 年，9～10 页。

第八章　畜牧业与水产业

中国传统畜牧业与水产业，历经数千年发展，至近代已根深蒂固，不易受外界因素影响。因此，中国近代的畜牧业与水产业，无论是从养殖种类或经营方式，还是从畜牧与水产科技上看，很大程度上仍承袭明清时期的传统，在此基础上有所发展。同时，也和其他生产部门一样，由于受西方先进科技文化的影响，在其生产经营、科技教育等方面也发生很大变化。然而，从总体上看，近代中国的畜牧业和水产业仍是一个以传统生产经营为主的行业，尤其在基层的生产领域更是如此。

第一节　传统畜牧业的继承和发展

一、传统畜禽品种的饲养

中国近代所饲养的畜禽品种，由于主要承袭明清时期畜禽饲养，从表面上看，并无多大变化，只不过这一时期，由于劳动人民的饲养选育，传统畜禽品种更加丰富，各个品种所形成优良性状更加稳定和成熟，反映了当时中国畜牧业的发展。

（一）马的饲养

在中国历史上，马的饲养历来深受封建王朝的重视，在畜牧业中具有很重要地位。至近代，由于清朝一直主要在北方草原地区发展养马，尤其在八旗军和各地绿营军中设立马厂，另外限制南方民间养马，因此中国近代的养马业与明代、清代相比，没有大的变化，甚至在某些方面还有所衰退。中国养马数量，因清代没有统计数据，无从知晓，至民国时期，据不完全统计，1916 年全国养马总数约 440 万匹；

至 1935 年达历史最高记录，为 649 万匹。全面抗日战争爆发后，由于战争等因素影响，至 1948 年，全国养马数下降至 510 万匹。[①]

中国近代饲养的马品种主要有蒙古马、河曲马、浩门马、西南马、哈萨克马等。[②] 其性能特点和主要分布区大体是：蒙古马，体高约 127 厘米，体重约 300 千克，是中国分布最广、数量最多的马种。主要分布在内蒙古、西北、华北各农牧区。蒙古马耐粗饲，适应性强，合群性好，乘挽兼用，较优良类群有乌珠穆沁马、乌审马、白岔铁蹄马等。河曲马，体高约 135 厘米，体重约 330 千克，是体型较大马种，以善走水草滩和适应海拔 4 000 米高原环境而著称，主要分布于甘肃、四川、青海三省相连地区。浩门马，又有西宁马、皇城马、仙米马之称，体高约 130 厘米，体重约 310 千克，是体格中等马种。体形短宽粗，四肢不高，有"板凳型"之称，可担当乘、驮、挽各种使役，能爬山过水，工作能力佳。古代分布很广，近代分布区主要限于祁连山东段，包括青海省东北部、甘肃河西各县。较优秀的类型为岔口驿马、大通马。哈萨克马，体高约 135 厘米，体重约 350 千克，是中国古老马种之一，古代有名的"乌孙天马""大宛汗血马"即其祖先。其乘挽性能均优良，耐粗饲，适应性强。近代仍主要分布于新疆伊犁、塔城地区，内地亦有少量引进。西南马，体高约 114 厘米，体重约 200 千克，是一类体型较小的马种。适用于骑乘和驮运，主要分布于云贵高原，包括云南、贵州、四川等省，并向邻近各省区扩散。其类型主要有建昌马、云南马、贵州马等。

（二）驴、骡的饲养

驴、骡是中国北方劳动人民长期饲养的家畜。由于清初禁止民间养马，驴、骡便成为农村的重要役畜。据不完全统计，1935 年全国养驴 1 215 万头、养骡 460 万头，是同期养马数量的两倍多。这充分说明驴、骡在中国畜牧业中占有很重要地位。

中国的驴，按体型大小，可分为大中小三个类型。大型驴体高在 130 厘米以上，主要分布于黄河中、下游农业区，在陕西的关中、晋南、冀中及豫鲁等地均可见到。较著名品种有关中驴、德州驴、晋南驴等。中型品种体高介于 110～130 厘米。此种驴多分布在中国北部的农业区和半农半牧区，其中以产于陕西北部佳县、米脂、绥德三县的佳米驴，产于甘肃庆阳、平凉地区的庆阳驴和产于河南驻马店地区的沁阳驴较有名。小型驴俗称"小毛驴"，分布最广，数量最多，主要品种有新疆驴、西藏驴、滚沙驴、西吉驴、桐柏驴、淮北驴等。

---

① 谢成侠：《中国养马史》（修订本），农业出版社，1991 年。
② 甘肃农业大学：《养马学》，农业出版社，1990 年。

骡为驴、马的杂交种，由于具有杂种优势，克服了"马太娇，驴太轻，牛太慢"的缺点，在中国北方饲养较普遍。依据体型可分为大型和普通型两类，大型骡以陕甘大骡较著名，主要产于陕西、甘肃等地。

（三）牛的饲养

牛是黄牛、水牛、牦牛、犏牛等的总称。黄牛是中国劳动人民的重要役畜，亦是中国北方牧民的主要乳肉来源，因此在中国南北各地饲养均较普遍。由于气候环境的原因，水牛主要分布于中国南方农区，牦牛则主要分布于气候较寒冷的青藏高原地区，犏牛为黄牛与牦牛的杂交种，亦主要分布于青藏高原地区。

近代中国较著名的黄牛品种有秦川牛、南阳黄牛、鲁西黄牛、蒙古牛、海南牛等。秦川牛主要分布于渭水下游平原地区的 10 余县境，毛色以红栗色和红褐色为主，体高 130～150 厘米，公牛平均体重约 574 千克、母牛平均体重约 366 千克，属役肉兼用型牛。鲁西黄牛主要分布于黄淮流域之间的大平原地区，尤以山东西南部菏泽和济宁地区所产者最著名。体型有高辕牛、抓地虎、中型牛三个类型。公牛平均体重 500 余千克、母牛平均体重 360 千克。蒙古牛主要分布于蒙古大草原，仍保持原始草原型体格，骨骼发达而肌肉不丰满，公牛角粗大，母牛角短小，毛色复杂，以黄色和黑色居多，公牛体重 300～400 千克，具役、乳、肉三方面的价值。海南牛主要分布于海南岛，体格较小，公牛体重约 300 千克，母牛约 260 千克，特点是公牛有较高肩峰，役用肉用性能均佳。

据 1915 年农商部初步调查，全国约有本国牛种 1 967 万头，其中外国牛种约 6.2 万头，杂交种约 3.8 万头，外国牛种及杂交种大多分布于东北地区。至 1937 年，据中央农业实验所农情报告称，除东北四省，全国养牛总数（包括水牛）约 3 734万头，较 1915 年有很大增长。1937—1947 年，中国养牛数大幅下降，黄牛约 1 900 万头、水牛 932 万头[①]，可见战争对养牛业破坏相当大。

（四）羊的饲养

羊有绵羊、山羊之分。中国近代饲养的绵羊主要有蒙古、西藏、哈萨克三大类型。蒙古绵羊原产蒙古，近代广泛分布于全国各地，并且在各地形成独具特色的品种，如广泛分布于河北、山东、河南、山西等省的寒羊，分布于宁夏的滩羊，分布于江苏、浙江的湖羊以及陕西的同羊等。西藏绵羊主要分布于四川、西藏、青海、云南、贵州等省及甘肃东南部夏河及河西的祁连山区，较蒙古绵羊耐寒。哈萨克绵羊体格较高大，肥臀，主要饲养于新疆、甘肃、青海等地。

---

① 谢成侠：《中国养牛羊史（附养鹿简史）》，农业出版社，1985 年，125 页。

中国山羊亦有三个类型：东南型山羊体格矮小，全身白色，毛短；陕西山西型山羊亦矮，杂色较多；川滇型山羊体大毛细，毛色黑白或褐色，俗称"麻羊"。内蒙古、西藏两大牧区都是山羊、绵羊混牧，常以公山羊为领头羊，蒙古山羊灰色占三分之二；西藏、青海山羊白色居多，灰褐、黑色次之。

近代中国不少地区还从国外引进一定数量的优良绵羊、山羊品种，主要是美利奴羊、考力代羊、兰布列羊、萨能奶山羊等。总之，中国近代的养羊业在各地政府的重视下，还是有一定发展的。据1914年初步统计，全国养羊约2 000万只，至1937年全国养绵羊已达3 700万只、山羊约2 000万只。①

（五）猪的饲养

猪的饲养与农业生产密切相关，与人口密度成正相关。因此，中国南方农区养猪较多，北方牧区养猪很少。一方面，这是由于猪作为杂食家畜，可充分利用农业生产的副产品如糠麸、渣滓等类，同时又能满足人们的肉食需要；另一方面，猪作为生产农家肥的主要家畜，可为农业提供大量有机肥料，这也是造成有的地方农民亏本也要养猪的重要原因。

近代中国培育的地方猪种主要有陆川猪（分布于广西）、番禺猪（分布于广东）、金华猪（分布于浙江）、宁乡猪（分布于湖南）、太湖猪（分布于江苏、浙江）、荣昌猪（分布于四川）等。由于近代畜牧科学的发展，这时期中国还先后从国外引进不少优良猪种，它们分别是约克夏、巴克夏、杜洛克、波中猪、切斯特白猪、泰姆华斯猪等。

全国养猪数量，20世纪20年代初，大约6 000万头，其中长江流域占一半，东南沿海约1 000万头，黄河流域1 000万头，西南及东北各约500万头。据《世界经济年鉴》1936年的估计，中国养猪总数约8 400万头，平均每农户养猪1头；1947年，养猪数下降至6 000万头。②

（六）家禽的饲养

近代中国饲养的家禽主要是鸡、鸭、鹅等。鸡是最易携带和繁育的动物，因此全国各地都有分布。大体上南方较多，几乎家家饲养。北方较少，纯牧区几乎没有。这一时期中国培育出许多世界著名鸡种，它们分别是九斤黄鸡、狼山鸡、寿光鸡、大骨鸡、桃源鸡、萧山鸡、泰和鸡等。

九斤黄鸡原产北京近郊，1843年曾传入英国，由英国女皇珍养，1850年在世界万国博览会上展出，轰动一时，随后被引入美国和德国，1877年又输入日本，

深受世界各国人民喜爱。现今世界许多著名肉用鸡品种，均含有它的血统。狼山鸡原产于江苏南通地区，分黑白二种，体重较大，于 1872 年传入英国，与英国当地鸡种杂交，育成"黑色奥品顿鸡"，随后输入澳大利亚，与当地鸡杂交，育成"澳洲黑"。泰和鸡又名绒毛鸡、竹丝鸡或乌骨鸡。原产中国南部各省，以广东、广西及江西所产最著名，该鸡特点是，羽毛呈绢丝状，皮肉骨呈暗紫色，鸡冠呈桑实状，其后有毛冠，卵壳淡褐色。公鸡体重仅 1.4 千克，母鸡 0.8 千克左右，由于此鸡肉具有滋补作用，其价常常较一般鸡肉高一倍多。[①]

中国鸭的饲养主要在东南、中南各省，河汉湖沼错综之地最宜养鸭。西南部的四川、贵州两省因有几条大河，所以养鸭也较多。中国鸭大多全身麻灰色，体型偏小，俗称"麻鸭"。较有名的地方品种是成都麻鸭、高邮麻鸭、绍兴麻鸭等。北京出产一种鸭，体较大，羽毛白色，称北京鸭。该鸭种于 1873 年输入美国和英国，1888 年输入日本，20 世纪初输入苏联，现今世界上很多著名肉用鸭品种，均有"北京鸭"的血统。

中国鹅的饲养不如鸡鸭广泛，但养鸭的地区大多有鹅的分布。鹅羽色分灰、白两种，华北、四川多白鹅，华南、东南一带多灰鹅。鹅体重平均约 5 千克，年产蛋量 75～100 枚。

近代中国还先后从国外引进不少优良家禽品种，如来航鸡、洛克鸡、芦花鸡、黑米诺加鸡等。家禽饲养数量，据不完全统计，1937 年全国养鸡约 2.4 亿只，鸭5 840 万只，鹅 1 008 万只。1947 年下降至鸡 1.9 亿只，鸭 4 400 万只，鹅 724万只。[②]

二、畜牧业的经营方式

中国近代畜牧业的经营方式，除部分地区的畜牧企业采用较先进的经营方式，在中国广大农村，基本仍然以传统畜牧经营为主。在牧区，大多数牧民仍过着逐水草而居的游牧生活。在农区，畜牧业仍仅作为农业的家庭副业来经营。

中国内蒙古牧区，牧民们大多没有固定居所，饲养的家畜主要是牛、羊、马等，人和牲畜常逐水草而居，过着漂泊不定的游牧生活。人们除有便于迁移的蒙古包遮风避雨，牲畜都是日夜牧放在草地上，即使是风雪交加的严冬，也不例外。当受冻挨饿的马牛羊找不到可吃之草时，常常大批死亡。因此，冬季是游牧民最难熬的季节。

---

① 张仲葛、黄惟一：《祖国的畜牧与畜产资源》，上海永祥印书馆，1953 年。
② 中国畜牧兽医学会：《中国近代畜牧兽医史料集》，农业出版社，1992 年，98 页。

牧民因需要随着牲畜而迁移，凡生活上所必需的一切物品，均离不开牛羊，牛羊肉作为食品，皮毛可制作衣履和避风遮雨的毡包帐篷，牛粪作为燃料。牧民白天饮奶茶、吃奶豆腐，晚间吃牛羊肉。蒙古包内地下四周铺以羊毛毡，全家不分男女老幼均同宿于帐包内，少数富有之家，因有数个包篷而可分居。牧民的迁移，蒙古包须用牛大车拉运，迁移次数随水草好坏而定，草多之区十数日迁移一次，草少处二三日即迁移一次。

游牧民的组织管理，在内蒙古依前清的盟旗制度，大约每十户设一什长，贵族则每一家族设一族长，约十个什长之上设一佐领，大约五六个佐领之上设一参领，佐领或参领之上设旗。在西藏，其基层组织为楚马（头人），每个楚马约管理十户牧民。如藏北雅巴牧区，全区设 60 楚马，大约有 600 户牧民。该区平均每户约养牛 40 头，养绵羊和山羊 70 只。① 在新疆阿勒泰地区的哈萨克族，是个较完整保留古代游牧民族特点的氏族。它大体分为七个组织级别，最基本的社会组织是阿吾勒，主要是由血缘关系的纽带将五六户至十多户组成一个阿吾勒，每个阿吾勒都有自己的共同居住地和游牧地。然后由血缘关系较近的若干阿吾勒组成阿塔。阿塔内的各个阿吾勒常在相邻的地方游牧，由来自一个共同祖先的 13～15 个阿塔组成一个乌露（即氏族）。乌露有自己的游牧地和共同的墓地，同一个乌露的人有为氏族复仇等义务。由若干乌露组成阿洛斯（即部落），再由若干阿洛斯组成兀鲁思，其头目苏丹只能由贵族充任。地域性部落联盟是玉兹，玉兹的首领称为汗。

牧区的畜牧生产关系，王公贵族、上层僧侣、各大小牧主占有较多牲畜，贫苦牧民只有较少牲畜。在哈萨克族的宗法社会中，占人口 10％ 的牧主（部落头人、宗教上层、大小牧主）占有 50％ 牲畜，而占人口 90％ 的牧民仅占 50％ 牲畜。牧主通常有数百上千甚至上万头牲畜，而一般牧民仅有较少、甚至没有牲畜。② 牧场所有权虽在法律形式上表现为氏族公有，但由于封建主享有优先使用牧场的权利，享有将他个人的土地交给自己的子孙继承的特权，还享有掌握迁徙和支配牧场的权力等，因此，这种牧场公有制也仅是形式而已。

又如，四川省的甘孜县大塘坝牧区年扎部落，牧主 2 户，有牛 559 头，马 41 匹，羊 59 只，平均每户有牲畜 329.5 头（只）；中牧 28 户，有牛 2 288 头，马 192 匹，羊 302 只，平均每户 99.4 头（只）；贫牧 34 户，有牛 659 头，马 46 匹，羊 229 只，平均每户 27.4 头（只）。牧主户均拥有牲畜数是贫牧户的 12 倍。③

在南方农区，畜牧业的经营与北方牧区有很大不同。这主要是因为南方大多耕

---

① 西藏工作队农业科学组：《西藏农业考察报告》，科学出版社，1958 年，511 页。
② 巴图、邵霖：《中国草原畜牧业经济发展概论》，民族出版社，1993 年，21 页。
③ 詹武：《中国畜牧业经济学》，人民出版社，1988 年，19 页。

地少，气候温暖湿润，农民通常以种植农作物为主，畜牧业仅作为较次要的行业经营，因此称为"副业"。饲养的家畜主要是牛、猪、鸡、鸭，间或有羊、驴等，饲养牛主要是为了役使，饲养猪、羊、鸡、鸭等主要是为了肉食和禽蛋。另外，由于牛、猪、羊、鸡等家畜家禽可充分利用农业生产的副产品，如农作物秸秆、糠麸、饼糟之类以及农民家庭的剩菜剩饭等，更重要的是这些畜禽还为农业生产积贮大量有机肥料，从而为农业生产的发展做出贡献，以至有的地区把养猪、养牛积肥作为农业生产的头等大事。

农区的农民家庭一般饲养畜禽数量不多，如人均耕地还不足 1 亩的无锡农村和苏州市郊，约为每 5 户养 1 头猪、1 头牛，6 户养 1 只羊、1 只鸭，每户养 3 只鸡。在人均耕地稍多的上海嘉定、松江，则平均 2 户养 1 头猪。[①] 在中原地区，1928 年河南许昌五村的调查为户均 12 亩，养牛 0.3 头、驴 0.3 头、马 0.02 匹、骡 0.04 头；辉县四村户均耕地约 21 亩，养牛 0.63 头、驴 0.24 头、马 0.15 匹、骡 0.45 头。[②] 养猪、养鸡数量，河北定县某区户均约养猪 1 头、养鸡 2.45 只[③]。总之，虽然畜牧业在农区仅为副业，在农业生产中所占比例很小（以苏南为例，不到 20%），但由于农区总面积大，人口众多，故总的家畜饲养量和生产总值仍很大，甚至远远超过牧区畜牧生产总值。

三、传统畜牧经济的发展

1840 年前，中国的畜牧经济在牧区基本是自给自足的自然经济；在农区则为小农经济的一部分。1840 年后，由于资本帝国主义的坚船利炮打开清王朝长期闭关锁国的大门，西方列强相继入侵中国。在他们大量向中国倾销鸦片和工业品的同时，还大肆低价掠夺中国各种土特产品和工业原料，其中畜产品成为他们重点掠夺的目标之一。根据记载，近代中国最早输出的畜产品大概是驼毛，早在 1867 年就由陆路运往俄国，后又经海道运往美国。1873 年，德国商人在张家口首设公司专营，驼毛输出随之大增。1881 年，汇丰银行在奉天（今沈阳）设支行兼营羊毛业。1885 年又进一步扩展至张家口、包头、宁夏等地，从而促使中国绵羊毛输出呈逐年增加之势，很快超过了驼毛。

中国猪鬃的外销最初是由广东人经营，规模较小。清光绪年间，日、英、法等国商人先后在中国设厂收购。猪鬃输出价值，1895 年为 65 万海关两，1911 年增加

① 曹幸穗：《旧中国苏南农家经济研究》，中央编译出版社，1996 年，148 页。
② 行政院农村复兴委员会：《河南省农村调查》，商务印书馆，1934 年。
③ 李景汉：《定县社会概况调查》，中华平民教育促进会，1933 年。

到 434 万海关两,年平均增长 35%。

蛋及蛋制品从 1884 年开始出口,由旅日华侨经营,运销日本,其后日商、德商、美商亦分别在中国设厂收购,加工后运销国外。

与此同时,生皮、熟皮和皮货以及肠衣、牛油、生猪等出口量也一直稳步增长。据不完全统计,1880 年出口畜产品价值约 70 万海关两,仅占出口产品总值 1%。而 1913 年出口畜产品价值达 4 000 万海关两,约为当时出口产品总值的 10%。至 1934 年畜产品的出口进一步发展,占到出口产品总值 20% 以上。其中出口蛋品 3 000 万～4 000 万元,为出口第一大宗;其次为猪鬃 1 500 万～2 000 万元;绵羊毛 1 200 万～1 500 万元;猪肠衣 700 万～900 万元;山羊皮 500 万～800 万元;黄牛皮、羔羊皮 300 万～500 万元。[①] 畜产品的大量出口,不仅促进了国内畜牧业的发展,同时也获得外汇资源,为中国工农业以及国民经济的发展,做出很大贡献。

四、传统畜牧兽医技术的继承和发展

(一) 传统畜牧技术的继承和发展

近代中国的畜牧技术,基本承袭了明清时期的传统,在家畜外形鉴定技术(即相畜术)上,进一步完善马、驴、牛等大家畜的相术,同时猪、羊、鸡、犬等中小家畜的外形鉴定技术也得到一定发展。如牛的相术,在 1836 年的《相牛心镜要览》中,较全面总结了牛的相术。1886 年前后,又有《牛经切要》一书问世。该书对牛的外形鉴定作了进一步总结,其中记述道:"牛有五子,五子俱全,养者不难。"所谓牛五子,即"嘴如升子,眼如童子,角如锥子,耳如扇子,尾如辫子"。对牛各重点部位的相法,如牛腰腹部的相法:"牛身腰宜短","牛肚腹宜大,气膛宜小,肚大膛小会吃,易养","牛背宜平且宽";对四肢要求:"四脚前夹宜宽,后夹宜窄","前脚宜端,后脚宜弯","四蹄其形如卦,宜圆不宜尖";对头颈部要求:"嘴形宜方不宜尖",等等。此外,该书对牛年龄与牙齿及角的关系也进行总结,是对中国相牛术的一大发展。

在饲养管理技术方面,这一时期,西北各牧区在积累数千年历史经验基础上,形成了比较完善的游牧制度。传统游牧技术愈益系统规范,各游牧民族对所在牧区草场资源利用更加充分合理。如内蒙古西部牧区,当地牧民根据气候和水源条件,把草场划分为夏秋和冬春两季牧场,实行冷暖两种营地制。在青海高原、河西走廊和新疆地区,因地形复杂,牧区有大平原又有山地,则实行二季营地和四季营地

---

① 中国畜牧兽医学会:《中国近代畜牧兽医史料集》,农业出版社,1992 年,100 页。

制。夏草场一般选择在高山地带，草甸植被茂盛，随处都有高山冰雪、融水可供人畜饮用，而且高山气候凉爽，少蚊蝇骚扰和疫病危害。春秋场结合在同一地段，为过渡性草场，分布在中低山带草地上，因海拔较低，春季冰雪消融早，草木先发，可救青黄不接。冬场则选择在海拔更低，背风向阳的谷地或洼地，俗称"冬窝子"，牲畜在此度过漫长寒冷季节。①

在放牧方法上，这时期多采用有控制的驱赶放牧法，不加控制或瞭望式的放牧在逐渐减少，"人犬随群，前挡后赶"成为牧人共同信守的原则。如对羊群，尤其在春天草发、羊群贪婪而跑青，需要加强控制以免掉膘或孕畜流产，故把放牧称"拦羊"。在畜群的队形上，注意进行合理布局安排，常根据牲畜种类、性别、年龄、体质等要素进行合理分群，把畜群分别安排在不同的牧场或小区中放牧。马群布于森林草原或草甸高草区，绵羊布于山地草原，牛群布于两者之间。山羊因善于攀援而布于灌木覆盖且地形崎岖的草场。

在农区，由于饲养的家畜主要是牛、猪、鸡、鸭等，农民家庭饲养仍很粗放，基本不讲究饲料配合，猪只饲喂以糠麸、蔬菜、野菜为主，往往需一年才能出栏。鸡基本为自由散放，产蛋率很低，喜爱养老母鸡。牛的饲养一般白天放牧，由老人或小孩看管，夜晚放入牛舍。耕牛则还需供役用，仅早中晚主人休息或吃饭时间才能在草地采食。但这一时期更加注意精细饲养，有时还适时添加精料，以便加速猪、禽的育肥或保住牛的膘情等。在江浙太湖地区，对羊还进行一种特别舍饲饲养，在产桑季节，喂以桑叶，形成一个独特的地方品种，称为湖羊。

在繁育技术上，近代猪、羊、鸡、鸭等中小家畜仍多采用自由交配方式。在养羊较多的甘肃、宁夏、青海等农牧区，则实行分群交配，平时公母畜不同群，配种时把公羊按比例放进母羊群中交配。大牲畜较多的农区多半实行牵引交配。有的农民自养1头或数头优良公畜，就地为本乡母畜配种，只收取草料作为补偿。也有养大公畜专作配种用，配种时收取一定报酬。这种专业户在西北称桩户或拉大骒。他们养优良公畜常多达五六头（匹），对公畜都加以特殊饲养，配种前加喂鸡蛋馒头等。

在大型公有牧场，这一时期家畜的"均齐制度"即家畜繁育制度更加严格。如据《新疆志稿》载：当时新疆伊犁地区许多马牛羊场，"马群三年一均齐，马三而孳一；牛群四年一均齐，牛十而孳八；驼五年一均齐，驼十而孳四；羊群一年一均齐，羊十而孳三"。"凡畜牧孳生之数，羊群最繁，获利最厚，一岁本岁均，二岁再

---

① 张波：《西北农牧史》，陕西科学技术出版社，1989 年，419 页。

倍，三岁四倍，六年以往，则本一而利百"①。

这一时期，家禽人工孵化技术更趋成熟，不仅进一步完善间接加温法，如炒糠、炒麦、牛粪法等，而且还发展到以"桴炭之火微熏之"的直接加温法。有些哺坊老匠人甚至还创造出看胎施温的高超技术，极大地提高了禽卵孵化率。②

（二）中兽医技术的继承和发展

中兽医即中国传统兽医，它与近代开始传入的西兽医具有理论和技术的明显区别。几千年来，中国传统兽医学曾取得辉煌的成就，主要表现在对畜禽的辨证施治，色脉诊断和药物治疗等方面。症候学、脏腑说、针灸术等都有独特的治疗技术。进入近代以后，中兽医无论从服务范围还是从业人数上看，仍是中国最基本、最重要的兽医力量，担负着保障畜牧业发展的重任。

这一时期，中兽医一个重要特点就是，随着中国养马业的衰落，中兽医从过去以治疗马病为主逐渐向猪、牛、羊、禽病扩展，并出现大量医治这类畜禽疾病的著述。其中较有名的兽医典籍有《活兽慈舟》《猪经大全》《牛经切要》《医牛宝书》《牛经备要医方》等。

《活兽慈舟》约于1873年刻版印行，原书共4册，其中黄牛、水牛部分占全书篇幅一半以上，其次为马、猪、羊、犬、猫等，广泛收集民间兽医病症240余种，药方700余个。《猪经大全》约于1891年出版，内容记有常见猪病50多种，每症均绘有病相图，列有治法。《医牛宝书》大约是晚清至民国初年的作品，全书分理论、中药、针法、治疗四篇，理法具备，针药兼容，在临床上具有较大指导价值。

在中药配伍方面，《活兽慈舟》突破几千年来配伍禁忌的束缚，采用畏反禁忌药组方，为重新认识药物的畏反禁忌提供了例证。根据这一启示，中兽医工作者对"蜜蜡莫与葱相见""大戟，芫花，甘遂反甘草"等进行试验，结果表明对某些家畜的某些疾病，只要运用得当，亦可获奇效。③

在防治家畜传染病方面，《活兽慈舟·水牛篇》载："夫瘟疫流行，乃疫气作证"，说明对传染病是由传染源引起的病源起因已有一定认识，而且该书还提出："瘟疫流行，传染乡井市镇，或瘟人染畜，俱当避之。牛马染证，豕当避让"；猪圈"粪尿亦勤打扫"；牛栏"务宜打扫洁净，卧处必以干草垫睡"，并"常以细辛、皂角、苍术、甘松、菖蒲、雄黄为末，用黄纸裹捻成条，不时熏之，则牛难染疫证"。马厩"凡四时有疫疠流行，勤将厩内打扫，常以菖蒲、黄荆叶捣碎，

---

① 宣统二年《新疆志稿》。
② 郭文韬、曹隆恭：《中国近代农业科技史》，中国农业科技出版社，1989年，452页。
③ 于船、牛家藩：《中兽医学史简编》，山西科学技术出版社，1993年。

时时熏之，自不染疫"等，具有一定的防疫卫生消毒思想，对预防传染病的发生有一定作用。

第二节　畜牧兽医科技事业的发展

近代既是中国传统畜牧兽医科技继承和发展时期，又是传统畜牧兽医科技逐渐走向现代化的重要交汇期。一方面，由于中国长期的闭关自守，经济落后，在广大的农牧业基层地区，仍承袭几千年来畜牧兽医科技成果；另一方面，由于资本主义列强纷纷进入中国，在大肆掠夺中国宝贵资源的同时，也促使中国掀起向西方学习的热潮，并积极大量引进西方先进的科技文化，其中包括畜牧兽医科技。

一、国外先进畜牧兽医科技的引进

鸦片战争后，随着资本主义列强侵入，中国不少有识之士为富国强兵，纷纷提出向西方学习的主张，其中学习西方先进畜牧兽医科技亦是主要内容之一，从而揭开了中国引进国外先进畜牧兽医的帷幕。

当时，中国引进国外先进畜牧兽医科技主要是通过聘请国外畜牧兽医专家来华讲学工作，翻译出版国外畜牧兽医科技论著，向国外派遣留学人员，引进国外畜牧兽医科技成果等途径实现的。

（一）翻译出版国外畜牧兽医论著

翻译和出版国外畜牧兽医科技论著是引进畜牧兽医科技最便捷、最有效的途径之一，在引进国外先进畜牧兽医科技过程中，发挥了很大作用。例如，中国最早公开发行的农学刊物《农学报》，光绪二十三年（1897）五月在上海创刊，在其后的十余年间，该刊发表了有关畜牧兽医科技文章上百篇，对引进国外先进畜牧兽医科技起到很重要的开创性作用。此后，随着大批专业人才的涌现，中国又相继创办了《中华农学会报》和《农业周报》（1929 年），以及更具专业性的杂志《中国养鸡杂志》（1928 年）、《禽声月刊》（1931 年）、《畜牧兽医季刊》（1935 年）、《畜牧兽医月刊》（1936 年）、《中国养兔月报》（1937 年）等，为大量引进国外先进畜牧兽医科技，提供极大方便。与此同时，中国还直接翻译或根据国外资料编写大量畜牧兽医专著，如《实验养牛学》（1913 年）、《实验养鸭学》（1918 年）、《畜产学》（1925 年）、《实用养鸡学》（1931 年）、《养马学》（1932）、《家畜饲养学》（1933 年）等。在不到 20 年间，共出版畜牧兽医专著近百部，极大地促进了国外先进畜牧兽医科技在中国的传播。

（二）聘请国外专家来华讲学工作

中国近代畜牧兽医科技起步晚，水平低，专业人才奇缺。为加速中国畜牧兽医科技的发展，聘请国外有丰富经验的专家来华讲学工作是一项加快人才培养的好办法。如1899年，已分别于武汉、南昌、上海等地开设农务学堂，"延聘农务、化学、动植物学洋人，讲求土质和畜牧诸法"。① 1904年，北洋马医学堂成立，聘多位日本人为教师。其后更有美国教会来华办学，其中较有名的学校就有金陵大学、岭南大学、燕京大学等，为中国近代畜牧兽医专业培养不少急需专门人才。

（三）向国外派遣留学人员

向国外派遣留学人员，亦是迅速引进国外先进科技的一个有效途径。中国大批量向国外派遣留学人员最早始于1872年前后，最初主要是学习军事和工业科技，首次派遣出国攻读畜牧兽医的留学人员在1911年。最初人数较少，主要去美国、日本两国留学，也有少数去英、德、法等国的。随后留学人员逐渐增加。据不完全统计，1914—1937年，中国去美国留学畜牧兽医人员共有40多人，去日本留学的人员也约有40余人，他们中包括后来在中国畜牧兽医学界的著名专家许振英、程绍迥、汪德章、陈之长、张天才、罗清生、虞振镛、汪国兴、李秉权、崔步青、崔步瀛、朱先煌等，他们中大部分人都学有所长，按期回国，为中国近现代畜牧兽医科技的发展做出重要贡献。

（四）引进国外畜牧兽医科技实物成果

引进国外先进畜牧兽医科技实物成果主要是通过引进国外优良畜禽品种和牧草，引进国外先进畜牧兽医机械及仪器设备等。如在上海，为满足奶牛业发展需要，很早就从国外引进奶牛，至1893年，上海已开办奶牛场31家，饲养奶牛570头；1905年，陆军部还从英国引进欧洲良种马及其饲养技术；1910年，察哈尔两翼牧场已有英俄两国种马及杂种马41匹。其他大量引进的猪、羊、鸡等，主要有巴克夏猪、约克夏猪、波中猪、美利奴绵羊、考力代羊、萨能奶山羊、来航鸡、白洛克鸡、海福特牛等。

总之，经过半个多世纪积极和大规模引进国外先进畜牧兽医科技，使中国畜牧兽医科技事业逐渐从传统走上近现代化发展道路。

---

① 《两江总督饬宝山县沈期仲兴创农学堂札》，见《农学报》卷五五，光绪二十四年十二月上。

二、畜牧科技事业的发展

随着国外先进畜牧科技的引进以及大批专业人才的涌现，近代中国的畜牧科技事业也随之获得很大发展，尤其是畜种改良事业及畜禽饲养管理和繁殖科研事业的发展。

（一）畜种改良事业的发展

畜种改良事业的发展是中国近代畜牧科研事业发展最重要的内容之一。中国传统畜牧业几千年来已培育出不少优良畜禽品种，如著名的九斤黄鸡、狼山鸡、北京鸭、太湖猪、秦川牛、蒙古马等，这些优良品种均具有适应性强、耐粗饲、抗病力强、繁殖率高的特点。然而中国的大多数畜禽品种与国外纯种相比，则存在着明显的品种不纯、品质低、生产效率不高等缺点。如马匹的奔跑速度，英国纯种马在跑马场上用 1 分 2 秒即可跑完 1 英里，而中国马需五六分钟；英国挽用马，一匹马可挽重 500 千克，而中国马只能挽 300 多千克；荷兰奶牛 1 日产乳可达 15～20 千克，而中国奶牛日产乳仅 3～6 千克；澳大利亚美利奴羊每只年产羊毛 5 千克以上，而中国绵羊每只年产仅 1～1.5 千克，且羊毛质量差。来航鸡年产蛋 300 枚，而中国蛋鸡年产只有七八十枚。[①] 有鉴于此，中国畜牧界人士很早就提出改良畜禽品种的建议，并在实践中积极开展这项工作。

1. 马种的改良　中国近代最早的马种改良工作大约开始于 1900 年前后。当时法国人向东北地区输入百多匹北非阿拉伯血统公马，1907 年又分售到内蒙古各地，但因无明确育种计划，造成血统混杂渐被当地马同化。[②]

1905 年，清政府为提高北方草原地区马匹质量，首先在察哈尔两翼牧场建立模范马群，开展有计划改良马匹工作，先后从德国、俄国等引进良种马。1906 年，清政府还在辽宁黑山县创办"奉天官牧场"，从欧洲购入种公马 6 匹，1907 年又购入西伯利亚半血种公马 10 匹，以改良当地马种。

1912 年后，山西军阀阎锡山，为扩充军备，从美国购入速步马和摩根马共 200 匹，由美国人巴东担任养马场场长，从事马匹改良工作。

1935—1944 年，新疆军阀盛世才在乌鲁木齐、伊犁、焉耆建立三个种马场，焉耆军马场曾引入苏联奥洛夫速步马改良当地的哈萨克马，伊犁地区早在 20 世纪初也引进俄国良种马。

---

① 李正谊：《中国畜牧之改良刍议》，《中华农学会报》1932 年 96 期。
② 〔美〕费理朴等：《中国之畜牧》，汤逸人译，中华书局，1948 年。

1934年，国民政府军政部于江苏句容小九华山麓建立种马牧场，亦开始从阿拉伯选购公母种马10余匹，后又从澳大利亚引入纯种马若干匹，进行杂交改良中国马匹试验。全面抗日战争时期，马的改良工作仍在清镇种马牧场、山丹军牧场、贵德军牧场、岷县种马牧场、崇明种马牧场、罗城种马牧场、永登军牧场、洮岷军牧场等处进行。当时，这些马场的主要工作是，一方面对国产马进行选育提高，同时继续用阿拉伯系良种马进行改良，以期提高中国马匹的乘骑性能和挽用性能。

2. 羊种的改良 中国历史上绵羊的分布主要在北方，由于羊毛在近代的对外贸易中占很重要地位，因此北方各地政府纷纷设立良种羊繁殖场，引进外国优良品种从事改良试验。据记载，当时开展此项试验工作的有京师农科大学，农商部第一、二、三种畜试验场，辽宁省立奉天农事试验场，山西太原及静乐模范牧场，私立大同堡子湾仁恭垦牧公司等。

1918年前后，山西省从澳大利亚引入美利奴羊1000多只，由留日归来的张孔怀主持改良工作。到20世纪30年代初，所得蒙古羊与美利奴羊杂交第二代，已与纯种羊毛品质相似，到1937年，改良羊已达5万多只。[1]

1932年，山西铭贤学校由美国人穆尔等采用兰布列羊作改良试验，经精心经营，也有一定成效。1934年，全国经济委员会在甘肃甘坪寺创建西北种畜场，以美利奴羊改良藏羊。1935年，实业部在南京汤山创设中央种畜场，亦从美国引进美利奴羊和萨能奶山羊，进行纯种繁殖，以备推广。1937年抗日战争全面爆发，羊的改良工作主要在新疆、陕西、甘肃等几个区域进行。新建了种羊场3所，分别是伊犁、塔城和哈什，以伊犁场规模最大，各场种羊均采用兰布列、普列科斯及喀拉里三个良种，以兰布列为改良当地羊的基本种羊，改良种以第4代为标准，称之为新疆式种羊，体型与兰布列相差无几。

3. 牛种的改良 中国有计划进行牛种改良工作也开始得很早。1913年农商部在张家口附近设立的第一种畜试验场，即已从英国引进哈犁佛牛（即海福特牛）及高丽牛，进行牛种改良试验。其后，第二、第三种畜试验场相继成立，都引进哈犁佛牛进行地方牛种的改良试验。

奶牛的改良工作最早在上海开始。1870年就有外国侨民将爱尔夏奶牛带入上海。1879年传教士肖神父在上海设奶棚饲养奶牛40余头。1893年上海安福奶棚使用杂交方法改良当地黄牛获成功。1897年，黄白花奶牛被引入上海。1901年，徐家汇天主教堂的修女院开始引进黑白花奶牛。[2] 与此同时，德国人瓦格纳在青岛李村农事试验场亦用黑白花奶牛与山东土种黄牛进行杂交。1923年，虞振镛从美国

---

① 李秉权：《山西改良种羊毛质之内梗概》，《中华农学会报》1929年69期。
② 王毓峰、沈延成：《上海乳业发展史》，《上海畜牧兽医通讯》1984年6期。

引进 12 头荷兰黑白花奶牛，在北京创办模范奶牛场。不久，南京东南大学汪德章教授也从美国引进荷兰牛，设立南京鼓楼奶牛场。这两个奶牛场所繁殖的后代，对改良中国黄牛为乳牛，发展南北方乳牛业影响很大。

4. 猪种的改良 中国近代猪种的改良亦开始于 20 世纪初。1907 年，留美学者陈振先在任奉天农事试验场场长时，就曾引进过少量巴克夏猪，对东北土种猪进行改良。此后，农商部三个种畜试验场以及各大学农科、农专、农场亦相继引进外国猪种改良中国原有猪种。如 1919 年广东岭南大学引进巴克夏猪；1923 年北京燕京大学农科引进泰姆华斯猪、波中猪、约克夏猪；1924 年陈宰均在青岛李村建立新型猪场，引进巴克夏猪；1927 年南京中央大学从日本引进巴克夏猪；1933年，南京国民革命军遗族学校引进波中猪、泰姆华斯猪、汉普夏猪、巴克夏猪等。这些外国优良猪种通过不同途径被大量引进中国，对中国猪种改良起了相当大的作用。

5. 鸡种的改良 鸡种由于体型小，繁殖快，中国很早就开始从国外引进良种。如 1913 年，冯焕文在江苏无锡创办荡口养鸡场，引进白色来航鸡。其后又从菲律宾引进洛岛红鸡等。1924 年，陈宰均于青岛李村农事试验场兴建种禽场，推广来航鸡，并提倡用来航鸡改良中国土种鸡。1928 年，养鸡专家王兆泰在河北定县"中华平民教育促进会"从事养鸡工作，开展鸡种改良活动。据不完全统计，仅全面抗日战争爆发前，江苏和上海等地都建有不少养鸡场，一些较大型的养鸡场占地百余亩，养鸡上千羽。这些专门饲养场中饲养的鸡种主要是引进的来航鸡、洛克鸡、黑米诺加鸡等品种。这些饲养场对外出售种蛋和雏鸡，帮助地方农户家庭养殖，对中国鸡种的改良，做出很大贡献。[①]

总之，中国近代所进行的大规模引进国外优良畜禽品种以及畜种改良实践，虽然在一定地区、一定时期和一定范围内取得了一些成绩，也为后来中国优良畜禽品种的培育打下了基础，但是，由于中国近代政局动荡不定，改良畜种时间短，经费紧张，人才缺乏等，不仅未能育成有影响力的标准良种，反而在一定程度上造成中国原有畜禽品种产生了混杂。从技术上讲，中国近代的杂交改良工作，主要采用级进杂交方式，如句容种马场，级进杂交至第五代，山西绵羊级进杂交至第三代，这种方法能够在短时间内产生较好效果，但级进结果往往不能保持本地品种的优良性能。同时，杂交种的产品也常不如纯种，且由于外来种公畜数量少，易形成近亲繁殖而退化等。因此，这些都是造成中国近代畜种改良未能取得很大成功的重要原因之一。

---

① 佚名：《调查鸡蜂饲养报告》，《江苏农矿》1931 年 12 期。

（二）畜牧科研事业的发展

1. 饲养管理研究   传统家畜饲养技术主要建立在经验基础之上，缺乏现代意义上的以实验为基础的科学研究。自近代国外先进畜牧科技传入以后，中国才开始进行在科学理论和实验装备条件下的科学研究。如 1906 年，赵尔巽在天津农事试验场，聘日本人为场师，初步开展了一些饲养牲畜方面试验。同年农工商部于北京设农事试验场，也开展一些畜牧方面的试验。至 1921 年，东南大学农科畜牧系成立，科学化正规化的饲养乳牛、猪、鸡等研究工作正式展开。1926 年，北京农业大学农学院率先成立动物营养研究室，开创了动物营养学的教学和研究，为中国的动物营养学的发展，奠定了基础。

当时全国各地不少专家所从事的家畜饲养方面比较有价值有影响的研究主要有：豆饼蛋白质营养价值的研究，饲喂棉籽饼对于乳牛产奶量的研究，科学配方饲料与传统习惯饲料对比试验，家禽育肥试验（包括强制育肥与自由育肥比较，单纯饲料与混合饲料比较，虾糠与咸鱼粉比较，灯光育肥与不用灯光比较，冷饲与温饲比较等）。波中猪、定县猪及杂交猪饲养比较试验，豆渣、酒糟、酱渣饲猪试验，外国猪与四川猪饲料利用比较试验等。[①] 这些试验，不仅填补中国家畜饲养科学研究的空白，而且对指导当时以至其后畜牧生产有很大作用。

2. 繁殖研究   由于家畜繁殖学是一门比较新的学科，中国当时在这一领域涉足不多，主要在家畜人工授精和家禽人工孵化技术上做了一些工作。如中国早在 1918 年就对家畜的人工授精技术进行了详细介绍。中国正式开展这项工作大概是在 1933 年前后。当时，新疆伊犁种羊场 曾聘请苏联专家大规模开展这项应用试验。1935 年，国民政府军政部句容种马场亦开始试用这一技术，均取得一定成效。

1937 年，新疆农矿厅颁布《种马场工作简章》，其中规定，使用人工授精法，第一年完成 115 匹，第二年 150 匹。同年，新疆省政府在迪化、绥东、吐鲁番、伊宁等地设立种畜交配所 12 处。一些牧场、各县畜牧局均把采用人工授精技术做为家畜品种改良的一项重要措施。至 1942 年，新疆共配种马 1.7 万匹、牛 1.3 万头、羊 2.6 万只，其中 30％是使用人工授精技术。[②]

对于家禽人工孵化技术，1935 年前后，刘鸿勋、张继先、葛悲鸣、薛岸桥等人对中国传统人工孵化技术做了比较深入全面的调查，认为土法孵化具有成本低、就地取材、方便实用、孵化率较高的优势，而西式孵化器造价高、耗费多、难以广泛推行等诸多不利条件。因此，针对这些情况，他们提出了符合中国国情的一些改

---

① 郭文韬、曹隆恭：《中国近代农业科技史》，中国农业科技出版社，1989 年，452 页。
② 刘行骥：《新疆省畜牧兽医事业概述》，《畜牧兽医月刊》1944 年 4 期。

良中西孵化器的意见，使人工孵化技术进一步得到完善。

3. 牧草研究 中国的四川、甘肃、宁夏等 3 省的一部分地区和内蒙古、新疆、青海、西藏等省的大部分地区，多以畜牧业为主，家畜的饲料主要为天然牧草，天然草原面积约为 40 亿亩，约占国土总面积的 29%，过去一向被忽视。牧草专家王栋很早就呼吁："西北人利在畜牧，而西北畜牧业的改进关键在草原管理。"要对草原进行科学管理，首先必须了解草原，对草原进行调查和研究。中国开展这项工作，起初是由一些欧洲来华的植物学家进行的。其后，日本侵入中国东北，对东北、内蒙古进行了广泛综合的调查。

中国学者对草原和饲料学研究始于 20 世纪 30 年代。1938 年前后，孔宪武在辛树帜教授指导下，对渭河流域杂草进行研究。1938 年，沙风苞在《陕西畜牧初步调查》一文中指出，西北地区牛羊矮小瘦弱，原因之一是牧草质量不佳。他认为应减少耕地，栽培牧草，还宜引进国外牧草进行栽培试验并推广种植。1942 年，顾谦吉对西北草原进行考察调查后，根据自然条件及植被类型将西北草原分为七大草区，它们分别是蒙古草区、祁连山草区、青海环海区、柴达木区、巴颜喀拉山区、玉树区、陇南及西倾山区等。1943 年，美籍草原专家蒋森来中国考察，对宁夏冬末春初缺乏饲草引起家畜大量死亡问题，提出必须在入冬前减少牲畜存栏，栽培牧草并干贮饲草等办法。1944 年，耿以礼、耿伯介对甘肃、青海草地类型，草地利用存在问题以及草地改良办法做了比较全面的研究。[①]

在开展牧草调查研究的同时，中国还开始牧草引进和栽培试验。在清末创办的《农学报》上刊出了《紫云英栽培法》以及《苜蓿说》，比较详细介绍紫云英及苜蓿栽培技术。1907 年前后，奉天农事试验场试种从国外引进牧草达 37 种之多。20 世纪 20 年代，南京东南大学畜牧系亦进行了多项牧草栽培试验。1942 年，四川农业改进所进行象草栽培试验，亩产象草创 3 万斤的高产记录。畜牧专家张仲葛于1942 年在广西进行牧草引种试验，试验结果是，在禾本科植物中，以本地狗尾草发芽最快，生长发育良好，其次为红顶草，在豆科植物中，以紫花苜蓿最优良。此外，牧草专家王栋从 1942 年至 1948 年对牧草的试验有：牧草幼苗期根茎生长之比较，苜蓿株茎增长速度的观察，苜蓿收割次数与产量的关系等。这些研究对指导当时牧草的种植有很重要作用。[②]

---

① 白鹤文、杜富全、闵宗殿：《中国近代农业科技史稿》，中国农业科技出版社，1996 年。
② 王栋：《六年牧草栽培与保藏试验之简要报告》，《畜牧兽医月刊》1947 年 6 期。

三、兽医科技事业的发展

近代中国的兽医事业，除传统中兽医技术得到继承和发展，以控制传染病为主的西兽医事业亦获得很大发展。具体表现在中国动物检疫机构的设立，牛瘟、猪瘟等传染病的防治及西兽医科研事业的发展上。

（一）动物检疫机构的创建

由于农畜产品贸易的关系，各种畜禽传染病常常被带入非疫区，给当地畜牧业带来极大危害。为此，一些国际组织和国家很早就注意到应设置专门机构来检验进出口货物以控制疾病向非疫区传播。最初，由于中国进出口贸易大多由外国人控制，因此检疫工作主要由外国人进行。如1913年，英国兽医帕德洛克在上海从事出口肉类检验；1927年，美国驻华大使馆照会中国外交部，称自1927年12月1日起美国禁止进口未经政府兽医机构检验的猪、羊肠衣。农工商部根据京、津肠衣商人请求，立即筹备成立"毛革肉类出口检疫所"。11月5日，农工商部公布《毛革肉类出口检疫条例》，并在天津正式成立"农工商部毛革肉类出口检疫所"。随后，在上海、南京等地设立了分所。1929年，实业部上海商品检验局成立，设置畜产品检验处，同时接管上海市卫生局出口肉类检查所和上海社会局牲肠出口检查所，统一办理上海、南京、宁波等3口岸畜产品检验业务。随后青岛、汉口、广州亦分别成立商检局，执行动物检疫任务。在对国内出口畜产品进行检疫的同时，也对从国外进口畜产品的检疫。1935年，上海商检局正式对牛羊牲畜等的进口进行检疫，为中国畜牧业健康发展设置了一道安全保护的屏障。

（二）传染病的防治

传染病是一类发病急、传染性强、对畜牧业危害大的疾病。虽然中国传统中兽医对某些传染病有一定疗效，但在多数情况下，对烈性传染病的预防和治疗往往效果不佳。在这方面，西兽医有着较好的防治办法。因此，当以实验为基础的西兽医传入中国后，畜禽的烈性传染病才得到了较好的防控和治疗，疫病传染的危害才逐步有所改变。一个典型的例子是，1931年，上海发生牛瘟流行，形势非常紧迫。这时，上海商检局派人分赴各奶牛场，注射中国自行研制的牛瘟血清，救活20头奶牛，其中有3头病情很重，曾被当时上海某著名外籍兽医拒绝医治，后来也是用血清治愈。[1] 这次首战牛瘟成功，极大鼓舞了中国兽医界防治禽畜传染病的信心。

---

① 《商检局救济牛瘟》，《农业周报》1934年3月72号。

1934 年 4 月，南京近郊的汤山一带发生猪瘟，报告时已有 30 多头发病。后经中央农业实验所紧急预防注射，仅有 3 头死亡，余者全部治愈。此外，上海兽疫防治所选定江苏泰兴县作为猪瘟防治实验区，在对该区病猪进行一定治疗的同时，亦开展保持畜舍卫生、定期消毒以及病猪隔离等措施，宣传防治知识，使该区几年内猪瘟流行状况大为缓解。

1935 年初，上海市发现牛口蹄疫，后相继在常州、丹徒、镇江、南京、蚌埠、徐州等地也发生了牛口蹄疫。这时，上海兽疫防治所、上海市卫生局、中央农业实验所、南京市卫生事务所、江苏省建设厅等单位密切配合，组成防治大队，对疫区进行封锁、消毒，对病畜进行隔离等，经过近两个月的努力，终于使危害降低到最低。这是中国首次在兽医防疫领域进行大规模协同作战并取得成功的范例，为其后类似防疫工作打下了好的基础，积累了成功的经验。

除国民政府的中央机构直接参与兽疫防治，各地区亦纷纷成立家畜保育所及兽疫防治机构，其中影响较大的有广西家畜保育所、四川家畜保育所、江西省农业院家畜防疫所等。1945 年抗日战争胜利后，国民党统治区的兽疫防治力量得到进一步加强。在中央一级，原来设于农林部内的相关机构，或被改组或被重建成若干个兽医防治处，如东南兽疫防治处、华西兽疫防治处、西南兽疫防治处、西北兽疫防治处等。这些防疫机构的设立，对当时畜禽传染病的防治起到一定作用。

从总的方面讲，近代中国的禽畜传染病防治从无到有，在一定范围、一定程度上取得了一定的成绩，这是社会的一大进步。但由于社会经济及科学技术水平等多方面原因，近代兽疫防治工作的成效还是很有限。以西北兽疫防治处为例，由于人才缺乏以及经费和预防药品的限制，1942—1945 年，当地每年生产牛瘟脏器苗仅 26.2 万毫升，若以平均每头牛预防注射 12 毫升计算，仅可供 2.1 万头牛注射用，这仅占该辖区 330 万头牛的 0.65％。此外，在防疫机构建设方面也很不健全，防疫措施不得力，致使中国大多数地区，畜禽传染病如牛瘟、猪瘟、鸡瘟、牛肺疫等仍然疯狂流行，病死大家畜动辄数万或数十万，严重影响中国畜牧业甚至农业生产的发展，这种状况直到新中国成立后才获得根本改观。

（三）兽医科研事业的发展

近代西兽医传入中国后，兽医科研工作的重点是围绕如何扑灭危害畜禽烈性传染病而进行。因此，国内一些兽医机构建立不久，就把有限的人力和物力投入到兽疫防治上面，许多学成归国的留学生，也多在血清及疫苗的研制和兽医生物药品的研制等领域从事科研和教学工作。

1. 专业性兽医生物药品制造厂的建立　中国最早制造并使用生物药品是在 20

世纪初。1900 年，上海开始应用家畜结核菌素反应新技术来检查家畜结核病。1924 年，中央防疫处首创马鼻疽诊断液及犬用狂犬疫苗。此后，一些通商口岸分别建立商品检验局，技术工作由一些留学归国的专门人才承担。他们利用所学的知识和口岸有利条件，研制出了防治畜禽传染病的血清和疫苗，对控制当时各地的家畜传染病的危害，起到很重要作用。其中较有名的血清制造所有：青岛商品检验局血清制造所、上海商品检验局血清制造厂、中央农业实验所血清厂等。

青岛商品检验局血清制造所创建于 1930 年，是中国自己创建的第一个专业性兽医生物药品制造机构。该血清制造所成功制造出了抗牛瘟、狂犬病、猪瘟、鸡瘟等传染病血清和疫苗，同时还培养了中国第一批从事兽医生物药品制造的技术骨干。

上海商品检验局血清制造厂是 1932 年建立的。血清厂由商检局副局长蔡无忌直接领导，程绍迥担任首任主任。该血清厂成功制造出了抗牛瘟血清、牛瘟脏器疫苗、牛肺疫疫苗、炭疽芽孢苗、抗猪瘟血清、抗猪肺疫血清及灭活猪肺疫疫苗等。

中央农业实验所血清厂是仿照美国健牲兽药公司抗猪瘟血清制造车间，于1936 年建立的。在当时，该厂的设备和技术都堪称先进，可年产抗猪瘟血清 2 000万毫升。后来由于全面抗日战争爆发，该厂内迁至四川，于 1939 年建立荣昌血清厂。1941 年，中央畜牧实验所成立，接管原中央农业实验所血清厂制造出牛瘟疫苗、抗猪瘟血清、抗牛瘟血清、抗猪丹毒血清等。

除此之外，各地方亦相继成立了血清厂。如广东农林局血清厂、蒙绥兽疫防治处血清厂、兰州血清厂、江西泰和血清厂、湖南郴县血清厂、四川成都血清厂、贵州农业改进所血清厂、湖北农业改进所洪山血清厂等，对防治各地家畜传染病均起很大作用。

2. 兔化牛瘟弱毒疫苗的研制　　牛瘟是对牛危害最大的传染病，历来都在中国时有流行，常造成地区性耕牛大批死亡，严重影响农业生产。20 世纪 20 年代后，一批在国外攻读兽医学的留学人员相继回国，开始进行牛瘟防治研究。在青岛、上海、广西、广东、四川等地建立了血清厂，从事牛瘟血清及疫苗的制作研究和推广。当时的疫苗主要是脏器疫苗，而脏器疫苗存在制造成本高、保存期短、毒性大、效果不稳定等缺点。1940 年，兽药专家马闻天曾从事简单的干性牛瘟疫苗的制造试验，取得了一定成功。1943 年，中央畜牧实验所进行牛瘟病毒在猪体内毒力减弱的研究，发现经过 30 代传接的接种猪只血液中牛瘟病毒毒力有明显减弱现象。同时，邝荣禄在兰州西北兽疫防治所使用山羊进行牛瘟病毒减弱试验，发现经过 100 代传接后，可使毒力减弱到不使牛只感染至死亡程度。1947 年，邝荣禄、马闻天等使用山羊化牛瘟病毒、日本中村三系兔化牛瘟病毒及加拿大鸡胚化疫苗进行预防牛瘟比较试验，结果发现兔化牛瘟疫苗最具使用开发的潜力。① 1948 年，彭匡时、徐汉祥等针对兔化牛瘟疫苗保存力弱，应用时必须携带大量家兔的缺陷，进行干冷疫苗试制试验并取得成功。② 至此，中国找到了这种防治牛瘟最有效的方法，为中国在 1955 年根除牛瘟打下坚实基础。

3. 鸡新城疫弱毒苗的应用研究 鸡新城疫是危害中国养鸡业最严重疾病之一，俗称"伪鸡瘟"或"亚洲鸡瘟"，与欧洲鸡瘟有区别。1945 年 3 月，由四川荣昌获得病鸡一只，其症状似鸡瘟，但与真性鸡瘟有别。1947 年，马闻天、梁英等对上海、北平采集到几种病毒进行培养试验，并与朝鲜系病毒、日本千叶系病毒进行交叉免疫试验，发现北平、上海等地病毒与朝鲜系一样，为鸡新城疫病毒，而日本千叶系为良性鸡瘟病毒，从而初步断定在中国流行的鸡疫病大多为鸡新城疫病，为防治鸡新城疫打下基础。③

4. 牛肺疫的调查研究及防治 牛肺疫于 17 世纪末发现于瑞士及邻近德国的山地，18 世纪开始传入亚洲，1910 年靠近中国的俄国境内发生牛肺疫病，同时传入中国。20 世纪 20 年代，该病在内蒙古一带流行，引发大批牛只死亡。1929 年，上海从澳大利亚进口的牛只发生该病。20 世纪 30 年代，该病在中国北部广为流行，危害甚大。1932 年开始，伪满奉天兽疫防治所对该病进行了病理及流行病学、免疫学、诊断学等方面的研究。1934 年，程绍迥、何正礼用试管培养牛肺疫疫苗，灭能后制成抗原对牛只进行皮内接种诊断该病。1935 年他们还对牛肺疫的传染途径进行研究，发现呼吸道是唯一途径，这对于防治牛肺疫的传染有重要意义。与此同时，何正礼还对牛肺疫的预防进行了研究，结果表明皮下注射 49 代培养 5 天纯活菌苗 0.5～1 毫升，对中国土种黄牛保护率为 100%。在上海对 200 头乳牛实施两次免疫接种，效果更佳。④ 同时，程绍迥等还用"萨伐散"（砷凡钠明）对牛肺疫进行治疗试验，可使病牛死亡率降低 19% 以上。这些研究为新中国彻底根除此病积累了经验。

5. 水牛病毒性脑脊髓炎的研究 四川等地水牛常患一种当时农民称之为"四脚寒"的疾病，其症状为四肢麻木、卧地不起、体温降低、感觉丧失，间或有头部僵直、肌肉抽搐、小便潴留或失禁、大便带血及腹疼现象，病程极短，病畜多为 1～2 天死亡，死亡率达 100%，且无流行发病季。1945 年，盛彤笙在成都对此病进行较为详细研究。他首先对心血管及神经系统作细菌培养检查，未培养出细菌，再对中枢神经系统进行切片检查，发现脑脊髓有明显炎症反应，但未发现包涵体，将

① 邝荣禄：《三种预防牛瘟方法比较试验》，《农报》1947 年 6 月。
② 彭匡时等：《冷干兔化牛瘟疫苗之试制》，《畜牧兽医月刊》1948 年 7 卷 8、9 期。
③ 马闻天等：《平沪之新城鸡疫》，《畜牧兽医月刊》1947 年 6 卷 8、9 期。
④ 何正礼：《牛传染性胸膜肺炎预防液之研究》，《中央畜牧兽医汇报》1944 年 2 卷 2 期。

病牛脑脊髓磨碎，经灭菌滤器过滤，滤液通过静脉注射或脑内接种于水牛、山羊、白鼠、家兔等，均引起同样脑脊髓炎，结果证明此病为滤过性病毒所致的脑脊髓炎，为一种独特疾病。[①] 这一研究成果和结论为中国后来对该病的防治打下了基础。

此外，中国近代所进行的兽医研究还有很多，如感染牛瘟病畜血细胞研究，牛瘟的磺胺类化学治疗试验研究，猪丹毒防治研究，出血性败血病研究，磺胺类药对马鼻疽杆菌作用研究，乳牛结核病防治研究，家畜寄生虫病研究等。这些研究均为推动中国近代兽医事业及畜牧业的发展做出很大贡献。

第三节　水产业的发展

中国近代水产业的发展，基本沿袭了传统水产养殖和捕捞技术，但在某些方面因受近代科技影响而有一定程度的发展。

一、淡水养殖业

淡水养殖业是指利用一切内陆江河、湖泊、水库、池塘等淡水水体养殖水产的经济活动。中国是世界上人工养鱼最早的国家之一。根据殷墟卜辞记载，中国早在商代即已开始养鱼，至唐代，已成功饲养草鱼、青鱼、鲢鱼、鳙鱼这四大著名鱼种。清代以前，成功饲养的鱼类还有鲤鱼、鲫鱼、金鱼、鲻鱼、黑鱼、鲇鱼、鳖等。至近代又新增加了池塘重要混养品种鳊鱼以及河蟹、虹鳟、镜鲤、热带鱼等。当时淡水鱼类的主要养殖方式除传统的池塘养殖，河道养殖、稻田养殖、湖泊及水库养殖也有一定发展。

（一）池塘养殖

池塘养鱼是中国最重要的水产养殖方式，不仅养殖历史久，而且规模大、范围广。养殖区主要在中国东南部的江苏、浙江，其次为湖北、湖南、江西、广东、福建、安徽、四川等地。如江苏，据顾禄的《桐桥倚棹录》记载，道光年间，长荡两岸"多浚池育鱼"，"滨溪居人，多为鱼池，日渐增拓，溪为所侵"。民国时仅吴江即有鱼池约 1.38 万亩，江宁 1.1 万亩，吴县 1.65 万亩。

池塘养鱼一般在水面比较小，管理方便，人工易于控制，环境变化小的水体中进行。从鱼苗养成食用鱼，一个周期需 2～3 年时间。具体经历鱼池清整、放养鱼

---

　① 　盛彤笙：《水牛脑脊髓炎之研究》，《畜牧兽医月刊》1945 年 9、10 期。

苗、日常管理（包括施肥、投饵等）、捕获等四个阶段。其中鱼池清整主要是清除池塘底部大量的淤泥和有机质，并用生石灰、茶粕或巴豆清塘，以杀死野杂鱼、寄生虫卵和病原菌等。鱼苗放养则是将不同鱼类或同种异龄鱼放入池塘混养，达到合理利用水体和充分利用饵料，提高单位面积产量的目的。日常管理则主要是进行日常巡视、除草去污、保持水质清新、防除病害、抗旱防涝以及必要的施肥和投饵。其中施肥是为了增加池塘有机质，有利于浮游生物生长，投饵是将饼类、糠麸类、草菜类、蚕蛹类直接投入池塘，给鱼类提供食料。池塘养鱼一般亩产 50～100 千克，高产鱼池可达 200 千克。

（二）河道养鱼

河道养鱼即利用一些水位差幅小、有一定水深的河道进行养鱼的一种方法。在江浙一带又称"外荡养鱼"。河道养鱼最早始于浙江绍兴，其后向各地扩展。其养殖方法主要是：在养殖河道进出口处插以竹箔，防止鱼类逃逸；饲养鱼类主要仍是鲢、鳙、草、青等鱼类；日常稍加管理，一般不投饵。河道养鱼是较粗放的养殖类型，单产较低。

（三）湖泊养鱼和水库养鱼

中国湖泊养鱼开始很早，根据《史记·货殖列传》中，即有"大陂养鱼，一岁收千石鱼"的记载。不过，由于湖泊、水库一般面积都很大，常常属于多地州县所辖，不易集中管理，加之水深面广，不易收获等。因此，至近代发展仍很缓慢，多数大湖泊、大水库仍处于自然生产状态。

（四）稻田养鱼

中国稻田养鱼最早见于东汉，其时汉中地区农民利用盆地平原两季田的特性，把握时令，夏季蓄水种稻期间，在田中养鱼。至近代，稻田养鱼不仅受到农民欢迎，同时也受到官方重视。如 1939 年广西农业管理处开始将稻田养鱼列为施政工作，并指定容县等 9 县由县政府特约专家，每县办 100 亩作示范；1943 年划定 30 个县推广稻田养鱼。据《桂政纪实》载，放养面积 20 余万亩，年产七八万担，以养鲤鱼为主，其中"禾花鲤"在 20 世纪 30 年代系广西桂平特产。福建山区的稻田养鱼也很普遍。据 1942 年夏永生、蒋新民在浦城县调查，认为浦城县内山多，池塘养鱼发展困难，为解决吃鱼问题，"唯有提倡稻田养鱼"。另据李伯年对邵武的考察，稻田养鱼每亩可产 20 千克左右。

总的来看，中国近代稻田养鱼分布广，主要有浙江的青田、永嘉、仙居，福建的建宁、泰宁、沙县、永安、邵武，四川的铜梁、璧山、合川，广西的玉林、桂林、全县，贵州的黔东、黔南，湖南的零陵、祁阳、吉首、凤凰，江西的萍乡、吉安等地。

（五）鱼苗的生产

鱼苗生产是水产养殖的重要组成部分。然而，由于近代不能像当今这样对鱼类进行人工繁殖，中国近代的鱼苗生产，主要还是靠天然繁殖、人工张捕而得。

中国近代鱼苗产区主要在湖北的松滋、沙市、大京湖、龙口、嘉鱼、汉口、乌通口、黄石、武穴，江西的九江、湖口，安徽的望江、东流、怀宁、桐城、大通、芜湖，江苏的南京、镇江等长江沿岸。其他如广西的长洲、南宁，广东的肇庆、广利、三水，湖南的衡阳、湘潭等地也有生产。

鱼苗的张捕主要在每年的4—8月，利用琼网、竹箩、麻箩等张捕工具捕捞鱼苗。其中琼网最为常用。琼网由网身、尾箱、网架三部分组成。网架将网身固定于水中，由网身拦截鱼苗并引入尾箱中收集。因江河中多种鱼类产卵期大致相同，因此由尾箱收集到的家养鱼苗中经常混杂有乌鳢苗、鳜鱼苗、鲇鱼苗等野杂鱼苗。这些野杂鱼苗在水中常与家鱼苗争夺空间、氧气和饵料，长到一定程度后，有的杂鱼还会吞噬家鱼苗，因此必须将这些有害杂鱼苗从张捕到的鱼苗中除去。这一过程称为"除野"。经除野的鱼苗再放入育苗池中喂养，每亩苗池可放养12万～18万尾。喂养至一定时间后，即可出售或进入大塘中养殖。

二、海水养殖业

海水养殖相对于淡水养殖，在中国起步较晚，发展较慢。

（一）贝类养殖

中国贝类养殖大约开始于北宋年间，当时即有关于东南沿海渔民用投石法养殖牡蛎的记载。至明代，中国的贝类养殖品种已扩展至泥蚶和缢蛏，近代仍以这几种贝类养殖为主。

1. 牡蛎养殖 牡蛎又称"蚝"，属瓣鳃纲牡蛎科，中国所产约20余种。近代养殖，仅为近江牡蛎一种。养殖区主要在福建的厦门、霞浦、福宁，广东的阳江、广海、中山及潮汕，台湾的台中和台南。养殖场一般选择风平浪静的内湾而潮流畅通处，以竹竿、石块或蛎壳为基质，待牡蛎附着其上后移入浅海中养殖。养殖全过程一般分为采苗、养成、育肥、收成四个阶段。

2. 泥蚶养殖 泥蚶属瓣鳃纲蚶科。近代养殖区主要在广东、福建、浙江及山东等沿海地区。养殖场一般选在风浪平静、倾斜度小的内湾海涂。据《澄海县志》

记载："邑多种蚶为业"。"蚶苗贩自闽省，其质至细，而价甚高，宜咸水，放于泥畔俗谓蚶埕，养不数月，获息甚多。"同治《海丰县志》载："邑南海濡皆有蚶田"，"海滨少田，藉此度活"。

3. 缢蛏养殖　缢蛏属瓣鳃纲竹蛏科，缢蛏的养殖区主要在浙江和福建两省。近代福建沿海滩涂养蛏已初具规模。据《闽书》载："所种者之田名蛏田，或曰蛏埕，或曰蛏荡，福州、连江、福宁州最大。"

除以上蚝、蛏、蚶三大贝类，近代沿海还有其他的贝类养殖，但规模和产量均较小。

（二）藻类养殖

藻类的养殖主要是紫菜、海带、裙带菜等。紫菜是重要的食用红藻类，早在宋代，中国福建平潭就进行菜坛式栽培紫菜。最初菜坛式栽培仅是对潮间带岩礁（菜坛）加以管理，孢子来自自然海区。至近代，已发展了撒石灰灭害清坛，继而进一步炸石造坛或水泥造坛，使生产水平大大提高。1927年，日本人从北海道运来一批木筏，木筏上同时带来许多活的海带。这些海带所放散出来的活跃游动孢子，附着在大连寺儿沟栈桥的新基石上，成为中国第一批人工养殖海带。稍后大连开展了海带海底自然繁殖试验，但效果不太理想，1930年，又从日本本州北部运来一批种海带到大连进行绑苗投石自然繁殖工作，到1942年，海带养殖终于从生产试验转入企业化生产。此外，20世纪30年代，中国在山东青岛胶州湾口进行裙带菜和石花菜的海底繁殖试验。方法是从朝鲜（今韩国）济州岛将长有裙带菜和石花菜的石块用船运来，投置于青岛团岛附近，任其繁殖生长。

三、水产捕捞业

水产捕捞是指采用捕捞工具，在水域中捕捉水生动物的生产作业。按捕捞水域的不同，常将水产捕捞划分为内陆水域捕捞和海洋捕捞两大类。中国近代水产捕捞技术，在许多方面基本沿袭传统的渔具渔法，但随着科学技术的发展，特别是机轮渔业的兴起，中国近代在渔船动力、作业范围、获渔效率等方面均有很大进步。

（一）内陆捕捞

内陆捕捞是指除海洋捕捞以外所有在内陆地区的水产捕捞。内陆捕捞还可进一步分为江河捕捞、湖泊捕捞、水库捕捞等。内陆捕捞的方法归纳起来主要有猎捕、网捕、钓鱼及其他杂类。其中猎捕是指用鱼叉、鱼镖、鱼鹰、水獭等工具或动物捕获鱼类的一种方法。这是一种较古老的捕鱼方法，但近代仍有不少使用。尤其利用动物捕鱼,在中国广西、河北、山东、江苏等地较盛行。这些地区常可见到一船携带数只鸬鹚,数船一起捕鱼的情景,有时甚至"渔筏有百六七十,鸬鹚600余"[①]。

网捕是中国水产捕捞业最主要形式之一,虽成本较高,但收获量最大。近代中国内陆捕捞使用的网具主要有大拉网、刺网、张网、围网、罾网、撒网等。

钓鱼也是一种古老的捕鱼方法,在近代仍有很顽强的生命力。根据钓具结构的不同,可分为延绳钓、竿钓与手钓数种。作为生产用的钓具主要为延绳钓,可钓鲤、鲫、鳊等底层鱼和肉食性乌鲤等。

除上述捕鱼法,其他捕捞法还有旋泊、梁子、花篮、麻罩等方法。

(二)海洋捕捞

海洋捕捞是指利用各种工具在海水中捕捞鱼类的作业方式。根据水域不同,海洋捕捞还可进一步分为近海、外海和远洋捕捞三种。

中国海洋渔业历史悠久,海洋渔具种类繁多。根据资料记载和水产专家调查,中国近代传统海洋渔具亦可分为三个方面15大类。它们分别是网具(主要是刺网、围网、拖网、建网等),钓具(主要有竿钓、手钓、曳绳钓、延绳钓等),杂渔具(主要有钩刺类、迷陷类、簻笼类)等。其使用方法基本同内陆捕捞。

(三)渔船渔业的发展

1. 传统渔船的使用和发展　渔船是水产捕捞不可缺少的重要工具,中国历代渔民为了能够在各种不同水域捕获鱼类,不但创制了类型众多的网具,还创造了适合各种水域情况作业的渔船。这些渔船,据初步统计,不少于二三百种。按地域分,大致可分为黄渤海区渔船,东海区渔船,南海区渔船三类。

黄渤海区渔船很大一部分源于内河航运船,平底、方头方尾、舷边平直、无舷墙、横向宽,吃水浅,适合沿海浅滩作业。东海区渔船一般为尖头宽尾,大部分无龙骨,甲板平,仓口低,这类船吃水浅,回转灵活,航速较快。南海区渔船船型复杂,品种繁多,一般船体长,吃水深,船头尖,适航性好,典型渔船有包船、三角艇、红鱼钓船等。

2. 单机渔船渔业的引进和发展　1865年,法国首先利用机动光球船进行捕鱼生产。它不仅扩大了作业区,使捕捞生产从沿海走向外海,同时节省人力和时间,提高生产效率,这是渔业生产上的一次革命。1905年,南通实业人士张謇会同江浙官商从德国引进一艘蒸汽机拖网渔船,取名"福海",以上海为基地,于每年春秋两季在东海捕鱼生产。这是中国机轮拖网渔业的开始,也是中国海洋捕捞业走向

---

① 余汉桂:《民国时期的广西渔业》,《古今农业》1990年2期。

现代化的开始。其后，一些由私人经营的渔业公司相继成立，如 1914 年浙海渔业公司成立，并购入退役军用轮船一艘，改装为"富海"渔轮。1926 年振兴渔业公司成立，新造振兴渔轮一艘。1927 年中华轮船渔业公司成立，建造中华渔轮一艘。1928 年永胜渔轮局成立，购进永茂渔轮一艘。1914—1936 年，以上海为基地的单拖渔轮共有 16 艘，其中新造 8 艘，从国外购入 6 艘，将其他船改制 2 艘。中国这一时期单拖渔轮经营者，一般资本薄弱，多者也不过 10 余万元，少者仅数万元，渔轮上主要装备有网板、网板架、曳网绞机、起重吊杆及曳网导向滑车等。[①]

3. 机轮双拖渔业的出现与发展　1919 年，日本人发明了机轮双拖捕捞作业方法。开始时以一艘机船曳网，后来经过多次改良，并参照中国旧式大对捕捞方法用两艘柴油机船合拖一网具，捕鱼时借助两船保持一定水平间距，使网具在海底水平张开，随后又在网具上装配一定数量的浮力和沉降设备，使网口垂直张开，同时在网具上加添天井网和漏斗网，以防入网鱼逃逸。这种渔法较完善，捕鱼效率大为提高，并很快传入中国。

中国近代双拖渔轮均系木壳，主机多数为烧煤机，少数为内燃机。20 世纪 20 年代以 30～40 马力为主，30 年代以 70～80 马力居多。1937 年全面抗战爆发后，因沿海各省相继沦陷，大部分渔轮被日军击毁或征用，海洋渔业完全被日本侵略者当局控制。至 1945 年抗日战争胜利后，机轮渔业又开始恢复发展。中国北方的机轮渔业中心主要在青岛，共有双拖渔轮 90 余艘，南方的机轮渔业仍集中于上海，共有渔轮 160 多艘。其中联合国善后救济总署渔业管理处的渔轮约有 70 艘，中华水产公司 12 艘，22 家民营公司共有 74 艘。

在辽宁，苏联军队于 1945 年接管了日本伪南满洲水产株式会社，改建为中苏合营渔业公司，有双拖渔轮 20 余对。

四、水产品的保鲜与加工

（一）水产品的保鲜

水产品的保鲜是指利用一定条件将易于变质的水产品临时保存起来，以便运输和销售的方法。中国利用天然冰保鲜水产品历史悠久，早在周代，就设有专门管理采冰、藏冰和用冰保鲜的官吏，当时称之为"凌人"。在宋代，冰鲜黄鱼已经能够从海上运输到金陵以西地区销售。明清时期，把冰鲜鲥鱼自长江运至北京为贡品。

近代中国以冰保鲜水产品的重点主要在海洋渔业。最初渔船大都是自行带冰出海捕捞，返港销售。当时已出现一批专营冰鲜渔船的商人。据浙江省立水产试验场

---

① 涂荣：《上海机轮渔业的起源与发展》，《古今农业》1991 年 1 期。

1934 年调查，仅停靠在沈家门一地的各种冰鲜运销船就有 200 多艘，而舟山渔场在全面抗日战争前高峰时冰鲜渔船达 600 多艘。① 冰鲜渔船商人用自备船或租船在鱼汛期带冰到海上收购渔民的鲜鱼，回港通过鱼行销售。有了这些冰鲜渔船，渔民免除汛期返港售鱼的麻烦，大大提高了生产效率。

除冰鲜渔船，民国时期还发展了冰鲜桶头。这是一种将鲜鱼和冰一起装在圆木桶内，由轮船或火车运输到销售地点去的一种保鲜运输方式。鱼桶大小不一，一般可装鱼 200～300 千克。② 销售冰鲜的鱼行，1936 年前，上海共有 23 家。据 1932 年出版的《中国实业志·水产及渔业》记载，1931 年下半年，上海市冰鲜渔船进港 465 艘，出售冰鲜鱼 7.6 万担，进口冰鲜鱼桶头约 1 万桶，约 3.4 万担，冰鲜鱼桶头主要来自宁波、舟山，部分来自青岛、大连和烟台。20 世纪 30 年代，仅上海供应海鲜鱼数量，年平均 60 万担左右。

随着冰鲜鱼的发展，为冰鲜服务的制冰业也得到发展，尤其是天然冰厂广泛发展。根据资料记载，仅上海市到 1949 年就有天然冰窖 79 座，贮冰量 4.5 万吨，浙江舟山 1948 年有天然冰厂 300 多家，贮冰能力约 6 万吨。③

天然冰的生产，北方一般在冬天直接凿开河湖冰面，采集冰块运回冰窖中贮藏，至鱼汛期开窖取用。长江以南地区，一般多挖池积水制冰，或在闲置水稻田灌水，待结冰到一定厚度时，采集起来贮于建制的冰窖内。

中国利用机制冰冷藏保鲜的历史不长。19 世纪末，英国商人在武汉等地开办了机制冰厂和冷库。这是中国出现机制冰之始，渔业用机制冰则在 1908 年之后。当时日本渔轮到中国东海、黄海侵渔，为了向渔轮提供保鲜用冰，日本先后在中国沿海港口设立一些制冰厂。到 20 世纪 20 年代，中国在沿海重要渔业基地也陆续建立了一些制冰厂和冷库。当时在广州有制冰厂 9 家，日产最高达 140 吨。厦门有制冰厂 3 家，福州 2 家，上海 12 家，烟台 3 家，青岛 5 家等，日可制冰 350 吨以上。1936 年，上海鱼市制冰厂和冷库建成。自 1936 年 5 月至 1937 年 4 月，仅该厂共生产冰 9 720 吨，贮鱼 2 221 吨，冷库最大贮鱼量为 650 吨。④

（二）水产品的加工

1. 水产品加工技术的提高 中国近代对水产品的加工方法，仍以传统的干制与腌制为主。加工方法，一是渔民自捕自制，如浙江渔民在墨鱼汛时"结队去大陈山、中街山及嵊泗各岛，临时搭盖茅房，放笼张捕，渔获自行干制成螟蟳鲞，或盐

---

① 周士源、蒋海涛：《冰鲜船史话》，《渔业史》1984 年 2 期。
② 董亲正：《江浙冰鲜渔船及冰鲜桶头业透视》，《水产月刊》1936 年 1 期。
③ 孙瑞章：《渔业冷藏制冰厂的发展史》，《渔业史》1987 年 1 期。
④ 白鹤文、杜富全、闵宗殿：《中国近代农业科技史稿》，中国农业科技出版社，1996 年。

渍干制成墨枣"。二是作坊的季节性加工，渔获量较大的渔区，都有这种专业性加工作坊。如舟山群岛，1948 年各岛分布手工制造的大小鱼厂五百多家，大都是随鱼汛而开设的，其中岱山、衢山二三百家，产品以大黄鱼鲞和咸蟹、咸鳓为主；舟山群岛百多家，产品以墨鱼鲞、咸带鱼为主。鱼厂在旺季的时候，大量廉价收购，利用日光干燥或海盐腌渍的方法，完成其简单的制造过程。每年总产约有十多万担，行销区有冀、鲁、苏、浙、赣、皖、闽、粤各省和南洋群岛。三是沿海海产丰富的山东、浙江、台湾等省，都有一批规模较大的鱼厂，常年从事各种鱼类的腌制等。[①]

长期以来，中国渔民在水产品干腌加工方面积累了许多宝贵经验，提供了许多风味独特的海洋珍贵产品。它们主要是咸小黄鱼、大黄鱼鲞、咸鳓鱼、盐海蜇等。比较著名的海味产品是鱼胶（俗称"鱼肚"，由大黄鱼、海鳗、鮸鱼等的鳔加工干制而成），鱼翅（由鲨鱼的背鳍、尾鳍干制而成），干贝（由生鲜江珧、栉孔扇贝、日本日月贝等的肉柱即闭壳肌晒干而成），鱼子（由大黄鱼卵干制而成），等等。

2. 水产品的机械加工　水产品的机械加工主要包括罐头的制造、鱼肝油的提取以及鱼粉、水产皮革的制造等。中国水产品罐头加工业出现在清末，建立最早的罐头加工厂是江苏南通的"通州颐生罐头食品合资公司"，当时制作的鱼、贝类罐头品种主要有蛤蜊、东鳖、银鱼、蛏、小黄鱼、刀鱼、白鳝、鲥鱼、甲鱼等。1918年，浙江定海省立水产品制造厂也建成投产，生产的罐头品种为清炖带鱼、红烧带鱼、炸板鱼、红烧板鱼、醋醉黄花鱼等。1919 年，杨扶青等在河北昌黎创办了新中罐头股份有限公司，生产对虾、黄花鱼、乌贼、鲤鱼等水产罐头。在这之后，上海、天津、青岛、广州等地均建有罐头厂，以上海最为发达。规模较大的有梅林、泰康、冠生园等十几家。不过当时机械设备仍很落后，铁筒、玻璃瓶全靠进口，产品成本高，质量差，产量仍很有限。

中国鱼肝油的生产出现很晚。20 世纪 30 年代以前，国内市场上销售的鱼肝油主要来自挪威和美国。全面侵华期间，日本人在上海、台湾等地开办了一些鱼肝油制造厂，主要供军队需要。抗日战争胜利后，1946 年联合国善后救济总署调拨给中国渔业救济物资中有 7 套鱼肝油制造设备，后因种种原因仅在上海建立一个生产车间。其他水产品机械加工开展也很晚，规模很小。

---

① 张震东、杨金森：《中国海洋渔业简史》，海洋出版社，1983 年。

五、水产教育和水产科学试验

(一) 水产教育

清朝末年，国运多艰，中国掀起了一股向西方学习的热潮，水产教育也是在这种社会背景下开始的。1904年，实业人士张謇最早提议设立水产学校，并亲自往吴淞旧海军衙门一带勘测校址。1905年，山东省渔业公司在烟台办了一所渔民小学，招收渔民子弟入学，这是中国水产教育的先声。1906年，直隶提学使卢靖兼任直隶渔业公司总办，以开滦煤矿和京师自来水公司两项股票计白银7万两作为创立水产学校基金，同时派人赴欧美考察水产。1910年去日本考察水产教育回国的孙子文立即着手筹建学校，借天津长芦中学校舍，首批招生96名，开设渔捞、制造两科。这是中国近代水产教育的开端。其后，各地陆续举办水产专业学校10余所，其中较著名的有河北省立水产专科学校、江苏省立水产学校、浙江省水产学校、集美高级水产航海职业学校、辽宁省立水产学校、广东省水产学校、上海市吴淞水产专科学校、山东大学水产系等。据统计，中华人民共和国成立前，全国共培养出水产专业毕业生3 000人左右，为新中国的水产人才培养奠定了基础。

(二) 水产科学试验

鸦片战争以前，中国的水产事业一直沿用传统方法、传统经验，近代水产科学知识是在清末才传入中国的。1898年，中国最早的农学刊物《农学报》译载日本水产学会报的《养鲤法》，接着又译载日本竹中邦香的《水产学》。此后，中国报刊译载国外水产著作逐渐增多，同时从国外留学归来的知识分子积极宣传国外先进的水产科学知识，倡导建立水产试验机构，极大促进了中国当时的水产科学事业的发展。

中国正式建立水产试验机构是在20世纪20年代前后，至1936年，在沿海城市先后建有4个水产试验场。它们分别是山东省立水产试验场、广东省立水产试验场、江苏省立渔业试验场、浙江省立水产试验场等。这些试验场尽管人员少，经费困难，但经开创渔业科技先声的专家和专业人士的不懈努力，仍做了许多基础性的科研工作。如山东省立水产试验场主要从事测定潮汐及港湾状况，并制定了潮汐表，试制海参、干贝罐头，制作网具模型等。广东省立水产试验场主要从事香港渔捞事业调查，珠江口浮游生物调查，冰鲜冷藏试验，精制蚝油及熏制、干制蚝脯试验，横拖网改良试验，淡水养殖饲料研究，淡水养殖鱼类分养与合养比较研究，蛙养殖试验，鱼池施肥试验，养鱼饵量试验，养鳜试验，鱼病及防治方法研究等。江苏省立渔业试验场主要从事单拖网加高网口试验，嵊山带鱼渔业调查，小黄鱼渔业调查等。浙江省立水产试验场主要进行浙江沿海渔业基本调查，渔网防腐剂试验，墨鱼繁殖试验，墨鱼人工干制试验，养鱼水质及养鱼饵料研究，大小黄鱼和带鱼种类及其洄游研究等。

全面抗日战争时期，沿海大部分地区的水产科学研究被迫停顿，但一批内迁的水产科学家在困难条件下，仍坚持进行有关渔业水产的研究。如刘建康的《渠河渠嘉镇鲤鱼产卵场之调查》，刘建康、伍献文的《鲤鲫杂交之研究》等。尤其是广西鱼类养殖试验场的李象元进行的家鱼人工孵化和人工杂交试验的课题，很有实用价值和理论意义。抗战胜利后，国民政府农林部于 1947 年 10 月成立中央水产研究所，亦初步开展一些科研工作。新中国成立后，该所部分人员又从上海迁至青岛，成为现今黄海水产研究所的主要成员。

第九章 农产品贸易与经营式农业的发展

中国近代农村的商品经济是在自给自足的小农经济的社会中产生和发展的。近代农业生产力水平低下，农村社会分工不发达，交通运输条件落后，农村市场购买力衰弱，加上半殖民地的社会环境，中国被迫卷入世界资本主义市场的旋涡之中。在不平等的农产品贸易中，一些作物（如烟草）为了适应外资需要而迫使农产商品畸形发展，另一些作物（如茶叶）又因为受到世界市场的竞争而衰落。中国小农经济基础上的小商品生产在国际市场的竞争中一直处于不利的被动的地位。①

第一节 农产品对外贸易与国际市场需求的变化

一、鸦片战争前的对外贸易格局

自 17 世纪末以来，随着欧美势力在全球的扩张，尤其是它们逐渐控制了东南亚的领土和贸易，对华贸易便以越来越快的速度增长。自康熙二十三年（1684）开海禁至鸦片战争爆发为止，对华贸易可划分为两个阶段，即以乾隆二十二年（1757）作为分水岭，前期为多港贸易时期，后期为广州贸易时期。

1684 年放开海禁后，许多西方国家的商船纷至沓来。但是，这一时期中国对外贸易规模较小。据载，在开海禁后的头 20 年里，一般每年到达中国的西方商船只有 10～20 艘。另外，此时的西方对华贸易一直处于逆差地位。他们原想用近代的机制工业品换取中国的传统名优产品如丝、瓷、茶等，可是近代工业产品在中国

---

① 丁长清：《关于中国近代农村商品经济发展的几个问题》，《南开经济研究》1985 年 3 期。

销路很不好，例如洋布就竞争不过中国农民的自产土布。当时的西方商船被允许停泊中国东南沿海的多个港口进行贸易。清政府在粤、闽、江、浙四省建立了海关，有的城市还特设了专门接待西方商人的"红毛馆"。①

自康熙后期起，外国商船逐渐形成了相对集中于广州港的贸易格局。由沿海和内陆路线运到广州的商品非常之多，而洋行商人的资本也比较大。广州的这些有利条件，吸引了更多的外国商船。因此到乾隆二十二年（1757），清朝确立了广州一港对外贸易制度，限制外国商船到其他沿海港口的贸易活动。鸦片战争前，葡萄牙、西班牙、荷兰、英国、法国、美国等西方殖民国家，由海道陆续到中国来贸易，但是英国商船在全部外国商船中占75％以上，其余各国的输华总值不及英商输华总值的一半。美国则是迟来后到者，乾隆四十九年，第一艘美国商船"中国皇后"号进入广州港。此后到1841年，美国有230余艘，成了中国与西方早期贸易中的第二贸易国。②

在早期的中外贸易中，外国输入中国的货物大多不受欢迎，很难打开市场。即便是英国的机制毛织品，也很难找到顾主。因而，从1684年清政府开放海禁后的50年中，来广州的英国商船，基本都是折本而回。由中国输往英国的货物以茶叶为大宗，其次是生丝、瓷器、土布、大黄及其他零星物品。随着茶叶逐步成为英国人的生活必需品，输英茶叶越来越多。这样，中国输出的商品总值远远超过英国输入的商品总值，贸易逆差越拉越大。因此，当时的来华商船中，常常需要装载大量的白银以便支付在中国购买物品的货款。③

由于体大量重的白银是当时国际通用的支付货币，以至于每次来华的商船中，白银占据了90％的舱位，只有10％的舱位是输华的货物商品。唯利是图的英国商人希图寻找一种价高量轻的商品来代替笨重的白银。他们后来找到的却是罪恶的毒品鸦片。

1773年，英属印度政府确立了鸦片政策，给东印度公司以鸦片专卖权。1799年，东印度公司又取得了制造鸦片的特权，这样，东印度公司就垄断了鸦片的全部生产，对中国进行了可耻的鸦片贸易。1800年，每年达2 000箱。从此之后，西方不法商人用走私和贿赂的手段，违反中国禁令，从印度大量偷运鸦片到中国来，鸦片输入逐渐呈现泛滥失控之势。据统计：1820—1824年，每年平均输入7 889箱；1825—1829年，每年平均输入12 576箱；1830—1834年，每年平均输入20 331箱；1835—1838年，每年平均输入35 445箱。在1838年一年里，输入竟达40 200

① 陈希育：《鸦片战争前西方对中国的贸易》，《南洋问题研究》1991年4期。
② 沈光耀：《中国古代对外贸易史》，广东人民出版社，1985年，380页。
③ 严中平等：《中国近代经济史统计资料选辑》，科学出版社，1955年，2～4页。

箱。① 这个统计数字只是可考据的公开数字，真实的鸦片输入量可能远大于此，因为输入的鸦片绝大多数是走私贸易。

清政府先后在 1800 年、1813 年和 1815 年，三次下令禁烟，但禁而不绝。原因是清政府的大小官吏，特别是闽粤沿海地区官员都从鸦片的偷运中获取贿赂，甚至负责查缉私烟的水师巡船都是贪污受贿者。这些人或"盘获鸦片，私卖分赃"，"拿获鸦片，得赃放纵"，不一而足。道光六年（1826），粤海关设立巡船。巡船本应负责缉私，但实际上"巡船每月受贿银三万六千两，放私入口"②。

总之，鸦片战争前，西方列强对华贸易的扩张，实际上反映了工业革命及其所带来的资本主义的变革性发展。从贸易性质上讲，西方对华贸易是由半官半商的贸易公司组织下进行的资本主义贸易。而中国的海外贸易，仍然是一种处于分散经营状态的前资本主义性质的贸易。我们还应看到西方商人使用了不法手段和非人道的方法，达到牟取暴利的目的。据中国官方的海关数据显示，19 世纪 20 年代的外船贸易额反而低于 1800 年的水平。实际上，这并不是对华贸易总量的衰退，而是西方商人避开海关的正常贸易，而进行包括鸦片在内的大量走私贸易。他们把在印度制造的鸦片输入中国，换回中国白银，从中牟取暴利。西方商人的走私贸易，对于中国社会经济造成了很大的损害。③

二、晚清的农产品对外贸易

1840 年的鸦片战争，资本主义经济强大的扩张乃至侵略的力量，深深地撼动了中国古老的社会结构，中国与世界各国的经济交往与日俱增。在晚清统治的最后半个世纪中，先后开辟的通商口岸达 97 处，几乎遍及全国。④ 1846 年中国外贸总额为 4 900 万元，至 19 世纪 60 年代末增至 2 亿元。从 1870—1894 年的 25 年中，净进口值由 4 000 万海关两上升至 1.29 亿海关两，增加 2.23 倍。⑤ 经济交往的范围也由原来的非法鸦片走私扩展至正常贸易的农产品、生活日用品以至机械工具。中国社会经济从以往相对独立的内部发展，开始逐渐融入世界性经济体系之中。

（一）晚清的农产品进口贸易

但是，自 1840 年以后 50 余年中，清政府支付的高达 7 亿多万两白银的战争赔

---

① 姚薇元：《鸦片战争史实考》，人民出版社，1984 年，17～18 页。
② 杨松等：《中国近代史资料选辑》，生活·读书·新知三联书店，1954 年，35 页。
③ 陈希育：《鸦片战争前西方对中国的贸易》，《南洋问题研究》1991 年 4 期。
④ 漆树芬：《经济侵略下之中国》，光华书局，1925 年，117 页。
⑤ 汪敬虞：《十九世纪西方资本主义对中国经济的侵略》，人民出版社，1983 年，72、99 页。

款，几乎耗尽了整个社会的经济资源。政府财政疲惫不振而不得不举债于列强。19世纪后期，进口货物绝大部分为日用消费品，极少部分为工矿业机器设备。进口物品主要销售对象自然是广大农村人口。以至于光绪后期，曾有人如是说："晋俗素称俭朴，然十室之邑，八口之家，无一人身无洋货者，民安得不贫。"① 由于资本主义工业品的倾销，中国的农村副业，如棉纺织业等，均受到了不同程度的打击，广大农民的生活不得不逐渐依赖于市场，而成为资本主义工业品的直接消费者。农民负担不断加重，被迫将自己的农产品出售，以换取货币去购买所需的商品。农村自然经济逐渐解体，包括农林渔牧在内的农产品生产日益专业化与商品化，并出现了新式的富农和经营地主，形成了城乡商品市场。农业生产向商品性生产的转变以及手工业商品生产向农村化、家庭化的发展，将中国的小农几乎无一例外地卷入了商品经济的体系之中。

鸦片战争以后中国进口的主要商品，除鸦片、毛纺织品、五金及金属制品，最值得重视的是原棉、棉纱及棉货，尤其是棉货。道光二十年（1840）英商棉货输入即已超过昵绒，到同治九年（1870），棉货输入金额2 200余万海关两，达输入总额的三分之一。至光绪十七年（1891），棉货输入金额达5 300余万海关两，约占输入总值的39.8%；至光绪二十年金额更增至7 770万海关两，约占输入总额37%。可见，晚清末期，棉货输入金额居各类进口商品的第一位。② 原棉的输入金额最初大于棉纱，至同治十二年（1873）棉纱金额开始超过原棉；光绪十三年后，棉纱输入金额大量增加，超过1 000万海关两，此后逐年快速升高。至宣统年间，每年平均输入金额高达6 000万海关两以上。③ 至于棉货输入，主要是英美两国竞争，英货金额相对较大；而棉纱的输入，除英、美，印度棉纱亦加入竞争，光绪十一年以后，印纱因价格相对便宜已占主要地位。

煤油在进口商品中逐渐占据重要地位。在光绪十一年（1885）之前，煤油虽有输入，但数量有限。次年起煤油输入金额超过200万海关两，至光绪二十三年，输入量将近1亿加仑，金额达1 300余万海关两，已占输入总值的6%。光绪三十四年至宣统二年（1908—1910），平均每年输入均在16 000万加仑以上，金额平均每年2 400万海关两，仍占输入总值的6%。④ 煤油来源以美国为主。

砂糖是另一重要输入商品。自光绪二十八年至甲午战争前的十年内，平均每年

① 李文治：《中国近代农业史资料 第1辑 1840—1911》，生活·读书·新知三联书店，1957年，492页。
② 郝延平：《中国近代商业革命》，上海人民出版社，2001年，34～35页。
③ 郝延平：《中国近代商业革命》，上海人民出版社，2001年，36～37页。
④ 何炳贤：《中国的贸易史稿》，商务印书馆，1935年，78～79页。

输入金额达 2 200 万海关两以上，地位仅次于煤油。①

稻米、稻面粉的输入，为构成贸易入超的另一原因。鸦片战争之后沿海都市由于工商业发达，人口大量集中，粮食需要骤增，国内产粮由于运输条件缺乏，各地粮产难以集中，无法适时济急，"洋米"于是乘虚而入。光绪年间，水旱灾交相肆虐，民食为艰，不得不借助进口国外稻米、面粉，进口数量增加一倍以上，平均每年输入稻米金额达 2 500 万海关两以上。面粉自光绪十二年（1886）开始输入，但数量不多，光绪二十五年至三十一年之间，每年平均输入金额 360 万海关两，光绪三十二年迅速升至 630 万海关两，次年竟高达 1 400 万海关两，其后虽呈下降之势，但宣统三年输入金额仍将近 900 万海关两。② 由此可见，晚清缺粮的情况已经相当严重。

进口货物中，海产品、卷烟及烟草、火柴、木材、纸及纸制品等均属较多的商品。海产品输入金额，至清末已超过 1 000 万海关两。卷烟及烟草输入金额，宣统年间平均也达 1 000 万海关两。火柴输入自光绪三十一年至宣统年间，每年在 500万海关两之上，木材、纸及纸制品等金额也达 400 万海关两以上。③

（二）晚清的农产品出口贸易

近代农产品出口贸易，除茶叶，其他农产品出口的绝对数量均在大幅度上升。各种农产品在出口总值中所占的比重，除茶叶与生丝，亦呈逐步增加之势。从总的情况来看，在中国进入世界体系开展对外贸易的短短几十年中，豆、糖、油、麻、棉、毛以及皮货畜产、果菜鱼鲜等各类农产品，纷纷继丝茶之后，卷入国际市场的大流通之中。但茶叶与生丝贸易的失败，导致农产品出口值占出口总值的比重由1877 年的 78.4％逐年下降至 1933 年的 41.6％。④

茶叶是中国传统的出口贸易的主要商品。1867 年茶叶出口值占中国出口总值的 59.67％，1874 年占 55.2％，1880 年占 45.87％。⑤ 19 世纪 80 年代以前，中国茶叶的出口虽然占出口总值的比重在不断减少，但是出口的绝对数量并未减少，仍在不断增加。19 世纪 80 年代以后，中国茶叶在国际市场上遭遇劲敌，出口开始大幅下降。中国出口茶叶大致分为红茶、绿茶和砖茶三类，红茶主要销往英国，绿茶主要销往美国，砖茶销往俄国。19 世纪 70 年代以后，中国红茶在英国市场上遇到了印度和锡兰红茶的激烈竞争，而在美国市场上受到了日本绿茶及印度、锡兰茶叶

---

① 何炳贤：《中国的贸易史稿》，商务印书馆，1935 年，87～89 页。
② 何炳贤：《中国的贸易史稿》，商务印书馆，1935 年，332～333 页。
③ 何炳贤：《中国的贸易史稿》，商务印书馆，1935 年，334～335 页。
④ 杨端六：《六十五年来中国国际贸易统计》，中央研究院社会调查所，1931 年。
⑤ 姚贤镐：《中国近代对外贸易史资料》第三册，中华书局，1962 年，1609 页。

的排挤。英国曾是华茶的最大销场。1892 年以前，华茶输英贸易量每年达 2 亿磅以上，而 1908—1912 年仅 4 000 万磅，减少了 1.6 亿磅，同期印度茶输英则增加了 1.5 亿磅。此外，爪哇、锡兰的茶叶也加入英国市场的竞争行列。此前，英国市场上的茶叶几乎全部来自中国，但到 1913 年时已有 95％来自印度和锡兰；到 1921 年华茶仅占英国进口茶叶总值的 4.63％。[①] 华茶也曾独占美国市场。20 世纪初，华茶尚占有美国进口茶叶量的一半左右。此后即每况愈下，到 1927 年时，华茶只占美国茶叶进口量的 11.1％。[②] 同样，清末民初，华茶在俄国市场上尚保有一定的销路，俄国成为华茶的最大销场，茶叶也成为中国出口到俄国的最大宗商品。1880 年华茶输俄 25 万担，1915 年增至 116 万担，1918—1920 年大大减少，其后有所恢复。[③]

由于华茶在英、美等大市场上的国际竞争中失败，近代中国茶叶对外贸易逐渐衰落。19 世纪 80 年代，茶叶出口量年达 200 万担以上，最高曾达 220 万担，到 1895 年时出口量尚有 186 多万担，1920 年已降至不到 31 万担，以后虽然有所回升，每年亦不过数十万担[④]，同时，茶叶占总出口值的比重也大为下降。

丝绸出口的状况也跟茶叶的境遇相似。中国自古以来就以盛产丝绸而闻名于世。至 19 世纪末，中国仍然是世界市场上最大的生丝供应国，主要为英、法、意等欧洲国家丝织业提供原料。随着 19 世纪后期及 20 世纪初期世界经济的发展，绸缎消费量日增，促进了欧美各国丝织业的发展，生丝需求不断增加。市场需求的扩大，有力地带动了中国生丝的出口。1926 年中国生丝出口 38 多万担，价值 15 786 万海关两，占当年出口总值的 18.3％，为当年商品进口净值的 14％。生丝出口在平衡贸易方面的能力，虽比甲午战前有所降低（生丝出口值与当年商品进口净值之比，1873 年为 43.5％，1894 年为 20.7％），仍不失为弥补中国贸易逆差的重要支柱。

20 世纪初，以黄豆为主的豆类商品成为中国出口农产品增长最迅速的品种。1908 年，中国东北大豆试销欧洲，取得极大成功。1909 年中国豆类出口猛增至 1 443 多万担，价值 3 278 万两，出口值已超过原居第二位的茶叶。此后几年，虽有所回落，但每年均保持出口量在 1 000 万担，价值 2 000 万海关两左右。1919 年后，豆类出口又出现新的快速增长，1928 年出口量达 4 039 万担，价值 14 734 万海关两。

中国丝输出的竞争者为日本，中国茶输出的竞争者为印度和爪哇。印度茶叶所

---

① 武堉干：《中国国际贸易概论》，商务印书馆，1930 年，143 页。
②④ 陈争平：《试析 1895—1930 年中国进出口商品结构的变化》，《中国经济史研究》1997 年 3 期。
③ 孟宪章等：《中苏贸易史资料》，对外经贸大学出版社，1991 年，314、363~366、456~460 页。

以能后来居上有三个方面的原因：一是实施大规模茶园种植；二是强迫实施标准化生产；三是运用国际广告推销，尤其在大不列颠境内宣传印度茶是大英帝国的产品。而中国茶叶一向为无数的小农独立种植，很多农家视茶叶为副产品，难以合作经营大规模茶园，且茶农多半为文盲，财力亦极薄弱，清政府也无意于大力改革，所以中国茶的困难处境，正与丝业的艰窘相似。中国丝茶贸易在同治十年（1871）共占输出总额的 92%，光绪七年（1881）后，两项尚占出口总值 80%，但至光绪二十四年，降落到仅占输出总值 50%，可知国际间的激烈竞争，影响中国丝茶贸易至今。①

三、民国时期的农产品进出口贸易

北洋政府建立初期，出于增加收入、缓解财政危机以及促进国内民族经济的考虑，关税自主成为重要问题。北洋政府农商总长张謇说："至国际贸易，全视关税为之损益，各国通例，出口货多无税。吾国则不然，若丝、若茶、若棉、若其他土货有国际竞争者，莫不有税，是抑制输出也。抑制输出，是为自敝政策。惟关税有条约之关系，尚待协商，若厘金、常关，为国内之恶税，抱持不舍，则百业日以消沉，倏忽数年，而国民生计，丧无余矣。"② 1917 年 12 月 25 日，北洋政府利用对德宣战之机，颁布了一个适用于无约国及交战国的《国定进口税则》。这是自 1843年以来中国政府第一次颁行的自主税则。第一次世界大战结束后，北洋政府继续为恢复关税自主权而不懈努力。1919 年在巴黎和会上中国代表团向大会提交了《希望条件说帖》，首次正式提出了"关税自主权"等 7 项严正要求。

第一次世界大战期间，中国的面粉和棉纱出口量有了较大的增长，由于近代工业发展的需要，进口各种机器设备、钢铁等物品也在增加。第一次世界大战期间及战后初年，中国粮食进口量虽然仍有一定的规模，但由于出口大大增加，每年粮食有大量出超。1922 年以后，外粮开始大量进入中国，面粉及稻米总的贸易，均由出超转为入超，1923—1927 年粮食进口净值年均约 12 239 万海关两，占商品进口净值的 12% 左右，这五年间粮食入超量年均 3 842 万担，入超额也常在 2 000 万海关两左右，有时几近 3 000 万海关两。1929 年后中国粮食入超常在 1 亿海关两以上。中国的粮食问题已日见严重。③

---

① 廖良辉：《晚清对外贸易研究》，湖南大学硕士学位论文，2005 年，49~54 页。

② 《农商总长张謇在国务会议上发表实业政见宣言书》，《中华民国商业档案资料汇编》上册，中国商业出版社，1991 年，16 页。

③ 陈争平：《试析 1895—1930 年中国进出口商品结构的变化》，《中国经济史研究》1997年 3 期。

随着国内某些轻工业的发展，棉花、烟叶等农产原料的进口数量也大幅度增长。1919 年前，中国棉花每年均有数十万担乃至上百万担出口，而进口多则不过三四十万担，少则仅数万担。1920 年以后，棉花进口量猛增，并开始由出超转为入超；1921 年棉花进口量增至 168 万担，价值 3 586 万海关两；1926 年更增至 274 多万担，价值近 1 亿海关两，入超值达 6 435 万海关两。烟草的情形与棉花类似，20 年代有较大的出口，但进口比以前大大增加，每年入超值也有数千万海关两。

民国初年，中国进出口贸易额增加，大量的外国商品进入中国的城市，并渗入中国广大的农村地区。经济作物种植面积增加，传统的粮食等作物种植面积减少，大量的农产品和经济作物进入市场流通。在外来商品的冲击以及内部自身演化双重因素的作用下，自给自足的小农经济进一步解体。对外贸易的发展促进了中国农产品商品化的发展和农产品加工业的发展。北洋政府时期粮食作物如玉米、小麦、大麦、高粱、小米等播种面积的比重开始下降；而油菜、芝麻、花生、棉花等大多数经济作物播种面积的比重都有显著提高。由于经济作物的发展与粮食作物的商品化，在中国逐步形成了若干农业专门化区域。[1]

北洋政府的对外贸易政策是在推翻晚清腐朽统治的基础上而初步形成的，这些政策带有明显的近代资本主义性质，既是对封建专制制度与封建因素的否定，同时又不可避免地带有晚清专制的一些因子和成分。从 1927 年南京国民政府的成立到 1933 年国定进口税则的制定，是近代对外贸易政策的初步发展期。因此，南京国民政府面临两大历史任务：一是取消帝国主义在中国的条约特权，完全获得关税上的独立；二是完善并进一步拓展北洋时期的对外贸易政策的内涵。南京国民政府在继承北洋时期对外贸易政策的基础上，探索和拓展了对外贸易政策，以顺应对外贸易发展的要求。

至 20 世纪二三十年代，中国年均外贸总额已达 30 多亿元，其中仅入超一项，就远远超过了 19 世纪后半期各年的贸易总额，1932 年的入超曾达 6 亿元以上，创入超之最高记录。[2] 1928 年中国所负外债总额高达 30 亿元以上，1930 年更增至 45 亿～50 亿元。[3] 1928—1929 年，债务赔款竟占南京国民政府财政年度支出的 36.8%，军务费占 48.2%。中国近代大部分新兴的生产事业，莫不负债累累。1931 年中国各项铁路借款达 15 亿多元，而当时中国铁路总资本不过 5.2 亿元，债

① 陈晋文：《制度变迁与近代中国的对外贸易》，《国际贸易问题》2009 年 1 期。
② 中国人民大学政治经济系《中国近代史》编写组：《中国近代经济史》下册，人民出版社，1978 年，3 页。
③ 〔美〕J. B. Congaiffe：《中国今日之经济》，柯象峰译，正中书局，1935 年，117～118 页。

务为总资本的 3 倍。[①]

全面抗战爆发后，国民政府虽然独立自主地颁布了对外贸易的法令法规、一些政策和措施，也公布了进出口管理条例等，名义上可以主动进、出口农矿产品，将原来一度被动的对外贸易，逐渐上升为主动贸易，这在一定程度上淡化了中国半殖民地色彩，坚持了独立与平等。国民政府面临全面抗战时期的内忧外患，逐步加强了对外贸易的国家垄断，直接干预对外贸易活动。

南京国民政府控制对外贸易的举措之一是创办国营对外贸易公司，经营主要农副产品的购销及进口军需物资。对外贸易公司除了负责对外贸易的行政管理，还直接从事进出口贸易活动。其下设所属的富华、复兴、世界贸易和中国茶叶四家公司分别经营相应的对外贸易。1938 年，富华公司对国统区的猪鬃、羊毛、生丝等土特产品实行统购统销。公司下设 9 个分公司及 30 多个办事处，此外还有运输处、加工厂等多家附属单位。1942 年富华公司并入复兴公司。1939 年 2 月，中国与美国签订桐油抵押贷款合同。合同规定：中美于纽约共同组建一家世界贸易公司专门负责经营中美贸易；美国出口银行向中国提供 2 500 万美元的抵押贷款，以中国桐油来偿还。当年 7 月，国民政府决定桐油由贸委会统销，为此成立了复兴商业公司作为桐油的专营公司，与世界贸易公司共同负责合同的履行。合同同时规定，5 年内，按每吨 440 美元计，中国向美国出口桐油 22 万吨，所得 9 680 万美元的 50％用于偿还贷款，其余由世界贸易公司采购美国货物，交由复兴公司在中国销售。到 1942 年，上述贷款全部清偿。复兴公司作为专门经销桐油的专业公司，在云南、贵州、广西、湖南、江西、浙江、江苏、安徽、河南、陕西等省均设有分公司，且在各省桐油主产区及集中的市场设有办事处，按照全国统一价格统一收购、对外出口。1942 年富华公司并入后，业务范围进一步扩大，除桐油，又加上了富华公司原来经营的猪鬃、羊毛、生丝及皮革等土特产品。1937 年 3 月，由实业部联合浙、闽、皖、赣、湘、鄂等茶叶主产区的省政府，与上海、汉口、福州等地的茶商，共同出资组建了官商合资的中国茶业公司。《管理全国茶叶出口贸易大纲》于 1939 年 5 月颁布，规定由贸易委员会统制全国茶叶出口。1940 年，国民政府命令中国茶业公司改组为国营公司，由贸易委员会负责统一管理。中国茶业公司成为茶叶购销贸易的垄断公司，所收购茶叶的 56.5％用于易货偿债。中茶公司下设 107 个分公司及多家茶场、茶厂，垄断了中国茶叶购销和出口。1945 年 4 月，中茶公司并入复兴公司贸委会及其下属公司，利用政府授予的特权，垄断了抗战时期中国主要农副产品的出口贸易，并积极购进抗战急需的大量军需物资。如 1939 年，贸易委员会向美国佛尔蒂公司订购了 100 万美元的轰炸机及附件。该年购进的美国军火价值达

---

① 朱其华：《中国社会的经济结构》，新生命书局，1931 年，20 页。

506 万美元，有力地支持了抗战。[①]

四、国际市场需求的变化对中国农业的影响

以小农为主体的农业生产，一旦纳入资本主义市场体系，就不可避免地受到国际市场的左右。农业生产的兴衰以及种植业结构的变化，莫不与世界市场息息相关。以茶叶为例，19 世纪 80 年代，平均每年出口都在 20 万担以上，此后因印度、锡兰及日本茶叶的竞争，出口量开始逐年减少。由于中国茶叶市场的日渐萎缩，当时的一份文献记载道，中国茶区所产之茶，经常难以销完。由于价格日落，产茶户愈加放弃精耕细作的传统，茶园不加培植，遂至叶老枝枯，香质大逊。加之制法草率，尤为英、美、俄茶商所鄙视。由于进入茶叶生产的恶性循环，茶叶贸易环境不顺，则茶农入不敷出更甚；茶农连年亏蚀，导致茶园荒芜，面积大减。传统产茶大国在资本主义竞争中从此败北不振。[②]

同样的例子也见之于蔗糖。福建、广东、广西是中国重要的产糖省份。20 世纪以前，三省产糖除满足国内市场，还输出到欧美及日本、朝鲜等地。光绪十年（1884）的蔗糖出口量达 157 万担。此后，形势骤变，至 1894 年，出口量仅 78 万担，而进口量却达 182 万担。进入 20 世纪，糖业生产更是江河日下。1906 年，食糖输出降至 17 万担，同期输入 654 万担。至此，不仅中国的国际市场丧失殆尽，而且国内市场也被外糖充斥。辛亥革命以后，糖业生产更加低落，直至第一次世界大战期间，世界蔗糖主产地爪哇退出东方市场，中国糖业生产始有短暂回升。然而，第一次世界大战之后，又行衰落。[③]

在传统的农产品加工制成品逐渐失去国际市场的同时，那些作为轻纺工业原料的农产品，却因国际市场的巨大需求而迅速发展起来。其中最具代表性的莫过于棉花。1863 年，美国南北战争爆发，国际市场原棉供应短缺，上海市场棉价在半个月内，由每包九两八钱涨至二十五六两。[④] 棉价上涨刺激了棉田面积的迅速扩张。除长江流域原有棉区植棉面积继续扩展，直隶、山东、山西以及陕西等省，也相继成为著名产棉区。[⑤] 民国初年，棉花种植几乎遍及全国。棉花出口量逐年上升。

① 罗红希：《民国时期对外贸易政策研究》，湖南师范大学博士学位论文，2014 年，246～251 页。

② 章有义：《中国近代农业史资料 第 2 辑 1912—1927》，生活·读书·新知三联书店，1957年，138 页。

③ 佚名：《我国糖类进出口贸易之消长比较》，《商业月报》1928 年 8 卷 12 期。

④ 徐润：《徐愚斋自叙年谱》，1927 年，11～12 页。

⑤ 佚名：《中国农产物之丰富》，《农商公报》1920 年 74 期。

1914—1919 年的 6 年间，棉花出口量从 67.5 万担增加到 107.2 万担。①

　　除直接出口，还有相当一部分棉花供应资本主义各国在华开设的外资棉纺厂。如 20 世纪 30 年代，山东所产棉花，主要供应开设在青岛的八家日资纺织厂，其每年所耗之 120 万担原棉，几乎全部来自山东省内。而同期的山东四家华资纱厂仅用原棉 30 万担，只及外资纱厂用棉的 1/4。② 1929 年爆发的资本主义世界经济危机，又使中国棉花生产几乎在一夜之间遭灭顶之灾。棉花市场价格暴跌，各地棉农入不敷出，收不抵本，纷纷破产。据 20 世纪 30 年代初的调查，中国的标准棉市，受世界市场的影响极大，所以中国各地的棉市，常常不能以棉花生产的费用支出为定价标准，而只能依照消费地域的棉市价格而涨落。所以，当时陕西省一亩棉田的生产费用需要六元五角，而亩产 100 斤棉花之市价只值二元五角，连棉秆、棉籽都卖掉，亦只值四元，农民收支相抵，每亩收支不敷，短缺达二元五角。在湖北，每亩产 80 斤棉花，成本在十一元以上，而 80 斤棉花之市价只有十元左右。在浙江，每亩 55 斤棉花成本在十元二角，而 55 斤棉花之市价只有六元六角，连棉籽值七元。农民辛苦一年而收入不敷支出。中国农村经济破产，此亦是一主因。③ 作为近代著名棉区的江苏南通县，在世界经济危机的冲击下，植棉业更形萎缩，许多农民易棉种豆。由于棉作歉收，棉价低贱，农民植棉无利可获，1932 年该县棉花种植面积较上年减少 10%。④ 河北棉区，也因棉价大跌，且难以出售，农民金融异常吃紧，贫农之家，典物当衣，稍富之家，亦皆借钱揭债，一般农民无不叫苦连天。⑤ 1934 年《山东实业志》亦称该省当年棉价仅当往年的三分之二。夏津、广饶、邹平、高密、临清、清平、德县等地籽棉价格最低只有往年的二分之一。棉农困苦，非一般人所能想象。⑥ 由此可见，中国棉花生产与资本主义经济之紧密联系。

　　中国近代蚕丝生产的盛衰，亦与世界市场的需求紧密相关。在传统出口农产品中，生丝一直占有举足轻重的地位。19 世纪 60 年代以后，生丝对外贸易的发展，导致了对国内生丝需求量的急剧增加。19 世纪后期，中国生丝出口额曾一度占出口总值的三分之一。1870—1927 年的半个世纪中，中国生丝出口量从每年 5 万担增至 16 万担，增长了 2 倍多。因此，地方政府均极力提倡养蚕，并创办蚕业学堂

　　① 徐雪筠等：《上海近代社会经济发展概况 1882—1931 海关十所报告》译编，上海社会科学院出版社，1985 年，369 页。
　　② 吴知：《山东省棉花之生产与运销》，《政治经济学报》1936 年 5 卷 1 期。
　　③ 顾毓泉：《中国棉织业之危机及其自救》，《新中华》1933 年 1 卷 5 期。
　　④ 《银行周报》1932 年 16 卷 32 号。转引自章有义：《中国近代农业史资料　第 3 辑　1927—1937》，生活·读书·新知三联书店，1957 年，633 页。
　　⑤ 马乘风：《最近中国农村经济诸实相之暴露》，《中国经济》1933 年 1 卷 1 期。
　　⑥ 实业部国际贸易局：《中国实业志·山东省》，1934 年，179～180 页。

及试验场，推广新式育蚕技术，全国栽桑养蚕盛起，蚕业遂成为农业经济中的重要支柱。作为蚕桑主产区的江苏省，民国以来，"茧产为各省之冠，农民生活实赖此焉"。[1] 1913 年，苏州所属的昆山、常熟、吴江、吴县共有桑地近 35 万亩，无锡所属的宜兴、江阴共有桑地 36 万亩，常州的武进、金坛、溧阳等县共有桑地 27 万亩。苏锡常三个传统蚕桑区共有桑地近 100 万亩。整个苏南地区的养蚕农户达 32 多万户，养蚕人数达 118.5 万人，占总人口的 11.5%。[2] 甚至在"蚕桑向不讲求"的苏北地区，如淮阴农村，鉴于蚕桑有利可图，饲养日多，茧丝产额也较过去快速增多。[3]

有资料表明，至少在 20 世纪 20 年代中期以前，蚕桑业已与棉纺织业并驾齐驱，进入其发展的鼎盛时期。以无锡为例，1921 年无锡桑地面积约占辖域面积的十分之三有余。[4] 1925 年无锡桑地面积占农地使用面积的 21.7%，1936 年略有下降，但仍占 17.9%。[5] 植桑对传统种植业结构的改变程度，于兹可见。整个 20 世纪 20 年代的无锡蚕桑业已成为该县农户经济收入，特别是现金收入的一个重要组成部分。[6]

与江苏毗邻的浙江蚕桑业素称发达，不少地方开始采用新法栽桑养蚕，以提高丝茧的产量与品质。在国内其他蚕区，民国初期也与江浙地区一样，蚕丝生产都呈增长趋势。

但是进入 20 世纪 30 年代以后，由于受到世界大市场变化的影响，丝价暴跌，丝厂纷纷倒闭或停顿，蚕桑业受到了致命的打击。1930 年无锡全县共有桑田约 25 万亩，1931 年即减为 15 万亩，1932 年更剧减为 8.4 万亩。两三年之间竟减少三分之二。江阴 1930 年有桑田约 12.2 万亩，1931 年为 8.2 万亩，1932 年又减至 5.4 万亩，二三年间减少了 56.5%。[7] 1934 年时，无锡养蚕户比极盛时减少了 50%，全县农村每年至少损失 400 万～500 万元的收入。[8]

大豆的状况也随国际市场而起落。20 世纪初，世界市场对中国大豆的巨大需求，极大地刺激了国内大豆生产的发展，出口量猛增。19 世纪后期，东北大豆开始进入国际市场，1875 年，辽宁营口港转运大豆三品（豆粒、豆油和豆饼）共

① 《苏省茧市之状况》，《农商公报》1917 年 36 期。
② 周中建：《近代苏南农业内部产业结构的调整与农村劳动力的转移（1912—1937）》，《中国农史》1998 年 2 期。
③ 东南大学农科：《江苏省农业调查录（淮扬道属）》，江苏教育实业联合会，1926 年，68 页。
④ 卢冠英：《江苏无锡县二十年来之丝业观》，《农商公报》1921 年 85 期，45 页。
⑤ 吴柏钧：《中国经济发展的区域研究》，上海远东出版社，1995 年，24 页。
⑥ 容庵：《各地农民状况调查——无锡》，《东方杂志》1927 年 24 卷 16 号。
⑦ 《上海商业月报》1932 年 12 卷 7 号。
⑧ 苏锡生：《无锡农民副业之今昔观》，《东方杂志》1935 年 32 卷 10 号。

275.9万担，1881年为372.7万担。但此时的销售对象主要还是国内的南方市场。直到1901年，经营口转运的大豆产品中，销往南方市场的仍占70.3%。出口海外的主要是销往日本，占21.7%。欧美市场的开拓，大约到1910年前后才开始。当年东北大豆的运销去向为：日本12%，欧洲各国67%，南洋各国1%，国内20%。由此可见，20世纪初期的东北大豆出口已占有重要地位，而欧洲则已成为中国大豆的主要输出地。至1920年，中国大豆约占世界总产量的80%，其中的三分之二以上产自东北地区。

中国大豆出口贸易的鼎盛期在20世纪20年代。以主产地东北地区为例，1922年输出大豆63.6万吨，1927年增至184.6万吨，创最高纪录的1931年为284万吨。大豆制成品豆油的出口量，1920年为12.7万吨，1926年为18.2万吨，1931年为18.7万吨。大豆副产品豆饼的出口量为，1920年136万吨，1923年187万吨，最高的1927年达201.6万吨。①

20世纪30年代初，由于受迅速兴起的美国大豆的竞争，中国大豆出口量开始逐年减少。随着美国大豆产量成倍增长，它不仅占领了中国大豆原有的美国市场，而且也掠走了中国大豆的其他国际市场。此外，由于化肥生产的增加与普及，使作为主要肥料使用的豆饼的出口量也随之减少。②

花生是另一种因世界市场刺激而发展起来的经济作物。河北农村自光绪年间即已有花生运销海外。③当时美国的大仁花生在山东引种成功，很快在中国南北各地推广开来，栽培面积大幅度增加，到1919年，国内年产花生多达2.2亿万担。④据调查，长江、黄河流域各省及东北三省花生栽培面积，1900年占总耕地面积的4%，1915年达10%，1920年上升为21%，1931年更增至31%⑤。

中国近代花生种植面积推广如此迅速，主要原因是来自国际市场的巨大需求，绝大部分花生产品主要用于出口。在花生主产区山东省，20世纪头20年的花生出口率连年上升，1927年比1900年增加了10倍，成为当地出口土产的首位产品。⑥甚至出现了由于栽培花生，使冀南一个农村成为"农村破产声中的一个繁荣的村庄"。⑦

① 衣保中：《东北农业近代化研究》，吉林文史出版社，1990年，155、181页。
② 〔美〕黄宗智：《华北的小农经济与社会变迁》，中华书局，1986年，127页。
③ 民国直隶《南宫县志》卷三。
④ 《中国落花生的产销状况》，《银行周报》1920年5卷35期。
⑤⑦ 天津《益世报》1935年8月17日，转引自章有义：《中国近代农业史资料 第2辑1912—1927》，生活·读书·新知三联书店，1957年，207页。
⑥ 袁荣叟等：《胶澳志》卷五，1928年，转引自章有义：《中国近代农业史资料第2辑1912—1927》，生活·读书·新知三联书店，1957年，227～228页。

与上述各类农产品因出口需求而扩大栽培不同，近代烟草业的发展却完全是因资本主义国家在华投资建烟厂所致。清末著名经济思想家陈炽在其《续富国策》一文中说："日纸烟入口，约不下数百万金。英人、倭人均在上海设厂收储制造，就地发卖，以矛陷盾，可为寒心。"1891 年，美国商人在中国设立第一家机器卷烟厂"老晋隆洋行"。[①] 从此以后，以英美为首的帝国主义相继在华各地设置烟厂，并勾结中国买办阶级及封建势力为其开拓市场。第一次世界大战后，英美烟草公司进一步扩大其在华业务，并于 1919 年在上海成立"中国英美烟草公司"。该公司在上海、天津、青岛、沈阳、汉口、许昌、潍县、凤阳等地均设有卷烟厂或烤烟厂，并有与之配套的印刷厂、锡箔厂、房地产公司以及金融机构等，几乎垄断了中国烟草的生产与经营，其营业额占全国烟草产值的 70% 以上。[②]

在英美烟草公司设厂的地方，形成了一批诸如山东潍县、安徽凤阳、河南许昌等当时著名的烟草产地。此外，湖北、江苏、广东、江西等省，也因卷烟业对烟草原料的巨大需求，产量迅速增加。

第二节　农产品国内贸易与农村集市

一、近代农产品商品化的发展

鸦片战争后，中国国内市场在逐步扩大，19 世纪七八十年代发展较慢，90 年代起开始加速，迅速扩大是在 20 世纪，尤其是二三十年代。即便如此，以统计所示，1936 年的埠际贸易 11.8 亿元计，仅占当年工农业总产值的 4.1%，占当年国民收入的 4.6%。[③]

此外，一方面，鸦片战争后，随着帝国主义的入侵，在沿海一带出现了几个商业十分繁荣的通商大埠。1936 年的埠际贸易统计显示，仅上海、天津、青岛及广州四埠即已占包括华北、华中、华南等地的输入总额的 66.6% 和输出总额的 72%。其中上海一地，独占输入总额的 36.3%，输出总额的 39.1%。内地各关，除中转城市汉口占有输入总额的 10.1%、输出总额的 16.7%，其他地区所占份额很小。

① 孙毓棠：《中国近代工业史资料　第 1 辑　1840—1895》，中华书局，1962 年，152 页。
② 陈真等：《中国近代工业史资料　第 2 辑　帝国主义对中国工矿事业的侵略和垄断》，生活·读书·新知三联书店，1957 年，90～99 页。
③ 埠际贸易值见韩启桐：《中国埠际贸易统计（1936—1940）》，中国科学院社会研究所，1951 年。工农业总产值与国民收入据巫宝山：《中国国民所得（1933）》，《社会科学杂志》1937 年 9 卷 2 期。

例如，西南 9 个边关，合计只占输入总额的 4.2％，输出总额的 1.5％；西北地区的市场则更为狭小，几可忽略不计。① 另一方面，内地和边疆省份仍然保持着不少传统的封建城市，而广大农村，基本还处于自然经济或半自然经济状态。

总体而言，埠际贸易的发展，也曾使某些地方的小市场成为大宗商品的集散地。但农村的集市墟镇贸易，仍然是农民之间的特产商品余缺调剂的重要处所，具有深厚的自然经济性质。于此足见近代中国商品经济之不发达与不平衡。

国内市场的扩大，是传统经济向市场经济过渡的必由之路。在半殖民地半封建的旧中国，农产品与手工业产品一直占据着市场的最大份额。农产品的商品化是近代中国市场扩大的一个主要内容。伴随着中国农产品及农产制成品输出的急剧增长，国内经济作物的种植迅速发展，商品粮的需求不断增加，粮食的商品化进一步发展。1840—1936 年，粮食、茶叶、蚕茧、棉花等农产品的商品率，若以 1840 年为 100％，1894 年为 158％，1920 年为 216％，大致是 80 年间翻了一番。总的趋势是，粮食商品率虽然在不断提高，但其商品率的增长速度仍落后于经济作物。上述几项主要农产品的商品值按不变价格计算，1840—1894 年平均年增长率不足 1.3％。1895—1920 年平均年增长率为 1.6％，1920—1936 年约为 1.8％，② 表明近代中国农产品商品化虽呈加速发展的态势，但其总的进展速度仍很缓慢，尚不能与工业发展相适应。

20 世纪 20 年代，湖南、安徽、江西三省输往中国其他地区的余米，估计每年达 500 万～1 000 万担③，小麦、水稻等主粮的出售率均在 20％以上，且中东部地区普遍高于北部地区。

华北的商品粮食首推小麦。小麦是所谓"粜精籴粗"的粮食交易中的精粮作物，因其为北方粮食种类中之上品，价格亦较其他粮食品种高，所以贫苦的农民常常将其出售，以换取货币购进相对价廉的玉米、小米、高粱等替代粮食种类。因此，小麦成为华北地区的一种典型的高价商品粮作物。1935 年，在中国北方某省的 93 个产麦县份中，有运销县外者 37 县，总数约 216 万担，占小麦总产 1 393 万担的 15.5％。④ 1929 年，河北省 24 县小麦总产量 1 375 万担，其中运销县外 296.8 万担，占总产量的 21.6％。⑤ 山东省小麦产量为华北之冠，外销量也最大。

① 韩启桐：《中国埠际贸易统计（1936—1940）》，中国科学院社会研究所，1951 年。
② 许涤新、吴承明：《中国资本主义发展史》第二卷，人民出版社，1990 年。
③ 许涤新、吴承明：《中国资本主义发展史》第三卷，人民出版社，1993 年。
④ 章有义：《中国近代农业史资料 第 2 辑 1912—1927》，生活·读书·新知三联书店，1957 年，228 页。
⑤ 河北省实业厅视察处：《河北省工商统计》，1929 年，转引自慈鸿飞：《二十世纪前期华北地区的农村商品市场与资本市场》，《中国社会科学》1998 年 1 期。

该省常年的小麦产量为 4 892 万担，1933 年产量为 5 193 万担，外销量为 1 192 万担，约占总产量的 24.4%。在山东省的 108 县中，有小麦外销者达 60 余县，其中最高的是章丘，达 80%，年销 88 余万担；外销比率超过 40% 的多达 18 县，年外销绝对量在 30 万担及 30 万担以上者即达 12 县。

20 世纪 30 年代，有余粮运出的省份有，山西 200 万～300 万担，山东 150 万担，湖南 400 万担，江西 250 万担，广西 100 万担。此外，汇运至湖北的粮食也在 400 万～500 万担。20 世纪 30 年代的商品粮约占粮食总产的 18%[①]。如果再加上农民在当地市场上进行余缺调剂的流通投入量，则实际粮食商品率将超出这一比率。同时，各地的省内余粮区与缺粮区的存在，也在很大程度上刺激了粮食流通量的增加。据 1935 年中央农业实验所对全国 22 省的抽样调查，需购买粮食的农户平均达 35%。[②]

从整个近代较长的历史时段来考察，可以看到，中国的主要农产品的商品量和商品率都在缓慢提高。农业中的种植业占绝大的比重，种植业中主要是粮棉油料等的生产。所以粮棉油等几种主要农产品的商品化程度，基本可以反映出农业商品经济发展的程度。粮、棉、大豆、烟叶、茶叶、柞蚕茧、桑蚕茧、土丝等几种主要农产品的商品值，1840 年为 24 987.2 万元，1894 年为 78 574.9 万元，1919 年为 217 171.9 万元，1936 年为 450 000 万元。这几种主要农产品的商品值从 1840—1894 年增加了 2 倍多，若按不变价格计算，则增加 76.6%，从 1894—1919 年增加了 1.76 倍，若按 1894 年的不变价格计算，增加 43.4%。从 1919—1936 年增加了 1.07 倍，约略保持年增长率 5% 的速度。

从粮食、棉花等农产品的商品量在其产量中所占比重的变化来观察，中国粮食的商品率 1840 年约为 10%，1895 年约为 16%，1920 年约为 22%，1936 年不到 30%。而中国棉花的商品率，1840 年约为 27%，1894 年约为 33%，1920 年约为 42%，1936 年约为 51%。据国家统计局数字计算，1952 年棉花的产量为 130.4 万吨，收购量为 108.7 万吨，商品率为 83%。[③]

总之，从 1840—1936 年的近百年间，中国农产品的商品量和商品值，一般都是在增加的，虽然各个阶段的增长速度有所不同。[④]

---

① 〔美〕珀金斯：《中国农业的发展（1368—1968）》，上海译文出版社，1984 年，205、207～208 页。

② 中央农业实验所：《农情报告》1936 年 4 卷 8 期。

③ 吴承明：《我国半殖民地半封建国内市场》，《历史研究》1984 年 2 期。

④ 丁长清：《关于中国近代农村商品经济发展的几个问题》，《南开经济研究》1985 年 3 期。

二、近代乡镇集市与集市贸易

与集市密不可分的是集市贸易，集市贸易是集市存在的主要形式和主要功能之一。集市与集市贸易经历了几千年的发展，无论是其内容和形式都发生了很大的变化。以往的研究较多地侧重于明清时期的农村集市，且以江南市镇和华北农村集市为研究重点，这一方面深化了对明清时期农村集市问题的研究，但对近代农村集市与集市贸易的研究比较薄弱，而近十年来学界在继续深化明清时期农村集市研究的基础上，加大了研究近代农村集市及集市贸易的力度。

在华北，集市的发展表现为集市数量的大幅度增加，集市网络层级结构更加分明，其功能也有重大变化。集市的发展和集镇的勃兴同步进行，集镇的勃兴并没有使集市黯然失色，集市依然扮演着重要的角色，这也是华北地区市场发展迥异于江南地区的一个特点。①

晚清以来，人均耕地减少，农民贫困度增加，农民为维持生计会更多地卷入商品经济，会更多地利用剩余人力以发展低成本的各色家庭工副业，这对集市贸易量和集市数量增长都起着作用，贫困是晚清北方农村商品流通量扩大的原因之一。②

到18世纪中后期，以农村集市为基础，以城镇市场为主体，以区域性大都市为核心的江南区域市场体系已基本形成，至20世纪初，在县城、乡镇与集市间，纵横联系占主导地位，形成集市—市镇—城市金字塔式的立体市场结构。近代江南区域市场是由简单商品市场、一般商品市场和现代市场构成的复杂的市场体系。③清代华北农村的市场体系由三部分组成：占优势地位的定期集市、不平衡发展的大集、季节性的庙会，并认为华北农业经济从整体上还没有超越"糊口经济"的阶段，商品生产还有很大的局限性。④

民国时期江西农村集市的发展具体表现为：农村集市的服务设施增加，商品吞吐规模扩大；专业集市不断增加；集期间隔不断缩短。民国时期江西农村集市虽增长数量不大，但布局更加合理，更能适应农村商品经济发展的要求；集市功能不断完善。⑤ 近代安徽江淮地区集市贸易功能，强化了对外传输的功能、经济整合，强化了乡村文化娱乐的功能。⑥ 传统社会的北方农村集市，朝着市镇的方向发展。一

① 龚关：《近代华北集市的发展》，《近代史研究》2001年1期。
② 王庆成：《晚清华北定期集市数的增长及对其意义之一解》，《近代史研究》2005年6期。
③ 单强：《近代江南乡镇市场研究》，《近代史研究》1998年6期。
④ 徐浩：《清代华北的农村市场》，《学习与探索》1999年4期。
⑤ 白莎、万振凡：《民国江西农村集市的发展》，《南昌大学学报》（人文社会科学版）2003年7期。
⑥ 沈世培：《试论近代安徽江淮地区集市贸易的变迁》，《安徽教育学院学报》2006年7期。

方面促进了交换的发展集市，从而出现了大批作为主业和副业的商贩；另一方面也促进了乡村手工业和乡土工艺品的发展，出现了大批的作为主业和副业的手工业者。商品交换的形式发生了改变，以物易物的交易方式逐渐被以货币为媒介的间接交换方式所取代。[①]

近代中国的商品性农业虽有普遍发展，但较具规模的农产商业化仅局限于棉布、卷烟等工业产品以及蚕丝、茶叶、油料作物等出口农产品的交换，在广大内地特别是农村地区，商品流通仍然沿着传统渠道以传统方式进行交换。因此，尽管农村市场交换同近代产业有所联系，同传统市场也有所区别，但是，它仍然保留着传统经济的全部因素。20 世纪初，全国以传统方式进行交易的农村定期集市大约有 7 万个，构成了当时中国农村市场体系的空间分布。[②]

浙江省内各乡镇仍盛行市集。这种集会，亦称会场，春季最多，举行地点多在庙宇或人口集中之地。届时一般手工业者携其制品，就旷场陈列，任人采购。其中以农具或农产物为最多。市集种类有日市、隔日市，还有每旬以一四七市、二五八市、三六九市或节市等。又有依商品而集市者，如诸暨县二月及十月之牛市。[③]

江苏省的江南江北各县，尚多有通行"集""落"制度者。所谓"集"者，大抵每年举行一两次；而"落"则可以每半月、每旬、每五日举行一次，物品多系各种农产物、牲畜、手工品或各乡镇特产。[④]

山东省各县皆有市集习惯，每届集期，各种土货陈列场内，由买主任意选购。集期每隔五日举行一次，有一六、二七、三八、四九、五十等组合之别，均以农历日期为准。[⑤] 山东各地，均有所谓牛市者，每月有一定日期买卖牛只，相沿成习。开市之日，附近村乡农户运其所畜之牛，集于市场，以待买主，故凡该处卖出之生牛，皆此牛市场购来者。[⑥]

直隶各县的乡村集市的交易制度，通常是每县分为若干区，每区中因经济自然趋势，建立所谓集市。此种集市，有定期集会，或一日一次或间日一次，或三五日一次。即县城中亦有定期开市的集场。各集场的距离十数里或二三十里不等。乡村农民的农产品售出与其日用品的购入，俱在此定期集市行之。[⑦]

北京近郊的村乡市场有两种：一为集，一为庙会。凡集，间日一次，其日期为

① 乌庭玉：《解放前北方农村集市贸易》，《北方文物》1998 年 4 期。
② 沈祖炜：《中国近代商业市场的三重结构》，《中国经济史研究》1994 年增刊。
③ 实业部国际贸易局：《中国实业志·浙江省》，1933 年，73 页。
④ 实业部国际贸易局：《中国实业志·江苏省》，1933 年，82 页。
⑤ 实业部国际贸易局：《中国实业志·山东省》，1934 年，129 页。
⑥ 《农商公报》1915 年 17 期，4 页。
⑦ 曲直生：《河北棉花之出产及贩运》，社会调查所，1931 年，88 页。

阴历每月的奇日或偶日，其地址多在村乡街道中。凡粮食之巢余，杂物之买卖，均于此市场求之。凡庙会，每年一次，于附近庙宇前的旷地，诞期举行。其市场，例设于庙宇及其附近。其售品，以农具牲畜为大宗。[1]

近代以来，农村市镇中的商店和店铺都有增加，其速度要高于人口增长的速度。由于小贩和商店的增加，人们的购物半径距离相对缩短，可以在离家较近的地方买到日常物品，因此在较大的中心市镇里，行走不便的老年赶集者越来越少。但是这种小贩和商店增加的内在原因正是农产品的日趋商业化所致，人们可以很方便地买到日常物品，而这些在过去的自然经济时代，通常都是由自家生产或制造的。有的市集由五天一次改为五天二次。而市集日的间隔时间缩短，既是农村经济发展的表现，也是每天连续营业的"住商"增多的反映。在一些大城市市郊的市集，都有缩短间歇的趋向。例如由原来的每三天一次改为每一天一次。有的定期市墟已经随着间歇时间缩短而趋于消失。这些市墟原来是每五天一次，后来改为三天一次，再后来是隔日一次，最后由一些经营水果、蔬菜、鱼类及其他货物的批发商行代替了赶市墟的生产者。[2]

从19世纪下半叶至20世纪30年代的半个世纪中，安徽省的农村集市增长最快，平均每县增加镇集51.6个，增长661.5％。山东省其次，平均每县增加48.5个，增长241.5％，江苏省平均每县增加60.6个镇集，增加225.3％。[3] 如此惊人的增长，正好与从清末到20世纪30年代商品经济飞速发展的轨迹相吻合。

三、近代农产品商品化的历史局限

鸦片战争以后，尤其是19世纪末年以后，中国农产商品化的过程加速了。到20世纪二三十年代，在全国不少地方已形成了许多新的农业生产的专门化区域。如东北是生产大豆的主要区域；河北、江苏、湖南和湖北等地已成为棉花生产的中心；江浙、广东等地是蚕丝的生产中心；山东、河南等地是烟草和花生的集中产区；内蒙古等地是盛产皮毛的畜牧区域等。

这些新的专门化农业区域已不像过去那样完全是由于自然条件的差异所造成的，它主要是由国内外经济的发展所促成的。一是与新式交通运输业的发展密切相关。如东北，原是人烟稀少的荒僻之地，后来由于中东铁路的兴建而变成了一个粮食生产基地，其大豆远销国内外。二是与近代工业的发展息息相关。江苏、河北等

---

① 《近畿农民之生活》，《中外经济周刊》1927年196号，10页。
② 杨庆堃：《华北地方市场经济》（A North China Local Market Economy），1944年，33～34页。
③ 慈鸿飞：《近代中国镇集发展的数量分析》，《中国社会科学》1996年2期。

地棉花商品生产的发展与上海、天津、武汉等大城市棉纺织业的发展是分不开的。其他如蚕丝、烟草、花生、畜牧业等商品生产的发展也都与丝织、卷烟、榨油、毛纺织业所需原料的日益增长有关。三是与城市工商业人口增加有关。一些商品粮生产和贸易中心就是受城市工商业人口增长的刺激而发展起来的。四是与外国帝国主义的经济掠夺以及对外贸易的发展有关。如日本对东北大豆的掠夺以及其他帝国主义国家对烟叶、棉花等的掠夺，往往促进这些农作物的畸形发展，形成一些专门化区域。此外，世界市场对某些农产品需要的增加，也会促进某些农作物商品化的发展，使之出现一些专门化农业区域。中国近代农业专门化虽有发展，但是发展的速度慢，发展的程度不高。

首先，中国近代农村生产力水平很低且有衰落之势，整个农业生产不发展，商品生产和交换也就不可能有长期稳定的发展。在中国耕地少、产量低的情况下，中国近代粮食总产量始终徘徊在 2 000 亿斤左右，这些粮食大部分被农村人口消费掉了，运销城镇的真正商品粮占的比重很小。由于中国的交通阻塞，运输不便，对外贸易又处于不利地位，广大农民不易通过外贸和内贸取得自己所需的粮食，所以他们极力发展粮食的自给生产，有时为了保证粮食的自给，甚至不惜放弃经济效益较高的经济作物的种植。因此，中国近代经济作物种植面积在总耕地面积中所占的比重始终不超过 20%，而粮食作物的种植面积一直占 80% 以上。中国粮食的商品率既没有很大提高，经济作物的种植面积又不可能有很大增长。这是中国农村商品生产发展程度低的一个重要原因。

其次，不发达的中国近代交通通信事业以及频繁爆发的侵略反侵略的战争和国内战争，都对商品经济的发展有严重影响。商业的发展，需要以治安与交通作为它的外在条件；把交通媒介的确定，交换对象的增殖，作为它的内在条件。这就是说，统一和平的环境，交通的改进，农业生产的发展，有利于农村商品经济的发展。相反，战争和动乱则有碍于农村商品生产的发展。中国古代是这样，近代也是如此。如前所述，全面抗战前农村商品经济发展较快，而全面抗战爆发后直到全国解放这段时期则较慢，就是明显的例证。在长期的大规模的战争环境中，农村商品经济之所以不能发展，是因为战争的参加者都必须首先保证粮棉的供给，因此都极力发展粮棉的自给生产，相对缩小其商品生产部分。全面抗日战争时期，广大抗日根据地是强调生产自给的，机关工作人员甚至部队都要尽可能自力更生，力求生产自给。在国统区和沦陷区，粮食、棉花等的供给也是最迫切的任务，因此，在日本统治下的沦陷区也不得不实行粮食的配给制，在国民党统治下的所谓大后方，也实行所谓经济统制政策。生产中的自给、流通中的统制和分配中的配给政策和制度，虽然其性质各不相同，但它们都从各个不同的方向限制了农村商品经济的发展。战时交通阻塞，货币金融制度不统一，这更加阻碍商品的流转，并进而影响商品生产。

再次，中国农产品被卷入世界资本主义的市场旋涡之中，一方面使适应外资需要的某些农产商品畸形发展，另一方面，许多农产商品因受到世界市场的竞争而衰落。中国小农经济基础上的小商品生产在国际市场的竞争中处于不利的被动的地位，其前途是暗淡的。中国国内因为交通不便、政治不统一、帝国主义的划分势力范围政策的影响，而没有形成完整的统一的民族市场。中国因为工业不发达，城镇人口增加有限，所以城镇对工业品原料和商品粮的需求有限，广大农民受帝、官、封的压迫剥削而十分贫困，购买力萎缩，许多农民为了缴纳赋税、还债、购买其他必需品而不得不于新粮收获时忍痛将其出卖，然后又于青黄不接时借钱到市场上高价购粮。显然，农民的这种购买力是一种虚假的购买力，不可能促进农产品市场的扩大。

最后，中国近代农村商品经济不发达的根本原因在于社会分工不发展，在于自给自足的小农经济体制的阻碍。中国近代农村经济中，耕织结合、纺织结合、农牧结合、生产和运输结合，纺染、畜牧、运输等都还没有从农业中独立出来，没有专业化，没有形成大量的专业户。①

第三节　经营式农业的发展

甲午战争以后，虽然分散的小农经济仍是农业经营的主要方式，但由于农产商品化的发展以及货币经济的增长，导致农民对市场的依赖程度增加，这就不可避免地引起农民分化的加剧。另外，农业生产某些部门中的利润刺激，诱使部分工商资本投向农业，小农经济中分化出了具有资本主义经营方式的富农经营和带有某些资本主义性质的经营地主以及新式农垦企业。农业的资本主义经营有所发展。

一、富农经营

富农本意就是富裕农民。从经济学层面上，有时被称为"大农"，即经营土地面积较大的农民。但是，在近代中国，特别是中华人民共和国成立以后的很长一段时间，富农是农村阶级成分的一个类型，在法律上是指拥有一定数量的土地（各地标准不一样），雇佣部分长工，自己也参加劳动（如不参加劳动的就是地主）。1950年6月30日，中国开始在全国范围划分农村阶级成分。

---

① 丁长清：《关于中国近代农村商品经济发展的几个问题》，《南开经济研究》1985年3期。

马克思主义经典作家早就指出："包含着整个资本主义生产方式的萌芽的雇佣劳动是很古老的；它个别地和分散地同奴隶制度并存了几百年，但是只有在历史前提已经具备时，这一萌芽才能发展成资本主义生产方式。"① 雇佣需要什么样的"历史前提"呢？这就是需要支付工资。当雇主和佣工之间的关系是通过货币（或等价货物）支付建立起来时，这个关系即是雇佣关系。

中国近代农村中的富农雇佣劳动的数量，根据相关的资料分析，认为 20 世纪 20 年代短工在人数上已明显超过了长工。据估计，农业雇工中的长、短工人数比例，全国平均来看，长工占 15％～25％，短工占 75％～85％。若按劳动日计算，长短工的比例结构与人数比例结构正好相反，全国平均，长工约占 65％，短工约占 35％。因此，按劳动日计算，长工仍然明显多于短工。具体到某一农户的雇工数量，因地区、经营规模等而有差异，难以做出精确的估计，大致雇工按农户平均，每户不会超过一名长工或相当一名长工的短工。②

从安徽休宁县的一农家账簿中，我们可以看到近代农业资本主义经营的尝试。账簿记载始于 1854 年，止于 1863 年，农场从 1854 年开始经营，土地全部是租来的，从 1854 年的 3 亩地，到 1860 年最多时的 19.5 亩地，均没有自留土地的记载。直接生产者为雇佣劳动，1854—1857 年使用零工（即短工），后两年使用长工一人，并继续使用零工，没有家内劳动的记载。农场全部种稻，兼营养猪、养鱼、养蜂。经营结果是除了 1855 年和 1857 年，农场几乎谈不上什么利润。1860 年以前，农场规模尚有所扩大，而 1860 年以后经营面积又开始逐渐缩小。③ 另据光绪六年（1880）《益闻录》载："天津有客民在距津一百五十里地方，批租荒地五万亩，概从西法，以机器从事，行见翻犁锄末，事半功倍，各省农民，定必有闻风仿办者。"④ 从上述材料可见，鸦片战争以后，富农经济确已出现，并在生产关系和生产力方面有了较大的发展。

富农经营中的雇佣劳动在整个农业劳动中所占比例不大，而且农业雇佣劳动也并没有形成一种相对稳定的、主雇双方角色界线分明的社会关系。有研究表明，农业雇佣关系的社会构成涉及乡村社会各主要阶层，雇主和雇工双方角色并不完全固化。只是雇工和雇主不断相互易位，形成一种循环式交互雇佣。这使农村中缺乏真

① 中共中央马克思恩格斯列宁斯大林著作编译局编译：《马克思恩格斯选集》第 3 卷《社会主义从空想到科学的发展》，人民出版社，1995 年，732 页。

② 赵入坤：《雇佣劳动与中国近代农业的发展》，《江海学刊》2007 年 5 期。

③ 李文治：《中国近代农业史资料 第 1 辑 1840—1911》，生活·读书·新知三联书店，1957 年，672～678 页。

④ 李文治：《中国近代农业史资料 第 1 辑 1840—1911》，生活·读书·新知三联书店，1957 年，680 页。

正的纯粹雇工，而存在大量季节性兼业雇工。[1]

但是在土地资源相对较大的近代东北地区，农村中的富农经营比较普遍，经营的面积也相对比较大，尤其是东北北部及西部新垦区最为常见。他们一般经营几十甚至上百亩土地，采用雇工经营方式。富农经营在铁岭以北地区，有耕田千亩左右的大农户。内蒙古东部甚至有经营土地超过 1 500 垧的大农户，中等农户尚有经营耕地 300 垧者。赤峰一带的富农耕田 100 垧。黑龙江省庆城县佃户租地一般都在二三十垧左右。[2]

在东北地区，一个富农经营的农场一般雇工少者二三人，多者十余人。雇工享有工资待遇。据 1912 年刊行的《奉天全省农业调查书》记载："各地农家其自作与主雇之数目颇难分别，盖每一农家如耕作需 10 人时，则自行操耕作者至少亦有二人，并以主雇与自作参半为主之农家多为富农。承德县主雇参半农户约占总农户的 20%～30%；盖州占 25%～55%；海城市达 30%～50%；兴仁、辽阳等县与海城相同，其余也多为 35% 左右。"[3] 雇工，一般是东北北部高于南部。1917 年，金州普通雇工的年工资 40～50 元，瓦房店、盖平、铁岭、海城、四平等地为 50 元。同年，奉天东边道地区男工年工资最高 80 元，普通 60 元，最低 40；吉长地区男工年工资最高 100 元，普通 80 元，最低 60 元。可见当时雇工经营的富农经济在东北地区非常普遍，反映当时佃富农经济比较盛行。[4]

就全国的普遍情况而言，近代中国的富农在农村社会中所占的比重并不大，但其使用的农田面积却相当可观。据国民政府农村复兴委员会所作的陕西等 4 省 13 县 81 村的调查，1933 年地主、富农经营的田场面积占耕地面积的百分比是，地主经营占 3.5%，富农经营占 19.4%，二者合计约占 23%。有学者做过估计，认为全面抗日战争爆发前，"地主富农经营所占耕地面积，大概只占全体耕地面积的百分之二十左右"[5]。剔除种种高估因素，真正的地富经营所占比重不到总耕地的 15%。[6]

富农经营这一经营形式，无论是自耕兼雇工助耕，自耕兼出租余地给他人耕种，还是佃耕，其经营主要是以追求商业利润为目的。据 20 世纪二三十年代的调查，富农的经营规模，从十余亩至百余亩不等，有的甚至达上千亩。1929 年中央研究院对无锡 20 村 1 035 户农民所作的调查，富农平均占地面积为 20.8 亩。广东

① 景甦、罗仑：《清代山东经营地主经济研究》，齐鲁书社，1985 年，158 页。
② 衣保中：《东北农业近代化研究》，吉林文史出版社，1990 年，372 页。
③ 陈振先：《奉天全省农业调查书》，沈阳奉天农业试验场，1910 年。
④ 衣保中：《论近代东北地区的"大农"规模经济》，《中国农史》2006 年 2 期。
⑤ 薛暮桥：《中国农村经济常识》，新知书店，1946 年，38 页。
⑥ 章有义：《中国农业资本主义萌芽史料问题琐议》，《中国经济史研究》1987 年 4 期。

全省富农平均占地 21.8 亩。1930 年北平社会调查所对河北保定 10 村调查的数据是，富农户均占地 56.3 亩。[①] 江苏北部的盐垦区"为企业经营之佃耕者，每多至数百亩，甚至上千亩"[②]。1942 年华北太行山区 12 县 15 村的富农平均占地量为 18.68 亩。[③]

在中国传统社会，土地即是财富的象征。拥有足够的土地，可以保证富农在解决自身各种日常生活开支的基础上，拿出一部分土地来进行商品性生产。以 1935 年辽宁各地的调查看，富农的农业经营中，各种农产品的商品化率分别为：高粱 55%、黄豆 80%、谷子 56%、黑豆 87%、小麦 65%、落花生 100%、棉花 67%、稗子 14%、苞米 15%。但在农作物的全部出售份额中却分别占有 55%、47%、45%、64%、60%、40%、43%、62%、29%。[④] 除农业的商业性经营，富农还广泛地进行各种手工商品生产和商业借贷活动。如江苏沛县的榨油、酿酒[⑤]及广西各县的榨油、制糖、造纸、切烟、烧瓷[⑥]等商品生产均多为富农经营；无锡梅村镇的富农和地主几乎垄断了所有大型农机具。[⑦] 江西兴国的贫农债务，则有 80%贷于富农。[⑧]

近代中国农村土地所有制直接造成了富农经营规模狭小的局面，这是近代农业雇佣劳动不能获得进一步发展的制度性制约因素。农产商品化缺乏质性突破造成了雇佣劳动发展的动力不足。

二、经营地主

在旧中国资本主义农业经济的发展过程中，经营地主，具有特殊的经济地位。由租佃地主中派生出来的经营地主尽管仍带有租佃地主和旧式富农的双重特征，但经营地主一般有比富农较多的土地，自己独立经营，除有时租出一部分土地，大部分雇工耕种。

从出租少量土地，收取较高的租额与苛刻的交租条件来看，仍保持着租佃地主

---

① 冯和法：《中国农村经济论》，黎明书局，1934 年，202～203 页。
② 王慕韩：《江苏盐垦区之租佃问题及其解决途径》，《地政月刊》1936 年 4 卷 6 期。
③ 中国人民大学政治经济学系《中国近代经济史》编写组：《中国近代经济史》下册，人民出版社，1978 年，204 页。
④ 章有义：《中国近代农业史资料 第 3 辑 1927—1937》，生活·读书·新知三联书店，1957 年，539、553～554 页。
⑤ 孔繁玠：《沛县之农村副业》，《农业周报》1933 年 2 卷 35 期。
⑥ 寿民：《广西农村经济现阶段的写真》，《中国经济》1934 年 2 卷 12 期。
⑦ 倪养如：《无锡梅村镇及其附近的农民》，《东方杂志》1935 年 32 卷 2 号。
⑧ 毛泽东：《毛泽东选集》第 3 卷《农村调查》，人民出版社，1991 年，791 页。

的封建性；从雇佣劳动上看，经营地主所雇佣的长工，多为其远亲近族或同村邻舍由于经济破落而被迫受雇的农民。雇工的工资一般很低不足以赡养家口，其工作除参加土地上的农业或副业生产劳动，在很大程度上还参加经营地主的家务劳动。劳动报酬的形式，除雇主供给膳食及部分固定工资，在年节庆典时有的地主也给一点额外"赏助"。为了经营上的便利，经营地主常雇佣与自己社会关系较近，有生产经验的长工做工头，把经营地主的土地经营至生活安排整个包下来，并代替地主指挥生产，也有的经营规模较大的经营地主雇佣所谓"大伙计"率领长工及临时雇佣的短工从事日常田间劳动。一些经济富有家庭人口众多的经营地主，除雇佣各种农工，还雇佣各种料理生活的杂工，构成一组复杂而有专职分工的被剥削对象。更大的经营地主，特别是住城的"不在地主"，他们在自己的"庄园"雇佣"庄头"，凡土地上的生产、加工运销、土地利用、生产计划、劳动组织以及财务管理等各种事宜又均由庄头代替主人筹划。有出租土地的经营地主，庄头还代为地主按时按户收租。实际上庄头的职责相当于近代农场的经理。

经营地主之所以较租佃地主有一定的进步性，首先在于集中使用所有的土地。在土地利用，生产布局，作物轮栽倒茬，土地施肥耕作灌溉排水等作业均能有计划有秩序地安排，以维持农业生产经营的正常进行。其次是经营地主拥有较多的土地，雇佣更多的长工和短工，并有固定的劳动组织及作业分工。由于经营管理的集中，便于使用高效大型的技术装置及大家畜，在经营管理上带有一定程度的进步性。再者经营地主的生产方向已经开始脱离自给自足为家庭消费的生产，开始进入商品生产的行列。但是自然经济的残余仍然存在，生产结构还不能做到一业为主、多部门配合的多种经营。但它已比麻雀虽小五脏俱全的落后、保守的小农经济略胜一筹。

农产品的商品化是促成产生经营地主的原因之一，经营地主的流行也推进了农产品商品化的发展。这就是为什么从清末到民初在山东省种植花生地区经营地主较为集中的缘故。经营地主的存在，在一定程度上还有利于农业经营专业化。实质上经营地主是由封建的租佃地主经营走向资本主义农业经营的一种初步过渡的形式。这种特有的形式是半殖民地半封建社会农业经营中一种随着历史发展，应运而生的产物。[①]

中国近代农业雇工很多不是完全意义上的雇佣劳动者，雇佣工资在他们的生活来源中并不占主导地位。据对山东47个县141个村的调查，农业雇工中的长工完全依靠本人工资收入来维持生活的，占调查总数的57.4%。而部分依靠工资，部

---

① 韩德章、詹玉荣：《关于近代中国农业中资本主义经济的发展问题》，《中国农史》1986年2期。

分依靠耕种小块自有地或佃种地主的土地来维持生活和完全不依靠工资生活的占到 39.7%。[①] 地主经营与富农经营一样，早在鸦片战争以前就已萌芽。有学者对山东 46 县 131 家经营地主进行了调查，其中有 45% 是靠种田起家的，49% 是经商起家的，仅有 6% 以官宦起家。这些经营地主平均占地面积达 945.3 亩，其中 100 亩以下者占 29.2%、100～400 亩者为 64%、千亩以上者占 6.8%。[②]

20 世纪 30 年代中叶，江西、安徽、江苏、浙江、湖南、湖北、河南、河北、山东、山西、陕西、察哈尔、绥远、福建、广东、广西等 16 省 163 个县中的 100 900 户地主共有土地 4 233 504 亩，其中出租 2 776 622 亩，占 65.59%，自己雇工经营 1 456 822 亩，占其所有土地的 34.41%，占总耕地面积的 7.4%。[③]

中国近代的半殖民地半封建社会是一种过渡的社会形态，它具有封建制度和资本主义制度错综复杂地结合在一起的特征。具体到农业上，地主一方面把土地出租给农民耕种，收取地租，另一方面又购置牲畜农具雇工经营其一部分土地。[④]

解放战争时期（20 世纪 40 年代中后期），据东北地区的调查，"经营地主的土地约占已耕地面积百分之四十以上（包括出租的部分）……而经营地主的人口则只占农村总户数的百分之四左右"。黑龙江省出租地主所有的土地面积约占全省耕地面积的 10%，经营地主所有的土地面积约占全省耕地面积的 40%，其中出租部分占全省耕地面积的 15%～20%，雇工经营部分占全省耕地面积的 20%～25%。[⑤]

据新中国成立初期对江苏南部 16 个县 964 个乡的调查，地主占总户数的 2.34%，占总人口的 3.02%。地主共有土地 2 276 621 亩，其中地主自己雇工经营 372 120 亩，占其所有耕地的 16.35%，出租 1 904 501 亩，占其所有耕地的 83.65%。地主自己雇工经营的田地占耕地总面积 7 393 685 亩的 5%，地主出租土地占耕地总面积的 26%。[⑥]

城居地主也有采用雇工经营的，如山东莱芜县有地百亩（大亩，合官亩 400 亩）以上之地主，本身皆已脱离农业经营，可以其积蓄在都市中做寓公，或从事银行、钱庄、酒坊、油坊各业……其农场皆雇劳动者（长工、短工等）经营，本人对于农事毫不过问，甚或无能过问。[⑦] 莱芜出现这种情形有三个原因：其一是习惯，当地地主无论城居乡居，多为经营地主，极少租佃关系；其二是莱芜经济作物较

① 景甦、罗仑：《清代山东经营地主经济研究》，齐鲁书社，1985 年，141 页。
② 景甦、罗仑：《清代山东经营地主经济研究》，齐鲁书社，1985 年，116 页。
③ 国民党土地委员会：《全国土地调查报告纲要》，1937 年。
④ 丁长清：《20 世纪前半期的中国经营地主研究》，《中国经济史研究》1990 年 4 期。
⑤ 《群众》1946 年 9 月 3 日 3 期。
⑥ 华东军政委员会土地改革委员会编《江苏省农村调查》中的有关资料整理。
⑦ 千家驹：《中国农村经济论文集》，上海书店出版社，1990 年，523 页。

多，农业生产商品性较强，雇工经营比租佃经营更有利；其三则是莱芜地权比较分散，大地主不过几百亩地，倘有成千上万亩，则不但城居地主，即使乡居地主要全部雇工经营也不容易。不过，像莱芜县这样的情形在近代华北并不多见，总的来说，可以把租佃制看作华北城居地主的经营特点。

三、农业垦殖企业

自清末以来，中国不断出现了以农业公司为名的新型农业企业组织。其中有些是股份有限公司的集资经营，有的是以少数官僚、军阀、大地主、大资本家为主要投资者的股份公司，极少数有独资经营的。这些农业公司的业务范围，有的是以专业化或综合经营的生产农场，有的是以开发新土地以垦殖水利为主的垦殖农场。但也有一部分是军阀、官僚、大地主、大资本家投资的以农业垦殖公司为名的从事土地投机的带封建性的企业。

北洋军阀统治时期，内忧外患不绝，灾害频仍，百业萧条，购置地产从事农用土地的投机被认为是一种稳妥可靠的投资，而不致像金融市场那样饱受风险。投资于农垦企业的权贵，像旧军阀张勋、吴佩孚、孙传芳、韩国钧，官僚朱盈、徐世昌、岑春煊，金融资本家孔祥熙等以及大地主大商人等集资的垦殖公司，实质上是集合资金收购土地，然后再出租生息成为一种变相的大地主。公司以地租所得净收入作为股东的股息和红利。股东在政治上可逃避地主之名，在经济上实收地租之利。

从以上可以看出这种农垦企业存在着一定程度的封建性。有些公司报领官荒熟之后，股东按股领回土地自种或出卖，公司即不复存在。

在 20 世纪 30 年代这种农垦公司盛行一时以致金融界也感兴趣，成立专业性的商业银行——中国垦业银行，并取得发行银行钞票的权利。然而在半殖民地半封建的旧中国，一切资本主义性质的农业企业组织都得不到正常发展。正规的从事农业生产的资本主义农场在风雨飘摇中都站不住脚，这种畸形的垦殖企业，就如昙花一现很快夭折了。①

与富农和经营地主不同，新式农垦企业这一组织形式，是在外来冲击的强烈震撼下，为挽救中国农业衰退的危机，由政治的、经济的各种社会力量所共同促成的一种应变反应。1897 年左右，中国即已出现若干农业公司。1901 年，张謇创办了当时规模较大、组织较完备的新式农垦公司——江苏通海垦牧股份有限公司。由此

---

① 韩德章、詹玉荣：《关于近代中国农业中资本主义经济的发展问题》，《中国农史》1986 年2 期。

直到 1906 年后的几年，新式农垦公司才有了一定的发展。据不完全统计，到辛亥革命前，这类公司已达 90 多家。[①] 随着民族工业的兴起，20 世纪初的中国大地上相继出现了一批农牧垦殖公司，到第一次世界大战期间及战后，有几年有所发展。据不完全统计，从 1902—1912 年全国共有 171 家；又据江苏、安徽等八省的统计，1912 年为 59 家、注册资本额 286 万元，到 1919 年增为 100 家、1 245 万元。

近代中国新式农垦企业，情况比较复杂，从其经营方式与社会性质来看，大致有以下几类：

第一类是具有明确的资本主义性质的公司。这部分新式农垦企业多数是由华侨、商人和工业资本家创办的。它们大多数设在商品经济较为发达的地区，主要经营乳牛、蜂蜜、蔬菜、果树等农副产品，如广东新会华侨陈国圻在黑龙江汤原县设的兴东垦务公司、上海人陈森记畜牧场、江湾芦泾浦的畜植公司、重庆商人赵楚梅等在广元坝设的树畜公司等。这些农场都采用雇工劳动，经营目的完全为供应市场获取利润，其资本主义性质十分明显。1915 年，宁波商人李云书在东北呼玛经营的三大公司，雇佣农业工人 45 人，主要种植小麦和燕麦，并设有面粉加工厂，产品行销邻近地区。[②] 1922 年工业资本家穆湘瑶在上海郊区集股 2 万元，创办杨思蔬菜种植场，占地 120 余亩，雇佣农业工人 40 余人，职员 3 人，专门种植蔬菜、花卉，供应上海市场。[③]

第二类是非生产性垦务机构。这些所谓的农垦企业，实际上并不经营农业，而是通过土地的贱买贵卖进行投机活动，牟取暴利。如苏北地区，有些农垦企业，"组织就绪后，多购买土地为一种投机事业，其目的在于低价购得土地后，待地价上涨时，以高价售与各大公司"。它们一般规模不大，据 1925 年的记载，当时苏北地区这类公司约 40 余家。[④] 在东三省及内蒙古官地放垦也出现了这类公司，相对而言，其规模较大，常由官方办理垦务的机构与地方豪强巨贾相互勾结组成，公司的真正业务是买卖土地，收入所得是公司转手放佃的资金，与一般生产性的农垦公司有本质区别。

第三类是采用自垦和租佃制双重形式的公司。这些公司一般划出一部分土地自己经营种植、畜牧事业，采用工资劳动，另外的大部分土地则招佃种植，收取地

---

① 闵宗殿、王达：《晚清时期中国农业的新变化》，《中国社会经济史研究》1985 年 4 期。

② 章有义：《中国近代农业史资料 第 2 辑 1912—1927》，生活·读书·新知三联书店，1957 年，359 页。

③ 章有义：《中国近代农业史资料 第 2 辑 1912—1927》，生活·读书·新知三联书店，1957 年，342～344 页。

④ 章有义：《中国近代农业史资料 第 2 辑 1912—1927》，生活·读书·新知三联书店，1957 年，369 页。

租。1922年，官僚陈仪在江苏东台创办裕华垦殖公司，明文规定将土地租佃给农民耕种，分春、秋两熟，取实物地租，春熟四六分成，秋熟则对半分成。① 这类公司规模较大，以江苏省出现较早，数量亦多，其典型代表为通海垦牧公司。此外，广西亦有类似情况。②

可以说，新式农垦企业的创办，标志着西方式的资本主义农场在中国的出现，而将中国农村中的资本主义生产关系向前推进了一大步。资本主义农场的创办，为农业机械的应用推广提供了有利条件。如1915年创办于黑龙江呼玛地区的三大公司，拥有大型拖拉机5台、二五马力拖拉机2台、打谷机3谷、割禾机8台、播种机8台、大型犁3台等机械农具；泰东公司备有拖拉机1台、开垦犁30台、耕耘机1台、耙7台、镇压机1台、播种机5台、刈草机1台等。③ 如此大规模的近代农业机具的应用，是中国以往所从未有过的。新式农业企业的经济实力与生产规模，对采用和传播先进的农业生产技术十分有利。如海南华侨何麟及其琼安公司首倡国内橡胶树的种植④；上海杨思蔬菜种植场在蔬菜生产中率先施用人工化肥⑤；通海垦牧公司成功引进美棉良种⑥等。此外，新式农垦企业的商品生产，对其周围乡村的农业生产商品化与专业化进程，也产生了一定的积极作用。这一切无疑均有助于社会经济的发展，具有历史进步意义。

然而，在半殖民地半封建社会的特定历史条件下，企业缺乏正常经营发展所需的客观条件和社会环境，加之企业本身经营方面的问题，资本主义农场，在贫穷落后的中国农村，垦殖公司大多昙花一现，或随立随倒，或蜕变为变相出租。可以这样认为，近代中国的旧式农垦企业，非但从来没有在中国近代农业中取得任何有意义的存在，而且其幸存者，也多是"沦落为旧有结构中的一个生产单位，唯有依赖于落后的租佃关系支撑残局"⑦。

① 章有义：《中国近代农业史资料 第2辑 1912—1927》，生活·读书·新知三联书店，1957年，14页。
② 薛暮桥、刘端生：《广西农村经济调查报告》，1934年，59页。
③ 章有义：《中国近代农业史资料 第2辑 1912—1927》，生活·读书·新知三联书店，1957年，359～360页。
④ 怿庐：《琼崖调查》，《东方杂志》1923年20卷23号。
⑤ 东南大学农科：《江苏省农业调查录》（沪海道属），江苏教育实业联合会，1924年，4页。
⑥ 《通海垦牧公司开办十年之历史》，1940年，67～68页。
⑦ 章有义：《中国近代农业史资料 第3辑 1927—1937》，生活·读书·新知三联书店，1957年，851～857页。

四、资本主义农场

资本主义农场的出现使近代中国农业经济的资本主义化更前进了一步。这种经营方式的原始型可以都市近郊的"花厂"为例。北京近郊丰台镇附近的草桥黄土岗一带，早在鸦片战争以前已发展为花卉园艺生产区域，有许多经营规模大小不等的"花农"，以种植草本花卉及观赏灌木为生。清末民初花卉园艺已发展为城市资本家的带有商业性的专业化农业经营。其组织形式一般是在农村置有土质良好并有便利的灌溉条件的地产，除栽种树苗花苗外，并建有用燃料加温的温室（俗称"暖洞子"）及天冷时只用蒲席覆盖保温的冷温室（俗称"冷洞子"）。

多年生的草本花卉及观赏的小灌木多以冷洞子越冬，暖洞子则专供冬季鲜花及牡丹、迎春、碧桃等名贵花卉催熟，以便提早上市。城内的花厂往往设在护国寺、隆福寺、土地庙三大庙会附近，聘有经理及会计。城外生产基地聘有管理工人，即"花把式"或"老师傅"。城内花厂也占有小块土地并建有温室，以供花卉在出售前"假植"或修剪复壮用。在农村园地上生产的产品，可运来城内在花厂出卖或在农村就地卖给花贩。

民国以来，由于城市发展迅速，社会上层人物的需要和移风易俗的变化，花厂业务也有扩大。举凡婚丧典礼用的花束、花篮、花圈以及开会布置会场租用盆花，外国使馆、外侨家庭常年租用盆花及瓶花等均在花厂业务范围之内。

类似花厂的还有黄土岗栽培茉莉花的专业企业，占用土地面积极小，主要依靠温室作业。茉莉花苗自苏州买进，栽种花盆内在温室越冬。主要产品是新采的花朵供茶叶店熏制花茶之用。这种企业，占地面积小，雇工不多，但要求一定的经验与技术，设备投资额很大，流动资金需要亦较高。因此富农经济无力经营，只好由城市资本家或茶叶庄投资雇人经营。

以上列举的经营方式，也可以说是略带资本主义雏形。正规的资本主义农业企业，可认为是自 20 世纪开始。1903 年清政府改革中央行政机构，设置工商部。1909 年设置农工商部，并于 1907 年及 1909 年两度颁布奖励"买业"条例，凡投资举办（独资或集股）工厂、矿山或农场的资本家，视所筹的资金数额为等差，均授予爵位为奖励。清政府并于 1909 年在南京创办南洋劝业会（即全国农工商业博览会），其中有不少新式农场的产品受奖。一时风气大开，全国各地均涌现出一大批独资或合资的资本主义农场，和"股份有限公司"形式的资本主义企业。其经营方针或单一经营或综合经营，生产对象以利润较高的经济作物及果树、蔬菜等为主。也有推广优良种子种苗的，例如民初北京广安门外的"兴农种植园"（简称"兴农园"）营业范围主要是从国外引进蔬菜、花卉的优良种子，经济林木及观赏花卉的树苗，优良种禽，意大利黄金蜂种，英国食用"牛蛙"以及人工饲养鲤鱼等。这种商业性的农业企业不单是对土地及资金的有效利用，难能可贵的是它在推广先进的农业技术上也起一定的带头与示范作用。

在南方各省，民族工商业的资本主义化发展较早，而农业的资本主义化也得风气之先。广东、福建、浙江、江苏及上海，南京资本主义农场都有一定程度的发展。以福建为例，1916 年营业的农业公司，尽管公司名称不同，有称为农业、农林、农牧、农务或单称蚕业的等，其性质都是比较典型的资本主义农业经营，其中以种植美棉为主的有九家之多，其余各家有种植甜橙、蜜柑、龙眼、凤梨等果树，以及茶、麻、甘蔗等经济作物、杂粮等。另外还有三家公司设在山区专门从事竹类、杉木和其他经济林木的生产。

1924 年《中外经济周刊》报道，民国初年江苏镇江的镇江垦殖公司是一个大型的综合农业公司，其所属的"森牲园"，营业范围包括林场、农场、畜牧场等。在农场中又分大田、园艺、蚕桑各部门，统一管理，分别核算。作为一个综合性的农场经营，在当时是不可多得的。

随着城市经济的发展，以供应城市消费品为主的专业化资本主义农场不断出现，其中以果树栽培业及乳牛业最为典型。北京在 20 世纪 30 年代乳牛业已发展到一定水平，其中符合资本主义农场特征的有福生、福康两家资本最雄厚，福生牛奶厂除供应鲜奶及乳制品外并附设西餐馆，福康有全套的在当时是最先进的巴斯德法消毒设备。留美预备学校，清华学校教授虞振镛亲自从美国带回优良种牛，创办模范牛奶厂，不仅拥有最佳的乳牛品种而且有最先进的牛乳及乳制品检验设备。此外，通县的金氏牧场是北京唯一的畜养瑞士奶羊的羊奶供应者。

资本主义果园的发展，在旧中国一为大城市的近郊，一为接近运销市场，另外还有一些分散在小农经济中。其中分散在农村的小型果园，最容易受农村高利贷者的封建剥削，即或发展为富农经济也难免受水果商贩的控制。为此投资经营新式果园，要取得在生产、加工及运销方面的自主权，就必须承担投资周期长的经济负担。北平解放前夕，除分散在农村的小型旧式果园，够得上称为资本主义农场的果园至少已有 18 家。其中的阜丰农园，不只生产国外引进的梨、桃、苹果等优良品种，还供应各种优良品种的树苗。东北义园的桃园为北京著名良种蜜桃的基地。

由于城市近郊地价昂贵，城市消费水平虽高，但水果消费量毕竟有一定限度，因此资本主义性质的果园不得不向地势、土壤、气候等自然条件，运销加工储藏等经济条件适于果树种植及其经济价值较高的地区发展，逐渐形成特定的新产区。例如自民国以来，山东烟台已发展为"巴替来脱梨"（今称"巴梨"）的著名产区，同时烟台也是适于酿制葡萄酒的欧洲原种葡萄产区。辽宁的金州一带，已发展为引种美国良种苹果的主要产区。此外，如浙江黄岩的蜜柑，福建漳州的龙眼，广东珠江三角洲的荔枝，四川沱江流域的广柑等均已先后发展为外销果产品的产区。

以工业企业为主导的资本主义农场，以 1904 年创立的山东烟台张裕葡萄酒酿造公司为典型。公司首先购地 3 000 余亩，自欧洲引进优良品种的葡萄苗，成立专业化的葡萄园，仿制法国名牌葡萄酒，曾在 1915 年巴拿马赛会获得金质奖章。

此外，民国初年山东的工业资本家也集资兴建溥益糖厂，自德国引进甜菜良种，开辟甜菜种植园，不仅保证本厂制糖原料的自给，而且还起到推广甜菜种植的示范作用。资本主义农场是 20 世纪初旧中国农业经济的一个新生的幼芽。虽然就其企业数量及其产值而言，均在国民经济中微不足道，但它昭示着在半殖民地半封建的旧中国，这种资本主义农业经营形式的出现，自有其客观必然性，同时也有阻碍其进一步普及与发展的局限性。[1]

---

① 韩德章、詹玉荣：《关于近代中国农业中资本主义经济的发展问题》，《中国农史》1986 年 2 期。

第十章　农村金融

近代以来，随着人口的快速增长、新兴城镇的兴起，中国广大的农村出现了劳力过剩、土地紧缺、资金匮乏三道不可逾越的发展屏障。在严重的城乡二元经济格局下，农村资金流向了新兴的市镇，流向工商业，造成农村资金供求矛盾十分突出。一方面，随着农村自然经济瓦解，农村商品化、货币化程度提高，对货币的需求量增大；另一方面，农村资金供应不仅未能同步增加，反而由于城乡差距的拉大和农村社会经济环境的恶化，有限的农村资金不断外溢。[①] 在这种困顿的经济时局中，西方列强以中国为侵凌的对象，凭借雄厚的资金实力，以借贷款项为诱饵，大肆侵入贫弱的正在经历社会剧烈变革的中国，使农村金融进一步陷入无力自救的深渊。

第一节　农村传统金融的延续

辛亥革命后，虽然西方的新式银行业开始逐渐传入中国，但是在近代社会的农村，旧式的金融活动仍然十分活跃，传统的放贷仍然是农村金融的主要内容。除了少量的银行资本进入农村和起步较晚的十分有限的农村信用合作运动兴起，再无别的新型金融关系出现，农村金融活动的重心仍未移出高利贷的范畴。高利贷属于封建社会的产物，它作为货币放贷和物品借贷的经济方式已经存在了 2 000 多年，它以过高的利息而得名，是历代统治阶级的一项传统的剥削手段。在半殖民地半封建的中国近代社会里，高利贷这一旧的剥削手段，不但没有随着时事的变迁而败落下去，反而一度表现出最后的疯狂性和残酷性，对小农经济和社会生产力起到了很大

---

① 宫玉松：《三十年代农村金融危机述论》，《中国经济史研究》1995 年 4 期。

的破坏作用。

一、旧式钱庄在农村的金融活动

(一) 旧式钱庄

在新式银行不断发展壮大的同时，中国的钱庄业经过了短期的恐慌倒闭、萧条之后，又继续发展起来。当时中国最大的金融市场上海，1912 年 2 月，南北市汇划钱庄比"橡皮风潮"[①] 前减少了七成。稍后，政治局势动荡，内地资金涌进上海，存入钱庄和银行。因为这些大宗的款项都是以保管存储为目的，所以为钱庄业增添了资金来源。1914 年，钱庄业逐渐稳定，开业钱庄已有 28 家，到 1926 年又发展为 37 家。1912 年钱庄资本总额为 106 万两，1926 年扩大为 1 341 万两。盈利总额 1921 年 21 家钱庄盈利为 49 万两，平均每家 23 000 两，1925 年 82 家钱庄盈利增加到 323 万余两，平均每家盈利达 39 000 余两。[②] 钱庄业之所以能够继续发展，一方面与第一次世界大战爆发后，中国民族资本主义发展有关系，另一方面也与钱庄历史悠久，形成了一定的金融势力有关。上海金融市场钱庄势力很大，上海的私人银行多依赖钱庄代收存贷业务，或存款于钱庄。钱庄也常利用银行资金周转给工商业。同时钱庄业也得到外国银行业的支持，它的庄票可在市场上畅通无阻，而银行所出本票反而不甚受流通。原因是钱庄在社会上接近于工商业，为工商业所信赖，同时也为工商界吸收资金。另外，在经营上也较银行有其适应当时金融市场需要的优点。在信用上，银行放款全须抵押品，而钱庄则注重信用，抵押品可以通融，加之中国商人视抵押借款妨碍体面，故均愿意与钱庄往来。在保人上，银行放款除抵押品，还须保人签字盖章，手续麻烦，而钱庄没有这些手续。在放款数目上，银行放款数额较大，数额小者不甚受欢迎，而钱庄放款数额随便，数百元数千元均可。在技术上，客户分辨洋钱之真假较难，而这正是钱庄所长。在信息上，银行对于商家市况不如钱庄明了。银行办事时间有严格规定，法定假日都不营业，而钱庄则不论假期与否，从早到晚都进行营业。此外，中国的银行业成立较晚，所发钞票支票均不得社会信任，钞票在市场上不如庄票好使。钱庄所发庄票能在洋行出贷，受洋人信赖，银行钞票无此优势。

---

① 橡胶在清末被称为"橡皮"，经营橡胶树种植业的公司则被称为橡皮公司。20 世纪初，汽车工业的兴起带动了作为周边产业橡胶制品（主要是轮胎）的生产，市场上橡皮公司股票的市净率最高达 10～20 倍，股市高峰期，上至重要官员，下至难以计数的各地钱庄人员、各业的一般商人乃至一般职员均有介入。1910 年，美国对橡胶实行了限制消费的政策，国际市场橡胶价格持续猛跌。至1910 年春节前，中国有数十家大小钱庄倒闭。

② 中国人民银行上海分行：《上海钱庄史料》，上海人民出版社，1960 年，188～191 页。

随着银钱业的发展，钱庄为适应市场经济的需要，其业务也越划越细，其中以汇划钱庄为最大。它不仅通过严密的汇划组织经营存款、放款，还通过"帮派"（如宁波帮、绍兴帮等）和"联号"，以上海为中心散布于全国各地，与国内各大商埠经营银钱汇兑业务。此外还有专司现款人力分送的"挑担钱庄"，专做国币、外币的辅币买卖的"折兑钱庄""零兑钱庄"等。

当时金融界的银行代表章乃器曾说："我们银行界对于社会经济的贡献，实在远不如钱庄。钱庄倘使全体停了业，的确可使上海的商界完全停顿。而银行全体停了业，恐怕倒没有多大影响。"[①]

钱庄在中国各地较大的城乡市镇均有设立，而当时的银行仅集中于城市都邑。因此从联系城乡客户的角度看，银行业也远不如钱庄的方便和广泛。在通商口岸，钱庄直接与外国势力相勾结，为外国银行作买办，得到强大的外力支持。另外，钱庄又与中国商人关系密切，有巩固的经济基础。在内地的钱庄，则垄断了高利贷和商业资本的市场，延续着传统社会的金融格局。可见钱庄势力的存在和发展，反映了中国半殖民地半封建社会经济的特性。但是，到了北洋政府后期，钱庄出现了衰落的趋势，新式银行得到了发展。据北洋政府农商部统计，在国内的金融资本中，钱庄资本额 1920 年比 1912 年减少 58％，同期银行资本额增加了 43％。

（二）农村高利贷

鸦片战争以后，随着外国资本主义的侵略和国内封建主义压迫的加重，农民的租税负担和差徭负担逐渐增大。加之天灾人祸的频繁出现，使经济实力贫乏弱小的广大农民生计维艰，难以度日，更不易扩大农业再生产。他们在贫困交加的困境下，不得不去向地主、商人和官僚借贷，忍受那沉重的超经济的封建高利贷的剥削。

旧中国高利贷的借贷形式名目繁多、贷息苛重。货币借贷通常形式有"驴打滚""牛犊账""连根倒""孤老钱""九出十三归"等，都是极为苛刻的超高利息。农村通常还有实物借贷的方式。在灾歉年份，农民以借粮谷做生产用的种子最为普遍，利率达到借一还二甚至还四的程度，即一个作物生长期内，利率为 100％～400％。农村的经济作物，也有把商品肥当作借贷物的。这些一般多发生在青黄不接时，农民迫切需要解决生产上的燃眉之急而被迫借高利贷。例如，山东的"借青麦"，广东的"箩克箩"，借一箩还两箩，更有借一箩还五六箩的。

农村的杂货商铺也有放高利贷的情况。这些不良商铺，常将所售商品以次充好、提高价格、短斤少两来坑害贫民客户，或将种子、肥料赊贷给农民，待秋收后

---

① 张郁兰：《中国银行业发展史》，上海人民出版社，1957 年，58 页。

则要重息还贷。在农村，还有预卖和预押的情况。这是银行或钱庄所投放的商业形式放高利贷。即农民借一笔高利贷，以低价卖出尚未收获的农产品来代替偿还借款本息，实际上虽以货币借贷但用实物偿还。如粮食作物的"卖青苗""卖青谷"，果树、茶、桐、漆树的"卖青山"，桑田的"卖身桑"等统称"买青卖青"。[1]

从各方面的资料看，高利贷在农村的覆盖面很大。晚清北方农村借入高利贷之款和粮的农民当在 30% 以上；南方农民在 40% 左右。各地乡间普遍有"一朝盼得嘉禾熟，半年辛苦为谁忙"之叹。[2] 北方有些州县，债务的分布多到挨门连户的程度。如直隶省望都县王象营，全村居民百户，"统计合村足以自给者三五户耳，其余皆负债之户。统计百家借贷之数三千余千（钱），岁时率以为常"。[3] 其他地方虽不及直隶省严重，但也几乎是每 3 户中就有一户负债者。辛亥革命后，这种债权债务关系的普遍程度，更有不断发展的趋势。据调查，1930 年，浙江省有 80% 的农民是负债者。[4] 河南省镇平、许昌等县的乡村借债者也达到了农户的半数。在山西地方则更为严重。1934 年前后，平顺县的高利贷总额达 100 万元以上，农户中有 80% 的人家是借钱户，每户平均负债 73 元。国内其他各个地方，农民因欠债而受高利贷控制者，一般大多占到农村人口的 40%～50%，而且其借贷次数日益增多，放贷频率不断提高，有不可扼制之势。如 1929 年，河北省定县（定州）5 个村庄的各种信用借款和抵押借款为 335 户次；次年达到 466 户次；第三年则变为 726 户次了。[5] 显示出农村高利贷活动在蔓延。

在晚清，高利贷取息很高。如山东省陵县、临清各地，同治、光绪年间的放款利率多为三分（年息）。广东陆丰、新会的情形也大体相似。有的地方如山西兴县、岚县、静乐等处，光绪初年，民间间里放债，纳息有多至四分、五分者。[6] 到了民国，钱庄、当铺、账局仍然是高额利润的获取者。广东东江、云南大理、山西忻州、贵州贵阳、浙江余杭等州县，百姓贷款的年利率大都在 36% 以上，其他不少地方，地主、富商放债款可以收得 60% 的年息，甚至会更多一些。如黑龙江、辽宁的某些县镇，通常要出 6 分年利，才能借到钱；安徽滁县一带，农民借钱 10 元，在三个月内除本金，更须还稻麦 1 石（按市价约为 5 元）作为利息。照此计算，年利竟达 200%。江苏江宁农民借银 1 元，在一年内须还谷或麦 1 担，如当年不还，

---

① 詹玉荣：《中国农村金融史》，北京农业大学出版社，1991 年，105～106 页。
② 《记江苏》，《申报》光绪二年二月十九日。
③ 陆保善：《望都县乡土图说·东路》光绪三十一年刻本，18 页。
④ 国民政府行政院农村复兴委员会：《浙江省农村调查》，商务印书馆，1934 年。
⑤ 李景汉：《河北定县农村借贷调查》，《中国农村》1935 年 1 卷 6 期。
⑥ ［清］曾国荃：《曾忠襄公全集·抚晋批牍》卷四，46 页。

待下年即须多还 2 担。① 高利贷在如此众多的地方，对借贷农民进行如此严重的剥削，真是达到了惊人的程度。我们知道，分散居住在乡村的农民，由于交通不便，田场狭小，生产落后，经济贫困，同外界联系之能力与机会缺乏，而常常受困于资金的不足，他们很难得到近代银行的信用借贷，一般只能接受封建地主和投机商人的金融资本高利贷的盘剥。他们在这种社会背景下，无奈地忍受着高利贷的肆虐。这种由经济环境所决定的农村金融关系，贯穿了整个中国近代史，长期地制约着广大农民群众的生产和生活。

到北洋政府时期，农村中的私人借贷、典当等高利贷的旧式金融借贷方式直到 1920 年以前，一直处于独占的地位。1920 年以后，近代农业金融体系逐步建立起来，但在借贷数量和数额上仍不能与旧式高利贷相抗衡。直到 1934 年全国 22 省调查，地主、富农、商人、商店的放债仍占农村借贷来源的 80%。

（三）典当与赊购

典当是具有一定商业性质的高利贷行为，即为半商业活动与半借贷活动的结合，它是一个较长的综合性的经济运动过程。这个过程是属于可变性的，可能产生两种结果：或者是由不完全的买卖转变为纯粹的借贷；或者是由不完全的借贷转变为纯粹的买卖。换句话说，典当是一种"活卖"行为与借贷关系互为一体的经济现象。比如江淮一带缺钱者将某一物品交给受典者（当铺换取不及该物品价值的一半），以济生产或生活之急用。这是一种临时性的"活卖"，含有抵押借贷的味道，即日后原物主可在受典者规定的时间内，用原价限期取赎并支付高额利息，一般为"三分息"②，此则为活卖转化为借贷。如果到期无力赎回，则当物归受典者，即受典者以较低的代价获取较贵的物品，得利甚厚。在中国东南地带，质典行为对农业活动颇有影响。

浙江许多农村的粮种、肥料普遍通过质典活动来筹办，待田场收获后，"半纳田租半纳债"，过得相当困苦。当地农谚说："山居宜种淡巴菰，叶鲜味厚价自殊；可怜粪田无豆饼，典衣买饼培田腴。无衣或且借衣典，邻里痛痒关肌肤；六月炎风天忽雨，烟叶沾濡色如土；妇子收烟忙若奔，淋漓遍体无干缕。侬家无田无烟卖，忍饥不负三分债。"③通过这段资料可知，乡农有典物置肥者，也有连典物都没有而要借东西再作典，可谓是债上加债，后者的处境更为艰难。光绪年间，江苏南部

① 华岗：《中国大革命史（1925—1927年）》第二章第三节，上海春耕书店，1931年。
② 李文治：《中国近代农业史资料 第1辑 1840—1911》，生活·读书·新知三联书店，1957年，571～573页。
③ 李文治：《中国近代农业史资料 第1辑 1840—1911》，生活·读书·新知三联书店，1957年，925页。

的宝山、崇明等地，农家当物筹资也实属不易，且受亏受损颇重。一件物品有时不得三分价，并有出典无回之虞。时人曾记到：常年，当地百姓是农业、副业并重，"除耕种之外，犹堪纺织。加以今岁（1883）布价大贱，备食用工本毫无利益，所以夏天凑资耕种，将棉袄裤等当在典中，大望丰收取赎。迄今做一场空梦，而严寒在即，共叹无衣无褐，何以卒岁？"[①] 此处，参与典当活动的农民，生产和生活二者不能兼顾，搞了耕作，误了衣穿。事实证明典衣筹耕这条道是越走越窄，没有前途。典当这项传统的金融行为，到了近代，出现了增息之趋势。如晚清道光、咸丰年间，江北扬州一带，人们为维持生产和生活，通过典当衣物器皿而购置籽种、肥料或粮食，到还钱赎物时，每月支付利息为三分。可是到了同治七年（1868）时，典息竟能增加 10 倍，"罔利病民，莫此为甚"。[②] 其他地方，增幅虽然没有这么大，但也多从二分三分取息而进到三分四分以上。民国时期，典当业更是疯狂地盘剥农民的重头戏。战事起时，兵灾危及百姓，生计更为难筹，人们陷于高利贷尤其是典当业之潭更深。如上海附近之太仓，在北洋军阀统治之末期，农民在各种灾难的打击下，往往因经营资金紧迫而从当铺筹置。他们于秋日收成之时，把自己生产的棉花押在当铺中，筹钱使用。日后（在限期内）若有能力乘时赎出则可，如不然，"棉仍藏于当铺中。各地方的当铺，凡一担实棉，可以垫出（当价）五元至六元，……太仓棉价在最近三年（1925—1927）以来，每担实棉都起落在二十五元至五十元以内。其中不少中国农村时常因五六元，而被迫放弃了自己的棉花"。[③] 在这里，乡民的农产品亏损之大是不言而喻了。当时南北各地农村都不断蒙受着类似的损失，农业生产由此而受到打击，生机日趋衰减。广大人民尤其是农户始终不能摆脱这种典当业的笼罩与剥削。当铺这种含有借贷因素的商业性质之营利机关，在商贸繁荣之区，它的大部分资本是由商人吸收而来；在较强封建残余势力存在的地方和经济文化落后的乡村，其大部分资本是由地主吸收而来。如此典当资本与土地资本共同统治了农村经济，并且在很大程度上左右着中国农民的生活。

中国近代尤其是民国时期，一些商人、地主在农村曾通过赊销手段对农民进行剥削，将高利贷活动推向新的发展阶段。袁世凯当政前后，浙江丽水一带，畲民大多数以农业为主，很少有人经营商业，平时所需油盐等生活用品和农具等生产用品，一般皆靠汉人开办的杂货店来供应。"畲民予取予求，不给一钱，一到农产登场，就要本利归还，一文不欠"，[④] 从事这种重利盘剥（生息），采用极低之农产折

① 《申报》，光绪九年十一月初六日。
② ［清］丁日昌：《抚吴公牍》卷三一《饬禁小押并议招商开典》。
③ 〔匈〕马札亚尔：《中国农村经济研究》，陈代青、彭桂秋译，上海神州国光社，1930 年，428 页。
④ 沈作干：《畲民调查记》，《东方杂志》1924 年 21 卷 7 号。

价来索还本息，竟成流俗，不以为非。该省崇德县农民在做蚕蔟之前，需要用很多薪炭来制造暖室。当地的张公裕等炭店，向农民赊账销售，以后还本加利，时间越长，利息越高，终致欠账者破产。同样，在广东省潮州，佃农的肥料，不用说须由地主经营的商店赊购，即日常用品，亦不得不由地主的商店购得，而此种赊欠性质的账目，都有转为借贷性质的可能。照借贷利率加算利息，于是，地主不但赚得一笔商业利润，还多赚一笔利息。① 此类现象，在山东、河北、察哈尔、热河、绥远等地皆出现过，具有相当的普遍性。表明在乡村社会，商人和地主通过传统的借贷手段盘剥农民，获取厚利，将商务关系转为债务关系，扩展其高利贷领域。

（四）农村的合会

合会是中国民间信用借贷的一种组织，名称各不相同，如合会、钱会、赊会、认会、摊会、标会、轮会、摇会等。但其运行机制大体相同，按以下步骤进行：第一步是邀会，即筹备组织合会。因某种原因需要现款或实物者，自任发起者，称会首（即合会的组织者、发起人，亦称作会头、头子、会母、会头家等），邀集亲友乡邻若干人（会脚或会总）②，向他们陈述成立合会的原因和希望筹集的款数，征求其同意入会。第二步是圆会或齐会，即合会成立大会。会脚邀齐后，会首将会规送交各会脚，通知开会日期。会规通常写在纸本或纸折上，其格式分两部分，前半部为契约文字，说明会名、会期（集会的日期及次数）、会额（会首、会总和会脚收会时所得总金额）及入会者的责任；后半部则为会款摊付方法的说明，详载会首、会总和会脚应摊款数。③ 用会规者多为轮会或摇会中的缩金会，其他会式用者较少。④ 齐会之日会首设宴招待会总和会脚，他们则到会将会金（合会成员每期应缴之款）交与会首，由其收得。第三步是转会⑤，自齐会后每隔一定时间转会一次，转会日期均为预先设定，一年、半年、每季、间月或每月不等。转会次数与会额成正向相关，与人数成反向相关。第五步是得会，每次转会所集会款，用一定方法决定得会之人，得会方法有坐次轮收、拈阄摇彩、投标竞争、抽签、议定和掷骰比点等。第一步是满会，亦称终会，即合会的最后一次集会。经过若干次转会，只

① 田舒：《潮州的佃农》，天津《益世报》1937年4月17日。
② 各种合会大致可分为单、复两种形式，单式会由会首与会脚（又称作脚、散会、散脚、会子、会脚子等）直接组成。而复式会在会首和会脚之间还有第三者会总（又称作总会、种会、小会头等）居中介绍。
③ 冯和法：《中国农村经济资料》下册，台北华世出版社，1978年，569页。
④ 王宗培：《中国之合会》，中国合作学社，1935年，136页。
⑤ 会首收得会款后除最后一次集会外的每次集会称为"转会"，届时会首、会总和会脚缴纳会金。"得会"即会首、会总和会脚收得会款，每个成员只有一次得会机会。

剩下最后一个没有得会者，满会之时，由其收得会款，此会即宣告解散。

合会，是流行于中国农村和城市的民间借贷形式。农村合会形式繁杂，"会款"可分为货币和实物两种，前类合会为金融会，如钱会、银会；后类为股会，如谷会、麦会。按收会方法的不同，合会可分为轮会、摇会、标会和其他会式四类。

轮会，即采用坐次轮收方法的合会。此种会式最为古老，流行较广。安徽徽州、浙江杭嘉湖的"新安会"，苏北的"至公会"，苏常的"兴隆会"，苏属崇海的"年会"，此外如流行各地的"七贤会""七子会""坐会""认会""摊会"等均属于轮会。

摇会，即用拈阄卜彩方法决定得会者的会式。该会式流行最广，如浙西的"碰洋会""五总会"、江苏的"四总会"等均属此类。摇会会脚从七八人到四五十人不等，会额相差也很大，转会期较短，通常在 3 个月以内。摇会分堆积会和缩金会两类。堆积会会金固定，会额陆续增高，会首还本不还息，得会会脚逐期付出利息。堆积会又可分为单式复式两类，复式堆积会因计算繁杂，流行不广，农村流行的仅为单式堆积会。

标会，又叫写会、划会、票会，广东流行最盛。标会会数与会额无定数，会期通常逐月举行，利息为贴现式。首期一般由会首坐得。第二期起，采用投标竞争之法，以标数最大者为得会人，下期仍照原会金缴纳，不加利息。

其他会式，如五虎会、单刀会、拔会等。五虎会共有会脚 24 人，每 4 个月转会一次，会款由会首连收 5 期。从第六期起，会脚或不再缴会金，由会首分期偿还；或采用缩金会方式收取会款。单刀会、拔会只集会一次，前者会脚所缴会金不必相等，后者则相同。会款由会首收得，分期偿还。这两种会式均为帮款性质，多由亲友组成。

以上各种会式均为借贷性质，起会主要是为会首的利益，其中以轮、摇、标三种会式最为流行。据实业部中央农业实验所对全国 22 省 871 县调查，各种会式中摇会平均占 36%，比例最高；其次为轮会，占 31.8%；标会为 15%，占第 3 位；其他会式占 17.2%。[1]

合会主要有借贷和储蓄两种功能，借贷是其主要功能。近代尤其是 20 世纪二三十年代，由于地租、苛捐杂税的层层剥削，农村经济衰退，农户负债率上升，因新式借贷机关缺乏，农户借贷一般只有乞助于高利贷和典当。而合会则可以使农户获得短期或中期的小额资金通融，不失为一种辅助的融资方式。[2]

---

① 实业部中国经济年鉴编纂委员会：《1935 年续编〈中国经济年鉴〉》，商务印书馆，1936 年，182 页。
② 徐畅：《"合会"述论》，《近代史研究》1998 年 2 期。

二、农民借贷的用途

(一) 借钱经营

就通常情况而言，中国农村百姓很少能真正自给，他们往往由于缺衣、乏食、患病等困难而要向富人借钱，或因婚丧等事不济而入贷，即如所谓筹措"救命钱""度日钱"之类。当然，同时也有为进行耕种或维持再生产等事项而借贷者，即以过高的代价换取所从事的农副业活动之经费。如北方山西、陕西一带，久有借资种烟（包括种罂粟）之例。由于同治、光绪年间，晋冀鲁地方，"贫民耕植，全恃借贷相通"，所以有的官员曾主张："准民设立贷耕公司，商官注册保护"。① 在南方地区，湖南西南部的绥宁、城步等处，许多农民是负债经营，因其遭受富人的重息盘剥，故"务农发家者百无一二"②。同样，福建宁德，广东潮州等处的捕鱼者和捞虾蟹者，也多向当地钱庄、当铺借款，用以购置船篷、网具、木炭；江苏省宝山、崇明，安徽霍山等州县的农民，在同治、光绪年间，也大多因经费拮据，不时向绅商、地主借钱而去置办粮种、农器。③ 进入民国以后，贷款经营的现象不但没有改变，而且随着半殖民地半封建化的加深，由西方列强引起的农业经济危机严重扭曲着市场经济的正常运行，农民负债经营之事更趋普遍。在江苏吴江、元和一带，护法战争前后，农民们于春季二三月间大量借钱生产。"盖是时蚕事将始，不得不厚集资本，以搏什一之利也。此时之息，大于平时。凡一月之息，十中取一，名曰加益钱。"④ 广东惠阳农民，于早春二三月间，青黄不接，既要筹食，又要筹耕，所需肥料、种子、农具等费用，大多要从地主那里借钱，为期两个月，就要还上一倍的利息。在顺德等县，农民要夜间工作，即看蚕、纺纱，常从富人那里高息借贷，高价买取煤油，以为晚间劳作照明之用。⑤ 浙江、云南、湖南各地也皆有相类似的情况。就普遍情形而言，借钱经营或贷款生产的农户，往往受到债主在产品处理方面的节制。即高利贷者于乡村收获之时，常以债主之势排斥业主或生产者的正当地位，从中攫取掌握和处理产品之控制权利。例如，在清末民初，苏南的高利贷者向蚕农放债，"每于蚕方作茧之时，雇船四出，直入债户之家，径取其丝或茧，挟之返家。农民欲售丝，则踵门而告，由债主派人代售，得资先除本若干，利若

---

① 张振勋：《招商设立贷耕公司议》，见光绪《张弼士侍郎奏陈振兴商务条例》，14~15 页。
② 同治《城步县志·兴除》。
③ 李文治：《中国近代农业史资料 第 1 辑 1840—1911》，生活·读书·新知三联书店，1957年，925 页。
④ 张祖荫：《震泽之农民》，《新青年》1918 年 4 卷 3 号，226~228 页。
⑤ 《第一次国内革命战争时期的农民运动》，人民出版社，1953 年，223~235 页。

干，售丝之用若干，有余，始得入农民之手"。① 如此取物折银偿债或派人监售代售产品，无疑给借钱之人造成另一种经济损失，而债主却可获取例外之益。富人对穷人的取物折价有相当的随意性，折价往往远低于市场售价，无形中占了很大的利益。综合各地情形，债主通过低折物价和代售产品之手段，至少能获得一至二成之利。同时，代售产品者一般皆要从中作弊，渔利肥己，穷人则两头受亏累。正像广东农家的产品抵债一样，那些货币持有者，"借银与农民营耕，收获时须售农品与债主，故价格每为其操纵"。② 北洋军阀统治时期，广东省顺德、罗定各地的种烟者，"所需资本，皆须借贷于富户。于是富户从中渔利，严订条约，即以当日所借出之资，为预购将来之烟叶；其预购价格，须比时价低一半。由是卖烟时所得之溢利，悉为资本家所垄断矣"。③ 如此用债权债务形式来扭转农产品的交换方向或价格走势，干扰和破坏借钱生产者的经济目标或经营愿望，无疑是一种超经济的掠夺。这是由于在半殖民地半封建条件下，国家对社会的调节和管理职能表现得软弱无力，任其农村金融秩序混乱、地方恶势力肆虐，高利贷剥削行为才因之而疯狂地膨胀起来。

（二）贷物生产

农村贷物生产与贷钱生产一样，也是借贷经营的一种普通形式。贷物与贷钱，只是形式上的不同而已，其实质是相同的。它仍然属于中国传统农村的高利贷活动之范畴，是金融货币剥削的延伸或扩展。晚清咸丰、同治时期，江苏、安徽、湖南等处，农家缺乏种子者，依习惯向富户贷，以为耕作之用，利息为原物种的三成或四成。其中如江苏金匮县等种稻区，农民在冬日连种粮也吃光了，借稻种不成，只能用杂粮种种之，利息在人们习惯于接受的四分之内。④ 民国时期，山西农民春耕借粮种（籽）1 斗，依例于秋后还上 1 斗 3 升至 1 斗 5 升。⑤ 西南贵州地方的粮种借贷，也是贷物生产的一种普遍现象。该省的情势更为严重，连历来备荒济灾的义仓也被当地土豪把持渔利。他们放贷谷种，收息 40%～50%（春借秋还）⑥。剥削之重，不逊于货币借贷。西北地区也有类似的情况，足见其流行之广。那时民间还有许多贷入肥料和棉纺原料的事例，也都是春日举债，秋后（收获期）重利偿还。

---

① 张祖荫：《震泽之农民》，《新青年》1918 年 4 卷 3 号，226～228 页。
② 冯和法：《中国农村经济资料》，上海黎明书局，1933 年，934 页。
③ 章有义：《中国近代农业史资料 第 2 辑 1912—1927》，生活·读书·新知三联书店，1957 年，529 页。
④ ［清］顾彦：《治蝗全法》卷四《劝借稻谷启》。
⑤ 《晋省农佃制度》，《中外经济周刊》1925 年 127 号，8 页。
⑥ 张洪进：《贵州农村中的高利贷》，《东方杂志》1935 年 32 卷 14 号，100 页。

清末时北方的山西、山东，南方的浙江、福建，较多地出现过这种贷肥贷料者。辛亥革命之后，如此向外贷肥贷料者，有时也在出贷时附以用低价收购其农产品的条件（像货币借贷一样）进行双向盘剥。如在苏北，"商业资本最普通的榨取方法是将肥料等物以高利贷给农民，还要规定以低价收购农产品为条件，其出价常不及市价的 1/2"。① 这基本与前面所述富户贷出货币索以物还的剥削行为一致，二者皆是高利贷者利用经济、金融方面的优势，乘机要挟，以达到侵夺借贷者利益之目的。由于一般的农业劳动者在经济上处于劣势——缺钱，面对高利贷的剥削无可奈何。特别是江南的园艺作物区和陕西、宁夏等种烟区，农民平日很少积蓄，既无资金又缺物料，一到农作季节，所需肥料甚为紧迫，人们不得不去贷入豆饼、化肥等进行生产。无疑，在当时的历史条件下，众多农民的这种借贷行为乃是一种社会的普遍现象。

租入耕畜也是贷物生产的一项较为多见的活动内容，它是中国近代小农家庭有偿地借助外力进行耕作劳动的一种形式。如此历久以来的传统惯例，在晚清和民国时期，逐渐增加了高利贷的因素。如安徽贵池县，于北洋军阀统治时期，每当佃户缺用耕牛时，往往从地主那里借入使用（该地有时称此为租牛）。这样，佃农除了向地主纳付田租，还要交纳牛息，每头牛交息为 1.5 石粮。② 湖北麻城民间借用耕牛，每年纳息 2～3 担粮（200～300 斤），其息率达到牛价（100 余串钱，即百贯钱）的 30% 以上。如果是将一头牛借给两三户用，则一年就基本收回一头整牛的成本价了。在该省的武昌、黄州一带，租贷耕牛，取息还要更高些。当时有资产的富人，常常购买几十头以至几百头黄牛，订一定年限租给贫民使用。据有关方面的统计和测算，当一头耕牛的价格为 100 串（贯）钱的时候，借耕者需每年每户交纳 50 串钱的息金③。利息之高是惊人的。借贷或租用耕牛（包括农用马、驴、骡）在当时的社会里，具有其存在的客观基础，众多苦求于耕畜的农户，便成了出贷黄牛获取牛利的丰厚资源。农民对耕牛的需求，则为聚牛者提供了其施展伎俩的广阔场地。按说，发展耕畜和向经济实力较弱的农户供应耕畜，在近代的中国，是具有一定适应性的，它含有社会生产所需要的某种服务因素，可是由于出贷耕牛者获息过高，则被其剥削行为冲淡了这种服务因素。故时人曾称："聚牛则聚资，聚资则生息，息利可发家。"

同时，那些乡村的地主或豪绅，还可以通过出贷耕畜之手段，使这部分农业资产和生产设备（牛）得到某种程度的安全保障，并能节省其管理方面的开支，对牛

---

① 曹幸穗等：《江苏文史资料》第 51 辑《民国时期的农业》，《江苏文史资料》编辑部，1993年，62 页。

② 法政学社：《中国民事习惯大全》第 2 编第 5 类，上海广益书局，1924 年，23 页。

③ 〔日〕田中忠夫：《中国农业经济研究》，汪馥泉译，上海大东书局，1934 年，321 页。

主较为有利。因为不论南方或北方，耕牛的饲料和牧养人工，皆是由用牛人家负责支付的，如果租借的是牝牛，所生小牛犊也是由用牛者代为看护饲养，所省经费不少，有关风险也循例由用牛者分担或独立承担。如在江淮地区，凡耕牛，"遇盗劫贼窃而遗失时，租借者须赔偿其价格底全部义务"。[1] 如此乡村借耕之例，对牛主来说分明是很实惠的。

三、债务关系与租佃关系结合

传统的社会决定传统的观念，悠久的农业文化制约和影响着人们的经营意识。由于习惯上的缘故，人们在对待土地的态度上表现出较高的热情，将之视为珍贵的最有使用价值的物产，尽可能地去追求。

所以，许多富人都喜欢将各种盈利行业的资本转换为土地资本，高利贷者也不例外。他们皆程度不同地在各处参与兼并土地，最终有着大量地产而成为地主。尤其值得注意的是，一些放账者都想方设法地将自己与借贷人的债务关系转变为租佃关系，或者是将二者结合起来，进行金融利息与封建地租两个方面的双重获利，操纵和制约广大人民特别是农民的生计。清末以后，江苏昆山多数佃农，没有能力纳租，当地田主也允许缓交，只是要将欠租折成钱。同时，佃户须写一字据与地主，批明佃户某某，曾借地主某某洋若干元，月息几分，造何时交还，决不食言等情。此种字据，俗名曰"期票"。盖地主所许缓交之地租，至此时已变成借款。[2] 如此一来，表面上的宽限不仅对地主无损，反而有利，佃户出于无奈，只得忍痛面对，惨然接受。

除上述的租额转为债务，也有一种相反的"债转租"之法。这种方式的演变结局，常常就是借贷者的田产被高利贷者所占有或控制。在山西晋东南地方，高利贷的剥削及高利贷与地租的结合又相当明了，即高利贷者向农民贷出钱物，但并不以货币计算利息，而是用土地抵押，用于抵押土地的地租即成为贷款的利息。就是说，农民在负债的名义下，有了交纳地租的义务，而高利贷者在名义上，只是对于所抵押的土地收租，虽然没有所有权，但却有征租的权利。这在实际上和有土地所有权是一样的。[3] 同样，江苏盐城一带，借贷之抵押普遍不收利息，而收取田中出

① 〔日〕田中忠夫：《中国农业经济研究》，汪馥泉译，上海大东书局，1934年，322页。
② 章有义：《中国近代农业史资料 第2辑 1912—1927》，生活·读书·新知三联书店，1957年，334页。
③ 赵梅生：《山西平顺县农村经济概况》，载千家驹：《中国农村经济论文集》，中华书局，1936年。

产。① 河北、安徽及河南北部等地方，也存在着类似的情况。显然，这既非正常的抵押借贷，也绝非正常的债务关系，乃是高利贷者进行的变相土地掠夺。按情理或惯例，在借款的限期内，所抵押的土地不能有也不应该有所有权的变动，放账者提前掌握和控制了借贷者的土地，实际上是拥有了全部的土地权利，就如同成了这个抵押地的地主。但是他又不必向政府缴纳田税（田税仍在原主名下），于是这个变相的地主可以食无税之租，两头得利，比真正的田主还实惠。此外，待到借贷方在规定的期限还不起钱时，出贷方即借"以田抵债"的名义强行占有抵押的土地。如此则为高利贷者在经营过程中，逐渐地由原始的金融资本向土地资本转向的突出表现。

同时，高利贷者在典当领域也是力求将借贷意义上的债务关系与农村租佃关系结合起来，形成一种地主兼高利贷两位一体的营利网络。例如，北京（北平）的城郊地主，"典地得钱，又分两种。一种系将地契押出，仍由业主耕种，按年交纳一定租粮，是和借债纳租者相同。另一种系地归债权者（受典者，或称债主）耕种，以该地所出之粮，作为利息"。即钱无利息，地无租粮，两相抵扣，以后债务者可以备价取赎。② 在江苏省的盐城、松江等处，同样是在农民出典土地而得钱后，债主（受典者）成了地主，出典者为其耕种，定期交租，以地租作为利息处理。或者田归受典者使用，出典者不必向债主交纳典金之利息，代价是交出了他的土地使用权或者收租权，当时称为"田不起租，银不生利"③。债主完全变成了地主（除了典田者日后可以赎回，基本与卖地没有什么两样）。凡此种种，皆是债务关系变为地权转换关系或租佃关系的反映。

不论是抵押贷款发展为租佃关系，还是"典地得钱"发展为租佃关系，都是一种变相高利贷。它是债主或受典者意志的反映，是债主利用货币的垄断地位之优势对借贷者进行胁迫的结果，属于一种不平等的传统农村社会的金融关系。这说明，近代封建主义经济势力仍旧盘踞在农村，新型的资本主义金融关系还未进入农村社会，借贷关系的新旧矛盾还没有在农村达到对抗程度，即农村的高利贷资本与城市的银行资本基本分疆而治。

应当指出，即使在当时，高利贷也是一种非法行为。国民政府1927年《民法》第205条规定：凡放账贷出者，年利率不得超过20%，否则，其借贷契约就没有法律效力，债主无权强迫对方支付超额部分的利息。④ 但是，在其时农村，高利贷

① 陈翰笙：《解放前的中国农村》第3辑，中国展望出版社，1989年，196页。
② 陈翰笙：《解放前的中国农村》第3辑，中国展望出版社，1989年，33页。
③ 曹幸穗等：《江苏文史资料》第51辑《民国时期的农村金融》，《江苏文史资料》编辑部，1993年。
④ 费孝通：《江苏经济》，江苏人民出版社，1986年。

的普遍取息都远远超过了 20％的年利率。如此严重的非法金融现象能够长期存在并持续发展，笼罩了广大农村，这从另一个方面反映了国民政府农村经济政策的无力和新型经济形态的软弱。

国民政府时期，高利贷兼并田产更为猛烈。它以超经济的重息暴利之手段，乘机夺取贫苦农民的土地，从而严重地损害了小农经济的社会体系，破坏农业生产力，使耕者元气丧尽。因此可以说，处于高利贷基础上的地权转移，乃是一种交易双方处于不平等地位的经济行为，它带有严重的畸形的扭曲性，最终被后来出现的新型金融关系所取代，无疑顺应了社会发展的要求，成为历史进程的必然趋势。

第二节　北洋时期的银行与农村金融

一、近代外国金融业的入侵

近代外国的银行来华设置分支机构，不是一般的资本输入，而是与政治紧密相关的以中国丧权辱国为代价的特殊资本输入。外商银行的职责不在专为银行本身谋利益，而在替其本国政府执行对华经济扩张政策服务，是各国在华投资枢纽。[①]

鸦片战争后，随着鸦片贸易合法化和内地关税的废除以及东印度公司的解体，出现了市场扩大和殖民地统治相结合的趋势。在这种情况下，取代东印度公司，并在中国市场承担资本输出使命的殖民地银行在亚洲和远东地区出现。1843 年，五口通商后，广州、上海、厦门、福州等地迅速成为中国重要对外贸易港口，外国银行作为贸易汇兑和金融资本输出机构，渐次落户这些地区。

鸦片战争以后，随着外国资本主义入侵和经济掠夺的深入，一些为资本主义商品输出服务的金融机构，也陆续来华设立银行。例如：属于英国资本的银行有东方银行，也称丽如银行（1845 年在广州设立分行，1848 年在上海设立分行，1854 年歇业），汇隆银行（1851 年在广州设立，1854 年在上海设分行，1866 年倒闭），呵加剌银行（1854 年在广州建立，1855 年设上海分行），麦加利银行（1858 年在上海设立），汇丰银行（1865 年在上海设立）。属于法国的有法兰西银行（1860 年在上海设分行），东方汇理银行（1899 年在上海设立）。德国的有德华银行（1889 年在上海设立），德意志银行（1872 年在上海建立）。日本的有横滨正金银行（1893 年在上海设分行）、日资的台湾银行（1899 年在台北建立），正隆银行（1906 年在营口设立，属于中日资本合办银行）。俄国的有华俄道胜银行（1895 年成立于彼

---

① 仇华飞：《近代外国在华银行研究》，《世界历史》1998 年 1 期。

得堡，在中国各地设分行），美国的有花旗银行（1902 年在上海设分行），荷兰的有荷兰银行（1902 年在上海成立），比利时的华比银行（1902 年在上海开业）等。需要注意的是，所有这些外国银行均未经中国政府的批准而进入中国，因此本质上都是一种非法的金融入侵。此后，肩负贸易与投资双重职责的外国银行纷纷来到中国。到 20 世纪 30 年代中，外国来华银行有 25 家，分属美国、比利时、英国、荷兰、法国、德国、意大利和日本。①

这些外国银行的业务，在 19 世纪 60 年代以前，主要是为外国商品输入中国和掠夺中国原料服务的汇兑业务。由于当时中国还没有自己设立的新式银行，只有半官半私的官银号、钱庄和票号，外国银行则凭借其在华的政治、经济特权，近代以来纷纷在中国设立银行。它们除了在其母国筹集股本，还以发行兑换券和收受存款来吸收中国人的资金，转而贷给外国商行和以高利率贷给中国政府和商人，成了掠夺中国人民的一个重要工具。例如：英国的丽如银行 1850 年实收资本 100 万镑，1863 年发行兑换券达 66 万元，该行 1850 年规定定期存款三个月利率为 4％，六个月为 5％，一年为 6％。活期存款不计利息，每半年结算一次，周转额在 2 000 元以下的收取手续费 5 元，2 500 元以下的按 0.25％收手续费，2 500 元以上的手续费另行议定。

除发行兑换券、买卖汇票，外国银行还从事白银、银币、金币的买卖。如它们从上海装运墨西哥银元到日本以 5：1 套购日本金币，再把金币运回上海按 15：1 套购银币。1860 年以后，随着世界资本主义进入帝国主义时代，帝国主义对中国的侵略也由商品输出转为资本输出，外国银行的业务配合帝国主义的侵略需要，从事政治贷款和工、矿、交通企事业投资等成为各帝国主义国家对华经济、金融侵略的重要工具和总枢纽。它们以帝国主义在华资本代理人的身份，积极执行帝国主义各国对华资本输出的政策，并把中国的财政经济完全置于它们的控制之中。②

二、近代银行的建立

银行是随着近代社会经济的发展而发展起来的。鸦片战争前，在中国的封建社会中没有银行。鸦片战争后，外国银行侵入，中国自己在相当长的时间内仍然没有银行，中国银行业是在中国民族资本主义工业发展起来后才真正出现的。

中国通商银行是中国自办的第一家银行，成立于光绪二十三年（1897）。这一年比上述的首家来华外国银行英资丽如银行迟了半个世纪。筹设中国通商银行，因

---

① 仇华飞：《近代外国在华银行研究》，《世界历史》1998 年 1 期。
② 詹玉荣：《中国农村金融史》，北京农业大学出版社，1991 年，61 页。

1896 年盛宣怀督办京汉铁路，因需款太大，官银无力独撑，必须广纳社会资本方可事举功成。因而盛宣怀上奏《自强大计折》，并附"请设银行片"。此议一出，寻机逐利而动者便塞途阻巷，众说杂陈。其中关涉利润分配，投资权益，政府特权等诸多问题。更有外国银行提出将这个尚在孕育中的银行设立在其"国家银行"之下等。总之，几经波折之后，中国通商银行才于 1897 年 5 月在上海正式开业。这家商业银行成立之后，1904 年，清政府推行币制改革，废两改元，需要银行作为推行的枢纽。因此，奏请设立"户部银行"，规定该行除可经营一般银行的业务，还有铸币、发行纸钞、代理部库以及代募公债之权，具有"中央银行"性质。该行初期股本 400 万两，官商合办，这是中国国家中央银行的起始。1908 年改称"大清银行"，加股 600 万两。第二家成立的银行是 1907 年清朝邮传部设立的"交通银行"，以振兴轮船、铁路、邮政、电话电报等事业而兴办，该行股本 500 万两，官股四成，商股六成。总行设在北京。①

辛亥革命后，临时大总统孙中山指令国民政府财政部，将原来的大清银行改组成中国银行，除了经办存款、放款、汇兑等银行业的常规业务，中国银行还获得了代理国库、募集公债、发行钞票、铸造银币等特权，实际行使了北洋政府中央银行的职责。1912 年，颁布了《中国银行则例》，一改过去的官办银行的性质，向社会公开募集银行股本。当时财力雄厚的江浙财团乘势大肆入股，占据股本份额的大头。1920 年，中国银行实收资本 1 229 万元，其中官股只有 500 万元，私股则多达700 多万元。

前清邮传部所属的交通银行成为民国初期的北洋政府的另一个金融支柱。该行于 1914 年修改章程，改定股本为 1 000 万两，除继续经理轮、铁、邮、电四系统存款为专有的特权，还取得了代理金库、经付公债本息、代收税款等权利，实际上它也具有国家银行的性质。至 1914 年 3 月，已有分行 25 个，遍设于国内各大都市以及香港、新加坡两处。另外，在各地区的市镇还设有汇兑所 57 所。

与此同时，各省的官办银行在原有的官银钱局的基础上也相继建立起来，其业务为发行钞票、代理金库、垄断地方金融，开设钱铺、当铺、烧锅、粮栈、工矿企业、兼并工商事业等。

北洋政府时期，私人银行也开始发展起来，其中在当时的金融业界占有重要地位的是所谓的"北四行"和"南四行"。北四行是北洋时期先后成立的盐业银行、金城银行、大陆银行和中南银行。南四行是清末成立的浙江兴业银行、浙江实业银行以及辛亥革命后成立的上海储蓄银行、新华信托储蓄银行。这八家民营银行的资本量大、实力雄厚、服务信誉好、业务发展快。此外，还有由商业资本转化为银行

---

① 李光香、李怡：《试论中国近代银行的发展》，《云南财贸学院学报》2000 年 12 期。

资本的"聚兴诚银行"、由票庄改组的"蔚丰商业银行"等。它们之间的一些董事、监事互相兼任，业务上也有联合。①

三、北洋政府时期的农业金融机构

光绪三十四年（1908）度支部奏准请厘定各银行条例，即拟有《殖业银行则例》34 条，这是中国历史上新式农村金融的萌芽。但是这个萌芽还没成长，清朝就覆灭了。辛亥革命后，北洋政府农商部和财政部，于 1914 年 11 月呈定劝业银行条例。呈文称，劝业银行"以放款于农林垦牧水利矿产工厂等主业为目的"。其中包括"水利款、森林放款和垦牧放款"等与农业发展有关的条款。该行总股本定为500 万元，分 5 万股，每股 100 元等。但终因时局动乱，明列之宗旨条例，俱成空文。

次年的 1915 年 10 月，北洋政府财政部再拟《农工银行条例》46 条，呈准公布施行。农工银行以股份公司的形式成立，以通融资财、振兴农工为宗旨。总行设在北京。地方分支机构则以县为独立的营业区域，并规定一县之内以设一个支行为限。农工银行的放款，分设多个档次管理。有限 5 年期内归还本息的，可分期摊还，亦可以不动产为抵押。有限 3 年以内定期归还的，以不动产作抵押。还有限一年以内定期或分期归还的，以不易变质的可储存的农产品或渔业权及有价证券作抵押等。农工行贷款的用途限于垦荒、耕作、水利、林业、购买种子、肥料及各项农业原料，农工业运输、囤积购办或修装农工业器械、购办牲畜、修造牧场等项。为筹设和审理各地农工银行，北洋政府财政部于 1918 年曾设立"全国农工银行筹备处"并于 1921 年改组为"全国农工银行事务局"，专司筹设与管理之责。② 全国先后成立了十余处农工银行，较有影响的地方银行有下面的几家：

（1）通县农工银行，于 1915 年 11 月成立，直属于财政部，是北洋政府时期成立最早的地方农业金融机关。该行原定资本 20 万元。在商股未收足以前，先由财政部及直隶京兆财政分厅合垫 10 万元，开始营业。最初该行虽入注官股，但仍属于商办的县级农业银行。其放款业务分定期抵押放款和分期抵押放款两种。抵押品以田地债据为多。放款用途多为购买肥料占 33.6%，牲畜占 23.4%，其次是购买农具、种子、雇工、种棉、农屋、渔业、垦荒、水利、林业等。

（2）江丰农工银行，1922 年 3 月成立于江苏吴江县。资本总额定为 20 万元，经营业务分存款、放款、储蓄及买卖证券、汇兑等。其中农业放款分三种：一是以

---

① 南京市人民政府研究室：《南京经济史》上，中国农业科技出版社，1996 年，293～296 页。

② 詹玉荣：《中国农村金融史》，北京农业大学出版社，1991 年，90～91 页。

生丝与米作抵押的农产抵押放款，该项放款至 1929 年有六七万元。二是金银饰物作抵押品的动产抵押放款，自 1921 年至 1929 年。三是以房地田业作抵押的不动产抵押放款，该项贷款占农工贷款的 85％以上。还有信用贷款，到 1927 年共贷出 50 万元。

（3）浙江嵊县农工银行，于 1923 年 4 月成立。其业务主要是经营农家蚕桑放款及茧子抵押放款，并设有堆栈，推广动产抵押放款。此外，还经营一般银行所经营的储蓄、存款、汇兑及保险、信托等业务。

（4）农商银行，于 1921 年创立。该行实际上是北洋政府时期的商业银行，其资本来源为官股 50 万元，商股 123 万元，共计 173 万元。[①] 这家银行，借用了"农业金融"时髦名称以博得民众口誉和舆论支持，甚至也可用惠农安民的名义得到政策资金的支持。但是它的运营利益并没有投向农业和农民，在当时，即被视为官僚资本的"钱库"。

北洋政府时期，中国之所以出现了一批新式农业银行，究其原因，一是随着农业资本主义经济的发展，农产品商品化程度的提高，无论公私朝野都需要对农业增加投入，需要资金大量的支持。二是农业商品化专业化程度的提高，农业生产特别是经济作物种植和畜禽养殖需要资金用以购买种子、肥料、农具，以及为推销农产品提供运输储藏所需要的投资支出，客观上要求社会提供融通资金的机构。三是当时国际潮流中的新式农业金融的发展也刺激诱导中国农业金融的产生和发展。尤其是德国的土地抵押信用协会，农村储蓄银行和日本的劝业农工银行，都曾被中国农业金融倡导者所效仿。这些因素都是促成中国的新式农村金融业诞生的推动力。[②]

第三节　国民政府的农村金融

20 世纪 20 年代末 30 年代初，农村问题成为社会各阶层关注的焦点，这是因为这个时期内，农村经济衰败，农业经济危机空前严重，农村经济已经步入崩溃的边缘，其中一个重要突出问题就是农村金融枯竭。"救济农村""复兴农村"成为当时全国一致的呼声。国民政府迫于时势需要，开始实施一系列的农业金融政策，制定了一整套农村金融政策。[③]

全面抗战前，旧式金融机构的钱庄当铺逐渐衰落了，新式农业金融有较快发展。全面抗战爆发后，随着官僚资本对大后方整个金融事业的垄断，新式农业金融

---

①　姚公振：《中国农业金融史》，中国文化服务社，1947 年，172 页。
②　詹玉荣：《中国农村金融史》，北京农业大学出版社，1991 年，98 页。
③　程春晖：《1927—1937 年间南京国民政府农村金融政策述评》，《沧桑》2007 年 4 期。

仍有发展，银行的农贷比重也有增加，但就整个农村来说，是以新式银行借贷和高利贷剥削占主要地位。抗日战争胜利后，随着国民党统治区农村经济的全面崩溃，旧中国的农村金融也退出了历史舞台。

一、国民政府的农村金融政策

国民政府鉴于所面临的农村经济濒于崩溃的严峻形势，认识到农村金融问题的严重性、紧迫性，通过自上而下的制度安排，制定了一系列的农业金融政策，为近代农村金融制度奠定了基础。农业金融政策的实施在当时也起到了一定的积极作用，使广大农民开始从危机的阴影中走脱出来，在一定程度上缓解了农村资金枯竭的局面，对于当时"以一牛求押十元而不可得"[1] 的农民来说，无疑是雪中送炭，解决燃眉之急的办法。农民通过贷款，生活得以安顿，生产得以恢复。国民政府的农村金融政策主要有：

（一）确立农村金融的基本制度

1928 年，北伐战争后，国内局势暂时稳定。按照孙中山《建国大纲》的规定，此时的"军政时期"已经结束，国家进入"训政时期"。依据孙中山建国方略构想，所谓"训政时期"应暂由国民党以党治国，并对国民实行民主训练，待全国有半数省份实施民选，则即召集制宪国民大会制定宪法，至此时则训政结束。1931 年 6月 1 日，国民政府公布《中华民国训政时期约法》。其中的第四章国民生计篇第三十四条第二款中规定："设立农业金融机关，奖励农村合作事业。"另外，在第四十三条中规定："为谋国民经济之发展，国家应提倡各种合作事业。"[2] 这样，国家发展农村金融和合作事业便具有了最高法律效力的宪法保障。

（二）规定商业银行必须向农村贷款

1934 年 7 月 4 日，国民政府公布《储蓄银行法》，其中第八条规定："储蓄银行对于前条第七款及第八款（指对农村合作社之质押放款及以农产物为质的放款）放款总额不得少于存款总额的 1/5。"[3] 另外，1936 年时国民政府为流通农业资金成立农本局，要求参加农本局的银行承担 3 000 万元的合放资金和一定数额的流通资金，这样农本局一半以上的资金都来自银行，农本局对农村放款，实际上也是银

---

① 中国银行总管处经济研究室：《全国银行年鉴》，1935 年，46 页。
② 《中华民国法规大全》第一册，商务印书馆，1936 年，7～8 页。
③ 中央银行经济研究处：《金融法规大全》，1947 年专刊，74 页。

行对农村的间接放款。当时从事农村金融的人士已经认识到农村金融与农业生产、农民组织之间的紧密关系，并指出了农民银行有四个职能：一是服务农村社会；二是增加农业生产力，促进农业生产；三是改进农民生活；四是改良农村经济机构。[①]

（三）积极提倡农村合作运动的开展

国民政府推行农村合作组织之初，曾经有一句流行一时的响亮口号，即"农民生存于合作社之中，合作社滋长于农民银行之下"。它表明了要以农村合作社，把一盘散沙的农民组织起来。农民组织起来以后，有两点好处：一是可以降低农村金融贷款成本，减少放款风险；二是可以促进农业生产，增进贷款收益。[②]

国民政府开始积极推行合作运动从1928年开始，并将推行合作运动列为七项国策运动之一。1928年《江苏省合作社暂行条例》公布。从这一年起，江、浙、皖、赣等省纷纷设立合作行政机关，指导合作运动。1929年6月举行的国民党三届二中全会上，讨论的问题有发展农业方面的，其中也包括提倡农村合作。1930年3月，国民党三届三中全会通过了《关于建设方针案》，规定："应特别注意农业发展，竭力提倡农村合作。"1930年4月18日，实业部公布了《农村合作社暂行规程》，作为《合作法》颁布以前成立合作社的主要依据。1934年《合作法》的颁布，从法律上保障了合作运动的发展。

（四）整合各相关部门共同推进农村金融

国民政府铁道部为了"救济农村金融，曾准四省农民银行运送现金，援照中交两行办法，减折收费试办一年"。"全国经济委员会近二年对农村复兴工作特别注意，经费较其他机关优裕。"这其中也包括农村金融工作。如对"大难初平"后江西之建设，则定经费190万元，其中50万元办合作事业。推进西北地区的建设开发，决定以250万元建设西北各项重要事业，其中以40万元实施农村合作事业。[③]这笔资金在当时可谓巨额拨款，因为中国农民银行成立时的实收资本也只有250万元。[④]

需要指出的是，虽然国民政府时期在表面上对发展农村金融、促进农业生产、救济农民生活方面大有兴作，轰轰烈烈，但是其中的农业金融机构重复繁乱，既有

---

① 朱通九：《明日之农民银行》，《农行月刊》1937年2期。
② 于永：《20世纪30年代农村金融救济活动的启示》，《内蒙古师范大学学报》（哲学社会科学版）2001年2期。
③ 彭学沛：《农村复兴运动之鸟瞰》，《东方杂志》32卷1号。
④ 中国银行总管处经济研究室：《全国银行年鉴》，1935年，55页。

中国农民银行，后又设了农本局，还有中国银行、交通银行、中央信托局、各商业银行等。这些金融机关之间互不统属，各自为政，也没有分工合作的联系，上下左右均不能形成一个统一的网络系统。此外，由于军费开支庞大，自然灾害频仍，政府能够提供给农村金融建设的资金十分有限，如农本局的固定资金只有 3 000 万元，并且要分五年才能拨足。中国农民银行成立时，资本总额也就 1 000 万元。更为致命的是，国民政府没有形成一条为农村金融的融资筹资渠道，无法从源头上保证农村金融建设的资金来源，如发行支农特别国债等。即使这些有限的资金，也不能被保证全部运用到农村，常被国民政府相关部门挪作他用。因此，国民政府的农村金融建设成效甚微。①

二、国民政府设立的涉农金融机构

（一）中国农民银行

北洋政府时期出现的农工银行、农商银行实为兼业的农业金融机构。北伐以后的国民政府时期，相继成立了专业的农业金融机构，标志着官僚资本垄断全国农村金融事业进入一个新的历史阶段。

1932 年 10 月，国民政府成立豫鄂皖三省农村金融处，另外筹设"豫鄂皖赣四省农民银行"。1933 年 3 月 17 日，国民政府公布该行施行条例，正式开业。1935年改四省农民银行为"中国农民银行"，作为国民政府特许的"供给农民资金、复兴农村经济"的专业性农业银行。其业务地域扩大到 12 个省。虽名其为"农民银行"，实际从事的是综合性商业银行和专业银行的所有业务。其农业贷款的对象也包含了整个农业生产领域和农产流通领域，同时也涉及一切有关农业生产、农产运销的运输业、仓库业、保险业、农林畜产加工业、农具和农业机械制造业以及各项农村基本建设等方面，同时又是一个可以代理国库的银行。

中国农民银行成立时资本为 250 万元，1939 年增加为 1 000 万元，1941 年又增加为 2 000 万元，1942 年再增至 6 000 万元。中国农民银行作为国民政府的特许银行，拥有三种特权：一是有兑换券的发行权；二是有农业债券的发行权；三是有土地债券的发行权。放款用途限于农业生产及农田水利建设等。

（二）农本局

1936 年 9 月，国民政府实业部倡议建立"农本局"，仿照美国联邦农业金融局的组织体制，总揽全国农业金融事业。它是国民政府和国家银行与当时国内著名的

---

① 程春晖：《1927—1937 年间南京国民政府农村金融政策述评》，《沧桑》2007 年 4 期。

商业银行的联合组织，是一个半官半商的业务机构。固定资金由国民政府财政部拨给，贷放资金由加盟的银行分摊交纳，两项数额均为每年600万元。流动资金则由各参加银行于每年度之始与农本局协定数额。参加的银行，除中国农民银行、中国银行、中央银行、交通银行四家国营银行，当时活跃在国内金融市场上的重要商业银行几乎全都网罗其中。农本局内设农产处和农资处。农产处主要经营农业仓库，接受政府委托，代理买卖农产品和农产运销业务；农资处主要是经营农业生产贷款及合作金库放款。农本局也有权发行债券，但其数额以农本局固定资金的数额为限。

农本局在1936年9月正式成立后，积极从事蚕丝、茶叶等生产贷款，筹办合作金库，开展合作金库放款。同时在沿海及铁路干线上的各重要城镇设立各级农产运销仓库，直接经营米谷运销，并在合作金库放款区域内，推行农村的农产储押仓库。除农贷业务，还同德商华孚远东公司及英商瑞记洋行订立合同，代其在以货易货过程中的农产品采购业务。全面抗日战争爆发后，农本局随南京政府内迁，其业务范围局限于桂、黔、川、康等西南省区，业务也约束在合作金库及农业仓库放款方面。1938年农本局接管全国农产调整委员会，将其改组为农本局下属的农产调整处，从事农田水利贷款、粮食生产贷款、经济作物生产贷款以及农产运销贷款等。

农本局的业务范围，很大程度上与中国农民银行交叉重复，因此在创立之初即埋伏下这两个机构之间的矛盾，最后农本局被中国农民银行排挤、吞并和消亡。

（三）农业仓库

1933年5月，国民政府行政院农村复兴委员会第一次大会决议农民银行须在各县设立农业仓库，同年国民政府实业部的农业行政计划纲领也规定筹办农业仓库，不久该部复令中央农业推广委员会，会同江苏省农业救济委员会举办中央模范仓库。江苏省农民银行是组织农业仓库的积极执行者。1933年已成立仓库33所，有库房800余间，堆积谷米20万担，储押放款达67.3万元。1934年又新增设仓库178所，储押放款至300多万元，抵押物品为米、稻、豆、杂粮、豆饼、面粉、蚕丝、棉花、布匹、羊皮、农具、耕牛等。与此同时，中国银行、上海银行等也竞相在江苏、河北、山东、湖北、湖南等富裕省份发展农业仓库业务。因为银行组建农业仓库是为了谋取利润，为游资寻找出路和垄断农村金融，大多数贫困的省份和农村却很少有农业仓库成立。

成立农业仓库的动机，主要是赋予调节人民粮食、流通农村金融以及经营农产品的堆藏及保管的职责。农业仓库以当地农民生产的主要粮食为限，但也对其他农产品进行堆藏保管，同时兼营受寄农产物的调剂、改装、包装、运送、介绍售卖、代卖和根据仓单为担保,从事放款或介绍借款等业务。

(四) 合作金库

国民政府为了加强对农村金融的控制,除建立中国农民银行、农本局,又建立了合作金库。1935年4月,国民党军事委员会南昌行营颁布《合作金库组织通则》,并通令豫鄂皖赣等省成立合作金库。此后四川等省相继成立。1938年12月国民政府实业部颁布《合作金库规程》,规定合作金库的机构分为中央、省(市)、县(市)三级,在全国范围内推行。当时合作金库隶属于实业部农本局。①

三、国民政府时期的农业贷款方式

(一) 商业银行下乡发放农贷

1929年世界经济危机波及中国以后,一方面城市商业不振,资金滞阻过剩,另一方面,农村中又因金融枯竭,经济衰落,于是一些国属银行和商业银行鉴于经营地产和证券投机事业的前途暗淡,且多担风险,纷纷转移目标,以一部分资金从事农业贷款,借以维持以农产品为对象的贷款利润。同时,国民政府也规定"储蓄银行对于农村合作的质押放款及农产物为质押的放款,其放款总额不得少于存款总额的1/5"。于是,上海商业储蓄银行于1931年首先以2万元与华洋义赈会举办搭成放款。随后,中国、交通、中国农民、金城、浙江兴业以及中南、大陆、国华、新华等资金雄厚的银行都先后在经济作物区大力开展农业贷款。1934年由交通、上海、浙江兴业、金城、四省农民银行五行发起,中南、大陆、国华、新华、四行储蓄会等五家银行参加,组成"中华农业合作贷款银行团",联营农贷事业。一时间商业银行在农村贷款额占农贷总额的百分之七八十以上。②

此外,各银行还联合经营单项农贷。如1936年,中国、交通、中国实业、上海及中国农民等银行分别在江苏举办蚕种贷款。中国、交通、江苏、浙江兴业等联合举办江浙两省春蚕贷款;上海银行与邮政贮金汇业局联合举办甘蔗放款,等等。由于这些银行的农业贷款是以谋取利润为目的,故多以经济作物发达的富庶地区为对象。以上海商业储蓄银行的农业放款为例,其放款区域为陕西的泾阳、临潼、西安等棉产区;河南的大康、洛阳棉区,安徽的铜山、招信、凤阳的烟草棉花区;广东的黄埔、市桥、罗沙甘蔗区等遍布于全国10省市36个地区,承贷的合作社、农业仓库有908处。该行在陕西省贷放的棉花产销合作社占全省合作社的89.6%,

---

① 《中山文化教育季刊》(冬季号),145页。
② 薛暮桥等:《中国农村论文选》,人民出版社,1983年,628页。

贷款额占该行在本省放款的98.95%。在广东省对蔗农的放款，占该行在本省放款额的93.5%。在河南对棉花产销合作社放款占该行在本省放款的100%。[1] 可见商业银行的农村贷款不论在地域或投资项目上，都明显地只为了追求利润。但全面抗日战争爆发后，除了农本局尚在后方各地办理一些合作放款，商业银行的放款几乎绝迹。[2]

（二）各省县农民银行的农业贷款

江苏农民银行成立于1928年7月，其业务可归纳为合作社农本放款、农产储押放款、农产运销放款及青苗放款等。其中合作农本放款，以合作社的生产事业为限，一般不超过一年，利率最高不得超过一分，但须全体社员负连带偿还责任，并须有殷实商铺或人士为保证人，经银行认可后方可贷款。农产储押放款是以经营蚕、茧、稻、麦、棉花、杂粮等为储押品的贷款。农产运销业务则以该行直接掌握的江苏省合作社农产运销办事处为经营运销之中心机构，由该行所属各分行附设之运销代理处负责农产运销工作。青苗放款是在有保证人的条件下，以田间生长的农产物为抵押的借款。据统计，1933年该行农贷额为262.7万多元，占全国农贷总额的42.9%。1934年农业贷款为752.68万元，占全国农贷总额的40%。[3]

以县为业务范围的农业银行，各地也陆续建立，并在县域范围内开展农业贷款业务。其中浙江省各县农业银行的农业贷款开展最为活跃且取得一定成效。浙江省于1928年拟定《浙江省农民银行条例》，农民银行分为省立和县立两种。省行业务由省府委托在杭州注册的中国农工银行代理，另外普遍设立县级农民银行及其他县级金融机构。到1936年，共成立县联合地方银行3处、县农民银行9处、县农民借贷所29处。以海宁县农民银行为例，其业务内容包括：耕作垦荒事业、水利造林事业、购买种子原料及各项农业原料、购买或经理农民所用的器械、购买牲畜修造牧场等项。以上列定的银行业务与当时农民实际需要相距太远，因此大多流于形式，成为一纸空文。

设立农民借贷所是近代农村金融的一种创造，它是一种微型农村金融机构。浙江省于1931年以后成立有29所，资金多者一两万元至三四万元，少者三四千元至五六千元。安徽于1933年后成立了4所，资本最多2万元，最少5 000元。河北省有小本借贷所两处，均以小额放款给农民为主要业务。农民借贷所往往和农业仓库、信用合作社有直接联系，也有单独经营的。但它的发展不及农业仓库、信用合

---

① 林和成：《中国农业金融》，中华书局，1941年，232～235页。
② 詹玉荣：《中国农村金融史》，北京农业大学出版社，1991年，126页。
③ 陈翰笙等：《解放前的中国农村》，中国展望出版社，1985年，557页。

作社发展迅速。借贷所放款，一般都要抵押品，而又大都没有货物栈房，只能让农民自己担送上门存储在公房或祠堂里，但栈租却要征收费用，少者一二厘，多至五六厘。这种栈租实际上与旧式当铺的铺利盘剥无异，其借贷手续，比当铺放款还麻烦。因为它"不仅要有相当的动产做抵押，或其他确实保证者，同时还须由该乡乡长出具保证书，以保证该项抵押之毫无纠葛"。这样，农民即使得到少数借款，然而手续的麻烦以及向豪绅摇尾乞怜的痛苦，已使贫苦农民难以承受，至于没有产业可做抵押品的贫农、佃农只有"望尘号叹"了。

农民借贷所的性质，可从1934年4月17日上海"时事新报"的一段时事报道窥见一斑："江苏省典当业于昨日开联席会议的时候，武进同业公会提议，上海银行拟设典当式之农民抵押贷借所，有碍各当营业，请呈建厅转令停止，同时江阴同业德昌等五家提议，上海银行设变相典当，当押衣袍，侵及典当营业，应予取缔。贷借所的抵押品，除地产及耕具外，还要衣着首饰，这实在是一种'变相典当'。"① 由此可见，农民借贷所的成立，实质上只是增加了一种新的典当剥削的方式，加重了贫苦农民的负债关系，加速了农村经济的破产。尽管这些农村金融机构都在名义上挂着救济农村、便利农业的响亮招牌，实质上仍是为官僚资本、农村地主、富农及商业投机者以及经营农产运销、农产加工的城市工商业资本家服务。这些新式农业金融机构并不能解除农民受高利贷的剥削，反而起着助长农村高利贷和商业投机的作用。况且在资金投入数量方面，更是杯水车薪，远远不能满足广大贫苦农民对于缺乏生产资金和在青黄不接时解决生活费用的迫切要求。②

（三）农业贷款的主要形式

全面抗战前，各类银行都下乡发放农贷。由于各银行的投资方式、经营范围、放款时间不同，其经营农贷的方式也有差别。大体有以下几种形式：

1. 合作社信用放款 这是农贷发放初期较为普遍的形式。银行向各类合作社进行低利借贷，再由合作社转贷给农民。一般利率为8%～10%，期限最长不超过一年，只要合作社有农业机关、殷实商铺作保，经银行认可后就可贷款。贷款使用以生产事业为限，如中国银行、江苏农民银行等都采用过这种方式。

2. 青苗贷款 这是银行在春季向农民发放的贷款。农民需要贷款时，先提供田单或保证人，然后将自己耕地的亩数、农作物种类及借款用途等开列清单，由银行核准后，贷给农户所需要的种子、肥料、农具、牲畜等费用。限额为该户农产收获额的50%，期限最长为8个月，待农产品收获后，将产品堆贮于指定的仓库作

① 王承志：《中国金融资本论》，光明书局，1936年，169页。
② 詹玉荣：《中国农村金融史》，北京农业大学出版社，1991年，130页。

抵本还息或委托银行代为运销还本付息。

3. 农业生产贷款 这是银行在农业生产过程中发放的专项贷款。如 1933 年上海银行向合作社发放的棉花贷款，规定每亩 3 元，分下种、六月、七月三期贷给，待社员交花时还本付息。

4. 储押放款 是农业仓库经营的业务。贷款额一般不得超过储押物价值的 70%，期限为 8～12 个月，利率为月息 1 分，另加储存、保险或保管费 4～5 厘，到期一次赎清。

5. 运销放款 是运销合作社或农民以收获的农产品，用合作运销的方法运至外埠出售，在未出售前，如需款项，可将运输中的农产物向银行抵押借款，待农产品出售后，由银行扣算借款本息，再将余款还至运销借款人。

全面抗战前，农贷形式虽多样，但农贷资金占银行资金的比例却很小。如 1934 年中国银行农贷仅占其放款额的 0.7%，上海银行占 2.8%，四省农民银行占 17.7%，交通银行占 0.04%。[1] 需要指出的是，据国民政府实业部和中央农业实验所的调查，1934 年是全国农业贷款办得最好的一年，当年 22 个省 871 县中，银行贷款仅占农村借款总量的 2.4%，而且在这些有限的贷款中，大多又被农村中有权势的地主富农所把持，真正落到贫苦农民手中的，实在微不足道。因为银行放贷，都需要有抵押品或者有人担保，而赤贫如洗、身无长物的农民，何来可抵押之物，何人愿意为这担保呢？因此，在近代的农村金融中，广大农民是很难沾到星点好处的。[2]

第四节　苏区根据地和解放区的农村金融

一、中央苏区的财政金融

1927 年 4 月 12 日，以蒋介石为首的国民党新右派在上海发动反对国民党"左"派和共产党的武装政变，大肆屠杀共产党员、国民党"左"派及革命群众。这次反革命的武装政变，标志着大革命的失败，同时也宣告了国共两党第一次合作失败。

1927 年 8 月 7 日，中共中央在汉口召开紧急会议。会议总结了大革命失败的经验教训，纠正和结束了陈独秀的右倾投降主义错误。会议确定以土地革命和以武

① 陈翰笙等：《解放前的中国农村》，中国展望出版社，1985 年，556 页。
② 詹玉荣：《中国农村金融史》，北京农业大学出版社，1991 年，139 页。

装反抗国民党反动派的屠杀政策为党在新时期的总方针，并把发动农民举行秋收起义作为党的中心任务。"八七"会议后，中国共产党进入领导土地革命的新时期。

中国共产党领导的各地起义部队相继建立了一批革命根据地，有湘鄂西、鄂豫皖、闽浙赣、湘鄂赣、湘赣、广西的左右江、广东的东江和海南岛的琼崖等根据地。以瑞金为中心的赣南、闽西两块苏维埃区域组成了中央苏区，这是第二次国内革命战争时期全国最大的革命根据地，是全国苏维埃运动的中心区域。

1931年1月，中共苏区中央局成立，周恩来任书记。9月，中央苏区军民粉碎了国民党军第三次"围剿"后，使赣南、闽西两部分连成一片，根据地扩展到30多个县境，在24个县建立了县苏维埃政府。11月，中华苏维埃第一次全国代表大会在江西瑞金召开，成立了中华苏维埃共和国临时中央政府，毛泽东任主席。至此，中央革命根据地正式形成，并统辖和领导全国苏维埃区域的斗争。

在中央苏区的领导下，各根据地的党组织抓住军阀混战的时机，发动农民实行土地革命，建立革命政权，开展游击战争，使红军和根据地不断巩固和扩大。

革命根据地军民的日用生活必需品和现金的缺乏，成了严峻的现实问题。毛泽东在《中国的红色政权为什么能够存在》一文中指出："边界党如不能对经济问题有一个适当的办法，在敌人势力的稳定还有一个比较长的期间的条件下，割据将要遇到很大的困难。"[①] 并强调，"只有开展经济战线方面的工作，发展红色区域经济，才能使革命战争得到相当的物质基础，才能顺利地开展我们军事上的进攻"[②]。金融工作是根据地经济建设的重要组成部分。土地革命战争时期党的农村金融工作主要有以下内容。

（一）废除农村高利贷

在中国的传统农村社会，历来的高利贷剥削苛重，年利率往往高达30%～50%，甚至100%以上。毛泽东在《寻乌调查》中写道："钱利三分起码，也是普通利，占百分之七十，加四利占百分之十，加五利占百分之二十。通通要抵押，有田地的拿田地抵押，无田地的拿房屋、拿牛猪、拿木梓抵押，都要在'借字'上写明。"[③] 因此，革命根据地建设的重要任务之一就是要彻底废除高利贷剥削。这也是发动贫苦农民参加革命的一个有效措施。各根据地建设苏维埃之后，都不同程度地废除了高利贷。湘鄂赣根据地1929年10月2日发布的《湘鄂赣边革命委员会革命政纲》提出："过去一切高利贷借约概作无效，以后借贷，年利不得超过一分

---

① 毛泽东：《毛泽东选集》第1卷《中国的红色政权为什么能够存在》，人民出版社，1991年，53页。
② 毛泽东：《毛泽东选集》第1卷《必须注意经济工作》，人民出版社，1991年，119～120页。
③ 毛泽东：《毛泽东文集》第1卷，人民出版社，1993年，211页。

五厘。"①

（二）建立新的金融体系，成立银行

各个革命根据地为发展经济，在废除高利贷剥削制度、摧毁旧的金融体系的基础上，开始着手建立为经济发展服务的现代银行业，建立新的货币金融体系，以便融通资金，调剂市场，发展生产，充裕财政，保证革命战争的供给。

1927 年冬，闽西上杭县蛟洋区农民协会，从群众砍伐杉木卖得的 8 000 余元中，抽出 2 000 余元开办农业银行。1929—1931 年，东固平民银行、赣西南银行、闽西工农银行、江西省工农银行、鄂西农民银行、鄂豫皖特区苏维埃银行、湘鄂赣省工农银行先后成立。1932 年 2 月 1 日，中华苏维埃共和国国家银行在江西瑞金叶坪创立，行长毛泽民。国家银行隶属中华苏维埃共和国临时中央政府财政人民委员会，随后，各省相继成立了分行，从而建立起统一的金融系统。

（三）开展储蓄存款业务

1932 年国家银行成立后积极开展了储蓄业务。毛泽东在第二次全国苏维埃代表大会的报告中指出：经过经济建设公债及银行招股存款等方式，把群众资本吸引到国家企业，发展对外贸易，与帮助合作社事业等方面来，同样是要紧的办法。根据他的指示，1934 年春，国家银行专立储蓄部。储蓄业务有定期、活期和零存整取等三种形式，存取自由，支付利息。群众的存款，用来开发当地的生产，繁荣当地的工农事业。

（四）发放贷款

根据地银行的贷款业务主要是抵押贷款和定期信用贷款业务。抵押贷款的发放对象是个人、团体、商店和工厂，只要具有相当抵押品，贷款用途不抵触苏维埃法律、不违背经济政策，都可申请不超过 6 个月的定期抵押贷款。定期信用贷款的发放对象是各种合作社和贫苦工农群众，贷款要有担保人，要付利息，贷款金额有一定限制，期限一般不超过 6 个月。贷款业务的开展，促进了根据地的工农业生产和商品流通，尤其促进了根据地合作社事业的发展。

（五）发行公债

发行公债是为了支援战争，进行经济建设。1933 年中央革命根据地银行发行了 300 万元经济建设公债，是毛泽东提出的一项办法，他曾在《必须注意经济政

---

① 张权复等：《湘鄂赣革命根据地文献资料》第 1 辑，人民出版社，1985 年，158 页。

策》中提出当时发行的经济建设公债主要用途:"一百万供给红军作战费,两百万借给合作社、粮食调剂局、对外贸易局作本钱。其中又以小部分用去发展生产,大部分用去发展出口贸易。"[1]

二、抗日根据地和解放区的农村金融

(一) 抗日根据地银行的建立

1931 年九一八事变后,日本帝国主义侵占中国东北地区,中华民族面临着亡国灭族的危机,民族矛盾上升为主要矛盾。全国一致反抗日本帝国主义的侵略,成为全中华民族共同的首要任务。1935 年 8 月,中国共产党发出"八一宣言",提出建立抗日民族统一战线的主张。震惊中外的西安事变爆发后,中国共产党从民族大局出发,全力促成西安事变和平解决,开始了国共第二次合作,推动建立了抗日民族统一战线。

1935 年 10 月,中华苏维埃共和国首都由瑞金迁至陕西延安。12 月瓦窑堡会议后改为"中华苏维埃人民共和国"。1937 年 9 月 6 日,中华苏维埃人民共和国最后一个政府机关"中央政府西北办事处"变更为"中华民国陕甘宁边区政府"。1937 年 9 月 22 日正式宣布取消。中华民国陕甘宁边区政府,也正式编入国民政府体制下,中共领导的红军和各地的武装部队也分别整编为八路军、新四军,同属国民政府的抗日部队。

中国共产党领导的八路军、新四军挺进敌后,建立了若干个抗日根据地。在领导人民群众,开展游击战争的同时,不断地扩大了敌后抗日根据地。至 1944 年,各敌后抗日根据地和陕甘宁边区建立的抗日民主政权,有行政公署 22 个,专员公署 90 个,县政府 635 个。[2]

1935 年随长征到达陕北的中华苏维埃共和国国家银行与陕甘晋苏维埃银行合并,改称国家银行西北分行。1937 年陕甘宁边区政府成立,该行于同年 10 月 1 日改为陕甘宁边区银行,总行设在延安,资本为 10 万元,1941 年边区政府财政厅又拨款 120 万元作为银行资本,并在绥德、三边、陇东、关中设 4 个分行。

1938 年 1 月,晋察冀边区行政委员会决定建立银行,同年 3 月于五台区石嘴村成立了晋察冀边区银行。并设有冀中、冀晋、冀察和冀东分行。在晋察鲁豫边区,1938 年 9 月在冀东南曾成立上党银号。1939 年 10 月建立冀南银行,并将上党

---

① 胡娟:《1927—1949 年中共的金融思想和金融工作实践研究》,河南大学硕士学位论文,2008 年,2~3 页。

② 人民出版社:《抗日战争时期解放区概况》,人民出版社,1953 年,4 页。

银号并入。1941 年又将鲁西银行改组，成立太岳、太行、冀南、冀鲁豫区行。在山东，1938 年 8 月在胶东、黄县、掖县成立北海银行。1940 年迁往鲁中南临沂，并设有胶东、滨海、鲁中南分行。在晋绥边区于 1940 年在原兴县农民银行的基础上成立了西北农民银行。其他根据地也相继成立了银行。1940 年，西北农民银行在晋绥根据地成立。1944—1945 年，淮南银行、淮北银行、盐阜银行、大江银行先后设立（后合并为华中银行）。

抗日根据地银行是边区政府领导并出资成立的政府银行，是边区政府组织机构不可缺少的一个组成部分。根据地银行除了经营存款、发放农贷、投资工商业、办理汇款，还接受政府委托发行本币、代理金库、经理公债、买卖金银，开展对敌货币斗争。

边区银行执行政府的经济政策，发行本币，保护人民财富，稳定物价，支持财政，发展生产，为巩固抗日根据地，支援抗日战争提供金融服务。随着抗日战争形势的发展和边区社会环境的变化，不同时期边区的中心工作各有不同，边区银行的任务也有变化。陕甘宁边区银行成立之初，资金力量不足，其主要任务是积累资金、壮大本身的资金力量，利用国民政府发给八路军的军饷，通过经营光华商店，组织物资进口，保障公私需要。皖南事变后国民党政府停发军饷，对边区实行经济封锁，外援断绝，边区经济发生困难，这时银行的主要任务是解决财政困难，支持财政预算，扶持生产事业，发展公私经济，发行边币调剂货币流通，发展国民经济，奠定自力更生的基础。在大生产运动开展起来之后银行的任务，一方面继续放款，支持生产，支持贸易，另一方面集中法币，适当收缩边币，稳定金融，对财政由支持政策转为临时周转的政策，使边区出现了生产欣欣向荣，人民丰衣足食的局面。[①]

（二）抗日根据地的农村金融事业

边区农业占国民经济总量的绝大部分，边区 90% 的人口从事农业生产，边区军民的吃穿用主要靠农业，因此发展农业生产就成为边区军民的首要任务。边区银行把农贷放在第一位。边区西北局对贷款对象规定为，一是贫农，二是中农，三是由政府安置的移民和难民。陕甘宁边区 1942 年发放农贷 404.27 万元，其中耕牛农具贷款占 39.1%，青苗占 28.5%，植棉占 23.5%，纺织等副业占 8.65%。在贷款对象上，据子长、延长两县和安塞一个区的调查，贫农占 92.5%，雇农占 5.6%，中农占 1.8%，富农占 0.2%。[②]

---

① 詹玉荣：《中国农村金融史》，北京农业大学出版社，1991 年，228～229 页。
② 中国人民银行教材编审委员会：《中国近代金融史》，中国金融出版社，1985 年，282 页。

为了进一步搞好边区农贷工作，1942 年 12 月在西北局高级干部会议上，毛泽东发表了《经济问题与财政问题》的报告，对农贷工作提出了七项原则：农贷要放给有劳力而无耕牛或农具的新老移民、难民和贫农；举办实物贷款，做到钱物结合；农贷要有计划地放在荒地多、需款迫切、又能生产获利的县区；要改善放款组织，简化贷款手续，棉、麦、青苗贷款要专款贷放；贷款要不违农时。根据这个精神，延安"解放日报"于 1943 年 1 月 19 日发表了《迅速发放农贷》的社论，要求各级党政机关应把此事作为主要工作之一，使农贷发挥更大的作用，促进边区经济的进一步发展。

由于农贷发放及时，手续简化，保证了重点，提高了农贷效果。尤其是大生产运动开展以后，农贷数额逐年增加，1942—1945 年陕甘宁边区农业贷款由 500 万元边币增长到 34 589 万元边币，增长 68 倍。其他边区农贷也有大幅增加。

农贷在边区农业生产中帮助农民解决生产资料、扶持副业和组织救灾度荒上起了很大作用。如 1942 年陕甘宁边区，延安、子长等七县 8 025 户贷款 158 万元，结合自有资金 103 万元，买耕牛 2 672 头，农具 4 980 件，开荒地 10 万余亩，估计增产粗粮 26 000 余石。1944 年晋察冀边区发放牲畜贷款 2 000 万元，实物贷款贷出粮食 18 000 石，并发动群众资金互助，从而补充牲畜 22 000 余头，为该区发展农业生产提供了物质保证。截至 1945 年 2 月，晋察冀贷出抗币 40 亿元，晋绥贷出 2 亿元，晋冀鲁豫 15 亿元，苏皖 5 000 万元，山东 2 亿元，折合当时法币约 193.8 亿元。[①]

（三）新解放区银行的建立

抗战胜利后，一些新解放区又建立了新的银行。如东北解放区在沈阳成立了东北银行，与此同时还成立了一些地方银行如合江银行、牡丹江实业银行、吉林省银行、嫩江省银行和辽东银行，这些地方银行于 1947 年分别并入东北银行各分支机构。

在大连，1945 年 11 月成立大连工业、农业、商业三家银行。1946 年合并成立大连银行，1947 年改名关东银行，在旅大地区成立了关东银行，内蒙古地区成立了内蒙古银行，中原地区成立了中州农民银行等。一些抗日根据地原有的银行也进行了调整。1948 年 5 月晋察冀边区银行和冀南银行合并成为华北银行。1948 年 1 月，陕甘宁根据地银行和晋绥的西北农民银行合并为西北农民银行。

随着解放战争形势的顺利发展，解放区逐渐连成大片，金融财政业务也逐渐统一起来。1948 年，华北、华东、西北等几个大的解放区举行财经会议，先将各区内的财经工作统一，再逐步推进全解放区的财政统筹调拨和财经政策统一。

---

① 孟宪章：《中国近代经济史教程》，中华书局，1951 年，278 页。

1946 年，晋察冀、晋绥、山东的渤海区、晋冀鲁豫的银行首先实现通汇。1947 年，中共中央批准了华北财经会议决议，华北、西北和华东三大解放区之间首先进行了货币统一工作，冀南银行、晋察冀边区银行、北海银行和西北农民银行货币按固定比价统一流通。到 1948 年，随着中国人民解放军的不断胜利，各解放区逐渐连成一片，迫切需要货币的统一。在广东，1948 年底至 1949 年春，潮汕、东江两解放区的人民政府，分别设立了裕民银行和新陆银行，同年 7 月改组为南方人民银行，并在潮汕和梅州设立分行，发行南方人民币。

在中国共产党的领导下，人民解放军转入战略反攻、不断取得胜利之时，1948 年召开的各解放区联合财政会议，决定将华北银行、北海银行、西北农民银行合并组建为中国人民银行，以原华北银行为总行，1948 年 12 月 1 日中国人民银行在石家庄正式宣告成立。中国人民银行分支机构也设立起来，有的是由各解放区原有的银行改建为中国人民银行所属机构，有的是从各解放区原有银行抽调干部组建中国人民银行所属的新的分支机构，有的是以接管官僚资本银行为基础在各城市组建中国人民银行所属的分支机构。①

---

① 胡娟：《1927—1949 年中共的金融思想和金融工作实践研究》，河南大学硕士学位论文，2008 年，12～14 页。

第十一章　土地问题

近代各个历史阶段的农业政策、农经制度、社会变动的情况异常复杂，各类土地占有状况、隶属关系、管理政策也各不相同，封建朝代的土地占有的矛盾和疾症仍然存在。在晚清和民国的土地关系中，还存在着严重的封建主义的生产关系。尤其是外国资本主义势力侵入农村，与传统的地租剥削结合在一起，束缚了农村生产力，阻碍了社会的发展。

第一节　土地问题与农村阶级分化

自鸦片战争以后，随着晚清政治形势、社会性质的改易，旧的土地制度与农业政策在逐渐淡化，官民田结构与其占有关系发生变动，原有的旗地、官田、屯田、寺观田等逐渐向民田转化；各类农田特别是民田（私田）的产权转移频率增高，土地兼并严重；田产处理中的半殖民地因素增强。[①] 凡此种种，皆导致了农村经济的变革、新的农业生产关系诸因素的萌生。随之而出现了农业经济领域的动荡和一系列的百姓生计之危机。严酷的局面迫使人们去谋求新的办法，寻找新的出路，创造新的生机。

一、官田、公田私有化

在清代，庄田、旗地、牧地、屯田等各类官田是不允许典当和出卖的。它作为

---

① 李文治：《中国近代农业史资料　第1辑　1840—1911》，生活·读书·新知三联书店，1957年，233～250页。

大宗国有资产，由清朝中央政府统一管理拨用，不准旗人、勋臣、王公或地方衙门擅自转让到不同部门或私售于民间。乾隆《大清会典》《大清律例》、嘉庆《大清会典》均有专条法令，予以申禁。虽然年长日久，曾出现过一些暗中转租、偷卖、盗卖旗地公田的行为，但这种现象，在清朝前中期并没有达到公开化和普遍性的程度。晚清鸦片战争之后，西方资本主义侵入，中国的政治和社会经济一步步地发生了变化。其中，旧的传统封建制度中的国有土地制度受到了西方列强入侵的冲击，使其产生动摇，并逐渐消亡。

清政府和历代封建政权一样，是建立在自然经济基础上的，它出于政治的需要，坚持重本抑末、重农抑商的传统政策。在清朝统治者看来，乡村人口多为社会中的安定分子，因其拥有土地而趋向保守的本性，易于管制的统辖。清朝的统治者认为："人聚于乡而治，聚于城而乱。"[1] 为了便于统治国民，朝廷总是力图把广大农民拴系于土地上，使其各守本分地生产和生活。在土地私有制占主导地位的封建社会，主政者要以国家的名义直接掌握一部分土地即官田，以调剂农业经济，防止因土地兼并，地产过分集中，使贫穷的农民由此失业，而四处流亡并涌入城市。当然其中含有圈地图财之因素。例如，到晚清时期，有皇庄、王庄之设置。在咸丰、同治以后，违禁转让与典卖官田的现象逐渐增多。以屯田为例，在江苏上元、江宁、句容、江浦、六合各县，虽是"例禁典卖（屯田），然私相授受，随处皆有，自知违例，每多隐讳"[2]。江西、湖广、安徽等各省区，皆同样存在着类似的情状。光绪、宣统年间，民间随时随地顶让屯田，私相交易的现象有增无减。在浙江北部地方表现得较为突出，当地方志这样记道："屯田之不清久矣。自遭庚申乱后，荒白居多，加以土民隐匿，客籍占垦，屯田之存，益寥寥无几。"[3] 旗地的转让与出售也是屡禁不止。如直隶地方，满族旗民将田产暗中卖与汉族农民，官府无以知悉。同样，在江苏、浙江一带，旗人往往将"龙批（旗产）抵押民户"[4]。清政府面对这种无可奈何的状况，不得不于咸丰二年（1852）勉强地承认旗地买卖行为。中间经过几次反复后，最终于光绪三十三年（1907）放弃了对旗地的控制，听其自由买卖。[5] 同时，朝廷又在光绪二十七年至二十九年先后允许江苏、安徽、湖北、

---

① ［清］顾炎武：《日知录》卷一二《政事项》。
② 光绪《句容县志》卷五《田赋》。
③ 光绪《嘉善县志》卷一〇。
④ 张鸿：《量沙纪略》初集《旗地之沿革》。
⑤ 李文治：《中国近代农业史资料 第1辑 1840—1911》，生活·读书·新知三联书店，1957年，204～205页。

山东等各地民间顶卖屯田，升科征赋。① 另外，光绪二十八年清政府又在财政困难的压力下，对官荒地进行清丈，并相继在蒙古及东北地方组织垦务，招民交钱（价买）自由垦种。② 以上种种举动，除了欲解决财政问题，在很大程度上是迫于商品经济因素的增长，迫于社会危机和政治危机，而去适应土地市场活动环境，尤其是去适应官僚买办资产阶级和一些地方豪绅的土地要求，以换取对方的支持。

清乾隆十八年（1753）时，诸类官田为 4 300 万亩，约占当时全国总耕地面积73 500万亩的 6%。到嘉庆十七年（1812）由朝廷直接掌握的官田增加到 8 300 万亩，约为全国耕地面积 78 800 万亩的 11%。③ 后至光绪十三年（1887）虽然由于庄田、军田等官地转让与典卖的弛禁，其数目减少了许多，但其官田本身在减少的同时又不断地括进，两者相抵后，官田所占比重基本未变，仍然占到总耕地面积84 776亩的 11%～12%。④ 如果将这些官田与地方各省的公田相加，其数量就更加庞大了，即算上地方各省的学田、芦田、赈田、族田等公田，非私田就占到全国总耕地面积的 30%之多。⑤

在清朝前中期，公田是禁止买卖的，但到晚清特别是民国时期，公田也普遍地进入土地市场，被大量地进行交换。就总体而言，官田公田之买卖，在晚清仅仅是处于初兴或启动阶段，其广泛而全面的进行则是在民国时期。

辛亥革命后，旧官僚和买办资产阶级窃取了中华民国政权，但孙中山的民主、共和思想深入人心，旧政体终究不能复辟，国家的统治形式还是向着资本主义的方向发展。国民政府面对帝国主义列强的经济侵略和本国资产阶级势力的壮大，其自身在不断地买办化和"资本化"，有意无意地放弃对自然经济的保护，适应资本主义经济和半殖民地经济的发展，从而进一步开放土地市场，大卖国有土地。首先是取消前朝的"皇命领地"，由政府设立官产局，全面出卖陵地和王庄等官地。如在京城附近河北省及辽宁省等地方，由当地政府对官田作出官价，令原庄田或旗地上的耕户按亩出钱，"留置为业"，升科纳税。⑥ 其次是继续推行晚清以来的放荒政策，允许人们在内蒙古、东北三省等地，出银购置官荒地（主要是旗地）进行移垦。民间投资官荒田者（包括一些官员）争先恐后，越来越多，致官荒田价格持续

① 李文治：《中国近代农业史资料 第 1 辑 1840—1911》，生活·读书·新知三联书店，1957年，207～208 页。

② 〔匈〕马札亚尔：《中国农村经济研究》，陈代青、彭祖秋译，上海神州国光社，1930 年，218 页。

③ 戴逸：《中国近代史稿》第 1 卷，人民出版社，1958 年，13 页。

④ 光绪《大清会典》卷一七、卷八四、卷九四。

⑤ 钱俊瑞：《中国现阶段的土地问题》，《中山文化教育馆季刊》1934 年 3 期。

⑥ 陈伯庄：《平汉沿线农村经济调查》，上海交通大学研究所，1936 年，6～7 页。

增长，在短短的两年中，便涨到了清末的 10 倍以上。① 史称："在辽宁、吉林、黑龙江、热河、察哈尔、绥远移民很有希望的诸省，大部分官田也积极迅速地变为私产。自 1905—1929 年，二十四年之间，黑龙江的 95％ 的土地，皆归私人所有，大部（分）转入大地主之手。"这种官产私有化，主要是通过贸易或交换之手段而实现的。华北如此，华中、华南也如此。湖北、湖南、江苏、广东、广西各处，皆因政府土地政策的放松和改变，致官田公地的自由买卖异常盛行起来。特别是在四川，各类土地，"过去三分之一以上，集中于庙、寺、祠、会、公家、土司之手。②此为前资本主义（封建性）的土地所有关系之表现。此种土地在所有权上因为受到封建关系的制约，不易自由出卖；而其代理人即封建势力。换言之，即此种土地所有关系，是封建性的，不是自由买卖之商品性的。……但至民国以后，公共田地被官卖、私卖、提卖殆尽，使三分之一的土地，完全加入自由买卖之商品化过程"。③受其影响，许多地方如江苏南部各县的族有田产也于 1932 年前后，处于私相买卖的方式中。从前各地施行的对官田、公田的管理制度，诸如登记、清查、办理经营手续、阶段性处理案等，一切的一切，都随着官田公地性质的变化而自然消失。

当然，官田公地的私有化过程并不是随时着中华民国的建立而一次性完成，而是通过市场的买卖形式，在各省不平衡地、断断续续地进行着，直到全面抗日战争爆发前夕才算基本结束。官田、公地进入市场，是社会更替所致，是一种历史的必然现象。因为当时与土地私有制相对应（并列）存在的土地国有、公有制度带有封建或半封建的色彩，它与民国的共和政体不合，难以共存。即中国的封建王朝或封建政权最终覆灭后，旧的官有、公有土地制度就失去了存在的基础和必要性。新的国家政权不是像从前那样直接控制适量的土地（国有），去调节土地私有制，尽可能地保证人民有均等的耕作机会，安排劳动力耕种官田，纳租较轻，耕者如同田主享有实惠，让其固着在农田上生产和生活。而恰恰是欲扩大土地私有化，加速土地兼并，让较多的人失去农业生产资料，迫使他们离开土地，走向工厂、码头和矿业生产部门，从而产生大量的雇佣劳动之队伍。如上所述，民国政府就是这样欲有偿地放弃自然经济所必需的和必要的调节器——国有和公有土地，去适应资本主义经济和半殖民地经济的需要。

由于大量的国有和公有土地参与市场交换，使国内土地贸易的范围和规模增大了，地产集中的现象更为严重了，1912—1930 年的十几年中，长江流域和松花江流域出现了一批拥有几千亩以至上万亩的新的地产所有者，这是与官田、公田的私

① 《东北三省垦务概况》，《农商公报》1915 年 14 期。
② 陈翰笙：《现代中国的土地问题》，转引自冯和法：《中国农村经济论》，上海黎明书局，1934 年，220 页。
③ 吕平登：《四川农村经济》，上海商务印书馆，1936 年，131 页。

有化有着很大关系的。

二、土地兼并状况

在各类土地中，民田分布最广，数量最多，是农田之主体。在各省的府、厅、州、县，民田之名色很多，各地称谓不同，有优免地、行差地、更名地、寄庄地、拨补地、退出地、恩赏地、香火地、归并地、开垦地、溢额地等。其中优免地即为免差地。所谓行差地一词，出于赋役全书，乃是自雍正二年（1724）实行摊丁入亩之后，差由地出，令州县承办之故。寄庄地，其特点是甲县之田主购买了乙县境内的土地，等同于将所属田权"寄存"于乙县境内，谓之寄庄，此类田地的赋税例由乙县按照甲县粮则（地税标准）代征，移解甲县，转解司库。更名地，系前朝明代的官绅遗地，编入所在州县之册簿，改为民间产业，故称更名地。综合起来讲，民田，顾名思义是民间占有的田地，是为国民的私有财产。按政策规定，它要承担国家历年例征的正项赋税，充当国家财库的主要进项。并且，民田向来都是可以继承、转让和自由典卖的。

晚清时期，民间田产日趋集中，土地兼并严重。各地的豪绅地主，通过接受投献、倚势侵夺、合法购买等形式，大量地占有土地，使众多百姓失去恒产，沦为佃农，从而使阶级分化，贫富走向对立。陶煦《租覈》记载：江浙一带，"上自绅富，下至委巷、工、贾、胥吏之俦，赢十百金，即莫不志在良田。然则田日积而归于城市之户，租日益而无限量之程；民困之由，不原于此乎"？太平天国运动后，安徽、江西、浙江、广西各地，殷实富户，求田问舍，朝秦暮楚，阡陌如云。其中，皖南南陵的 4 户大地主占田颇多，有一户掌握田产 2 万余亩者。[①] 在江淮流域及华北数省，湘、淮各系军官与地方官僚的土地兼并尤为突出：李鸿章、曾国荃、刘铭传、张汝梅、袁甲三、张树声、徐善登、王孙斋、周田畴、王海等官僚地主，在安徽合肥、凤台、宿州、芜湖、建德，江苏清河、六合，浙江秀水、山阴、慈溪，湖南长沙、湘乡，河南项城，直隶顺天、天津等各地，占有众多田产，少则上千亩，多则上万亩，以至数十万亩。[②]这些官僚地主，以强权侵夺为手段，侵土括地，愈演愈烈。同时，商业高利贷者对农村土地的兼并也是造成近代土地集中的重要方面。晚清，国内仍然存在着传统商业资本向土地资本转化的趋势，仍然存在着传统的"以末求富，以本守之"的财富观念思想，因此，各地商人依旧是积极购置田产。他们像那些军阀官僚一样，在江、浙、皖、赣各地，较为普遍地投资土地，不遗余力地

---

①② 李文治：《中国近代农业史资料 第 1 辑 1840—1911》，生活·读书·新知三联书店，1957 年，176、189 页。

参与了兼并土地的风潮。如在社会经济大气候的影响下，江苏海州的殷克勤、葛润田、姜有珍等富户，在光绪、宣统年间，皆是有千亩万亩良田的商行开办者。① 山西平阳大贾"亢百万"占地数万亩；直隶文安的张锦文，为大盐商，同治时，连续收买土地 2 万余亩。② 浙江、福建、山西各处皆有相似的现象。农村是高利贷长期占据着的一个最为广阔的地盘，放账者往往以债权人的身份通过低价抵押等手段夺取耕者的土地。湘、鄂、赣地方，人称"以债折地，凶猛如虎""田归钱庄，源源不断"。山东临清的际字号、兴字号、永字号三大银号，都是大地主兼高利贷者开办的，他们皆有数千亩以上的地产。其中开设永余厚钱铺的孙氏财主，有上万亩田产。③ 陕西、内蒙古、山西的钱庄、票号经营者大多通过抵账方式，成为大地主所有者，晋中榆次的王氏及介休县的冀氏皆是经营票号起家的，在光绪时期他们的田产多到跨县、跨府。光绪初期，就连陕西渭南的一个业余的高利贷者也能括取肥田几千亩。④ 各种类型的土地兼并，使国内南北各地的土地占有状态极不平衡，大多数的农户，缺地、少地或无地；较少或极少数的民户包括官僚绅士，则占有众多的土地。光绪中叶，苏北地方占有 30 万亩和 40 万亩农田的地主分别各有 1 户，拥有 4 万至 7 万亩土地的田主人数则不少。而绝大部分的农户则是无地或少地。直隶武清县，家有 10 万亩土地的地主仅有 2 户，占田上万亩者，为总民户的 10％；山东莱州，有 10 万亩土地占有者 2 户，有万亩田产者，占总户数的 10％；益都县有 1 000 亩土地的田主仅 2 户，占田 500～600 亩者为 10 户，成千上万的农民是无地、少地者。⑤ 全国各地的情况，多与此相似或相近。大量的农业生产资料被控制在少数人手里，形成一种不合理的土地产权结构。

进入民国以后，封建主义的政治制度虽然被消灭了，但是有关封建主义的社会基础、习惯势力、历史影响还依然存在，旧的经济形式（包括金融活动方式）还没有扫除，甚至没有被打破。当时国内出现了军阀大地主阶层，如袁世凯、张作霖、冯玉祥、唐生智、阎锡山、刘文辉等南北各地的军阀都割据自立，都以自己的武装实力和政治实力占夺民田，带有很大的封建性和以强凌弱的传统的掠夺性。对此，史料记道："在湖南省新化，有陈家有田约五十万亩，聂云台有十余万亩。此外，如衡阳赵家（前湖南督军赵恒惕家）、新宁刘家（前清督抚刘坤一家）及洞庭湖畔

① 《中国大事记补遗》，《东方杂志》1910 年 6 期。
② 民国《文安县志》卷六。
③ 李文治：《中国近代农业史资料 第 1 辑 1840—1911》，生活·读书·新知三联书店，1957 年，191 页。
④ ［清］樊增祥：《樊山公牍》卷一二。
⑤ 《英国皇家亚洲学会中国分会会报》，1889 年 23 卷，79～117 页。

多数湖田地主，其所有地都在一万亩以上。湖北西部的土地，大部分为一个地主占有着。如河南袁世凯家，占有着彰德所有地的约三分之一。……原本中国北部，如在河北、山东及河南的一部分，的确中农占大多数，大地主极少；但是在这些省份，军阀、土豪劣绅俱占有着极大的势力，同为农民经济的榨取者、农村政治的支配者，尽收夺农民的土地。例如，直隶省党部农民部，说十万亩以上的大地主，占有土地的最大部分；热河区党部农民部，报告在该区北部，将属于蒙古王公的所有的肥沃的土地，一个军阀，每几十万亩地派遣军队使割让，与劣绅、官僚合资开垦。在汤玉麟、阚朝玺、米振标、张连通、吴俊陞等军阀、劣绅、官僚的掌握中，占有着八九亿亩的土地。在山东，也有由于农民经济的破产，土地以二元一亩的廉价，集中于王占元、潘复等军阀、官僚的大地主的情况"。① 同样，曹锟兄弟们是天津静海一带最大的地主；陈炯明是广东海丰的头号地主；安徽霍邱的张敬尧、阜阳的倪嗣冲，皆是当地田连阡陌者，各占农田七八万亩以上。② 他们夺民产、私筑圩，横行乡村，肆无忌惮。在土地恶性兼并方面，同样少不了高利贷的肆虐。南北各地的高利贷大多采取了抵押借款的形式，而纯粹的信用借贷是极少的。农村中的地主、豪绅等货币持有者首先要求借贷人提供田宅、物器等抵押品，然后才肯借款给贫困的农户。他们常常以货币垄断的优势胁迫急需银钱的人们就范，从而达到一箭双雕的目的——既可获取高息，又可实现追求债户不动产的愿望。其中使他们最感兴趣的是对自耕农土地的括取。

从多种资料上看，民国时期中国村镇以田产做抵押的贷款事例很多，在山西之平定、平顺、介休地区，抵押贷款中的80％是田产抵押；陕西豫北一带的土地抵押贷款情况也较为严重，至少占到60％。就是田产抵押较少的河北定县一带，也达到了40％③。这些出抵土地借债者，往往无力按时筹还欠款，还款期限一过，农田便归债权人占有。内蒙古河套地区的许多自耕农，1930年前后，因被高利贷者将土地收去抵债而纷纷破产。那时，晋中、晋东南农民的土地也被放账者（地主和富商）不断地括走。其中，平顺县城的一个地主以高利贷手段兼并了一个村庄的大半土地，并在1935年的10个月内以追债的形式从农民手中夺去了几百亩土地。④江西玉云县的一个地主，在30年中，通过高利贷手段使他自己的地产从30亩发展到1 000亩。⑤ 江苏盐城农民在1928年失去了21％的土地，其大部分是被高利贷者以抵押的形式收走的。如此疯狂残酷的土地兼并，加快了当时土地集中的进程，

① 〔日〕田中忠夫：《中国农业经济研究》，汪馥泉译，上海大东书局，1934年，12～14页。
② 吴寿彭：《逗留于农村经济时代的徐海各属》，《东方杂志》1930年27卷6号。
③ 李景汉：《河北定县农村借贷调查》，《中国农村》1935年1卷6期。
④ 陈翰笙等：《解放前的中国农村》第3辑，中国展望出版社，1989年，82页。
⑤ 吴清友：《中国土地问题》，《新中华》1935年3卷13期。

对小农经济和社会生产力产生很大的破坏作用。

三、外国资本入侵农村

资本主义各国对中国农村土地的占夺，也是一项重要的近代土地问题之方面。如此行为，在第一次鸦片战争后，形成了一种日益严重的势态，从而增进国内土地经济的半殖民地化之进程。

外国侵略者占有中国土地的时间较早。远在 1860 年，中国政府迫于英、法殖民主义的威慑，答应了对方关于"传教士在各省租买田地，建造自便"的要求，并被写进丧权辱国的《北京条约》里。各国教会利用这一护身符，陆续在沿海沿江各处零星地收买民田，进行居住和经营。到 20 世纪初已初具规模。其时在内蒙古茂明安一带，已有一些河渠和农田被法国和比利时教会买走，他们还利用庚子赔款低价（每亩抵银一两）收取了河套地方土地 20 多万亩。在教会购田的影响下，一些外国资本家也开始于清末在武汉、苏州等处置买田产。① 俄国商人还在内蒙古的满洲里，黑龙江之哈尔滨一带收买民田 200 多万亩。② 他们无视中国主权，肆无忌惮地占用中国农田。

帝国主义普遍而疯狂地购置或掠夺地产，发展殖民主义势力，是在民国前中期全面展开的。北洋军阀统治时期，中国的内政、外交基本是控制在帝国主义列强之手中。各国侵略者都曾在中国政界、军界选定了代理人，各自操纵了海内各派军阀势力，到国民党新军阀统治时期也是如此。中国政权的买办性，造成了国内土地主权的进一步丧失。清末民初，德国侵略者于山东青岛、海西半岛取得了购地特权，并买得土地 1.4 万亩。③ 随之，美国、英国的商贸组织分别在吉林、河南、山东各处大量购买地产，开办生活区和营业区。同时，教会势力再次兴起，于全国范围内广泛地置买民田，获取赢利，其购地之举，在江苏南通、湖北黄冈、山西忻州等处较为盛行，肆意扩展租界地，举办侵略性的农业活动。特别是四川地方，1930 年前后，因其"土地价廉，教会在四川大量收买土地，……如成都之华西外南学校区（耶稣教会），占地二千余亩。是至天主教会，在川省塞僻地方，潜滋暗长，收买农田最烈，川西有三十万亩之多，并且收租谷不缴捐税。如彭县白鹿场之天主堂，买农地一万亩以上，其上下两学校占田一千亩以上"④。一时间，偌大的四川农村成了洋地主和土地主共同的天下，境内的土地占有关系形成了中外结合，各自分割主

---

① 《时报》，光绪三十三年七月二十四日。
② 许兴凯：《日本帝国主义与东三省》，上海昆仑书店，1930 年，90 页。
③ 袁荣叟等：《胶澳志》卷九，1928 年。
④ 吕平登：《四川农村经济》，上海商务印书馆，1936 年，90 页。

权的势态。

在各帝国主义国家通过市场以资本的力量夺取中国土地主权的过程中，最积极、最凶狠的要数日本帝国主义。第一次世界大战期间，日本驻奉天（沈阳）领事馆在热河地方和辽宁新民县以及绥远地方大量收买土地。1920 年前后，日本满铁会社以及日商加藤定吉、三露秀一等先后在郑家屯领事馆辖区内的通辽县地方，买得大面积的土地数处，都是"数十万乃至百余万的大面积、适于农业及造林……"①1921 年日本的东洋劝业株式会社在沈阳成立，拥有资本 5 000 万日元。此乃为日本商界在东北投资地产的最有实力者，它在不到 10 年的时间内，于黑龙江、辽宁、吉林 3 省收买土地 200 万亩（12.46 万町步）。另外，日本的佐佐江农场、华锋公司、东省实业会社、蒙古产业公司、早间农场等一般的企业和个人，于1929 年以前，共收买了 226 万亩农田。② 由于以上种种的蚕食，那时，中国东北三省土地主权损失颇大，已成为一种严重的民族危机和社会危机，故时人曾称东北三省为变相的沦陷区。

日本侵略者对中国土地主权的蚕食范围甚广，他们野心很大，四处伸手，无孔不入。不仅在边疆大量疯狂地收买和控制地产，而且也注意对内地土地的收买和占用。1919 年时，河南北部的安阳地方闹旱灾，土地价格降到最便宜的程度，日本帝国主义资本控制的大韩公司乘机去往收买地产，很快获得 7 000 多亩土地。③ 继之，与此相关的白壁公司也在附近州县购置了不少的农田。

各帝国主义列强在中国掌握和获取土地主权的方式多种多样：有直接用货币买取者；有勾结封建势力暗中取占者，如英美烟草公司于 1914—1915 年，在河南、山东的地产购置。也有借用军队之威力强迫收买者，如 1921 年日本人在山东青岛地方开辟国武农场等举动。还有通过债务手段收买地产——以田抵债者，如1917—1925 年，日本人在东北延吉、珲春、敦化、铁岭、东宁等处对民田的括取。④ 可以说，他们都是为了达到目的而不择手段。在以上各种涉外的土地产权变化活动中，包含着许多不正常的超市场、超经济的侵略因素，表现出一种不合理、不平等的民族关系。侵略者动辄将土地交易牵扯到重息贷款的金融活动中去，搞起了高利贷剥削与市场交换相结合的形式。土地贸易被限制在民族剥削和民族压迫的范围之内，使价值规律往往不能发生作用。实际上，土地主权的转移成了国际强权的侵夺。

"土地主权流失于外"，是在列强的军事侵略、商品侵略的基础上进行的，它是

---

① 中国社会科学院经济研究所藏日文档案，482 编 1285 号。
② 许兴凯：《日本帝国主义与东三省》，上海昆仑书店，1930 年，43～46 页。
③ 时因：《安阳的租佃及雇佣》，天津《益世报》，1936 年 10 月 31 日。
④ 《近闻》，《农商公报》1924 年 9 月 122 期、1925 年 4 月 129 期。

列强的资本势力在中国增长和发展到一定程度或一定阶段的产物。它是各帝国主义国家在中国进行经济扩张，加大资本渗透的一个重要形式，是列强殖民政策或殖民主义的一种重要体现，是侵略者企图以物质手段占领中国，进一步控制中国经济命脉的一项基础性工程。例如民国初年，"日本所设之拓殖株式会社，资本有六千万（日元）之多，本专以在中国及南洋群岛拓地殖民为事。兹闻该社奉日政府之命，议定在胶济铁路沿线无限制收买产业，并在青岛沿海无限制收买盐田。已收买之田产，即招日本农民前往治理，分年缴拓殖会社之田价"①。很明显，日本帝国主义对中国土地主权的侵夺，乃是其所谓大东亚战略的一个计划性内容，是打算在中国逐步实现殖民统治的一项预备性措施。

在中国主权和领土受到重大损失的半殖民地的近代，海内土地被列强的外力推进国际市场，频频交换，致中国的国运转衰。本来中国人口众多，耕地缺乏，农业生产资料供应紧张，不敷使用，再加上这种国际化的土地兼并，使相当困难的农村经济如雪上加霜，处境更为恶劣。这使官方的买办性更浓了，不仅要为中国人负责，也要承认和维护外国人的土地权利。相反，侵略者借用在中国的土地产权，发展租界面积，扩大势力范围，并为其资本输出、资源掠夺，创造了有利的条件。他们利用在中国取得的土地使用权办厂、开矿、经营农业（并出租地皮），分明是一种资本侵略的扩张和民族剥削的反动行为。如此现象，属于一种不平等的国际经济关系。

四、阶级分化

近代国内农民，在重赋、重役及自然灾害与战祸等种种打击下，不断出卖土地、家畜等财产，再加上帝国主义在中国倾销洋货，使许多农产品连续跌价，农家受困更重，许多自耕农以至一些中小地主纷纷破产，转为佃农或雇农。在晚清同治光绪年间，南方有约60％的农户家中无田可种，北方则有约30％的农户没有田产，基本算是破产。② 如据李文治《中国近代农业史资料》、中国人民大学农业经济系《中国近代农业经济史》等有关资料记载，直隶武清县，在光绪十四年（1888）失去农田者占农户的30％；山东莱州占40％；而农村贫雇农增加到农户的65.2％。光绪三十一年，江苏南通、昆山的无田户分别各自占到乡村总农户的56.9％和57.4％③。即使是自耕农其地位也很不稳定，具有日渐减少之趋势，他们往往面临

---

① 《银行周报》1920年10月4卷39号，84页。

② 李三谋：《明清财经史新探》，山西经济出版社，1990年，62页。

③ 中国人民大学农业经济系：《中国近代农业经济史》，中国人民大学出版社，1980年，108页。

生活困竭，失去土地的危险。他们当中的不少人，常常因无力购买肥料、农具、农畜和改善其水利条件，其经济状况逐步下降，致使许多农民日渐失去田产，沦为贫民无产者。

辛亥革命后，中国农村的阶级仍处在剧烈分化的过程中。虽然建立起中华民国新政权，但是农村的封建统治没有多大改变，其半殖民地因素有增无减。与晚清时期相似，"佃农增加，自耕农减少，即农民贫困化，从前有地可耕的农民，现时都变成穷光蛋了。其他方面，跟着佃农增加的趋势，耕地面积单位愈分愈细，生产力因之减弱，农村破产益发不可收拾了"①。其原因主要来自帝国主义的侵略和中国封建主义的压迫与掠夺。首先是列强直接向中国倾销米、麦、面粉、棉花、烟叶等物品，致使国内农产品价格下跌，百姓亏损。又有军阀、买办、贪官污吏、土豪劣绅的剥削，广大农村劳动者苦累不堪。如田赋、高利贷、苛捐杂税、军事徭役的沉重负担，再加上战争和灾害的打击，农耕不敷成本，又无从借贷，往往背井离乡，弃耕废种，垦殖之民不断地转为流民。当灾荒、兵祸过后，乡民逃亡未归之时，农田、牲畜皆贱，有利于富人收买和兼并，促进其财产的膨胀，正所谓"富者益富，贫者益贫，土匪因之日多一日"②。贫富两极分化，一方面，形成富农（农村资产阶级），另一方面形成农村无产阶级（雇农）。他们由于破产，脱离了自己的经济，靠出卖自己的劳动力来维持生活，而农民中的中农、贫农包括除了有土地以外的生产设备之佃农，则是富农与雇农之间的过渡阶级，被称为半无产阶级。在整个民国时期，阶级分化的趋势是由自给自足向贫困发展，即在广大农民中，雇农者占多数，富农或地主占极少数。如浙江省东阳、义乌等地，虽然"地主阶级年年增加，从前生活程度（指生活费用）较低，自耕农、半自耕农以收入支生产费，颇可自给；但近年物价腾贵，生活维艰，有因荒年之歉收，婚丧之消费，以致债台高筑，有由自耕农而变为半自耕农者；有由半自耕农变为佃农、雇农者。目下大地主虽少，而小地主各乡皆有，其数约占百分之十至十五"③。根据1927年的《生活汇刊》，江苏金山、武进一带的农民中，偶尔见到暴富者，但更多的是有产者变为失业者。当时众多的自耕农因经济周转不灵，往往将家底押上，以做决定性的一搏，欲做最大的努力和奋斗而走出困境。遗憾的是，这许多中等经济水平的乡民，虽然想通过贱售农产品和有关生活用品而急于得到货币以摆脱艰难，尤其是避免向高利贷借钱，但由于时势的恶劣，行情越来越坏，苛捐杂税日益增多，兵灾荒灾接连不断，最终还是得卖掉田产，还是逃不脱破产的命运。所谓道路走尽，办法想尽，精

---

① 陈翰笙等：《解放前的中国农村》第1辑，中国展望出版社，1985年，508页。
② 马伦和、戴尔仁：《中国农村经济调查》，转引自李锡周：《中国农村经济实况》，北平农民运动研究会，1928年。
③ 楼俊卿：《各地农民状况调查——义乌》，《东方杂志》1927年24卷16号，28页。

力耗尽，无可奈何，徒叹其经济地位的下滑。不仅江苏、浙江地方如此，四川、广东、广西各地情况大致相似。如 1926 年农民运动领袖彭湃在调查报告中说，广东海丰一带，原来"在二十年前乡中有许多贡爷、秀才，读书、穿鞋的斯文人，现在不但没有人读书，连穿鞋的人都绝迹了"①。湖北、湖南及河南等省，许多的中等农户的经济地位或生活状况普遍下降，常常有人离财散之虞，不时地担心会有一日走进贫困阶层。

在国内自耕农、半自耕农破产的同时，一些官僚、绅士、商人、地主、钱庄主人等利用重租、高息以及其他超经济手段的剥削，不断地添置财物，壮大家业。他们当中，有的继续放高利贷，夺人产业；有的依旧置田出租，剥削佃农；有的仍然贱买贵卖，用商业利润兼并土地。更有人利用长期以来积累的资本，租用土地，建立农场，雇工生产，成为农业资本家。这一阶层的人，在全面抗日战争爆发前，有稍稍增多之势，逐渐形成一个具有相当经济实力的新兴的农村阶级。

富农经济的商业因素很大，各地富农经营多与市场联系起来。一些较小较原始的农业资本家，较早接受西方近代文明，往往把一些进口的农业机械用于生产。如东北新荒一带，常有一田庄种田百余垧（600 多亩）者，也有大田庄内又分为几个小田庄者。各田场"熟荒多用牛、马、骡耕种，生荒大段，亦有机器开垦者"②。富农为了适应当时发展较快的农产品交换市场，还较多地调整经营内容和经营方向，讲求园艺，栽培经济作物，用以产生较快较多的效益。广东博罗一带，有财力之人用大面积租地栽培石榴、桃、柿、荔枝、李、柑、橘各树；江苏南通的富人多建菜园、果圃和漆园；东北吉林、沈阳等处的农场，经营板子营（人参植培场）；浙江嘉兴周围则以种姜获利。史称，当地农村，"种姜比种稻更有利，但须更多资本，风险也较大。因此只有比较富裕的农民才种姜"③。也有的富农是利用帝国主义商品侵略的某些疏松和空隙之处，乘机发展自己的商品，即努力经营和生产不易被洋货取代的国内市场需要的农产品——于侵略者势力所不及的小小空余之处谋求发展。如江苏南通富农雇工养鱼；湖北地方富户多是种漆树采漆；直隶北部和内蒙古、绥远一带则是办牧场。时人记道：在绥远的归绥东南，"距新城约十五里和白塔以西有一块以前属于蒙古人的名叫土默特的大牧场，现在（1926 年）租给牧场经营者了。后者已经在这里建筑了饲养牛、羊、马的畜舍厩圈，并且雇佣了很多放牧的青年"④。四川、察哈尔地方也有类似的现象。

---

① 彭湃：《海丰农民运动报告》，《中国农民》1926 年 1 期，54 页。
② 孙绍康：《东省农话》，《农商公报》1919 年 53 期，10～11 页。
③ 章有义：《中国近代农业史资料　第 2 辑　1912—1927》，生活·读书·新知三联书店，1957 年，440 页。
④ 《中国经济周刊》Ⅰ（英文），1926 年 290 期，156 页。

也有极少数的中等农户，在帝国主义、封建主义压迫的缝隙中艰难地发展起来，一步步地迈进农村资产阶级——富农的行列。他们在半殖民地的社会里，为了生存和发展，不得不顺应经济形势，改变经营手段，调整生产方向与内容结构，于农业活动中，逐渐添加商业或副业因素，并采用新的技术，积极搞活种植业等家业。在北洋军阀统治之末期，湖北当阳、宜昌一带，出现了一种"自作农兼地主"——即"自行耕种，兼收田租之一种农民也。此种农民多系由佃农出身，故虽有一部分田租可收，然其一种坚苦耐劳之精神，并不让于佃农。……其有一种确实之农事经验，应在村中首推第一。……吾乡所谓'新发户'者，即指此农而言"①。安徽省芜湖、南陵等处，也有许多中等农户在自耕己田的基础上，再租入一部分土地雇工耕种，使自己的收入增多，经济地位提高。湖南地方的这类由苦心经营致富和劳动致富者被称之为小财主。其地位居于地主与雇农之间，遇有重要之事，还得请示地主（因其入租土地），由其裁夺。他们一般皆有几千元的小资产，本人聪明，善于筹划，向一个或几个地主租入几十亩至几百亩土地，招来一些没有生产资料的依靠出卖劳动力为生的贫穷农民耕种。"每年除对于地主缴纳地租，对于雇农支给工资外，残余的都是自己的所得。"②

在中国农民阶级分化的过程中，所表现出来的富农经济成分不多，由中等农户发展起来的富农经济成分更少，小农经济在中国占有绝大优势。富农是剥削雇佣劳动、正在成长和壮大的农村小规模资本主义企业家，他们拥有耕畜及一切必要农具，使用大量的农田和较好的肥料，获取较高的田间收益，并大都带有某种商业性质，与市场联系较多。不过，江、浙、粤以及其他地区之富农类型并非单一，除了以上形态，还有一种半地主性质和传统封建主义的色彩，这些人往往也占有一部分土地，除了租入土地直接雇工经营，还出租一些土地，有的还兼放高利贷，甚至转租地主的土地。这后一种类型，属于落后的半封建生产关系，它是在旧社会传统地主经济残余的作用下形成的，也是与外国资本主义的意志分不开的，因为这种经济形式既可以适应他们经济侵略的需要，又可以限制中国农业的发展。

到第二次国内革命战争时期（土地革命战争时期），由于帝国主义经济侵略的加强和本国封建主义势力压迫的加大，农村的阶级分化形势更趋严重。如果说，在上一阶段一些中等农户还有升为富农的某种机会的话，而到了这一阶段，则几乎没有那种可能了，并且，不仅是大量的自耕农破产转为贫雇农，而且连一些中小地主也屡屡破产，富农的破产情况也不少，农村经济状况日趋衰落了。在1933年前后，

---

① 呵玄：《各地农民状况调查——当阳》，《东方杂志》1927年24卷16号。

② 〔日〕长野郎：《中国土地制度的研究》，强我译，上海神州国光社，1930年，431页。

由于连年的天灾人祸，使中国陷于水深火热之境。特别是"谷价低落，均直接或间接使地主的收入减少。即以秩序较为平定的江苏而论，多数的佃农皆以无力交付地租而被关在牢狱之中。地主不但感觉收租的困难，而且感觉田赋的繁重。……在最近十年之间（1923—1933）江苏田赋增加百分之九十。田赋增加的速率远超乎地租增加的速率，尤其当此谷麦跌价的时候，许多地主乐得把他们的田地卖出"[①]。无锡一带，不少地主因其经济收益的不断减少而往往借入高利贷款，由此而困难程度越陷越深，直至倾家荡产。安徽广德、广西宣武等处的中小地主之经济状况日益下降，纷纷流入贫困阶层。山西、陕西地方，有百亩左右土地的中小地主，经济地位也很不稳当，其田产往往有被大地主大官僚吞并的趋势。同样，在浙江省吴兴一带，在清末时号称为浙西地主的王国，土壤肥沃，租获颇丰，人们视田产为贼偷不走，火烧不掉，可以传给子孙万世的至要宝物。但是，在十年军阀混战期间，因受天灾战祸及世界经济危机的影响，遭洋商洋货的冲击和国民政府重赋重捐重役的打击，出现了"置田受累"之叹。当地一些仅恃少数田租收入的小地主，也可以说一向以绅士气息生存着的世家子弟、书香门第等有闲阶级，最先发生动摇。同时土地的分配，更觉不平衡了。仅有少数田地的人家，因为不敷一家的开支，任你在田价暴泻的目前，仍纷纷将田地出卖。[②] 国内其他地方，也皆普遍存在着类似的情况。显然，与上一阶段相比，这一时期，帝国主义、封建主义和官僚资本主义（买办性）对国内农业经济的压迫增大，神州的半殖民地化加强。即国际资本主义的经济危机波及中国，农贸市场遭受极大冲击，军阀混战、赋役加征，又使农村生产力受到较大破坏，生机顿减。在此农业经济环境恶化的情况下，乡民的生存和发展机会减少，难度增大。从前有相当经济实力的中小地主，到现在变得自身难保，其田产有被兼并的危险。只有地方军阀、官僚和少数的大地主、大商人，才能保持和扩大其田产。这样，中国农村经济的生长基因枯萎，其垄断性（指生产资料）基因在增长，如此现象一直持续到新中国成立。实践证明，在半殖民地的旧中国，民生状况只会恶化，不会改善，土地问题绝无解决之可能。农民日益分化，农村日益破产，已成为一种必然趋势。

第二节　土地租佃关系的变化

晚清鸦片战争以后，中国的土地所有关系和地租剥削关系仍然保持着传统的封

---

① 陈翰笙：《现在中国的土地问题》，见冯和法：《中国农村经济论》，上海黎明书局，1934年，222～223页。

② 吴晓晨：《蚕桑衰落中的吴兴农村》，《东方杂志》1935年32卷8号。

建性。在那时种种民族危机和政治危机的作用下，国内的社会生产力一直较为低下，农村经济长期落后，农民生活相当贫困。不过这些现象也不是孤立、静止地存在的，它在当时社会性质的制约下，曾局部地呈现出某种新的态势，即虽然当时的农村经济没有出现整体性的发展，但却产生过某种形式上与结构上的调整与变动，尤其是在租佃关系方面显示出一定程度的更新。

一、永佃制走向衰落

在处于西方文化影响下的中国自然经济初步瓦解时期（1840—1894），国内的租佃形态主要有永佃和一般佃两种。前者是自宋代以来形成的土地所有权和使用权相对分离的一种表现，只要佃户不欠租，田主就不能撤佃夺耕，耕者具有相对稳定的使用权，并可转让和出卖这种使用权。此种方式主要存在于江南各省（北方甚少）特别是出现在其肥沃的土地上。后者较之前者，租佃关系不太稳定，田主可以用种种理由变换佃户。不过，就是一般的租佃，也得保持一定程度的稳定，否则不易招种。永佃制盛行于明清时期，在近代太平天国运动时期，湖广、江苏、安徽、广东、浙江等地区曾有普遍性发展，尤其是在桐城、芜湖、贵池、歙县、金华、杭州、湖州、天门、乐平、萧山、苏州、金陵各地，永佃制现象猛然增多。[①] 永佃制是额租制发展的结果，它的长久存在和维持是与佃农的斗争分不开的。可以说，永佃制是佃农权利的强化，是其田产收益的某种保障。可是进入民国以后，永佃制逐渐显示出对国内不断形成的资本主义经济和半殖民地经济的不适应，它成了国内外农业资本家（包括银行家）和资产阶级的房地产贸易集团发展的障碍，一些买田办农场，办水电工程和矿业、建筑业者，往往因土地所有权和使用权的不统一而为难。民国政府为了迎合帝国主义列强和国内买办资产阶级（有时也包括民族资产阶级）的利益需要，而一步步地限制和打击永佃制，力图使土地贸易中的所有权与使用权归属一致。1921年大理院宣称："永佃权人虽不欠租，然地主欲自种，或因其他必要情形，亦许收地，唯佃户因收地所受之损失，非给以相当之补偿不可。"[②] 1929年最高法院在判案时规定：对于永佃权，若有短租现象，足以成立撤佃之理由。并于《民法》第845条规定：永佃权人不可将田皮转租给他人。随之，各省的地方审判厅遵奉中央限制永佃权之精神，禁止永佃农民参与田产交易或出卖使用权（田皮）[③]。在浙江等地，佃业仲裁委员会动辄否定新产生的永佃权或否认佃户单独

---

① 李文治：《中国近代农业史资料　第1辑　1840—1911》，生活·读书·新知三联书店，1957年，251～253页。

② 郭卫：《大理院解释例全文》，上海会文堂，1931年，950页。

③ 江苏无锡《民国导报》1930年12月30日。

出卖使用权的权利，极力维护所有权与使用权的结合。由于官方的立场关系，民间地主纷纷起来，在永佃田上增加租额或加收押租。① 破坏永佃权存在之根基（永佃权以固定租额为前提），变相地否定永佃制，使永佃权失去存在的意义。即在此种种打击下，民间耕作者逐渐地失去了争取和保留长久佃种权或出钱购买使用权的可能性、必要性，从而使其日趋消亡。到全面抗日战争前，曾经施行永佃制的大部分地区，租田交易基本成了买主与地主之间的交换关系，一卖全卖，一买全买，只购田产权而缺乏使用权的现象已经基本没有了。尤其是在华南一带，"在普遍出卖田地契约上，均特别注明'粮质归一田'文字，以示所卖者非仅田权之一部分"②。否则，就被认为是不完全的租田交易，不可立契。即从前永佃农民转让和出卖租田之使用权（田皮）的权利逐渐消失了。此乃为封建主义之佃权形式在近代新型土地贸易中败落的标志，从而使佃农的生产和生活由半主动转入全被动。广大佃农群众的权益被作为帝国主义、官僚买办资产阶级以至民族资产阶级的路障而遭清除。可见，中国近代半殖民地的具有资本主义性质的经济活动是很残酷的。

二、租佃协约形式的转变

租佃关系的确立通常要以协约来体现。在习惯上，永佃制的协约具有持续性和永久性，订新约和续约的机会不多，与其说是主佃双方信守协约，倒不如说是双方信守习惯或俗例。而普通租佃就不同了，主佃关系相对而言不是固定的，时常出现主佃之间立约、改约的事例，租约的作用和意义要比前者显得重要些，只是其有效期限长短不定而已。

晚清时期，中国大部分地区仍然较为广泛地保留着传统的口头租约（佃约）形式，很少有什么契约文书（不同于土地买卖）。即使有时出现文约，也很不成熟，仅仅是简单地记载租额或分租比例罢了。如在北方直隶省，武清、满城、宛平等各处皆属口头协议的租佃关系，只有北京近郊和定县存在租佃文书。山西、湖北、广东等地也存在类似的现象，尤其是广东，"各属地主，多系乡著土著富豪，购地于异乡者极少，故契约之订定，多属口头契约"③。不论长江流域，还是黄河流域，皆普遍存在着此种状况。

进入民国以后，由于异地垦殖现象增多，人们的生产劳动区域与户口所在地往往不一致，主佃关系复杂起来，民间逐渐重视文约字据。加之商品经济之不断发展

---

① 《上海新闻报》，1930 年 3 月 6 日、4 月 5 日。
② 黄毅刚：《广东的一种永佃制——"粪质田"制》，《新中华》1934 年 2 卷 2 期。
③ 《广东农佃情形》，《中外经济周刊》1926 年 175 号，21 页。

对传统农业文化形成冲击，并且又有西方契约文化的输入与影响，使国内租佃关系中的口头契约逐步地朝着书面契约转变。例如，地处腹地的山西省地方，人称风俗淳朴，"无欺诈之虞，故租地时只凭口头互约，不必立契（指文约），唯近年以来（北洋军阀统治时期）书面立契之风渐盛矣"①。河南、湖北、安徽、江苏、山东、陕西各处的租佃文契活动大都是在民国时期兴盛起来的。东北、内蒙古、西北、西南及华南地方的租约形式的转变较为明显。其中在东三省，由于近代化垦殖公司的不断出现，租佃规模变大，问题增多，而书写租约条款内容也较为细密了，且基本主佃双方可以严格信守这些相对周详的协议内容。同样，在察哈尔地区，号称民俗敦厚为全国之冠，从前有关租佃活动，唯按口头相约，不需要书写文契字据，"惟近十余年来（指护国战争后），内地人民来垦殖者渐多，往往利用习俗，逞其奸狡伎俩，或因自己获利无多，颠倒原议，或因捐税骤增，迫令对方负担，其结果固使忠诚者常被愚弄，而争执之发生，在所难免；故近来已渐弃口头之约而趋重成文之约"。② 由此可见，各地随着时事的变化，环境的改易，租佃纠纷和诉讼的增多，文字租约越来越被人们所看重，从而逐渐风行起来。当然，并不是说，租佃关系方面的文字契约制开始于近代或民国，只是说在民国时期发生重大变化，有了充分的发展。我们知道，书面契约制的租佃关系早见于宋、元时代，可惜其成长很慢，直至明代后期才有了一定量的施行，于福建永安及安徽徽州等处不时出现，从而引起人们的注意。③ 到了民国，由于各种因素的作用，它才得到全面性的突出的发展。不过，这种发展大多为量的表现，还需要进一步的提高，使其租佃形式的契约文化产生质的飞跃。在经济、文化相对落后的地方，如绥远、察哈尔、晋北一带，书面租约粗略，简单，或字句模糊，意义含混，或挂一漏万，易成争讼。

书面契约制的租佃关系，是一种适应社会进步、经济发展的行为，是传统的契约活动发展到一定阶段的必然产物。它的广泛施行，是近代社会法制影响的结果，是人们传统习惯的刷新，属于时代性的精神，具有一定的历史意义和合理的文化内涵。

三、田租形态的变化

从晚清至民国初期，中国农村地租的征收，仍然是延续以前的形式，主要存在着实物地租、货币地租和劳役地租 3 个类型。其中，实物地租最为普遍，占据着统

---

① 《山西经济状况调查》，《上海总商会月报》1927 年 7 卷 1 号，9 页。
② 《察哈尔建设厅呈送确定人民租借权草案》，《农矿公报》1929 年 9 期，44～45 页。
③ 傅衣凌：《明清农村社会经济》，生活·读书·新知三联书店，1961 年，71 页。

治地位。而实物地租又有定额租与分成租之区别。江苏、浙江、福建各地，广泛实行纳租谷制，即佃农每年向地主缴纳一定数量的租谷，形成常例。而北方的大部分地区如山西、陕西、河南、察哈尔的许多州县，分成租制比纳谷租制（定额地租）更为普遍，主佃双方所得份额要视双方各自所出肥料、种子、牲畜的多少而定，一般是实行对半租，即平分田间所得，也有主四佃六、主六佃四、主七佃三等情况。而租额的具体数量，还是取决于年景的丰歉程度的。① 货币地租的现象较少，主要存在于沿海、沿江一带，如江苏太仓、南京，广东之广州、惠阳、潮州等地；在内地的山西太原、运城各处也曾经出现过。货币地租主要实行于农产品市场相对发展的棉田、麻田、茶地、烟田和竹木、蔬果等园圃上，存在于其他经济作物的集中栽培田上。劳役地租的现象更少，只作为旧制度的残余，在很少的村镇或县区零星存在着，至于纯粹的劳役地租，只是在西藏和江西省的个别地方存在。西藏有租田交粮租者，也有一部分免纳粮租田，其田内一切收入，全归佃农所有，只是其劳力要无限制地供田主家使用，随叫随到。江西省的某些地方，"有不以生产物纳付佃租，而全然以劳力代替佃租纳付的"，叫作工租。② 需要特别指出的是：近代以来，人们通常提到的劳役地租，并非是上述所举之现象，乃是非纯粹的非单独存在的，是以实物地租的附加部分之形态出现的。如在广东、广西、山东、贵州、河南、浙江等地，佃农除了按额缴纳地租，还要按照季节，于建造和修理房屋以及婚丧等场合，为地主从事抬轿、挑水、烧饭、洗衣、扫地、饲养牲畜、赶车、运货等力役，有的地方还要规定所服务的天数，或10天，或50天、70天不等。③

　　第一次世界大战以后，中国农村随着商品经济的发展和农副产品价格的低落，出现了较为明显的实物地租向货币地租转化的趋势。中国的货币地租出现较早，在宋代就曾出现，但其发展十分缓慢，所占比值一直很小。到护法战争后，由于粮食和其他农产品之市场供应逐渐走向稳定，交通的便利和农村货币经济的发展，不少田场的地主转而要求缴纳钱租以保持稳定之收益（因许多时候农产品跌价了）。江苏省的昆山、吴县、吴江等地的田主，于征收谷租时，责成账房临时订定谷价，令佃户折现，比市场价高，"无疑，此为谷租转向钱租之过渡阶段"④。在江南各省及北方地带，田主首先于劣等土地上推行钱租，将其水旱无定、丰歉无常，交粮租不保险以及新谷价贱等不利因素转为固定收取货币的主动而有实惠的行为。如"四川山田及劣等田，多为钱租，近年（1930年左右）且将原为物租者，亦转为钱租，此种变化，更有剥削之意义。因为物租在质量上须受丰歉之变更，在价格上，须受

① 刘大均：《我国佃农经济状况》，上海太平洋书店，1929年，21~22页。
② 〔日〕田中忠夫：《中国农业经济研究》，汪馥泉译，上海大东书局，1934年，187页。
③ 〔匈〕马札亚尔：《中国经济大纲》，徐公达译，上海新生命书局，1933年，7页。
④ 国民政府实业部经济年鉴编委会：《中国经济年鉴》，上海商务印书馆，1934年，81页。

市场之影响，而此种影响，须由地主负责；至于钱租，则以货币为本位，地主不负责质量及市场变迁之责任，佃农每每吃亏"①。就常理而言，货币地租是实物地租发展到一定阶段的产物，它是由定额实物租转化而来的，是一种定额租制。

货币地租对市场经济的发展、社会的进步具有一定的适应性。它在许多情况下，并非完全是地主的需要，而且也是对地主和佃户双方形成便利因素，使双方在货币地租之形态下协调一致。正如时人吴晓晨 1935 年在《平湖的租佃制度和二五减租》一文中所言：浙江省平湖一带，过去租佃习俗都是征收谷租，改成货币租的时间不长。因为在这十余年来，大地主的田地，愈积愈多，而租栈收租，又要佃农亲自挑到地主家里缴纳。有些佃农相离极远，如再携带米谷，岂不异常麻烦。倘然仍收米谷，在手续上、时间上、地位上（指路途上）均极困难。所以常把应收米谷数量，按照市价折合的方式。整体而言，民国时期，各地农村逐渐向纯粹的货币地租过渡。到全面抗日战争爆发前夕，不少地方的定额地租已经基本走向货币化了。如北平近郊，河北省唐县、保定及山东省和宁夏的许多地方，地租的货币化程度都很高。不过，就全国的平均水平讲，实物地租向货币地租的转化过程还没有完成，实物地租所占的比重仍然超过了货币地租。据有关部门 1934 年对国内江苏、浙江、安徽、江西、山东、山西、河南、甘肃 8 省 97 县的大范围调查可知：1934 年各地的实物地租，只是从 10 年前的 82％降低到 80％，而货币地租也仅仅从 18％（包括折租在内）增加到了 20％。② 另外，地租的货币化发展不平衡，它与各地经济的商品化程度紧密相连，所以它较多地产生或出现于沿海沿江地带，内地一些偏僻的县份，出现甚少。

四、地租剥削加重

从晚清道光、咸丰、同治、光绪年间到民国前中期，中国南北各处的地主阶级，皆曾以各种隐蔽手段如加重秤头、斗口等伎俩来增加租入，因其采取渐进的办法，虽也引起人们的注意，但在社会上的影响不是太大。到了北洋军阀统治的末期，则随着时局的动荡，捐税的增多，农产品价格的一再下落，国内各地田主利用种种借口，大幅度提高地租，加重对佃农的剥削。时人就当时这种普遍现象，于书中写道："江苏宝山较大的地主，近十年来乘机将地租提高了二分之一。近上海市的大场、杨行等乡，甚至有提高一二倍的。江都一带的永佃田，租额本很轻，近年（1930 年后）各田主多主张将永佃农与普通农一律看待，勒令加租。在河南（省）

---

① 吕平登：《四川农村经济》，上海商务印书馆，1936 年，131 页。
② 陈翰笙等：《解放前的中国农村》第 3 辑，中国展望出版社，1989 年，784 页。

也有同样的情形。"① 从总体上讲，河南、山东、安徽、广东、江苏、广西等省份的粮田租价普遍提高，往往增加一成至二三成不等。据 1933 年广东省的《台山县政年刊·总务》所记，在 5 年的时间内，该县的上等租田每亩租金由 20 元增加到 30 元，涨幅达 50%。与粮田相比，那些栽培经济作物的非粮田如烟田、蔗田、棉田、园田（菜、花、果种植地）的租金涨幅更高。河北、天津、山西太原一带，菜地和果园的租额比普通粮田高出约一半，每亩地租从 1926 年的 5 元、6 元增加到 1930 年的 8 元、9 元。在广东，由于开办糖厂是当时省政建设的一项重要内容，人们顺应形势，多将禾田改植糖蔗，但"地主每每借口加租，因此，糖厂附近的佃户，往往有收入未增而租额已被加的"②。同时，东南沿海的浙江浦江、建德地方，由于茶叶售价的下跌，帝国主义备战的需要，促引着当地农民弃茶而改种油桐，以图开辟经济上的创益之路。种桐需要有广阔的山地、坡地，贫苦的农民要想垦山栽植，必须去向地主租耕。然而，"因为油价的上涨，地主们就把山地抬高了租价，农民要先垫许多种桐的成本已经很为难，山租高涨更使他们难上加难"③。在各地的相互影响下，国内所到之处，皆有增租之怨，即麦地稻田菜园以至林地、牧地无不在提高赁金，无不造成佃民的重负之叹。

若从全球的角度看，在世界各国的租地生产者中，中国的佃农群众是纳租最重的，即赁耕待遇最差，所受分配上的剥削最大。与欧洲相比，中国田租价值在地价中的比重之高是令人吃惊的。如山东租金，"占地价之百分之十八，广东占百分之五至二十，江苏占百分之八，安徽一带，普通占百分之十至十五。全世界无如是之高租，如普鲁士之田租，仅占百分之三，至多也不过百分之五"④。英国也差不多是这个比数，若是美国则更低，均在 3% 以下。足见中国佃农地位之低下，经济处境之恶劣，他们无时不在渴望现状的改变。

作为农村经济之统治者的地主阶级，对通常的额租剥削还嫌不足，又往往加重押租，进一步残酷地榨取佃农的劳动果实。按说，早在明清时期，押租在不同的地方就已存在，但是，其数额不断加重，并以凶猛之势风行于国内各地的现象，则不能不说是国民党统治时期的事情。这一方面是由于人多地少，不足耕种，地主利用人们想急于得到生产机会的心理，乘势收取押租，以作为不欠租不逃租的保险金。更为重要的原因是，由于灾害频频包括兵匪之灾，加之捐税过

---

① 田秋烈：《中国地租的形式和性质》，见千家驹：《中国农村经济论文集》，上海中华书局，1936 年，92 页。

② 陈翰笙等：《广东农村生产关系与生产力》，上海中山文化教育馆，1934 年，37 页。

③ 章三樵：《浙江浦、建二县的桐油》，《东方杂志》1936 年 33 卷 10 号，107 页。

④ 章有义：《中国近代农业史资料 第 3 辑 1927—1937》，生活·读书·新知三联书店，1957 年，258 页。

重，地主利益剧减，他们出于补偿损失的愿望而从佃农身上多收押租，以转嫁灾祸，特别是那些不易大量增加额租的地主往往喜欢多收押租。按时人讲，在江苏宝山一带，"本来并不通行押租，而近年（1930年前后）因一般前在上海谋生的农民都先后回到农村，出其带回的现金，充作押金向地主佃进耕地，因之押租颇有日渐推进的倾向"①。当时在湖南安乡的湖田区域，由于人口密度的增大和田主负担的加重，不仅使押租走向普及化，而且使其押租数目从占田价的20％提高到30％，有的甚至达到50％②。广东灵山等地，于1934年以前的5年内，押租增加了80％。江苏省嘉定，也在几年内，每亩押租从0.5元涨到2元。浙江武义县也增加了20％以上。③ 西南部，"四川省的押租普遍的提得很高，原因是该省的地主已把押租的征收作为发展利贷资本的唯一出路，如合江县之庄田法，即是。因为该县农民已干枯得拿不出现金去佃田，缴纳'稳租银'。凡是佃农无力缴纳'稳租银'的，每百串可加纳一石至四石'稳谷'"④。安徽芜湖等地也有相似的办法。虽然说押租是一种保证金，往后待佃户退耕时是要退还的，但实在是给赁耕者造成利钱上的损失和筹措上的困难，如此则使广大佃农的生产成本进一步加重，经济环境更为恶化了。

于押租之余，又行预租。所谓预租，顾名思义就是在收获之前收租或是在当年预先征收下一年的地租。它是萌发于清前期、兴起于北洋军阀统治时期的一种租佃活动之恶习。到国民党统治时期，预租有了很大发展。预租，是因田主借口经济吃紧而要求提前取之的剥削阶级意志的体现，它首先于商品经济较为发达的沿海沿江地区，最为突出地扩散开来，成为当时农村的一种可怕的流毒。之所以导致此流毒的蔓延，其最主要的直接原因，则是国民党新军阀包括阎锡山、刘文辉等在四川、陕西、安徽等各地预征田赋，田主出于自救而转嫁负担之故，即援预赋之例而开征预租。据1929年4月9日《上海新闻报》言称，当地已发展到大部分田主皆征预租的程度，一旦不如愿，就以另行招佃来要挟，县党部曾特函禁止，也不见效。再据1932年10月19日《浙江省佃业仲裁委员常会决议案》讲：浙江舟山、嵊县一带，民间大多是在完纳当年租金以后不久，又要预先交纳下一年的田租。广东顺德、山东蓬莱等处，也多实行预租制，遇到灾歉也不减免。

① 瞿明宙：《中国农田押租底进展》，《中国农村》1935年1卷4期，27页。
② 章有义：《中国近代农业史资料 第3辑 1927—1937》，生活·读书·新知三联书店，1957年，264页。
③ 章有义：《中国近代农业史资料 第3辑 1927—1937》，生活·读书·新知三联书店，1957年，265页。
④ 瞿明宙：《中国农田押租底进展》，《中国农村》1935年1卷4期，26页。

当时的预租活动往往与农村高利贷行为结合起来，从而加强或加大了对佃农剥削的力度。按 1934 年的经济资料记载，"预租不特发展于江、浙、闽、粤、冀、鲁等沿海各地，内地各省亦有之，山西新有，河南已转为（高）利性质，凡不能纳预租者，于农产收获后缴租时，须加纳息金二三分"①。广东之沙田预租的金融剥削含量或高利贷因素是较多的，如遇佃农无力按时缴还预租则要与田主相商借款之法以作弥补。一般是由田主指示佃户去某一钱庄或银号贷钱，并用田间的全部收获作抵押，以较高的利率借入款子，再将贷款缴给田主完纳预租。"盖此银号即为田主所开，或与田主有密切之关系。届成熟时，佃农割谷，又必向银号所指定出卖谷物之粮店出卖，以所售谷价偿还本息。但谷价必较一般粮店所定者为低。因此种手续，乃当时与田主协定之办法，无可迁避也。"② 江苏省靖江等地也有相类似的现象。这是传统的地租剥削与金融剥削之最为紧密的横向联系，这些不同剥削者的联合行为，向集团化垄断化的演进，是中国近代农村经济之新动向，是广大佃农经济形势的恶化。

过重的地租负担，加重了佃农生产的成本，降低了赁耕劳动的收益，从而限制了他们改良土壤、改良生产设备、改进生产技术的能力与机会，束缚了佃农的农业生产力，于很大程度上妨碍或破坏了简单的农业再生产，严重地危及农村经济之生机。押租、预租以及与此相联系的高利贷剥削，进一步给佃农经济施加压力，无异为雪上加霜，农民灾难更趋深重了。

在农民运动高涨的压力下，国民政府不得不表示要改善农民生活的态度。故于 1926 年 10 月中央执行委员及各省区代表联席会议上，决定实行"二五减租"。所谓二五减租，乃是从原来占田间收入 50% 的地租中，减去 25%，应减部分相当于农田产值的 12.5%，减去后的地租额是按田间产值（总收获）的 37.5% 缴纳。后于 1928 年 12 月召开的第一期民政会议上制定的租佃暂行条例中，将"二五减租"解释为：缴纳地租的最高限额为当年正产物收获总额的千分之三百七十五，而原来"不及千分之三百七十五者，依其约定"③。但由于各地地主的反对，而未能真正实行"二五减租"。在其租佃暂行条例中，还明令禁止民间的押租、预租以及正租之外的小租、杂役等行为，也未能真正普遍推行下去。国民党政府的所谓"保佃"完全成了一句空话。倒是后来于江苏、浙江等各处出现的官设追租机关——催租处、

① 国民政府实业部中国经济年鉴编委会：《中国经济年鉴》，上海商务印书馆，1934 年，86 页。
② 国民政府实业部中国经济年鉴编委会：《中国经济年鉴》，上海商务印书馆，1934 年，90～91 页。
③ 章有义：《中国近代农业史资料 第 3 辑 1927—1937》，生活·读书·新知三联书店，1957 年，306～307 页。

追租委员会等起到了相应的作用。① 国民党政府的阶级性质是什么？政治职能又究竟如何？已表现得昭然若揭。佃农困难的解决、农村经济面貌的改变只能靠自己、靠共产党，"二五减租"之制，只能在中共建立的分散于各个地方的民主政权下得以实行。②

北洋军阀政权以后的国民党政府仍然是有较多的买办性，与半殖民地半封建社会及其经济有着较多的联系。故而，国统区的租佃关系以及整个农村经济形势，只能是日趋恶化，没有根本好转的机会和条件。即当时的政治形势或上层建筑对社会经济包括农业经济有着相对的制约性影响。

第三节　近代关于土地问题的改革主张

鸦片战争以后，中国半殖民地半封建社会逐渐形成，国内农业生产力日久低落，农村经济衰萎不振。面对如此局面，许多关心国家前途和社会命运的学者、官员、党派及社会团体等，大多认为，欲谋求农业经济的发展，首先要解决土地问题，以便打破建立在传统土地关系上的封建剥削关系，合理调整生产关系，解放生产力。于是，在近代社会的各个时期，土地问题成为国人瞩目的经济问题，从而出现了许多有关改良土地关系，改革土地制度等主张，在政治、经济、文化各个领域产生了一定的影响，社会上人们对土地制度之更新或转变的要求与期望，也随之越来越强烈了。

一、太平天国的最初土改方案

洪秀全领导的农民起义军建立太平天国并定都南京之后，于1853年颁布了革命纲领《天朝田亩制度》，提出了废除封建土地所有制的根本任务。其基本内容是要没收地主田产，向辖地人民平均分配。明文规定，"凡分田，照人口，不论男妇，算其家人口多寡，人多则分多，人寡则分寡，杂以九等。如一家六人，分三人好田，分三人丑田，好丑各一半。凡天下田，天下人同耕，此处不足，则迁彼处，彼处不足，则迁此处。凡天下田，丰荒相通，此处荒则移彼丰处，以赈此荒处，彼处荒则移此丰处，以赈彼荒处。……有田同耕，有饭同食"。即按土质和产量将所有土地分为九个等则，优劣参匀而平分，15岁以下的儿童分田为成人的一半，16岁

---

① 章有义：《中国近代农业史资料　第3辑 1927—1937》，生活·读书·新知三联书店，1957年，306～307页。

② 参见本卷第十五章中的相关内容。

以上分足额，一家一户为一个生产单位。根据土地分布的广狭、肥瘠及收成的丰歉而互迁互赈，务保均匀。

如此太平天国的土地分配方案，具有否定和反对封建土地制度的伟大革命意义，对当时的农民革命和以后的民主革命运动曾产生过鼓舞和促进作用。在《天朝田亩制度》中，充分肯定了不低于男子的妇女分田权利，使妇女第一次在经济生活中受到平等的待遇，反映了太平天国土地政策之较强的时代进步性。太平天国的领袖们明确否定了旧的土地私有制，倡行一种新兴的国有土地政策。尽管"天朝"宣布要将土地平均分配给民间每户每口人，但在原则上，人们只能是获得田产的使用权，而不是所有权，所有权归政府，即乃为太平天国颁行的《百姓条件》中所讲的"百姓之田皆系天王之田"之意。这种公田公用的思想和主张，反映了长期以来农民对土地的迫切要求，切合人民的实际利益，深受广大农民的欢迎和拥护。

这个土地方案，在其革命性和进步性之外，又有一定的局限性。该方案中含有一种向往耕织结合的个体小生产经营方式的情调。如《天朝田亩制度》这样规定："凡天下，树穑下以桑，凡妇蚕绩缝衣裳。凡天下，每家五母鸡、二母彘，无失其时。"① 即要求各家各户除了在自己的份田上进行分散的小规模种植业活动，还要兼搞家庭纺织手工业和家禽家畜饲养业，恪守小而全的自给自足的经营模式。农民作为几千年来的小生产者和小私有者，往往受到历史的习惯性限制，难免要把自然经济理想化。反映在他们的领导者身上，便是设计出这种一家一户为单位的农业与家庭手工业结合的小农经济模式的体现，这种限制社会分工的行为是违反社会发展规律的。

上述土地政策，在局限性之外，还存在着某种不切实际的过分理想主义的空想性，即太平天国那种超越历史条件的绝对平均主义的分田方式，在当时是无法实现的。首先，由于时值激烈的战争环境，太平军时进时退，占领区很不稳定，无法进行全面的查田工作，且有许多占领地是城市，周围乡村多被地主武装所控制，无田可分。其次，将所有田产按产量划分为 9 等，也是出于主观想象，显然不符合中国辽阔的地域和复杂的自然条件。同时，如果按《天朝田亩制度》讲的"凡天下田，丰荒相通，此处荒则移彼丰处，以赈此荒处，彼处荒则移此丰处，以赈彼荒处"的办法，经常移民，经常分田，这样不顾有关连带性的社会问题，简单地进行硬性社会调配，必然要造成管理上的疏漏，秩序上的混乱。即欲求得绝对平均，则与实际情况冲突太多，很难达到。

正因为如此，太平天国最初的土地分配方案，也仅仅是纸上的东西，未能实际

---

① 罗尔纲：《太平天国文选·天朝田亩制度》，上海人民出版社，1956 年。

执行和完成。恰如现有史料记载的那样，太平天国鉴于当时现状对初定土地方案的一再否定和阻滞，而不得不放弃那些绝对的均田主张。即因当时的"革命烽火所及，在不同的地区，不同的时间内，封建势力都受到了程度不同的打击，太平天国从当时当地的实际情况出发，也曾以各种不同的方式在部分地区在不同程度上满足农民对土地的要求"①。即于江苏常熟、无锡等地方没收地主的土地，将之分配给农民耕种，而在有的地方如江苏吴江、长洲、元和各县，田主（地主）田产并没有被充公，没有进行再分配，仍然保留旧的土地占有关系，太平天国只在这些地方实行了监督地主收租之法，因时制宜，因地制宜。换句话说，太平天国的土地改革方案难以真正实现，只进行了相应的局部的一定程度的推行，不得不对原方案打折扣，或不得不放弃其中的一些设想。

二、孙中山的"平均地权"思想

光绪二十一年（1895），以孙中山为首的资产阶级革命派成立了兴中会，随后又于光绪三十一年以此革命团体为基础联合华兴会、光复会等分散的地方组织，共同成立了具有政党性质的政治组织——同盟会。同盟会以"驱除鞑虏，恢复中华，建立民国，平均地权"为政治纲领。其中的平均地权一项，是孙中山旧民主主义中的民生主义之中心内容，是在中国近代史上产生过很大影响的一种经济主张，是当时颇具突破性的一项思想认识，具有划时代的意义。

资产阶级革命派领袖孙中山，在当时看到了国际国内尖锐的社会矛盾和激烈的阶级斗争，他预感到这种全球性的贫富对抗，将要导致各个地区各个国家之大规模的破坏性动乱，各国各地区资产阶级政治革命的成果很可能会被这种可怕的被动的社会革命所葬送，即在完成资产阶级民主革命以后，于新建立的资本主义之政权下，潜伏着爆发社会主义革命的危机。特别是，他看到了义和团运动被镇压后，全国各地农民抗租、抗捐、抗粮的反封建剥削的斗争风起云涌，在农民与地主阶级矛盾尖锐化的许多地方，出现了会党领导的农民起义。他认为，如果这种严重矛盾不消除，依旧带入将来的资产阶级共和国里，便会危及新政权的存在和稳定。为此，他强调解决民生问题，进行社会经济的改革，缓解贫富对立，防止被动的社会主义革命。在民主革命的先行者孙中山看来，当时的民生问题，主要是农民问题或者说是土地问题（后来又提出节制资本的主张）。平均地权则是解决经济问题的最基本和最关键之所在。他的这种思想认识和革命主张，是他所倡行的旧民主主义革命中

---

① 中国人民大学农业经济系：《中国近代农业经济史》，中国人民大学出版社，1980年，43页。

的闪光之处，在一定程度上代表了广大农民群众的利益。

所谓平均地权，就是孙中山先生 1905 年在《同盟会宣言》中提出的渐进之法，即"文明之福祉，国民平等以享之。当改良社会组织，核定天下地价。其现有之地价，仍属原主所有；其革命后社会改良进步之增价，则归于国家，为国民所共享"①。这是在承认当时土地占有关系的基础上，进行某种土地经济结构上的调整。按孙中山 1924 年在《中国国民党第一次全国代表大会宣言》中对此平均地权的解释是：要实行土地公有（国有），采取规定地价和征收地价税之两项办法。所言规定地价，就是调查地主所有的土地，并于摸清基本情况的基础上，令其自报地价，送交政府备案，将之作为原有地价固定下来，归作地主所有，尔后由政府照价收买。随着社会的进步、经济的发展而增长的地价（实际价值的增长）则无条件地收归国家所有。即将同一块或同一项地产划分为原价和涨价两部分，前者属私，再由私产转变为（通过买卖方式）公产；后者属公，任由政府处置。至于征收地价税，乃是依照市地管理原则，由国家向原田主征取 1‰ 或 2‰ 的地价税（值百抽一或抽二）②。概括起来讲，无非就是确定地价，按价收买，依价征税，涨价归公的 16 个字而已。它基本是一个资产阶级土地国有化的方案。孙中山晚年在讲述民生主义时，又给"平均地权"赋予"耕者有其田"的内容。主张在土地定归国家所有后，将之贷给农民耕种，耕者只向国家缴纳单一的土地税就可以了。③ 将从前的佃农耕田产粮、地主收租纳税两项经济活动，简化为农民种田纳税之一道程序。显然是让普通农业劳动者充当了变相的田主，充当另一种意义上的自耕农之角色。尽管国家给予农民的只是一种使用权，非所有权，但实际上是让农民获得从前田主所具有的实惠，使用权与所有权在农民的经济收益中，一般不会使人感到物质的区别，只属于概念认识上的差异而已。从各方面的资料看，耕者有其田的精神就是如此由国家让地利于民的。

虽说作为资产阶级民主革命领袖的孙中山提出的"平均地权"之思想主张，具有较大的进步意义，但也不乏存在明显的不足之处。首先，该主张表现出中国民族资产阶级对封建地主阶级的妥协性和自身的软弱性，平均地权不是以革命的手段没收地主的土地并按农村劳动力进行合理分配，而是要通过收买的办法来达到耕者有其田。孙中山在打算让农业劳动者掌握和使用一定的基本生产资料——土地的同时，又较多地考虑到地主阶级的利益，不使其受到经济上的损失。这种瞻前顾后的唯恐偏激的政治立场和经济思想，正反映了他革命的不彻底性或温和的一面。基于

---

① 孙中山：《孙中山选集》下卷，人民出版社，1956 年，59 页。
② 孙中山：《孙中山选集》下卷，人民出版社，1956 年，52 页。
③ 中国人民大学农业经济系：《中国近代农业经济史》，中国人民大学出版社，1980 年，123 页。

这种革命的不彻底性，他计划以渐进的缓慢的行动来实现"平均地权"。如他晚年在《耕者有其田》一文中讲道："如果马上要耕者有其田，把地主的田地都拿来交给农民，固然可得利益，失地的地主，便要受损失。"① 于是，他提出一个和平的办法，主张国民政府联络全体农民，以协作性的商讨形式，慢慢商量详细的解决办法。② 如此寻找不偏不倚的双方都满意的超现实的理想主义政策，是难以制定和实施的。

其次，孙中山提出的核定地价之举，是放在地主自报田价的基础上来进行。这就出现了一个信任谁、依靠谁的问题，更存在一个是否合理的问题。任听业主（物主）单方面报价，并以所报之价而作价，颇有失之公平之嫌。孙中山认为，让地主报价是具有一定可行性的，田主是不会报高或报低价格的，因为政府是照价征税，多报则征税就多，如果少报价，待到国家收买并征税时，地主就要吃亏，因而，田主报价自然会适中。其实，问题并不是那么简单，谁也不能保证地主不会报高田价，牟取私利。尽管说报价多就征税多，二者成正向关系，但不要忘了地价与地价税不是等量齐观，价税（市地税）仅为田价的1‰，田主一旦多报价，只能是获利多而支出少，不可能有相反的结论。所以，若把制定地价措施放在任凭地主报价的基础上，无疑是不慎重、不妥当的，其不良后果将是不堪设想的。此种情况的出现，主要是由于孙中山对农村阶级状况、社会形势缺乏了解和认识所致。正如史书所言："他十二岁以前虽曾生活在农村，但少年时代的有限接触，至多只能使他了解到一些农民贫苦生活的状况。他十二岁后，家庭经济地位上升，他本人又常住国外，对国内的农村土地状况就更少接触了。"③ 因此，在他平均地权思想中，难免会有以上一些不切实际的因素。

另外，孙中山主张的这种西方亨利·乔治式的地价税制④，不符合当时中国国情，是无法办到的。即靠国家照价收买来实现土地国有化的主张，在很大程度上也是一种空想。按北洋军阀段祺瑞政府的统计，全国有16亿亩耕地，加上园圃地共达18亿亩⑤。买取这么多田产，靠国家的财政力量是无法胜任的，在国家财政预算中，要想增入这么庞大的购地经费，在短时期内是不可能的，只能是一种遥远的

---

① 孙中山：《孙中山选集》下卷，人民出版社，1956年，867页。
② 中国人民大学农业经济系：《中国近代农业经济史》，中国人民大学出版社，1980年，123页。
③ 赵靖、易梦虹：《中国近代经济思想史》下册，中华书局，1980年，456～457页。
④ 亨利·乔治（Henry George，1839—1897）是美国19世纪末期的知名社会活动家和经济学家。他认为土地占有是不平等的主要根源，主张土地国有，征收地价税归公共所有，废除一切其他税收，使社会财富趋于平均。他所提倡的征收单一地价税的主张，曾经在欧美一些国家盛行一时，颇有影响。
⑤ 吴黎平：《中国土地问题》，《新思潮》1930年5期。

设想。并且，为了购地，无限制地增税，增加财政收入，分明是要加重国民负担。尤其是不能保证那些有资产的纳税大户包括地主不会把赋税负担转嫁到一般农民身上。这样一来，本想为农民解决土地问题的动机与实际结果会形成不一致的可能，即难免会产生事与愿违之憾。虽然在全面抗日战争爆发前后，国民政府曾宣称要实施"总理遗愿"，试搞平均地权，并于国民党九中全会通过《土地政策战时实施纲要》，一些学者还在此之前根据平均地权思想推论和演绎出颇具补充性的地价税制式的主张，如严仲达著《耕者要有其田》、唐启宇著《中国农业改造问题丛著》、潘楚基著《中国土地政策》等。但是，皆因不切实际，始终是一种可望而不可即的雅论或高超的宣言而已。

三、阎锡山的"土地村公有"思想

近代军阀阎锡山统治山西长达 38 年之久。在他主政山西期间，为了巩固和扩大自己的地盘，曾几度发动和参加了国内军阀混战，给山西乃至全国造成了很大的灾难。阎锡山长期坚持反共反人民的政策，镇压民主进步活动，攻击人民解放军。另外，1935—1949 年的十几年间，为求得生存和发展，他搞了一系列的政治与经济方面的"改革"，其中在农业方面，有过所谓"土地村公有"方案的制定和宣传，欲将境内的农业经济活动完全纳入其军阀政权的运行轨道，企图增大山西农业的割据性。

在 1935 年毛泽东领导工农红军到达陕北前后，山西土皇帝阎锡山甚为惊恐，唯恐共产党的势力"蔓延"到仅一河之隔的三晋地方。出于自身的政治立场和阶级本性，他很快将"防共反共"确定为军政第一要务，积极推行"军事防共""政治防共"政策，随之又搞起了所谓"经济防共"。阎锡山是一个实用主义者，崇尚和提倡存在哲学，强调以"防共图存"为宗旨。他对《易经》的"穷变通久"之说有独到的认识，并结合当时的政治形势和社会形势，创造出一套特殊的应世之说，即以变应变，以变制变，以已先变克人后变。阎锡山觉得共产党搞土地革命对自己的地主政权威胁至大，必须以一种鱼目混珠之变术给以抵御。在他看来，敌（中共）欲图之，我先搞之，与其让中共"煽惑"民众"闹事"，不如由我笼络人心，以固政基，以取得政治上的有利地位，掌握战略上的主动权。于是他公开声称：我们可以搞一套农业社会主义，堵住农民奔向共产党的去路。而"建设农业社会主义的防共方法，是废除土地私有权，树立土地公有制，消灭共产党（在山西）发生的基础"①。

---

① 山西省政协文史资料研究委员会：《阎锡山统治山西史实》，山西人民出版社，1984 年，188 页。

他的这种想法在省署全盘托出后，即得到赵戴文、邱仰濬等省政府要员的赞同，并通过樊象离等有关官员的谋划，很快炮制出了一个《土地公有案办法大纲》，于1935年9月16日公布于全省。紧接着，阎锡山又将这个土地改革计划案呈送给国民党中央政府，要求蒋介石准许他在山西试办土地公有制。他在给南京国民党政府的请示报告中这样讲道："窃查陕北二十三县，'赤匪'猖獗，势若燎原，大军围剿，纵挫其势而不能除其根，……惟愈以解决土地问题，为防共釜底抽薪之根本方法。……年来山西农村经济，整个破产，自耕农沦为半自耕农，半自耕农沦为佃农、雇农，以致十村九困、十家九穷，土地集中之趋势，渐次形成。在此种情形之下，不但佃农雇农最易受'共匪'之煽惑，即自耕农、半自耕农，鉴于自己之经济地位，日趋动摇，亦易受'共匪'之煽惑。'共匪'即以土地革命为夺取农民心理之要诀，而农民只知要求土地，并不知何者为共产主义，则'共匪'必乘此空隙，激起农民暴动，扩大赤化范围。此防共不得不解决土地问题，以消灭其造乱之目标者一也。"① 从他讲的这段话中可以看出，当时的山西地方，土地集中，兼并严重，地主与佃农（包括半自耕农）的矛盾尖锐。广大农民群众生活艰难，不满现状，迫切需要得到最基本的农业生产资料——土地。中国共产党领导的土地革命正是要改变或消除这种社会现象，它是代表人民心声的在客观上甚为必要的创举。同时也反映了阎锡山欲解决境内土地问题的动机不良，他不是为种田的劳动者着想，不是要真心诚意地革除不合理的耕者无其田的社会弊病，而是慑于政治气候的变化——工农革命的逼近，而不得已以推行"土地所有制"改革为幌子，以诱惑农民安守本分，从而达到应付时务，自保自救的目的。此外，那时的阎锡山不是以国家和民族的利益为重，去接受中共停止内战、一致对外的主张，而是一方面指挥军队堵截试图东渡黄河、北上抗日的工农红军，另一方面又出台《土地公有案办法大纲》，从经济的角度和思想的角度（鼓吹农业社会主义）去对付共产党。弃大道大义而务微小功利，其狭隘的地方主义昭然若揭。

阎锡山《土地公有案办法大纲》所谓的改革方向，就是要通过温和的行政手段，把境内的私有土地转变为地方公有，使人们得到均等的劳动机会，从而达到缓和阶级矛盾的目的。《土地公有案办法大纲》的内容条款是：

◎ 由村公所发行无利公债，收买全村土地为村公有。

◎ 就田地之水旱肥瘠，以一人能耕之量为一份，划为若干份地，分给村籍农民耕作。

◎ 如经村民大会议决对于村田地为合伙耕作者，即定为合伙农场。

---

① 申报年鉴社：《申报年鉴》，申报年鉴社，1936年，898页。

◎如田地不敷村中农民耕作时，应由村公所为未得田地之人另筹工作，如田地有余不能耕作时，应将余田报请县政府移民耕种，以调剂别村之无田耕作者。

◎农民之耕作年龄定为十八岁至五十八岁，人民满十八岁即有向村公所呈领份地之权，至五十八岁将原领之田缴还村公所。

◎农民有下列事情之一者，村公所即应将所领之田地收回：（1）死亡。（2）改业。（3）放弃耕作。（4）迁移。（5）犯罪之判决。田地收回时对于田地之有效改正工作，应给予补偿金。

◎耕农在充当兵役期限内，其所耕份地，应由本村耕农平均代耕。

◎耕农因耕作力之减退或田地之精密工作，或栽培特别费工之作物，应准使用雇农，但雇农以下列三种为限：（甲）其他耕农之有暇力及余力者。（乙）十八岁以下、五十八岁以上之男丁。（丙）劳动年龄内之女子。

◎推行之初，耕农对省县地方负担仍照旧征收田赋。

◎收买土地之公债，其分年还本之担保如下：（甲）产业保护税。凡动产不动产均年抽百分之一产业保护税。（乙）不劳动税。凡村民无正当缘故而不劳动均应比照耕农一份地平均所交之劳动所得税征收不劳动税。（丙）利息所得税。凡以资产生息者，应按所得利益征收百分之三十为基之累进所得税。（丁）劳动所得税。凡劳动而有收入者，应就下标准征收劳动所得税：（1）耕种田地收入，十取其一。（2）其余耕农以外劳动者之收入，征收百分之一为基之累进所得税。

◎坟地、宅地暂不收买，田地买归村有后，被收买者如为老弱无劳动能力，而又无抚养之人，且其每年应得公债数额不足供生活者，应由村公所另定抚养办法，老者至于死亡，少者至于成年。

◎村中山林、池沼、牧地等公用田地，除向属国省县村公所有者外，一律按收买办法，收归村公有，其地上有价物，应给予补偿金。

◎村公所应按人口增加情形、土地改良状况，在适当期间，将份地重行划分。①

阎锡山曾宣称，这个土地方案是很了不起的，不仅是为防共之要图，而且是一项能使国家"长治久安"之策。他曾请求国民党中央政府尽快批准施行，并要求南京政府派出高级官员，驻晋监督，以昭郑重。当时，蒋介石的国民政府对阎锡山的"土地村公有"条款逐款审查后，觉得土地所有权问题事关重大，不宜骤然全面颁

---

① 《国闻周报》1935 年 12 卷 38 期，1 页。

行，故而只批准在山西择县试办。① 对于阎锡山来说，即使是得到"试办"的许诺也不错，他认为，只要有"试办"之始，便会有日后的全面施行之日。他饶有兴致地马上建立起负责试办的管理机构，并于 1935 年 12 月 22 日，召开了"土地村公有实施研究讨论会"，通过会议决定首先在晋北的五台县搞起。还在五台县河边村（阎锡山的家乡）组织 7 个试点村的村长、村副开会，派人搜集有关土地方面的真实材料，积极进入筹备状态。

若依阎氏土地方案将省内的私有农田、山林、牧地、池塘、沼泽等改归公有，废除旧的封建土地所有制，阻止其封建地租剥削的继续进行，也可以说是必要的。那时，在土地兼并日益严重的山西，广大农民越来越多地失去生产资料，以致"百姓生计操于富人之手"。在此背景下，用行政手段改变一下旧的土地占有关系，无疑是一种合理的行动，正像阎锡山自己所讲的那样，通过公有方案可达到耕者有田种的境界。换句话说，阎锡山的土地公有方案总比原有的土地制度要好些。不承认这一点，就不是一个唯物主义者。可以认定，阎锡山的土地公有方案是具有改良意义的，否则，阎氏就不会用它来拉拢农民，防止革命了。马克思主义者认为，反动势力在与进步势力的较量过程中，往往要稍加改进自己、优化自身，以企更有力地抗击对方。在工农革命形势的威慑之下，阎锡山就是这样改变策略，从而决定在农业政策上做一些进步性的调整，进行一定程度之改良的。

再者，山西乃至全国历来皆是以财力的大小决定地产占有之多少的。而阎锡山的新土地方案则是按劳动力（成丁）平均分配土地，并随时按劳动力与土地的对应比例搞一些阶段性的调整（如阎氏土地大纲中的再分配——"重行划分"）。相比之下，后者显然要比前者好。它比较适应农业生产的发展要求，有利于合理安排劳力、充分开发地力，便于解决失业等社会问题。

但是，阎锡山土地方案的改良意义是很有限的，它是革命与保守二者之间的一种折中。它既不是主观上代表农民的利益，也不是客观上代表农业经济的发展方向（只有中共领导的民主革命和社会主义革命及其建设才是适应农业经济发展的历史要求的），而是以经济手段对三晋农村之阶级矛盾和阶级斗争的一种调和。它与中国共产党通过革命措施彻底消灭封建性和半封建性剥削的土地制度有着根本的区别。

阎锡山出生于一个地主兼商业高利贷者的家庭，早年曾留学日本，参加孙中山领导的同盟会，后又投机革命（资产阶级旧民主主义革命），当上了山西的土皇帝。他代表官僚买办资产阶级的利益，在政治上、经济上接近封建地主阶级。因此，他的土地方案是不会损害地主阶级利益的。相反，是在为乡村的地产垄断者寻求出

---

① 祁之晋：《土地村有下之晋北农村》，《国闻周报》1936 年 13 卷 11 期，21 页。

路。即如他自己承认的那样，"以和平方法解救社会之不平，使富人地主免去杀身之祸，得到安生之福"。①

"土地村公有"方案的实质，就是要让地产所有者（主要是地主阶级，而自耕农只有少量土地，只属于这次土地制度改革之连带性的涉及者）更换其占有财产的存在形式，即山西当局在出于无奈的情况下，要使地主掌握的田产转成货币，更具体地讲，就是要农村地主通过交换有偿出卖土地，并不是让其无偿地丧失土地；是让其将一种财产价值转变为另一种财产价值，让其财产转移到新的方位或新的空间去，以便把这些财产更安全更保险地留住、控制住。

单从经济价值的角度讲，阎锡山的新土地政策，不仅丝毫不会伤害地主阶级的利益，而且还具有对其保值的意义。即可将其短期内的亏损转嫁到一般劳动者身上，使土地所有者摆脱来自社会的、市场的、赋税等诸方面的困扰。因为从1929年开始到全面抗战爆发前夕，资本主义经济危机影响到了中国，海外粮食大量进口（堆积如山），使国内农产品价格下跌，以至波及土地贸易市场。加之国民党政府按土地摊派了各种苛捐杂税，田产所有者负担加重，农村经济濒临崩溃，田价由之大幅度下降了。正如经济学家陈翰笙在1934年讲的："最近农产品价格之低落、商业的极度不安、赋税的繁重、高利贷之压迫，一切的一切，足使资本不能流通，土地价格跌落。因此，不仅中农出卖土地，即许多富农与地主，亦无不希望卖去土地，以取得现金，而减轻负担。"当时福建福州、浙江永康、江苏盐城、陕西府谷、河北赵县、南和等地，与1929年相比，土地价格下跌了30%～80%。② 在这种情况下，山西的地产市场出现了相似的现象。1937年时，有人在书中写道："近年以来，中国以农村经济破产、农产物价下落之故，各省农田价格，作普遍下落之势。晋省田价自民国十九年（1930）以来，亦趋下落。"③ 如山西忻州及附近地区，从前每亩土地可卖150～200元，可到1935—1936年时，只能卖30～40元了。相反，境内的土地负担却在不断地加重。山西省1931年征收田赋627万元，到1934年征收742万元，短短三年中增加了18%。每亩水地全年负担8元，旱地4元。④ 除了这些正税，还有名目繁多的苛捐杂税，如办自治要钱、修路要钱、维新衙门要钱、"复兴农村要钱，皆以田赋附加的形式取之于农民"。据史料统计，娘子关内的田赋附加多达30种⑤，其数额超过了正税，这样，在上述一系列不利因素的打击下，山西的地主经济处境发生了困难。从前三晋民间重视田产，认为土地乃是最为保险

① 《太行革命根据地史》总编委会：《土地问题》，山西人民出版社，1987年，100页。
② 冯和法：《中国农村经济论》，上海黎明书局，1934年，240页。
③ 国民政府实业部贸易局：《中国实业志·山西省》，1937年，23页。
④ 马乘风：《最近中国农村经济诸实相之暴露》，《中国经济》1933年1卷1期。
⑤ 邹枋：《中国田赋附加的种类》，《东方杂志》1934年31卷14号，312页。

之财，贼偷不走，火烧不掉，可以流传万世。而此时，人们的传统观念有所动摇，有人希望把这死的田土变成活的现钱。阎锡山于这时候搞土地公有的改革，让村公所以公债形式收买田主的土地。如此举动，正是在一定程度上适应了大部分地主的意愿。这又一次证明了阎锡山新土地方案所反映的政治立场和政治态度是着眼于封建地主阶级的现时利益的。

从长远的观点讲，那时中国的土地私有变为公有（当然不一定是村有）已成为一种社会的发展趋势。若随着时代的进程，后来者再将阎锡山的土地村有制度变为人民政权的国家所有制，乃可进一步适应中国农业经济的发展要求。从哲理或大方向上讲，阎锡山的土地公有政策总还是有可取之处的，但如果是从现时的角度讲，土地村公有之举可以摆脱地产所有者短期内的经济损失之困扰，而对一般的耕作劳动者则无大利可言。按照土地村公有方案的内容规定：地主的土地被村公有收买后，分发给全体群众使用，虽然生产者不再向地主交租，可是要新承担与土地所有权连在一体的田赋杂捐等经济负担，导致地主有钱放账收息，一般农民却仍难以走出苦累之境。不过，当时的杂派（捐税）和"十取一"的劳动税虽然很高，可总是比其时的对半地租要低，对劳动者来说，多少能得点儿利。基于这种情况，农村中的中小地主阶级和自耕农并不反对阎锡山的土地新政策。而佃农、雇农、半自耕农以及代种农、伴种农也较同情土地公有政策。另外，正是因为阎锡山的土地新政策有长远影响和短期影响两个方面，所以一些有较大经济实力的、能经得住那时重赋繁税打击的少数地主，则不愿失去自己的土地权利和地位，以图利用地产日后大发达，继续剥削农业劳动者，因而形成了一个反动派。不过，这个反动派只是不满意而已，并没有大肆抗衡，"其言论却颇和缓，谓'此大众事也，听天由命便对'"。①这些大地主多与官僚富商结合为一体，与阎锡山在政治上有一致性，故不可能有极力反对之行为。

阎锡山为什么要搞土地村公有而不干脆搞土地国有呢？他的理由是："一、村为群众之基础组织。亦为行政之最小单位。二、村属于县，县属于省，省属于国，主权在村，即是在国。三、村近而国远，言村有，村人易知而易从，言国有，村人难谅而难从。四、土地国有，易惹人民反感。五、归国有而分配，诚属难办，若归村有而分配，却极易为。"② 此处阎锡山讲的5点意见，倒也有几分道理。当时建立在国民党独裁基础上的国家政权——国民政府，实行苛政重敛，失去广大人民的信任，引起人民的反感。就当时的社会舆论与农民的思想意识而言，搞土地村有确实比搞国有容易（搞土地国有还有其较为复杂的行政程序，办起来也难）。虽然有

---

① 祁之晋：《"土地村有"下之晋北农村》，《国闻周报》1936年13卷11期。

② 阎锡山：《土地村公有办法大纲说明》，《社会经济月刊》1935年2卷10期。

如此情由，但上述 5 条绝不是阎锡山搞土地村有的实质性理由，乃为一种借故而行的托词。其实，在他的土地村有方案中，也包含了一定的地方保护主义因素，他怕蒋介石以土地国有为借口而大量地征用山西土地，并乘机将其势力渗透到山西，使自己的土皇帝地位受到威胁。施行土地村有之法，是他经过周密的考虑后提出的一种自认为是相当慎重、稳健和安全的政策。

在搞土地村公有的试办点五台县，由土地村公有实施研究会组织各村公所调查当地的土地占有情况，他们将农田按照肥瘠程度划分等级，依等级高低定价。由地主富农操纵的村公所对土地估价颇高，比市场价格高出"半倍以上"，乡民大多反对。有的乡村，在仔细调查核实后，发现实有土地不敷分配，导致半途而废。加之，不久发生的西安事变，抗日民族统一战线形成，烽火连天的全面抗日战争爆发，阎锡山的土地村有之推行工作受到冲击，不得不停下来。

第十二章　田赋与农民生活

马克思曾经说："中国在1840年战争失败以后被迫付给英国的赔款、大量的非生产性的鸦片消费、鸦片贸易所引起的金银外流、外国竞争对本国工业的破坏性影响、国家行政机关的腐化，这一切造成了两个后果：旧税更重更难负担，旧税之外又加新税。"[1]

这正是旧中国历届政府的真实写照，也是半殖民地半封建社会赋税制度的主要特征。由此以后，广大的农民更进一步地生活在苛捐杂税重赋之下。

第一节　晚清时期的田赋税捐

晚清的赋税，大体经历了三个明显变化时期。1840—1850年是晚清税制较为稳定的时期。这一时期因受鸦片战争及赔款的影响，各种浮收勒折现象随处可见，但是总量没有太大的变化。1851—1884年，是晚清税制由轻税转入重税时期。由于太平天国及其他农民战争的爆发，第二次鸦片战争及边疆危机加深，洋务运动的开展，清政府库银支绌，开支浩繁，于是其税制由轻税变成重税。主要表现在加重旧税、开征新税上。1895—1911年是由重税转入乱税的时期。各省为筹解赔款和新政所需要的巨款，增加杂税，少的十几种，多的几十种。[2]

有一段时人留下的精彩话语，清楚地道出清朝末年统治者对老百姓征收各种苛捐杂税的实情苦衷："各国租税，务稍重富民负担而减轻贫民负担者。我国乃适与

---

① 中共中央马克思恩格斯列宁斯大林著作编译局：《马克思恩格斯选集》第1卷《中国革命和欧洲革命》，人民出版社，1995年，692页。

② 邓绍辉：《晚清赋税结构的演变》，《四川师范大学学报》（社会科学版）1997年4期。

相反，惟敲削贫民，诛求到骨，而富者反毫无所出。试观今国中最大宗之租税，莫如田赋、厘金、盐课三项。田赋虽征诸地主，而负担实转嫁于佃丁也。厘金虽征诸行商，而负担实转嫁于小贩及消费物品之贫民也。盐课则猗顿黔类岁纳惟均者也。夫国中贫民，以农为唯一之职业。虽有永不加赋之祖训，而官吏相沿，巧设名目，十年以来，田赋之暗增于旧者，已不啻二三倍。故负担此赋之小农，前此仅足自给者，今则岁煖而号寒，年丰而啼饥矣。"[①]

一、田赋正额

清代沿袭明朝的农业税制度，以田赋和丁役为国家主要赋税收入。所谓田赋，就是土地所有者每年按田亩数量向国家缴纳的税额；所谓丁役，就是年满16岁到60岁的男子（即壮丁），每丁每年向国家无偿提供一定天数的徭役。这种田赋丁役税制都是以农业和农民为征收对象。所以实际上是一种纯粹的农业税制度。在封建社会初期，田赋征收是以实物为主，丁役征发则是为政府无偿提供的各种劳役。后来随着商品货币经济的发展，封建统治阶级需要的货币数量日益增加，于是国家田赋和丁役除了征收部分粮食（即漕粮），供军队和各级官府官员消费，其余征收货币，叫作"折征"和"丁役银"。后来，丁役银并入田赋征收。田赋用粮食和银钱缴纳，因此通常称田赋为"钱粮"。客观地说，晚清的田赋正额，和整个清代一样，并不很重，是历史上少有实行"轻徭薄赋"的朝代。[②]

据《大清会典事例》载，直隶各县，每亩银额0.81~13分，米额1~10升；盛京每亩银额为1~3分，米额2.08~7.5升；吉林每亩银额1~3分，米额2.2~6.6升；山东每亩银额0.32~10.91分；米额为2.07~3.06升；河南每亩银额0.14~22.7分，米额为0.07~2升；安徽每亩银额为1.5~10.6分，米额为0.21~7.1升；江西每亩银额为0.13分，米额0.14~10.73升；广东每亩银额0.81~22.32分，米额0.65~2.29升；贵州每亩银额1~65分，米额0.501~4.5升。[③] 从这些数据中可知，负担较重的是贵州，较轻的是盛京和直隶，但是总的来说，旧赋并不重。

除此以外，还有与正赋一同征收且与正赋并重的耗羡（耗银和耗米）及杂赋，还有地方官吏差役的浮收及需索。据《大清会典事例》载，当时直隶的田赋随征耗

---

① 沧江：《湘乱感言》，《国风报》，转引自李文治：《中国近代农业史资料 第1辑 1840—1911》，生活·读书·新知三联书店，1957年，301页。

② 唐贤兴等：《晚清政府贫困化与中国早期现代化的受挫》，《文史哲》1998年2期。

③ 嘉庆《大清会典事例》卷一三八，1~10页，转引自李文治：《中国近代农业史资料 第1辑 1840—1911》，生活·读书·新知三联书店，1957年，298~299页。

银为 5~15 分，耗米为 10 升；盛京耗银 10 分，耗米 3~10 升；广东的耗银 7 分，耗米 10~16 升，已与正赋差不多了。[①] 征收漕粮的江、浙、皖、鄂、湘、赣、鲁、豫等省，普遍加收耗米 25%~40%。[②] 这样，老百姓就得承担这些额外的负担了。但是这些也还不算太重。负担开始大大增加的是从 1851 年以后，由于太平天国农民运动的兴起，增加了清朝的军费开支和之后的鸦片战争的军费开支以及割地赔款，种种负担都会转嫁给老百姓。

二、田赋附加

清政府原有的（正赋）收入显然满足不了急剧增加的支出需要。解决办法就是通过增加人民负担，额外加税、无端加征便是很自然的事情。因此，以田赋加征便成为清政府用以搜刮民财、缓和财政困境的主要手段。这一时期授予地方政府自由筹款的权力，所以各地出现的田赋加征的名目日益繁多，苛重难忍。其附加赋的名称，因时因地而有所不同。

按粮津贴。始自咸丰四年（1854），当时规定每田赋银 1 两，加征当津贴费 1 两。这一规定本来属于临时性的征收，属于一时权宜济事，其后援案奏请，继续征收，逐渐成为国家的常赋。[③]

捐输。同治九年（1862），四川总督骆秉章奏办捐输，按银粮多寡进行摊派，有的州县按银粮 1 两加征捐银 2 两至 4 两。[④]

厘谷（或义谷）。主要实施于云南、贵州等地区。咸丰六年（1856），云南由于田赋收入不足供给本省军粮之用，为了添资军粮，在田赋之外征收"厘谷"。自1868 年开始，按规定依州县的大小和收成情况，酌量征派，税率为 10%~20% 不等。贵州则从 1871 年开始，也征收厘谷，办法是按粮按亩，以 10% 计。但是实际情况往往在此基础上私加至 40%~50% 之多，此项征取甚酷，由此引起民众愤怒，一度被迫中止。不久，清朝统治者又"变通办法，酌减举行"，按 10% 或 20% 征收，并改"厘谷"之名为"义谷"。

田捐（或亩捐）。主要实施于江苏、安徽等省。咸丰四年（1854），雷以诚在江北里下河开办亩捐以济饷需，第二年此举推行到扬州、通州两府之各州县。当时江

---

① 嘉庆《大清会典事例》卷一三九，9~15 页，转引自李文治：《中国近代农业史资料 第 1 辑 1840—1911》，生活·读书·新知三联书店，1957 年，299 页。

② 嘉庆《大清会典事例》卷一五，7 页，转引自李文治：《中国近代农业史资料 第 1 辑 1840—1911》，生活·读书·新知三联书店，1957 年，300 页。

③ 王俊麟：《中国农业经济发展史》，中国农业出版社，1996 年，181 页。

④ 王俊麟：《中国农业经济发展史》，中国农业出版社，1996 年，182 页。

北亩捐是以地亩肥瘠、业田多寡为标准，照地丁银数分别抽捐，大致以每亩 20 文至 80 文不等。其后江南各州县也举办，一般作为本地团练经费。安徽举办亩捐，有的每亩捐钱 100 文，也有的每亩捐谷 2 斗。此外，湖南平江等县又有按粮捐军费的，也类似于田捐。

砂田捐。广东江河出海口一带，因涨沙而成的田，名为砂田。东莞、香山等县于 1862—1863 年，因办理防务，开办砂田捐，于正赋之外，每亩加征银 2 钱，由地主和佃农按主八佃二分担缴纳。

虽然上列各项的田赋附加已经渐成定例，人民负担已经相当繁重，但是光绪以后，为赔款和举办新政，清政府继续放任或者默许各省进一步自由筹款，以充实地方经费之不足。如奉天、吉林、黑龙江的警学亩捐，江西、安徽、浙江等地的丁漕加捐，山西的本省赔款加捐，新疆的加收耗羡，四川的新加粮捐，广东的新加三成捐，云南的随粮加收团费等。各省加派的名目不同，税率也不同。1861 年，江苏松江府加征团费，按地每亩加征钱 400 文；1865 年，江苏奉贤加征修建亩捐，按地每亩加征钱 140 文；1879 年，江苏青浦县、安徽霍山县加征国防及军费，每石加谷 2 斗；1875—1908 年，福建征收赔款随粮捐，按地丁银每两收 400 文钱，或粮每石收钱 400 文。安徽桐城征收警捐，按地每亩收银 0.015 两；1906 年，陕西征收铁路捐，按粮每石收 2 斗；1908 年以前，直隶南宫县征收学捐，按地丁银每两征收钱 2 000 文，1908 年以后该县改征学捐按地每亩征收银 0.001 7 元；1909 年征收警捐按地每亩收银元 0.024 元；1909—1911 年交河县收学捐按地丁银每两收钱 4 000 文，另加征钱 800 文；1910 年山东莱阳征收地方自治亩捐按地每亩收钱 3 000～5 000 文，麻地捐按地每亩收钱 5 000 文，花生捐按地每亩收钱 4 000 文，沙参地捐按地每亩收钱 3 000 文，凡种瓜、菜、芋皆另外加捐，地亩加派的数额为正赋的十数倍。1910 年河南长葛县在已经每亩加收银 5 分的基础上，再加收警捐按地每亩收钱 30 文。[①]

三、田赋改折的浮收和勒索

勒折浮收。山东省漕州按章征收漕粮者很少，往往于官斗之外，倍蓰加收，民间深以为苦，只得折价完纳，但是其浮收之数，与交米增至数倍者没有区别。有时经过主管上司查明后，令其明文禁止。但是各州县并不张贴，浮收如故。[②]

---

① 李文治：《中国近代农业史资料 第 1 辑 1840—1911》，生活·读书·新知三联书店，1957 年，306 页。

② ［清］刘锦藻：《清朝续文献通考》卷四，12、13 页。

湖北的各州县额征米的数量，多的有 2 万石，少的 2 000 余石或数百石。征收米称为本色，以钱折米称为折色。征收过程中，有本色多于折色，有本色少于折色，有本色折色各半，也有全征折色的。在征收折色时，每石折收钱有的五六千钱，或七八千钱，或十二三千钱，或十五六千钱，或有多至十八九千者。其征收本色即实物米的时候，每石浮收米或至五六斗，或者七八斗，还有加倍征收的，最多有征收 3 石以上者。①

书吏差役的把持勒索。当时钱漕的征收，在一县之中，负责催征的差役，名目甚多。这些税吏差役，利用手中的权力，进行勒索。开征之初，书吏往往择中上家产能够守纳的人家，先自己代为完粮，然后持票向应纳户加倍索要勒还，名为代票。② 江苏往常在征收田赋之时，一般应该向所征之户发给一种告知性质的凭证叫"易知单"。到这一时期，易知单反而成为粮书需索舞弊的工具，借此索要每亩百文或数百文。农户如果没有易知单则不能自己完粮，须由粮书代完。而通过税吏代为完纳时，则必须付给报酬。此外，按正常情况，粮米交纳后，一般几日内就应该给付凭证。但是常常出现几个月以后才给凭证的。还有最终不给者。更有已交之后，上面又换了一个税吏，而前面所交纳的一概不予承认，逼令重交。③

地方官吏的吃灾卖荒。江苏省苏松等属州县，每遇蠲免之年，书吏便向业户索取钱文，始为填注荒歉，名为"卖荒"。付给书吏贿钱者，虽丰收亦可缓征，不出钱者虽荒歉亦不能缓征。④

漕粮改折。太平天国定都南京以后，清政府的漕运路线堵塞，漕粮无法北运。原征本色的各省，遂改为征收折色，即用银两折纳。由于当时银价昂贵，直接对纳税人形成重敛，"昔日卖米三斗，输一亩课有余，今日卖米六斗，输一亩之课而不足"，可见农民增加了一倍之赋。⑤

由于豪绅和一般老百姓的地位不同，在交纳赋税时，往往豪绅所交者少，而普通百姓所交的多。同治年间，江苏各县的漕粮有大小户之分，大户或至一文不收，还有包揽小户者。小户每石在十多千文或七八千文钱，没有六千文以内的。时任江苏布政使的丁日昌欲实施大小户一律征收的措施，引起当地的一些豪绅的强烈不满。⑥ 通州也有类似的情况，当时的漕米，绅户每石收钱一千八百文，乡户则收取

① ［清］胡林翼：《胡文忠公遗集》卷二三《革除漕务积弊并减定漕章密疏》。
② ［清］王邦玺：《条陈丁漕利弊疏》，《清朝经世文续编》卷三六，1884 年。
③ ［清］冯桂芬：《显志堂稿》卷五《与许抚部书》，37 页。
④ ［清］刘锦藻：《清朝续文献通考》卷三，6 页。
⑤ 王俊麟：《中国农业经济发展史》，中国农业出版社，1996 年，182～183 页。
⑥ ［清］丁日昌：《抚吴公牍》卷一九《加函抄案致藩司》。

六千或八千或十千不等，极多至十八千为止。① 在浙江，河运海运须另交贴帮和贴费，以米计每石须交三斗，但是豪绅大户，正赋之外，颗粒不加。而小户须加征，有的农户正漕完米一石额外加七斗以上。②

四、农民的赋税负担

由于正赋以外还有各种名目繁多的附加，农民的实际负担不断增加。例如，在湖南，额定的地丁银一两，实征至数两；在江西孝义县，额定的 1 厘，实纳高至 120 厘；在江苏上海县，税亩田赋本征钱 600 文，实征银 1～2 元。在东南一带，按规定需交纳漕粮的地区，有的以本色的形式交纳，即直接交纳漕粮。也有的依漕粮的额度折交钱的，无论何种交纳方式，最终都是实际所交大大超过应交之数。例如，在湖北各县的农民漕粮负担中，不仅实际征收比应纳多一倍至数倍，此外还有耗米、水脚、由单、券票、样米、号钱等名色。③

漕粮征银。当时的漕粮改征制钱，并未按当时的实际应折进行征收，而是大大超过了应折之数。如浙江省当时每石米实值不足 2 000 文，政府征收时折价为 3 400～5 400 文；江苏省 1867 年漕粮折价原定 3 400 文，实际征收则至少 6 000 文以上；江苏 1904 年每石漕粮的时价为 1 000 余文，而实际折征钱为 7 000～8 000 文。④ 实际征收额度是应征收的几倍。

盐税。食盐是人民生活中的必需品，概莫能省。盐税是近代农民负担的重要赋税之一。盐税虽然不直接从农民手上来征纳，但是由于中间的各种收取最终都落到了人数众多的农民身上，因此广大的农民通过所付的盐款承受相应的负担。

历朝的封建政府对于盐都是实行专营官卖，实际是高度的官商垄断。晚清时期依袭惯例，由户部颁发盐引，指定江岸、数额，由盐商贩运，不准引、盐二者相离，更不得私自买卖。清政府由于财政困难，不断增加盐税，于是配给供应的定额"盐引"，在民间黑市上被不断加价。"盐课之昂，由于盐引之增；盐引之增，多在光绪以后。"如道光二十八年（1848）以前的"旧征之课"，每引共 1 两 6 钱 3 分 5 厘。到同治年间涨至 2 两 6 钱 5 分 8 厘，再到光绪年间，每引更涨为 5 两 9 钱 5 分

---

① ［清］丁日昌：《抚吴公牍》卷二○《饬议江北钱漕均平征收章程》。
② ［清］马新贻：《核减南漕并革陋规疏》，《清朝道光同光奏议》卷二七下，1865 年。
③ 李文治：《中国近代农业史资料 第1辑 1840—1911》，生活·读书·新知三联书店，1957年，349 页。
④ 李文治：《中国近代农业史资料 第1辑 1840—1911》，生活·读书·新知三联书店，1957年，348 页。

6 厘之巨，比道光年间增加了两倍多。① 于是盐价不断上涨。例如，河北交河县，鸦片战争前夕，每斤盐不过 23 文，1896 年为 26 文，1905 年为 34 文，1907 年为 38 文，1909 年增加至 44 文，盐价翻了一番。② 又如，直隶文安县，道光年间盐每斤不过 23 文，1858 年因海防善后案而加价至 25 文，1874 年加至 27 文，1895 年因中日甲午战争加至 28 文，1902 年加至 32 文，1905 年增加至 36 文，1907 年增加至 40 文，1908 年加至 44 文，这个县的盐价也增加约一倍。③

光绪以前，福建省城盐价每斤不过八九文，至贵不过 12 文。自抽盐厘以后，增加至 20 多文，增加了一倍。④ 盐价的增加，加重了农民的负担，于是有些贫民便因为买不起盐而淡食，有些地区还因此引发农民起义。福建永春州德化县，由于官场盐价加增，乡民只能淡食，时间一久，"小民艰于淡食，用是群情不服，拟向官场叩求减价，官不准理，民愈汹汹，遂相率揭竿攻城"。⑤ 可见，由于盐价不断增长，超出了人民承受的极限，使广大人民已经连盐都吃不起了，不得不铤而走险，造成社会动乱。

厘金。厘金也称"厘捐"。此项税种首创于咸丰三年（1853）。这是一个新的税项，目的是为了筹集军费，以镇压当时的太平天国农民起义。当时驻守扬州的清军江北营帮办军务大臣雷以诚，以军饷紧绌为由，倡行厘金，遍设关卡，敛财以供军需。后经上奏朝廷，各省效尤，推行于全国。

厘金是一种"值百抽一"的商业税，由于百分之一为一厘，故称之为"厘金"。此税征收范围涉及所有货物，如油、布、棉花、药材等。按规定，厘金对于一种货物只征收一次，收取后发给联票，以后各卡查验放行，不准再征。隐瞒偷漏者，加倍议罚。⑥ 咸丰五年（1855）推行至湖北、湖南、江西、四川等省，咸丰六年推行至奉天、乌鲁木齐，咸丰七年推行至安徽、吉林、福建，最后实行此项税收的黑龙江是在光绪十四年。⑦

厘金这一新的税种问世以后，实施过程中逐渐地混乱苛酷，弊端百出。首先，厘金课征苛重，见货就征，不一而足。哪怕是"只鸡尺布，并计取捐，碎物零星，

---

① 王树枏等：《冀县志》卷一六，1929 年，12 页。
② 苗毓芳等：《交河县志》卷二，1916 年，20～21 页。
③ 李兰增等：《文安县志》卷一二，1922 年，34 页。
④ ［清］谢章铤：《赌棋山庄集》卷六《修吏治以固民心疏》，28 页。
⑤ 《益闻录》1891 年第 114 号。
⑥ ［清］胜保：《雷以诚劝谕捐厘助饷章程》，咸丰四年十一月十九日，中国科学院经济研究所档案抄件，《厘金》第 18 册。
⑦ 李文治：《中国近代农业史资料 第 1 辑 1840—1911》，生活·读书·新知三联书店，1957 年，369～370 页。

任意扣罚"①，凡日用之物，无不在被征之列。以广西为例，征厘物品为 29 类 1 942 种，小至手帕、荷包，及至米粉、醋、蒜，均要负担厘金，凡上市之物，无一不征。并且卡局林立，一物数征。如湖北各地，初办厘金时，设有卡局 400 多余处，以后逐渐裁减，至光绪三十一年（1905）还有卡局 61 处。② 江西有厘局 130 多处，征厘时，"有百千钱的货物，而厘局辄指为二三百千钱之货价以多收税额者，有它处已征足额而此处又额外取盈者"。③ 当初是"所取廉，所入巨，是以商贾不病，兵气始扬，曾（国藩）胡（林翼）踵之，事平不去，且增至每百抽三文"④。到了后来，并不因为太平天国运动被扑灭而取消，反而将抽取比例由"值百抽一"增加至抽三。这已不是"厘金"了，因为它不限于 1％ 的征收比例。各地厘金的征收，高者曾经达到 15％。江西有"携一百一十文钱之货物，而所纳之厘税乃至三百四十文之多"，其税率更是达到了 33.6％。⑤厘金征收的苛烦不仅是任意提高征收比例，而且还任意勒罚，百姓无法忍受。"江浙之间厘金最旺之地，目击商民由富而贫，由贫而至赤贫者，皆由厘金累之。委员司巡稍不如意，即指为偷漏，勒罚十倍二三十倍不等。若辈囊橐得自侵匿者多，得自勒索者当亦不少。"⑥ 握征收大权者，任意勒罚，中饱私囊。

虽然厘金的设置，不是农业税的范畴，但是这种负担最后还是转嫁到广大的农民身上。时人曾曰："厘金之设，名虽病商，实则伤民。商富民犹少，商穷民独多。商贾计本求息，如行船然，水涨则船自高，故厘金之病商犹浅也。"⑦ 它不仅加重了当时商人和消费者的负担，而且严重地挫伤了商品经济的发展。在外国商品侵入中国并通过不平等条约取得免纳厘金税特权的情况下，进一步地削弱了中国商品的竞争力，阻碍了民族产业的发展。⑧

第二节 太平天国时期的赋税

太平天国运动开始于 1851 年，1853 年建都于南京，自称天京。然后东征西讨，其革命势力迅速波及发展到 17 个省，坚持革命政权达 14 年之久。

《天朝田亩制度》是太平天国的土地纲领，在新的土地制度没有建立起来的时候，与之相适应的新的赋税制度当然也就不能产生。但是，为了保证新生的革命政

①④　［清］刘锦藻：《清朝续文献通考》卷六〇《征榷考》，1 页。
②⑤⑧　王俊麟：《中国农业经济发展史》，中国农业出版社，1996 年，184 页。
③　《阁抄汇编》，《再论江西乐平之乱事》，1904 年，转引自李文治：《中国近代农业史资料第 1 辑　1840—1911》，生活·读书·新知三联书店，1957 年，376 页。
⑥　［清］张廷骧：《不远复斋见闻杂志》卷六，10 页
⑦　徐乃昌：《南陵县志》卷四，1924 年，97 页。

权，并把革命继续进行下去，必须选择一个可行的赋税征收办法。在无法创新的情况下，太平天国所实行的经济政策不得不退回到当时所能够允许的范围，只能是对旧的制度进行部分的改革。1854 年春，东王杨秀清等人提议，经洪秀全批准，颁行了"照旧交粮纳税"的政策。[1] 1855 年，江西都昌太平军守将发布的告示称："田赋虽未奏定"，"暂依旧例章程完纳"，即是这一赋税政策的明述。[2]

虽然太平天国没有实现耕者有其田的政策，但是革命火种所及的地区，封建土地制度不能不受到一定程度的打击。在不同的时期和不同的地区，所受的打击的程度不同，土地关系和田赋的征收情况也有所不同，与清朝统治时期有所区别。

在太平天国农民革命力量比较强大的地方，地主阶级受到了不同程度的打击。有的逃亡，有的不敢向佃户收租，有的佃户也趁时局动乱而不向地主交租。在此种情况下，太平天国采取了变通的办法，改为随田征税，直接向佃户收取，叫作"着佃交粮"。

太平天国有些占领区则实行照旧交粮纳税的政策。土地仍归地主所有，佃户仍向地主交租，田赋的征收也仍袭旧制，向地主征收。其田赋主要分地丁和漕粮两种，漕粮纳米，一年一次；地丁纳钱，分上忙、下忙两次征收。为了便于税吏征收，许多地方沿用清朝官府原有的征收簿册作为依据。但是，太平天国的田赋征收较清政府轻缓，每亩的征收额较轻，体现了减轻农民负担的精神。在太平天国的初期，尽管在剧烈的战争环境中，军需及民食所需甚巨，太平天国所辖地区的赋税征收标准很低，农民负担并不重。如据记载，安徽桐城粮户朱浣增，有田三亩五分，1854 年纳米 1.92 斗，纳银 1.71 钱。1855 年纳米 1.84 斗。[3] 据文献记载，1861 年浙江海盐每亩征米仅 1 斗，同省的石门每亩征米 1 斗 7 升，比较高的如江苏吴江丁漕合计每亩征收米 3 斗 1 升，较少的例如 1861 年在太平（今当涂县）、无锡一带，每亩征米 4 升。一般亩征收在 1 斗至 2 斗之间。也有地丁征银的。如 1860 年吴江下忙每亩征银 500 文，次年上忙每亩征银 180 文，加耗 60 文，后加至 350 文。

太平天国时期的田赋征收，虽然实行的是照旧交粮纳税，但是与清朝的赋科政策是有本质区别的。首先，这一政策贯彻了保护农民、打击地主的方针。颁行"照旧交粮纳税"的时候，没有明文规定地主可以收租，而且在 1860 年以前，还未发现太平天国有明令准许地主收租的记载。因此，不少地区是禁止地主收租的。如在

---

① 《太平天国资料》，72 页，转引自孙应祥：《略谈太平天国的"照旧交粮纳税"》，《南京大学学报》1978 年 1 期。

② 《乙荣五年钦差大臣前九圣粮"晓喻"》，转引自郭存孝：《太平天国薄赋政策浅议》，《群众论丛》1980 年 2 期。

③ 《太平天国资料》，5 页，转引自孙应祥《略谈太平天国的"照旧交粮纳税"》，《南京大学学报》1978 年 1 期。

天京附近，有农民感叹道："吾交长毛钱粮，不复交田主粮矣。"① 其次，体现了减轻农民负担的精神。这与清朝田赋征收有本质的区别。

清朝实行"厚敛重征"。一般是正额地税每亩须纳米一石至一石以上，而浮收几达田赋之数，还有杂税，横征暴敛，民不聊生。太平军占领江西以后，"为使地方相安，田赋轻取之，依旧额取十之五六"。② 1860 年，忠王李秀成率军攻进苏南后，即向天王奏述江苏省所属郡县人民的痛苦，请求对农民减免赋税。天王欣然采纳，当即下诏曰："朕格外体恤民艰，令该地佐将酌减若干，尔庶民得薄一分赋税，即宽出无限微生机。"③ 李秀成遂将百姓应交钱粮"轻收以酬民苦"，李秀成部属乡官苏州东山监军等相应宣布"减免一成"，浙江海宁更有只收三五折甚至"尽免"者。此外，没有额外的勒索和征收。太平天国多数经办税务人员，在征收赋税时"绝不敢私取一物"。

到了 1861 年，即太平天国的后期，减税的征收政策发生了明显的变化。由于前期所控制的区域较广，占湖北、江西、安徽、江苏各省一部分，这些都是盛产米粮之区，一切军费仅靠田赋以向地主阶级"打先锋"便可以维持，不必另取杂税以补军需之不足。此外，前期太平军的纪律十分严明，税负较轻。1861 年后，由于领地日少，军需日繁，在田赋不足支用的情况下，只能另取杂税以补军需供给之不足。而一些地方政权被变质了的守将以及地主阶级把持以后，破坏了原有的一切制度，并借种种名目理由滥收杂税。这些杂税的总和，有的与每亩田赋正额相等，有的甚至超出田赋。

一、以田亩计征的杂税

火药捐。火药捐始于 1860 年，《吴江县续志》云："始则令设门牌，有门牌捐，继又有红粉捐。红粉者，火药也。"1861 年，江苏常熟"每亩办折红粉钱七十五文"，浙江嘉兴"征收火药费，每亩计钱五十文"，江苏吴江之火药费之征收随田赋加征。吴江《庚辛纪事》云："长发开征米粮，正米一斗八升，秤见红粉一斗。"其征收之数，已经超过了正赋之一半。此外，1861 年，杭州还有一种所谓的"出灰钱"者，即"派百姓排日解灰作煎硝之用"，这是在煎硝过程中派出民力之工作，如本人不去，可由别人代劳，但是"每担折钱二百文"。

田凭费。1861 年太平天国在江苏常熟开始颁发田凭，并作为地主向佃农收租

---

① ［清］汪士铎：《乙丙日记》卷二，咸丰三年十一月条，转引自孙应祥：《略谈太平天国的"照旧交粮纳税"》，《南京大学学报》1978 年 1 期。
② 郭存孝：《太平天国薄赋政策浅议》，《群众论丛》1980 年 2 期。
③ 《李秀成自述》，转引自郭存孝：《太平天国薄赋政策浅议》，《群众论丛》1980 年 2 期。

的凭证。田凭的颁发，与收取出田凭费是分不开的。1861 年 9 月，常熟"业主呈报田数给凭方准收租，每亩出田凭费六十文，或米一斗"。

田捐。最早记载的是 1860 年在攻克江苏溧阳时开始征收。《溧灾纪略》云："粮米之外，增设田捐，每亩勒钱一文。"稍后在无锡、金匮亦有征收，"每田一亩，每日一文"，按当时的无锡、金匮田额共 130 余万亩，每月可捐钱 1 300 文，通年可达 40 多万，所征数量较大。至 1862 年以后，浙江地区仍按每亩每日捐钱一文的原则。田捐的征收办法，一般以半年或三个月一次总收，征收对象是佃农。对于佃农来说，是一项正赋以外的负担。如果当时每一农户能耕种 20 亩土地，每年出钱需 7 000 文，合米在 1 石左右。农民因此又增加一项除地租之外的额外的沉重负担。

局费。这是一种由地方政府之开支派征于民者，始于 1860 年的江浙一带。当时在"地主收租息米"时，"照额二成折钱，局费每千扣二成"，有的干脆随田附征。1861 年，在常熟所收局费和委员局费，每亩各一斗，约为该地田赋正额一半以上。有些地方的局费按户摊派。1861 年，浙江海宁花溪镇所收局费按每大户米一斗、钱一千、絮被一条的标准收取。

礼拜捐。始于 1860 年的江苏溧阳。据《溧灾纪略》云："按户敛钱，号为礼拜，始以七日为期，后则日夜搜括。"当时的礼拜捐按户为派征单位。1862 年，浙江上虞县袁安公局所征的礼拜捐，是"按户田亩酌派"，即开始按田亩征收。

海塘费。海塘是江浙一带抵御海侵而兴修的水利工程。宋元以来，代有兴修。乾隆年间，工程基本告一段落。但是由于潮水的不断冲击，以后仍需随时补修。1860 年以后，太平天国势力到达江浙地区，对海塘工程十分重视。1862 年在常熟"定议筑海塘"，当时连同"造牌坊"、修塘路及上忙条银等，每亩征收钱 720 文。在浙江嘉兴征收海塘费每亩 150 文。浙江的桐乡、秀水均有类似于嘉兴的征收。

柴捐。见于记载的仅限于浙江嘉兴府。1862 年，秀水征收柴捐："每二十亩，每日解十斤"，不计钱数。在嘉兴则折每日每亩半斤。还有派解费，计每亩柴捐连同解费共计每日折钱一文半，比田捐高出许多。

此外，随田科征的杂税还有军需捐、听王殿砖瓦费、造牌坊捐、免冲钱、经造费等，总共不下十余种。[1]

二、以户口计征的杂税

门牌捐。太平天国的门牌之设，始于 1853 年，首由北王韦昌辉倡议颁行于天

---

[1] 曹国祉：《太平天国杂税考》，《历史研究》1958 年 3 期。

京，随后在各地区推行。1860 年以后，门牌捐非常普遍，其征收原则是"视资财之多寡，以定牌礼之重轻"。因此，到底征收多少，并无一定的标准。有的是"二百至五百文，富户亦有千文不等"，或是"多则千百洋，少则一二角"，一般情况征收为一至二元。

船凭捐、船捐。太平天国在颁行门牌之时，也颁发了船凭。1860 年以后，已有征收船凭捐的记载。在江苏常熟，船凭捐的收取标准是"千余至十数千"，或"大船二三十千，小船三四千（文）"。在浙江湖州，则全是按船只的大小来征收。除此之外，还有所谓的"日头钱"。征收标准是按船只的大小及载运物资的多少、价值和航次来定。

丁口捐、房捐。丁口捐与门牌捐密切相关。据《花溪日记》所载，浙江海宁1861 年的征收标准是"每人日征二十文"。房捐在 1860 年开始出现，1862 年以后，浙江嘉兴所征收的房捐是"每日每间二文"。1863 年桐乡"每屋一间，日捐钱二文"。①

三、以营业、财产计征的杂税

商税。其征收标准视营业额之大小、资本之多少而定。其征收之名称有店凭捐、客捐、股捐、月捐、日捐等。这些名称大多产生于太平天国后期。太平天国占领区的商业，在其初期为官营公有，后来由于商业的公营制度遭到破坏，私人经营方式替代了公营。这样，对商业征收的各种税目也就出现了。店凭捐乃是商店开业的执照。其征收的数额，文献记载中有征收"数千至百数十千"者。月捐、日捐是店捐之外按月日科征之数。浙江海宁花溪征收额是"每店大者日三百，小者十文"，至六月则"勒店铺日捐加倍"。② 在江苏常熟，"虽素菜摊，日收四五文亦不免"③。由此可知，日捐的征收是依据资本之多少及营业额之大小而有所区别的。即便是很小的商贩，也要科派，并非专对坐商之商税。

特捐。这是一种针对豪绅地主的重捐。在太平天国运动初期即已经开征，是太平天国军需的主要来源。1853 年初攻克武昌时，便"令有金帛珠玉者悉出以佐军"④。其后，每占领地，必尽搜富户官绅之家，没收其财产，名之曰特捐。

---

① 〔清〕沈梓：《避寇日记》，嘉兴图书馆藏手抄稿本。

② 海宁冯氏：《花溪日记》卷上，转引自中国史学会：《太平天国》（六），上海人民出版社，1957 年。

③ 周鉴：《月锄与胞弟子仁小崔书》，转引自《近代史资料》（6），科学出版社，1955 年。

④ 〔清〕张汝南：《金陵省难纪略》，光绪十六年印本。

第三节　北洋军阀统治时期的赋税

北洋政府统治时期，中国社会的半殖民地性质表现在税收上是各种主要税收均由帝国主义控制。地方的军阀各自为政，没有统一的税收制度，赋税的征收表现出极大的随意性，任意增加税负。因此苛捐杂税层出不穷，人民的负担极为繁重。

一、田赋及附加税

北洋政府统治时期的田赋，在国家财政收入中占有重要的比重。田赋的额度，多从清制。按田地不同，税率分为九等，实际上不止九等。田赋税率很不合理。造成这种不合理的主要原因是税率与土地收益、地价高低脱节，具体的原因如下：一是，杂赋归并造成税率提高。清末的一条鞭法归并以前的杂赋，民国初年又归并了清末以来的杂赋，致使税率提高，增加了农民的负担。二是征收的官吏从中舞弊，造成田赋畸轻畸重。如掌握田赋征收的书吏接受贿赂以后，将田产和赋税化整为零，分别写在贫苦可欺的民户之下，造成田赋的负担畸轻畸重。有时出现由于地权的变化，负担并未因之改变的情况。有的土地已经出卖，但田地产权过割不实，其田赋仍归原主，于是出现无田有赋和有田无赋的乱象。田与赋分离而出现不合理的田赋负担。[①]

辛亥革命以后，田赋额有很大的增长。田赋不断增加，甚至有一年重复征收二三次的现象。直隶定县的正赋，从民国初年到 1927 年，田赋增加了 63.2%。

1888 年，奉天的田赋每亩约合五分钱，1902 年河南的田赋每亩也仅有三角二分。然而到了 1928 年，奉天的田赋每亩增长为现洋三元七角，在 40 年间增加了 72 倍；河南每亩地增为三元，在 26 年间增加了近 9 倍。据统计，1925 年，山东各地田赋每亩平均为一元零七分，1926 年广西的田赋竟占耕种费用总数的 30%～40%。但与其他省份相比，尚属较轻。资本主义国家的田赋都随着社会经济的发展而逐渐减少，而旧中国却在有增无减。山东省 1925 年所交的田赋比 1921—1922 年美国的田赋多 4 倍，比印度 1923—1924 年的田赋多 14 倍。此外，中国的官吏还要进行各种形式的浮收和勒索。所以，每亩的田赋一元至二元，只不过是官方数字而已，真实所缴纳者，应远远大于此数。

田赋的征收，对于贫困的农民来说，除了正常需要缴纳，还可能受到地主和官

---

① 王俊麟：《中国农业经济发展史》，中国农业出版社，1996 年，186～187 页。

吏的额外勒索和转嫁负担。具体有如下数端：

其一是地主对税捐的负担转嫁。如在广东，本来国税之缴纳，如钱粮一项，完全由田主负担，沙捐则主八佃二。但是 1926 年，对于护沙费、特别军费等种种，田主和佃农平均负担。[1]

其二是地主和官吏的敲榨和勒索。广东等地的官署预征钱粮，多由地主、土豪劣绅、旧粮房粮站粮差所包办。结果是不但地主、土豪劣绅不用出粮，并且还有中饱。粮差到处苛勒，贫穷的农民尽管无钱无地，一律硬派钱粮，否则拘捕监禁。[2]

其三是军阀预征田赋。由于军阀政府通过加收赋税的方式仍不能满足其庞大的财政开支，后来又采取田赋预征的方式对农民进行搜括。民国初年的田赋预征名为"借垫"，最初的办法是将各县的富户按其资产的大小分为几等，确定借款额度，责令团保限日勒缴转解，以第一年粮税作抵。借垫之风一开，各地便相继仿效。因为多是久借不还，愈积愈多。加之所借之数，远不能满足军阀的挥霍，故美其名为"预征"。最初是一年二征，后来又一年三征，更有一年六征者，一发而不可阻止。[3] 如陕西渭南，1925 年预征至 1927 年，山东德州 1927 年预征至 1930 年，广东嘉应 1925 年预征至 1928 年，河北南宫 1929 年秋预征到 1932 年，四川郫县 1927 年预征至 1939 年。更有甚者，四川梓桐县 1926 年已经预征到了 1957 年，整整预征了 30 年！预征成为一种变相加重农民负担的毫无节制的不法手段之一。[4]

由于四川省处于割据状态，国民党中央政府的势力到 1935 年才开始产生影响，因此在此期间，当地军阀为了扩充地盘，征集军费，赋税预征最为严重，到了无以复加的程度，被称为军阀搜罗场。田赋的征收每年少则三四次，多至八九次。在射洪县，一年竟征十四年粮，以致出现"老弱转死沟壑，壮者逃之四方"的惨状。[5]

北洋政府初期，已经将清末的新旧赋税并入田赋征收，地方财政为了保证开支，不得不另行筹措经费，因此新的附加税又出现了。1912 年，大总统咨行参议院厘定国家税和地方税法。其中明文规定，地方征收的田赋附加税不得超过正赋的

---

① 《广东农佃情形》，《中外经济周刊》175 号，1926 年 8 月 14 日。

② 《广东省第二次农民代表大会的重要决议案》，《中国农民》1926 年 6、7 期合刊。

③ 王俊麟：《中国农业经济发展史》，中国农业出版社，1996 年，186～187 页。

④ 陈翰笙：《中国农民担负的赋税》，转引自李文治：《中国近代农业史资料 第 1 辑 1840—1911》，生活·读书·新知三联书店，1957 年，576～577 页。

⑤ 《重庆商务报》1931 年 9 月 13 日，转引自章有义：《中国近代农业史资料 第 3 辑 1927—1937》，生活·读书·新知三联书店，1957 年，39 页。

30％。1915 年，北洋政府财政部因浏阳河工急需经费，遂呈报中央批准在直隶、山东先行举办田赋附加税，以应河工之需要。1916 年，北洋政府以预算不敷为由，当即电令各省一律依照山东、直隶两省的办法，征收田赋附加税，以后十余省相互效仿，逐渐扩大到全国。行之于十余年以后，附加税名目与日俱增，致使达百余种之多。河北省 1927 年以前的三年间，土地税增加了 5 倍。奉系军阀张宗昌统治山东以后，山东的捐税增加了 5～6 倍。1926—1927 年的土地税超过了农民的总收入。[①] 直隶定县的附加税，如以 1912 年为基数，到了 1927 年，除正赋增加，附加税增加至 1912 年的 450％。[②]

二、盐税

盐税历来是财政收入的大宗，北洋政府统治时期的盐税也大大地增加了。早期，盐税的征收相沿清代征收的正税和附加税。正税是国家对食盐的产、运、销所征收的税目。盐税的税率各地不同，名目纷繁，计有百余种之多。1913 年，北洋政府公布盐税条例，统一税率，合并税种，规定每百斤纳税 2 元 5 角。1918 年又修订为每百斤 3 元，取消各种附加税。但是各省并未切实执行，盐税反而加重了。主要表现在征收各种名目的附加税上。

自不平等的"善后借款"条约签订以后，一切盐税收支之权都操纵在外国人之手。各省官吏虽然多方要挟，截留款项，但是由于条约的关系，不能任意全部截留，细微的"协款"（从盐税项下提取若干，以协助各省政费的款项），在军阀们看来，无异于"杯水车薪"。于是地方附加税，盐斤加价等乃得以相继征抽了。最初开征的是四川，在 1913 年就有附加盐税，名为"船费捐"。1914 年，四川盐的附加税有 26 种之多。尤其可怕的是，地方团防及学校等也能设局征税。1918 年后，战事迭起，各省财政日窘，军费无出，对于盐税除部分地截留，复擅自附加。川、湘始作俑于前，鄂、赣仿效于后，苏、浙诸省也就相继起而效尤。附加盐税，其名为"加价""食户捐""军事协饷"等，名目繁多，种类不一。至 1926 年，各省的附加盐税，最重的是四川为七元一角五分九厘，湖南、江西次之，最轻的是浙江和安徽，约为一元，平均为三元五角四厘。[③] 1928 年，附加盐税平均为每百斤盐四元七角八分，比 1913 年的总税增加了 77％。这时的总税差不多 3 倍于 1913 年，7

---

① 王俊麟：《中国农业经济发展史》，中国农业出版社，1996 年，188 页。

② 中国人民大学农业经济系：《中国近代农业经济史》，中国人民大学出版社，1980 年，133 页。

③ 章有义：《中国近代农业史资料　第 2 辑　1912—1927》，生活·读书·新知三联书店，1957 年，581～582 页。

倍于 1910 年。1928 年，盐税约占盐市售价的 70％以上。盐的成本每百斤在广东为三角六分，江苏为四角，福建为六角七分。售价比生产费用至少要高出 30 倍，之所以高出如此之多，除了运费和少量的商业利润，主要是盐税。若以每人平均每年需食盐 18～21 斤计算，则中国每人年均需纳一元五角左右的盐税。这些沉重的盐税主要由占人口的 80％～90％的农民来负担。由于官盐价格太高，不少人被迫食用私盐，江西九江的市价盐为每斤 145 文，而私盐仅为 50 文。

由于私盐的存在，导致官盐的销售逐渐下降，影响到盐税的收入，北洋政府又开始缉私活动。高价盐老百姓买不起，但是无论谁人，必须食盐，不食盐就没有体力。中国的大多数农民，因盐价昂贵，每当工作紧急之时，无盐淡食，其痛苦不堪设想。[①]

三、其他捐税和兵差

（一）厘金

厘金是清代后期计征的税项，北洋政府沿用未改，但是其性质发生了变化。这时的厘金包括坐厘、行厘、货厘、税捐、铁路捐、货物捐、斧销捐、落地税、统税等。其中不少虽名为厘金，实则与货物税、统税、产地税、销场税等类同。厘金的税率，各地不尽相同，原定的为货值的 3％～25％，但是各种名目的附加税却在不断增加。1928 年，棉纱等几种商品几乎是抽 30％以上，超过 25％的最高限额。由于关卡林立，所有货物都要接受此项税负，即便是猪鸡，无不交纳厘金。商贩深受其苦，导致物价昂贵，农产品流通受到限制。湖南因厘金征收太苛，物价飞涨，十余年贵至数十倍。因农产品的涨价赶不上工业品的涨价，农民深受其害。[②]

（二）苛捐杂税

除上述比较普遍的征收，其他的苛捐杂税也非常之多，巧立名目，不计其数。以广东一省为例。汕头市郊有猪只捐、女子出阁捐、牛只捐、鹅母捐、番薯捐、青菜捐、丁口捐等之征收；普宁有措厘捐、糖寮捐、祠堂捐、戏厘捐、嫁女捐、糖沫捐、牛头捐等征收；中山有游联队费、联团费、民团费、保卫团费、自卫团费、捕费、附看费、沙骨费、沙夫费、果木费、鸭部费、疯人口粮费、旧式农会费、中小学附加费之征收；新会有游击队费、碉楼费、民团费、联团保安费、船卡费、联航

---

① 彭公达：《农民的敌人及敌人的基础》，《中国农民》1926 年 3 期。

② 章有义：《中国近代农业史资料 第 2 辑 1912—1927》，生活·读书·新知三联书店，1957 年，585 页。

保安队费、联防保安费、勇费等；惠阳有 18 种名目的税项，吴川有 5 种税项，番禺则有过路捐之征收。这些名目繁多的税项，有的是由县公署征收，有的是由警区署征收，有的则是由民团局征收，有的更是由驻防局征收。其名义是维持地方行政或用于社会治安，实则是进入私囊，给人民以极大的痛苦。[①] 1919 年，湖南平江仅茶叶一项的地方杂捐，即比往年高出 14 倍。茶商和种茶之人，均受其苦。军阀吴佩孚在河南，其理财政策之一是通过查验各地的田地旧契和新契，必须统统呈送报验，验费按每百元抽二元，可谓费尽心机。[②] 有的还勒令农民种植罂粟以抽取烟苗税。此外还有红灯捐、民瘾捐等名目。这些税种根本不按立法程序，甚至不经过上级政府批准。一个县或乡，都可以任意征收种种捐税，强迫农民交纳。

(三) 兵差

兵差是以徭役和实物供应军需的一种农民负担。自 1850 年以来，太平天国、英法联军、中日甲午战争、八国联军、义和团等兵燹之祸，相继侵袭，当时的兵差是供应军队过往的粮饷。到了北洋政府时期，兵差成了军阀筹措军费的主要借口。各地驻军和地方团队，如有需要，随时向农民摊派征收。因为军队扩大，军费不足，发下来的军饷多为军官们所扣，士兵的粮饷多的欠几年，少的也欠一年半载。所有的军队衣食住行都由地方人民供给。由于军阀混战，军费开支浩大，这些负担均转嫁到广大农民的身上。所以兵差的负担往往超过地税。1928 年，山东 5 个县的兵差为地丁税的 2.74 倍。1929 年，冀南豫北的 9 个县，当时属于备战区和战区后方，兵差为地丁税的 4.32 倍，至于兵火交战之区，兵差之重，已无法统计。军阀混战之时，征用骡马，强拉民夫，以致性命难保。兵差摊派中的侵吞以肥私的现象也很严重，农民负担极为沉重。军阀吴佩孚在指挥东北战争后，曾饬令在山东德州、平原、禹城、恩县、肥城、齐河一带纳车 4 000 辆，并严令即时交付 2 000 辆，吓得各县知事仓皇失措，乡民望风而逃。拉夫的方式是强行围捉，不管是否为农忙季节。[③]

第四节　国民政府统治时期的赋税

一、田赋

1928 年，国民政府第一次全国财政会议后，确定将田赋正式划为地方税，由

---

① 《广东省第二次农民代表大会的重要决议案》，《中国农民月刊》1926 年 6、7 期合刊。
② 守愚：《直系余孽对河南民众之剥削》，《向导周报》1927 年 1 月 31 日，186 期。
③ 硕夫：《直系军阀马蹄下的山东人民》，《向导周报》1924 年 10 月 21 日，88 期。

地方征收。总的趋势是，田赋的征收额度在逐年增加。以辛亥革命后的 1912 年各地每亩田赋正税附税总额为基数 100，田赋普遍有了增加。以 1939 年《农情报告》对全国的 1 020 个县的统计情况来看，当时的田赋普遍增加了 60% 以上。

在国民政府的财政体系中，农民的田赋是其主要来源之一。田赋改归地方政府征收以后，原规定不得添加附加税。但是当征收之权操于地方之手以后，附加和摊派就无法控制。各地以社会革新、地方建设为由，额外征收田赋附加税。此外，地方擅自扩大吏员职位，增添财政支出，以致额定行政费缺口巨大，费用严重不足，诸如办党务、办自治、修公路、修衙门，总之都要增加附加税。于是，各地的田赋附加税如夏夜毒蚊乱飞，其种类之繁，名目之多，不可尽数。河北 48 种，河南 42 种，安徽 25 种，四川 20 种，江苏更多至 147 种。[1] 从税制的本意上理解，既然是附加税，应该不超过正税，否则谈何附加。可是，当时的附加税，不仅种类繁多，而且抽取沉苛。湖北省有的地方甚至超过正赋 80 倍，湖南也普遍超过 10 倍以上，超过二三十倍的已被视为常数。

除加重附加税，国民政府也和北洋政府一样，采取预征的办法。各省预征的情况大致是，1929 年预征下一年田赋的有河北清苑、天津、元氏、静海、博野等。山西太原、山东诸城、福建省一些地方，则 1930 年预征 1931 年田赋。广东河源 1931 年预征 2 年的田赋；河南 1930 年预征往后 4～5 年的田赋；安徽在 1930 年预征 6 年的田赋；陕西全省预征田赋十分普遍，沔县 1931 年预征了 7 年的田赋，凤翔在 1929 年预征到了 1938 年。[2] 在安徽，甚至出现了"以命完粮"的事件。涡阳、蒙城等地，1932 年间遭受大灾、匪祸的压迫，而政府又预征 1933—1934 年的钱粮，人民不堪其苦，愿受死刑以求免征。[3] 由此可见，预征田赋这种形式的税负对当时老百姓生活的影响之深重。

全面抗战爆发以后，由于沿海和华中的许多富饶之区，相继被日军占领，国民政府失去了重要的征收赋税的源泉，"占全税收一半以上的关税，乃至占全税收 20% 以上的统税都因战事影响而大减特减"。[4] 加之当时的通货膨胀，物价上涨，尤以粮价上涨更为突出，财政收入遭受到了严重的影响，货币征已不能达到维持当时政府运行和经济发展的需要。此外，由于粮食种植面积大为减少，又因战事封锁、航运不通畅而不能进口粮食，加之天灾频仍，致使粮食减产，举国出现了严重的缺粮问题。为了适应战时的需要，国民政府实行了战时财政政策，田赋由征收货

---

① 邹枋：《中国田赋的附加种类》，《东方杂志》1934 年 31 卷 14 号。
② 李作周：《中国的田赋与农民》，《新创造》1932 年 2 卷 1、2 期合刊。
③ 马乘风：《最近中国农村经济诸实相之暴露》，《中国经济》1933 年 1 卷 1 期。
④ 王亚南：《战时的经济问题和经济政策》，光明书局，1918 年，21 页，转引自周岚：《抗战期间国民党政府赋税政策述略》，《民国档案》1991 年 1 期。

币改为征收实物，实际上主要就是向农民廉价征收粮食物资。①

田赋征实，首先在山西开始。1939 年，全面抗战进入关键的战略相持阶段。晋西北一带物资奇缺，物价猛涨，士兵的伙食费高达每月五六十元，军队已经无从购买平价粮食。为此，山西省首先决定"停止平价购粮，实行田赋改征粮食，供给军食"的办法。当时的山西主产小麦，征实的标准是以原赋额正银一两征收小麦一官石（合 155 市斤）。不产小麦地区，以杂粮充给。② 1940 年 2 月 20—25 日，国民政府行政院召开"全国粮食会议"。会议通过的决议规定，田赋征实首先在福建省试办，在该省试办取得经验后，国民党行政院遂于同年 11 月 13 日发布指令，通令全国各省均行田赋征实，田赋一律征收粮食，以调剂军粮民食。于是，从 1941 年 7 月 1 日夏季田赋开征之日起，在国民政府统治区内全面施行。实施田赋征实的办法以后，国民政府为了把粮食集中到"中央"手中，决定各省的田赋均由中央统一管制配给。

当时田赋征实的具体办法是，按 2 年的正税、附加税合在一起计算，并以 1936 年的粮价换算成相应的粮食数量，每元钱折合稻谷 2 斗，折小麦 1.5 斗。如果按 1941 年的粮食市价计算，则全国的田赋只能折合稻谷 100 多万市石，而按 1936 年粮价计算，征实的稻谷可达 3 000 多万市石。可见，全面抗战期间的粮食价格比 1936 年飞涨了 20 余倍。1941 年征实和征购的稻麦总数为 5 200 万市石，是后方各省稻麦的总产量的 6.1%。

1942 年又以战时需要为由，将田赋征实数额增加一倍，即按原有税额一元钱折征稻谷 4 斗，征小麦 2.8 斗。国民政府当年征收的稻麦增加到 3 500 万市石，征实和征购的总数达 6 700 万市石。1944 年以后，征实的范围扩大到棉花、棉纱、面粉、食糖等物资。国民政府在实施田赋征实的同时，还实行粮食征购，将粮食征购随同田赋征实一起摊派下去，实行低价强制征购。当时称之为"随赋带购，一次完成"。国民政府财政部、粮食部从 1941 年开始发行"粮食库券"，征购时按官价付给七成"粮食库券"，三成现金。其中的七成"粮食库券"分五年还清。每年以"粮食库券"的五分之一抵交当年的田赋征实数额。1944 年，蒋介石下令将征购改为征借，废除"粮食库券"。征借其实就是向农民无限期"打白条"。1944 年 5 月，在国民党的五届十二中全会上，将粮食征借改为献粮。③

田赋征实在当时特定的战时条件下，有其维护抗战的积极一面，但是更有变本加厉地剥削和掠夺农民的一面。据统计，田赋征实占国民政府的财政支出来源的比例分别为：1942 年 20%，1943 年 28%，1944 年 23%，1945 年 18%。征实的实质

---

①③　孙美莉、傅元朔：《评抗日战争时期国民党政府的田赋征实》，《农业经济问题》1986 年 3 期。

②　虞宝棠：《国民党田赋征实初探》，《华东师范大学学报》1985 年 3 期。

就是在物价不稳定时期使政府的财政收入不受货币贬值的影响。依靠田赋征实保证了军粮供给，对全面抗战的胜利提供了物质保障。政府通过田赋征实掌握相当一部分粮源，削弱了商人们利用粮食紧缺而囤积居奇、哄抬物价，平稳了一段时间的物价。例如，在征实之前的 1940 年 5 月至 12 月，粮价上涨了 4 倍。而征实以后的1941 年 7 月至 1942 年 4 月，只上涨了 47％。而在剥削掠夺农民方面，大大地加重了农民负担。田赋征实名义上是由土地所有者负担，实际上其中的一部分或大部分转嫁到了农民头上。主要的方式是通过加租加押，将负担转嫁给佃农。当时出现了"政府征收实物以后，地主更不惜加重佃农的负担，增加押租，增加租谷"，"地主以田赋征实为口实而加重佃户租额"等现象。[①] 国民政府完全支持这种转嫁行为，曾通令各省："耕地租赁契约订定交纳实物或收缴实物仍不敷完粮者，得请求增租"，如果"佃户抗不交租，得向司法机关起诉"。[②] 这是公开鼓励地主提高租额，转嫁负担。因此，地租租额大幅度提高，租额之比例，出现了"主九佃一者有之，主八佃二者有之，主七佃三者有之"。四川成都一带，普遍将租额增加到正产物的八成到九成。有些地方的地租甚至超过了正产物的收获量，佃农还需要另买谷子来缴纳，这叫"干加"。有人对四川某县的 27 个佃户交纳地租的情况进行调查，反映出当时大后方的田赋征实后地租具有明显增长的趋势。在当地实行征实政策之前的1938—1940 年，地租率虽然有增长，但是其幅度并不大，而到了田赋征实后的1944 年，与 1938 年相比，则增加了百分之八九十以上。这是普遍的情况，各地地租额不仅由于田赋征实而大大增加，而且地主也以田赋征实为借口，将全面抗战前的货币地租改为实物地租，加强了对农民土地的束缚。

田赋征实所引发的另一个现象是粮政人员的严重营私舞弊。在当时，从事粮政工作被视为肥缺。广泛流传一句这样的话："从官不如从商，从商不如从良（粮）"，形象地道出粮政人员的特权之处。当时国家层层设立的粮政机关，每一机关都有名目繁多的职位。从业人员多是地方上有权势的地主、保甲长和职业钱粮师爷。这些人在征实过程中，通过各种方式，吸取劳动人民的血汗。例如，最常见的手法就是通过利用稻谷和稻米转换的差额营私。因为向农民征收的是稻谷，而上交的是稻米，一般每 100 斤稻谷可出米 71～75 斤，而当时的上交标准是 69.44 斤，超过此数的多由涉粮人员私分。另一个贪腐手法是拼命催科，以领受奖励。国民政府为了更多更快地征收粮食，规定在限期内如数征收和超额者，可获奖励。1941 年四川省配征 1 200 万市石，实际征收达 1 330 万市石，超过 10％，国民政府财政部发给

---

① 徐盈：《农村小景》，《大公报》1942 年 8 月 13 日，转引自虞宝棠：《国民党田赋征实初探》，《华东师范大学学报》1985 年 3 期。
② 《浙江日报》1942 年 11 月 27 日。

奖金，四川省 136 县中，获奖者有 107 县，其中一部分是弄虚作假，虚报冒领，多数是粮政人员向农民拼命催科而来的。

二、盐税

国民政府为了保证其盐税收入，1931—1935 年，曾五次整理盐税，以合理负担为名，行增加盐税之实。盐税在全面抗战爆发前的近十年中，逐年增加；1936 年的税额比 1927 年增加了 10 倍。

全面抗战时期，国民政府又几次更改盐税的征收制度。1939—1941 年，废除专商引岸制度，实施官运存盐。整顿税收，分中央、地方、场岸、正附等种，税率没有提高。1941 年 9 月开始，因为物价上涨，盐税改为依价计征，分为生产税和销售税两种。产税在盐出场时征收实物或折交现金，以放盐出库时的场价为准；销税在各销区中心地点依岸价的 30%～40%征收。1942 年元旦至 1944 年实施食盐专卖。专卖后所有的税项取消，将所有有关盐的生产、收购、囤储、销售和定价全由盐务机关控制。由此国库收入大增。1941 年盐税收入仅 1 亿元，而 1942 年即达 14 亿元。在此过程中，由于法定的收购价过低，致使许多产盐场灶倒闭。另外，一些盐务机关囤积居奇，抬高盐价，牟取暴利，贪污中饱，引起社会强烈不满。至 1945 年 2 月，只好取消，改行征税。1943 年还征收战时盐附税，每担加 3 元。1944 年加征"国军副食费"，每担盐征 10 元。1945 年 1 月，将战时附税增加至每担 60 元。1945 年，规定全国各盐区每担加收 110 元。

三、杂捐和兵差

（一）名目繁多的捐税

国民政府统治时期，民间有一句口号叫"民国万税"，这是对税负繁重的不满情绪的反映。这时期的捐税，几乎无物不征，无征不重。杂税的税目也千奇百怪。柴、米、油、盐、酱、醋、茶，开门七件事，样样都要抽捐纳税，过河纳河捐，走路要路费，讨个老婆也要交新婚捐。军民之间要交感情捐。甚至一物数捐。以养猪为例。一头猪从出生到屠宰，先后有小猪捐、猪行牙税、牲畜税、猪驳税、屠宰税、没血毛税及附加税等，不下数十种。在绥远，不仅农产品需要交税，就是耕田的工具、黄牛也需要交税，黄牛每头征税 2 角，小者减半。水牛每头 3 角，小者减半。广东省建设公路的人头捐达到四元，甚至店铺中的屋梁每条要捐二毫半。江西地方附加税以屠宰税为最。当时规定每头猪正税四角，县地方附税不超过 5%，即二分。但是经过调查发现，最低的为新建县附征四分，超过规定的一倍。而最高者是南城县，附加税六角八分，超过规定的 34 倍。南城县在教育附加外又有育婴附加、检验费等；临川有公益附加、屠宰捐，南昌有教育附加、公安附加等；吉安有卫生捐等。[1]

陕西省在 20 世纪 30 年代初灾害严重，出现了"田赋四倍加征、灾民出境人头税、食品捐、斗捐、面粉捐、百货保运捐等，苛捐杂税，多如过江之鲫"。灾民无法过，有出卖自己的妻儿者。而当时的军政当局，竟然借此渔利，设立人市，抽十分之一的税。于佑任曾经指出，陕西省政府所收的出卖儿女捐有 200 万元。[2] 东北地区的税捐种类也很多，其中与农民有直接关系的有作谷税、搬出税、地方税、谷物税、卖谷税、检证税、剿驻税、哈尔滨特区警察税、大豆出产税、车捐、农会费、粮捐、零担捐、横河捐等。

1934 年，国民政府下令废除苛捐杂税，当年 10 月报载，各省废除苛杂种类计有 1 000 多种。江苏在废除苛杂以后，财政厅派员调查，各县的苛杂税种还有 200 多种。而旧苛杂渐次废除之时，新增的税捐又开出不少。如北平开征筵席税和房捐，广西开征商铺税，江苏开征奢侈、消耗、欢乐、筵席等税以及耕牛过境税，湖北征收堤工税，浙江征收交通附捐，并增屠宰附税，四川改订税率，土产出关增税 3 倍。

（二）摊派

国民政府在国税收支划分中，并没有明确规定县级财政范围，结果造成省县两级的事权与财权不明晰，财税收入如何分配，均由各省自定。划分的地方税源都被省府把持，县级财政无固定的财源，因此为了应付上级差办事宜，就通过乡、镇、区、村等级，层层向居民和农民临时摊派。由于既无预算，又无额度，正好给县政府可乘之机，可以在任何时间以任何借口进行摊派，其勒索程度远比杂捐更甚。摊派名目很多，有省令摊派，有县长呈准摊派，有县长擅自摊派，有由区长呈准摊派和区长擅自摊派等，不一而足。往往每一次自上而下的摊派，都会层层加码。有时要钱，有时要物，粮、草、油、盐，样样都有。[3] 摊派数额，通常每村数百元，军事时期则全无限制，事先既无规定征期数额，事后又不见公布用途。常有县府令某区摊 1 000 元，而区长变为 2 000 元往下摊派。北方地区比田赋附加更重的就是临时摊派。田赋附加尚有一定的限度，摊派则没有任何额定限制。河南各地的摊派，多依据田亩或地丁，性质等同于田赋附加税。

---

① 孙晓村：《废除苛捐杂税报告》，《农村复兴委员会会报》1934 年 12 号，13 页。

② 石笋：《陕西灾后的土地问题和农村新恐慌的展开》，《新创造》1937 年 2 卷 1、2 期合刊，221 页。

③ 王俊麟：《中国农业经济发展史》，中国农业出版社，1996 年，189 页。

（三）兵差

国民政府时期的兵差，除骡夫、挑夫、兵丁，与军队相关的派征的实物差不多有 100 种。有人对 1929—1930 年各地新闻报纸所见的实物兵差的种类进行过统计，分别有：衣类的军装、大氅、鞋袜、布匹等；食类的面粉、小麦、馒头、米饭、大米、蔬菜、盐、油、醋、猪、羊、鸭等；器用的刀具、案板、火铲、劈柴、饭碗、筷子等 40 余种；家具的床板、桌、椅、面盆、扫帚、木炭、煤油、洋灯、被子等；运输的大车、小车、手推车、人力车、船、骡、马、牛、驴、驮鞍、麻袋、黑豆（饲用）、汽油等；其他的还有伤兵衣棺、化妆品、海洛因等 7 种。

山西沁县 1930 年 11 月至 1932 年 3 月的 5 个月间，每个粮银一两所摊上兵差达 128 元，合时价小米 1 072 斤。山东省 1928 年的兵差总额平均占地丁税的 274%。上述兵差的征收地还不是战区，战区的兵差要十倍于非战区。1930 年河南东部发生剧战，自 4 月始至 10 月止，这 7 个月的河南商丘、郏县、柘城三县所负担的兵差，平均占地丁税的 40 倍以上。1930 年，阎锡山、冯玉祥的军队在山西，向各县就地征粮，南部闻喜、襄垣、屯留、沁县等县的兵差平均为 67 万元，为地丁税的 21 倍多。

兵差的征收，一般按地丁税摊派，但是地主们一般都不负担兵差。大中地主多是离乡村城居的，他们的兵差都由佃农来负担。有人对河北清苑薛庄的情况进行调查，发现全村租地耕种的人家有 20 家，其中明确地不代替地主负担兵差的仅一家。①

四、官僚土劣的非法榨取

关于这一类的社会腐败，民国时期尤为严重。即使在当时，这些腐败也属于要依法惩处的犯罪行为。但是由于民国时的吏治松弛，致使贪官污吏，侵害百姓，民怨载道。官僚土劣榨取农民的手段，大致可分为三个方面，分别是浮收、中饱和勒索。

浮收。在田赋的征收之中，由于农民群众很少识字，且害怕官员，因此征收者往往暗中多收，或多收而不找零。当时的南开大学学生曾对河北各县的赋税征收情况进行过调查，发现各类浮收的情况十分普遍。如按法定税率，每两正税附加大洋八角折银后是每两三元一角，而乡长实际征收了三元六角，即每两正税浮收了五

① 王寅生：《中国北部的兵差与农民》，转引自章有义：《中国近代农业史资料 第 3 辑 1927—1937》，生活·读书·新知三联书店，1957 年，64～69 页。

角，相当于法定正税的 20%。浮收的另一种情况是"洒"。即税吏将从农民手中征纳到的田赋税银据为己有，而将他管辖之地内的额定税粮，分别"洒"到辖地各家农户名下（实质就是强摊），另行派征。还有所谓的"戴帽穿鞋"者，就是造册之时，通过在数据上做手脚，在数字上下之间预留空位，以便实际征收之后，另行更改数字，做成假账，多收少报，从中肥私。[①] 此外，纳税程序规定，农民交纳税款，要经过粮头、庄头、甲长、粮赋长、村长、乡长、区长等多人手签，才能送到县政府。这些经手人自然要有利可图。例如，山西屯留自清至 1932 年间，一直是由种棉花户将自己应交纳的田赋，直接交到县政府，里老和单头只不过负有催交的责任，权力并不很大。后来变更旧的交纳方式，由棉花户将应交的钱款，交给单头，再由单头交给里老，里老交给官厅。这样一来，实际所收就不止名义上的那么多了。[②]

中饱。据南开大学抽查的河北省 11 个县的情况，发现县县均有中饱之情。其中有的县欠赋达 13 万元，其中估计至少有一半为政务警察中饱。这些地区的警察特别多，共近千人。而有饷有薪金的不到一百人，其他人员类似今日的"协警"。他们的薪酬、资费都靠中饱截留而来。又如，河北邢台县第三区的张家屯村，当时应交的维持费、保安团费仅 120 元，而当时农户实际所交为 540 元之多，名义都是用于政警及团丁饭费，如此等，皆属于当时的中饱行为。中饱的障眼手脚中，还有所谓的"飞、诡、寄"等俗语说法。飞即是将应征粮户的银额，移在报荒的粮户名下，因税法规定遭受荒歉的农户可以蠲免，于是税吏便可收了税而不上交；诡即是以熟田报荒，以便侵蚀赋款；寄是既征之税款，税吏将其中一部分匿而不报，谎称农户未交。其他还有擅自向农民征收滞纳罚金，或将地亩数或银两数用去尾法化零，积沙成塔，积文成锭，从中取利者。

勒索。这是征收过程中常见的一种贪腐行为。北方地区对此有一个俚语叫"身钱"，专指胥吏代农民交粮时的一种勒索。当征收吏员下乡收税时，除供给好饭和烟酒，还要送辛苦钱和跑腿费，还有烟酒钱、车马费等的勒索，都属身钱之列。[③] 还有，青海西宁各征税机关的吏役，每到乡下即向老百姓勒索，往往政府征款 1 元，而人民须纳 3 元。老百姓只能是任其予取予求，如果有反抗，则拷打俱来。[④]

---

① 孙晓村：《废除苛捐杂税报告》，《农村复兴委员会会报》1934 年 12 号，13 页。
② 高留：《屯留农村经济实况》，《农村经济》1935 年 2 卷 3 期，104 页。
③ 孙晓村：《中国田赋的征收》，《中国农村》1934 年创刊号，24～26 页。
④ 顾执中、陆诒：《到青海去》，1934 年，262 页。

第五节　近代农民的生活状况

一、近代农民生活的变化概况

(一) 近代语境中的 "农民"

在讨论近代农民生活状况之前，首先要对近代社会 "农民" 的含义做出界定。1958 年，我国通过户籍制度将境内的公民分为农业人口和非农业人口，后者也被称为城镇人口。按照这个定义，农民实际上是指从事农业生产劳动的农村居民，而居住在农村但不从事农业生产劳动的居民就不是农民，例如，领取国家工资的体制内的医生、教师和乡镇干部等，不属于农民。但是，在近代，后者有时就被列入农民进行人口统计。由于近代没有严格的户籍登记，使得 "农民" 的定义在不同的语境中具有不同的含义。因此，要阐述近代农民的生活，就需要确定谁是 "农民"。近代史料所记述的 "农民" 或 "农户"，大致有如下三种定义：

一是指阶级划分的农民。为阶级斗争的需要而划分出来的农民阶级，区分为富农、中农、贫农和佃农等，有时候还包括经营地主，但是不包括居住在农村、拥有较多土地并用于出租的地主阶级。地主被列为 "农民" 的对立阶级，是革命的对象。中国共产党在不同的历史时期，运用马克思主义的阶级斗争分析方法，依据农民的土地、财产以及雇佣关系状况，对农民的等级进行了划分。毛泽东早期的关于中国农村和农民的著作和调查报告，成为后来农民阶级划分的理论和实践依据。如《中国社会各阶级的分析》(1925 年 12 月)、《怎样分析农村阶级》(1933 年 10 月) 和《中国革命和中国共产党》(1939 年 12 月) 等篇。根据毛泽东的划分，中国的农民等级从低到高依次为：雇农、贫农、中农 (下中农、中农、上中农)、富农等。

雇农是农村中的无产阶级。一般完全没有土地和农具，有些只有极少的土地和生产工具，完全或主要以出卖劳动力为生，靠给地主或富农打长工、短工生活，是农村中最穷、受压迫剥削最重的阶层。

贫农没有或只有一部分土地和一些不完全的生产工具，需要租种地主或富农的土地，还要做短工或长工。贫农在农村人口中占绝大多数，他们每年除交租，自己可得一半劳动结果，不足部分可以从事副业生产来弥补，或出卖一部分劳动力，勉强维持生活。

中农也叫自耕农，包括下中农 (土地基本够用，但仍需要做短工)、中农 (有土地，自给自足，不做雇工) 和上中农 (又称富裕中农，有土地，自给自足，有结余，少量雇佣短工)。中农的特点是自给自足，他们既是劳动者，又是小私有者。

富农一般都占有生产工具和活动资本，大多有一部分土地出租，又放高利贷。富农对于雇农的剥削很残酷，在这点上接近于地主；但他们一般都自己参加劳动，因此又是农民的一部分。剥削雇农是富农的主要经济特点。[1]

二是指占有土地或使用土地的农村居民。与上述的定义所不同的是，这个概念中的"农户"包括了地主。分为地主、自耕农、半自耕农、佃农、雇农等，实际上是农村中与农业生产有关的所有居民。如在国民政府的各类农业统计公报数据中，通常都将地主列入农户统计。一份经常被引用的数据资料是，国民政府内政部于1932年3月在《内政公报》中，有一个题为"冀鲁豫三省各类农户平均每年收支表"，这里摘取其中的河北省为例。表12-1中的第一行就是关于地主的收支数据。

表 12-1　1932 年河北省各类农户收支

单位：银元，%

类别	百亩以上的农户					50 亩以上的农户					未满 50 亩的农户				
	收入	支出 合计	经营费	生活费	盈余	盈余占收入比重	收入	支出 合计	经营费	生活费	盈余	盈余占收入比重	收入	支出 合计	经营费	生活费	盈余	盈余占收入比重

类别	收入	合计	经营费	生活费	盈余	盈余占收入比重	收入	合计	经营费	生活费	盈余	盈余占收入比重	收入	合计	经营费	生活费	盈余	盈余占收入比重
地主	536	410	102	308	126	23.51	315	274	60	214	41	13.02	201	199	33	166	2	1.00
自耕农	849	653	314	339	196	23.09	501	414	172	242	87	17.37	301	276	97	179	25	8.31
半自耕农	834	721	435	286	113	13.55	482	441	241	200	41	8.51	289	284	133	151	5	1.73
佃农	844	783	544	239	61	7.23	470	456	289	167	14	2.98	289	293	163	130	-4	-1.38

资料来源：国民政府内政部于1933年3月在《内政公报》5卷10、11期合刊本，17页后附表。

三是泛指居住在农村的居民。这个概念中的农户，除了包括地主，还包括了乡村医生、乡村教师、乡镇公职人员等。如晏阳初领导河北定县乡村建设实验时，研究员李景汉曾对定县农村做了深入调查，形成了影响深远的《定县社会概况调查》一书。[2] 其"定县123农户土地占有、耕种和收入分组统计表"中所涉及的123家"农户"中，有一栏是年收入超过600元的农户的收入数据。他们的实际身份包括了兼营商业者、高利贷者或有其他工薪收入的"农村居民"以及出租土地的地主。这些所谓"农户"的工薪收入并非来自农业雇工的工资，而是担任教员、店员或公职所获得的收入；佃农的户均工薪收入只有12.46元。[3]

---

[1]　《第一次国内革命战争时期的农民运动》，人民出版社，1953年。

[2]　李景汉《定县社会概况调查》于1933年由中华平民教育促进会出版，1986年由中国人民大学出版社再版。

[3]　参见《河北史资料选辑》第11辑，80~81页。

由于近代语境中的"农民"或"农户"，其社会成分和社会职业非常复杂，因此不能笼统地使用近代的史料数据进行农民生活水平的统计分析。此外，即使是在"农民"的概念范畴之内，还需要区分贫富阶层之间的区别，不能将富农阶级的生活"平均"到贫农、佃农身上。

（二）近代农民生活变动的一般趋势

虽然农民的身份和经济状况千差万别，但把近代 100 余年作为一个总体来观察，其中必然有一个客观存在的趋向和水平。不容置疑的是，近代社会是中国历史上一个剧烈变动的时代，一个战争灾荒频仍的时代。但近代社会同时又是一个从封建社会向资本主义社会过渡的上升进步的时代，一个工商业兴起、新兴科技文化要素不断增多的时代。因此，公认的定义是"半殖民地半封建时代"。这个定义比较客观地概括了近代社会"沉沦"和"发展"交互并存的特点。首先是半殖民地社会，表明了近代中国并未拥有完全的国家主权，有相当一部分国家主权是被帝国主义占据和侵占了，所以是"半殖民地"，是国家沉沦的表现。另一个是半封建社会，这表明了这时候已经出现了新兴的资本主义要素，城市工商业开始发展，近代式的科技文化设施开始兴建，已经不是完全的封建社会，而是开始向资本主义转变了，这是社会进步的一面。

沉沦和发展，从两个不同的方面影响到农村和农民的生活，因此需要考察近代社会农业要素变化的整体趋势。它包括多个指标，如长时段的人均耕地、人均粮食、农业产值、农产贸易、农业设施等的变化变动趋势，它可以避免由于战争灾荒而产生局部的短时间的波动起伏。

关于农民的食物结构，国民政府中央农业实验所于 1936 年 6 月对农民的食物消费情况进行过一次调查，即"冀鲁豫农民主要食料变化情况（1906—1936 年）"。这是一次长期趋势的调查，它能够排除或消弭年际间产生的自然灾害、局部战争或社会事件等非正常因素的影响，因而能够比较真实地反映农民生活的一般趋势。

表 12 - 2　1906—1936 年冀鲁豫农民主要食料变化情况（依报告次数）

品目	以前不食现在增食			以前少食现在多食			以前多食现在少食			以前曾食现在不食		
	河北	山东	河南	河北	山东	河南	河北	山东	河南	河北	山东	河南
报告次数	224	184	107	631	338	299	458	290	239	91	49	72
稻谷	17	4	7	21	8	11	27	6	14	5	2	8
小麦	7	4	1	86	31	9	61	33	60	1	1	4
玉米	30	18	8	122	44	33	13	4	3	—	1	5
高粱	5	7	1	34	22	21	151	51	17	7	5	3

（续）

品目	以前不食现在增食			以前少食现在多食			以前多食现在少食			以前曾食现在不食		
	河北	山东	河南	河北	山东	河南	河北	山东	河南	河北	山东	河南
小米	—	4	2	28	18	19	23	13	8	1	—	—
甘薯	69	29	25	113	48	70	7	6	3	1	4	2
马铃薯	24	38	7	18	15	8	4	—	3	2	1	3
萝卜	16	8	14	32	18	23	8	8	3	—	2	1
猪肉	5	10	2	34	17	11	18	29	18	1	4	3
羊肉	4	8	1	18	17	12	12	17	11	3	5	6
牛肉	9	14	6	32	23	12	13	14	12	5	3	3
鸡鸭	4	6	3	13	10	8	13	8	10	4	2	4
鸡鸭蛋	6	4	5	19	15	12	10	18	17	2	—	3
鱼	3	14	3	23	14	13	28	17	9	8	1	2
豆油	24	8	10	13	15	10	14	25	8	17	—	7

资料来源：《农情报告》1937 年 5 卷 8 期，266～267 页。

从报告资料看，农民的各种食料，主食不论精粗，副食不论荤素，都是增减互见。但不同食品、不同地区，差异颇大。精粮稻谷、小麦和粗粮中的细粮小米，增减不甚悬殊，仅河北的小麦食用稍有增加，河南则明显减少。冀鲁豫三省作为一个整体考察，农民对精粮的食用，看不出多大变化。粗粮方面，则是高粱的食用减少，对玉米尤其是甘薯的食用大幅度增加。另外，马铃薯和萝卜作为灾年重要食物，食用也逐渐普遍。[1] 由此可以得出结论：20 世纪初，直到 1936 年，冀鲁豫农民主粮结构的变化趋势不是细粮化，而是粗粮化，并且是粗粮低档化和低热量化，其中河北尤为突出。也就是说，从粮食消费水平看，近代农民的生活水平表现为总体平稳，逐渐下降的趋势。

副食方面，冀鲁豫三省一个共同特点是产量较高、亦菜亦粮的马铃薯、萝卜的食用明显增多。猪羊牛肉和鸡鸭鱼等的消费，三省互有差异。河北略有增加，猪牛肉和鸡鸭蛋消费增加较明显，但鱼的消费有所下降；山东、河南变化不显著，其中河南的猪肉消费略有减少，山东因三面环海，鱼的消费稍有增加，食油（豆油）增减幅度不大。

另据北洋政府出版的《中国之农性》一书所载，当时的一个农事机关调查发现，江苏的生活费是饮食 180 元，衣服费用 20 元，居住费 12 元，子女教育费 6

---

① 参见《农情报告》1937 年 5 卷 8 期，266～267 页。

元，交际费 10 元，医药费 10 元，婚丧费 10 元，赋税 6 元，杂费 20 元，合计共约 274 元，而他们的收入情况是农作物收入 140 元，蔬菜收入 30 元，养蚕收入 24 元，杂项收入 40 元，合计共 234 元，收入和支出相抵，不足额为 40 元。因此一个五口之家，有田十亩的农户，维持最低的生活要负担债务约 40 元。① 江西的新建县，农户终年忙忙碌碌，而负债累累，至于不能维持温饱的，占到百分之四五十。② 山东胶县农民的生活，至为贫苦。李村区附近土地非常肥沃，有地 30 亩者，即可称地主。该区共有户数 2 万余户，仅有 30 户有地 30 亩。以地 20 亩的上等农户来看，耕作收入 452 元，支出 339 元，收支相抵，余银 113 元。通常这种人家总人口在 10 人左右，每人每年所得为 45 元，月不足 4 元。富户尚且如此，下等的贫户就更加少了。③ 山东潍县一个有地 14 亩的自耕农，劳动力有两男，三妇女，役畜有一骡和一公牛，收入约为 158 元，支出为 191 元，实际亏欠 33 元。④ 以上主要是自耕农的情况，至于当时佃户的情况，一般是耕种所得，不能自给。

总体而言，近代 100 余年间，中国农民整体是趋向于贫困化的，是下降的。当然，在这期间，不同的农民阶层，其实际的生活水平的变化也有不同。农村中从事商品性农业的富裕农民以及经济作物集中产区的农村的生活水平会有所提高。⑤

二、农民借贷度日

由于多数农民在常年生计的收支中已经入不敷出，如遇灾荒病患，日常生活便难以为继，只能靠借债度日。因此农村中的救急性质的借贷，十分普遍。一般情况下，以源于血缘关系的亲友之间借贷为主。但是晚清以来，百姓生活贫困，当亲友之间无法筹措时，万不得已则会向高利贷者借贷。总的来说，由于经济条件恶化，资金紧张，借高息者实为迫不得已的行为，是否能够如期还款存在着风险，所以，借贷利息出现越来越高的趋势。虽然政府有规定，月息不能超过三分，但是有的高利贷利息达到四五分者，而实物借贷的，有时利息更高，剥削也更重。当时的借贷可以分为货币借贷、实物借贷和典当质押几种形式。

货币借贷在当时是一种普遍的形式。借贷的利息相当高，三分利息是很普遍的

---

① 董成勋：《中国农村复兴问题》，1935 年，199～200 页，转引自章有义：《中国近代农业史资料 第 2 辑 1912—1927》，生活·读书·新知三联书店，1957 年，474 页。

② 裴俊夫：《各地农民状况调查》，《东方杂志》1927 年 24 卷 16 号，28 页。

③ 袁荣叟等：《胶澳志》卷五，1928 年，5 页。

④ 〔德〕瓦格纳：《中国农书》下册，王新建译，中山文化教育馆编辑，1939 年，730～732 页。

⑤ 刘克祥：《对〈近代华北的农业发展和农民生活〉一文的质疑与辨误》，《中国经济史研究》2000 年 3 期。

现象。1878 年，广东陆丰当局对于月息三分的借贷行为予以承认，超过此数则予以罚免。说明当时的政府，对于三分的高息予以承认。浙江的长兴县，养蚕户向富户借款，春初至小满止，不到半年的借期，咸丰以前每千钱的利息是 100 文，约为月息两分，咸丰以后，则利息翻一倍，须偿 200 文，即升至月息四分。光绪初年，山西的兴县乡下放贷，利息有高至四五分者。其原因是荒年什物田产的价格都很低，富户趁机低买田产反比高利贷获利更多，所以出现利息特别高的现象，贫困的农民只能接受这种剥削了。①

实物借贷是直接借物，其借贷利息不亚于货币的借贷。1857 年，江苏金匮县，由于受灾，许多人无稻谷播种，如不筹集谷种，则田地荒芜，以后的生活将更加困难。当时有人奉劝那些富裕人家，依照放债米的先例，凡贫农无谷可以浸种者，每一亩田借谷五升，但是其利限定在四成之内。江苏的江阴县和金山县，富户往往于青黄不接之时，贷以米，到新谷登场，按月计利，不到一年时间，数担之谷尚不足偿还一担之贷米，其利惊人。江苏的青浦县，耕时贷米，至冬还米按两倍返还。

典物是以某种物品作抵押而借款的一种借贷方式。晚清时期的典息一般为三分，稍低于实物借贷。但由于所借款低于典质之物的价值，一旦到期不能还款，则质物不能赎回，实际上是贱卖了值钱的物品。这种典当的经营者获利甚高，质物者所付代价更大。江苏的当铺，清代通常为月息二分。太平天国以后，利息升至三分，后经署局议定从 1869 年起，规定当本在三十两以上者减至二分四厘，十两以上者为二分六厘，十两以下为二分八厘。利息虽然有所降低，但亦属很高。同治年间，江苏如皋县有两家当铺，因为官员勒索，便将典息由二分增至三分，将损失转嫁给贫困的质物者。湖北的武昌，有当铺十余家，均为三分息。汉口和汉阳，有当铺 20 余家，公典二分五厘，其他皆为三分息。由于利息过重，农民深以为苦。四川的射洪县，当利和省内各地一样，均为三分息，但是所借之银不足色，每两较市价低数十文。待还银时，当主多方挑剔，每两较市价增加数十文，因此实际利息已远过三分了。

当时的政府对于如此高利也进行过干预，但收效甚微。江苏高邮人李履清，由于当地典当利息为三分，于是告到官府，利息被减为二分。两江总督府曾宣布准许二分息，期限为 24 个月，可宽限 3 个月。贫苦农民一旦沦落到只能当物借款的境地，就不得不接受这种高利的剥削。实际上，当利只会高不会低。一旦农民必须典贷，就只能接受这种高利息的剥削了。由于借贷无门，没有当铺似乎更糟。光绪年间，江苏淮安的清江浦内只有一家当铺，四时营业都拥挤异常，需要典贷者众多，

---

① 刘华邦等：《桂东县志》卷九，转引自李文治：《中国近代农业史资料 第 1 辑 1840—1911》，生活·读书·新知三联书店，1957 年，919 页。

通常十客难成一单，质物者愈觉艰难。由此可知当时人们生活之贫困，迫于生计不得不把生活用品质押以解时艰困顿。1895 年，安徽省霍山县的农民，由于收成仅为往年的四成，田赋无法缴纳，出卖劳动力又不值分文。往年还可以当衣服和农具，于今已是可以典当的东西没有了，往年饥寒还可以卖田地住宅、卖儿女，现在是没有人要了，只好向富豪之家借贷了。①

当时还出现了一种叫"小押"的抵押贷款方式，利息高得惊人。1868 年，江苏扬州，小押分官私两种，私押为百日为满，每日一分息，押物得钱 1 000 文，实给 950 文，一月后往赎，须还 1 300 文。若为百日期满后，须翻倍偿还，利率为100％。1906 年，湖南衡阳小押利率一月为 50％，如果百姓非贷不可，其艰难困苦就可想而知了。

进入民国后，农民由于经济困难而不能周转，借贷仍然成为不得已的行为。1933 年《农情报告》调查表明，当时农民借款和借粮的比例相当高，近乎一半以上的家庭要靠借贷维持生活。根据 1933 年《农情报告》调查，22 省的借贷对象平均为：银行 2.4％，合作社 2.6％，典当 8.8％，钱庄 5.5 ％，商店 13.1％，地主24.2％，富农 18.4％，商人 25％。说明当时新式的金融机构在农村中没有地位，合作社这种互助组织在其中的作用也不大，原因是农民经济条件皆趋恶化，自助和互助都无能为力了。主要的借贷对象是地主、富农和商人，这三种人经常是三位一体的，即地主可能同时又是商人，高利贷往往与他们联系在一起。高利贷在当时的借贷中，占有很高的比例，有的地区如陕西和宁夏，年息五分以上的高利贷占到总借款的 50％以上。

总的来说，借贷的利息率普遍偏高。1～2 分的较低利息在总的借款行为中占很小的比例。地处东部和中部的江苏、浙江、福建、江西、湖北、湖南、广东等省份，多数情况下的借款利息在 2～3 分，这已是比较高的利息水平。而 5 分以上的高利主要在西北地区，经济越是不发达的地区，利息越高。这些地区的人们生活就更加困难。就当时的情况来看，背负着高利贷的人们，一般情况下会陷入沉重的债务负担中，多数情况下是很难翻身的。

农民的债务状况，除了借款农户数增加，还有诸如还债情况、未完粮情况、未交租情况、典押土地情况等。由于高利贷的存在，很难想象大多数靠借高利贷维持生活的人们能够按时还清债务，因此等待他们的命运可能是十分悲惨的，即因为债务而被债主没收家产。据李景汉对 1931—1933 年河北定县的情况调查，三年间被没收家产的家数分别是 51 家、256 家和 2 889 家。②

---

① ［清］黄云锦：《上当路言事书》，见光绪《霍山县志》，22 页。
② 李景汉等：《定县经济调查一部分报告书》，1934 年，103 页。

三、贫苦农民的生活窘境

如前所述，近代社会，农民的生活水平总体是呈现下降趋势的，其中最为困顿的是占据农民人口绝大多数的贫农和雇农。他们处于农村社会的最底层，过着极为困苦的生活。这部分农民的生活状况也成为当时社会各界的关注焦点，留下了很多真实的史料。

（一）农民的劳动状况

农民生活的困苦，首先就是劳作环境条件的恶劣。如江苏金山的农户，一般情况下是天色未明，约 5 点起床，即开始准备农具到田里工作，早饭由家人送去，食物是米饭和咸菜，一般工作约 16 个小时。与此同时，家里的农妇，也是在早 5 点起床，煮饭，送到田间，饭毕，也帮助工作，午餐即以早餐所剩充饥，日暮回家，预备晚餐。晚间则纺纱织布。湖北西北各县的农民，天还没有亮，就吩咐小孩子将牛赶到草场去，自己随后就要去工作了。到太阳下山后很长时间，才回家吃晚餐，并没有什么"八小时制"。直隶霸县的农民，日间为人佣工，夜间则耕自己的土地。

（二）农民生活贫困化

晚清时期，在向来被称为鱼米之乡、富庶之地的江苏省，农民的生活也每况愈下。时人描述当地农村的景象是，其屋多是茅草房，不庇风雨；其食多是粗粝之物。在中部产粮大省湖南省，其境况也大致如此。例如，浏阳县的山户农家，全食杂粮，而留谷米以换钱；稍殷实的人家也只能半食杂粮，以周济谷米之不足。在西部的云南省富民县，贫寒者十之七八，老者无帛可衣，幼者多披短褐。而在京畿直隶的农民，也是贫困不堪，荒年常以野菜果腹，甚至饥饿而死。河北的滦州，普通的老百姓吃的粟是带壳磨碎以熬粥，称之为"破米粥"。①

黄河流域一带，农民的居住条件很差，除了富农的居住条件较好，其余的多是居住在土墙败屋、草棚、茅舍之中，狭窄昏暗，空气和光线条件均不好。黄河两岸地区，不少人家凿穴为居，小小的一个土洞，住着一家人。西兰线陕西段，农民的居地多为土屋，还有在土丘和土山中，筑窑而居。土窑深可数丈，内有炕，除此之外，别无他物。汉中一带，昔日的农家多居住在瓦房中，门窗有雕镂，到了这时

---

① 李文治：《中国近代农业史资料 第 1 辑 1840—1911》，生活·读书·新知三联书店，1957 年，915～919 页。

期，草房都不多，到处是草棚草坑。①

湖北地区较好的人家才有大米吃，多数人掺以红薯。河南河北一带的乡村，主要食品为小米、甜薯、荞麦、高粱、豆类，大米饭要到年节才有可能吃，肉类只有到过年时才能够吃到。佐餐的菜一般是白菜、萝卜、北瓜、大蒜等，白菜、萝卜很少炒，因为没有油，所以尽量少用油。由于酱油、糖等调味品很少用，只单纯用盐，故在这种情况下吃的盐比都市人要多，但是也有人连盐都吃不起，只好淡食过日子。统计当时的全部支出情况，食物的比例占到总支出的 60％或 80％，食品在支出中的比例占到如此之高，住房、衣服、卫生、知识和娱乐的支出就只能很少了。②

民国以来，很多地区常常闹盐荒，城镇已多淡食之人，乡村就更不用说了。多地盐价每斤 2 元，价值约等于 5 斤猪肉，因此大多数的贫民是吃不到盐的。1934年的河北正定，食盐的销售量，较从前相比，减少至原来的五分之二了，原因是农村中一半的农户没有钱买盐吃了。河北的村庄进行调查发现，其中完全不吃盐的占到总户数的三分之二；无充分食盐可食者占总户数的二分之一，能有盐吃的仅占总户数的六分之一。盐是生活中的必需品，到了连盐都无钱买的程度，说明农民的生活已到了非常困难的地步。

甘肃的大部分农民皆无衣着，许多的妇女裸体露臀，妇女尚且如此，其他的人就可想而知了。青海的贵德，衣着情况是冬不能御寒，夏不能蔽体，甚至终年无裹身者，比比皆是。甘肃、青海、宁夏等省的乡村中，至十一月间还有十二三岁的男女孩全体裸露者。云南贵州两省，因不产棉，棉布价格甚贵，人民衣服褴褛，其中以威宁为最。古人有用"鹑衣百结"形容衣服之褴褛，而威宁人的衣服应用"鹑衣千结万结"来形容。普通人的一件衣服，或穿终身，或穿数辈。最先的一件单衣，破一洞，加一补，乃至补到十几层，而这样的衣服也还不是每人都有。儿童十五六岁以下，终年赤身，女孩十五六岁时，仍无破裤可穿，以麻片遮身。

（三）遗弃子女

由于本身生活的极端艰难，此时如遇上严重灾荒或家庭变故，贫苦农民遗弃子女的惨状时有发生，特别是遗弃女婴现象十分普遍。同治年间，江苏江北育婴堂收养的弃婴多时达数千人，少时亦有数百人。其中男婴占十分之一，其余皆为女婴。如果单为女婴，可视为重男轻女的行为，然而其中有一部分男婴，应是因为生计的

---

①　陈翰笙：《破产中的汉中的贫民》，《东方杂志》1933 年 30 卷 1 号，72 页。

②　陈伯庄：《平汉沿线农村经济调查》，附件 1，41～42 页，转引自章有义：《中国近代农业史资料　第 3 辑　1927—1937》，生活·读书·新知三联书店，1957 年，789 页。

困顿而遗弃的。江苏宝山县僻处海滨，土地贫瘠，农民少有温饱之家。当地村民主要以植棉为业。由于迭遭风灾，应纳钱粮只减三分，原有积累者还可照常完纳，一般老百姓则无以抵补，只有忍痛典卖儿女以求应付。[①] 有的仅以数元的价格就将子女卖掉。西北地区，一般 10 元左右就将子女出卖。

由于频繁的战争，一般农民的生活十分贫困，吴觉农在《中国的农民问题》一书中描写道："佃户们的生活状况，每日工作差不多要做十五六个小时。一遇天灾水旱，不但预付的租价，没有着落，即所投的种子、肥料、人工等资本，亦尽付东流。卖子鬻妻，时有所闻。"[②]

四、农民逃荒离村

晚清以来，人民生活每况愈下，一日不如一日，居止无食，谋生无路。"人无可耕之田，野无可耕之土，故安分者出洋为商，游惰者非赌即盗，貘法横行，为饥所驱"。沿海的广东福建一带，人们多出海出洋谋生日盛。内地地区则一部分要么成为流民，要么成为盗贼，或者流亡进入城市，转徙他乡以谋生路。

（一）流亡他乡

由于生活艰难，在家乡生计不易，一旦有可以外出谋生的门路，哪怕只有一线希望，村民也会冒险而往。对他们来说，与其坐以待毙，不如背井离乡，以求生计。湖北的长阳县，在 1883 年水灾以后，饥民到处逃荒。偶然听说陕西的某县大疫，地广人稀，于是长阳县人争相前往。去往该地开垦者，计有不下 2 000 人。次年仍有人继续前往，有的人甚至变卖家产屋宇，作为路费盘缠。光绪年间，在山东一带，大量的农民背井离乡，"携眷属、负耒耜，泛辽海以至二府（奉天、锦州）开垦荒芜。而成良田者，每岁不下数十家"。不光山东人大量出关外谋生，连远在华中的湖北省，宣统二年（1910）饥民扶老携幼，将及万人航海至营口，后经地方官及同乡会商筹，拟往黑龙江开垦荒地谋生，约千户愿往，每户平均 5 人，共需筹银 30 万两。山东沂州一带的饥民，则成群结队，来到江苏徐州一带，挨村索要食物，往往以百人为群，每到一村，按户派养，一宿两餐，饭必大米，食量过人。常常是十日半月，去而复来，以至鸡犬不宁。而江苏北部一带的饥民，则每至荒年，则扶老携幼，流入苏州一带，或推小车，或泛小舟，三五成群，谋一口饭吃。

---

① 李文治：《中国近代农业史资料 第 1 辑 1840—1911》，生活·读书·新知三联书店，1957年，573 页。

② 吴觉农：《中国的农民问题》，《东方杂志》1922 年 19 卷 16 号，9 页。

金陵大学的调查表明，当时迁徙的大率以从农村到农村者为多，即表现为村际之间的流动，这是都市集镇发展落后的反映。如湖南的难民流亡到江苏，江苏北部的难民流亡到南部，安徽的难民流亡到湖南、江苏、江西，江西的难民又流亡到浙江。历来被称为人间天堂的富庶之地浙江省的难民也不少。当时的国民党浙江省党部颁布《移民东北宣传大纲》，鼓励难民移向东北。东北在当时成为难民的主要移入地，其中山东人最多，其次是河北人、河南人、安徽人。山东的难民除流向东北，还向山西、陕西、河北迁徙。宁夏由于各种负担太重，经常发生逃亡现象，其去向有两处，一是内蒙古阿拉善草原地区，一是临河以西。这些地区的捐税较轻，容易生存。

也有流向城市的，由于民族工业处境艰难，逐渐萎缩，都市本身失业人口大量存在，自然不易找到工作，许多人成为乞丐，晚上缩于垃圾旁、屋角下、弄堂口。

更有一些成为兵匪。当时由于社会动荡，政府提倡地方自办保卫。一些土豪劣绅招收壮丁，于是招募流亡的农民成为保卫团的成员。这些人有时实际上就是兵匪。河南南阳一带，贫困的农民成为土匪者甚多，其原因是豪强压迫良民，老百姓无处申诉，只好充当土匪以报仇。当成为土匪以后，就不能和原来一样，于是不择善恶而到处祸害，最后大家相率而成为土匪了。

直隶的贫民，充当土匪的有 500 万之众。从 1930 年的春天开始，由于当时的军阀在山东混战，山东的一些灾民铤而走险成为土匪的不计其数。[1] 民国时期的土匪，不仅人数众多，而且遍及全国。这些大大小小的土匪，大都持有武器，有些还拥有盘踞地。甚至在一些偏僻的地区，他们还能左右影响当时的乡镇地方政府，形成"官匪一家"的局面。中国十余省的土匪人数在 10 万人，甚至有学者估计，1930 年前后，中国土匪人数达到 2 000 万人之巨。[2]

在东南一带的许多人，基于各种原因纷纷出洋谋生。中国人迁往美国者日增，据统计，1870—1876 年，每年迁往者有约 7 000 人。1876—1880 年每年约 1 100 人。

另有统计，截至 1879 年，到暹罗（今泰国）谋生者约二三十万人，新加坡 10 万人，印度尼西亚 8 万人，旧金山二三十万人，古巴 6 万人，日本横滨 10 万人，秘鲁 6 万人。光绪前期，仅广东省，约 30 年时间，出海谋生者即过百万人之多。光绪后期，中国出海谋生者总计超过 500 万人。

---

① 朱新繁：《中国农村经济关系及其特质》，新生命书局，1930 年，299～305 页。

② 敖文蔚：《民国时期土匪成因与治理》，《武汉大学学报》（哲学社会科学版）1997 年 6 期。

（二）游民众多

近代各个时期，游民的数量都十分庞大。其中，有失去土地的农民。由于道光十四年人口已经突破 4 亿，而耕地增加不多，人均占有土地逐渐减少，许多农民无田可耕，加入游民的队伍之中。有失业的手工业者。鸦片战争以后，国外大量的低价货物的倾销，对中国的传统手工业冲击很大，其中的一部分人加入游民的队伍中。有裁减的兵丁。由于反抗清朝统治的起义不断发生，促成清朝政府大量募集乡勇，这些人多是游手好闲之人，一旦战争平息，他们被解雇、遣散，势必加入游民的队伍中来。有失业的运丁。漕运是清朝的重要运行业，清朝全盛时期以漕运为生者近百万人。太平天国起义军攻入南京后，漕运中断，以海运替代。大量的运丁、船夫失业，这些无家可归的人"在船为水手，在岸为游民"，变成了地道的游民了。有灾民。1880—1890 年，江苏、湖北、湖南等六省受灾，当地的百姓纷纷投奔沿江的上海、南京、汉口等城市，其中的一部分人成为游民。[1] 由于生活所迫，许多人加入游民的行列。江苏本为富饶之地，道光年间，沿江滨海地区，水陆交通的要冲，出现了大量的游民和流寇，如"上海之闽广游民，苏松常镇之土匪棚民，淮扬、徐、海之捻匪盐枭，与跟随漕船之水手青皮，以船为家之渔户流丐"。

1934 年，南开大学经济学院曾经对东北三省的 1 149 户移民的家庭调查，发现这些家庭中，离村时间是 1878—1911 年的占 10%，1911—1930 年的为 90%。其中 1925—1930 年，离村的人家占 1911 年以来离村家庭的一半。说明迁到关外的农民中，主要是在这一时间段内迁来的。广东农村的离村现象也十分突出。据陈翰笙对广东 1930—1934 年农民离村情况调查，离村人口显著增加，信宜县的塘面村增加了 20%，茂名的何谢村增加了 10%，良德、大坡、谢鸡坡、杨群、平山等村增加了 20%，麻子坪村增加了 50%，梅县的书坑村增加了 30%，焦岭的石寨村增加了 40%，德庆的栗村也增加了 40%，顺德的勒流乡、番禺七区罗溪乡和八区长沙增加了 20%。[2]

---

① 王跃生：《晚清社会的游民》，《学术研究》1991 年 6 期。
② 陈翰笙：《广东农村生活力和生产关系》，中山文化教育馆出版，1934 年，66 页。

第十三章 农村基层组织与宗法制度

中国自晚清以来，农村的基层政权逐渐纳入国家的近代政权架构之中。一方面进行了历史性的改造和创建，另一方面又沿袭了封建社会的旧传统，显示出社会转型过渡时期的复杂多样的组织形式。特别是光绪新政以后，社会提倡乡村自治，乡村社会随之发生了一些局部的渐进的变化。其中最显著的变化就是开始了农村合作组织的尝试。这对于当时乃至此后新中国开展的合作化运动，都产生了实质性的影响。

第一节 晚清农村基层政权组织

清初农村基层政权形式结构，基本沿袭了明朝的旧制。一方面，建立起一套源于宋代的保甲制度；另一方面，它又继承了明朝遗留下来的里甲制度。有清一代，中国的城乡实行的是"保甲"和"里社"的双轨式乡治制度。里社和保甲并行，互为补充，稍重里社。但是，自康熙时人丁永不加赋和雍正摊丁入亩以后，乡村人丁数量的编审查验不再是乡政首务。乾隆三十七年（1772），朝廷下令停止人口编审，由此，里甲编组无从维持而逐渐废弛。一些地区仍保留里甲图甲，其功能转为辅助官府征派兵役和征收田赋。里社的某些职能和人员逐渐并入保甲，或归保甲统辖。雍正六年（1728），全国推行了保甲顺庄法，原来由里社所承担的开造粮户清册、督催钱粮赋税之责转归保甲。由保甲将所辖的粮户姓名、住址、田地位置、钱粮数额等数据一并造册交县，以为填写滚单、稽核钱粮的依据。此前由里社经办的钱粮、留册、书算的里书、催头等事务，虽官方多次明令革除，但是因实际督催之需要，依然合于或归于保甲管辖之下，继续在乡村中运行。里社的勾摄公事、拘传人犯、协办词讼等事务与保甲的职守相重叠，后来归于保甲便是顺理成章的事情。

一、晚清的保甲制

晚清的保甲制，是将县以下的城乡社会，分为保、甲、牌三级组织。每 10 户编为 1 牌，设牌长（头）1 人；10 牌为 1 甲，设甲长 1 人；10 甲为 1 保，设保长（正）1 人。"无事递相稽查，有事互相救应……月底保长出具无事甘结，报官备查，违者罪之。"① 各村保甲筑围棚、建窝铺、出乡兵、巡守稽查、互相救应、有事须服从官方调遣，近城还有拱卫城市的职责。保甲长负责本保户口、治安、盗贼、词讼、拘传、火烛、公务、浚沟平道、乡约月讲等职责。实际上是国家最基层的半官职人员，称为"在官人役"。保、甲长一般由士民公举，选用那些为人诚实、有一定文化水平和已成家的人去担任。地方推荐候选人员以后，需要报官验允，并由官方给予"执照""委牌"。有的地区加发戳记一颗，以明确其"在官"的身份地位，使其在地方起到代官方立言行事的作用。由此可见，清朝的保甲长的选任，实际上官方仍然起决定性的作用。

与此同时，由于赋役制度的变化，引起人丁户口的失控，带来了社会的动荡，使清朝统治者提高了对保甲的重视。他们采取了强化保甲、推广保甲的办法，重新加强其在基层社会的统治和控制，出现了国家在地方上"唯保甲是赖"的局面。当时，保甲除了维护治安，还具有代里甲督催钱粮赋税的职责，此外还参与基层司法，负责乡约月讲、办理赈济事务以及地方上的一应杂项公务。② 保甲组织从雍正、乾隆时开始，逐渐取代了里甲组织，并渗透到社会基层的各个方面，成为清代后期的统治者统治乡村、维护和加强封建专制主义中央集权的得力工具。③ 因此，晚清时期的里甲制度基本名存实亡，起关键作用的主要是保甲组织，辅之以农村中的宗法组织，维系着社会的稳定和发展。

清政府还在少数民族聚居的东北、蒙古、新疆和西藏等特别行政区内，设立了和内地不同的地方基层政权组织，其管理办法也不同。

1. 东北地区 清朝入关以后，将"祖居圣地"的东北地区视为禁地，严禁汉人前往开垦。对于居住在那里的满、蒙古、鄂伦春、鄂温克、锡伯等民族实行旗编制，即"八旗制度"。这一制度是由女真人在其氏族制末期的生产和军事组织演变而来的。

2. 蒙古地区 清朝政府在蒙古地区一直实行盟旗制度，即分为盟、旗、佐三

---

① ［清］徐鼎：《请稽保甲以便征输疏》，见《清朝经世文编》卷二九。
② 张研：《试论清代的社区》，《清史研究》1997 年 2 期。
③ 孙海泉：《论清代从里甲到保甲的演变》，《中国史研究》1994 年 2 期。

级。盟由若干旗组成，旗长称札萨克（蒙古语译音，汉语的"执政"之意，由王、公、贝勒、贝子台吉等贵族充任，掌握一旗的民政、司法和军事大权）。旗之下为"佐"（或称"箭"），每佐设佐领（或称"箭长"）1人。佐领之下，另有骁骑校、领催等官员若干名，协助佐领办理民事。佐之下，每10户设什长1人，什为最基层的政权组织。

3. 新疆地区 新疆是多民族聚居区，有蒙古、哈萨克、维吾尔、柯尔克孜、锡伯、塔吉克、回、汉等民族。清政府根据不同情况，分别建立了札萨克、伯克和知州、知县制度。在蒙古族居住区建立札萨克制度，进行管理。在维吾尔族居住区，则建立伯克制度。清朝于乾隆五十七年（1792），平定大小和卓叛乱以后，在南疆各城设立阿奇木伯克，其副手称伊什罕伯克，管理行政和司法。其下的各级官吏亦称伯克。

4. 西藏地区 西藏地区的政权机构的基本单位是"宗"，相当于内地的县，地方政府根据各宗的位置、人口、交通和物产等情况，分为大宗、中宗、小宗和边宗四种。每宗设宗本1人或2人，相当于内地的知县。宗以下的基层组织是乡，乡设却本（或称"更布"）1人，相当于内地的乡长。却本之下为米米（或称"新本"或"俄巴"）。米米之下，还有家本，相当于村长和组长。

这里需要提到，太平天国建都南京以后，在其控制的地区建立省、郡、县等层级的地方政权，并委派官员对各级政权进行管理。同时，又在县以下建立乡官制度，作为基层政权组织。乡官制度是按照《天朝田亩制度》的规定，依照太平军的军制建立的。乡官制是以户为单位进行编制的。五家为伍，设伍长一人；五伍（25家）为两，设两司马一人；四两（100家）为卒，设卒长一人；五卒（500家）为旅，设旅帅一人；五旅（2 500家）为师，设师帅一人；五师（12 500家）为军，设军帅一人。按照《天朝田亩制度》的规定，乡官的职责有八个方面，分别是分配土地、管理国库收支、安顿鳏寡孤独残疾者的生活、督促农副业生产、主持宣传教育和宗教仪式、保举人才、处理诉讼案件、统率乡兵维持治安等。乡官的产生，有委派、保荐和选举三种方式。①

二、清末的乡村自治制度

在清末"预备立宪"过程中，清政府决定在各府、厅、州、县及其管辖区域内的各城、镇、乡实行地方自治。而要实行城、镇、乡自治，首先要明确乡镇的辖地范围，因此进行乡镇的区划就应时而起。清政府于1909年颁布的《城镇乡地方自

① 张厚安、白益华：《中国农村基层建制的历史演变》，四川人民出版社，1992年，73页。

治章程》规定:"凡府厅州县治城厢地方为城,其余市、镇、村、庄、屯、集等各地方,人口满五万以上者为镇,人口不满五万者为乡;城镇有区域过广,其人口满十万以上者,得就境内划分为若干区,各设区董办理自治事宜。"① 根据这一规定,当时各省大多在州县之下划定了区乡一级的自治区划。

一般地狭人稠的州县,县下划为 10 区之内,而地广人稀之地,则划出 10 余区不等。如直隶平谷县:"有清末叶举办自治,全县划分为六区";② 而黑龙江的呼兰县:"宣统三年秋,乡自治成立,划分 13 自治区";四川郫县不设区,"城乡自治者开始于清宣统元年,分县境为一城十八乡",等等。就全国而言,各地推行地方自治,其中的区划并未要求依律统一,而是各地可以因地制宜,酌情兴办。③

1. 区乡自治机构 1909 年清政府颁布《城镇乡地方自治章程》,对区乡自治机构及自治人员组成都有明确规定。各州县在所属城、镇、乡设立自治议决机构和自治执行机构,其办公地为自治公所。城、镇、乡自治议决机构为议事会,设议长一名,副议长一名,及文牍、庶务等办事人员;城、镇议事会议员名额为 20～40 名,乡议事会议员名额为 6～18 名;议员及议长、副议长均为名誉职,不支薪水,文牍、庶务等人员薪水"以规约定之"。自治执行机构在城、镇为董事会,由若干董事组成;在各乡为乡董,每乡设乡董 1 名、乡佐 1 名,董事会成员和乡董、乡佐均支领薪水。

章程颁布后,虽然城、镇、乡的地方自治机构等并未能按照有关章程规定的时间、程序和规模建立,但当时全国大部分地区还是建立了城镇乡一级的议事机构和自治机关。如河北安次县办理城镇乡地方自治,10 乡共选举议员 120 名,乡董、乡佐各 10 名。④ 辽宁铁岭县 1909 年创办城镇乡地方自治,全境划为 9 区,共选举城议事会议员 24 人,乡议事会议员 108 人,乡董、乡佐共 8 人。⑤ 浙江省绍兴县于 1909 年举办地方自治,划全境为 1 城、2 镇、42 乡,设立总董、董事各 5 人,名誉董事 22 人,议员 835 人,乡董、乡佐各 67 人。⑥ 据各地奏报,截至 1911 年,"直隶共计成立城议董事会 29 处,镇议董事会 6 处,乡议事会乡董 164 处"。⑦

2. 区乡教育机构 1901 年 9 月,清政府下令将各州县书院改为小学堂,在州县之下划分学区或劝学区,设立劝学人员以推广学务。1906 年,清政府颁布《劝

---

① 《中华民国史事纪要(初稿)》,1915 年十二月二十七日。
② 《平谷县志·疆域·市乡》,1934 年铅印本。
③ 《郫县通志·舆地志·乡区》,1951 年铅印本。
④ 《安次县志·地理志·自治大略》,1936 年铅印本。
⑤ 《铁岭县志·民法·自治》,1944 年铅印本。
⑥ 《绍兴县志资料·乡镇》,1937 年铅印本。
⑦ 马小泉:《清政府对地方自治的操纵与控制》,《历史档案》1995 年 4 期。

学所章程》，对各州县区乡教育机构及其行政人员的职责、选任办法做了明确规定：各府厅州县设劝学所一处，由总董综核各区之事务，"每区设劝学员一人，任一学区内劝学之责，……劝学员由总董选择本区土著之绅衿，品行端正、夙能留心学务者，禀请地方官札派"。① 根据这个章程，各地纷纷设立了区乡教育行政机构或人员。为了统一规制，清政府1906年进一步颁布《劝学所章程缮具清单》，规定"各府厅州县应就所辖境内划分学区，以本治城关附近为中区，以次推至所属村、坊、市、镇，约三四千家以上即划为一区，少则两三村，多则十余村，均无不可。在本治东即名东几区，在本治西即名西几区，推之南北皆然。由第一区至数十区，可因所辖地之广袤酌定"②。

一般而言，晚清的区乡劝学员、学务委员等教育行政人员一般均为本地人。如山东济阳县，由"总董选择本区士绅于品行端正夙能留心学务者，禀请地方官劄派"③。辽宁开原县1907年劝学总董徐文华召集全境士绅开会，会议将全境划为五路，各路公举学董一员，劝办本路乡学，每路又分四区，每区公举区董一员，协助学董劝办本区乡学。④ 此外，区乡教育行政人员均有薪水和办公费用，由地方自行筹集，国家不予拨款。但是开始时有的地方不向学董和劝学员支付薪酬，如河北文安县1905年劝学所设立时，"总董、劝学员均系义务，不给薪"⑤。

3. 区乡警察机构 乡镇警区的划分，也始于清末新政。1907年，清政府颁布了《各省官制通则》，其中规定："各直隶州、直隶厅及各州县，应将所管地方酌分若干区，各置区官一员，承本管长官之命，掌理本区巡警事务。"⑥ 此后各地警区普遍划分。截至1910年，奉天全省共划分有218个警区，吉林全省共划分有178个警区。⑦

近代区乡警察机构之设立，地处京畿要冲的直隶省首开先例。八国联军之役后，袁世凯选择天津四乡试办乡镇巡警。根据《天津四乡巡警现行章程》，天津"四乡按东、西、南、北分为四路，每一路设一局。东局地面较阔，划为三区，西、南、北局各划二区。海河一带分为四段，每一段设一局，共计八局十五区"⑧，首

①② 沈云龙：《学部奏咨辑要》，《近代中国史料汇刊》3编10辑，台北文海出版社，1908年，63页。
③ 《济阳县志·教育志·制度》，1934年铅印本。
④ 《开原县志·政治·教育》，1929年铅印本。
⑤ 《文安县志·治法志·学校》，1922年铅印本。
⑥ 故宫博物院明清档案部编：《清末筹备立宪档案史料》上，中华书局，1979年，510页。
⑦ 《政治官报》宣统三年三月初六日，1229号；《内阁官报》宣统三年九月十七日，76号：《政治官报》宣统三年九月十五日，1067号。
⑧ 《北洋公牍类纂》卷九《警察三》。

次出现了"警局"的警政机构。天津四乡举办警察的经验，很快推至全国。各州县办理警政，多数是在治所设立总局，在乡镇划分警区，设立分支机构，称警区、分局、分所、分驻所等，其警首或称巡长、巡官、巡总、区官、区长、提调等。如黑龙江绥化县，1907年举办乡镇警察"设乡巡五区，每区设区巡官各一员，警士二百名，三十四年改乡巡为乡镇总局，由驻绥巡防直辖"①。也有些地方，在办理警政之初，没有专门划分警区，也没有设立专职警务机构，而是袭用原有的乡镇建制为警区。如直隶省香河县，1904年奉令举办警察，令旧有乡地组织16保"各举分董一人，设公民局于城隍庙，凡关于警务及地方各政，由县署知会总董，总董召集各保分董，到局公议施行"②。

清末警务体系中，在省级设立巡警道，州县的警务长由国家委派，具有国家行政官员的性质，但是区乡警察机构却基本属于地方自治行政机构。其特点是：其一，区乡警首一般均由地方公举产生，如直隶青县清末举办警政，分全境为二十区，"每区推举正副区董各一人，以本地士绅为之"③；其二，区乡警政人员的薪俸及办公费用，均由地方自行筹集。故在富庶地区，薪俸较高，而在贫瘠之地则微薄不敷。如同为区乡级警员，浙江各州县一般月薪可达35～40元，四川各州县的区级警长也不足20元，普通警员只有五六元。④ 警款的筹集，主要靠加征地方性捐税，如商捐、店捐、铺捐、饷捐、随粮捐、茶捐、契捐、房捐等。如直隶香河县清末办警察，"其警额共募三百五十名，分驻各村，每名铜银三两，由各村青苗会自行筹发"⑤。

三、清末乡村机构的职能

清末民初的区乡行政制度机构确立后，主要履行地方社会、治安和民生经济等方面的职责。

1. 筹集款项 区乡推行新政和地方自治以来，担负起地方实业建设、兴办文教卫生事业、办理警政等事务，需要筹集大量的资金。这些经费的筹集一般均由自治会决议，再由自治公所负责征集。1909年清政府颁布的《城镇乡地方自治章程》规定，城镇乡自治经费的主要来源为本地方公款公产、公益捐和"按照自治规约所科之罚金"，其中公益捐又分为附捐（就官府征收之捐税附加若干作为公益捐者）和特捐（于官府所征捐税之外另定种类名目征收者）。公款公产的具体项目各地互

---

① 《绥化县志·吏治志·警察》，黑龙江省图书馆油印本。
②⑤ 《香河县志·行政》，1936年铅印本。
③ 《青县志·经制志·警务》，1933年铅印本。
④ 韩延龙等：《中国近代警察史》，社会科学文献出版社，2000年，198～199页。

不相同。公益捐一般分为附捐和特捐两种。如江苏省宝山县江湾里乡，其附税主要为"忙漕附税，是项附税并芦课在内，总额银为二千七百八十二元四角一分二厘，其始概称为自治经费，旋以自治取消，只拨十成之六为教育费……牙帖附税，民国之初牙帖兼征附税，其为数甚微，年不过约银十余元。三年而后，财部重订税章。牙税归入国税范围，悉数解省，附税亦因之停止。八年冬，始复有征收牙帖附税拨充教育经费之案，由财厅批准实行；田房契附税，全年约一千五百元，原充教育经费，自治取消后停拨"。其特税主要有"房捐，年约银六百余元，专充清道、路灯经费。花捐，年约银一百元，专充教育经费。中笔费，年约银五千元，专充教育经费。船捐，年收银一百二十元，由沪北工巡捐局代收转缴。典捐，年约银六百元，民国二年以后停止缴纳。本乡曾会同各市乡呈县，饬令继续纳捐，迄未解决。小猪捐，年约银五十六元有奇，专充教育经费。鲜肉捐，年约银八十元有奇，专充教育经费"①。另外，其他地方还有官税抽厘、酒税、市房捐、布捐、茶捐等特捐。以上公款公产、附捐和特捐的征收、使用等均是先由自治会议议定，然后经自治公所执行的。

2. 兴办教育 城镇乡地方自治机构建立后，将兴办新式教育作为各级政府的一项重要行政职能，促进了近代乡村公民教育事业的发展。在新式教育的发展过程中，曾遭到守旧势力的阻挠和破坏，而区乡行政为排除这种干扰和破坏起到了一定的开拓和稳定的作用。如江苏省嘉定县矖东乡，"最先设立私立学校，以蒲滨小学为首，开办之初，风气未开，目为洋学堂，开办者激烈硬性宣传，致遭群众反对破坏，翌年秋竟遭捣毁"。到1914年，"各乡公所纷筹经费，开办乡立小学，始有公立小学之设立"，从此教育事业得到长足发展。据不完全统计，该乡从1905年到抗日战争时期，共设私立小学25处、公立小学27处。② 民国建元前后，在全国各地许多区乡都建立了各种公立和私立学校。据统计，1907年各省学堂及教育处所共37 672所，学生1 013 571人。③

3. 维持治安 清末举办地方警政后，各县纷纷设立警察局所。这种新式警政组织已不同于传统的保甲，它是具有系统的、常设的科层化组织，驻扎相对集中，配备武器警具，在对付盗贼、抢劫、绑匪，维护社会治安方面比保甲更具震慑力，更能担负起保一方平安的职责。如江苏省宝山县盛桥里乡，对警政人员、职员薪水以及经费来源等进行了规定："巡长一人，月饷十四元，三级巡士五人，月饷五十六元，冬夏服装各六套六十六元，枪械杂费七十元，县拨经费三百六十二元六角九

---

① 《江湾里志》，《乡镇志专辑》(4)，628页。

② 《嘉定矖东志》，《乡镇志专辑》(4)，120～128页。

③ 《第一次教育统计图表》，见沈云龙：《近代中国史料汇刊》3编10辑，台北文海出版社，1908年。

分，膏房捐一百六十三元二角。该款由自治公所收房捐暨县拨附加税项下提给。"①当时，警政在维持社会治安方面颇有成效，如直隶满城县在警政举办的近30年中，"几经变迁，遭兵焚，地方备受涂炭，而土匪不起，比户安然，端赖警察维持之力也"；成安县清末民初"五区巡警巡逻站岗，昼夜勤劳，土匪敛迹"②。除此之外，区乡行政制度建立后，往往还在本地成立团练、民团和保卫团等治安组织。

4. 兴办医疗卫生事业　唐宋以来，中国曾在州县地方置"医官"，实际作用极小。医疗卫生事务真正被纳入地方行政职能则始于清末。近代区乡行政体系建立后，其中一项重要职能便是举办和管理医疗卫生事业。按照1909年清政府颁布的《城镇乡地方自治章程》规定，凡是清洁道路、蠲除污秽、施医药局、医院、医学堂、公园、戒烟会等都属于地方卫生事业。有趣的是，当时的城镇卫生事业划归警察办理，所需经费则由地方税捐供给。如江苏省宝山县江湾里乡"清道向归警察办理，经费则以房捐充之，其在南境者亦归警察办理，经费由工巡局提拨"。1912年该乡"首设立闸北防疫所，受辖于淞沪警察厅。每年自春季至秋间遣派警役消毒捕鼠，并委员随时检查界内有无疫症报告厅部，如有鼠疫等发现，厅部卫生科派警会同处理，染疫者，送附近中国公立医院疗治。每月经费四百元，以省款拨用"③。除清洁道路、设立防疫所，城镇乡还设立戒烟会、医院。

5. 举办慈善救济事业　举办济贫、救灾、育婴、抚孤、养老等慈善救济事业，在中国向来都是社会民间的传统，至清末，这个传统被纳入近代地方行政范畴。据《城镇乡地方自治章程》规定，凡救贫、恤嫠、保节、育婴、施衣、放粥、义仓积谷、贫民工艺、救生会、救火会、救荒、义棺义冢、保护古迹等"善举"事业，皆属地方自治事务范围。有些地方的乡规民约将之归为十类，"曰养老、曰恤孤、曰育婴、曰感顽、曰振贫、曰保良、曰施医、曰拯废、曰助产、曰埋掩"④。清末推行地方自治以来，许多地方的城、镇、乡纷纷成立了"善举"机构。如善举措施齐全的江苏省宝山县月浦里乡，先后设立了善堂、保婴敬节、施药施米、施棺及掩埋、义冢、灾赈等，其中保婴敬节系由绅士陈观沂等于1901年捐款生息举办，"保婴与敬节混合在一起，设正副额各三十五名，正额每季给钱六百文，副额给钱四百文"。民国建元后，上述各项慈善事业被纳入乡行政，"渐归乡公所行政局办理"，"每逢夏间由乡公所施送疼药，及至冬季则由公所会同热心人士捐募款项给发米票，岁约银四五百元，多则七八百元，迄未间断，现存施药基本银六十元，施米

---

① 《盛桥里志》，《乡镇志专辑》(24)，568页。
② 乔志强：《近代华北农村社会变迁》，人民出版社，1998年，872页。
③ 《江湾里志》，《乡镇志专辑》(4)，650页。
④ 《郫县通志·政教·救济事业》，1951年铅印本。

用余银三十元"。该乡历史上还曾创办施棺及掩埋善举,"专恤穷黎病故无力举丧或境内有路毙者"。至民元以后,归乡公所及行政局办理,成为乡行政的一项职能。①

6. 发展实业 清政府1909年颁布的《城镇乡地方自治章程》规定,凡城镇乡之农工商务、改良种植、牧畜及渔业、工艺厂、工业学堂、劝工厂、改良工艺、整理商业、开设市场、防护青苗、筹办水利、整理田地、公共营业电车、电灯、自来水等各项地方实业,均属于地方自治行政范畴。各地区乡行政推进本地实业发展,一般是通过成立农会、商会来实现。如法华乡1913年7月成立乡农会,"以改良种植、增进农产、振兴实业为主义"②;嘉定暧东乡1913年"奉令组织乡农会,为农民解除困难,研究农业,谋耕种上之改进,乡村陋俗之革除"。有些乡在农会的基础上又成立其他各种会社,如"曹王乡农会曾组织调解会,为农民调解纠纷;设置运销股,代农民将作物集合销售;举行演讲会,请农业专家到会演讲,引起兴趣:组织娱乐会,提倡正当娱乐;成立戒除烟酒会,去除陋习,编发工作积极歌谣,陶冶乐业精神"。③

第二节 北洋政府时期的农村基层组织

辛亥革命以后,袁世凯窃取了革命果实,国家政权落入北洋军阀之手。由于当时的政治腐败,中央机构频繁变动,朝令夕改,农村基层政权既不健全,也不稳定,成为近代史上农村社会最为动荡不安的时期。

一、北洋政府的农村基层组织

民元之初,北洋政府规定县以下划分为自治区域,县级以下的乡镇基层组织多为自治团体性质,但是其体制结构未能统一。当时的各县下层组织主要有两种形式。一是北方各省多沿用清末旧制。县级下层组织为城、镇、乡,三者均为同一级别的组织。三者的区别是,县治所在地叫城,村庄屯集人口达到5万以上为镇,不足5万者为乡,其区域以原来的境界为准。二是南方各省,多为自定新制。县以下组织为市、乡。市、乡为同一级组织,实际上是北方各省县级以下的城和镇的合称,乡则依旧,其区域亦以原来的境界为准。

---

① 《月浦里志》,《乡镇志专辑》(4),493页。

② 《法华乡志》,《乡镇志专辑》(4),24页。

③ 《嘉定暧东志》《嘉定曹王乡志》,《乡镇志专辑》(4),120~128页。

这一时期规定，县以下自治组织均有议决机关、执行机关、监督机关。城、镇、乡的议决机关为议事会。城、镇、乡的执行机关名称不相同。城、镇自治组织的执行机关为董事会，各自设总董1人、董事1～3人。乡自治组织的执行机关为乡自治公所，设乡董1人、乡佐1人。城、镇、乡自治组织均以县知事为监督。县知事对自治组织有纠正、检查的权力，并得呈请省行政长官解散其议事会、董事会或乡公所，撤销其自治职员。

但是民国建元不久的1914年，北洋政府先是下令停办各级地方自治，后来又公布《地方自治试行条例》和《地方自治试行条例施行细则》。复行地方自治，县级以下组织仍为自治团体性质，但是体制结构有了变更。原县以下基层组织城、镇、乡统一改为区。1915年，北洋政府又公布《县治户口编查规则》，规定县以下编置区，区内住户分编牌甲。这样，县级下层组织系统变更为：县—区—甲—牌。根据《地方自治试行条例》和《地方自治试行条例施行细则》规定，一县之境界可以设4～6个区；二县以上合并之县，可增至8个区。

按照权力结构，自治区有两种形式，即会议制自治区和单独自治区。其划分标准以户口数为据。其区别是依据区内的户口数，户口较多的区为会议制自治区，较少的则为单独制自治区。同时，会议制自治区又分为三个等级，户口多于区平均额2倍的为一级，多于平均额1倍的为二级，一区户口满平均额的为三级。根据《地方自治试行条例》和《地方自治试行条例施行细则》，自治区设有议决机关、执行机关、监督机关等。区的议决机关为区自治会议。会议制的一级自治区自治员定额10名，二级8名，三级6名。单独自治区自治员定额在6人以下。自治区的执行机关为区自治会。会议制自治区设区董3人，单独制自治区设区董1人，均由选民选出，县知事任命。区县知事为监督。但是这些有关的条例和细则并未实施。县以下的区、牌、甲仅存于法规文献之上，各省仍多保存县以下的城、镇、乡这一原有的体制。[①]

1921年，北洋政府进一步颁布《市自治制》和《乡自治制》。其中规定，县以下组织一律变更为市、乡。市、乡为同一级别的基层组织，均设有议决机关、执行机关、监督机关。市、乡议决机关分别为市自治会和乡自治会。市自治会由市民选出的会员组成。市自治会名额产生办法是，市人口不满5万的为10人，5万以上者每增加1万者递增1人，至多以20人为限。乡自治会会员名额产生办法是，乡人口不满5 000人者为6人，5 000人以上每递增3 000人增加会员1人，至多以10人为限。会员任期2年，每年改选半数。市、乡自治会分别设有会长1人。会长由会员互选，任期2年。会员和会长均为名誉职，不支薪水，开会期间的膳宿由县知

---

① 张厚安、白益华：《中国农村基层建制的历史演变》，四川人民出版社，1992年，96页。

事核给。市、乡自治会职能是：议决市、乡公约，议决市、乡应革及整理的事宜，经费筹办事务，经费的预算和决算，募集公债和其他有负担的契约，不动产的买卖和处分，答复市、乡自治公所及监督官员署的咨询等。市、乡的执行机关分别为市自治公所和乡自治公所。市自治公所设市长 1 人，乡自治公所设乡长 1 人，分别为市、乡之代表指挥、监督所属职员。市长和乡长由本市和本乡中具有自治会被选资格者选出，呈报县知事委任。市长和乡长之外，视事务之繁简，设有市董和乡董各 1～2 人，秉承市长、乡长之命，辅助市长、乡长执行事务。凡市、乡自治公所职员，不得兼任市、乡自治会会员。市长、乡长的职权是：执行市自治会议、乡自治会议议决事项，办理市、乡自治会的选举，制定市、乡规则，管理或监督市、乡的财产和公共设备，管理市、乡的收入，按照法令和市、乡自治会的议决征收自治税费等。市、乡均受知事直接监督。

北洋政府时期的地方基层组织的名称和机构设置，均有西方的政治制度的色彩。但是徒有其名，国家实际上是军阀统治，农村基层政权实际上是西方政治制度和封建政治制度的混合产物。

二、北洋政府时期各省农村组织示例

北洋政府时期中央政府对各级的统治管辖力量薄弱，政令不通，各地各自为政，不受中央号令。因此对于县级以下的农村乡镇的政权设置，花样百出。

(一) 县级以下的农村乡镇的政权设置

1. 京兆特别行政区 1915 年 9 月，北洋政府颁布《京兆地方自治暂行章程》，试行袁世凯政府式的地方自治。这个章程规定，京兆所属 20 县，每县分别划分为若干个自治区，根据各地村庄数量及户口多寡，每区可管辖 10～30 个村。由于袁世凯复辟帝制很快失败，这个《章程》未能完全落实，但京兆地区各县却已在境内取消了自治区划，而划定了新的自治区划，如香河县旧时划为 16 保，此时"将十六保划为十区"①；房山县清末自治区划为 5 区，此时将"全境分为九区"②。最为不同的是，此次京兆地区各县的地方自治，正副区董均系出于京兆特别行政区政府自上而下的委任，其性质"基本可视为一级行政官员"③，其所管辖的"自治区"因此也基本可以视为县以下的国家行政区划。据统计，当时京兆地区大兴等 20 县

---

① 《香河县志·疆域·区乡》，1936 年铅印本。
② 《房山县志·自治》，1928 年铅印本。
③ 据 1915 年京兆尹的通令，当时各县自治区董的设立，先由本县选送士绅赴北京的自治研究所学习，肄业后即分别委任为该县各区的正副区董，同时将清末自治中产生的区董、区官取消。

共划分自治区 198 个，城、镇、村 8 214 个。①

2. 山西省的"官治"区制　山西省的地方政权区划管理的最大特点是，县级以下的行政长官"区长"须由省长委任，但是隶属于县知事统辖。区长的职责包括兼管警察、督率村长副，可以看出，这种区制"完全是一种国家行政体系下的基层制度"②。1916 年山西省政府颁布《县地方设区暂行条例》，明确规定废除从前的乡、镇、图、保，在各县县境划分 3～6 区。《条例》发布后，各县先后实行，如临汾县以往县城分为 2 坊，乡村共分为 12 都 66 里 348 村，至 1918 年秋，"县长刘玉琏奉省令划分全县为五区"③。经过这次改革，山西"全省一百五县，共分四百二十五区"④。

3. 奉天实行"区村制"　1922 年代理省长王永江颁布《议定区村制单行章程》，在县以下正式划定了区一级行政区划。《章程》规定除"边远县分及新设治者"因"村堡星散，暂从缓设"，每县各就县境划分为若干区。区划的实际划分，"各县情形不同，多至十区、八区"⑤。至 1928 年 12 月，各县所有区长裁撤，这一制度共实行了 6 年。

4. 河南省的市区街村制　1920 年，河南施行《市区街村单行法》，也正式在县以下划定了区一级行政区划，如信阳县是年"划县境为五区，各设分筹办处，每区设处长一人，办事员四人"⑥；阳武县"按三十二地方规定五区，划为八十一村"⑦。

（二）北洋时期试行的"村治"

北洋政府统治时期，一些省份在农村基层建设中，实施"村治"的基层组织改革，形成了一种具有鲜明地方政治色彩的乡村组织形式。

1. 云南的"村治"　1914 年公布《云南省暂行市自治条例》和《村自治条例》，规定市和村为同属于县以下的下级组织。云南的村治，又称"市村"制度。市、村的议决机关是市议会、村议会，执行机关是市公所和村公所，分别由市长和村长主持。

2. 山西省推行"村本政治"　山西在 1917 年，试行以村为自治单位，故称

---

① 田翰皋：《京兆自治文牍录要初编》上册，京兆尹公署编印，1916 年，41 页。
② 乔志强：《近代华北农村社会变迁》，人民出版社，1998 年，838 页。
③ 《临汾县志》卷一《区乡考》，1933 年铅印本。
④ 杨天竞：《乡村自治》，1931 年，曼陀罗馆出版。
⑤ 东北文史丛书编辑委员会：《奉天通志·民治·自治》，1983 年点校出版。
⑥ 《重修信阳县志·民政志二·自治》，1936 年铅印本。
⑦ 《阳武县志·自治·区村》，1936 年铅印本。

"村治"。村下编闾、邻。五家为邻，设邻长；五邻为闾，设闾长。1918年，在村和县之间设区一级，故又称为"区村"制度。1922年，颁布《修正山西各县村制简章》，正式推行县—区—村—闾—邻的管理系统。各县依区域大小分别划分三区至六区。区设置区公所，设区长一人，酌设雇员1～2人，区警4～12人。区长由省政府委任，直属于县知事，属于有薪职务。依据《修正山西各县村制简章》的规定，村的职能分别是编查户口，调解诉讼，执行村禁约，整理村范，办理保卫团，办理产育、卫生、水利、林业，奖励家庭工业等事务。村自治组织有议决机关、执行机关、司法机关、监督机关等。村自治组织的议决机关为村民会议，由年满20岁的村民组成。村民会议分为通常会议和临时会议。通常会议每年一次，临时会议则遇有特别事件临时召集。会议由村长主持。开会时，至会者必须有应到会村民之半数。村民会议的职责是选举村长、副村长、村监察委员、息讼会公断员、村学董等，议决省、县法令规定应议之事，议决善于本村兴利除弊之事，审议村民20人以上提议事项等。村自治组织的执行机关是村公所，由村长、副村长和闾长组成。各村设有村长1人，户口较多的村增设副村长若干人，至多4人。村长、副村长均由村民委员会加倍选出，经过区报县选择委任。村长、副村长任期一年，可以连选连任。凡村民年满30岁，朴实公道，粗通文义，有不动产价值在千元以上者；副村长条件基本相同，设不动产一项减为500元。村长、副村长是否给薪，依各村的习惯，但是必须支付差旅费。村公所的主要职权分别是：办理行政官厅委办事项，执行村民会议议决事项，报告职务内的办理情形和特别发生事件。村惩治组织的司法机关为息讼会，设会长1人，公断员5～7人。公断员由村民会议选出，会长由公断员互选，凡遇涉及人命的纠纷，均由息讼会调解公断。村民自治组织的监督机关为村监察会，设监察员5～7人，由村民会议选出。其主要职责是清查财务，举发执行村务人员的弊端。在农村基层组织不健全的北洋政府时期，山西的"村治"很有特色，颇有成效，当时在国内被认为是"地方自治的规范"，山西省被中外人士誉为"模范省"。[①]

3. 浙江的"村治" 根据《浙江省村制组织要则》之规定，县下设区，区下设街、村。街、村同级，村在乡村，而街在市集。区设区委会，由委员5～7人组成。街设街长、副街长各1人。村设村长、副村长各1人。村长、副村长和下属的闾长组成村委会。

---

① 张厚安、白益华：《中国农村基层建制的历史演变》，四川人民出版社，1992年，100～102页。

第三节　南京国民政府时期的农村基层组织

晚清时期是中国传统文明与西方文明广泛接触和碰撞的时期。清政府在预备仿行立宪的过程中，于1909年颁布了《城镇乡地方自治章程》。该章程规定地方自治的最基层单位是城、镇、乡。"城"为府厅州县官府所在地，城厢以外人口不足5万者为乡，超过5万者为镇，要通过选举产生"议事会"和"董事会"等机构，这些机构负责办理辖区事物。但是，这些措施还没来得及推行，清政府就被强大的辛亥革命推翻了。不过，这种以"自治"的方式开始的国家政权建设却被国民党政府继承下来。

一、南京国民政府农村基层政权

南京国民政府建立后，建立起统一的区、乡镇行政和闾、邻组织，中国古代以县为最基层的制度就此终结。在1928年颁布的《县组织法》中，县以下实行区、村里、闾、邻四级制，即县下设区、区下设村里，村里下编闾，闾内编邻。"县之下级组织表面上为四级制。同年第一次公布《县组织法》，规定县之下级组织为区，区之下级为村或里。村或里之下有闾，闾之下为邻。由区至村里为二级，至邻为四级。每县视情况划为若干区，区下设村或里。凡境内百户以上的乡村为村，百户以上之市镇为里。一区至少辖20个村或里。村、里以下，居民25户为闾，5户为邻。民国十八年（1929）将村改称为乡，里改称为镇。"①

国民政府的基层行政组织的不断变动，即由"区、村（里）、闾、邻"（1928年）→"区、乡（镇）、闾、邻"（1929年）→"区、乡（镇）、保、甲"（1932年）的变动说明，国民政府的基层行政组织处于一种不稳定和不统一的状态。

区设有执行机关和监察机关。执行机关为区公所。区公所设区长一人，管理区务。区长由县长遴选，呈请民政厅委任。《县组织法》施行二年以后，再进行民选。区公所设有助理员，辅助区长办理区务。区公所设置审议机构区务会议。区务会议由以下人员组成：区长、区助理员、本区所属的村长和里长。区务会议主要审议以下事项：区公所经费，区公产之处分，区公约及其他单行规定的制定和修正。区监察机关为区监察委员会，其成员由5人组成，其中3人由所属的村监察委员会推选，2人由县长委任。《县组织法》施行二年以后，再进行民选。其职权是监察区财政，向区民、县长纠举区长违法失职等。

---

① 杨鸿年、欧阳鑫：《中国政制史》，武汉大学出版社，2005年，513～514页。

村里设有民意机关、执行机关和监察机关。村里民意机关分别是村民大会、里民大会。村、里执行机关分别为村公所、里公所。村、里监察机关分别为村监察委员会、里监察委员会。

根据《县组织法》规定，闾设闾长1人，邻设邻长1人，分管闾、邻事务。

1928—1929年，南京国民政府公布了一系列的县、区、乡镇自治法规，如《乡镇自治施行法》《县组织法施行法》《区自治施行法》《修正区自治施行法》等。根据这些法规，农村基层体制略有调整。县以下仍为四级，将原来的村、里改为乡、镇。区为自治团体，设有立法机关、执行机关、司法机关和监察机关。立法机关为区民大会，执行机关为区公所，司法机关为区公所附设的调解委员会，监察机关为区监察委员会。乡、镇亦为自治团体，与区一样，亦相应地设置立法机关、执行机关、司法机关和监察机关，其立法机关为乡、镇民大会，执行机关为乡、镇公所，司法机关为乡、镇公所附设的调解委员会，监察机关为乡、镇监察委员会。

其中的《乡镇自治施行法》，对乡镇自治做出了明晰的规定。

(1)划分了乡镇。《乡镇自治施行法》规定，百户以上的村庄为乡，不满百户的联合附近村庄编为一乡；百户以上的街市为镇，不满百户的编入乡。但因地方习惯或受地势限制及有其他特殊情形之地方，虽不满百户，亦得为乡、镇。乡、镇均不得超过千户。乡镇内以25户为一闾，5户为一邻。

(2)规定了乡镇地位。《乡镇自治施行法》规定，乡镇为自治单位，乡镇在不抵触中央和省、县法令规则的前提下，可以制定自治公约；乡民镇民可以直接行使创制和复决权、选举权和罢免权。

(3)规定了乡镇的自治组织。乡镇组织主要由立法机关、执行机关、监察机关、调解机关组成。立法机关为乡镇民大会，执行机关是乡镇公所，监察机关是乡镇监察委员会，调解机关是乡镇公所调解委员会。乡、镇公所负责办理全乡、镇自治事务。乡、镇公所设乡、镇长1人，副乡、镇长1人。乡、镇长和副乡、镇长由乡、镇大会选举产生，由区公所呈报县政府备案。乡、镇公所置事务员和乡、镇丁。

乡镇监察委员会负责监察乡、镇财政和向乡、镇民纠举乡镇长、副乡镇长违法失职等事。乡、镇监察委员会由乡、镇民选举3~5人组成。乡镇公所调解委员会负责调节民事调解事项和依法撤回起诉的刑事事项。调解委员会由乡、镇民大会从乡镇公民中选举产生。乡镇民大会由乡镇长每年召集两次。乡、镇务会议由乡、镇长召集，参加者为副乡、镇长和各该乡、镇所属闾长，乡、镇监察委员会委员列席，邻长必要时也可列席。乡、镇务会议每月至少召开一次，议决除上级交办和依法应办之外的乡镇自治事项。

(4)规定了乡镇的自治事项。乡镇自治事项主要包括户口的调查、土地调查和人事登记、道路桥梁公园及一切公共土木工程的修筑修理、教育文化、国民体育、保卫、卫生疗养、森林培植和保护、水利、农工商业改良、合作社组织和指导、粮食调节和储备、垦牧渔猎保护、风俗改良、育幼养老济贫救灾等设备、公产管理等事宜。

上述区、乡、闾、邻制度推行不久,1934年又颁行《改进地方自治原则》。根据其规定,县地方制度为二级制,即县为一级,县以下乡、镇、村为一级,仅在特殊的地方设置区。其中的镇同原来的区划相同,乡与村的区别是,以聚居同一村庄,独立成立自治团体者称为村;不能独立成立自治团体者的小村落并入邻近的村或联合邻近的若干小村而为自治团体者,而称为乡。[①]

20世纪30年代初期,由于中国共产党领导的工农红军和农村革命根据地威胁着国民党的统治,南京政府从"剿匪"的总任务和"三分军事,七分政治"的战略出发,开始调整、变更"剿匪"区域的农村基层政权体制。

1932年,南京政府军事委员会"剿匪"总司令部党政委员会地方自卫处草拟了保甲制度和保甲法规,试图以保甲取代原来的闾、邻。当年6月在江西修水等43个县试行。1932年,豫鄂皖三省"剿匪"总司令部制定颁布了《豫鄂皖三省剿匪总司令部施行保甲训令》和《剿匪区内各县编查保甲户口条例》,保甲编组即在三省施行。1935年,南京政府军政委员会委员长南昌行营又公布《修正剿匪区内各县编查保甲户口条例》,保甲编组趋于严密。后来,江西、福建、陕西、四川、贵州等省相继划为"剿匪"省份,保甲编组也就推行到上述各省。在推行保甲编组的同时,南京政府军政委员会委员长南昌行营又颁布了《剿匪区内各县区公所组织条例》,规定扩大区的范围,改自治团体的区为官治补充下的县下级机构。1934年又公布了《剿匪区内各县分区设署办法大纲》,取消区公所或办事处,设立区署。分区设署和保甲制度相继施行以后,"剿匪"区域的农村基层政权体制变为县—区署—联保—保甲四级。

分区设置的区,系官治性质,但不属于一级政权机关,仅为县政府的派出机关,为县政府组织的一部分。原有的县一般为4～10个区,现在为3～6个区,区的范围相应扩大。区署组织也扩大,人员经费增加。区长、区员的任职资格也相应提高。区长须具备县长资格,并经过训练后,由县长遴选加倍名额,呈行政督察专员公署转请省政府选定并核准委任。

保甲的编制是以户为单位,户设户长;10户为甲,设甲长;10甲为保,设保长;一乡或一镇编成5保以上者设联保。由于保甲制度是为了"剿匪"而设立的,具有明显的军事色彩。

[①]　张厚安、白益华:《中国农村基层建制的历史演变》,四川人民出版社,1992年,106～122页。

二、南京国民政府在全面抗战时期推行的"新县制"

1931 年，日本帝国主义公然侵占我国东北三省，扶持成立了伪满洲傀儡政权，民族矛盾取代阶级矛盾上升为国内的主要矛盾。驱逐日本帝国主义成为中华民族最紧迫的任务，成为中国人民的根本利益之所在。国内主要矛盾的变化促使国共两党调整自己的政策，以适应抗战的需要。

"新县制"是国民政府为适应全面抗战政治军事形势发展变化的需要而在全国推行的一种地方制度。1939 年颁布，全称叫《县各级组织纲要》，时称"新县制"。全面抗战爆发后，国民党在抗战建国过程中，认识到县以下基层政治机构，必须调整增强。1938 年 4 月，蒋介石在国民党五届四中全会上发表了《改进党务与调整党政关系》的讲演，提出要改革县制，注意于扩张政治下层机体，激发民众自动的精神，尤其乡镇一级，并附以《县以下党政机关关系草图》和《图例释要》以说明之。同年 10 月经国民党中央执行委员会及国防最高委员会议决，交行政院令川、陕、黔、湘、赣五省各择二县试办。之后在行政院中设置县政计划委员会，作为研究机构。1939 年 6 月，蒋介石在国民党中央训练团党政训练班上发表了《确定县以下地方组织问题》的演讲，此项演讲稿几经研讨，议定为"改进县以下地方组织确立地方基础"方案，提经中央执行委员会审核后，交国防最高委员会秘书厅整理，始拟定为《县各级组织纲要》和《县各级组织纲要实施办法》两个草案。1939 年 8 月 31 日，经国防最高委员会第十四次常会决议修正通过。1939 年 9 月 19 日，国民政府正式颁布《县各级组织纲要》。此纲要成为国民党政府推行地方自治及建立县制的基础。10 月，行政院拟定了《县各级组织纲要实施办法原则三条》，令各省"同时普遍实行"，"至迟应于三年内全省各县一律完成"。12 月，又令全国各地应无分敌后与前方后方，一律遵照实施。战地各县尤须尽量提前完成。这样从 1940 年起，"新县制"开始在国民党统治区内推行开来。[①] 1935 年以后，又组织联保，取代乡镇组织。"新县制"颁行后，区不再构成一级行政，乡（镇）成为农村基层行政单位，国民政府开始了乡镇行政机构的调整与重建工作。

建立乡镇公所的工作并非是一件简单的事。一份对四川省推行"新县制"的工作回忆报告中写道："怎样把原有联保改为乡镇却大费踌躇。因为四川原来是根据'南昌行营'的保甲令以五保为一联保，如即以联保改称乡镇，那么，乡镇的区域未免过小，单位也未免过多，不但管理不便，经费的开支也大有可观。"因此四川

省规定"原有的保甲编制暂不变动，只是在原则上先将三个联保并为一个乡镇，也就是以 15 个保划为一个乡镇，同时酌留伸缩余地，又规定为至少不得少于 10 保（等于过去的两个联保），至多不得多于 20 保（等于过去的四个联保）"[①]。

湖北省也开始了裁减区署，建立乡公所的努力。全面抗战爆发前，湖北全省共有 70 个县，设有区公所 268 个、联保 4 402 个、保 43 344 个、甲 424 083 个。[②]

1941 年 10 月，《修正湖北省县各级组织纲要实施计划》公布，实施计划规定各县在原则上不设置区署，少数面积广大、地处偏僻、交通困难的县份在报经省政府核定以后可以酌情设立。所设区署的名称冠以所在地名称，区划以管辖 15～30 个乡（镇）为原则。"到 1943 年 11 月，全省各县区署的调整裁减工作基本完成。武昌等 29 县全部裁撤，通山等 41 县设立 1～3 个区署，其中，除天门、襄阳、宜昌、巴东四县设 3 区、蒲圻等 15 县设 2 区，其余 22 县均只在偏僻地区设立 1 个区署。全省区署总数由 268 个裁减到 64 个。"

1939 年 11 月，湖北省政府颁布《湖北省各县乡公所组织暂行规则》，开始进行建立乡公所的试点。《修正湖北省县各级组织纲要实施计划》要求各县按新县制的要求普遍建立乡（镇）公所，完善乡（镇）级政权组织，并规定各乡（镇）按经济、人口、文化状况分为一、二两等，不同等级配备不同员额。湖北全省各县在 1944 年 8 月基本完成了建立乡（镇）及重新编制保甲的工作。全省除了黄陂等 7 个县的 300 联保因故没能调整，其余予以撤销，均改设乡（镇）公所。湖北全省共设立 1 440 个乡镇公所，其中一等乡镇公所有 569 个，二等乡镇公所有 781 个，未定的有 90 个。[③]

湖南省衡阳县推行的乡镇公所建制，也是类似的情况。"1933 年，全县共设有 9 个区、36 个乡镇、695 个保，1936 年全县又划为 9 区、71 乡、9 镇、1 999 保、332 甲。1938 年，撤销区署，乡（镇）便成了县一级的基层政权。在新县制推行时，各乡（镇）公所均设乡（镇）长 1 人，副乡（镇）长 1～2 人，事务员 1 人。乡（镇）也划分为甲乙丙三等，除警卫股主任由当地警官或国民兵队队副兼任，其甲、乙等乡（镇）设专任民政股、经济股、文化股主任各 1 人，民政、户籍、经济、警卫干事 4～6 人（乙等乡镇设干事 3～5 人），丙等乡（镇）设专任民政兼经济股主任 1 人，文化股主任由中心学校校长兼任，民政、户籍、经济干事 3～4 人。1942 年 1 月，衡阳市成立后，衡阳县面积缩小了一些。这时县下设 48 个乡镇，871 保，291 甲。"[④]

---

① 胡次威：《国民党反动统治时期的"新县制"》，《文史资料选辑》第 129 辑，205～206 页。
② 湖北省政府秘书处统计室：《湖北省年鉴》，湖北省政府秘书处统计室，1937 年，106 页。
③ 徐旭阳：《湖北国统区和沦陷区社会研究》，社会科学文献出版社，2007 年，74、76、78 页。
④ 刘国武：《抗战时期湖南的现代化》，甘肃人民出版社，2006 年，98、106、127～128 页。

总之，南京国民政府初期的农村基层政权建设，突显了其谋求地方行政和政治体制现代化的宗旨。然而，没有一种稳定的社会政治环境，这种制度是很难实行的。事实上，由于当时政治、经济环境的恶劣及自治制度本身的缺陷，乡镇自治事业进展缓慢，成效甚微。全面抗战时期的农村基层政权建设正是这一时期农村基层政权建设实践的延续和发展。[①]

第四节 革命根据地的农村基层政权组织

一、苏维埃工农民主政权的建立

苏维埃来自俄文 совет 的音译，是代表会议的意思。苏维埃起源于 1905 年的俄国革命，十月革命后，成为俄国新型政权的标志。中国共产党在其第一个党纲中明确宣布"本党承认苏维埃管理制度"。

1927 年，国民党反动派背叛革命，致使第一次国共合作失败。在一片白色恐怖的腥风血雨中，中国共产党面临着严峻的国内政治形势。从革命的阵线看，民族资产阶级、上层小资产阶级退出了革命营垒，原来的四个阶级联盟的统一战线的范围大大缩小，只剩下了工人和农民阶级。从国内的政治格局看，存在着代表北洋军阀政权的北京政府、蒋介石为首的南京国民政府、汪精卫为首的武汉国民政府。面对着敌人的屠杀政策，中国共产党举起了武装斗争的旗帜，走上了开辟农村革命根据地、建立红色政权的道路。1927 年 11 月，澎湃在广东领导海陆丰武装起义后，建立了海丰、陆丰县苏维埃政府。此后，到 1930 年，湘赣、赣南闽西、湘鄂赣、赣东北、鄂豫皖、湘鄂西、左右江、东江、琼崖等地，均建立了苏维埃政权，范围遍及全国 10 多个省 300 多个县，人口达 1 000 万。

1931 年 11 月 7 日，在江西瑞金召开了中华工农兵苏维埃第一次代表大会，大会宣告中华苏维埃共和国临时中央政府成立，定都瑞金。会议通过了《中华苏维埃共和国宪法大纲》等重要决议，选举了全国工农兵代表大会中央执行委员会，毛泽东任主席。《中华苏维埃共和国宪法大纲》规定：中华苏维埃政权是工人和农民的民主专政的政权，"苏维埃全部政权是属于工人、农民、红军士兵及一切劳苦民众的"；这一专政的目的，是"消灭一切封建残余，赶走帝国主义列强在华的势力，统一中国"；中国境内的各民族实行一律平等；工农兵代表大会制是中国苏维埃政

---

① 李精华：《抗战时期国共两党农村基层政权建设比较研究》，东北师范大学博士学位论文，2012 年。

权的政体，全国工农兵会议（苏维埃）大会行使最高权力，在大会闭会期间，最高权力机关为全国苏维埃中央执行委员会。中华苏维埃共和国的地方政权采取省、县、区、乡四级建制。乡是中华苏维埃共和国的农村基层政权，政权组织形式是工农兵苏维埃代表大会。

二、乡苏维埃政权的制度架构

以毛泽东为代表的中国共产党人对如何加强乡苏维埃政权建设十分重视，毛泽东曾把苏维埃政权形象地比喻为一个坚固的塔，乡苏维埃就是坚固的苏维埃塔脚，是苏维埃政权中最靠近群众的一级组织，是直接领导群众执行苏维埃各种革命任务的机关。[①]

乡苏维埃是临时中央政府的基层政权，是政府联系群众的纽带。乡苏维埃将全部工作置于全体选民的检查、督促和帮助之中，实行集体讨论和个人负责、定期检查的责任制度。按照《地方苏维埃政府的暂行组织条例》规定，乡苏维埃不设执行委员会，乡苏维埃本身就是政权职能机构；乡苏维埃建立起每一代表与一定数量的居民发生固定关系的制度和代表主任制度；乡苏维埃设有各种经常的或临时性的委员会，如扩大红军委员会、农业生产委员会、没收征发委员会、查田委员会、选举委员会等，由它们辅助乡政权管理各种事务，包括没收和分配土地、发行公债、突击扩红等工作。这种临时设立的委员会，除乡苏维埃的代表，可吸收乡里的活动分子、积极分子来参加，但"这些临时来参加委员会工作的人有发言权而无表决权"。为了加强基层政权建设，毛泽东经过深入调查，撰写了《乡苏维埃怎样工作》的指导文章，起了很好的作用。

乡苏维埃的工作人员以不脱产为原则，因此，规定乡苏维埃有生活费的工作人员：主席1人，交通1人，其余的工作可设1人，至多不得超过3人，"在狭小或偏僻的乡又在经费困难的时候，只维持主席一人的生活费"。乡苏维埃的全体代表会议，每10天由主席召集一次，有特别事件则临时召集。平时，重要问题如决议、命令等，用布告形式通知全乡群众，不重要的事情则由乡苏维埃代表口头传达。乡苏维埃主席的职权为"召集会议督促之执行"，以及处理日常事务；乡苏维埃有权解决未涉及犯法行为的各种争执问题，维持全乡之治安。[②]

处于白色政权包围和分割之中的中华苏维埃共和国政权始终面临着险恶的战争环境，为了巩固政权，赢得农民的支持，中华苏维埃共和国临时中央政府进行了卓

---

① 毛泽东：《毛泽东文集》第1卷《乡苏怎样工作》，人民出版社，1993年，343页。
② 张启安：《共和国的摇篮——中华苏维埃共和国》，陕西人民出版社，2003年，9页。

有成效的民主选举工作。苏维埃政府先后颁布了《中华苏维埃共和国选举细则》（1931 年 12 月）、《中华苏维埃共和国中央执行委员会训令第八号》（1932 年 1 月）以及《苏维埃暂行选举法》（1933 年 8 月）等法令，各级苏维埃政府按照各项选举法令积极领导了自下而上的选举运动。如中央苏区，从 1931 年 11 月到 1934 年 1 月的两年多时间里，就进行过三次民主选举。广大工农非常珍惜自己的民主权利，积极参加选举投票。除生病、生育、外出和有防守任务的人，全部选民几乎都参加了选举，平均投票占选民总数的 80％以上，个别地方甚至达到 95％以上。

苏区的基层政权是乡（市、镇）代表大会，由所属的各村苏维埃于选民百人中选举代表一人组成，代表总数至多 50 人，社会成分是工人占 15％，农民占 85％（有的地区是工人占 20％，农民占 80％）。乡工农兵代表大会为乡最高权力机关，有权决定本乡的一切事情。如接受上一级机关一切决议；决议本乡范围内的一切行政方针；接受和批准乡招待委员会报告及提议；决议本乡范围内的一切争议及特殊的地方问题；选举及撤换乡执行委员会和出席上级代表大会之代表。乡工农兵代表大会选举执行委员会，执行委员会为工农兵代表会议闭会期间的全乡最高立法行政机关。对乡工农兵代表会议直接负责，具体的职权有：接受并执行乡民代表大会或群众大会的一切决议；接受并批准各村苏维埃政府或人民报告及提议；选举或撤换招待委员会主席和出席各级会议之代表；根据实际情况决定全乡代表大会人数并按期召集代表大会或群众大会；日常事务由主席管理，如遇特殊情况，可组织常务委员会集体研究解决。1928 年公布的《苏维埃组织法》规定：乡苏维埃执行委员会由委员 5～7 人、候补委员 3 人组成，互推常务委员 3 人（内主席 1 人），组织常务委员会管理日常工作，由执行委员会推选财政委员 1 人（须由常委兼）、文化委员 1 人、裁判兼肃反委员 1 人、秘书 1 人，并在执行委员中互推 3 人组成土地委员会。1931 年中央执行委员会第一次全体会议通过的《地方苏维埃政府的暂行组织条例》对 1928 年公布的《苏维埃组织法》做了一些修改，规定乡苏维埃不设执行委员会，也不设主席团，只设主席 1 人。

乡苏维埃政权的具体工作是：执行上级苏维埃政府的命令、法令、决议等；制定工作计划；在乡苏维埃会议前做好一切准备工作；解决乡管辖范围内的争执问题；进行人口、土地、婚姻、契约、文书及商业等的登记；办理有关土地问题的事宜，如没收、分配、整理耕田及水利等；代收国家捐税；制定预算；组织地方武装以及其他的作战、文化、社会保险等具体事务。

在乡下设置的村组织，要定期召开群众大会，并成立村苏维埃政府。根据有关规定，苏维埃工农兵会议，由村民众大会直接选举 9～21 名代表组成，其中农村工人代表占 10 名。由农村工农兵会议选出书记 1 人，或常务委员 3 人处理全村的政务。每周开村苏维埃会议一次，每六个月开村民大会一次，并改选苏维埃。全体村民大会为全村政权机关。民众大会闭会期间，属于村工农兵会议。村苏维埃执行一切任务，并服从上级苏维埃的指挥和命令，同时对村民大会负责。[①]

三、全面抗战时期的边区"参议会"

1934 年，中央红军撤出南方革命根据地，经过长征到达陕北，于 1937 年建立了陕甘宁边区工农民主政府。国共合作的统一战线形成后，改名为陕甘宁边区抗日民主政府。为了保证抗日各阶级在政权中应有的地位，巩固和扩大抗日民主政权，抗日民主政权为"参议会"制。"参议会"中实行"三三制"原则，即在抗日民主政权（不论是参议会还是政府机关）中，共产党员占三分之一，代表工人和贫农；非党的"左"派分子占三分之一，代表广大的小资产阶级；中间分子和其他分子占三分之一，代表民族资产阶级和开明绅士。抗日根据地的政权机关分边区县（市）、乡（市）二级，边区参议会是最高机关。基层设有乡（市）参议会与乡（市）政府。乡（市）参议会为乡人民代表机关，由该乡选民按普通、直接、平等、无记名投票方式选出议员组成。选民的资格是凡居住在边区的人民，年满 18 岁，不分阶级、党派、职业等，都有选举权和被选举权，有卖国行为者等除外。一般是不满 400 人的乡（市）选举参议员 15 人，400 人以上的乡（市），每多出 100 人，增加议员 1 人。每年改选一次。乡（市）参议会采用立法行政合一的制度，不设议长、副议长。每月开会一次。开会时推举主席团 3 人，主持会务。乡（市）长为当然的主席团成员。参议会休会期间不设常驻委员，乡之下坊或保不设参议会。

乡（市）参议会有权议决和执行本乡（市）内应兴应革之事项和上级政府交办的任务；议决乡民公约及经费收支；议决并执行本乡（市）人民及人民团体的提议事项；罢免乡（市）长及乡（市）政府委员；监督及弹劾乡（市）及村坊行政人员等。关于乡（市）政府下设行政村（或关、街），行政村下设自然村。乡（市）参议会为乡（市）政权的最高机关，日常工作在乡（市）政务会议讨论。

四、抗战胜利后解放区的"人民代表会议"

抗日战争胜利后，解放区乡政权的建设经过了两个阶段。第一阶段是直至 1946 年 7 月，各根据地的政权形式与抗战时期基本相同；第二阶段从 1946 年 7 月至中华人民共和国成立，政权形式由参议会制向"人民代表会议"转变。

在农村开展的反封建主义的斗争中，农民群众在中国共产党的领导下建立的农

---

① 张厚安、白益华：《中国农村基层建制的历史演变》，四川人民出版社，1992 年，157～168 页。

村协会和贫农团，是当时基层最高的权力机关，在乡（村）人民政府建立前，代行其一切职权。后来，在土改过程中，以农会和贫农团为基础，成立了区、村（乡）人民代表会议，作为区、村（乡）两级的正式权力机关，并由它选出政府委员会成立人民政府。

乡（村、镇）政权是人民政权，它实行立法与行政合一。代表会议制是乡（村）人民直接选举能对他们负责的代表组成代表会，为乡政权的最高权力机关。组成代表会的各代表，一方面代表居民意见商决本乡应革应兴事项及行使选举及罢免乡长等职权，另一方面又代表乡政府领导所属选举单位居民，推行各种行政事宜。各自然村代表执行村长的职务，并互推代表主任一人，协助乡长执行行政村主任职务，不再另设自然村长及行政村主任。乡人民代表会议为乡的权力机关，由它选出乡长、副乡长各1人，及行政委员5～9人，其中乡长、副乡长是当然的行政委员，由他们组成乡行政委员会，成为乡人民代表会议闭会期间的最高政权机关。乡人民代表会议每半年举行一次，必要时经乡行政委员会决定，或本乡公民5％的要求，由乡行政委员会召开临时公民大会。人民代表会议公民大会有如下的权力：罢免与选举乡长、副乡长及行政委员；听取和检查本乡政府工作报告；听取乡政府传达上级政府的重大决议；听取和讨论乡政府执行该项决定和命令的计划；讨论与决定本乡重大应兴应革事务。乡行政委员会的职权是执行乡公民大会的决定和执行上级政府的工作指示；研究讨论举办本乡重大应兴应革事务，其中属于全乡范围的，须经过乡民大会讨论通过；向乡民大会报告工作。正副乡长及委员任期均为1年，可连选连任。[①]

中央苏区以外，基层工农革命政权的形式多是临时性的革命委员会，其基本职能与中央苏区基层政权相似，属于工农革命政权的重要组成部分。土地革命时期，中国共产党对乡苏维埃政权建设的可贵探索，对于推动工农群众开展土地革命，维护贫苦农民利益起到了重要作用，同时，也为以后中国共产党领导的政权建设积累了非常宝贵的经验。[②]

第五节　近代农村中的宗族与宗法

宗族是中国传统乡村比较普遍的社会组织。这种以血缘为纽带的社会组织具有较严密的结构，广泛存在于乡村社会之中。近代的宗族组织是直接由清朝发展而来

①　张厚安、白益华：《中国农村基层建制的历史演变》，四川人民出版社，1992年。
②　李精华：《抗战时期国共两党农村基层政权建设比较研究》，东北师范大学博士学位论文，2012年。

的。宗族组织与保甲制度成为传统基层社会的两大组织。其中的保甲制度，主要是官方直接着手建立的，而宗族则是一种民间的自发行为。它的存在，具有比较重要的意义。一方面，某一宗族的成员，可以依托族谱、族产、祠堂等物质和精神上的设施，在生活上有所保障；另一方面，封建官吏在管理社会的过程中，利用宗法的存在，采用"株连九族"的办法，使社会的越轨分子在家族中得到控制，从而起到维护封建统治的作用。道光朝进士冯桂芬对宗族的作用曾做过很好的诠释，他说："牧令所不能治者，宗子能治之。牧令远而宗子近也。父兄所不能教者，宗子能教之。父兄可以宽而宗子可以严也。宗子实能弥平牧令父兄之隙者也。"[①]

近代社会处于剧烈动荡之中，而作为社会基层的宗族组织以其特有的稳固态和内聚力，维护着族人的某些利益。由于人多地少的矛盾加剧，生存的竞争日趋激烈，迫使人们寻求一种共同体的庇护，引发了宗族组织的膨胀。但是封建的宗法关系对于社会关系的调适毕竟只能在一定的限度之内，随着西方资本主义势力的不断深入，社会矛盾的不断激化，晚清时期的宗法关系不可避免地出现一些变化，局部地区的宗族被一些新的社会组织代替，如民间的种种"会"团体的出现。进入民国以后，宗法关系发生了更为明显的变化。

一、近代宗法的基本构成

宗法主要由宗祠、族长、族规、族谱、族田等要素构成，它们是一种互为依托的有机结合体。

近代宗族的权力系统是由族长、房长和家长组成的。房长管理各房，族长统驭整个宗族。宗族的权力主要掌握在族长之手。近代各地族长的名称不一，有称族正、宗盟、宗长、会首、首事、理事等。族长的设置一般是只设一名族长，有的设一正一副两人，也有的同时设有多名族长。日常生活中族长代行宗族的权力，如主持祭祀，主持族人分家、立嗣、财产继承及调解纠纷，宣讲乡约族规和家法家训，代表宗族对外交涉。族长具有相当大的权力，对族众进行统治，对族人的控制涉及各个方面，甚至有生杀予夺的权力。

族规是宗族成员必须遵守的规范，它具有劝谕性和强制性，代表了宗族的道德意志。族规包括成文的和不成文的两类。成文族规多载于宗谱上，不成文的则以习俗的形式存在于族人的生活之中。诸如家训、族训、戒条、族范、族约、宗规等都可以归属于族规之类。

从近代的宗法制度演进的角度看，一派宗族的立祀，建立宗祀是首要的任务。

---

① ［清］冯桂芬：《校庐抗议》下卷《复宗法议》。

祠堂的面貌可以直接反映出一族的兴衰。一族欲振兴，必先修整宗祠；一族败，其宗祠必先颓废。近代各地的宗祠，建制各异，形式也不一样，但是毫无例外都体现出庄严的面貌。具有代表性的祠堂，一般要包括：龛堂，用来供奉祖先神主，分别昭穆；大厅，用来集聚族人行礼；回楼，用于接待宾朋和宣讲族规；两厢设家塾、义学，以供子弟读书。许多地区的农村，族人多围绕祠堂居住。一般情况下，村中最好的建筑物是祠堂。宗族的规模越大，祠堂的规模也就越大。

一些大姓往往以建立富丽堂皇的祠堂而炫耀乡里，显示其族势旺达，源远流长。如广东顺德地方，"最重祠堂，大族壮丽者，动费数万金，其大小宗祠，代为堂构"①。

祠堂为祭祖之地，用来举办春秋大型祭典活动。祭祀时，由族长领祭，参加者"长幼次序以尊卑序立，毋得嬉戏。祭毕，族人在一起会餐并分领祭品"。每一次祭典，既让族人领略到宗族的威严，同时又感受到同族之间的亲情。通过比较烦琐而又庄严的祭典，使族人受到孝悌等方面的教育。

祠堂又是宗族聚会执法的场所。族中有关的公务，由族长召集族人聚于宗祠，共商解决办法。宣读族规、乡约、家训也都在宗祠中进行。族人如违犯族规家法，也必定在宗祠中，由族长定其轻重，当众处罚，以戒族人。

宗祠还是宗族的管理机构。宗祠有专人掌管，负责宗族的公共事务。如来往的客人，外居的同宗族人寻祖省亲者的接待住宿，与宗族有关的族产、族谱等的管理。

与祠堂相关的是记载家族历史沿革和迁徙繁衍的族谱。习惯上族谱也称谱牒、家谱、宗谱、家乘等。正是由于族谱的存在，使得宗族的维系才有了可信的依据。

族谱的内容，主要记载本族祖先的发源、世系源流、支派辈分，族人的生卒婚配、生育、迁徙、祠堂、祖坟、族产、族田的方位数量，历代祖先的业绩，并常常附有族规、家训等。体例上多采用纪传图表式结构。族谱中多记有本族历史上显宦名儒、孝子烈女、节妇的事迹，作为榜样，以激励后人奋发努力，光宗耀祖。族谱记有世系支派、宗族的财产，如坟山、族田的契据、碑记等。当族内之间以及本族与外族发生经济纠纷时，族谱可以作为解决的凭证。

进入民国时期，各地新编的族规和族谱中，有时也出现了某些民主议事意识和商品经济意识。如民国时编写的《筹备广西李氏宗祠章程》中规定："各项收入达五百元以上即存放银行或妥实生息；达五千元以上即行购置或建筑不动产；达三万元以上即行经营实业或营业之借出。"说明当时一些开明先进的宗族中，已具有较浓厚的商品经济意识。此外，族谱族规中出现了一些民主的思想，对封建旧礼教进

---

① 《顺德县志》卷一《舆地志·风俗》，见《中国方志丛书》，成文出版社有限公司，1976年。

行一定程度的改革。例如，随着女权的觉醒，"昔公宴限于男丁，近十年来妇女亦得参与，自较合理"的条文进入了族规之中。还有，许多地方将宗族的行政、司法、监察人员的职责分开，透露出了近代资本主义的三权分立的治理观念进入了族规，无疑是时代进步和科学理念的认同。①

作为家族的共同资产，除了祠堂，族田是主要的大宗族产。族田是宗族公产的代称。近代的族田名目繁多，北方有称义田、义庄、祭田，南方有称蒸尝、祀田、公田、太公田等。族田通常由族内贫困成员佃耕，其交纳的田租即成为族群公共活动的费用。

在传统乡村，宗族的存在，祠堂只是家族聚集议事的场所，宗族的许多活动，修祠、修谱、修义学等，都需要经费，而族田能够提供经费。族田等族产的存在，为某些贫穷族人提供了一定程度的经济帮助，保障了他们的生死婚丧和生产活动的正常运转，加强了宗族子弟对宗族的依赖。从功能上讲，大体有祭田、义田（赡族田）、学田几类，祭田的收入专用于祭祀；义田的收入用于救济族中孤寡贫疾者、赈灾，以及一些宗族的公益事业；学田是用于兴学和资助族人参加科举考试。

除农田，族产还包括坟地、坟山、茶山、竹山、山林、池塘、水井、水源、堤坝等，凡自然经济所需要的资源应有尽有。以生利的房产、公积金等，也属于族产。②

二、晚清时期的宗法关系

晚清时期的宗法关系，是清代宗法关系的延续。宗法关系也存在于地产的所有权的转移过程中。表现在宗族的土地的出售受到宗法的限制，即一派宗族的田产，一旦准备出售，族内的成员具有优先购买权。这种规定不仅适合于公有地和族田，而且适合于宗族成员的私人土地。如当某位族人的土地欲出卖时，必须首先卖给族人，只有在族人不买的情况下，才可以由外族人购买。河北高阳、山西定襄、山东临淄、湖北汉阳、湖南长沙、江西赣县、江苏盐城等地的档案中，均有比较明确的记载。某些地区，即使是当族人的土地售给外族人成交以后，族人仍然有权要求出售人取消这一买卖，将土地卖给族人。四川的宗族土地，除出卖的买主必须是族人，绝嗣的土地，亦不归公，由家庭继承或分割。③ 这是一种以

---

① 钱宗范：《试论近代广西宗法文化的变异性表现及其批判继承》，《广西师范大学学报》1997年3期。

② 邓河：《中国近代宗族组织的内在结构》，《山西大学学报》1991年2期。

③ 王寅生、张锡昌等：《土地所有制之现代化》，转引自章有义：《中国近代农业史资料 第2辑 1912—1927》，生活·读书·新知三联书店，1957年，76页。

族人的利益至上的原则，目的是维持某一宗族的存在。在一些地区，宗族的土地的分布在一个相对集中的范围，一旦族人的土地被外族人购买后，外族的财产就会进入到该宗族的腹地。在土地资源是最宝贵的资源的情况下，土地外流，往往容易被视为是宗族颓废的开始，遏制外流，是维持宗族存在的关键。

清代的宗族组织发展极为盛行，其原因是清朝统治者标榜以孝治天下，对宗族组织积极倡扬和维护。但是，对族权却不予正式承认。后来由于社会动荡和政治形势的变化，逐渐放弃了这一政策。先是雍正时期，政府在广东推行保甲制度，对一些不能编甲的巨堡大村，设立族正以行察举之职。乾隆时期，巡抚陈宏谋在江西根据江西聚族而居的情况，奏准给予族长官牌，以约束族人，使族权具有官准的性质。但是不久即废止。道光十年（1830）政府才下令重新给予族长以行政权力，但是仅限于局部地区。在声势浩大的太平天国运动的强烈震撼下，清朝政府不得不改变政策，于咸丰初年规定"凡聚族而居，丁口众多者，准择族中有品望者一人为族正，该族良莠责令察举"[1]。至此族权开始在基层普遍与政权相结合。而当太平天国的势力进一步发展，清朝政府的军事力量濒于崩溃，半个国家处于失控之际，清朝政府又被迫准许在职官员各回本籍凭借宗族的势力举办团练。这样将平时国家才能具有的拥兵权下放到了宗族，这就造成了地方宗族势力经历了一个武装膨胀时期。[2] 在近代史上赫赫有名的曾国藩，就是通过利用宗法关系，训练家乡的子弟兵，最后成为维护清朝统治重要力量的湘军武装队伍。在当时，湘军、淮军，以及地方上出现的团练、乡团、团保等准军事的自卫组织，成为控制基层农村社会的新势力。

这一时期的宗法关系的发展出现了极为不平常的现象，表现在某一地区宗法关系得到加强，而另一些地区宗法关系刚好相反，出现了弃宗法而加入会党的局面。例如，同处于湖南一省内，在曾国藩的家乡，他利用宗族关系，招募和训练湘军，由于迎合了清朝政府的需要，得到快速的发展。对于曾国藩的族人来说，存在着封官加爵的机遇，因此宗族关系得到空前凝聚，使湘军成为维护清朝统治的中流砥柱。

而在另外一些地区，由于在剧烈变化的现实中，族人并不能从宗法中得到应有的慰藉和护卫，于是宗法关系出现裂变。以湘赣边界地区为例。由于西方列强的势力从沿海深入到内地，侵略者在长江沿岸大肆开辟商埠，强占港口码头，控制中国的海关，任意扩大关税协定范围，降低进口税率。它们的轮船航行于长江内河，大

---

① 《户部则例九十九卷》卷三《保甲》，转引自乔志强：《中国近代社会史》，人民出版社，1992 年，121 页。

② 乔志强：《中国近代社会史》，1992 年，人民出版社，121 页。

量向内地倾销商品。在长江及其附近的内河水道湘江、赣江上，民船无法与外轮竞争，生计为"轮船所夺，其贫苦失业流为盗贼者比比皆是"①。同时，外国的机制棉布价廉物美，具有较强的竞争力，每年像潮水一样，沿长江汹涌而入，流向内地的城市乡村。至 19 世纪 90 年代末，偏于长江内地的江西，价值不下 1 000 万两。洋纱倾销的结果，土棉纱已无人过问，妇女纺业多废。如此一来，促进了传统的男耕女织的自然经济解体。在广东，许多地方的农民无法再在原籍祖地生活，被抛出家族经济之外，云游四方，远谋生计。随着自给自足的自然经济的解体，作为宗族基础的家庭，及其各种社会功能逐渐丧失，家庭规模也由大变小，兄弟离析，分立门户成为趋势，宗法关系日益遭到破坏。时人汪琬在其《汪氏族谱序》中承认，由于"制度之变，风俗之淡"，"宗法之不复"，"今之父兄子弟，往往争珠金尺帛，而至于怨愤之后斗相残杀者，殆不知其几也"。出身于地主家庭的焦达峰，很早就背叛家庭，认为革命当自"家庭革命始"，在 18 岁时经人介绍加入了洪江会和洪福会，以至被父亲驱逐。② 对于普通的平民来说，由于阶级矛盾的激化，贫富两极分化愈加严重，富者愈富，贫者愈贫，脉脉温情的血缘关系已经挡不住新的社会矛盾的冲击。而一些族众虽然被维系在宗族之中，但是由于族产有限，族绅借公产营私，巧取豪夺。这样，许多弱小的族众的生计总是日益窘迫，不得不离开宗族祖籍，转迁他乡，另谋生路。族绅与下层族众的矛盾，促成宗族发生分裂，而宗族间的斗争使得整个宗族加入会党，使原有的宗族发生变异。原来在传统的宗族势力范围的族众，逐渐游离于宗法关系之外，加入了新的地方组织——会党。

于是，会党、保甲、宗法，是当时的湘赣边界的三种基层组织系统。在会党组织未全面形成之际，宗法的势力最为强大。因为当地属于湘赣两省交界地区，林深谷邃，地势险要，成为兵家必争之地。由于近代兵灾频仍，战火不断，为了保护族人的生命和财产，发展了聚族而居的宗法关系。至清代的中叶，宗族的发展到了鼎盛时期。尤其是省际边界统治薄弱地区，乡村的大部分社会事务，如治安、救济、教化等工作，都是由宗族组织承担的。维护边界的地方秩序的团练组织，不是在政府中的保甲，而是在宗族的基础上建立起来的团保组织。在清朝前期，边界的地方政权通过当时社会的两大组织，即宗族和保甲对乡村民众进行有效的统治。两大组织的功能基本协调，以宗族制度为主干，以保甲制度为补充，支撑起清朝的权力大厦。但是由于西方列强的入侵，以及人口的大量增加，土地开垦殆尽，社会矛盾逐渐激化，传统的宗族关系也就面临着解体。会党的出现，表明宗族的社会功能的弱

---

① ［清］刘坤一：《刘坤一集》，1039 页，转引自潮龙起：《晚清湘赣边界基层社会结构的演变》，《江西社会科学》1997 年 3 期。

② 《民兴报》1911 年 11 月 4 日。

化，宗族的某些职能已经不能使得族众的利益得到维护。会党的进一步发展，必然造成大的社会动荡。例如，在晚清的湘赣边界，会党起义规模较大者即达20多起，大都树"官逼民反"的旗帜，以"劫富济贫"相号召，斗争矛头直接指向封建政权。清朝的灭亡，与宗族关系的逐渐削弱也有着一定的关系。①

三、民国时期的宗法关系

北洋政府时期的宗族关系，尽管依然存在于社会基层，但是和晚清时期相比，已出现了许多与时代变革相互联系的新变化。

其一，宗族内部的经济关系逐渐发生变化。表现之一是土地的买卖逐渐走向市场，传统的族人具有优先购买权在此时不被法律保护，宗法关系的束缚被打破。1913年，北京大理院在处理吉林省的一个案件时，便没有考虑宗族内族人具有优先购买权的习惯成例，而是依据法律是将这种传统的限制视为"阻碍自然的经济发展"。大理院判例上指出"吉林习惯，对于本族、本旗、本屯买地时，有先买之权。此种习惯，不仅限制所有权之处分作用，即于经济之流通，与地方之发达，均不无障碍。为公共之秩序利益计，断难与以法之效力"。1914年的法律明文规定，"不动产所有人，于法令限制内，得自由处分其权利，而不动产之买卖既属处分行为之则，其应卖何人，系属所有人之自由。第三人欲向买受不动产之买主，无故声述异议，实为法所不许。"② 1917年的法律又指出："亲房拦产之习惯，既经现行律明示禁止，且仅足长亲房把持拦勒之风，于社会经济殊无实益，自难认其有法之效力。"③ 很显然，限于宗族内部的土地买卖，受非经济行为的约束，不利于土地的商品化进程。民国以后，经过上述法律的规定，以及经济本身的影响，宗法关系对土地买卖的束缚已经被打破。四川"家庭田土被经济影响，买卖加速，宗法限制已见打破，加之旧地主土地，一律转移在新兴手中，此种新兴地主不受宗法关系之制限，又使三分之二的土地（当时四川的土地中，三分之二是私有地，三分之一是官公地）加入纯粹自由的商品化过程"④。江西南部各县，凡卖不动产者，其卖契中有族人优先购买的语言，实际上则以出价的高低而定，价高者具有优先购买的权利。⑤ 华南地区在1927年以后，土地买卖中的优先权也很

---

① 潮龙起：《晚清湘赣边界基层社会结构的演变》，《江西社会科学》1997年3期。
② 北洋政府大理院编辑处：《大理院判例要旨汇览》第1卷《民法》，1926年，90页。
③ 王寅生、张锡昌等：《土地所有制之现代化》，转引自章有义：《中国近代农业史资料第2辑 1912—1927》，生活·读书·新知三联书店，1957年，76页。
④ 吕平登：《四川农村经济》，上海商务印书馆，1936年，31页。
⑤ 法政学社：《中国民事习惯大全》第1编第3类，上海广益书局，1924年，10~11页。

快消失了。①

宗法关系出现变化的另一个标志是，族权由继承转变为选举产生。封建社会的前期，宗法制下的族长一般均是世袭继承的。唐宋以后，虽然掌握宗族权力的族长一般都由不任官职的有钱有势有文化的族人中产生，但族长的职务仍是传统的世袭继承者为多。辛亥革命以后，许多地区的宗族族长已由传统的世袭制转为通过在族中公举产生。族长的选任，除依行辈年齿推举，还要求是声望素孚众望者。若族中没有合格的行辈年齿声望具尊者，则以抽签之法定之。当然也有不论行辈年齿而以体力强壮、能理事服众之人充为族长。当然，在一些旧式宗族势力强盛之区，亦存在"有因家产殷实藉弟子之势力强充族长者"，"更有因功名显达例选为族长者"的情况。

其次，族权的行使由个人专制转变为集体执行。例如，在广西玉林陈氏的宗族中，出现了集体管理机构——陈龙章祠家族委员会。委员会以族长为首，负责召集开会及处理、调解族内纠纷事宜。日常的事务，则由家族委员会推举的执行委员 6 人、当然委员 5 人、监察委员 5 人，共同执行委员会通过的决议，并监督所处理的事宜。可以说，此时的家族委员会实际上是集体性的族权执行者。还有广西临桂县李氏宗族对族权的行使也实行集体领导的方式。宗族成立了以族长领导的评议会，议决和行使族中的重大事务。评议会建立常设机构，有总经理 1 人，名誉经理 1 人，会计 1 人，具体执行评议会的决议，保管宗祠公产，征收钱粮，召集族人议事等。其中族权的执行者冠以"总经理""副经理"等带有近代资本主义商业公司色彩的名称。甚至有一些宗族，还将族产以合资的方式转化为能够生息的资本，收取利润，供宗族使用。说明当时的宗法关系随着社会的进步，也在逐渐地适应新的社会经济的环境。②

---

① 王寅生、张锡昌等：《土地所有制之现代化》，转引自章有义：《中国近代农业史资料 第 2 辑 1912—1927》，生活·读书·新知三联书店，1957 年，76 页。

② 钱宗范：《试论近代广西宗法文化的变异性表现及其批判继承》，《广西师范大学学报》1997 年 3 期。

第十四章　农村合作事业

　　19世纪中期，欧洲早期的资本主义国家开始出现民间自发的合作经济组织，并在此后逐渐蔓延扩散到世界各国。中国自晚清时期开始，吸取了西方社会合作组织的经验和做法，并逐渐形成本土化的中国合作组织形式。

第一节　中国近代合作运动的肇启

　　清末民初，通过海外留学生的宣传介绍，合作主义思想渐次传入中国。这期间经过民间的试办，特别是20世纪20年代初，因北方地区大面积长时段的旱灾，一些抗灾慈善机构联合组成的华洋义赈会，在华北开展了合作"救灾"试验，取得了一定成效，为民国政府和社会各界开展合作运动积累了经验。经过近代中国社会各界的试办试验，合作运动是近代复兴农村与救济农村的重要措施之一，同时也是社会进步和经济发展的推动力之一。①

一、合作组织的思想渊源

（一）合作经济思想的传入

　　近代合作组织始于19世纪前期的法国空想社会主义者。1831年前后，法国的傅立叶、菲利普·毕舍等人发起组织生产合作社，由劳动者集资自办工厂，出现了一些工人阶级自立自营的合作式工厂。这之后的1844年，在英国的罗奇代尔小镇

---

① 魏本权：《从"本土化"到"乡村化"——中国早期合作主义的流变与归宿》，《聊城大学学报》（社会科学版）2012年3期。

上，威廉·金等人成立了消费合作社。它是由消费者共同集资自办的各类合作商店，后来形成了全国性的"英国批发合作社"，并逐渐传播到世界各地。1872年前后，德国的雷发巽、许尔志等人，成立了信用合作社，由农民或贫民联合组社，互济有无，或者共同向银行贷款。劳动者自发组织的合作社，成为社会底层民众为摆脱资本剥削所采取的一种斗争形式和生活方式。19世纪后期，合作运动已在英、法、德、美、俄及丹麦、日本等欧洲、亚洲国家相继出现。20世纪初期，合作运动成了全球性的社会潮流，中国的合作组织也是在这个潮流中诞生的。[①]

1910年，京师大学堂首次开设"产业组合"课程。"产业组合"一词译自日文，意为"合作社"。这个课程的设置，标志着中国引进合作思想的开端。在这之后，国内一些书报读物，如《民主报》《中央商学会杂志》《经济学概论》《银行制度论》等，都对西方的合作制度和信用合作社进行过介绍。1919年五四运动以前，中国各类报刊共发表了近50篇关于合作社的文章。[②]

随着社会变革思潮的兴起，各界知识分子对合作事业的广泛呼吁和宣传，中国社会开始出现各种合作社。合作事业的早期倡导者有覃寿公、汤苍园、朱进之、徐沧水、楼桐孙、戴季陶、于树德、吴克刚、彭师勤、章元善、王世颖、寿勉成、陈仲明等一大批赴日、法、德、美等国留学的留学生。

覃寿公留学日本，攻读经济学，对日本的产业组合情况进行过深入的实地考察。回国后，覃氏于1916年撰写了《救危三策》《德意志日本产业组合法令汇编》，在两个方面对合作思想的传播做出了开创性贡献：一是提出了合作制度是通向现代产业化的基本途径，是应付世界经济竞争，发展国民经济的手段；二是认为中国当时的国情与19世纪中期之德国情况相近，因此应大力推行信用合作，融通小营业者资金，促进各种产业以及他种合作事业的发展。

另一位合作运动的启蒙者是汤苍园。他首次指出了合作组织的类型可以分为农业、信用、生产、消费等多种，并简明地介绍了1844年诞生于罗奇代尔小镇的合作组织形式。这个由28个纺织工人自愿组织的合作社，制定了一整套合作制度，包括入社自由、民主管理、适度资本报酬、二次返利等。这是合作制度的滥觞，后人称之为"罗奇代尔原则"或"罗奇代尔制度"。[③]

朱进之以全力推动设立平民银行而闻名于世。他通过《东方杂志》《新教育》等刊物发表了《促国民自设平民银行》等文章，并在江苏一些地方以"平民经济问题"为题多次举行演讲活动，介绍西方国家的平民银行发展概况，强调平民银行

---

① 孙锡麒：《消费者之希望——消费合作（续）》，《东方杂志》1922年19卷5号。

② 陈意新：《二十世纪早期西方合作主义在中国的传播和影响》，《历史研究》2001年6期。

③ 陈岩松：《中华合作事业发展史》上，台湾商务印书馆，1983年，96页。

（又称"借款会社"）是"民之福、国之利"，竭力呼吁在中国建立平民银行，以使平民在信用、生产、消费、贩卖等各个领域内广泛开展互助合作运动。朱进之甚至断言：此制推行后，"豪右霸占、剥削齐民之举，必将绝迹。国民之知识，自助民治之精神，组织合群之能力，以及互相扶助之责任心，必将大有增加。国民作业必将日益勤奋。有财者得善用其财，无财者亦有财可用"。

徐沧水也是消费合作组织的鼓吹者之一。他于1918年刊发了《说产业公社》一文，后来赴日本调查研究合作经济，归国后担任《银行周报》主编，先后发表了《消费合作与百货店》《营利主义之矫正与消费公社之提倡》《说贩卖公社》《合作银行之研究》等一系列文章，揭示了过分营利所带来的诸种弊害，反对营利主义；竭力主张在中国兴办各种类别的合作经济组织，以防止和消弭弊害的蔓延扩大。可以看出，在此一时期中，以朱、徐等人为代表的知识阶层对于合作制度的认识已向纵深层次与具体化方向发展，而且合作组织所关注的对象多是社会中处于弱势地位的平民阶层。应当指出，中国早期的合作运动倡导者们所强调的合作，大多仅是局限于城市平民阶层的消费领域，没有把合作运动作为改造整个社会的重要途径来认识。①

除此之外，还有不少学者就合作经济的某一领域分别做了详尽阐述，或对某位学者及其学说进行评价分析，也有学者对合作运动撰写了整体性评价的文论著述。② 在编译国外重要合作专著方面，影响较大者有：于树德的《信用合作社经营论》（1921年），戴季陶的《产业协作社法草案》（1921年），孙锡麒的《合作主义》（1924年），林验的《消费合作运动》（1924年），楼桐孙的《协作》（1925年）等。所有这些都以不同方式向国人译介了国外的合作经济理念。

总之，经过五四运动以前一批知识分子的热心宣传和躬身实践，西方合作主义开始逐渐被中国社会各界所了解和接受。这里有三点值得注意：一是五四运动以前主要以信用合作与消费合作思想的宣传为主；二是在中国知识界并没有形成一个统一的合作思想的学术团体；三是早期的合作组织的实践主要集中在都市，合作思想尚未深入乡村。③

---

① 赵泉民：《政府、合作社、乡村社会：国民政府农村合作研究》，上海社会科学院出版社，2007年。

② 孙锡麒：《消费者之希望——消费合作》，《东方杂志》1922年19卷4、5号；超然：《消费方面的社会改造》，《解放与改造》1920年2卷1号；李三无：《消费协社之研究》，《改造》1921年3卷10号；延陵：《近代的合作运动》，《解放与改造》1919年1卷8号，等等。

③ 陈意新：《二十世纪早期西方合作主义在中国的传播和影响》，《历史研究》2001年6期。

（二）合作主义的思想流派

民国建元以后，中国思想界有一股很强烈的反对资本主义的思潮。许多思想激进的知识分子，既反对资本主义制度，也不赞同中国共产党的阶级斗争理论，于是试图走出一条拯救中国于水火的"中间道路"来。可以说，20世纪二三十年代的合作思想正是追求"中间道路"的时代产物。正如中国早期合作主义者汤苍园说："合作是反对资本主义的，其势力所及，将破坏经济帝国主义而有余。但它的方法，则与马克思主义不同。合作主义不注重革命，而注重建设，不假手国家，而其成于团体，其进也渐，其行也远。"[①] 同样，最早为国民政府推行合作运动奠定理论基础的薛仙舟也说："惟有合作，始能防止资本主义；惟有合作，始能打倒共产主义；有了合作，社会革命始能实现。"[②] 还有，乡村建设运动的代表人物梁漱溟曾在1941年宣称："我相信社会主义，而不大相信共产。"后来，梁漱溟在一次对自己的思想进行反省时，阐析了自己对"社会主义"的认识："废除私有制度，以生产手段归公，生活问题基本上由社会共同解决，而免去人与人之间的生存竞争。"[③] 改良主义者面对尖锐的社会矛盾，一方面痛恨资本主义的种种罪恶，另一方面对马克思主义感到不安，试图"以合作主义为方法""以解放平民经济为目标"来"实行合作事业"[④]，从而消除经济压迫，实现经济上的平等待遇。[⑤]

20世纪初的20年间，中国国内对于新兴的合作社组织，尚处于启蒙肇启阶段，"向来提倡者绝少，关于译名，亦至不一"。戴季陶感慨言道："中国自革命以来，及今十年，而关于社会经济之建设，曾未兴举一事，即此最温和最渐进之制度（指合作制度），亦鲜有人介绍而提倡之。平民生活，日陷于困苦流离之悲境，不亦至可慨欤！"[⑥]

西方合作经济思潮随着新知识阶层的崛起而从西方世界涌向中国，营造出一种深沉凝重的社会氛围，使"社会乃因此稍稍注意"了合作经济制度。合作思想的推动者在译介和传播合作理念的过程中，能够在一定程度上把它与当时中国社会的许多问题结合起来，应当说这是十分难能可贵的。例如，在民国初年，就有论者撰文

---

① 陈岩松：《中华合作事业发展史》，台湾商务印书馆，1983年。
② 李敬民：《合作思想讲座》第七讲，载《中国供销合作社史料选编》第3辑，中国财政经济出版社，1991年。
③ 梁漱溟：《我的努力与反省》，漓江出版社，1987年。
④ 中共中央马克思恩格斯列宁斯大林著作编译局研究室：《五四时期期刊介绍》，人民出版社，1959年。
⑤ 林善浪：《中国近代农村合作运动》，《福建师范大学学报》（哲学社会科学版）1996年2期。
⑥ 戴季陶：《产业协作社法草案理由书》，《新青年》1921年9卷1号。

分析说：信用、贩卖、购买、产业四种组合，"实我国今日中等社会之人民，从事于小企业者所当一一模仿，实力猛晋（进），以对抗或预防外来和中国将来之托拉斯"①；而且"可使中国今日极困苦极艰难之中等社会，于全国国民中占最大多数者……为根本上之解决，足以自谋生活，自高品格，自殖财产"②。从这些言论中可以看出，信奉合作主义的知识分子，在合作经济将对未来中国产生极大影响的认识上渐趋一致，认为合作制度"可以救济现在社会上的若干缺陷，并不是改造社会的惟一势力。不过由这一种制度，可以使弱者阶级得多少救济，使他们在现存社会的当中，一面减轻若干苦痛，一面增加若干势力，一面得着许多协作共享的经验和趣味，使阶级的斗争较为缓和而有秩序。所以虽不是惟一方法，却是一个必要的方法，在社会组织很幼稚的中国，尤其是有益的"③。

二、"合作导师"薛仙舟

薛仙舟是中国宣传合作主义的首倡者和推动者之一，后来成为国民政府合作制度的设计者和合作运动的组织者。因其毕生矢志于合作事业，故被世人誉为"中国合作化之父"或"合作导师"。

薛仙舟（1877—1927），原名颂瀛，后名瀛，字仙舟，广东中山县人，1897年毕业于北洋大学。1900年，因"愤国家多难，清政不纲"，毅然投身参加了唐才常、林圭等人领导的汉口自立军起义。起义失败后，旋即辗转赴美国、德国和英国留学。在留学期间，薛氏研习财政制度，实习银行业务，逐渐接受了西方的合作改良思想，尤其是德国的合作制度。学成回国后投身参加了辛亥革命，曾受南京临时政府委派任上海中国银行副监督。但他"惟雅不愿任政府官吏"，婉辞了国有的中国银行之聘，而去了上海辅佐民族资本家张静江经营通运公司，筹集经费以资助革命活动。后来他全力联络上海钱庄发起成立"中华实业银行"，兼任复旦大学教务长。对于合作事业，自称"生平最具兴趣，无时不预备实行"。1918年，薛仙舟前往美国考察合作制度，"颇多心得"。1919年，即在上海创立了中国第一家合作银行——上海国民合作储蓄银行。1920年，创办《平民》周刊，宣传合作主义，鼓吹合作运动，产生了较大的社会影响。此时，薛仙舟出任工商银行总理，与陈果夫

---

① 托拉斯（trust），是资本主义垄断组织的一种形式，指生产同类商品或在生产上有密切联系的垄断资本企业，为了获取高额利润而从生产到销售全面合作组成的垄断联合。

② 佚名：《论中国小企业家当速着手于产业组合》，贝经世文社：《民国经世文编·实业三》，《近代中国史料丛刊》第50辑第497册，7～8页。

③ 戴季陶：《协作制度的效用》，《建设》1920年2卷5号；孙锡麒：《消费者之希望——消费合作（续）》，《东方杂志》1922年19卷5号。

等人组织上海合作同志社。1927 年，国民党中央政府聘请薛仙舟筹划成立全国合作银行事宜。同年 6 月，奉命负责为国民政府起草《中国合作化方案》。薛氏亲自制定了合作化的章则大纲。正谋与陈果夫等人作"有力推动"时，不测染疾身亡，年仅 49 岁。[①] 薛氏的合作化思想，主要表现在如下几个方面：

第一，呼吁发展平民经济，提倡消费合作。薛仙舟游学欧美之时，就十分注意研习济世救民之策。他耳闻目睹了资本主义制度下的种种社会弊病，如贫富分化、分配不公、阶层隔阂等，于是萌生推行社会变革的思想。但是，他对于"五四"以来在中国广泛传播的马克思主义深感不解和惶恐，特别是对社会改造的"暴力革命"难以接受，笃信"人类具有与生俱来的互助合作之天性"[②]，于是他主张用改良之法，消除人类社会存在之诸多恶疾，避免人与人之间的争夺和冲突。他曾说道："惟有合作主义，始能防止资本主义；惟有合作主义，始能打倒共产主义；有了合作运动，社会革命始能实现。"[③] 他借助《平民》周刊，宣扬合作主义，向世人鼓吹要以"合作主义为方法""以解放平民经济为目标"，最终实现国家"合作事业"。[④] 显然，薛氏坚信，在不触动现存的社会秩序、避免发生暴力冲突的前提下，通过组织各种合作社，以和平、渐进、经济的手段，可以缓解日渐严重的经济剥削和阶级对立，发展平民经济；同时可以扶持平民势力，消除阶级压迫，最终实现社会平等和公平。

第二，通过合作化来创建合作共和国之新世界。薛氏为国民政府设计的合作化方案中，把合作制度列为立国之根基，建国之命脉，而最后要达到的是"合作共和国"理想。对于中国而言，民生主义的成功便是国民革命的成功，而民生主义的扼要部分应是对社会资本实现最彻底的节制，即所谓"共将来的产""要达到此目的之方法，固不专在合作一种，然而最根本，最彻底而于民众本身上做起的，则舍合作莫属"[⑤]。也就是说，欲使民生主义实现，应该凭借国家之权力，采用大规模之计划，全力促成全国的合作化，组织全国合作社。大规模的全国合作化，首先要肇建一个全国合作社，使其成为领导全国合作运动的"总机关"；在它之下，再设若干省市分社。全国合作社的职责，首重训练，次重调查、宣传与实施，再对经济和

① 刘绍唐：《民国人物小传》第 1 册，台湾传记文学出版社，1975 年，276～277 页。
② 余井塘：《我所认识的薛仙舟先生》，见秦孝仪：《革命文献》第 85 辑，台北"中央文物供应社"，1980 年，2 页。
③ 李敬民：《合作思想讲座》，见《中国供销合作社史料选编》第 3 辑，中国财政经济出版社，1991 年，119 页。
④ 中共中央马克思恩格斯列宁斯大林著作编译局研究室：《五四时期期刊介绍》第 1 集，人民出版社，1959 年，124 页。
⑤ 薛仙舟：《中国合作化方案》，见秦孝仪：《革命文献》第 84 辑，台北"中央文物供应社"，1980 年，241 页。

民众进行改造。故此，要先行设立合作训练院，此为全国合作化的根本。薛氏强调"要以训练军队的精神来训练社员"，以便在最短的时间内完成全国合作化。最后，还要建立全国合作银行，以资助合作事业、劳农事业，赞助小本营业，并将之作为"信用合作之中央调剂机关"。①

第三，人性改造是实现合作共和的前提。薛氏在强调制度层面建设的同时，又突出了对合作事业实行者的训练改造，即民众的思想品行的改造，进行人自身的品德净化。他指出，制度革命固为重要，然施行制度者仍仰赖于实施之人。倘人之自身，不先彻底改造，则虽有绝好的制度，仍是徒然。由是之故，必须成立合作学院，招收 15~25 岁的青年，对其进行人格训练，包括意志、性情、习惯、感觉、体能等方面；主义训练，开设与民生主义和合作主义相关的各门学科；技术训练，专设商科、合作科等。唯有如此，才能使施行合作主义者成为投身于合作事业的"人才"，而后才能去服务、教导、辅助广大民众，"造成合作共和的基础，实行合作共和的制度，享受合作共和的福利"，以使民生主义在中国真正实现。②

概而言之，薛仙舟于 1927 年完成的《中国合作化方案》，是一个"民生主义的合作计划"，是国民政府农村合作运动的主要蓝本。1927 年，薛仙舟从当时的华北农村合作运动中观察到，中国的"社会革命"需要通过"合作主义"来维持社会稳定，进而实现"社会理想"。《中国合作化方案》以"合作训练院""全国合作社"和"全国合作银行"等"三大组织大纲"为主体内容，强调首要任务是培养"具有许身于民众决心"的合作人才，"投之于民众中间，与民众共同生活、共同尝甘苦，去服务民众、教导民众、组织民众、辅助民众，使民众与之同化"。他坚信，"必如此，然后民生主义始能真正实现，革命才算是成功"。

总之，薛仙舟认为，实现中国的合作化就是为实现"节制资本""平均地权"的最佳途径，是改造中国社会，解决民生问题的必由之路。薛氏的《中国合作化方案》对后来的知识界，乃至国民政府的农村重建计划，都产生了不小的影响。

三、早期试办的小型合作社

1914 年最早出现的乡村合作社，是一位从日本留学回国的米迪刚在其家乡河北定县翟城村创办的。当时，该县知事孙发绪正在筹划创办模范县，米迪刚即向他提出在自己的家乡翟城创办模范村。这个想法自然得到了孙发绪的赞许和支持。米

---

① 薛仙舟：《中国合作化方案》，见秦孝仪：《革命文献》第 84 辑台北"中央文物供应社"，1980 年，246、251 页。

② 薛仙舟：《中国合作化方案》，见秦孝仪：《革命文献》第 84 辑，台北"中央文物供应社"，1980 年，242 页。

迪刚在日本留学时即关注了"产业组合"的经济组织形式，在定县翟城村成立了中国历史上最早的一个具备现代合作社组织形式的农村合作社。该社取名"因利协社"，典出《论语·尧曰》"因民之利而利之"之句。该社借鉴日本的合作社形式，制定章程 20 条，分别规定宗旨、社员、股金、组织、业务和分配办法等，"提倡全村人民之精神，谋全村人民共同利益之发展"。经过几年的艰苦创业，为团结生产、发展经济、开展平民教育起到了促进作用。在当时的社会条件下，探索了一条实业救民的经验，深受群众欢迎。孙发绪到山西任省长后，将此经验带到山西并推广。

1918 年，北京大学消费公社成立，该社由北大教职员工和学生发起，分设图书部和杂货部。

1919 年，薛仙舟在复旦大学成立上海国民合作储蓄银行，这是中国第一个信用合作社，而且是第一个具有一定规模的合作社，以提倡合作主义，资助小本经营为宗旨。

1920 年在长沙成立的湖南大同合作社，是中国最早的生产合作社，以工读互助的精神，谋生产与消费利益为宗旨。

比较著名的早期合作社还有 1921 年成立的成都农工合作储蓄社以及 1922 年成立的汕头米业消费公社、上海职工合作商店、安源路矿工人消费合作社、广东新会消费合作社、上海同孚消费合作社等。总的来看，中国在北洋政府时期就出现了农村合作社，但是初始时尚属民间组织，而且规模很小。

第二节 华洋义赈救灾总会组织的信用合作社

正当中国的合作运动初兴之时，1920 年，华北广大地区，特别是河北、山东、河南、陕西、山西五省，发生了"四十年未有"的特大旱灾，共有 325 个县发生严重灾情，灾民超过 3 000 万人。华北大地顿时陷入饥馑流离、饿殍遍野的惨境，"死亡人数，日以千计"。[①] 面对如此深重的奇灾大难，北洋政府几乎束手无策，赈灾济民的重担完全落在了全国各地的"商民"身上。有鉴于此，国内一些胸怀"天下兴亡、匹夫有责"的"商民"，联合美、英、法、日、比等国际社会的友好力量和华侨社团，掀起了声势浩大的民间赈灾救荒义举，时称"华洋义赈"，意即中外民间合作开展的救灾行动。在赈济过程中，全国乃至世界各地，涌现出了一大批各式各样的义赈团体，他们奔走呼号，集款赈灾，取得了一定的效果，鼓舞了全国人民抗灾自救的信心。

1921 年救灾工作结束时，各团体剩余赈灾善款近 30 万元。最初发起成立中

---

① 受灾详情参阅李文海等：《中国近代十大灾荒》，上海人民出版社，1994 年，135～144 页。

国华洋义赈总会的团体有上海华洋义赈会、天津华北华洋义赈会、山东华洋义赈会、河南灾区救济会、山西华洋义赈会、汉口救灾会华洋联合委办会、北京国际统一救灾总会7家。他们各选派中外籍人士各一人为总会会员，于1921年11月16日在上海集会，成立了"中国华洋义赈救灾总会"（简称"华洋义赈会"）。会议决定将总会设于北京，各地原有的"义赈团"组成各级地方分会，由此构成力量集中、行动统一、施赈规范的全国性慈善团体。该会创办时的名誉会长是王正廷，首任总干事为留美归国的梁如浩。此后总干事一直由章元善担任。由于该会分支机构遍布全国，汇聚了中外民间力量，很快成为民国时期影响很大的民间性国际赈灾机构。新成立的华洋义赈会以上述30万元救灾余款为基础，设立赈灾基金，以整合对华救济的各方力量，加强义赈组织间的联系与协调，更好发挥赈灾救灾效果。

华洋义赈会专为救济中国灾荒而设，其首要任务是"筹赈当下之旱灾"，重点救济流离失所的广大灾民，资助眼前困难，帮助恢复生产，安定社会秩序。在筹措灾荒赈济过程中，华洋义赈会深感防灾重于救灾，认为"与其临灾救济，不如于平时能与全国农民以经济上之便利，得以信用赊贷，除一部分罕见奇灾外，其他普遍天灾，总可十防八九"①。于是，在灾情逐渐平复之后，该会的工作开始从救灾转向防灾，工作的重点转向提高乡村农民的生产能力建设。采取的举措之一便是成立农村的信用合作社。

该会主事当局提出，"设法建立一种互助性的制度来，壮大贫苦农人的经济能力，从而摆脱高利贷的残酷剥削"，提高乡村社会的生产力。② 他们提出的"互助性的制度"，即后来声名远播的农村合作社。该会在谋划改进农民经济，帮助农民增加生产力之时，深感必须首先解决农村金融供给的问题，如果广大农民在眼前的生活都无着落，绝不可能有剩余资金去发展生产。

因此，华洋义赈会以"协助农民促进农业建设，提倡合作事业"为宗旨，明确提出发展农村经济的"三先原则"，即"先从信用合作社入手，逐渐提倡其他类型的合作社及联合会；先从河北省开始，再逐渐推及全国；先筹办预备社，然后转正式社"。在宣传成立合作社、开展合作教育时，先后举办讲习会、巡回书库等活动，印制各种合作社知识、农村经济、农村改良及农村副业等宣传推广的材料，以树立农民的合作意识及合作精神，培养合作人才，奠定合作事业的坚实基础。

该会又参照世界各国的合作社制度，结合中国的国情、文化以及当时广大农村

① 中国华洋义赈救灾总会：《科学方法之救灾述略》，中国华洋义赈救灾总会，1929年，7页。
② 章元善：《华洋义赈会的合作事业》，《文史资料选辑》第80辑，文史资料出版社，1982年，159页。

的社会经济情形，于 1923 年 4 月制定了《农村信用合作社章程》共 45 条。当年 6 月，在河北省香河县城内的福音堂，成立了河北省的"最初之合作社"，即香河县第一信用合作社。为了使合作社组织有序化规范化，是年 8 月，该会专门设立了一个"专司农村合作事业之兴办"的机构，称为"合作委办会"，聘请《农村合作经营论》的著者于树德为合作社指导员。华洋义赈会以举办农村经济合作社为开端，其全国的分支机构逐步指导和开展合作社的组建工作。到 1927 年，该会共批准所属各类合作社 561 个，社员 13 217 人。[①]

华洋义赈会办理合作经济的区域最初仅限河北一省。办理过程中，采用了比较切合中国国情的德国雷发巽式[②]的农村信用合作社模型。其特点是：社员对于社中债务应尽无限责任，即每个社员均以其全部财产为整个合作社的债务保证，以使彼此间发生连带关系，巩固社员信用；入社社员须认购"社员股"，缴纳股金，以加强社员和社之间的联系；合作社收受社员的剩余资金作为存款，以增大其放款能力。

义赈总会供给各合作社资金，使其得以贷放于社员；社中赢利，除部分拨作社务开支，剩余部分全作为"不可分公积金"，社员一概不分盈余。雷发巽式合作社的宗旨，在于通过向小农提供低利资金，救乏振滞，扶助社员养成自助之能力。[③] 义赈总会还总结了以往的赈济经验，在开办农村合作社时尽量避免慈善救济的办法，以培养合作社的自我生存、自我发展的能力。对于申请建立新社的地方，通常要经过一年的"犹豫期"，以便严格考察社员意图正当、资格无虞。唯有经审核坚实健全者，方加以承认，给予贷款；其余尚在考察中或未被承认者，仅具合作社之名，尚未享有获得贷款的权利。这样做的意图，在于防止不法之徒借机图利，减少资金使用上的投机性，以使贷出之款最大限度地为"品行纯正之村人"所用。

义赈总会自 1923 年试办农村合作社，至 1931 年的 8 年间，遍及当时河北省 67 县的各类合作社有 903 个，社员 25 633 人。[④] 这其中主要是各级信用合作社。这些合作社所需的放贷资金，主要来源于两个方面。一是社内自有资金，大致包括股

① 赵泉民：《政府、合作社、乡村社会：国民政府农村合作研究》，上海社会科学院出版社，2007 年。

② 雷发巽，德国人，1849 年任佛拉梅斯佛尔德市长时，创立了世界上第一个农村信用合作联合社，1876 年，各地信用合作联合社联合起来，组成德国农业中央储蓄金库，后来又改名为德国雷发巽银行。

③ 朱进之：《促国民自设平民银行》，《东方杂志》1919 年 16 卷 8 号。

④ 巫宝三：《华洋义赈救灾总会办理河北省农村信用合作社放款之考察》，《社会科学杂志》1934 年 5 卷 1 期。

息、存款、公积金三种。在河北省的合作社中，社有资金从 1923 年开始试办时的 691 元，逐年增至 1931 年的近 4 万元。虽然实现了逐年增长，但与广大农村对于金融货币的实际需求数量相比，依然是杯水车薪，即使以河北省合作事业发展顶峰时的人均 4.48 元计，也是微不足道，并没有发挥出合作社在信用借贷方面的应有作用。合作社资金的另一个来源是义赈总会的合作贷款基金和银行界的联合投资。这是当时的主要资金渠道。其总额自 1924 年的 5 000 元增加至 1931 年的 11.22 万元。[①] 由于近代农村金融已经极度枯竭，乡村中需要资金的乡民甚众，合作社的信用贷款很难满足农民生产生活的需要。

在募集到一定数量可供贷放的资金后，为了确保款项安全和发挥扶植农事生产的作用，义赈总会加强对放款的条件、数额、期限、用途的管理，制定了相应的申请、审批、发放和监督的办法。首先，申请贷款的社员，至少要符合如下四项规定：一是信用良好。社员信用等次，需由其所在合作社的理事、监事召开的联席会议上进行评定，造册备案，以作为借款时参考。二是用途正当。即所借之款或用于农事生产如购买种子、食物、畜料或耕植费；或用于购买农用车辆、牲畜、农具及归还旧债、修盖房屋；或用于兴修水利、改善灌溉条件；也可用于农家的婚丧疾病等紧急支用等。三是抵押品及担保人确实可靠。除符合前两个条件，还须下列一种或数种抵押或担保：社员二人或二人以上作保，不动产，动产，如舟、车、家畜、灌溉器具等物，已种未获之庄稼，社员收押他人之财产等。四是经理事会过半数的同意。[②] 对贷款对象及其用途做出如此明晰、严格的规定，一是保证放出之款的安全，二是确保贷出资金用于"生产性用途"，以扶助农民提高生产力，达至"防灾"之目的。

义赈总会从慈善救济角度出发，以贷款用于生产经营为基本原则，促进了河北省各县的农村合作事业的发展。他们的工作实践，为中国近代的合作事业积累了经验和办法。例如，义赈总会历年通过合作社所贷出的有限资金，绝大部分都能真实地投到了最需要资金的农业生产和经营上，在一定程度上促进了乡村农业的改良和进步。另外，合作社的低利贷款，利率最高者为 2 分，最低者为 5 厘，多数为 1 分 2 厘，不仅远低于当时侵夺乡民的高利贷，而且也低于乡村通行的 3 分～3 分 5 厘利率的水平，"仅及其半而已"。[③] 有的社员利用所贷之款用来"偿还旧债"，在一定程度上冲击了高利贷势力对乡民的盘剥。在河北省肥乡县南刘村，30 年代初农

---

① 文中数字均引自巫宝三：《华洋义赈救灾总会办理河北省农村信用合作社放款之考察》，《社会科学杂志》1934 年 5 卷 1 期。

② 《中国华洋义赈救灾总会拟定之农村信用合作社章程》，见秦孝仪：《革命文献》第 84 辑，台北"中央文物供应社"，1980 年，465～466 页。

③ 吴敬敷：《华洋义赈会农村合作事业访问记》，《农村复兴委员会报》1934 年 2 卷 4 期。

民负债的 2 300 元中，商店、富农放款 870 元，占债款的 37.8%；信用合作社放款
1 430 元，占债款的 62.2%，远超出商店、富农的高利贷款。

面对农村合作社当时较为可喜的发展局面，华洋义赈会为进一步将同一地区的
合作社组织起来，加强合作社之间的合作，提出在条件成熟的地方组织区合作社联
合会或联合社，得到了不少合作社的响应。1927 年，安平县西南区、涞水县西北
区、深泽县西区的农村信用合作社组织了三处联合社。

义赈总会除了在河北省举办合作社，也逐步将其事业推向全国。例如，1931
年夏季，江淮流域发生了百年罕见的全国性大水灾，被灾区域多达 23 个省，涉及
全国的 3/4 县份。其中受灾最重的是鄂、湘、皖、苏、赣、浙、豫、鲁 8 省。[1] 灾
害发生后，国民政府组织了救济水灾委员会，并以 200 余万元委托华洋义赈救灾总
会，依照合作原则，举办皖、赣、湘等省农赈，组织受灾农民成立"合作社的预备
社"[2]，承借赈款，分配使用，但其用途仅"限于恢复农事"。农赈在当时为一"创
举"，"开中外办赈之特例"。[3]

应当指出，义赈总会是一家慈善机构，组织合作社只是其"防灾手段"之一
种。由于自身资金有限，该会用于各地合作社的放贷资金"势必仰给于银行之投
资"[4]。而在时局动荡的环境下，银行界对于向农村投放资金必然心存顾虑，积极
性并不高，因此就制约了农村信用合作运动的持续发展，表现在向农民发放贷款
上，呈现出款额小、贷期短、手续繁、抵押重等特点。同时，农民还受到入社条件
的各种限制，真正能够加入合作社的通常都是人均有三四十亩地的殷实之家，而得
到贷款也多数是中农、富农及中小地主，无地或少地的贫苦农民极少能够得到低息
贷款，这也反映出近代所谓的乡村信用合作，许多情况下只是光鲜其表的锦上添花
之事，不可能达至救济农村、发展农业的目标。[5] 华洋义赈会所作的事业报告也承
认，合作社的利益，并未能普及于贫农。[6] 此外，不容忽视的是，当时乡村社会中
存在着大量的社会痼疾，诸如土豪劣绅肆虐、乡村胥吏盘剥、苛捐杂税沉重等，这
些都不是一个慈善机构所能独力消除的。这些来自乡村社会的各种困扰，使义赈总

① 金陵大学农业经济系：《中华民国二十年水灾区域之经济调查》，《金陵学报》1932 年 2 卷 1
期。
② 章元善：《华洋义赈会的合作事业》，《文史资料选辑》第 80 辑，文史资料出版社，1982 年，
165 页。
③ 佚名：《乡村建设实验运动》，《农村复兴委员会报》1934 年 2 卷 3 号。
④ 吴敬敷：《华洋义赈会农村合作事业访问记》，《农村复兴委员会报》1934 年 2 卷 4 期。
⑤ 曲直生：《河北省八县合作社农民耕田状况之一部分》，《社会科学杂志》1933 年 4 卷 1 期。
⑥ 杨骏昌：《河北省合作事业报告译评》，《大公报·经济周刊》1936 年 187 期。

会农村合作经济运动的收效甚微。①

1930 年以前，国民政府当局对于民间的合作组织尚无相关的法律规定，也没有民间社团组织的"登记制度"。华洋义赈会为了取得合作社的合法地位，一面呈请农商部通令河北省各县对于合作社组织准予设立登记，一面印就呈文表格寄给各社填呈县政府登记。尽管如此，由于军阀混战及政权分割，当时的国家政权对华北农村合作事业缺乏应有的关注。事实上，不仅当时的北洋政府曾下令"查禁合作社"，就连 30 年代前的河北地方政府对华洋义赈会的农村合作社也是持消极或限制的态度。②

华洋义赈会在建立农村合作社的过程中，能够将之与中国国情相结合，不断发展与完善，在中国合作经济发展史上留下了浓墨重彩的一笔。作为一个社会团体，华洋义赈会能在十分恶劣的环境下生存并不断发展，究其原因，第一，是因为该会的名称冠之以义赈救灾，而中国自古以来便以积德行善为优良传统，存在着扶弱济困的思想与社会基础，很容易被广大群众接受。第二，该会所倡导并大力推动的合作事业等符合时代要求，得到了有关部门和人士的支持和帮助，从而能够从国内外的方方面面源源不断地得到赈款。第三，得力于该会内部有一批以在中国推动合作事业为己任，具有理想和奉献精神的中外人士。为了救人民于水火，为了把广大农民组织起来，他们以极大的热情，毅然抛弃舒适的都市生活，深入穷乡僻壤，长期扎根农村，"到人不到之地，作人不作之事"，不仅持之以恒，而且百折不挠。第四，该会有一个科学的运作机制和高效的管理结构，有一套比较健全、行之有效的规章制度。第五，从 20 世纪 20 年代末开始，华洋义赈会在河北农村推动合作运动的明显成效引起了国民政府的关注和兴趣。30 年代初，华洋义赈会紧紧抓住国民政府委托该会办理长江、淮河流域水灾省份农赈的机遇，借助国民政府有关部门的力量，迅速将合作事业推向全国。

1947 年 8 月，华洋义赈会在上海召开新老执行委员会议，决定接收华洋义赈会所属的上海等地的房屋财产。上海解放后，华洋义赈会经过与各地分会协商，决定于 1949 年 7 月 27 日宣告解散，并登报声明。至此，在近代中国社会舞台上活动近 30 年的华洋义赈会在中华人民共和国成立前夕宣告终结。③

---

① 高向杲：《河北省农业金融概况》，《中央银行周报》1935 年 4 卷 2 号；于永滋：《中国合作运动之进展》，《东方杂志》1935 年 32 卷 1 号。

② 张镜予：《中国农村信用合作运动》，商务印书馆，1930 年，71～72 页。

③ 薛毅：《华洋义赈会与民国合作事业略论》，《武汉大学学报》（人文科学版）2013 年 12 期。

第三节　国民政府推动的合作组织

一、合作组织的法制化

民主革命的先行者孙中山在《建国大纲》中指出："建设之首要在民生。故对于全国人民之衣食住行四大需要，政府当与人民协力共谋农业之发展，以足民食；共谋织造之发展，以裕民衣；建筑大计划之各式屋舍，以乐民居；修治道路、运河，以利民行。"[1] 他特别强调了合作社的作用，将其视为实现三民主义的一种社会组织，把办合作社作为实行平均地权、节制资本的一种手段，号召农民要在合作方式下大联合，达到实现民生主义的目的。孙中山合作主义包括广义合作与狭义合作思想。广义合作思想表现在孙中山世界大同的伦理观念、国共合作的思想及对外经济合作理念。狭义合作思想即合作社制度思想，贯穿三民主义思想体系，也是实现三民主义的基本经济制度。[2]

20 年代中后期，特别是 1927 年南京国民党政权建立后，以合作主义为立足点，去解决日渐严重的民生问题，已成为国民党中央高层的共识。创办合作事业不仅关系到民生主义，还关系到民族主义和民权主义。蒋介石通过对国外合作社的考察和本国农村实况的审视，提出发展四种形式的合作社：信用合作社、利用合作社、供给合作社和运销合作社。信用合作社，贷放生产上必要资金于社员及办理储蓄，旨在活跃农村金融发展农业经济、救济农村穷困并使农民摆脱豪绅剥削；利用合作社，又叫生产合作社，目的是代为管理社员土地，并置办农业及生活上公共之设备，供社员共同或分别利用，以增加农业生产、改善农民生活；供给合作社，目的在于供给农业及生活上必需之物品，加工或不加工售卖于社员，又因"供"有购买行为，加工有制造行为，所以按目的又可将供给合作社分为购买合作社、制造合作社。供给合作社在形式上有点类似普通商店，但其实质已发生改变，目的是为了"消灭商人的居间剥削"，使"普通商店所得于农民血汗之利润，复归于农民自身也"。[3] 蒋介石甚至认为："农村合作制度，与农村土地处理，如辅车相依，缺一即不能推行。"[4] 因此提出由合作社管理本村土地。遇有本村售田，先由合作社购入，

---

[1]　孙中山：《建国大纲重要宣言》，中国国民党中央宣传部，1941 年 1 月。

[2]　蒋玉珉、刘振宏：《孙中山合作主义研究》，《安徽师范大学学报》（人文社会科学版）2009 年 11 期。

[3]　秦孝仪：《革命文献》第 85 辑，台北"中央文物供应社"，1980 年，217 页。

[4]　秦孝仪：《革命文献》第 84 辑，台北"中央文物供应社"，1980 年，235 页。

平均分佃于社员。这样，积时累月，可令村田尽为合作社所有。在村田全归合作社所有之后，凡不事耕作者，既无土地关系，当然非合作社员，而能耕者，则可经由合作社，以永有其田。纵时或辍耕，退社即了，无售购土地之繁，重新分佃，无兼并不均之弊。而社员承耕社田，对社所纳田租，即由社用为改良耕地之费。这样就无坐食分利之业主，更无业佃冲突之可言，此以合作社为富有弹性之土地分配工具。蒋介石认为："各种合作社之设立，自经济方面言之，既利农业之生产，尤便农村之生活；自社会方面言之，经济关系，团体生活一旦改变，则以往之家族观念，封建余习，不仅徐图打破，而国家民族之新意识亦自能逐渐养成。"① 国民政府运用国家权力，开始介入农村合作运动，对其加以宣传、组织、发动，并制定了相应的法规。②

1928 年 10 月 25 日，国民党中央第 179 次中常会通过的《下级党部工作纲领》中明确规定，合作运动为下级党部的日常工作之一，并以国民党中央执行委员会名义，正式通令各级党部务必遵照执行。后来，国民党中央宣传部颁布了《七项运动宣传纲要》，将合作运动与识字、造林、造路、保甲、卫生、提倡国货合称"七项运动"，要求各级党部切实加以推行。

1929 年 1 月，国民政府工商部从消费、金融借贷等方面拟定《消费合作社条例草案》共 9 章 78 条，对组建合作社的人数、纳税、管理与监察、社员权利、利率、合作社业务类别及成立合作社联合会等事项均做出了规定。③ 这是南京国民政府成立后，就合作社所做出的专门立法，为乡村合作运动合法化地位进行了最初的立法探索。同年 3 月，国民党第三次全国代表大会通过了训政时期开展民众运动的四项基本准则，规定了国民党农村工作重点："农业经济占中国国民经济之主要部分，今后之民众运动，必须以扶持农村教育、农村组织、合作运动及灌输农业新生产方法为主要之任务。"④ 第一次把"合作运动"作为国民党的农村改革的重要对策，标志着农村合作运动得到了国民党全国代表大会的正式承认，构成了国民党训政时期乡村民众运动的组成部分，训令各地方政府遵照实行推广。

1931 年 4 月，实业部公布《农村合作社暂行规程》，首次规范了农村合作社的类型，包括信用合作社、供给合作社、生产合作社、运销合作社、利用合作社、储藏合作社、保险合作社、消费合作社以及其他类型合作社等九大类。并将合作社的

---

① 蒋介石：《总裁关于合作之训词》，见秦孝仪：《革命文献》第 84 辑，台北"中央文物供应社"，1980 年，240 页。

② 赵国营、李敬娜：《蒋介石的农村合作社思想》，《沧桑》2010 年 4 期。

③ 谢扶民：《中华民国立法史》，正中书局，1948 年，1061～1070 页。

④ 荣孟源：《中国国民党历次代表大会及中央全会资料》上，光明日报出版社，1985 年，635、947 页。

设立纳入国家行政管理范围，规定"凡设立合作社需经当地市县政府许可并登记"。需要注意的是，这个《暂行规程》颁布不到一个月的 1931 年 5 月 5 日，国民党第三届中央第一次临时全会就通过了《中华民国训政时期约法》（即"五五宪章"）。其中第 34 条规定："为发展农村经济，改善农民生活，增进佃农福利"，"设立农业金融机关，奖励农村合作事业"；第 43 条指出："为谋国民经济之发展，国家应提倡各种合作事业"。[1] 从国民党中央的立场上明确表明，推行合作事业为政府训政时期必行的职责之一。[2]

1932 年 9 月，国民党中央政治会议讨论拟订合作法问题时，提出了国家"合作社法十大原则"。此后，立法院据此起草了《合作社法草案》，凡 9 章 87 条。后经立法院经济委员会审改为 9 章 76 条，报经中央政治会议通过，产生了近代最早的一部《合作社法》，于 1934 年 3 月 1 日由国民政府正式公布。

1934 年，国民政府将合作事业列入《宪法》，纳入国家法规体系。同年，又相继颁布《中华民国合作社法》和《合作社法施行细则》。这一系列措施的出台，由此确立了合作社的法律地位，设计了一个自上而下的发展合作社的统一模式。

1935 年 9 月，国民政府实业部内正式设立合作司，作为负责全国合作事业的最高行政机构，并聘请华洋义赈会总干事章元善任司长。合作司的成立，标志着全国合作行政系统架构基本完成。

遵循"自上而下"原则，地方相应设置了同级的合作行政管理机构：各省为建设厅，各县为县政府，直属行政院之市为社会局。全国各省市、各团体组建的合作社均被纳入统一的管理体系，并规定各类合作社必须在所属县政府进行甄别并重新登记。这样，每一个合作社只有一个主管机关，只有一处可以取得合法之登记，且不得越级申请。

1939 年 9 月 19 日，国民政府行政院颁布实行《县各级组织纲要》，时人称之为"新县制"，农村合作运动又进一步与"新县制"结合，服从于抗战建国的战时经济环境。特别是 1940 年 8 月 9 日《县各级合作社组织大纲》的颁布，规定"以乡镇为单位，并按保组织分社，户户皆为社员，一律采用保证责任兼营制"，农村合作运动的社会控制功能被不断强化，经济功能反而弱化，合作运动与地方自治密切连接起来，标志着农村合作运动的转型与发展路向的偏移。农村合作运动至此已不再是孤立的社会经济运动，而是与国家决策、基层政权建设密切相关、由国家行政力量推动的农村社会变革运动。国民政府农村合作运动的"国家化"态势最终得

---

[1] 荣孟源：《中国国民党历次代表大会及中央全会资料》上，光明日报出版社，1985 年，947～948 页。

[2] 赵泉民：《政府、合作社、乡村社会：国民政府农村合作研究》，上海社会科学院出版社，2007 年。

以推行。

全面抗战期间，合作运动并未中止。国民政府相继颁布了众多法令，以期促进农村合作事业的发展。1941 年 6 月 25 日社会部制定《合作组织与农工团体配合推进办法》，要求合作组织与农工团体互相协调，相互配合。为促使合作运动与技术推广相结合，社会部于 1941 年 8 月 1 日发布《合作指导与生产技术配合办法》，要求合作主管机关与技术管理或推广机关互相配合，技术机关在推广工作中须利用合作组织时，可商请合作主管机关加派合作指导人员予以协助，合作主管机关从事各项合作事业时应商请技术机关派出技术人员或提供资料。

1941 年 12 月 11 日，社会部颁布《农业生产合作推进办法》，确定农业生产合作以改善农业经营、增加农民收益、发展农村经济为目标，要求各级合作主管机关指导合作社设置合作农场，兼营农业生产合作，必要时设置专营合作社，办理特种农产品的生产或加工。该法规强调合作主管机关应特别注重并指导贫农加入合作社以改善其地位和生活，并利用合作社扶持自耕牛的发展；农业生产合作的经营对象以当地最有利的农产品为主，并应注重加工制造和废物利用与副产品生产，以提高农产品价值，增加收益。合作主管机关应预先提供产品市场信息和生产技术指导，并注意推进农产品及耕牛的保险合作。

国民政府所颁布的诸多与合作有关的法令或议案、通令，可以粗略地分为两大类：一类是强调乡村合作运动的重要性，并为之鸣锣开道，以推进合作事业尽快进行的行政性议案、通令。这类法令为乡村合作运动的兴起提供了来自政府和法律方面的保证。而且，也正是借助于此树立起了合作社组织的"社会合法性"地位。另一类为对合作社社内事务技术性规定的法令。此类规定主要用来处理合作社的内部实务及其与外部环境之间的关系等，为合作社正常运作提供了可供遵循的法律依据，同时也赋予了合作社的"法律合法性"地位。总的来说，这两类法则的竞相订定、颁行，实际上就是合作事业在中国为国民政府所认可，进而使之具有政治、社会、行政及法律四个方面"合法性"而充分"合法化"的过程。其所产生的强制性约束力和法律性效应，在一定程度上为乡村合作运动的顺畅进行营造了政治、社会氛围。[1]

二、国民政府时期的合作社

合作运动初期，曾遇到北洋政府的压制。由于当时军阀割据，各地拥兵自立，

---

① 赵泉民：《政府、合作社、乡村社会：国民政府农村合作研究》，上海社会科学院出版社，2007 年。

各自为政，互不统辖。这种情形，就使得北洋政府对于带有地方自治性质的合作经济组织有着一种本能的政治恐惧。南京国民政府成立后，政局日渐稳固，国民党对于合作运动的态度也发生了变化，将合作事业作为一种国家政策来推行。国民党中央执行委员会向其所有分支机构发布命令，要求"它们把合作事业作为其政治活动的一个组成部分"[1]。

河北省是中国合作运动的滥觞之地，1914 年就出现了具备现代经济组织形式的最早乡村合作社。它是从日本留学回国的米迪刚在其家乡河北定县翟城村创办的，取名"因利协社"[2]。后来，以慈善救灾而名留青史的华洋义赈总会又在河北大力开展试办农村合作社。1930 年率先设立了"合作事业指导委员会"，制定《河北省合作事业指导委员会章程》，并颁布《河北省合作社暂行条例》。同时在各县设合作指导员，在政府内部构建了层级分明的合作事业行政体系。第一次以政府职责的名义将合作社纳入统一的管理体系之中，并规定各类合作社必须在所属县政府中进行资格甄别和重新登记。这样，每一个合作社归属一个政府主管机关，取得合法之法人身份。[3]

福建省于 1935 年 9 月成立农村合作委员会（简称"合委会"）。到 1935 年底，闽侯、长乐、罗源等 36 个县组建了 1 949 个合作社，其中最多的是闽侯县 299 个，其次为仙游县 114 个，福清、邵武各 100 个。[4] 1936 年，福建省银行参与合作贷款，与中国农民银行实行分区贷款。同年，贷款区域扩充至南安、古田、长泰等 10 县及南日岛特区，贷放 2 716 966.8 元。[5] 到 1944 年 6 月，福建全省有合作社 8 818 个，社员 592 077 人；区联社 157 个，社员 2 109 人；县联社 14 个，社员 132 人。[6]

江苏省于 1928 年 7 月颁行《江苏省合作社暂行条例》，规定了省内合作社的种类、责任、组社条件、社员资格、合作社内部社务及组织合作社联合会等条款。[7] 到 1934 年底，江苏省有合作社 2 937 个，参加合作社社员数达 72 404 人，占全国合作社社员总数的 19.3%。[8] 合作社已遍及全省 60 个县市（当时江苏省下辖 61 个县）。江苏省政府在建立合作指导制度的基础上，又实施了"合作辅导制度"，择定

---

① 王志莘：《合作运动》，商务印书馆，1936 年，881～882 页。

② 巫宝三：《华洋义赈救灾总会办理河北省农村信用合作社放款之考察》，《社会科学杂志》1934 年 5 卷 1 期。

③ 寿勉成、郑厚博：《中国合作运动史》，中国合作学社，1937 年，262～292 页。

④ 福建省地方志编纂委员会：《福建省志·供销合作社志》，中华书局，1995 年，281 页。

⑤ 魏墀：《福建省合作金融之前后》，《福建合作》1942 年创刊号。

⑥ 陈仲明：《闽省的合作事业》，《福建省银行季刊》1945 年创刊号。

⑦ 条例全文见《江苏省政府公报》42 期，31～40 页。

⑧ 申报年鉴社：《申报年鉴》，申报年鉴社，1935 年，899、900～901 页。

在农产经济的中心地区或者文化事业发达的中心地区设立合作实验区，集中人才、物力，辅导区域内各村镇开展各种合作事业。①

浙江省农村合作运动几乎与江苏同步。1928年7月，仿照江苏省的做法，通过了《浙江省农村信用合作社暂行条例》，对乡村组建信用合作社的条件、社员资格及手续等方面的技术性问题进行了详尽规定，重申信用合作社"以放款于社员专供农业生产上之用"②。到1937年，浙江省有合作社858个，社员数达21626人，入社股金额达85584元。开办合作社和推广新技术、发展副业，成为乡村民众教育者改善农村经济的主要措施。

与全国大部分省市不同，广东的合作事业迟至1933年才得以开展，这与广东省政权在1931年之前不断变更有着密切的关联。这种既定的历史因素也使得广东省的合作运动既不属于华北一带承袭华洋义赈会的类型，也不同于华中、华南区以"剿共"为目的而建立的控制体系，更多的是为了巩固地方政权，挽救农村经济。虽然这一时期广东省的合作事业刚刚起步，发展十分有限，但得益于陈济棠有力的政治力量的推动，能够在粤省萌芽发展，为此后合作运动的进一步深入奠定了基础。③ 1936年底广东省注册登记的合作社为674个，社员5240人。1937年抗战全面爆发，广东省合作事业面临前所未有的巨大挑战，开展战时合作运动有着极为重要的意义。1940年广东省施政计划规定促进合作事业为中心工作之一。战时合作社主要包括乡镇保合作社、县合作社联合社、专营社及联合社等形式。

其他各省的合作社，情况大致相类似。全面抗日战争爆发前，中国有20多个省份建立了各种类型的经济合作社，其中影响较大的有河北、山东、江苏、浙江、安徽、福建、江西、湖北、湖南、四川、西康、河南、陕西、甘肃、广东、广西、云南、贵州、宁夏、绥远等省。据不完全的史料记载，1936年全国各地建立了超过1万个合作社，入社社员近63万人。其中江苏、山东、陕西、江西、安徽、河南、浙江、四川等省的合作社均超过1000家。

第四节　近代合作运动的结局

综观中国近代合作运动发展的全过程，可以清晰地看出一条具有内在运动规律性的线路，它分别历经了三个形式不同、内容有别、结果迥然相异、整体上却又是互为关联的发展阶段或发展模式，即初期由中国华洋义赈救灾总会独立倡导的民间

---

① 陈果夫：《江苏省政述要·建设编·合作》，台北《近代中国史料丛刊续编》第97辑，1978年，101页。

② 秦孝仪：《革命文献》第86辑，台北"中央文物供应社"，1981年，442～453页。

③ 杨霞：《抗战时期广东国统区合作运动研究》，暨南大学硕士学位论文，2013年。

社会"合作防灾"实验，比较自然地过渡到由社会团体，例如在河北定县的中华平民教育促进会、在山东邹平的乡村建设研究院等，因源于南京国民政府的县政建设实验，得以与地方政权联合实施并积极推行农村合作事业，从而开创出社会与地方政权联合的实验，直至最后发展为由政府全面控制，国家颁布统一的《合作社法》及其"实施细则"，制定合作政策，规范合作体系，强力推行并严格限制社会团体独立性的所谓"规范化"合作运动。[1]

推行合作运动是国民党解决农村问题的重要政策，对调剂农村金融、发展生产起了一定的作用。当时合作社对社员放款月利多为1.3~1.6分，与月利4~5分乃至7~8分的高利贷比较，确实低得多。[2] 对发展部分农民生产、改善他们的生活也起了一定的作用。例如，中国的棉花产量在当时的世界上占有重要地位，河北又是中国棉花生产的主要省份，卢广绵在义赈会帮助下组织、推动棉花运销合作社的发展，到1934年河北省棉花运销合作社达621个。参加合作社的棉农不受商人中间剥削，一般可多获10%左右的利润。[3] 此外，在救济自然灾害的过程中，国民党政府发放农户贷款，组织农民成立互助社、合作社，对灾区农业经济的恢复也起了一些积极作用。但也存在难以解脱贫困农民困境的局限等问题。

首先，农村合作运动的涵盖面很小。尽管合作社总数历年都有增加，但就全国而言，合作社大多集中在江苏、浙江、河北、山东、安徽、江西、四川、湖北、湖南等少数几个省，在其他多数省份合作社只是零星散见。按省而言，合作社也大多集中在各省商业、金融比较发达或丝棉的主要产区。如浙江省670个信用合作社，有90个在嘉兴、88个在崇德、76个在杭县、62个在德清。[4] 合作社社员数与总人口相比，比重很小。1936年全国合作社社员数1 643 670人，占农村人口的0.4%。[5]

其次，就全国来说，合作运动在农村经济生活中的作用微不足道。据1934年实业部中央农业实验所对全国22省1 700余县农民借款来源的调查，来自合作社的仅占2.6%，来自银行的占2.4%，来自钱庄的占5.5%，来自典当的占8.8%，来自商店的占13.1%，来自富农的占18.4%，来自地主的占24.2%，来自商人的占25%。富农、地主和商人的放款占农村放款总额的67.9%。农民余款存放的机

---

① 刘纪荣：《国家与社会视野下的近代农村合作运动——以20世纪二三十年代华北农村为中心的历史考察》，《中国农村观察》2008年2期。

② 陈晖：《中国信用合作社的考察》，《中国农村》1935年1卷8期。

③ 卢广绵：《河北省棉产改进会民国二十五年度工作总结报告》附录，1936年。

④ 《申报月刊》1934年3卷9号。

⑤ 骆耕漠：《信用合作事业与中国农村金融》，见薛暮桥、冯和法：《〈中国农村〉论文选》，人民出版社，1983年。

构，合作社仅占 0.7%，银行占 0.4%，典当占 7.4%，钱庄占 1.1%，商店占25.6%，私人占 61.2%，其他占 3.6%。① 农村高利贷并没有得到抑制，而是越来越猖獗。1933—1934 年全国 23 个省的农村现金借贷利率一般在 30% 以上。浙江省月利率最高达 4 分，广西达 5~6 分，江苏达 8~10 分，湖南达 10 分，陕西达 18~20 分。② 可见，农村合作运动并没有把农民从高利贷盘剥中解救出来。

再次，不少合作社名实不符，成为各种势力谋求自身利益的新式工具。国民党政府曾以"提倡合作社确有成效者"作为奖励官吏的标准，所以指导合作社的官员常以能够获得贷款来诱导农民入社，造成合作社一哄而起。然而这些官员的用心是组织起一个平民银行或合作社，使自己能获得更高的官爵，至于合作社成立后的实际工作，大多无所用心，造成许多合作社殊无成效。合作社被乡豪土劣把持的现象很普遍。乡豪土劣以他们在农村中"有地位""有信用"的资格及其股数多，掌握了合作社的理事和监事权。"乡村之豪强，常假名组织合作社，乃向农民银行借得低利之款项，用之转借乡民，条件之酷，实罕其匹。此种合作社，非特无益于农民，反造成剥削农民的新式工具。"③ 合作社成为商业银行投放过剩资金的新渠道。当时中国都市现金过多，银行跌落，投机盛行，而农村资金枯竭。所以商业银行下乡以谋取更大的自身利益。义赈会曾注意到，利率若"定得太低，银行不干，定得太高，合作社不上算"④。商业银行贷款多集中在富裕及交通便利地区，且多以一年为期，不肯长期贷款。即使专为合作运动而开设的官方农民银行也往往背离合作主义。如江苏农民银行开办之初，为便利农民借贷，决定接受为普通银行拒绝的田契为贷款抵押，因为若不接受田契，则农民几乎无物可押，等于拒绝放贷。但很快发现其结果是"一则未办清丈之县，每多白契，难免伪造；再则借款不还，出卖时不特手续繁琐，且绝少主顾。若由本行收买，则田地散处四方，管理方面，亦有鞭长莫及之感，不仅资金呆滞已也"⑤。1929 年秋起该行弃田契而收农产品为抵押，开始建农业仓库，到 1933 年这已经变成了官方政策。由于贫农没有多少农产品和物资可供抵押，因此"现在合作社似乎不能解决贫农的痛苦，因为组织合作社的，天然即为中农分子，贫农根本没有资格加入的"⑥。不少农民加入合作社的动机就是为了借钱，组织合作社的目的就是以合作社的名义向外界借款，合作社成了单纯

① 中央银行经济研究处：《中国农业金融概要》，商务印书馆，1936 年。
② 秦孝仪：《革命文献》第 84 辑《抗战前国家建设史料》，台北"中央文物供应社"，1980 年。
③ 《申报月刊》1934 年 3 卷 9 号。
④ 陈晖：《中国信用合作社的考察》，《中国农村》1935 年 1 期，8 页。
⑤ 骆耕漠：《信用合作事业与中国农村金融》，见薛暮桥、冯和法：《〈中国农村〉论文选》，人民出版社，1983 年。
⑥ 千家驹：《我所见的邹平》，《中国农村》1937 年 3 卷 3 期。

依赖外来贷款的合伙团体。因此有人挖苦合作社不如改名"合借社"。就连无党派知识分子自己组建的合作社也未能躲过谋利的漩涡。用蒋介石的话说，合作社与一般企业的区别，就是"虽不废止商业行为，然绝非以营利为目的，实可斩除资本主义之流弊"①。但实际并非如此。梁漱溟的话道出了他们的苦衷："我们的美棉运销合作，不客气的话自然是怎样价钱好怎样卖，可是这个时候就不大顾社会了。"②

到了 20 世纪 40 年代，国民党政府仍继续热衷于合作社的推广，全国合作社数从 1936 年的 37 318 个上升到 1949 年的 170 581 个，但是合作社的类型结构发生了很大的变化。例如，信用合作社比例从 1937 年的 73.6％降到 1949 年的 29.4％，生产合作社比重从 5.7％上升到 22.7％。但合作社仍处于一片混沌松散状态，合作运动既没有解决农村金融的枯竭，也没有改变农民生活的困苦，农村经济的恢复最终成为空话。

1948 年，伴随着国民党军事上的失败，国民政府立法院开始辩论农业改革方案，同时各报章杂志纷纷鼓吹农地改革的必要。同年，成立中美农村复兴委员会。次年 7 月 1 日该委员会宣布它的农村改革方案包括二五减租、组建合作社、扩展农田灌溉等。同年，张群宣布在西南数省几个地区推行共产主义的土改。但一切都太晚了，共产党在大陆的迅速胜利使改良主义丧失了机会。

国民政府的合作运动以失败而告终，主要原因在于国民党政府避开土地问题，企图用合作运动取代土地革命。土地问题是中国农村问题的根本，孙中山把"平均地权"作为民生主义的两大要义之一。共产党深知农民的切身利益莫过于土地，把土地革命作为它的中心任务。而国民党政府为取代土地革命，极力推崇农村合作。蒋介石曾向外国人说："如果我们要从地主手里拿走土地，赶走共产党岂不多此一举？"③ 他认为，为了使农民获得土地，需设立信用合作社，以最低的利息贷给农民，使农民有能力收买土地，这样就可以用和平的手段达到"村田社有"，"循是以行，成效渐著，信用日昭，则农村土地非由合作社承佃，则是由合作社收买，享有整个的支配权，而本村农民概属本社社员，实与全体业主或全体佃户无异，自不难由共同管理，共同利用，而渐进于共同经营之域，性质虽似温和，而手段仍超积极，故利用合作社之组织，实避免土地革命之惨祸"④。可见，国民党的农村合作运动在很大程度上是一种抵制土地革命的社会经济运动。

但是，农村合作运动没有解决土地问题。土地集中仍在继续；土地所有权问题

---

① 秦孝仪：《革命文献》第 84 辑，《抗战前国家建设史料》，台北"中央文物供应社"，1980年。
② 梁漱溟：《中国合作运动之路向》，《乡村建设旬刊》1935 年 23、24 期。
③ 千家驹：《我所见的邹平》，《中国农村》1937 年 3 卷 3 期。
④ 转引自《农村合作》1936 年 4 卷 2 期。

没有解决，封建地租剥削、高利贷剥削仍可赖以生存。平均地权和耕者有其田的理想原则历来是国民党意识形态的重要组成部分，但国民党一直没有重视和认真贯彻、执行过。其根本原因是国民党一些拥有特权的执政者代表了地主阶级的利益，或他们本身就是地主，不可能放弃自己的土地分配给农民。就连台湾学者李国鼎先生也认为，当局之所以未能坚决贯彻土地改革，是因为在某些敏感地区，部分拥有特权者本身即为地主，其反对力量甚大。[1] 国民党败退台湾后，因为当局与地方派系渊源不深，没有人情包袱，使土地改革免去一层困扰，孙中山"耕者有其田"政策才得以实现。正如台湾当局高级官员郭婉容描述过的："土改可以由一个对地主阶级不负有任何义务和任何联系的政府强制实施。"[2] 因为那个时候台湾当局的官员们都属"外省人"，绝大多数在台湾没有土地，与台籍地主毫无瓜葛。通过土改可以削弱台籍地主的势力，又可改善无地少地的佃农、半自耕农的经济地位，安定占人口60%以上的农民。[3]

---

① 李国鼎、陈木在：《中国经济发展策略总论》上册，台湾联经出版事业公司，1987年。

② 郭婉容、格斯塔夫·雷尼斯、约翰·C.H·费：《台湾经济之路》，许邦兴等译，中国经济出版社，1991年。

③ 林善浪：《中国近代农村合作运动》，《福建师范大学学报》（哲学社会科学版）1996年2期。

第十五章　苏区抗日根据地和解放区的农业

第一次国内革命战争失败后，中共中央召开了八七会议，确定了土地革命方针，并发动农民起义，建立了革命根据地和工农民主政权，开展了轰轰烈烈的土地革命运动。在毛泽东正确路线的指导下，解决了苏区农民的土地问题，促进了苏区农业生产的发展。

全面抗日战争爆发后，中国共产党为了争取和团结社会各阶层共同抗日，将土地革命时期没收土地的政策改为减租减息政策，并将农民组织起来，开展了农业互助合作运动。为了打破敌人的经济封锁，减轻抗日根据地人民的负担，又开展了大生产运动，巩固了抗日根据地。

解放战争时期，为动员广大农民群众支援战争，满足农民对土地的要求，中国共产党深入进行土地改革，彻底废除了封建土地所有制，并继续开展农业互助合作运动，使农业生产迅速得到恢复和发展。

在极端困难的条件下，中国共产党领导下的根据地政府十分重视对农业生产的投入和农业科技事业的开展，有力地促进了农业生产的发展。

第一节　苏区的农业

1927 年蒋介石发动四一二反革命政变，第一次国内革命战争失败。在这种情况下，中共中央召开了八七会议，确定了新形势下"实行土地革命和武装起义的革命方针"①。根据这一方针，毛泽东领导了湖南秋收起义，开展了创建井冈山革命根据地的斗争。在此后两年多的时间里，中国共产党在全国范围内发动了 100 多次

---

① 《中国共产党中央委员会关于建国以来若干历史问题的决议》，人民出版社，1981 年，2 页。

工农起义。随着斗争的发展，到 1930 年初，中国工农红军已在 10 余省 300 多个县建立了大小 15 个革命根据地。其中较大的有中央苏区及其附近根据地，包括湘赣、湘鄂赣、赣南、闽西和闽浙赣地区；鄂豫皖苏区；洪湖和湘鄂西苏区；广西左右江苏区以及广东的东江和海南的琼崖根据地。1932 年后，又创建了川陕革命根据地、湘鄂川黔革命根据地、陕甘和陕北根据地。根据地人民在中国共产党的领导下，开展了以土地革命为中心的社会经济的伟大变革。

一、土地革命

在根据地工农革命政权建立之前，农村封建土地制度占据主导地位。就井冈山根据地而言，如毛泽东所说："边界土地状况，大体说来，土地的百分之六十以上在地主手里，百分之四十以下在农民手里。江西方面，遂川的土地最集中，约百分之八十是地主的。永新次之，约百分之七十是地主的。万安、宁冈、莲花自耕农较多，但地主的土地仍占比较的多数，约百分之六十，农民只占百分之四十。湖南方面，茶陵、酃县两县均有约百分之七十的土地在地主手中。"[1] 川陕苏区也大体如此。如川北地区，地主仅占本地区人口总数的 9%～12%，却占有土地达 74%～80%。原恩阳县三区一乡四村，地主、富农占全村总户数的 10.8%，却占有土地达 83%。[2] 占有大量土地的地主，凭借土地这一农业生产的主要生产资料，对农民进行残酷的剥削，使这些地区的农村经济极端贫困落后。

中国共产党第五次全国代表大会于 1927 年 4 月 27 日至 5 月 9 日在当时革命的中心武汉召开。出席大会的代表有陈独秀、瞿秋白、蔡和森、李维汉、毛泽东、张国焘、李立三等 82 人，共产国际代表罗易、鲍罗廷、维经斯基等也出席了大会。在中共五大的《土地问题议决案》中，提出了"将耕地无条件的转给耕田的农民"[3] 的土地革命原则，但由于当时的中共中央领导人把实现土地革命的希望寄托于武汉国民政府，使之没有付诸实行。

第一次国内革命战争失败后，在关系党和革命事业前途和命运的关键时刻，中共中央政治局于 1927 年 8 月 7 日在汉口召开了紧急会议（即八七会议）。这次会议具有重要的历史地位，毛泽东提出了"枪杆子里面出政权"的著名思想，给正处于思想混乱和组织涣散的中国共产党指明了新的出路，为挽救党和革命做出了巨大贡献。党的八七会议另一个重大贡献是，确定了土地革命和武装反抗国民党反动派的

---

① 毛泽东：《毛泽东选集》第 1 卷《井冈山的斗争》，人民出版社，1991 年，70 页。
② 温贤美、永向前：《川陕苏区的土地革命》，《社会科学研究》1979 年 3 期。
③ 《中共中央文件选集》第 3 册，中共中央党校出版社，1983 年，51 页。

总方针，并做出了最近农民斗争的决议案，提出了一些土地改革的政策。但是，由于当时对土地革命到底怎样搞，不具体、不全面，因此也没有实行。1927 年 11 月中共中央临时政治局扩大会议制定了《中国共产党土地问题党纲草案》，提出了"一切私有土地完全归组织成苏维埃国家的劳动平民所公有"[①] 的主张，这实际上是"左"倾错误主张。[②]

八七会议之后，毛泽东在井冈山召开了宁冈、永新、莲花三县党组织负责人会议，确定着手建立地方党组织和农民政权，并立即开展以打土豪、分浮财、废债毁约为主要内容的斗争。为此，1928 年初，毛泽东到宁冈、永新进行调查，为土地革命做准备。3 月，在桂东沙田一带进行分田试点，随后便在宁冈全县、莲花县大部分地区和永新、遂川、酃县等县的部分地区推及开来。分田的办法是，在工农民主政府下成立由贫苦农民组成的土地委员会。土地分配一般以乡为单位，实行"全部没收，彻底分配"的政策[③]，一律按人口平分，以原耕地为基础，好坏搭配。土地分配完毕后，组织复查，把地主原有的地契当众焚毁，并在各户土地的边界处插上写有名字的竹牌，再征收土地税。对大中地主的土地、房屋、耕牛、农具和其他家产，均予以没收。但还分给地主一份土地和一些小农具，让他们自食其力、劳动改造。

1928 年 10 月，毛泽东主持召开了湘赣边区党的第二次代表大会，大会总结了井冈山根据地一年来土地革命斗争的经验，制定了农村革命根据地的第一个土地法——《井冈山土地法》，并于 12 月由湘赣边界工农兵政府颁布实施。这是中国共产党制定的第一部土地法。它第一次以法律的形式否定了封建土地所有制，肯定了农民分配土地的权利。《井冈山土地法》规定，"没收一切土地归苏维埃政府所有"，以分配农民个别耕种为主要方式，分配后禁止买卖。由于这是中国共产党领导农民实行土地改革的第一次尝试，所以这个初次规定的土地法还存在着一些缺陷。1941年毛泽东在为《井冈山土地法》所写的按语中指出这些缺陷：一是没收一切土地而不是只没收地主的土地，容易侵犯中农的利益；二是规定土地所有权属于政府而不属于农民，农民只有使用权，禁止土地买卖。这些都是原则错误，后来在实践中得到了纠正。

1928 年 6 月 18 日至 7 月 11 日，在苏联莫斯科召开中国共产党第六次全国代表大会。中共六大专门成立了农民土地问题委员会，最后讨论通过的《政治决议案》《土地问题决议案》和《农民运动决议案》，对农村土地革命都有论述，提出中国农

① 《中共中央文件选集》第 3 册，中共中央党校出版社，1983 年，403 页。
② 万建强：《中共六大与中央苏区的土地革命》，《世纪桥》2008 年 10 月。
③ 毛泽东：《毛泽东选集》第 1 卷《井冈山的斗争》，人民出版社，1991 年，69 页。

民必须推翻地主阶级，推翻帝国主义，然后才能得到解放。中共六大通过的决议对土地革命的路线和政策做了原则性的正确决定：

第一，改正了"没收一切土地"的错误政策，明确规定"没收地主阶级底（的）土地，耕地归农"①；同时规定"祠堂、庙宇、教堂的地产及其他的公产官荒或无主的荒地沙田，都归农民代表会议（苏维埃）处理分配给农民使用"②。

第二，明确指出"无产阶级在乡村中的基本力量是贫农，中农是巩固的同盟者，故意加紧反对富农的斗争是不对的"③。

第三，"应赞助平分土地的口号同时应加以批评"，"使农民完全了解，在现在资本主义制度之下，决没有真正平等之可能，只有在无产阶级革命胜利之后，才能够走上真正社会主义的建设"；在中农占多数的地方尤其不能强施"平分土地"。④

第四，苏维埃政权巩固，革命完全胜利之后，党应引导农民"消灭土地私有权，把一切土地变为社会的共有财产"⑤，走社会主义道路。

由于历史的局限性，中共六大在土地革命政策上也存在一些缺点、错误，如仍然主张土地国有。《土地问题决议案》中规定："无代价的立即没收豪绅地主阶级的财产土地，没收的土地归农民代表会议（苏维埃）处理，分配给无地及少地农民使用。""祠堂庙宇教堂的地产及其他的公产官荒或无主的荒地沙田，都归农民代表会议（苏维埃）处理，分配给农民使用。"各省区中的国有土地的一部分作为苏维埃政府移民垦殖之用，分配工农军的兵士，供其经济上的使用。"苏维埃政权巩固后即当实现土地国有。"从这些规定中可以看到，农民对土地只有使用权，没有所有权。另外，六大决议没有明确在经济上如何对待富农，对富农的策略也写得比较含混。⑥

根据党的六大决议，使赣南和闽西根据地土地革命发展到一个新的阶段。1929年4月，毛泽东主持制定了江西兴国县《土地法》，将井冈山《土地法》中的"没收一切土地"改为"没收一切公共土地及地主阶级的土地"，这是一个重大的原则性修改。它明确了土地革命的主要目的是消灭封建土地所有制，打击的主要对象是地主阶级，贯彻了团结中间阶层的政策。同年7月，召开了中共闽西第一次代表大会，会议明确提出了"抽多补少"的原则，并规定"自耕农的田地不没收"，富农的土地经县区政府批准只没收其多余部分。依据这一方针，在闽西根据地的50多

① 《中共中央文件选集》第4册，中共中央党校出版社，1983年，170页。
② 《中共中央文件选集》第4册，中共中央党校出版社，1983年，171页。
③ 《中共中央文件选集》第4册，中共中央党校出版社，1983年，207页。
④ 《中共中央文件选集》第4册，中共中央党校出版社，1983年，186页。
⑤ 《中共中央文件选集》第4册，中共中央党校出版社，1983年，208页。
⑥ 万建强：《中共六大与中央苏区的土地革命》，《世纪桥》2008年10月。

个区，500 多个乡，纵横 300 多里的地区内实行了分田，使 60 多万贫苦农民分得了土地。①

1930 年 2 月，红四军前委在江西吉安召开了地方和军队的联席会议（通称"二七"会议），决定深入开展土地革命。会后兴国等六个县的全境和永丰等县的部分地区也全面开展分田运动。次年 2 月，毛泽东按照中央决定又指示各级政府发布文告："过去分好了的田（实行抽多补少，抽肥补瘦了的），即算分定，得田的人，即由他管所分得的田，这田由他私有，别人不得侵犯"，"租借买卖，由他自主；田中出产，除交土地税于政府外，均归农民所有"。这样，又修改了《井冈山土地法》中关于土地所有权属于政府而不属于农民，农民只有使用权，禁止土地买卖的规定。经过实践中的反复摸索，终于形成了一套符合中国农村实际情况比较完备的土地制度改革方案。②

1931 年，王明"左"倾路线对苏区的土地革命产生了严重的干扰，当年 3 月，他们以中共中央的名义起草了《土地法草案》，提出了"地主不分田，富农分坏田"的极"左"主张，攻击"抽多补少，抽肥补瘦"的政策是"富农路线"。在这一"左"倾政策的影响下，某些地方出现了"雇农贫农分好田，中农分中田，富农分坏田"的现象，严重地侵犯了中农利益，扰乱了阶级阵线，使土地革命受到很大的损失。当时毛泽东是中华苏维埃共和国临时中央政府（亦称"中央工农民主政府"）主席，对王明的"左"倾路线进行了坚决的抵制。1933 年 10 月，中央工农民主政府颁布了两个重要文件，即《怎样分析阶级》和《关于土地斗争中一些问题的决定》，对于确立正确路线起了很大的作用。同年还开展了"查田运动"，旨在检查分田中土地分配得是否完全确当，纠正过"左"过右的倾向，使正确路线深入人心。运动取得了积极的效果。如兴国地区偿还了多分的中农的土地，取得了中农的满意。③ 毛泽东对此做出了积极的评价："只有深入查田运动，才能彻底地消灭封建半封建的土地所有制，发展农民的生产的积极性，使广大农民迅速地走入经济建设的战线上来。"④

其他几个区域的革命根据地也进行了土地革命运动。鄂豫皖区在 1930 年底把土地分配完毕。左右江地区在 1929 年 12 月举行百色起义后建立了右江工农民主政权，1930 年 5 月颁布了《土地施行条例》，开展了"分田地，打土豪"的斗争。洪湖区和湘鄂西区也开展了土地革命。土地革命激发了广大农民的积极性，获得了土地、摆脱了剥削的农民，努力生产，积极支援革命战争，对巩固和扩大根据地起了

---

① 胡华：《中国革命史讲义》，中国人民大学出版社，1979 年，304 页。

② 胡绳：《中国共产党的七十年》，中共党史出版社，1991 年，98 页。

③ 胡华等：《中国新民主主义革命史参考资料》，商务印书馆，1951 年，263 页。

④ 毛泽东：《毛泽东选集》第 1 卷《必须注意经济工作》，人民出版社，1991 年，1014～1020 页。

巨大的作用。

二、农业互助合作运动的展开

由于国民党对苏区的经济封锁和军事进攻，根据地人口减员严重，劳力不足和耕畜缺乏成为土地革命后阻碍农业生产发展的主要矛盾。把农民组织起来，开展互助合作，就成为解决这一矛盾的有力措施。1929年，闽西上杭县才溪乡出现了换工形式的"耕田队"，1931年在此基础上，创办了全苏区第一个劳动合作社，随后在中央苏区给予推广。互助合作的劳动组合形式效果是明显的，一是可以合理地调剂农业劳动力，做到以余补缺。如瑞金县叶坪乡的劳动互助社："各社员什么时候需要几多人工，或什么时候有多余人工，都报告小组长和大队长，必要时由大队长报告总队长。由总队长先计划好，在社员大会通过，实行村与村的调剂。"① 这种劳力的调剂，不仅在村与村之间，而且也在乡与乡、区与区之间进行。如瑞金县在1934年的春耕运动中，就组织了这样的调剂，"无水地方的人力牛力，全部集中到邻近有水地方去工作，并在那里下泥"，一到雨天，再将原来有水地方的人力牛力，"集中到原来无水地方耕作"。② 二是充分地利用了劳动力，把妇女劳力也调动了起来。例如，瑞金县3 000多名妇女（包括425名缠足妇女）原本不参加劳动，后组织了260个生产小组，都参加了生产劳动。③ 上杭县才溪乡有劳动能力的妇女1 990人，到1934年组织1 130人参加生产，还学会了犁田和耙地。④ 中华苏维埃共和国临时中央政府及时总结了各地的经验，于1933年颁布了《劳动互助社组织纲要》，对入社原则、计工报酬等问题做出了规定，指出："劳动互助社的作用，是在农村中农民互相帮助做工，有计划地去调剂农村中的劳动力，使一方面劳动力有余的不致闲置，一方面劳动力不足的，不致把农事废弃。"⑤ 《劳动互助社组织纲要》的颁布，推动了劳动互助运动的发展，互助组织和参加的人数有了大幅度增加。如兴国县在1934年2月还只有318个社，到4月发展到1 206个；同时期的社员人数，从15 615人增加到22 118人。⑥

为了解决耕牛、农具的不足，犁牛合作社等互助组织亦相继出现。1933年3月和4月，中央工农民主政府颁布了《关于组织犁牛站的办法》和《关于组织犁牛

---

① 史敬棠等：《中国农业合作化运动史料》上册，生活·读书·新知三联书店，1959年，121页。
② 史敬棠等：《中国农业合作化运动史料》上册，生活·读书·新知三联书店，1959年，129页。
③ 史敬棠等：《中国农业合作化运动史料》上册，生活·读书·新知三联书店，1959年，133页。
④ 厦门大学历史系：《闽西革命根据地》，上海人民出版社，1978年，122页。
⑤ 史敬棠等：《中国农业合作化运动史料》上册，生活·读书·新知三联书店，1959年，85页。
⑥ 史敬棠等：《中国农业合作化运动史料》上册，生活·读书·新知三联书店，1959年，143页。

合作社的训令》，确立了自愿互利、民主管理的原则。合作组织内的耕牛、农具，一部分是农民群众合股购买的，一部分是没收地主和富农的。所有耕牛和农具归全体社员所有。借助犁牛合作社，农民不需投入很多就可使用耕牛，所以很受农民欢迎，发展很快。如兴国县 1934 年 2 月有 66 个犁牛合作社，股金 1 466 元，耕牛 102 头；到 1934 年 4 月就发展到 72 个社，股金 5 168 元，耕牛 121 头。[①] 犁牛合作社较好地解决了耕牛缺乏的问题，对促进根据地农业的发展起到了积极的作用。

苏维埃政府主要在政策上向合作社倾斜，给予其种种优惠，对合作社进行税收豁免、租赁特价优先权及物力、财力上等帮助。如 1930 年 3 月在合作运动刚创办阶段，闽西地区召开的第一次工农兵代表大会通过的《合作社条例》中就规定："合作社免向政府缴纳所得税"，并"有向政府廉价承办没收来之工商业及农业之优先权"[②]。苏维埃临时中央政府成立后，对合作运动更为重视，对其支持力度也不断增大，相继出台了一系列政策法规扶持合作运动的发展，在财政、税收、租赁等方面为合作社提供便利。1931 年 11 月，第一次苏维埃代表大会通过的《关于经济政策的决议案》明确要求："苏维埃政府必须极力帮助合作社的组织与发展。苏维埃对于合作社应该以财政的协助与税的豁免，苏维埃应将一部分没收的房屋与商店交给合作社使用……"[③] 此决议案有关扶持合作社的规定在中央苏区得到贯彻执行。1931 年 11 月 28 日，临时中央政府执行委员会第一次会议通过《关于颁布暂行税则的决议》中对合作社的免税作了相关规定，如对于消费合作社"凡遵照政府所颁布之合作社的条例之消费合作社给予免税"[④]；次年 8 月，苏维埃政府财政人民委员部在《关于矿产开采权出租办法》及《关于店房没收和租借条例》中分别规定："凡工人依法手续组织之生产合作社对于各种矿山开采有优先权，并得比私人资本减少税金"[⑤]，"依合作社条例组织之合作社向县政府登记批准者有优先租借权，并得酌量减轻租金"[⑥]；随后，9 月中央财政人民委员会在颁布的指导合作社的纲领性文件《合作社纲要》中，再次强调要扶持合作社之发展，重申"政府给予合作社免税、减税及一切承租之优先权"[⑦]。

苏维埃政府除在税收、租赁上给予合作社特别照顾，还直接从财力、物力上尽力地扶持合作社的发展。如 1933 年临时中央政府在其发行的 300 万经济建设公债

---

① 史敬棠等：《中国农业合作化运动史料》上册，生活·读书·新知三联书店，1959 年，143 页。
② 许毅：《中央革命根据地财政经济史长编》下册，人民出版社，1982 年，127 页。
③ 《六大以来党内秘密文件》上，人民出版社，1980 年，185 页。
④ 《革命根据地经济史料选编》上册，江西人民出版社，1986 年，414 页。
⑤ 《革命根据地经济史料选编》上册，江西人民出版社，1986 年，436 页。
⑥ 《革命根据地经济史料选编》上册，江西人民出版社，1986 年，438～439 页。
⑦ 许毅：《中央革命根据地财政经济史长编》下册，人民出版社，1982 年，192 页。

中明确规定："一百万用于帮助合作社的发展，其中分配与粮食合作社及消费合作社的各三十万，分配与信用合作社及生产合作社的各二十万。"[1] 对于犁牛合作社，政府不仅把打土豪罚没的耕牛、农具无偿调配给其使用，还从筹款中拿出一部分资金借给合作社购买耕牛以支持犁牛合作社之建立和发展。

1933 年 4 月，苏维埃政府财政部通令各地"为帮助各边区乡赶快成立犁牛合作社，以添买耕牛便利贫苦农民春耕起见，人民委员会批准将富农捐款中抽出一部分借给犁牛合作社。……此借款三年后还本，由区政府负责具条领取按照需要分配给犁牛合作社买牛"[2]。

苏维埃政府制定颁布的重点向合作社倾斜的政策和法令条例，由于具有务实性和可操作性，在合作运动的具体实践中得到各级政府的认真贯彻和执行，极大地推动了合作运动在中央苏区的开展。

1933 年 4 月底，苏维埃政府成立国民经济部，其下设有合作社指导委员会，以加强对各地合作社的管理和技术指导，并要求各省、县、区都在国民经济部下设立合作社指导委员会，乡苏维埃设有合作社指导员。合作社指导委员会的任务是：帮助合作社有系统的建设，监督合作社的营业，调整物品的供给，平准物价的低昂，抵制商人的操纵。同时，鉴于各地合作社无统一的组织领导系统，1933 年 12 月，在瑞金叶坪乡成立中央消费合作社总社，而在此之前中央苏区已建立了 17 个县的总社和 2 个省的总社（福建、江西），从此中央苏区的合作社有了统一的领导系统、行政管理及指导体系。

除上述几方面，苏维埃政府还在合作社的货物运输、业务经营方面提供便利，并帮助合作社追取欠款及被侵占的社款。可以说，在合作运动的发展进程中，苏维埃政府做出了很大努力，为其提供了一个良好的制度环境和发展空间，有力地推动了合作运动在中央苏区的广泛推广。[3]

中央苏区的互助合作运动，在"一切为了革命战争需要"的特殊时期和特殊环境下，担负着十分重要的使命，在革命动员中扮演着重要角色。

第一，合作互助运动有利于组织调配苏区的生产资源，促进苏区的经济发展。互助合作组织能够通过简单的分工协作，改变传统社会小农生产分散经营、规模狭小的状况，有效地使用了劳力、物力，提高了生产效率。中央苏区的互助合作组织是在农民个体经济基础上组织起来的集体经济组织，实行劳动互助和某些生产资料的共同使用。合作组织统一对全乡或全村的劳力、物力（主要是耕牛及农具），进

---

① 《社论：全体工农群众及红色战士热烈拥护并推销三百万经济建设公债》，《红色中华》1933 年 8 期。

② 《关于组织犁牛合作社的训令》，《红色中华》1933 年 71 期。

③ 许南海：《中央苏区合作运动述论》，南昌大学硕士学位论文，2008 年。

行有计划有组织地调剂使用，改变了传统小农社会因生产资料分散使用造成的浪费，提高了其使用效率，弥补了苏区劳力耕牛之不足。劳动互助社"有计划地去调剂农村的劳动力，一方面劳动力有余的不致闲置，一方面劳动力不足的，不致把农事废弃"①。

第二，通过推广信用合作社，使苏区政府的财政金融得到合理的配置和利用。中央苏区于 1929—1930 年相继成立了东固平民银行（1929 年）、赣西南银行（1930 年）、闽西银行（1930 年 9 月）、江西省工农银行（1930 年 11 月）。② 1932 年成立中华苏维埃共和国国家银行，并在各省设立分行。信用合作社是中央苏区银行重点扶助的对象。为筹集信用合作社的资金，国家银行总行行长毛泽民在给全总执行局写信中说，国家银行应普遍地集中与活泼地将社会资金投放到各种合作社，尤其是信用合作社，因此国家银行"决定大批地投资信用合作社实行低利借贷，并建立了分支行的所在地，即与发展信用合作社的组织"③，以尽其应尽的扶助合作社之任务。1934 年 3 月的江西省苏维埃第二次维埃扩大会议上也做出了扶持信用合作社的决议，会议指出："合作社（信用）按股本的三分之一可向银行借款，必要时可将二期公债向银行抵押借款。"④

第三，苏区举办合作社，将分散的农民组织起来，有利于动员苏区青年加入红军队伍，扩大红军兵员。1933 年 2 月中共中央局发出"在全国各苏区创造一百万铁的红军"⑤ 的号召，苏区群众、各革命团体纷纷响应，各地合作社组织也积极行动起来，参与到"扩编红军"运动中来。落实"扩红"任务是苏区各地合作社的重点工作之一。1933 年 12 月召开的中央苏区消费合作社第一次代表大会，把战争动员作为会议的议程之一，会议大力号召各县代表推进扩大红军的工作。会议期间，全体代表纷纷当场自动报名承认扩大红军，"两日间各代表承认扩大新战士的数目计划四百名"。⑥ 大会通过的《目前消费合作社的中心任务》的决议中强调，合作社要密切地联系到战争的动员，加紧推进扩大红军的工作，组织广大社员积极起来参加革命战争，以各种方法来巩固红军并促进红军的猛烈的扩大。⑦ 各地合作社纷纷行动起来，宣传动员社员参加红军。⑧

---

① 《革命根据地经济史料选编》上册，江西人民出版社，1986 年，261 页。
② 李占才：《中国新民主主义经济史》，安徽教育出版社，1990 年，135～137 页。
③ 毛泽民：《发展与参加储蓄运动——国家银行总行给全总执行局》，《苏区工人》1934 年 16 期。
④ 许毅：《中央革命根据地财政经济史长编》下册，人民出版社，1982 年，276 页。
⑤ 《中央革命根据地史料选编》中册，江西人民出版社，1982 年，677 页。
⑥ 《中央苏区消费合作社第一次代表大会纪盛》，《红色中华》1933 年 133 期。
⑦ 《革命根据地经济史料选编》上册，江西人民出版社，1986 年，345 页。
⑧ 许南海：《中央苏区合作运动述论》，南昌大学硕士学位论文，2008 年。

第四，合作社的普遍建立，能够使苏区政府"优待红军家属"的政策得到落实。在土地革命时期，苏维埃政府一直都重视对红军家属的优待，合作社便是苏维埃政府优待红军家属的重要组织之一，承担着优待红军家属的重任。合作组织的纲要、章程中均有关于优待红军家属的规定。1932年8月，临时中央政府颁布的《粮食合作社简章》第19条规定："红军家属对粮食合作社之买卖与社员一样有优先权"①；9月中央财政部颁发的《合作社工作纲要》中，进一步规定："合作社对红军家属买货与社员同样对待"②；1933年秋中央政府在《劳动互助社组织纲要》中又要求各地劳动互助社在"分配人工时，须将社员中应帮助红军公田、红军家属耕田的人工一并计算在内"③。

三、农业生产与科技

封建土地制度的消灭和劳动互助的发展，使农民的生产积极性有了很大的提高。当时的苏区，由于国民党军队的"围剿"和自然灾害的影响，有大片田地荒废。工农民主政府及时利用农民高涨起来的劳动热情，组织开荒生产。1933年2月，中央工农民主政府颁布了《中央政府训令开垦荒地荒田办法》，要求各级政府"马上调查统计本地所有荒田荒地，切实计划，发动群众去开荒"④。规定荒田荒地按劳动力分配到各户，新垦的荒地归开垦者所有，并可免交土地税三年。在政策的鼓励下，农民开垦了大量荒地。

与垦荒运动同时，苏区还兴起了水利建设高潮。1933年2月，福建各县区土地部长联席会议就水利问题做出《决议案》，要求各乡成立"水利委员会"，发动群众进行大规模的水利建设。1934年1月，毛泽东在第二次全国工农代表大会上的报告《我们的经济政策》中指出："水利是农业的命脉，我们也应予以极大的注意。"⑤ 在1934年的春耕中，仅福建长汀、宁化、汀东三县，就修好陂圳2 366条（处），还新开了几十条（处）。在粤赣两省修好陂圳4 100余条（处），又新修了20多条（处）。江西兴国县修好陂圳820条（处）、水塘184个，水车、筒车71乘，约能灌溉42.6万担田⑥，又新开陂圳49条（处）、水塘49个，约能灌溉9.5万担田。瑞金修好陂圳2 300余条（处），水车、筒车515乘，并新开陂圳26条（处），

---

① 《革命根据地经济史料选编》上册，江西人民出版社，1986年，319页。

② 许毅：《中央革命根据地财政经济史长编》下册，人民出版社，1982年，193页。

③ 《革命根据地经济史料选编》上册，江西人民出版社，1986年，263页。

④ 史敬棠等：《中国农业合作化运动史料》上册，生活·读书·新知三联书店，1959年，84页。

⑤ 毛泽东：《毛泽东选集》第1卷《我们的经济政策》，人民出版社，1991年，130～135页。

⑥ "担田"为当地的田亩面积计量单位，以水稻收获量计算，大致按每亩2.5担折算面积。

新造水车、筒车30乘。① 由于政府的倡导和广大群众的努力，苏区的水利建设事业取得了很大的成绩。据闽粤赣中央苏区和闽浙赣边区的不完全统计，到1934年9月，完成的水利工程已达10 000多处。②

要发展农业还需要不断提高生产技术，为此，苏区举办了若干农业试验场以便试验和总结先进技术在全苏区推广。农业试验场有严密的组织设施和明确的工作任务。如中央土地部直接领导的江西瑞金试验场，内设场长一人，下分保管、田园家畜、山林、水利四科，主要任务是搜集植棉、种稻等农事活动的经验和技术。根据江西苏维埃政府土地部的要求，每个县都要选择农业生产搞得好的区乡建立2~3个农业试验场，这样，1933年以后农业试验场在全苏区推广开来。除办农业试验场，有的根据地还开展了各种形式的科学研究。如江西瑞金的云集区，各乡都成立有农业研究委员会，它的任务之一是研究防虫的方法。在江西博生县还设立了农产品陈列所，将最好的农产品拿去展览，并加以推广。有的地区还设立农业研究学校，以培养技术人才。③

苏区政府还提倡施肥和精耕细作。闽浙赣苏区提出，每丘田至少要施两次肥。在1934年的春耕中，仅中央苏区施肥的数量就比1933年增加10%~20%，少数地区增加了30%。④ 1933年2月，中央土地部提出，每丘田至少要犁耙两次，耘三次，要做到田里无一寸草。苏区群众按政府的要求克服劳力不足的困难，认真加强了田间管理。

为了调节气候和防止水土流失，1932年苏区临时中央政府颁布了《中华苏维埃人民委员会关于植树运动的决议案》。依据此案，各地制定了植树规划，对砍伐树木的行为规定了处罚办法。据《红色中华》1934年5月28日的报道，该年春季瑞金植树603 700余株，兴国植树389 800余株，福建植树213 800余株。⑤

上述措施使根据地的农业生产得到迅速恢复和发展。1934年1月在江西瑞金召开了第二次全国工农代表大会，毛泽东在为大会所作的报告中对此进行了全面的总结："红色区域的农业，现在显然是在向前发展中。1933年的农产，在赣南闽西区域，比较1932年增加了15%（一成半），而在闽浙赣边区则增加了20%。川陕边区的农业收成良好。红色区域在建立的头一二年，农业生产往往是下降的。但是经过分配土地后确定了地权，加以我们提倡生产，农民群众的劳动热情增长了，生产便有恢复的形势了。现在有些地方不但恢复了而且超过了革命前的生产量。有些地方不但恢复了在革命起义过程中荒废了的土地，而且开发了新的土地。很多的地

① 中国人民大学农业经济系：《中国近代农业经济史》，中国人民大学出版社，1980年，217页。
②③ 中国农业博物馆：《中国近代农业科技史稿》，中国农业科技出版社，1996年，400页。
④ 王观澜：《春耕运动总结与夏耕运动任务》，《红色中华》1934年194、195期。
⑤ 中国农业博物馆：《中国近代农业科技史稿》，中国农业科技出版社，1996年，400页。

方组织了劳动互助社和耕田队，以调剂农村中的劳动力；组织了犁牛合作社，以解决耕牛缺乏的问题。同时，广大的妇女群众参加了生产工作。这种情形，在国民党时代是决然做不到的。"①

中国共产党在革命根据地成功地领导了以土地革命为中心的社会经济的伟大变革，使农民从旧的生产关系的束缚中解放出来，极大地激发起革命与生产热情，促进了根据地农业和各项事业的发展。

第二节　抗日根据地的农业

1937年七七事变后，抗日战争全面爆发。中国共产党领导的武装挺进敌后，建立抗日根据地开展对日斗争。到抗战胜利前夕，先后建立了陕甘宁边区、晋察冀、晋绥、晋冀鲁豫、山东、华中抗日根据地和琼崖游击区等19个大的抗日根据地。地域包括热河、察哈尔、绥远、辽宁、陕西、甘肃、宁夏、河北、河南、山东、山西、江苏、浙江、安徽、江西、湖北、湖南、广东、福建等省，拥有近1亿人口。中国共产党根据变化了的形势，在根据地内实行了新的土地关系，开展了减租减息和互助合作运动，促进了农业生产发展。

一、开展减租减息运动

七七事变后，中国共产党从民族矛盾上升为主要矛盾这一具体情况出发，为巩固和扩大抗日民族统一战线，争取社会各阶层一致抗日，把在第二次国内革命战争时期实行的没收地主土地分给农民的政策改变为减租减息政策，其原则是一方面扶助农民，实行减租减息，以削弱封建剥削，改善基本群众的生活，提高农民抗日和生产的积极性；另一方面，在减租减息之后，实行交租交息，使地主仍有一定的经济地位。

1937年8月25日，中共中央在洛川会议上制定的《抗日救国十大纲领》中首次明确提出了以减租减息作为抗战时期解决农民问题的基本政策。据此规定，创建伊始的晋冀鲁豫根据地制定和颁布了适合本地区特点的施政纲领和减租减息条例，提出了"二五减租"和"分半减息"的口号。② 所谓"二五减租"就是按原租额减去25%，亦称"四一减租"。所谓"分半减息"就是指利息最高不得超过一分半。

---

① 毛泽东：《毛泽东选集》第1卷《我们的经济政策》，人民出版社，1991年，130～135页。
② 中国人民大学中共党史系中共党史教研室：《中共党史专题讲义》三，中国人民大学出版社，1985年，247页。

此后，各地便陆续发生了以反对贪污，改造旧政权，贯彻合理负担，反对按亩摊派的负担等为内容的群众斗争。在黎城、榆社、武乡、赞皇、临城等地，不少农民自发地停交租息，并间有"抽地换约"之举。但由于这时还是全面抗战初期，战局尚不稳定，根据地处于初创阶段，地方党和政府的领导思想基本还是侧重于全面抗战的发动，战争的勤务动员，改造旧政权，建立新政权以及和国民党地方势力建立统战关系，而改善民生的斗争还居于从属地位，同时群众也没有充分发动起来，因此，减租减息政策并未得到贯彻落实，地主向佃户夺佃，明减暗不减的现象相当严重而普遍。[①]

1939 年 11 月 1 日，针对抗日战争进入相持阶段后时局的危机，中共中央在给各地党的领导机关发出的《关于深入群众工作的决定》中指示："在八路军新四军活动区域，必须实行激进的有利于广大抗日民众的经济改革与政治改革。在经济改革方面，必须实行减租减息、废止苛捐杂税与改良工人生活。凡已经实行的，必须检查实行程度。凡尚未实行的，必须毫不犹豫的立即实行。"各根据地陆续开展了减租减息的斗争。如晋冀鲁豫的太行区，据 1941 年 6 月的统计，9 个县有 7 750 户佃户，减去租子 17 730 余石，平均每户减去 2 石以上。晋绥边区，据晋西北 1941 年的统计，17 个县有 20 987 户佃户共减租 17 716 石，平均每户减了 8 斗多；12 个县共减息 8 842 元。山东区，据泰山区 1940 年的统计，莱芜减租 245 589 斤，减息 47 009 元；泰安减租 4 127 斤，减息 8 454 元；博山减租 28 285 斤，减息 381 元。晋察冀边区，据 1940 年 6 月不完全统计，北岳区一、二、三、五共 4 个专区减租 12 290 余石，减息 320 600 余元。[②]

1941 年冬到 1942 年春，日伪对根据地进行了疯狂的大扫荡，国民党反动派也加紧了对抗日根据地的封锁。为了更好地动员组织广大农民群众，团结一切抗日阶层，打击日、伪、顽的进攻，巩固抗日根据地，1942 年 1 月 28 日中共中央发布了《中共中央关于抗日根据地土地政策的决定》，提出了明确的减租方针和具体政策要求，由此推动了群众性的减租减息运动的开展。

该决定指出：一是承认农民（包括雇农）是抗日与生产的基本力量。故党的政策是扶助农民，减轻地主的封建剥削，实行减租减息，保证农民的人权、政权、地权、财权，借以改善农民的生活，提高农民抗日与生产的积极性。二是地主的大多数是有抗日要求的，一部分开明绅士是赞成民主改革的。故党的政策仅是减轻封建剥削，而不是消灭封建剥削。在实行减租减息之后，又需实行交租交息，在保障农民的人权、政权、地权、财权之后，又需保障地主的人权、政权、地权、财权，借

① 李永芳：《晋冀鲁豫抗日根据地的减租减息运动》，《中国社会经济史研究》2005 年 4 期。
② 黄韦文：《关于根据地减租减息的一些材料》，《解放日报》1942 年 2 月 1 日。

以联合地主阶级一致抗日。只是对那些坚决不愿改悔的汉奸分子，才采取消灭其封建剥削的政策。三是承认资本主义生产方式是中国现时比较进步的生产方式，而资产阶级，特别是小资产阶级及民族资产阶级是中国现时比较进步的社会成分与政治力量。富农是农村中的资产阶级。故党的政策不是削弱富农阶级与富农生产，而是奖励富农生产与联合富农。但对富农的一部分有封建性质的剥削，也要照减租息。同时也须实行交租交息，并保障富农的人权、政权、地权、财权。

上述三条基本原则，是中国共产党抗日民族统一战线及其土地政策的出发点。这项"一方面减租减息，一方面交租交息的土地政策"体现了这一特殊历史时期一切为了"联合全民支持民族抗战"的基本精神。减租的基本内容是"二五减租"，即照全面抗战前租额减低25%，"在游击区及敌占点线附近，可比二五减租还少一点。只减二成，一成五或一成，以能相当发动农民抗日的积极性及团结各阶层抗战为目标"。减息则是对于全面抗战前成立的借贷关系，"应以一分半为计息标准。如付息超过原本一倍者，停利还本，超过原本二倍者，本利停付。"① 《决定》还规定：地租一律于产物收获后交纳，不得预收或索取额外报酬；遇天灾人祸，要停付或减付地租；多年欠租，应予免交；土地税由地主负担；奖励订立较长期的契约；如果设有评租委员会等调解机关，须由农民、地主和政府三方代表组成，政府有最后决定权；对于罪大恶极的汉奸的土地，予以没收，由政府租给农民耕种，但其未参加汉奸活动的家属或情节较轻者，不在此例。

减租减息减少了地主占有的土地，使农民占有的土地得到增加，这可从晋绥边区5个村在减租前后户平均占有的土地变化状况得到反映。减租减息以后，租佃关系也发生了一些变化。不仅租率减低，租佃期限也多改为五年以上，农民的佃权获得了较多的保障。减租减息虽然没有从根本上消灭封建土地制度，但却削弱了封建剥削程度。减租前，地租一般占农产收获量的百分之六七十，减租后，一般是倒四六分或倒三七分。农民可以利用这部分资金购置农具等生产资料，改善经营管理，生产力水平大为提高。减租减息促进了根据地经济的发展，为抗战胜利创造了条件。

但是，边区减租减息政策的实施，并不是一帆风顺的。有的地主拖延不减或明减暗不减；有的减租而不订约，用夺佃威吓农民；有的变更租佃形式，将"死租"变"活租"，企图随时从农民手中将土地收回；还有的分散土地，逃避负担。由于当时有许多领导干部存在着由上而下替农民包打天下，向农民"恩赐"的思想，包办代替，依照政府法令一减了事，未从思想上提高农民的政治觉悟，减租后有的农民反倒觉得"亏心"，害怕"变天"，甚至白天减了租，晚上又送回去。这就助长了

① 《中共中央关于抗日根据地土地政策决定的附件》，《解放日报》1942年2月6日。

不法地主的夺佃气焰。特别是 1942—1943 年，边区连续遭到大灾荒，许多地区常常需要集中力量救灾度荒，影响了减租减息的深入开展。针对减租减息运动中遗留的问题较多，明减暗不减的现象也比较普遍的情况，1944 年冬至 1945 年春，边区政府根据党中央的指示，进行了大规模的"查减运动"。①

在抗日根据地的减租减息运动中，农会发挥了重要作用。"农会一定要把减租减息的运动领导起来，农会不同于政权，更不是政权的附属，而是农民自己的组织。不是站在群众上面或外面向群众要求，而是站在群众中间领导群众。"② 1941年 1 月，太行区在《关于农会工作的指示》中要求：各级农会必须认识到"减租减息是改善农民生活的一个中心问题"，"减租减息做的好，就等于农会工作做好了一半"。③ 1942 年 3 月，山东区要求各级"农救会应熟悉土地政策的法令内容，定出推动工作的方式方法，引导广大农民群众迅速执行政府的法令"。1943 年 2 月，冀南区要求"在群众斗争中，要产生群众自己的组织，以农会为主要组织形式"。1944 年 8 月，晋察冀边区要求："村农会应代表农民利益领导农民实行减租斗争，尚未成立农会地区应在这一斗争中建立农会组织，农会不健全者，应在这一斗争中健全农会。"1945 年 3 月，太岳区屯留县召开村农会干部会议，要求干部启发群众阶级觉悟，通过算账、回忆、对比等方法，引导群众自觉进行说理斗争。会议还对减租减息中的具体问题及解决办法做出决定。④

在减租减息运动中，农会起到了组织和领导群众的核心作用。开展民生斗争，深入群众运动，巩固群众组织，是巩固根据地的中心一环。农会是以农民为成员的群众组织，这就决定了它在农村中是一个覆盖面很广的组织形式。因此，它成为农村中代表性最广泛的群众组织。中共以农会为依托，开展了农村土地关系的重新分配和各种利益关系的重新调整。但农会并非单纯地表现为一种群众经济组织，中共赋予它政治上的内涵。抗日根据地农会是中共领导下的按阶级斗争原则组织起来的群众组织，它以贫雇农为主体，吸收其他从事农业生产的中农富农阶层参加，具有明确的政治和经济目标。通过农会，以集体的力量与地主阶级开展斗争，使农民看到了组织起来的力量，农民由分散走向联合，组织化程度得到很大提高，树立起基层群众在农村中的权威，彻底打破了农村原有的封建宗法秩序，农民从传统宗族从属地位转变为现代农村社会的主人，打破了农村原来的权力体系框架，把农民纳入组织运作的轨道。同时，农会的宣传和教育提高了其政治觉悟和认识，把农民纳入中共预先设定的政治体系和政治生活中，使中共政权深入基层社会，表现为自下而

---

① 李永芳：《晋冀鲁豫抗日根据地的减租减息运动》，《中国社会经济史研究》2005 年 4 期。
② 谢忠厚等：《冀鲁豫边区群众运动资料选编》，河北人民出版社，1992 年，461 页。
③ 李雪峰：《李雪峰回忆录（上）——太行十年》，中共党史出版社，1998 年，131 页。
④ 刘毅：《中共屯留历史大事记述》，新华出版社，1991 年，135 页。

上地完成农村改造任务，为建立全能式政府奠定了群众基础。①

二、农业互助合作运动的开展

如前所述，在中央苏区时期合作社运动取得显著成就和丰富经验。党中央转移到陕甘宁边区以后，继续发扬了这一光荣传统。减租减息之后，农民的生产积极性大为高涨，他们迫切要求发展生产，摆脱贫穷。但由于是分散的个体经济，生产向前发展受到限制，于是农民自发地组织起来，实行劳动互助。

全面抗战初期，晋察冀各地区的生产互助和合作社就开始发展起来，但速度较为缓慢。为了推动根据地互助合作事业的发展，1938 年，边区政府在春耕之际，发布专门指示，其中就提到了要大力提倡广大群众在生产劳动中互相帮助，调剂人力和畜力，以尽快完成春耕生产任务。1939 年 4 月，边区政府发布了《晋察冀边区奖励合作社暂行条例》，规定对各村庄中最先成立起模范作用者、经营业务有相当成绩者进行奖励，并详细说明了奖励办法，其中之一就是"得请政府四厘贷款，得免捐税百分之五十"②。

党中央和中央领导人也十分重视对生产劳动的组织，1940 年 1 月，毛泽东发表了《新民主主义论》，其中就提出了发展各种互助合作经济的倡议。1941 年 3 月，在《农村调查的序言和跋》一文中，毛泽东再次强调了"合作社经济是应该发展的"的主张。边区政府在 1941 年制定的《农业生产互助小组暂行组织条例》中，提出了生产互助小组"以个体的私有经营为原则，但各组员对生产工具和劳动力等事，应尽量调剂互助"。以行政村为一个小组，最少由 5 户组成，向外贷款时，须先自筹资本，然后再向银行借款。自筹资本额，须按生产基础多少规定比例。③

在党中央和边区政府的领导下，互助合作运动迅速展开。边区政府在引导农民走互助合作道路时，强调群众自愿原则，同时尽可能引导农民利用流行的旧有劳动互助形式，因为"利用旧的各种互助形式就最容易为他们所接受，可以收到事半功倍之效。凡是这样组织起来的劳动互助就是提高生产，它才是巩固的"④。

---

① 徐建国：《抗日根据地减租减息运动中的农会》，《中国农史》2014 年 3 期。

② 魏宏运：《抗日战争时期晋察冀边区财政经济史资料选编·工商合作编》，南开大学出版社，1984 年，754 页。

③ 陕甘宁边区财政经济史编写组：《陕西省档案馆抗日战争时期陕甘宁边区财政经济史料摘编》第二编，陕西人民出版社，1981 年，425 页。

④ 陕甘宁边区财政经济史编写组：《陕西省档案馆抗日战争时期陕甘宁边区财政经济史料摘编》第二编，陕西人民出版社，1981 年，517 页。

边区旧有的劳动互助最广泛的是变工，也称搭庄稼、朋帮等，指农户之间相互调剂人力和畜力。此外，扎工、走马工和唐将班子也很普遍，是一种集体雇工组织。许多出门找活的雇工组织起来，由于其中不乏耕种自己土地的农民为劳动互助才参加扎工，因此仍然属于劳动互助组织。扎工流行于地广人稀、劳动力缺乏的延属、三边等地，唐将班子流行于关中产麦区。此外还有兑地或换地，是农民相互调剂土地的方式，分为死兑和活兑两类，多为小农户采用。前者彼此交换所有权，后者只交换使用权。总之，边区旧有的生产互助仍然无法改变个体小农经济的落后面貌。[①] 而对旧有劳动合作的改造不仅因时制宜，而且可以立即见效。旧有的劳动互助方式多具有自发组织、短期性和不固定的特点，新的互助有向长期、固定发展的趋势。过去变工只限于本族亲友之间，新的劳动互助势必要打破狭小的宗族圈；旧有变工形式之所以不能扩大，是因为组织涣散和劳动纪律不严格，新变工一般需要严密的组织和严格的纪律，从而可以保持较大规模。特别是，新变工不再局限于一定的农业劳作上，而是扩展到更广阔的劳动领域。[②]

变工自 1942 年高干会后为边区党和政府所积极倡导，成为边区农业生产的一项重大改革。变工有多种形式。第一种为有牛犋和劳动力的变工队，集体劳动集体吃饭，秋收时按劳动力分配粮食。第二种有劳动力而没有牛犋，各人自带干粮，开荒时集体吃饭，秋收时按劳动力分配粮食。以上两种形式适用于有大块公荒可供农民自由开垦的地方。第三种有劳动力，或集体吃饭和开荒，按劳动力分配粮食；或各家吃饭，每天轮流开荒，所开荒地，收入归己；或给谁开荒，就吃谁家饭，收获归谁。这是适合没有大块公荒的地少人稠地区。在地少人稠的绥德、米脂，还流行临时性的"活变"，多在锄草和秋收时采用。[③]

参加变工队的农民，各以自己的劳动力或畜力，轮流地并集体地替本队各家耕种，结算时，一工抵一工，多出了人工或畜工的由少出了的补给工钱。扎工一般是由土地不足的农民组成，参加扎工的农民，除相互变工互助，主要的是集体出雇于需要劳动力的人家。但这种民间自发的互助形式范围小，不固定，且在唐将班子、走马工等组织中包工头对工人还有一定的剥削。抗日民主政权及时总结了农民自己创造的方法，使之成为农民组织起来发展农业生产的互助合作形式。1942 年，延安县为了完成 8 万亩的开荒任务，利用民间互助形式，组织了 487 个扎工，吸收了4 939个强劳力，占全县劳动力总数的三分之一，完成了 8 万亩的开荒任务。在开

① 陕甘宁边区财政经济史编写组：《陕西省档案馆抗日战争时期陕甘宁边区财政经济史料摘编》第二编，陕西人民出版社，1981 年，477～479 页。
② 陕甘宁边区财政经济史编写组：《陕西省档案馆抗日战争时期陕甘宁边区财政经济史料摘编》第二编，陕西人民出版社，1981 年，462～467 页。
③ 王明前：《陕甘宁边区生产合作运动研究》，《河南商业高等专科学校学报》2014 年 27 卷 2 期。

荒期间三分之一的时间内，就完成了任务的 58%，显示了集体劳动的优越性。[1]

1943 年毛泽东发表了《组织起来》的报告，充分肯定了群众的做法，指出走集体化的道路是农民摆脱贫穷的唯一办法，"在农民群众方面，几千年来都是个体经济，一家一户就是一个生产单位，这种分散的个体生产，就是封建统治的经济基础，而使农民自己陷于永远的穷苦。克服这种状况的唯一办法，就是逐渐地集体化，而达到集体化的唯一道路，依据列宁所说，就是经过合作社"[2]。在党中央的号召和各抗日根据地政府的组织下，劳动互助合作运动有了极大的发展，到 1944 年达到高潮。

农民组织起来后，可以取长补短，调剂劳力和农具的使用，劳动生产率一般都有提高。在延安，变工每人 7 天即可开荒一垧，效果超过不变工的一倍。变工还可以节省劳动力。三边分区（包括定边、盐池两县）在 1945 年春耕中，由于组织了变工，每天节省 2 006 个工，一个月就节省 60 180 个工。又如延安县柳林区念庄村，参加变工的农户在牛犋、耕地均少于未参加变工农户的情况下，以占全村 34.37% 的劳力，生产出了占全村产量 44.3% 的粮食，其他根据地的情况也大致如此，这对战胜敌人的经济封锁、巩固抗日根据地有着重要的意义。

晋察冀根据地的劳动互助，充分发挥了根据地各种生产要素的潜力，提高了生产效率，使得根据地耕地面积和粮食单产有了大幅提高，为抗日武装和边区各级政府人员提供了充足的粮食供应，广大群众的生活也大大改善。合作社的建设不仅极大地便利了人们的生活，而且把每家每户微薄的资金聚集在一起产生较大的作用，推动了根据地的工副业发展。[3]

三、农业生产与科技

（一）开展大生产与垦荒运动

从 1940 年起，日寇加紧了对根据地的扫荡和"蚕食"。与此同时，国民党政府停发八路军、新四军的给养，加紧对根据地的包围封锁，抗日根据地的经济处于十分困难的境地，军民缺衣少食。特别是 1941—1942 年，陕甘宁边区"曾经弄到几乎没有衣穿，没有油吃，没有纸，没有菜，战士没有鞋袜，工作人员在冬天没有被

---

① 史敬棠等：《中国农业合作社运动史料》上册，生活·读书·新知三联书店，1959 年，213 页。
② 毛泽东：《毛泽东选集》第 3 卷《组织起来》，人民出版社，1991 年，885 页。
③ 苑书耸：《晋察冀抗日根据地的互助合作运动》，《山西农业大学学报》（社会科学版）2013 年 12 卷 9 期。

盖"的地步。① 在晋察冀、太行等地，人们以野菜、柿子，甚至树皮充饥。在这种严重局面之下，毛泽东发出号召，在陕甘宁边区和各根据地掀起大生产运动。要求部队、机关、学校尽可能地实行生产自给，以便克服根据地财政和经济的困难。"每一根据地，组织几万党政军的劳动力和几十万人民的劳动力（取按家计划、变工队、运输队、互助社、合作社等形式，在自愿和等价的原则下，把劳动力和半劳动力组织起来）以从事生产。"② "边区的军队，今年（1943 年）凡有地的，做到每个战士平均种地十八亩，吃的菜、肉、油，穿的棉衣、毛衣、鞋袜……差不多一切都可以自己造，自己办。"③ 响应毛泽东的号召，各部队、机关、学校掀起大生产运动。在陕甘宁边区，早在 1938 年，部队就开始了自给性的生产。留守各兵团展开了南泥湾、槐树庄、大风川等地的屯田运动，取得了巨大的成绩。1939 年开荒 25 136 亩，1940 年开荒 20 680 亩，1941 年开荒 14 794 亩，1942 年开荒 45 236 亩。1943 年形成更大高潮，这一年部队开荒 30.6 万亩，几达群众开荒总数的三分之一。④ 特别是三五九旅成绩最为突出，他们 1941 年进入南泥湾，1942—1944 年，共垦荒 27 万亩，种植了粮、菜、麻、烟等作物，还开展多种经营，发展畜牧业。到 1944 年全旅战士冬天有了棉衣、军毯、毛背心、毛袜等，不仅经费物资全部自给，而且可以结余一年。⑤ 南泥湾这个不毛之地也变成了"陕北的好江南"。

机关、学校方面，单就延安一个地区统计，1943 年种地 35 893 亩，打粮 6 011 石，收蔬菜 14 849 000 斤，自给比例由 26％增加到 76％。其中如延安属分区机关，除了粮食，其他开支已大都做到自给。⑥

敌后各解放区部队、机关的大生产运动，也取得了很大的成绩。如晋冀鲁豫根据地，从 1940 年起就进行农业生产，到 1943 年部队每人种地 3 亩，粮食自给达三分之一。⑦ 晋绥边区，1944 年部队开荒 166 000 亩，共收粮食 20 000 石，蔬菜基本可以自给。另外，机关还开荒 32 000 亩。华中解放区的淮南军区，1943 年部队

① 毛泽东：《毛泽东选集》第 3 卷《抗日时期的经济问题和财政问题》，人民出版社，1991 年，894 页。

② 毛泽东：《毛泽东选集》第 3 卷《开展根据地的减租、生产和拥政爱民运动》，人民出版社，1991 年，910～913 页。

③ 毛泽东：《毛泽东选集》第 3 卷《组织起来》，人民出版社，1966 年，885 页。

④ 陕西省档案馆：《抗日战争时期陕甘宁边区财政经济史料摘编》，陕西人民出版社，1981 年，218 页。

⑤ 何维忠：《南泥湾屯垦记》，转引自中国人民大学农业经济系：《中国近代农业经济史》，中国人民大学出版社，1980 年，226 页。

⑥ 林伯渠：《边区政府一年（1943 年）工作总结》，引自《抗日战争时期陕甘宁边区财政经济史料摘编》第一编，陕西人民出版社，1981 年，220 页。

⑦ 《抗日战争时期解放区概况》，转引自中国人民大学农业经济系：《中国近代农业经济史》，中国人民大学出版社，1980 年，227 页。

生产粮食 31 000 余石,还种植了瓜菜、棉、麻、烟等经济作物。新四军直属部队 1944 年自给 8 个月的蔬菜、10 个月的食盐与全年的肉食,一年生产总值在 1 500 万元以上。在晋察冀边区的许多游击区内也在 1944 年开展了大生产运动。那里的部队在"敌伪据点碉堡林立,沟墙公路如网,敌人……时常对我袭击,包围、清剿"的恶劣条件下,利用战斗间隙进行生产,"使得大家的给养有了改善"。在人稠地少的地方还用以下九种办法解决了缺少土地的矛盾:"第一是平毁封锁墙沟;第二是平毁可被敌人利用的汽车路,在其两旁种上庄稼;第三是利用小块荒地;第四是协助民兵,用武装掩护,月夜强种敌人堡垒底下的土地;第五是与缺乏劳动力的农民伙耕;第六是部队化装,用半公开的形式,耕种敌人据点碉堡旁边的土地;第七是利用河沿,筑堤修滩,起沙成地;第八是协助农民改旱地为水地;第九是利用自己活动的村庄,到处伴种。"①

毛泽东在谈到大生产运动的意义和成绩时自豪地说:"拿陕甘宁边区说,部队和机关每年需细粮(小米)二十六万担(每担三百斤),取之于民的占十六万担,自己生产的占十万担,如果不自己生产,则军民两方势必有一方要饿饭。由于展开了生产运动,现在我们不但不饿饭,而且军民两方面都吃得很好。……边区部队的功劳更大,许多部队,粮食被服和其他一切,全部自给,即自给百分之百,不领政府一点东西。"② 于是在 1945 年 1 月,他进一步向解放区的军政机关发出号召:"除有特殊情形者外,一切部队、机关,在战斗、训练和工作的间隙里,一律参加生产。"大生产运动为摆脱根据地的经济困难,取得对敌斗争的最后胜利发挥了重要的作用。

除部队垦荒,广大农民群众也积极参加了开荒运动。毛泽东指出:"应在一切有荒地的县、区、乡组织农民多开荒地,以期增产粮食。开荒除老户抛熟垦新所开者外,主要靠召集移民来开。"③ 为鼓励移民垦荒,边区政府于 1940 年做出了优待移民的决定,1941 年又两次发布有关布告。1943 年 3 月 1 日又特别颁布了《陕甘宁边区优待移民难民垦荒条例》,规定:移民难民可三年免交公粮;所开公荒,其土地所有权概归移民难民;移民难民中凡无力购买耕牛、农具、种子或缺乏食粮者政府给予农贷帮助。④ 1938—1943 年,迁入边区内的移难民在 10 万人以上,大大

---

① 毛泽东:《毛泽东选集》第 3 卷《游击区也能够进行生产》,人民出版社,1991 年,925 页。

② 毛泽东:《毛泽东选集》第 3 卷《必须学会做经济工作》,人民出版社,1991 年,119~126 页。

③ 毛泽东:《毛泽东选集》第 3 卷《抗日时期的经济问题与财政问题》,人民出版社,1991 年,891~896 页。

④ 陕甘宁边区财政经济史编写组:《抗日战争时期陕甘宁边区财政经济史料摘编》第二编,陕西人民出版社,1981 年,637 页。

增加了边区的劳动力。五年来边区共扩大了 240 多万亩耕地，其中有 200 万亩是靠迁移来的难民力量开荒增加的。① 到 1943 年，全边区的耕地面积已由 1940 年的 1 174 万亩扩大到 1 377 万亩。②

晋察冀边区政府 1938 年 2 月颁布了《垦荒单行条例》，规定：凡本边区的未垦之地及已垦而连续两年未曾耕种者，不论公有私有，一律以荒地论，准许人民无租耕种。边区政府还发放贷款，资助农户垦荒。全面抗战期间，晋察冀边区共修滩地 35 万余亩，开生熟荒地 124 万余亩，共扩大耕地面积 182 万亩。③ 晋冀鲁豫的太行区 6 个分区，1944 年开荒 34 万亩，相当于原有耕地面积的 13％。④ 晋绥边区 1941 年、1942 年开荒 60 万亩，1944 年开荒 74.8 万亩。⑤

（二）兴修水利

从 1938 年起，各根据地组织农民群众积极兴修水利。陕甘宁边区根据其自然条件从兴修水利和水土保持两方面入手。兴修水利主要是发展自流灌溉和井灌，根据境内溪流多的特点，筑坝修渠，将水导入农田。用这种办法，使沿河许多旱地变成了水田。如三边分区的靖边杨桥畔水利工程，从 1939 年起组织修建，1940 年能溉田 350 多亩。1943 年又修 5 里长渠，溉田 1 万余亩。延属分区的裴庄渠，长 12 里，能浇地 1 072 亩；子长渠长 10.6 里，浇地 800 亩。关中分区修成水地 398 亩。总计全边区 1943 年共修成水地 13 647 亩，可增收细粮 13 647 石。⑥

在不便修自流水田的地方，则发展井灌。井灌多用于蔬菜生产，一口井能灌一二十亩菜地。在绥德分区沿黄河一带，1943—1944 年，延安各机关和当地群众打了许多井，解决农田的浇灌问题。

在水土保持方面，普遍推行了修梯田、水漫地、修埝地、打坝堰等。水漫地是三边分区普遍采用的，它是收容山洪冲下来的泥土淤漫、沉淀而成的耕地。用它改造沙滩、碱滩的荒地很有效。当地农谚说"水漫一亩田，多上三次粪"。三边分区到 1943 年修成水漫地 6 万亩，增产细粮 7 500 石。修埝地是关中分区首先倡导的。它是在耕地中打条坝棱，以阻止泥土和肥料不被山洪冲走，并在低洼处淤积成小块

---

① 《大量移民》，《解放日报》1943 年 2 月 22 日。

② 陕甘宁边区财政经济史编写组：《抗日战争时期陕甘宁边区财政经济史料摘编》第二编，陕西人民出版社，1981 年，85 页。

③ 史敬棠等：《中国农业合作化运动史料》上册，生活·读书·新知三联书店，1959 年，357 页。

④ 齐武：《一个革命根据地的成长》，人民出版社，1957 年，184 页。

⑤ 中国农业博物馆：《中国近代农业科技史稿》，中国农业科技出版社，1996 年，401 页。

⑥ 陕甘宁边区财政经济史编写组：《抗日战争时期陕甘宁边区财政经济史料摘编》第二编，陕西人民出版社，1981 年，721 页。

平地。埝地产粮一般比普通地多一倍以上。1943 年，关中分区共修埝地 8 610 亩，增收细粮 1 291 石。[1] 此外，绥德分区、延属分区、陇东分区都普遍修埝地、打坝堰。全边区的水浇地逐年增加，1940 年为 23 558 亩，1942 年为 27 572 亩，到 1943 年达到 41 109 亩。[2]

晋察冀边区 1939 年遭遇水灾，旧有水渠破坏严重。针对这种情况，边区政府提出了整理旧渠、开发新渠的方针，并发布了《兴修农田水利暂行条例》。平山等县整理旧渠 13 道，浇地 92 264 亩。阜平等 11 县开新渠 74 道，浇地 30 602 亩。完县、曲阳、灵寿等 8 县凿井 639 眼，浇地近万亩。1943 年，边区政府又发布了《兴修水利条例》，指出凡可利用的河流泉水均可开发利用。在此号召下，曲阳县修建了荣臻渠，可灌田 3 万余亩。繁峙扬魏庄农业渠，灌田万亩。在防洪方面，改修了浑源城关的防洪堤坝工程和行唐沙河大堤工程。疏浚定北唐河工程等。[3] 总之，全面抗战期间共修旧渠 2 798 条，开新渠 3 961 条，加上挖井、开河、修坝等，使改善了灌溉条件的农田达 214 万亩，增产的粮食在百万石以上。[4] 晋冀鲁豫边区 1941 年成立了冀南水利委员会，专门负责漳河、猪龙河、卫河的治理。到 1943 年底，整修河岸渠系 14 万丈，增加水田 3 万顷。[5] 鄂豫边区，从 1942 年冬到 1943 年春，共修堰 1 063 口，建坝 106 座。[6]

（三）大力植棉

民国时期以前，陕甘宁边区的棉花仅能自给 1/3。民国以来，受灾害及洋布倾销的影响，棉花生产的基础完全被破坏。到全面抗战爆发前夕，陕甘宁边区已基本停止植棉，所需棉布几乎全部从外地输入。1939 年后，日本占领了棉产区，国民党又搞封锁，边区由外输入棉花日渐困难。在这种情况下，边区政府大力倡导植棉，以求自给。为此，1940 年 12 月 11 日发出了《关于推广棉麻的训令》，要求划定延长、延川、固临、绥德、清涧、吴堡、安定等八县为推广植棉区域，并给予植棉农户一些优惠和奖励，如政府以低价卖给或贷给农户棉籽，三年内棉田免交农业税以及赔偿植棉损失等。在政策推动下，边区植棉面积增加很快，1939 年为 3 767

---

① 陕甘宁边区财政经济史编写组：《抗日战争时期陕甘宁边区财政经济史料摘编》第二编，陕西人民出版社，1981 年，715～717 页。

② 陕甘宁边区财政经济史编写组：《抗日战争时期陕甘宁边区财政经济史料摘编》第二编，陕西人民出版社，1981 年，710 页。

③ 武衡：《延安时代科技史》，中国学术出版社，1988 年，108～109 页。

④ 史敬棠等：《中国农业合作化运动史料》上册，生活·读书·新知三联书店，1959 年，350 页。

⑤ 齐武：《一个革命根据地的成长》，人民出版社，1957 年，169 页。

⑥ 中国农业博物馆：《中国近代农业科技史稿》，中国农业科技出版社，1996 年，403 页。

亩，1940 年为 1.5 万亩，1941 年为 3.9 万亩，1942 年为 9.4 万亩，1943 年为 15 万亩，1944 年为 29.6 万亩，1945 年为 30 万亩。1943 年的棉花产量达到 170 万斤以上，已能满足陕甘宁边区一半的需求。[①] 晋冀鲁豫边区的棉花种植面积曾因日军入侵而大幅度减少，后来由于边区政府的提倡，棉花种植迅速得到恢复。到 1946 年，全边区棉田面积达到 850 万亩。晋绥边区的棉花种植也有很大发展。以晋西北为例，1941 年棉花种植 3.2 万亩，1942 年 5.6 万亩，1943 年增加到 7.1 万亩。[②]

（四）农业科技

中共中央和各根据地的党和政府十分重视农业科技的研究和普及，先后举办了边区根据地的农业科研、教育、推广机构和开展科普宣传活动，对根据地农业生产的发展起了促进作用。

1939 年，延安自然科学研究院成立，后改称自然科学院，设有农业、园艺、森林、畜牧等学科。1940 年又成立了自然科学学术团体——陕甘宁边区自然科学研究会，下设农业学会。1941 年，晋察冀边区也成立了自然科学研究会，下设农业学会。农业学会围绕农业科技的普及推广开展工作。在太行区所属的涉县、黎城、赞皇、武乡等县均成立了农业指导所。各县还组织了示范农户和特约农户，示范、推广一些新技术。1940 年，陕甘宁边区成立了光华农场，后规模扩大改为农业试验场，设有农艺、园艺、森林、畜牧兽医 4 个组。山东解放区于 1944 年成立农业实验所，负责整理民间粮食品种。这些实验和推广机关尽管条件困难、设备简陋，但仍取得了不小的成绩。

1. 改进耕作技术 陕甘宁边区农民历来耕作粗放，大都不施肥、不除草。为此，边区政府提出了改良农作的要求，重点是提倡秋翻地、深耕地、多锄地、多施肥。毛泽东对秋翻地作了这样的总结："可以减少虫害，可以促使土壤风化又可保持水分，增加来年的收成。"[③] 耕地要做到多耕、深耕、细耕、细耱，耕深要达到 7 寸。过去地里一般只锄一两次草，提倡多耕后，锄草次数比往年多一次以上。有些劳动模范甚至锄到四五次。各地农民还广辟肥源，如多垫圈、多拾粪、修厕所、建尿站、猪不放野、改变用粪做燃料的习惯等。1943 年，延川县全县共修建厕所 3 160 处。一个 5 个人的厕所，一年的积粪可上 7 垧地，可增产细粮 7 斗。群众中的造肥方法有：用刺藜沤肥，动物骨头灰烬，沤草粪，炕皮土和窑皮土，宰杀猪羊留

---

① 陕甘宁边区财政经济史编写组：《抗日战争时期陕甘宁边区财政经济史料摘编》第二编，陕西人民出版社，1981 年，593～594 页。

② 中国农业博物馆：《中国近代农业科技史稿》，中国农业科技出版社，1996 年，406 页。

③ 陕甘宁边区财政经济史编写组：《抗日战争时期陕甘宁边区财政经济史料摘编》第二编，陕西人民出版社，1981 年，707 页。

下的脏水，掩埋动物尸体，等等。这些土方法，缓解了肥源的不足。[1]

1941年晋察冀边区行政委员会发出《关于开展填土造肥运动的指示》，号召大力积肥，要求对厕所、畜圈经常打扫，填土垫圈。

2. 选育良种　陕甘宁边区的光华农业试验场，选育出了一些优良品种加以推广。

（1）大田作物方面

粟：育出良种"狼尾谷"，产量每亩6斗7升，高于当地品种"干捞饭"10%。全边区推广10 180亩。

玉米：育出良种"金皇后"，亩产1石5斗，高于当地品种1倍以上。

马铃薯：育出"彭县黄皮"和"美国白皮"两个品种。"彭县黄皮"比当地紫皮产量高34.9%。"美国白皮"早熟、高产、质佳。

大豆：育出"老黑豆"，耐旱粒大，产量比当地品种高9.1%。

黑麦：引进黑麦，适宜在不能种冬麦的过冷地区推广。

棉花：引进洋花（脱字棉）、斯字棉。洋花产量高，列为推广种。斯字棉纤维长，适宜在黄河畔气温高的好田里种植。

甜菜：育出高糖甜菜品种，每百斤可产粗砂糖12斤。

落花生：选育出红皮花生，产量比当地种高20%。

苜蓿：在延属分区各县大量推广种植，解决牧草缺乏问题。

（2）园艺作物方面

从当地选育出露八分萝卜、白扁豆、三边茴子白等5个良种。试种外来蔬菜28种，经试验确定适宜边区种植的有青豆、番茄、缩面南瓜、雪里蕻、丝瓜等17种。引进草莓1种、甜葡萄2种、梨3种、苹果3种。

经试验成功的农作物良种，都先组织特约农户试种，然后逐渐扩大。蔬菜良种以各县和机关农场为试点，共推广了41种，面积达1 435亩。[2]

晋察冀边区农业科技机构选育出了"燕大811号"谷子在灵寿、阜平一带推广，比当地谷增产15%。育成"曲阳3号"和"阜平1号"两个小麦品种，有较高的抗旱性和抗病性。还育出了茄子新品种，增产40%。山东解放区的农业实验所，从民间60多种谷子和几十种小麦中也选育出了一些优良品种。[3]

3. 防治病虫害　陕甘宁边区作物虫害主要有钻心虫、椿象、蚜虫等。每年的

---

①　陕甘宁边区财政经济史编写组：《抗日战争时期陕甘宁边区财政经济史料摘编》第二编，陕西人民出版社，1981年，735～738页。

②　陕甘宁边区财政经济史编写组：《抗日战争时期陕甘宁边区财政经济史料摘编》第二编，陕西人民出版社，1981年，745～748页。

③　武衡：《延安时代科技史》，中国学术出版社，1988年，64页。

虫害损失十分严重，仅绥德分区因钻心虫的危害就使谷子减产1.5万斤。防治办法依据害虫习性不同而不同，对钻心虫的防治是烧掉谷茬，实行秋翻地及选用抗虫品种"狼尾谷"；对高粱椿象的防治是推迟播种期，使高粱开花结实期避开蝽象为害期；对蚜虫则采用喷洒烟草水。

作物病害主要是小麦锈病和高粱、谷子的黑穗病。防治办法是选用抗病良种、焚烧病株、轮作倒茬、药剂拌种等。

由于根据地军民的共同努力，农业生产得到迅速恢复和发展，粮食产量大大增加。陕甘宁边区的粮食产量，1941年为163万石，1942年为168万石，1943年达到184万石，1944年达到200万石。[1] 改变了吃购进粮的情况，并开始有余粮输出。其他各根据地粮食产量也显著增加。如晋察冀边区，仅因兴修水利改善生产条件一项，每年即可增产粮食100万石以上。[2]

在粮棉生产发展的同时，根据地的畜牧业也发展起来。全面抗战前，陕甘宁边区只有牛驴10万头，羊40万～50万只，到1945年，牛驴骡达到40.4万头，羊195.5万只，都较全面抗战前增长3倍左右。晋察冀边区行政委员会于1939年春号召"一人一鸡，一人一猪"。1941—1943年的三年中，平山等四县达到了要求，同时还新增牛驴马4 392头，羊27 170只。

根据地林业也有发展。陕甘宁边区靖边县田间地边广植柳树，一定程度上防止了沙化，又增加了农民的收入。晋察冀边区1939年很多地方已做到了一人一树。1940年，五专区人均植树5株，新乐县达到10株以上。四专区共植树118.7万株，森林区达到365处。1941年阜平县造果木林125处，面积900亩；防水林450处，面积1 350亩；木材林234处，面积225亩。[3]

在中国共产党的领导下，各抗日根据地通过开展减租减息、互助合作运动极大地调动了农民群众的生产热情。组织起来的根据地农民积极参加农业生产，各农业科研机构克服种种困难努力开展工作。所有这些都促进了抗日根据地社会经济及各项事业的发展，使得各抗日根据地在日寇疯狂扫荡和国民党封锁围困下，不仅没有垮下来，反而日益发展壮大，为赢得抗日战争的最后胜利奠定了物质基础。

第三节　解放区的农业发展

解放战争时期，中国共产党领导的各解放区开展了土地改革和农业互助合作运

① 《陕甘宁边区参议会文献汇集》，科学出版社，1958年，284页。
② 史敬棠等：《中国农业合作社运动史料》上册，生活·读书·新知三联书店，1959年，357页。
③ 中国农业博物馆：《中国近代农业科技史稿》，中国农业科技出版社，1996年，407页。

动，极大地调动了农民群众的劳动热情。摆脱了封建土地制度枷锁的解放区农民积极参加农业生产，各科研机构也克服困难努力工作，这些都促进了解放区社会经济的发展，解放区日益巩固和壮大。

一、消灭封建土地所有制

全面抗战时期，党在各根据地普遍开展了减租减息运动。抗战胜利后，解放区的广大农民强烈要求废除封建土地制度，彻底解决土地问题。山西、河北、山东、华中解放区的一些农民群众直接从地主手中夺取土地，实现了"耕者有其田"。在这种形势下，为动员广大农民群众积极参加解放战争，中共中央及时做出决定，把减租减息政策改变为没收地主土地分配给农民，实现"耕者有其田"的政策。1946年5月4日，中共中央发出《关于反奸清算和土地问题的指示》（以下简称《五四指示》）。其要点是：各级党委要坚决拥护广大群众实行土地改革的行动，批准他们从地主手中夺回土地；没收汉奸、恶霸的土地；一般不动富农的土地；不侵犯中农土地；把没收的土地和献地，优先分给烈士遗属、抗日战士和无地农民。

《五四指示》肯定了农民夺取地主土地的做法，并进一步提出全面实现"耕者有其田"的政策。《五四指示》的发出，进一步推动了土地改革运动的开展，各解放区大力发动群众，积极进行土地改革，打击封建势力。到1946年10月，晋冀鲁豫解放区已有2000万农民获得了土地，察哈尔省已初步完成了土地改革。东北解放区农民已分得土地2600万亩（平均每人6～7亩）。同年底，山东和苏皖解放区各有1500余万农民分得了土地。晋绥解放区宁武等13县，有51400户农民得到了土地。① 到1947年初，各解放区都有约三分之二的地方解决了土地问题。②

《五四指示》虽然推动了各根据地土地运动的开展，但其本身有某些不彻底性，如地主可保留较多的土地财产，原则上不动富农的土地财产等。随着国民党发动全国规模的反革命的国内战争，客观形势发生了变化。1947年9月，党中央召开了土地会议，会议制定了《中国土地法大纲》，宣布"废除封建性及半封建性剥削的土地制度，实行耕者有其田的土地制度"，"废除一切地主的土地所有权"，"废除一切乡村中在土地制度改革以前的债务"。《大纲》规定"乡村中一切地主的土地及公地，由乡村农会接收，连同乡村中一切土地，按乡村全部人口，不分男女老幼，统一平均分配"，"乡村农会接收地主的牲畜、农具、房屋、粮食及其他财产，并征收富农的上述财产的多余部分，分给缺少这些财产的农民及贫民，并分给地主同样的

---

① 于光远：《一年来的解放区土地改革》，《解放日报》1947年1月1日。
② 毛泽东：《毛泽东选集》第4卷《五四指示》，人民出版社，1991年，1323页。

一份"。《大纲》的公布，极大地推动了解放区的土改运动。据 1949 年 6 月统计，已完成土地改革，消灭封建土地所有制的地区大约有 1.51 亿人口，其中农业人口约有 1.25 亿。[①] 土地改革的胜利，标志着农村土地所有制和阶级关系发生了根本的变化，农村封建剥削制度已在解放区消失。这极大地鼓舞了农民的生产热情，他们迫切要求组织互助合作以发展生产。

二、开展农业的互助合作运动

土改以后，农民分得了土地和农具，生产积极性大为提高。但农户的个体生产，由于其生产资料的不足，在生产中遇到了许多困难，特别是贫雇农。因此中共中央号召在农民中继续开展农业互助合作运动（全面抗战期间，各根据地已开展了这项工作），大力组织变工队、互助组一类的合作组织。在中央的号召下，各解放区的互助合作运动发展很快。如晋冀鲁豫的太行区，1944 年 24 个县中，组织起来的劳动力平均每县9 160人；1945 年在 18 个县中，平均每县有 20 505 人；1946 年 20 个县中，平均每县 42 095 人，比 1944 年增加了 3 倍多，比 1945 年增加了 1 倍多。华东解放区的山东地区，1946 年上半年与 1945 年相比，组织起来的人数增加了 27％。互助合作组织不仅数量上有发展，而且质量上有提高。据太行老区 1944 年的统计，模范组只占 25％，落后组占 47％。而 1946 年在 11 个县的统计，18 936个互助组中，模范组占 58％，一般组占 28％，落后组占 14％。互助合作有利于先进技术的推广，在育种、精耕细作、工具改革方面较之单干有明显的优势，促进了农业生产力的提高。如据 1946 年对晋察冀的新解放区张北、多伦、康保、宝源等县的 104 个村的调查，一般劳动效率提高 1/5；张北县的大庙滩、大考营子，变工之前，一头牛一天耕 4～5 亩地，变工之后，一天耕 7～8 亩。晋冀鲁豫解放区的壶关十里村，按 1946 年的耕作标准，互助前每人能耕地 10.94 亩，互助后每人能耕 14 亩，多耕 3.06 亩。又如陕甘宁边区的王家坪，1946 年有牲口 13 头，每垧地平均产粮 6 斗。1947 年遭到战火摧残，牲口剩 7 头，每垧地平均产粮 4 斗。但到 1948 年就恢复到 1946 年的水平，没有互助合作这是不可能的。[②]

1947 年元月，中共中央提出在抓好农业生产的同时，还要"继续组织农民进行副业生产"，"做到耕三余一"使农民富足。晋冀鲁豫中央局响应党中央的号召，1947 年 4 月，发出《关于开展生产运动的指示》，号召所属军民"组织起来，发展

---

① 李新：《中国新民主主义通史》第四卷，人民出版社，1960 年，164 页。

② 史敬棠等：《中国农业合作化运动史料》上册，生活·读书·新知三联书店，1959 年，822、790、823、733 页。

生产，兴家立业，发财致富"。陕甘宁边区和西北局在《开展1948年春耕运动的指示》中也明确发出"提倡发家致富，奖励劳动"的号召。这些指示和号召，使农业劳动互助合作运动向着更加健康的方向发展。农民通过互助合作，发展了生产，摆脱了贫穷，购买力有了明显的提高。以东北解放区为例，如以1948年的购买力为100的话，那么1949年黑龙江白城县新发村的购买力提高了68%；辽东清源县四道碱场的购买力提高了75.2%。1947年时东北地区的布匹销售量为80万匹，1948年时为120万匹，可见农民生活有了显著的改善。① 在一些老解放区，如晋冀鲁豫区的潞城、黎城等县的136个村，在1946年就达到了"耕三余一"，有的甚至达到了"耕二余一""耕一余一"，生活水平大为改观。②

经过土地改革和农业互助合作运动，解放区的阶级关系发生了根本的变化，封建剥削消灭了，贫雇农大为减少。据1949年冬在河北、察哈尔23个村的调查，贫雇农由过去的44%减少为15%，中农由37%增加到77%。③ 中国共产党的农村政策使农民获得了实惠，因此广大农民拥护革命，积极投身于人民解放战争，为夺取中国革命的最后胜利做出了极大贡献。

三、开展农业科技活动

为了发展农业生产，支援人民解放战争，解放区党组织和政府十分重视改善农业生产条件，改进农业技术。特别是东北解放区，由于形势相对稳定，这方面的工作开展得更多一些。

东北解放区政府建立了新的农业科研机构。1946年11月，在伪满佳木斯农事试验场基础上建立了佳木斯农事试验场。1948年11月，公主岭农事试验场成立，成为东北地区农业科学研究中心。以后又相继建立了辽宁棉作试验场、兴城园艺试验场、锦州农事试验场等。还在铁岭、农安、德惠等地建立了种畜场。到1949年，东北解放区的农牧业科研机构和技术推广机构已初具规模。为了培养农业科技人才，还在沈阳和哈尔滨建立了两所农学院，并在克山、九台、熊岳、锦州等地建立了多所农业专科学校，这些科研教育机构做了许多工作。

东北解放区注重大型农田水利工程的修复工作，逐步恢复了东辽河蓄水库、盘山电力扬水站以及田禄、田礼、浑河灌溉工程和饮马河、查哈阳拦河堤坝等。同时注重小农田水利建设。1949年动员民工13万人修堤坝1 800里、挖渠900里，受

---

① 陈绍闻等：《中国近代经济简史》，上海人民出版社，1983年，326页。
② 史敬棠等：《中国农业合作化运动史料》上册，生活·读书·新知三联书店，1959年，859页。
③ 史敬棠等：《中国农业合作化运动史料》上册，生活·读书·新知三联书店，1959年，812～813页。

益农田近 20 万垧。

东北地区原有农具粗笨落后，要提高生产，改进农具是重要一环。为此，东北地区的党组织和政府提出把日本和苏联的农具与本地的农具相结合加以改良。1948年，中共中央东北局在《关于农业生产的总结和 1949 年农业生产的决议》中指示各级政府"提倡制造与逐渐地逐次地改良农具。以省为单位，有重点地兴办农具工厂。小的县份与市镇利用铁匠炉，制造简单工具，以供农民的需要"①。此后，东北各省陆续兴办了一些农具制造厂，并生产制造了一些农具。如黑龙江省农具厂制造的马拉铲趟机和锄草机，嫩江省讷河县农业试验场制造的耘锄播种机等，使工效提高，很受农民欢迎，得到大范围推广。吉林省农业厅所属农具厂仅 1949 年 5—6月就先后造出工农号锄草机 100 台、高作锄草培土犁 158 台，以后又生产了再垦犁（此犁根据苏联式改造）。② 东北地区的农具改良取得了很大成绩，到 1949 年 4 月，黑龙江省推广勾子犁 50 架、拜泉播种机 5 架、洮南播种机 7 架、除草机 856 架。松江省推广轱辘犁 300 架、松农 1 号除草机 150 架、合江号除草机 151 架。辽东省推广孤山犁 110 架、除草机 50 架。吉林省推广高作除草培土犁 200 架、公农 3 号除草机 50 架，等等。总之，东北地区总计推广改良犁 460 架、播种机 158 架、除草机 1 928 架。③

东北地区耕作粗放，土地多数不上粪、铲耥少。土改后，政府要求多铲多耥多上粪。全区干部群众积极响应党的号召，普遍做到多铲多耥。如吉林省铲耥三次的占 46.2%，三次以上的占 24.8%。榆树县有的农户进行了四铲四耥，甚至做到了四铲五耥。松江省 37.5% 的翻茬庄稼超过二铲二趟。④ 在施肥上，吉林省每垧地施肥 25 车，施肥面积 110 余万垧，占耕地面积的 36.7%。水田还施用了肥田粉（化肥）。松江省每垧地施肥 23 车，施肥的田达到了 30.5%。东北局农业部还订购了 8 000 吨硫铵，由各级政府贷给农民。⑤

在防治病虫害方面，政府大力组织农民消灭农田害虫。当时农民中有一种迷信观念，认为虫是"神虫"不能灭除。为此各地政府积极组织人员下乡宣传教育农民破除迷信观念。如辽东、辽西二省组织防虫工作团赴灾区指导农民捉虫。松江、黑龙江发动农村党员干部带头捉虫，用实际行动去教育感化群众。⑥ 1949 年，辽西省的台安、辽中、新民、铁岭、法库等九县棉蚜虫成灾，东北局农业部向这些地区提供援助，每垧棉田发放地力斯粉 1 磅、胰子 3 斤，并提供一定的贷款。此后，农业

① 《东北日报》1948 年 12 月 17 日。
② 《东北农业》1949 年 5 期。
③⑤⑥ 《东北农业》1949 年 6 期。
④ 《松江农业概况》1949 年。

部又增拨地力斯粉 12 000 磅、肥皂粉末 36 000 磅,分发各县。①

东北地区的各试验场收集、繁育了一些日伪时期已经育成的品种,如耐旱、高产的"克华麦",1947 年开始推广。同年在哈尔滨市郊发现"满仓金"大豆,该品种早熟、高产,1948 年开始推广。这一年,还从尚志县伪满时期的水稻良种中收集到了"国主"和"弥荣"两个品种,第二年在尚志及阿城地区推广。② 农技部门还在农民中推广株选、穗选和粒选技术,力求从本地品种中选出好品种,以充分利用本地资源。

华北解放区于 1948 年 5 月在石家庄建立华北农业试验场、华北农业技术推广队、家畜防疫处和水利推进社等机构。1949 年 1 月在北平西郊成立了华北农业科学研究所。山东解放区在抗日战争时期就建立了一些农业实验所。随着解放战争的胜利,在坊子、渤海、莒县、青州等地设立了农业试验场。到 1949 年初,已有农业试验场 12 个,农业示范场 85 个,基本形成了农业科技的试验、示范、推广网络。1946 年山东省农业指导所以莒南县大店区为实验区,种植从本地品种中优选出来的和从外地引进的良种,如粳稻"上白米"、金皇后玉米、甜菜等。还引种了美国斯字棉 2B 号,播种面积达 3 000 亩,比当地棉种多收籽花 70 000 斤。青州、渤海等地的农场也都做了选种育种工作。③

各解放区党和政府以及广大群众克服了战争带来的困难,经过艰苦努力,使解放区的农业生产迅速得到恢复。如东北解放区 1947—1949 年新增耕地 213.7 万垧,到 1949 年耕地面积已达 1 722.2 万垧。粮食产量也呈逐年递增趋势。1948 年达 1 187 万吨,1949 年达 1 320 万吨,1950 年达 1 800 万吨。山东解放区有的县已接近甚至超过全面抗战前的水平。如五莲县松柏区钱家庄 49 户人家,全面抗战前秋粮和地瓜干产量分别为 18 500 斤和 24 740 斤,1948 年时分别达 19 376 斤和 32 221 斤。晋绥解放区 1948 年时全区已恢复到八成,少数地区已达十成。据 10 县 15 村和一个区的调查,同 1946 年比,1948 年耕地面积增加了 23%,平均亩产量增加 25%。在该区的晋西北地区,1948 年增加水浇地 24 万亩,增产粮食 4 万担。华北解放区 1948 年平均亩产 120 斤(折成小米),共收粮 227.7 亿斤,达到全面抗战前的八成水平。④ 虽然这些地区的农业生产尚未完全达到全面抗战前的水平,但其恢复速度是很可观的。

在中国共产党的领导下,各解放区在战争环境下,克服种种困难,积极发展生产,取得了丰硕的成果,这是十分不易的。正是由于解放区的党组织和政府极为重

---

① 《东北农业》1949 年 4 期。
② 《东北农业》1949 年 5 期。
③ 武衡:《延安时代科技史》,中国学术出版社,1988 年,54、64 页。
④ 中国农业博物馆:《中国近代农业科技史稿》,中国农业科技出版社,1996 年,411 页。

视发展农业，才使解放区得以巩固，使解放战争获得了强有力的支持，为夺取革命的最后胜利奠定了基础。这段历史再次证明，必须把农业放在基础的地位，只有农业发展了、基础巩固了才能有各项事业的发展。

第四节　抗日根据地和解放区的赋税

在红军时期，中国共产党领导的人民军队的军需补给，主要依靠"没收"和"缴获"敌人的财物来维持经费和军费。陕甘宁边区建立之后，开始有了独立的财政，建立起人民政府的财政体系和税收政策。抗日战争时期，陕甘宁边区在其发展过程中也征收一定数量的农业税。这些税收的征收，对于边区的农业发展，保证民主革命和抗日战争的胜利，起了很大的作用。

一、税收制度的建立

边区政府最早开征的农业税，叫"救国公粮"。纳粮初期，尚无明确的税率规定，也不按人口多少摊派，而是由农民自报收获产量，按一定比例计税，自动交纳。征收时不收货币，只收粮食。征收以后，以地区为单位贮藏于民间，军队打到哪里，吃到哪里。[1] 因此，我们可以把当时的救国公粮看成是一种尚未完备的临时农业税。

在鄂豫边区开征田赋前后，苏南丹阳一带也开始征收"田亩捐"。据《新华日报》一篇写作于 1939 年 4 月 3 日的报道称："管文蔚氏组织游击队后……田亩捐规定在五亩以上的业主每亩抽一角五分，一年收一季。"从"（田亩捐）比过去当然轻了许多，而且被害区域不征税，因此人民也乐于出钱"[2] 看，报道写作时田亩捐已经顺利征收。1938 年 2 月丹阳抗敌总队正式成立，领导人管文蔚十分重视"制定税收制度，以保证部队的给养"[3]。无论从抗敌总队急需经费还是从田赋一般夏秋两季征收来看，苏南抗日根据地田亩捐的征收都应该始于 1938 年。[4]

全面抗战期间，在根据地推行减租减息、限制剥削的政策，与此相配套的是农业税实行累进税制。1943 年 5 月，边区政府通过《陕甘宁边区统一累进税试行办

---

[1]　谢觉哉：《征收救国公粮研究》，转引自《抗日战争时期陕甘宁边区财政经济史料摘编》，陕西人民出版社，1981 年，114～115 页。

[2]　中国新四军和华中抗日根据地研究会：《新四军和华中抗日根据地史料选》2，上海人民出版社，1984 年，442 页。

[3]　管文蔚：《管文蔚文集》，中共党史出版社，1995 年，69 页。

[4]　王建国：《华中抗日根据地田赋征收考述》，《中共党史研究》2012 年 4 期。

法》，先在部分地区试行。1944 年，边区政府颁布《陕甘宁边区农业统一累进税试行条例》，制定并实行将农业收益与土地财产二者合而为一的正规农业税制。其中规定：农业收益与土地财产均为农业累税之税本。凡有土地者，均须负担土地财产税；凡经营农业者，均须负担农业收益税。两种税本用分计合征统一累进的办法直接征收之。自耕农的税本，应减除生产者消耗费；佃农的税本中则应减去消耗和地租，以保证农户再生产的资本。凡属于贫苦抗工属（即经济上是比较困难的抗日工作人员的家属），农村中的长短雇工，移民难民等不满三年者，其税收概予以免征。针对各地不同的经济情况以及人民生活程度，规定了不同的起征点和起征率，以公斗为计征单位，按每人之平均粮计算，按户征收。累进率分 5 级递进，累进最高者为 35％，以使各地区的负担水平和负担面达到一定水平。农业累进税以土地之常年产量为计税标准。农村副业凡属于政府奖励发展者，一律免税。各县市于农业统一累进税征收时，得以行政村或自然村组织评议会，评定各农户之产量、副业情况，丈量土地，进行评定计税，力求公平合理。

当时，对于地主、富农和其他钱多粮多的人，依照高税率征收。对于收入低下的贫农依照低税率进行征收。对于特别贫苦，无力负担的农民免征农业税。80％的农村人口都按照"钱多多出，钱少少出"的原则负担农业税。苏南东路地区，"田亩救国捐"征收的标准比较高：地主有地 100 亩者交 30％地租作为田亩救国捐，有地 200 亩者交 35％，有地 500 亩者交 40％。救国捐最高不超过地主所得租金的45 ％，最低不低于地主所得租金的 30％。常熟地租每亩 6～10 元，地主缴纳"田亩救国捐"最少为每亩 1.8 元，最多为每亩 4.5 元。抗日民主政府还规定："所有自耕农民各交数额一致的救国捐，例如每亩各自交救国捐四元。"[①]

抗日民主政府在着手田赋征收工作之前，首先要做的工作是整顿旧有的税收律条。"废除一切乡保摊派、苛捐杂税，确定政府收入，在土地方面有田赋、公粮……制比田赋、公粮及税收（工商）中的一切附加。"[②] 此前，为了弥补经费的不足，"（新四军）军部、四支队、三支队、一支队一团、铜繁游击队都有人下去收税"[③]。抗日民主政府成立后，部队收税的现象在某种程度上仍然存在。为此中共中央特地于 1940 年 11 月给中原局、新四军下发指示："关于财政经济，应注意一

---

① 江苏省财政厅、江苏省档案馆：《华中抗日根据地财政经济史料选编》第 1 卷，中国档案出版社，1984 年，455 页。

② 《人民负担与财粮行政》，江苏省档案馆藏，档案号 201（永）- 30 - 1。

③ 华中抗日根据地和解放区工商税收史编写组：《华中抗日根据地和解放区工商税收史料选编》上，安徽人民出版社，1986 年，38 页。

开始便作长期打算……反对临时性的抓一把的办法。"① 这个指示对田赋征收起到了很好的推动和规范作用，华中抗日根据地田赋征收工作就此全面展开。苏南抗日根据地终止了田亩捐、田亩救国捐的征收，改征更加规范的田赋。苏中、淮北抗日根据地田赋征收于 1941 年全面开始。

1941 年 1 月，皖南事变发生。随即，国民政府断绝了新四军经费来源。为了保证抗战所需经费，鄂豫边、苏中抗日根据地先后将田赋提高为每亩征收 1 元。在苏北根据地，上等田田赋标准由每亩 0.42 元提高到 0.8 元，下等田由每亩 0.12 元提高到 0.2 元。② 淮北抗日根据地没有提高征收标准，但要求补征 1939 年和 1940 年田赋。③ 值得注意的是，1941 年 9 月，苏南抗日根据地规定："今年的田赋……每亩收全年三元，抗属免收五亩，地方政府人员及工作同志家属免征三亩，十分贫苦者免收。"④ 由此，苏南抗日根据地成为华中敌后唯一降低田赋征收标准的根据地。⑤

陕甘宁边区是中国共产党领导下的抗日根据地，由于建立在农村，财政收入只能是向农民征税。当时巨大的战争压力同有限的农民负担能力及落后的农村生产力之间存在很大的矛盾。为了解决这一矛盾，中共中央针对当时某些干部的思想状况，既批判了不顾人民困难，只顾军队和政府的财政需要的观点，又批判了那种不顾战争的需要单纯地强调政府要施行"仁政"的片面观点。提出必须保证国家民族的整体利益和长远利益，同时兼顾农民的局部利益。因此，当时的赋税政策，要做到征收既有利于边区政府运行和当时的生产发展，又要以农民生活逐渐改善为前提。以百分之九十的精力帮助农民发展生产，然后以百分之十的精力从农民那里取得税收。即使在困难的时期，赋税征收的限度仍要控制在一定的范围之内，使农民负担虽然重而不伤，而一旦有办法就减轻人民的负担，借以休养民力。如，通过著名的延安大生产运动，自筹军粮，以缓解政府开支的不足。在农业税的征收过程中，采取高限控制和起点控制的办法。高限控制是农业税的征收最高不超过农业实际产量或收入的比例。当时的规定是，全面抗战时期不超过 20%，解放战争时期则规定为 20%～30%。实际上的征收都在此线以下。起点控制是纳税时照顾农民

---

① 中国人民解放军历史资料丛书编审委员会：《新四军·文献》，解放军出版社，1994 年，190 页。

② 中共江苏省委党史工作委员会、江苏省档案馆：《苏北抗日根据地》，中共党史资料出版社，1989 年，119～120 页。

③ 江苏省财政厅、江苏省档案馆：《华中抗日根据地财政经济史料选编》第 1 卷，中国档案出版社，1984 年，306 页。

④ 茅山新四军纪念馆：《新四军与苏南抗日根据地》下册，江苏人民出版社，2005 年，1034 页。

⑤ 王建国：《华中抗日根据地田赋征收考述》，《中共党史研究》2012 年 4 期。

的最低生活需要，不能维持简单再生产和最低生活需要的农民，一概予以免收。当时具体征收时，就是将各户的粮食产量，先扣除全年的粮食需要，然后按人口平均，没有剩余的不征税，有剩余的按剩余多少累进计征。这种征收方式，既调节了纳税人的收入差距，又有利于农业的发展。①

二、边区政府和抗日根据地的田赋征实

陕甘宁边区的粮食征集工作，以临时农业税性质的救国公粮为主要渠道。1937年 10，颁布征收救国公粮条例，规定："以每年秋收后每人平均实际收获量为征收计算标准。但缴纳时，应以家为单位，将全家人口应缴数量，合并缴纳。"征收额根据人均收获量累进，每人年不满 300 斤者免收，300～450 斤者收 1％，累进至 1500 斤者收 5％。但是特别规定靠出租土地作为生活来源的地主，即使 300 斤以下也要征收 1％，以上则要加倍征收，而佃户减半征收。公粮以区为单位征收，由缴纳人送至区政府指定地点。② 随条例附发的细则规定，公粮以谷子为标准粮，其他粮食均应折合为谷子。但是公粮只征收麦子、糜子、苞谷、谷子和荞麦。③

1941 年的《救国公粮条例》对征收范围做了科学规定。首先，对人地分离现象，条例规定："凡人在边区，资产收入在边区以外者，征收公粮完全采取属人主义。凡资产收入在边区，人在边区以外者，征收公粮完全采取属地主义。"旨在杜绝恶意逃避税收的现象。其次，确定公粮征收范围为："以耕种所得之一切农作物；以出租土地或耕牛所得之租金或租粟。"从而将地主和富农的租佃收入纳入征收范围。最后，条例通过"凡租佃土地或租牛务农者，计算收益时须除去地租或牛租"，从而照顾了贫农和佃农的经济利益。此次征收还确定起征额为每口 150 斤。④ 边区党和政府一方面要求 1941 年征粮最高额不能超过农户收入的 30％，强调"必须有党组织与领导上的保证，各地征粮征草数额，必须经各县各乡参议会村民大会民主决定"，党组织要做到"每个干部每个成员报粮实在，纳粮纳草在前"⑤。另一方面确定 1941 年救国公粮工作的重点是扩大负担面，通过执行每口 5 斗起征，使 80％

---

① 章蓬、齐矿铸：《陕甘宁边区农业税收的特点与作用》，《人文杂志》1988 年 4 期。
② 甘肃省社会科学院历史研究室：《陕甘宁革命根据地史料选辑》第二辑，甘肃人民出版社，1981 年，36～37 页。
③ 甘肃省社会科学院历史研究室：《陕甘宁革命根据地史料选辑》第二辑，甘肃人民出版社，1981 年，43 页。
④ 甘肃省社会科学院历史研究室：《陕甘宁革命根据地史料选辑》第二辑，甘肃人民出版社，1981 年，280～282 页。
⑤ 陕甘宁边区财政经济史编写组：《陕西省档案馆抗日战争时期陕甘宁边区财政经济史料摘编》第六编，陕西人民出版社，1981 年，122～123 页。

以上的百姓都负担了公粮任务。同时通过限制累进税率，防止极端民主和向大户集中的现象。① 结果，延属各县占 85%～96 %，但绥德分区起征点降为 3 斗，陇东分区以麦子 5 斗起征，仍使贫农利益受到损害。而延属各县还有将最高税率提高到 50% 以上，导致影响地主富农生产情绪的现象。②

1941 年 12 月，太平洋战争爆发，日军接管了四大银行在上海的全部资产。1942 年 2 月 5 日，中共中央告诫华中抗日根据地："敌人可能以大量法币用各种手段，向我各根据地抛出，吸收我资源。"③ 3 月 9 日，汪伪政府宣布限用法币。鄂豫边区抗日根据地当即决定："收入主要依靠田赋，拟定征收实物，实行累进税，每年全部收谷共十万石，足够现有部队及机关人员五万人之用。"④ 汪伪宣布从 6 月 1 日起停止法币在沦陷区流通，法币像潮水一般涌向根据地，造成根据地物价飞涨。对于绝大多数根据地来说，改赋征粮已经成为与日伪进行货币斗争的必然选择。淮海抗日根据地当即决定："田赋改征，以小麦为准，如改缴杂粮，概以市价折算。"⑤ 淮北抗日根据地宣布："田赋改粮将为我主要收入之来源，必须在全边区实施。"⑥ 在这种情况下，田赋改粮这一田赋征收史上的重大变革不可避免地向前推进。⑦

---

① 陕甘宁边区财政经济史编写组：《陕西省档案馆抗日战争时期陕甘宁边区财政经济史料摘编》第六编，陕西人民出版社，1981 年，129 页。

② 陕甘宁边区财政经济史编写组：《陕西省档案馆抗日战争时期陕甘宁边区财政经济史料摘编》第六编，陕西人民出版社，1981 年，140 页。

③ 华中抗日根据地和解放区工商税收史编写组：《华中抗日根据地财政经济史料选编》第 1 卷，安徽人民出版社，1986 年，28 页。

④ 鄂豫边区财经史编委会等：《华中抗日根据地财政经济史料选编——鄂豫边区、新四军五师部分》，安徽人民出版社，1986 年，298～299 页。

⑤ 江苏省财政厅，江苏省档案馆财政经济史编写组：《华中抗日根据地财政经济史料选编 江苏部分》，档案出版社，1984 年，387 页。

⑥ 中共安徽省委党史工作委员会：《淮北抗日根据地》，中共党史出版社，1991 年，128 页。

⑦ 王建国：《华中抗日根据地田赋征收考述》，《中共党史研究》2012 年 4 期。

第十六章　日据时期的台湾农业

　　在中国近代史上，中日关系是最血腥的国际关系，也是中华民族最屈辱的历史记忆。1894 年（光绪二十年），中国与日本因为朝鲜主权问题而爆发甲午战争。次年 3 月 20 日，中国派出李鸿章为全权大臣，赴日本广岛与日本全权大臣议和。到达之后，李鸿章要求先停战，但谈判没有结果。最后清政府被迫于 1895 年 4 月 17 日与日本签订《马关条约》，将辽东半岛、台湾全岛及附属各岛屿、澎湖列岛割让予日本。

　　依据《马关条约》的规定："台湾澎湖内中国居民，两年之内任便变卖产业搬出界外，逾期未迁者，将被视为日本臣民。"1895 年日本殖民统治者入台之初，岛内许多富豪开始内渡大陆，一些地方上有功名的举人秀才之辈，也都纷纷离去，回归福建原籍。台湾剩下的原本单薄的上层文化土壤，已经流失殆尽。在这样的基础上，日本殖民当局其实只是在一片空地上"建筑楼台"，并不需要花多少时间，即铲除了台湾原有的社会上层建筑，实行了长达 50 年的殖民统治。[①]

第一节　日据时期台湾的乡村管治

　　日本自 1868 年推行"明治维新"后，经过将近 30 年的快速发展，成为东方世界的第一强国。此时，日本凭借强大武力，走上了对外扩张的霸权道路。到 1895 年占据台湾之时，日本殖民者从一开始就踌躇满志地要对台湾进行全面的改造，公开宣扬道："拓化未开之国土，广被文明之德泽，历来白种人视为己任。今者，日本国民起于绝海之东表，欲分负白种人之大任。虽然，我国民能完成黄种人之负担

---

　　① 许倬云：《日治时代的台湾》，《南方都市报》2012 年 6 月 19 日。

乎？台湾统治之成败，实为解决此一问题之试金石也。"① 这种狂妄与自卑相互纠结的岛民暴发户心态，正是日本殖民者的真实写照。为了尽快建立乡村统治秩序，首任总督桦山资纪于 1895 年 6 月 17 日举行"始政典礼"之后，立即着手对台湾乡村推行一系列的殖民政策。

一、日据时期台湾的乡村管治

（一）日据时期台湾的行政区划

日本殖民统治初期，对台湾的行政区划进行了频繁调整，这也反映了日本殖民当局仓促治台、缺少成制的混乱局面。大致可分为三个阶段：

一是三县一厅。1895 年 5 月至 1897 年 6 月，设台北县、台湾县、台南县、澎湖岛厅。三个月后的 1895 年 8 月将台湾县和台南县改称台湾民政支部和台南民政支部；1896 年 4 月恢复原来的三县一厅称谓。

二是增设县厅。1897 年 6 月，总督府对行政区划进行了较大调整，增设为六县三厅，即台北县、新竹县、台中县、嘉义县、台南县、凤山县、宜兰厅、台东厅、澎湖厅。1898 年 6 月缩复减为三县三厅，即台北县、台中县、台南县、宜兰厅、台东厅、澎湖厅。1901 年 5 月新设恒春厅（由台南县析出），成为三县四厅。

1901 年 11 月推行"废县置厅"，全岛共设二十厅：台北厅、基隆厅、深坑厅、宜兰厅、桃仔园厅、新竹厅、苗栗厅、台中厅、彰化厅、南投厅、斗六厅、嘉义厅、盐水港厅、台南厅、凤山厅、蕃薯寮厅、阿猴厅、恒春厅、台东厅、澎湖厅。到 1909 年 10 月，又缩减为十二厅：台北厅、宜兰厅、桃园厅、新竹厅、台中厅、南投厅、嘉义厅、台南厅、阿猴厅、台东厅、花莲港厅、澎湖厅。

1920 年 9 月推行"废厅置州"，初时设五州二厅：台北州、新竹州、台中州、台南州、高雄州、台东厅、花莲港厅。1926 年 7 月，升高雄州澎湖郡为澎湖厅，变为五州三厅。此后直至 1945 年 8 月日本战败，未再变更。1926 年的行政区划，持续时间长，在相当程度上影响了国民政府迁台的行政区划建制。②

---

① 黄静嘉：《春帆楼下晚涛急——日本对台湾的殖民统治及其影响》，商务印书馆，2003 年，35 页。

② 宋光宇：《台湾史》，人民出版社，2007 年，115 页。

表 16-1　日据时期台湾行政区划

日据时期行政区	面积（千米²）	今行政区域
台北州	4 594.237 1	台北市、台北县、宜兰县、基隆市
新竹州	4 570.014 6	桃园县、新竹县、新竹市、苗栗县
台中州	7 382.942 6	台中县、台中市、彰化县、南投县
台南州	5 421.462 7	台南市、台南县、嘉义市、嘉义县、云林县
高雄州	5 721.867 2	高雄市、高雄县、屏东县
台东厅	3 515.252 8	台东县
花莲港厅	4 628.571 3	花莲县
澎湖厅	126.864 2	澎湖县（1926年自高雄州分出）

（二）组建乡村农会和产业组合

早期的台湾农会，由乡村地主士绅在日本殖民当局的支持下发起组织，主要目的是推动殖民政府的农业政策，并维护乡村绅民的利益。最早的农会始于 1900 年台北厅三角涌。1908 年后，台湾总督府颁布法令，将台湾农会法制化。农会既是乡村的正式组织建制，也是受制于殖民政府的准官方机构。农会的重要职位均由日本人担任，就连有名望的乡村士绅也鲜能染指。农会创建之初，隶属州厅一级制。1937 年底至 1938 年初，殖民政府为应对战争需要，遂在州厅之上设置统领全岛的台湾农会，变成总督府与州厅共管的两级制。各级农会会长、副会长，乃至各部门主官，悉由殖民政府相关部门官员兼任。在战争环境下，台湾各级农会在承担奖励与推广粮食作物种植任务之外，还推广各种可充作军事原料的农作物的种植，并协助总督府的米谷统制政策和肥料配给政策执行。[①]

与农会存在于州厅以上层级不同，产业组合（台湾光复后改称"合作社"）主要出现在市街庄（乡镇）一级。台湾地区产业组合的前身是一种自发自治的民间组织，其设立的目的大多是为了金钱融通。1913 年，产业组合成为殖民政府法制化的正式组织，被要求按"市街庄"区域建制分别设立相应的"产业组合"。乡民加入产业组合后成为该组织的社员，以一户一社员为原则。社员须向产业组合交纳股金，同时可享受利润盈余的分配。产业组合经营信用、购买、贩卖、利用四种业务，可单项经营或多种兼营。[②]

1937 年全面抗日战争爆发后，台湾进入经济统制阶段，粮食、肥料等都采取

---

① 胡忠一：《日据时期台湾农会之研究》，《农民组织学刊》1996 年 1 期。

② 台湾省政府农林厅印：《台湾省农会之改组》，台湾省政府农林厅，1950 年，7 页。

配给制，产业组合在殖民政府计划下，被编入物资调度与配给机关，承办稻谷征收、农产品集出货等任务，加入组合的人数更加增多，到 1940 年，台湾地区几乎有九成的农户加入了产业组合。产业组合最初被殖民政府局限于地方经济范畴，也是一级制的组织，直到 1942 年 6 月，殖民政府才允许台湾产业组合联合会建立，将产业组合改为二级制。产业组合也受到殖民政府的行政干预，其管理人员和重要职员的任命，必须得到殖民政府的许可，联合会自会长以下重要职员，更直接由政府任命，合作组织的自发精神在此完全不见。但由于产业组合存在于乡镇基层，所办的农仓、肥料购买以及信用业务等，与农民的生产、生活比较密切，加上日据时期殖民政府及大企业的中上层职位都由日本人担任，台湾地区地方精英多数只能进入产业组合系统，因此，台湾产业组合与农民的关系同农会相比较，更为贴近一些。①

（三）组建乡村警察和"保甲连坐"

农村一直是日本殖民当局所重点关注的区域。为有效地控制农村，日本殖民当局建立起总督专制独裁、警察恐怖统治和"保甲连坐"的三位一体的殖民统治体系。

1898 年 8 月 31 日，殖民当局出台了《保甲条例》，继续实行农村传统的保甲制度。《保甲条例》规定：全岛民众（日本人及其他外国人除外）十户为一甲、十甲为一保，保设保正、甲置甲长。保甲长名义上由村民选举产生，但是必须经过辖地警务署长及地方长官的认可，并受其指挥、监督。保甲制下的村民群体，负有连坐的责任②；保甲内的民众，凡年龄在 17～50 岁的男子，组成壮丁团，负责户口调查、村庄内出入人口的盘查，对风、水、火灾及"防阻匪盗"的警戒等有关保安事项，但保甲及壮丁团所需的费用却由民众自行负担，保甲长为无薪公职。③

日据时期，台湾农业还是依靠小农采取传统的牛耕加人力的小规模家庭耕作方式，但无论水稻或甘蔗的种植技术都有很大的提升。这个提升有两个特点：一是对农家来说是被动的；二是水稻和甘蔗种植技术的提升和推广并非平行一致。甘蔗和水稻的新品种都是当局引进，驯化成功然后通过行政手段强行向农民推广的。1920年以前，当局主要通过警察与保甲，配合农业技术员（大多是日本人且担任基层政权职务）对农家进行严格的监督和有系统的指导。1920 年以后，这些工作多由农

---

① 台湾省政府农林厅：《台湾省农会之改组》，台湾省政府农林厅，1950 年，7 页。

② 〔日〕向山宽夫：《日本统治下台湾民族运动史》，东京中央经济研究所，1987 年，234 页。参见陈小冲：《日本殖民统治台湾五十年史》，社会科学文献出版社，2005 年，12 页。

③ 黄静嘉：《春帆楼下晚涛急——日本对台湾的殖民统治及其影响》，商务印书馆，2003 年，225 页。

会承担。①

二、乡村地权与农户经济调查

日据初期，台湾财政困顿，殖民当局急于通过土地变革达到增加地租、充实财政的目的。总督府颁布台湾地租规则，调高了税率。1905 年，台湾财政"经费之自然增加，大部分仰赖土地调查及大租权整理后之地租增收"②，首要之举是厘清土地关系，以确定赋税征收之凭据。但是日本据台之初，前清台湾首任巡抚刘铭传所编制的鱼鳞图册大都已经散毁，偶存者也已残缺不全，且民间私垦隐田甚多，土地权属及其租佃关系甚为复杂，旋即着手开展全岛的土地调查活动。

1898 年总督府发布的律令规定，关于土地的权利，不论台湾人还是日本人，一律依旧惯。而所谓的台湾旧惯，是指台湾在清治时期被有效施行且一直延续至日据初期的法律规范。它既包括官府制定法即《清律例》中的规范，也包括民间习惯规范。③

日本殖民者首先推行的是农村调查即丈量土地。1898 年，台湾总督府在台设置"临时土地调查局"，颁布《台湾地籍规则》和《土地调查规则》，以民政长官后藤新平为土地调查局局长，开始了为期六年的土地调查。同年，又公布了台湾土地调查局组织章程和土地管理调查规则的施行细则。日本殖民者通过土地调查，使大量隐匿田亩被清查出来，入册征税的耕地面积大增，田赋税收大幅增长。④

《土地调查规则》规定，土地之业主或佃户必须检附证据书类，向政府申报其持有的土地及附随的法律关系，经地方调查委员查定后，将各该土地的业主权人登载于土地台账上，不服者可申请高等土地调查委员会裁决。若不在规定的期限申报土地，则依土地调查规则，土地的业主权归殖民地政府。若为逃税而匿报，则将行没收，充为官地。

历经五年的全岛土地调查，至 1903 年基本结束。调查数据显示，其时全岛农村之水田、旱地、宅基地及其他类土地为 77.8 万甲⑤，而实施调查之前官方征税面积仅为 36.1 万甲，净增 41.7 万甲。由此带来的地租收入也从原来的 86 万元，

---

① 程朝云：《战后台湾农会组织体制发展三十年（1945—1975）》，《学习与实践》2008 年 10 期。
② 〔日〕井出季和太：《日据下之台政》卷 1，台北海峡学术出版社，2003 年，119 页。
③ 王泰升：《台湾日治时期的法律改革》，台北联经出版事业公司，1999 年，306 页。
④ 陆静：《台湾日治时期土地权演变的历史考察及其评价》，《东岳论丛》2007 年 6 期，147～148 页。
⑤ 此处的"甲"是台湾地区民间计算田土面积的基本单位。相传荷兰窃据台湾时，曾以甲征租，相沿成习。1 甲约等于标准亩 11.3 亩。

增加到 299 万元，猛增 2.48 倍。①

1910 年 10 月，殖民统治者进一步对台湾的官有土地或山林原野进行全面调查。其间颁布了《台湾林野调查规则》《高等林野调查委员会规则》《地方林野调查委员会规则》。林野调查工作由台湾总督府殖产局林野调查课主持实施，前后费时6 年，参加人员达 16 余万人次。1915 年林野调查工作结束时，整理出《台湾林野调查事业报告》，查核的林野面积实数为 97.3 万甲。

林野调查将台湾普通行政区域内的林野划分为官有与民有。其官有林野整理事业则使官有林野及东部台湾的田园的所有权得以确定。至此，除土著族群聚居的少数山区土地（即番界），全岛土地均已完成测量，设立了地籍，确定了所有土地的权属关系。②

伴随土地"清查"的进行，日本殖民者立即对土地资源进行大肆掠夺。1911年颁布了《土地收买规则》，用低价强购耕地。在日本殖民者巧取豪夺下，全台土地总面积 370.7 万甲中，为殖民政府占有者 246.2 万甲，被日本财阀及企业占有者为 18.1 万甲，二者合计达 264.3 万甲，占土地总面积的 70％以上，占耕地面积的 20.4％。③

日本还在台湾开展了长期的农家经济调查。调查的主要方面有：耕地分配与经营调查、租耕惯行调查、农家经济调查、主要农产物生产调查、农产物需给及金融调查、肥料需给调查、土地利用并农产适地调查等。1925—1929 年进行第二次农业基本调查。调查的主要方面有：主要农产物经济调查、农业劳动调查、耕地租借经济调查、农产物市场调查、企业的农业经营调查等。1930 年起着手第三次农业基本调查，至 1939 年结束。调查的主要方面有：农家经济调查、米生产费调查、耕地分配及经营调查、农业金融调查、农业经营调查、耕种组织调查、主要农产物经济调查、农家劳动调查、耕地赁贷经济调查、农家生计费调查等。1940 年起，再以五年计划，开始第四次农业基本调查。1940 年为农业者负担及金融纳税调查；1941 年为农业劳动需给状况调查；1942 年为农家生计费调查。

三、战时经济统制

1931—1937 年，台湾殖民政府根据战时经济的需要，强力推行"战时统制经济"。太平洋战争爆发后，日本在台湾地区实施更加严厉的经济统制政策。为了更

---

① 〔日〕竹越与三郎：《台湾统治志》，东京博文馆，1905 年，211 页。参见陈小冲：《日本殖民统治台湾五十年史》，社会科学文献出版社，2005 年，17 页。

② 陈体诚等：《台湾考察报告》，福建省建设厅印行，1935 年，134～136 页。

③ 陈碧笙：《台湾地方史》，中国社会科学出版社，1982 年，202～203 页。

好地协调、管理台湾地区的农业组织，以便更有效地榨取台湾地区的农林资源来供应战争的需要，台湾总督府于1943年10月颁布《台湾农业会令》，将农会与产业组合及其他各种农业团体合并，成立一元化的农业组织——农业会，经办农技推广、农产供销以及强制储蓄等有关农业之一切事宜。在组织形式上，农业会采取三级制，与台湾总督府、州厅、市街庄三级行政体系相对应，各级农业会的正副会长由各级行政首长兼任，农业会的官办色彩更加浓厚。农业会的组织设计，不仅延续了农会与产业组合中的统制成分，而且将其大大强化。无论是日据时期的农会、产业组合，还是后来的农业会，由于殖民政府的强力介入，这些组织都有很强烈的官办色彩，并在业务方面注重与农业发展有关的内容，而对农民的利益很少关注。①

　　台湾总督府施行的战时统制经济完全依附于日本战时统制经济之下。日本战时统制经济是同时代国际社会政治经济变动的产物，其形成有着深刻的国际、国内背景。19世纪80年代，日本通过推行"松方财政"完成了一次经济政策的转变，之后进入所谓自由资本主义发展阶段，并于19世纪末完成了以近代纺织业为代表的轻工业革命。但是，这个阶段极为短暂，进入20世纪后，私人垄断即财阀垄断获得急速发展。私人垄断的弊端随着经济危机的频繁爆发而暴露无遗，至20世纪20年代末30年代初，"自由"但不可"放任"，必须对资本主义进行"修正"的观点成为当时经济思想的主流，而将这一思想付诸实践的主要是政府官僚和军部，其手段是修正现行经济制度，推行统制经济。② 总督府制定并实施了一系列新的农业统制政策，致使台湾岛内固有的农业结构发生重大的改变，"各种特用作物迅速发展以供应军需，更促使台湾农业走向多元化"。③ 1933年，总督府以救令第279号将日本《米谷统制法》部分条款（法律第24号，第七条、第八条、第九条及第十三条，附则第三项、第四项之规定）施行于台湾。

　　总督府为了统制台湾的经济，统制台湾的农业，于1938年开始实施《台湾重要农作物增产十年计划》，对台湾的农业生产实施统制，鼓励农民转作经济作物。1939年总督府颁布《台湾米谷输出管理令》（律令第5号），设立米谷局，台湾米谷的输出由以往民间贸易商社经营，改由总督府直辖下的严格统制。由于日本国内稻米歉收，对台湾稻米的需求骤增，台湾总督府的米谷政策又由鼓励转作的措施改为加紧增产的措施。1941年，总督府颁布《台湾米谷等应急措施令》（律令第11号）。1942年总督府又以救令第599号将日本《食粮管理法》（法律第40号）施行于台湾。同年12月太平洋战争爆发，1943年总督府颁布《台湾粮食生产管理令》

　　① 程朝云：《战后台湾农会组织体制发展三十年（1945—1975）》，《学习与实践》2008年10期。
　　② 雷鸣：《日本战时统制经济研究》，人民出版社，2007年。
　　③ 台湾省文献委员会：《台湾近代史·经济篇》，台湾省文献委员会，1995年，134页。

（律令第 25 号），进一步限制台米的输出。① 同时总督府公布《米谷生产奖励规则》，而原转作物则当作工业原料继续奖励生产。各种经济作物都在奖励之下，造成台湾农业的大量增产，根据农业年报的记载：台湾农业生产指数以 1902 年为基期（100），则 1935 年为 642，1939 年为 982，1944 年为 1 392。②

第二节　日据时期台湾的米糖生产

甲午战争后，日本已经从传统的农业社会转变为近代化的工业国家，乡村人口急速向都市集中，农业凋零、米粮短缺，供不应求。因此，日本据台初期即确立了"工业日本、农业台湾"的殖民经济方针，将台湾建成其热带经济作物及粮食生产基地。

一、台湾糖业改良

明治维新以后，随着日本人生活水平的提高，食糖消费需求大增，但日本本土基本不产糖，完全仰赖从国外进口。为此，1895 年日本占据台湾之后，就开始有计划地通过关税保护、资金补助、原料确保及机械化生产等手段来扶植台湾制糖业的发展。③

20 世纪初，日资现代化糖厂开始在台湾快速发展。为了保证糖厂有充足的原料，台湾总督府制定了《原料采取区域制度》。该制度将全岛划分成 40 多个甘蔗原料采取区，区域内的甘蔗不可运售区外，也不可以移作鲜食果用，只能卖给该区域内的制糖厂。第一次世界大战期间，欧洲甜菜减产，世界糖价暴涨，日资糖厂更加急速扩大生产。④

发展台湾糖业生产，首先要对传统甘蔗品种和种植技术进行科学改良。台湾原有的蔗种为竹蔗、红蔗及蚋蔗等，含糖量低，产量亦少，不能满足大规模机械制糖的需要。1896 年，殖民政府即从夏威夷引进糖用甘蔗良种"玫瑰竹蔗"品种。该品种经过在台湾本土的驯化选育，培育成功了适宜台湾栽培、出糖率高的优良竹蔗品种。于 1902 年开始无偿配给蔗农种植，迅速在甘蔗区推广。玫瑰竹蔗成为全岛普遍种植的糖用甘蔗主要品种。

---

① 台湾总督府颁布《台湾粮食生产管理令》（律令第 25 号），对台米输出日本进行严格限制。
② 台湾省文献委员会：《台湾近代史·经济篇》，台湾省文献委员会，1995 年，135 页。
③ 台湾省糖务局：《台湾糖业一斑》，台湾省糖务局，1908 年，53～54 页。
④ 周翔鹤：《日据时期（1922 年以前）台湾农家经济与"米糖相克"问题》，《台湾研究·历史》1996 年 2 期。

台湾蔗区多数沿海低洼，常年受到台风侵扰，产量波动不稳，对糖业生产供应影响甚大。因此，殖民政府又于1913年前后，从印度尼西亚爪哇岛引进能抵抗台风的爪哇大茎蔗种。该品种茎粗而速长，产量既高，复又抗风，稳产高产。后经甘蔗试验场专家的科学驯化选育，形成了一批含糖量高、抗风力强的甘蔗良种，并以"台糖"系列命名，于1916年开始配给沿海平原多风蔗区种植。[1]

殖民地的农产品价格取决于宗主国和垄断资本企业。日据时代台湾的蔗价由各原料采取区域内的日资糖厂决定。他们采取了蔗价跟随米价的方式，因此蔗农假使实行集约化经营亦无把握获取相应的报酬，而日资糖厂可以稳获低价的甘蔗。在这种情况下，农民没有种蔗的积极性。1922年以前，由于殖民政府集中发展台湾制糖业，农业生产要素商品化主要发生在蔗糖业。[2]

在配合优良蔗种推广的同时，当局又以行政手段鼓励甘蔗种植的改良，例如，推行甘蔗施肥、灌溉技术等。在机制榨糖工业产生之前，台湾农村种植甘蔗，多作果蔗生吃，村民不求产量提高，一般都不施肥不灌溉，管理粗放，任其宿根自长。总督府的糖务局采取多项措施促进甘蔗种植技术的改良。例如，先行购进蔗用肥料，然后以一定买卖的契约配给蔗农施用，对甘蔗种植进步起到了一定的作用。

1895年日据初期，全台有旧式榨糖作坊（糖部）1100余家，均以人力和畜力为动力，压榨制糖能力有限。殖民政府极力鼓励日本国内资本在台投资建立新式糖厂。1896—1907年，先后建立了大日本、台湾、明治、盐水港四大制糖株式会社。与此同时，由日本人经营的大型糖业会社亦相继创立。后来经过多次合并改组，直到1945年日本战败时，台湾糖业在这四大会社垄断之下，拥有新式制糖工厂42家，附设酒精工场15家，员工2.5万人，自营铁道2998公里，土地11.4万公顷，每日压榨鲜蔗65 000吨。

二、稻米品种的改良

日本占据台湾后，总督府大力发展米糖生产，以实现既定之"农业台湾"的殖民地战略。但是台湾的"在来米"（传统品种）属于籼稻类型，米质粗硬，没有日本人所喜爱的黏软米性，因此台湾稻米对日输出困难。据台初期，台米输日不及台米总产量的8%。为了改变台湾传统稻米品种，选育适合日本消费习惯的优质稻米，总督府推出了台米增产优质策略，旨在提高台湾本地稻米的数量和品质，以供

① 陈体诚等：《台湾考察报告》，福建省建设厅印行，1935年，58～59页。
② 周翔鹤：《日据时期（1922年以前）台湾农家经济与"米糖相克"问题》，《台湾研究·历史》1996年2期。

输出日本市场的需求。

台湾稻种改良计划，分为传统品种改良（亦称"一般稻种改良"）和选育品种改良（亦称"特别稻种改良"）两类。稻种的一般改良计划，主要是限制原有水稻品种的种植面积。其方法为选择原种而除去其中的杂异品种，经提纯繁殖后分配于一般农家。稻种的特别改良计划，即水稻的杂交育种和纯系分离方法，将试验育成的良种列入推广改良品种名录，经原种繁殖后分配于稻农种植。

（一）传统稻种改良

自 1906 年起，推行稻米的一般改良计划，限制传统品种"红米"的种植（红米系本地原产的籼米型品种，因其糙米表皮呈红色而得名）；1910 年起，要求稻农种植当局选定的品种，其选择标准是高产且粒形与日本米相近的品种。此种稻米容易对日输出。具体改良方法为：第一，划分改良区域，减少各该区域内的原有品种，选出优良丰产、粒形相似日本种的品种。第二，前季限定品种，以拔穗或穗选方法逐次淘汰，使其变为纯洁，而提高其品种纯度。第三，由限定品种，以纯系分离法选出优良品种后，委托地方试种，经证明优秀而确适应于该地方风土的品种，作为该地方的限定品种。

总督府规定，每厅州均以四年为一期，从事改良。由总督府发给补助费与各厅及地方农会，作为推广之用。第一年，在改良区域中，先调查各农户原有水稻品种的名称、主要特征、播种量及栽培面积等。经技术人员与地方农户协定，选择其丰产优质的品种（限定三种以内），并按计划的需要限定品种数量，以便选定采种田的区域及面积。在选出品种的生育期中，注意拔除杂株异种，以保品种性状纯合一致。收获时则以穗选法采取种子，责令农会收买贮藏，作为原种。第二年，指定繁殖田的耕种人，给予原种进行第一次扩繁种植，并指定一部分用单株种植，一部分采用普通的多株丛植。生长期内仍须加以去杂去劣的株选淘汰。收获时仍用穗选法，以期确保品种纯度。第三年，指定负责第二次扩繁的耕种人，用普通植法进行第二次原种繁殖。同时详细调查各农家所需稻种谷数量，落实二次扩繁的种植面积，以满足农民的稻种需要，以备来年稻种分配之用。第四年，责令改良区域内各农家普遍使用改良种谷，给予繁殖田耕种人以二成收益，向其交换改良种谷。至于浸种、播种与插秧等项新技术，均责令农会职员实地指导监督。[①]

总督府以奖励加技术指导相结合的办法，推行台湾传统水稻品种的改良，取得了一定成效。例如，1916 年台南厅第一次米种改良限定数第一季 181 种，中间种 85 种，第二季 219 种，共 485 种，比以前减少了 880 种。减少红米的工作成绩也

---

① 陈体诚等：《台湾考察报告》，福建省建设厅印行，1935 年，31～32 页。

颇为显著，大体已告剔除。

（二）稻种杂交选育改良

1903 年，将台北、台中、台南三家农事试验场合并成立"总督府农事试验场"，招聘日本国农业专家，着手研究选育改良稻米品种。1912 年，日本水稻育种家矶永吉、末永仁等人入职总督府农事试验场，开始从事对台湾"在来米"的改良工作。矶永吉、末永仁等在台湾和东南亚地区广泛收集传统水稻品种试种，再经过十余年的提纯、杂交、选育等研究，1922 年培养出一个适合日本人食用习惯并且高产优质的水稻新品种，取名为"台中 65 号"，在台湾中南部水稻主产区推广种植。水稻改良工作取得了初步成效。[①]

1921 年 5 月，总督府制定《台湾稻种改良要项》，颁发各州遵照办理。其主要内容是，其一，配给州立机关或州指导下的私人团体的改良种子，应以中央研究所农业部、州立农事试验场、州农会育种场所育成的品种，以及由日本内地试验场领来、再经本地试验三年，成绩优良的品种为限。其二，农家个人如愿单独直接试作，得由中央研究所农业部、州立农事试验场、州农会育种场领取育成的新品种。但由岛外输入种子时，官厅方面应予帮助给以试验的便利。经试验后有成绩佳良者，应按地方办法办理，随时考察。其三，地方试作方法，一区定十坪。但实行二组以上或单区制时，各区间应置标准区。其四，经地方试作成绩优良并得该地方农家多数赞同者，作为限定品种，然后使其繁殖而推广于各希望的农家。其五，农家希望栽培限定品种者（由原有品种经淘汰后选择而定者），须参酌第四项办法，拟具体计划在限制年数内得分配之。其六，第四、第五两项办法，须参酌实际情形合并施行。其七，第四项之限定品种，其内容精选淘汰繁殖方法，应照以下各项办理。限定品种，应由改良区域内农家多数协议后决定；限定品种内容的淘汰，应依穗选或单植法办理；第一次繁殖应作单本植。其八，州或州农会应按以上各项所述要旨，拟定具体计划，在现行稻种改良事业年度终了后，即继续办理。其九，各州应将具体新计划，呈请总督府审定。[②]

三、"蓬莱米"的选育推广

"蓬莱米"的命名，是 1926 年 5 月 5 日在台北铁路饭店举办的台湾米谷协会第十

---

① 实际上，自 1895 年台湾总督府就设立农事试验场开始引入日本稻米新品种，在岛内进行试种，并渐次扩大试种范围。1911 年试种取得初步成果，种植面积逐渐扩大。参见黄登忠、朝元照雄：《台湾农业经济论》，东京税务经理协会，2006 年，9～10 页。

② 陈体诚等：《台湾考察报告》，福建省建设厅印行，1935 年，35～37 页。

九次会议上，水稻育种家矶永吉提出了"蓬莱米""新台米""新高米"三个备选名字，时任总督伊泽多喜男当场选定"蓬莱米"作为新品种的名字。[1] 自此以后，台湾培育的品质相近的新米或来自日本的种稻，均被泛称为"蓬莱米"。[2] 随着1930年嘉南乌山头的大圳水利工程的完工，蓬莱米由北向南流行起来。因其单位价值较高，利润高于本地稻米，因而种植面积迅速上升，当地稻米的种植面积则相应下降。[3]

在台湾总督府的大力推广和奖励下，蓬莱米的播种面积持续扩大。1922年蓬莱米种植面积仅为14公顷，到1925年增加为近7万公顷，1935年更增加到30万公顷，比1922年增加数百倍，占当时台湾水稻种植总面积的43.6%。

蓬莱米的亩产量比当地原有的传统品种高出两成，价格高出5%~10%。因此，蓬莱米的种植迅速遍及全岛。蓬莱米在岛内的推广，台湾全省的稻米产量大增。1934年，稻米产量超过900万石，输日430万石。1938年，稻米产量增加到982万石，输出高达520万石，其中蓬莱米占输出总量的84%。

蓬莱米得以迅速推广和发展的原因，一方面是由于台湾总督府以威权专制大力推行，另一方面是由于台湾和日本国内的水稻种植存在很大的季节差异，蓬莱米收获期恰好是日本国内青黄不接时期，因此日本国内需求甚大。对农民来讲，种植蓬莱米比种植甘蔗更有利。[4]

台湾总督府推动蓬莱米栽培栽种面积扩大，提高其产量并大力向日本出口，促使台湾稻米生产对日本市场的过度依赖。而一旦日本国内的稻米市场需求发生变化，将对台湾稻米甚至整个台湾农业体系产生致命性破坏。1929年爆发世界经济危机，蓬莱米的输出即被日本垄断财阀资本所操纵，如三井物产、三菱商事、加藤商事、衫原产业四大米商控制台湾稻米输出量的90%以上。[5] 当时的学者指出："台湾米谷经济最大的获利者，乃是以台湾本地的地主和少数日本米谷贸易商所组成的共生结构。"[6]

四、"米糖相克"的发生

所谓"米糖相克"，实质上就是甘蔗种植和稻谷种植互相争夺土地、劳力等农

---

① 《蓬莱米夜话——矶永吉话沧桑》，《台湾农林》1954年8卷5期，13~17页。
② 矶永吉自此被称为"蓬莱米之父"。"蓬莱"也含有日本之意。
③ 古慧雯、吴聪敏：《论米糖相克》，《经济论文业刊》1991年24卷2期，175~176页。
④ 林仁川、黄福才：《台湾社会经济史》，厦门大学出版社，2001年，133页。
⑤ 台湾总督府殖产局：《台湾·米》，台湾总督府殖产局，1938年，58页。
⑥ 林继文：《日本据台末期（1930—1945）战争动员体系之研究》，台北稻乡出版社，1980年，55页。

业生产要素的现象。在市场充分竞争而农业资源相对紧缺的情况下，甘蔗种植和水稻种植必然存在此消彼长的矛盾。蓬莱米在岛内的迅速普及，使得台湾的殖民地单一农业生产体系发生了很大的变化。日据初期，以种植甘蔗为主，主要是为了满足日本国内食糖供应的需要。1910年殖民当局实行稻谷改良计划。随着水稻新品种的育成和水稻栽培技术的进步，岛内水稻种植面积日渐增加，而甘蔗种植面积就会相应减少。于是出现米、糖两大农产品并驾齐驱的现象，在此之前，一直是以糖业生产为主。这种情况触动了台湾糖业财团的既得利益，必然发生岛内的糖业集团和米业集团的利益冲突，必然引发农业生产资源的激烈争夺。这就是1930年前后发生的台湾米糖相克的根本原因。

正如旅日的台湾学者涂照彦指出，作为殖民地的台湾，米和糖的生产都是服从宗主国日本的需要的。日本自身不产糖，糖的进口是一个沉重的负担，因此占据台湾以后，就努力发展台糖。台糖最后占日本糖消费量的90%左右。台湾的稻米对日本虽然没有台糖重要，但台米在每年青黄不接时输日，对于抑制日本的米价也很重要。20世纪20年代，日本在向帝国主义转化的阶段是非常需要低米价的。因此"米糖相克"并非殖民地台湾本身的经济问题，而应从日本帝国主义演化的高度来看待：当日本帝国主义要求殖民地台湾同时生产更多的米和糖时，"相克"就不可避免了。

糖业资本考虑的是在寻求满足必要的原料需求而扩张产量及耕地面积时如何减低成本的问题，而台湾农民寻求的是选择作物，提高土地收益以维持生计的问题。两者的冲突通过米蔗比价而表面化。脱离日据时期台湾经济的殖民地背景，就不能回答这一问题。在正常的市场价格机制条件下，对农民种植收入比较才是关键，而不是某个农产品价格的比较。决定收入的两大因素，分别是收购价格及单位面积生产力（按：指单位面积产量）。[①] 在米价提高、稻田生产力提高的场合，作为竞争对手的糖业公司可以采取两个办法做出应对，一是提高蔗田生产力，二是提高原料甘蔗的价格。但这二者都要求投入大量的成本。因而制糖公司宁肯采用更损人利己的办法——企图阻碍稻田生产力的提高来维护自己的既得利益。这就是所谓米糖相克的实质。[②]

总之，日据时期台湾农业是在宗主国主导下形成的高度商品化农业。它的决定因素不是市场法则下的供求关系，而是殖民地当局以日本利益为取舍的强制垄断和控制。蔗农不但出售他们的全部甘蔗，也出售他们兼作的稻米、甘薯等产品。稻农同样也出售他们的大部分稻米和其他兼作的农作物，然后从市场买回他们需要的粮

---

① 柯志明：《所谓的"米糖相克"问题》，《台湾风物》1990年40卷2期。

② 涂照彦：《日本帝国主义下的台湾》，李明峻译，台湾人间出版社，1993年。

食和其他农产品。

在殖民地经济结构中，农业增产并不意味着台湾民众生活质量的改善与提高。台湾殖民地农业史是一部被日本统治者所垄断、所榨取的近代殖民史。1942 年的调查资料显示，在台湾 630 万人口之中，农民占一半，约有 318.7 万。但是，台湾农民的生产条件低下、生活状况没有获得改善，依旧承担着沉重的租税负担。[①] 虽然台湾生产的优质稻米（主要是蓬莱米）多年丰收，多数输出至日本，但岛内民众则多食用廉价的进口糙米，这中间实含有多种不平等的盘剥关系。台湾农民生产的优质米的利润被日本殖民统治者攫取殆尽了。[②] 因此，在日据时期，表面上看，台湾农业日渐发达，技术水平并不亚于他国，但台湾民众却过着绝对贫困的生活，这就是殖民地台湾农业之实质。[③]

第三节　日据后期台湾农业的多元化

台湾农村原是小农经济为主体的传统社会，农户的种植养殖都保留着明显的自给自足、多种经营的自然经济特点，因此可以说，台湾农业原本就是多元化的。日据以后，由于殖民当局的推动，呈现出"农业台湾"的殖民地性质，农业商品化的水平逐渐提高。但是，作为宗主国的日本，一方面需要台湾提供必要的农产品，但另一方面又要求台湾的输日稻米不能损害日本国内稻农的利益。在这种不平等的利益格局中，台湾农民永远是受害者。当稻米产量短缺时，殖民当局会通过"粮食统制"的政策强行征购台米输日；当稻米生产过多价格低贱进而损害日本稻农利益时，殖民当局就会减少输日稻米数量，台湾就发生"谷贱伤农"的惨剧。

日据后期，随着蓬莱米的推广，稻米生产逐渐过剩。总督府为了保护日本农民利益，于是出台了调整农业结构的政策，开始强制实施"稻田转作"，即减少稻田面积 7 万公顷，要求农民转作其他种植养殖业。总督府提出"奖励转作"的经济作物有棉花、黄麻、苎麻、蓖麻、小麦、花生、菠萝、香蕉、柑橘类、咖啡、可可豆、蔬菜等。台湾农业从单一性很强的商品化生产，逐渐转变为多种经营的小农场生产的方式。[④] 统计数据表明，若以 1932 年为基期（100），到 1942 年，各种作物种植面积的指数是：稻作减少 7%，其他作物的种植面积都增加了。例如，亚麻增加 27.55%、凤梨纤维增加 20.2%、小麦增加 12.10%、棉花增加 10.05%、烟草

---

① 戚嘉林：《台湾史》（增订本），台北海峡学术出版社，2008 年，298～299 页。

② 周宪文：《台湾经济史》，台北开明书店，1980 年，751 页。

③ 王建：《"米糖相克"与总督府米糖统制——日据后期台湾殖民地农业之初探》，《日据时期台湾殖民地史学术研讨会论文集》，九州出版社，2010 年，116 页。

④ 台湾省文献委员会：《台湾近代史·经济篇》，台湾省文献委员会，1995 年，134 页。

增加 7.63％、黄麻增加 5.34％、毒鱼藤增加 4.57％[①]、大麦增加 3.22％、蔬菜增加 3.07％、琼麻增加 2.82％、咖啡增加 2.23％。其他增加量较少的作物尚有玉蜀黍 1.84％、苎麻 1.60％、凤梨 1.49％、甘蔗 1.47％、柑橘 1.25％、香蕉 1.24％、甘薯 1.16％、木薯 1.09％，等等。[②] 可以看出，作为工业原料的黄麻、小麦、棉花、烟草、亚麻等类作物增加较多，对于殖民地农业较为重要。[③]

为了满足农业多元化的需要，总督府的农业机构同时也开展了相应的研究，以求品种改良，技术改善。其中最为有成效者，当属果树园艺的改良选育。

台湾的园艺试验研究机关，除台北帝国大学理农学部，尚有台湾总督府中央研究所附属士林园艺试验支所和嘉义农事试验支所。前者以研究柑橘类及温带果树为主，后者以研究试验热带果树为主。其他还有各州厅的农事试验场，农业专门学校的试验场，以及公私立的农园苗圃等。[④]

台湾的本土凤梨，色泽金黄，芳香可口，色香俱称上乘。但是其果肉含纤维多、果形小，尤其不适合用于食品工业的罐头原料。当时夏威夷种植的凤梨品种果形大、纤维少，适于罐头加工。1914 年，士林园艺试验支所的育种家从夏威夷、菲律宾、新加坡等地引入凤梨优良品种，进行试验研究，但因气候风土的关系，试验结果未有成效。接着，1919 年嘉义农业试验支所接手进行凤梨研究。1925 年凤山热带园艺试验支所也从事凤梨品种改良工作。[⑤] 但外国凤梨品种在台湾的改良均属不易。直到 1937 年，研究队伍采用品种杂交方法，集优去劣，取长补短，用台湾本地种和外国引进种进行杂交改良，终于获得适合台湾栽培的凤梨新品种。其质量较之夏威夷、新加坡品种，绝无逊色。[⑥]

柑橘品种改良，搜集了台湾、日本内地及各国的柑橘种类及品种供品种试验。计有台湾 28 种、中国大陆 6 种、日本 55 种、西洋各国 32 种。将搜集来的品种种植培养，观察其生育与结实的状态、品质的优劣等，从而选择适宜台岛风土及有经济价值的优良品种。此项试验已检出的良好品种有柠檬、朱栗及晚白柚等，推广于柑橘业界。[⑦]

士林园艺试验支所开展的柑橘试验研究，除前述的品种改良，还有以下多项栽培管理方面的科学改良和技术改进。例如，耐湿栽培试验研究、柑橘芽接繁殖、橘

---

① 毒鱼藤（Derris）是一种用于制造有机杀虫剂的植物。
② 吴田泉：《台湾农业史》，台北自立晚报社文化出版部，1993 年，368～369 页。
③ 台中、高雄、台南为香蕉的主要产地。
④ 陈体诚等：《台湾考察报告》，福建省建设厅，1935 年，93 页。
⑤ 台湾省行政长官公署农林处：《台湾农林》第 1 辑，台湾新生报社，1946 年，51 页。
⑥ 台湾新生报社：《台湾年鉴》，台湾新生报社，1947 年。
⑦ 陈体诚等：《台湾考察报告》，福建省建设厅，1935 年，95～96 页。

园氮磷钾肥料三要素施肥试验、梯田形柑橘园灌溉试验、太阳热温床橘苗插木无性繁殖试验，等等。

葡萄品种有日本内地种 3 种、美国 17 种，欧洲 6 种。经试验得出结果，美国的特礼福（Triumph）和尼亚卡拉（Niagara）两个品种颇适宜在台湾栽植，其果实之风味与收量，均为优良。

柿子品种有台湾原有种涩柿 28 种、日本内地甜柿 15 种和涩柿 17 种、中国大陆 1 种。经试验后，选以台湾原有种为砧木而接之日本甜柿，其生育结实均甚良好；台湾原有种中的藤湖柿品质佳、且为晚生，均受奖励推广。

李品种有日本及外国种共 27 种、台湾原有种 60 种。经试验，日本及外国种不适于平地栽培，台湾原有种中以黄柑李、花螺李、红肉李三种为优良，推荐种植。

梨品种有日本种 26 种、外国 20 种、中国大陆 4 种、台湾原有种 22 种。试验结果，日本及外国种均不适宜；从台湾原有品种中选出四季大梨、横山早生、香港中生、香港晚生四种，以供推广。

桃品种有日本及外国种 19 种、台湾原有种 47 种。经试验，得出日本及外国种栽培于海拔 1 000 米之地，生育结实尚可观，栽于平地，则结果不良。至于台湾原有桃品种大都品质甚劣。其中选育出比较优良的品种有大粒红桃、笃歌桃、构桃等。[①]

除了园艺果树，总督府对甘薯的研究也有一定成效。甘薯是台湾传统社会的重要粮食作物，也是救荒济乏和饲料作物。由于甘薯的适应性强，耐瘠耐旱，全岛随处可种。台湾甘薯品种改良之初，多属岛外输入之新品种。改良选育的目的在于使之适应台湾的气候土壤，达到高产稳产之要求。

甘薯品种的改良，主要由嘉义农事试验支所实施研究和选育。自 1922 年以降，该所着手开展"杂交法"进行品种改良，选出一批以"台农"命名的甘薯良种。其尤以台农 3 号、9 号、10 号等优良品种的普及种植效果极为显著。这些改良品种，在产量和品质方面都比台湾原有的本地品种或输入的品种更为优良。[②]

台湾棉作历史甚短，鉴于台湾米糖过剩并图纺织业，日本人着手于棉作的发展计划。1921 年台南州立农事试验所奉命办理棉花改良繁殖工作，经数年的研究结果，成绩尚称良好。1937 年和 1938 年先后设立西部棉作指导所和东部棉作指导所，为专卖、繁殖推广及技术指导中心。又因台湾东西部气候迥异，故东部棉作指导所专责研究棉作在东部气候的适应性。[③]

---

① 陈体诚等：《台湾考察报告》，福建省建设厅，1935 年，96～103 页。
② 台湾新生报社：《台湾年鉴》，台湾新生报社，1947 年，81 页。
③ 台湾省行政长官公署农林处：《台湾农林》第 1 辑，台湾新生报社，1946 年，75 页。

鱼池红茶试验支所研究印度阿萨姆茶及台湾茶的栽培,并改善机械制茶方法,所产红茶可与盛销欧美的乌龙茶及包种茶匹敌。平镇茶业试验支所的科研工作甚有成效,主要有茶树品种的调查、品种栽培的试验、种苗的改良及施肥的试验;而且致力于乌龙茶及包种茶的产制研究,研究出茶树新品系二号,专供乌龙茶之用;新品系一号则专供包种茶之用,并完成简易大量绿茶制造法的研究。[1]

第四节　日据时期台湾的农事试验机构

一、农事试验机构

(一)台湾总督府农事试验场

台湾总督府于1895年于台北设立农业试验场,初名台湾总督府试作场,为台湾农事试验机关之开端。其后历经改组扩展,至1921年,于台湾各重要农业区域先后设置支所。嗣后各试验机关合并为中央研究所,内分农业部、林业部、工业部及卫生部等。至1939年,中央研究所裁撤,各部复行分立,即农业试验所、林业试验所等。台湾农业试验所历经改组扩充,规模甚大。总所内部分为农艺系、畜产系、农艺化学系、应用动物系、植物病理系、园艺系、农场管理科、总务科、会计室、统计室等。全部面积约1 000亩,其中耕田约400亩;职员人数最多时曾达400余人。除台北总所,尚有支所10处,分别研究岛内各地土壤、气温、种子、畜牧等项。

士林园艺试验支所,以热带园艺作物的培植配给为主。

平镇茶业试验支所,以改良乌龙茶及包种茶品种为主。

鱼池红茶试验支所,在战时新安装有全部机械化的最新设备,日本人未及工作而投降。

台中农业试验支所,以改良水稻品种为主。

嘉义农业试验支所,原为台湾总督府嘉义农业试验场,成立于1919年。虽为支所,而规模则甚为具备,较其他支所为大,注重于甘薯改良及热带果树的试种。

嘉义畜产试验支所,以改良猪种为主。

凤山热带园艺试验支所,以改良凤梨品种为主。

恒春畜产试验支所,原名为恒春厅种畜场,创设于1906年。1909年,改隶殖产局。1921年,改名为恒春畜产试验支所,以改良牛马品种为主。

---

[1]　台湾新生报社:《台湾年鉴》,台湾新生报社,1947年,110页。

台东热带农业试验支所，以改良马种及提炼治疗肺病药用植物为主。

屏东农业试验支所，以改良水稻为主。

(二) "中央研究所"

1921年8月，台湾总督府为统一研究机构，将全岛各大试验机关合并，成立"中央研究所"，内分农业部、林业部、工业部及卫生部等。其农业、林业二部及附设试验支所的研究工作，均属农事方面。农业部分为种艺科、农艺化学科、植物病理科、应用动物科、畜产科等；研究所辖有士林园艺试验支所、平镇茶业试验支所、鱼池红茶试验支所、嘉义农事试验支所、高雄检糖支所、恒春种畜支所、大埔种畜支所、台东热带农业试验支所、凤山热带园艺试验支所（内附设有园艺试验支所、茶业试验支所、农事试验支所、种畜支所、林业试验支所等）。1939年4月，中央研究所解体，各部复行分立。

(三) 林业试验所

1890年，台北州在台北市南门町所创设的台北苗圃。1911年总督府在台北设置林业试验场，隶属于殖产局，名为殖产局林业试验场；1919年改为营林局林业试验场；翌年复称殖产局林业试验场。1921年8月，总督府统一研究机构，该试验场改称为中央研究所林业部。1939年4月，中央研究所解体，其林业部改称总督府林业试验所，直隶于台湾总督府，于台北市设本部，于台中州鱼池庄设莲花池支所、台南州中埔庄设中埔支所、嘉义州设试验地、高雄州鹅銮鼻设恒春支所、台东厅番地太麻里设麦利蒲卢支所、八仙山佳保台设松脂试验地，等等。在殖产局林业试验场至总督府林业试验所时，仅设殖育、施业、利用三科及庶务一课。1942年改科为部，分设林产、木材、木酥三部，加上殖育、施业两部，共为五部，另设庶务课和南方调查室。①

(四) 糖业试验所

1902年，在台南县大目降设立甘蔗试作场，作为研究甘蔗栽培的试验机关。1906年7月改称糖业试验场。其后虽一时合并于"中央研究所"，充为农业部糖业科，1932年扩充组织规模，改称为台湾总督府糖业试验所。所址亦由大目降移至台南竹桥，新建房舍及实验工厂。此外，糖业试验所在高雄的万丹设置甘蔗交配园。该所规模宏大，其工作范围包括糖业方面的调查、研究、试验、分析、鉴定、讲习及实地指导等；甘蔗方面的品种育成、植物保护、病虫防除以及蔗苗繁育等。

---

① 台湾新生报社：《台湾年鉴》，台湾新生报社，1947年，13～14页。

该所拥有试验用地 2 000 余亩，事业经费充裕，例如，1931 年预算为 60 万元，而当年总督府中央研究所的全部经费也仅 70 余万元。糖业试验所内设育种科、耕种科、制糖化学科、农艺化学科、病理科、昆虫科、庶务课六科一课。[①]

（五）水产试验场

1895 年，台湾总督府即已开始水产调查。1911 年，总督府殖产局筹建试验船"凌海丸"一艘，开始从事近海渔业的初步试验。1913 年，在桃园八块庄设置霄里水产试验所。主要任务是淡水养殖的试验与调查，还有鱼苗的繁殖与分配。1918 年，在台南安平设置咸水（海水）养殖试验场。1921 年，霄里水产试验所改称淡水养殖试验场。1923 年，在基隆和平岛设置渔业制造试验所。1929 年 11 月，总督府合并咸水养殖试验场、淡水养殖试验场、凌海丸及渔业制造试验所，组建"台湾总督府水产试验场"。总场设在殖产局，支场分设在台南与基隆。基隆支场中有水产试验船，处理渔业制造及海洋调查；台南支场系合并原有的咸、淡水两试验场而成。1931 年，试验船"照南丸"落成，专门用以从事南方渔场的调查与试验。1933 年，改基隆支场为总场，内置渔捞部、养殖部、制造部、海洋调查部、化学部及庶务部。1941 年，扩充水产试验场，改称水产试验所，直属总督府，并于台南、高雄设立分所。

水产试验所在各州厅的试验分支机构众多，举其要者有：新竹州于 1921 年建成试验船新海丸，1930 年设立新竹州水产试验所；翌年，建成试验船第一竹富丸、第二竹富丸；1938 年，建成试验船"新州丸"。台北州于 1922 年建成试验船"北丸"，1933 年建成铁壳试验船"七星丸"。高雄州于 1923 年建成试验船"岛丸"。台南州于 1924 年建成指导船"探海丸"，1938 年建成试验船"嘉南丸"。澎湖厅于 1926 年建成试验船"开澎丸"，从事珊瑚渔场调查试验。台中州于 1930 年建成试验船"立鹰丸"，并设置台中州水产试验所。台东厅于 1935 年建成试验船"开洋丸"。[②]

（六）台北帝国大学理农部及附属农林专门部

台北帝国大学为当时台湾唯一的大学。1928 年 3 月创设于台北市富田町。初分为文政、理农等部，后增设医、工学二部。理农部计有生物、化学、农学、农艺化学四学科，设附属农场，占地 1 300 亩。分为第一、第二两个农场。第一农场为研究农场，有普通作物区、特用作物区、蔬菜园、标本区、花卉园、试验区等；第

---

① 台湾新生报社：《台湾年鉴》，台湾新生报社，1947 年，12 页。
② 周宪文：《台湾经济史》，台湾开明书店印行，1981 年，801～803 页。

二农场为农学科学生的实习农场。其他尚有果树苗圃、果树实习圃、山地农场等，另外还有分科植物园。①

1919 年 5 月创立台湾总督府农林专门学校。1922 年 4 月依专门学校令设高等农林学校。至台北帝国大学创立，始改为附属农林专门部，内设农学、林学两科，1939 年增设农艺化学科。1943 年独立为台中高等农林学校。1944 年更改为农林专门学校，分为农科、林科、农艺化学科，另有农场及演习林。

台北帝国大学理农部和附属农林专门部，虽以农林教育为主，但都从事一定的农事科研，可视为农业教育科研机构，且"农林专门部及理农部则为高深之研究"②。

1943 年台北大学创设南方资源科学研究所，开展华南、南洋等地域的天然资源的调查研究。该所事务由台北大学总长监督进行，所员均由台北大学教授兼任。创设之初，研究员约 40 人，分为第一部、第二部、第三部、实验所及庶务股。第一部为农林作物、家畜的改良、增产及育成新品种的农学研究、调查。第二部为与农林资源加工、制造有关的农艺化学研究和调查。③

二、畜产研究

猪品种改良。台湾原来的猪种，其血缘系统不一，乡村多采取近亲猪种繁殖，体质不良。1897 年，巴克夏猪种（Berkshire）传入，逐渐开展猪的品种改良，农户饲养的存栏猪，95％都是巴克夏种猪系统，良种杂交猪几乎遍及全岛。此类杂交猪体质强健、生长极速，且易肥大，其饲养效率较原来的土种猪高出数倍。1900年，又由英国输入约克夏猪种（Yorkshire）。此后，又多次输入外国猪种进行试验繁殖，结果仍以巴克夏种的成绩为最佳。1907 年，总督府令各地农会推行猪种改良工作，一面选育本地猪种，一面奖励巴克夏杂交种推广繁殖。总督府还将本地猪种（桃园种）与巴克夏种杂交育出新种。1933 年，日本畜牧专家小仓嘉佐认为巴克夏种与桃园土种各具优点，主张根据血型，选择同具两者优点的猪种杂交固定之。这一工作曾在台中州种畜场着手推行，后因战争原因未见大效。④

牛品种改良。台湾牛类可分为水牛、黄牛、印度牛、荷兰牛及杂种牛等，其品种改良以黄牛为主。1896 年，开始引进德温牛（Devon）与瑞士黄牛（Swiss Brown），培育乳役兼用种的黄牛。1903 年引进肉用短角牛，因气候不宜而失败。

① 台湾新生报社：《台湾年鉴》，台湾新生报社，1947 年，22～23 页。
② 向安强：《台湾五十年（1895—1945）农业科研述要》，《中国科技史料》1999 年 20 卷 2 期。
③ 台湾新生报社：《台湾年鉴》，台湾新生报社，1947 年，2 页。
④ 陈体诚等：《台湾考察报告》，福建省建设厅，1935 年，54 页。

其间还曾由日本输入肉役兼用的和牛，以改良黄牛的肉质，但无成效。[1]

1910年以后，改由印度孟买输入康克莱种（Kankrej）及新度种（Sindhi），在恒春畜产试验支所繁殖试验。恒春畜产试验支所将引进印度种牛与本地种杂交育成耐热的役用牛，又以印度牛与荷兰牛杂交，育成耐热的乳用牛。[2] 经改良的牛种，在台湾得到大量繁殖，其体躯硕大，性极敏捷，为台湾各种牛类中牵挽力之最大者，肉味亦较黄牛为佳。后来普及于高雄州及台东厅。[3] 另外，1896年曾由苏格兰输入爱县种（Ayrshire）牝牛，数年后又从澳大利亚输入此种牛，均因耐热性弱、抗病力低而死亡。1912年，改由印度输入乳用牛，虽耐热抗病性较佳，但产乳量少。同年，始由印度孟买输入新度牛，成绩优良。此后陆续引进，选种交配，改良繁殖。至1937年，再输入改良和种牛，实行和种牛与本地黄牛的杂交繁殖，取得佳绩。

马品种改良。日本据台后，1896年始自日本输入种马，以后制糖会社的农场亦输入马匹，繁殖饲养，用于挽车拉犁。自1913年始用菲律宾的矮马与阿拉伯马相配，以图改良。菲律宾矮马体格虽小，但性能耐热，且善于登山，故用阿拉伯马配之，以造成耐热善于登山而能力较高的马种。1936年施行"马政之三十年计划"，努力开展马匹的改良与增殖。亦曾由日本输入马种。根据台湾的气候风土及产业情形，以选育个体小型的挽马和耐热性好的农耕马为马匹的繁育目标。[4]

羊品种改良。台湾的山羊由来已久，绵羊则始于日据时期由海外输入。1897年及1910年，先后输入美利奴（Merino）及南邱羊（Southdown）两种绵羊，均因缺乏抗热性，未有结果。1919年设种羊场于嘉义大埔，同年，从大陆东北及山东输入绵羊为基畜，再由澳大利亚及日本输入美利奴、南邱羊等交配繁殖。但自大陆输入的绵羊因水土不服，当年全部死亡。于是，输入菲律宾绵羊为基畜。菲律宾绵羊具有耐粗饲、耐热性强的特点，但因羊毛的质量劣而少，成绩欠佳，停止推广。至于山羊，1910年曾由印度引种，继由日本输入撒能（Sanon）乳羊。但二者皆被土种所吸收，并无改良成绩。

鸡品种改良。1918年，由日本引进陆岛红肉卵兼用种和来航（Leghorn）卵用种，由各农事试验场繁殖育种。1925年前后，总督府农业试验所及各州厅农业试验场，相继由日本引进三河种、名古屋种及洛花鸡种，从事改良繁殖。

鸭品种改良。1901年，有日本人由大阪移入北京鸭及白鸭，以与本地的母菜鸭交配而成高州鸭。有由公正番鸭与母高州鸭杂交而成的新品种，专供肉用，饲养

---

① 周宪文：《台湾经济史》，台湾开明书店，1980年，769～770页。
② 台湾新生报社：《台湾年鉴》，台湾新生报社，1947年，2页。
③ 陈体诚等：《台湾考察报告》，福建省建设厅，1935年，217～218页。
④ 台湾新生报社：《台湾年鉴》，台湾新生报社，1947年，814页。

最多。1931 年，日本农林省畜产试验场技师从英国将康柏骆鸭带回日本，进行研究与繁殖。1934 年，台南县农会种畜场，曾向日本农林省畜产试验场购入产卵纪录最高的直系公、母鸭及种卵，在台南农会种畜场繁殖。

火鸡品种改良。火鸡原产于南美，输入台湾，为时已久。日据时期，曾由日本引进优良品种，并经各农事试验场从事改良与推广。[1]

三、林业研究

台湾林业试验所，在林业试验方面做了大量工作，主要有：相思树种子发芽促进试验，大王椰子及亚历山大椰子种子发芽促进试验，香椿种子发芽促进试验，樟树种子贮藏试验，奎宁种子贮藏试验，香杉及亚杉的母树年龄与种子的形态及发芽力的关系试验，台湾种樟与内地种樟的比较试验，台湾北部地方杉树造林及其生长量调查，台东漆树移植试验，心木移植试验，乌桕移植试验，毛柿树栽培试验，肖楠木栽培法试验，柚木苗木养成法试验，木麻黄造林试验，木麻黄菌根接种试验，银合欢试验，可可椰子殖育试验，油桐调查，油桐移植试验，南洋油桐树移植试验，石栗移植试验，阿仙药移植试验，阿拉伯胶树移植试验，金合欢移植试验，红木移植试验，锡兰肉桂试验，花中花的繁殖及收获量试验，印度檀树的插植试验，银桦铁力木及印度檀树苗木养成试验，柠檬香的繁殖、移植、生长量、叶的收量、收油量等试验，外国松殖育试验，热带经济树种苗木养成试验，大风子树殖育试验，可卡树（古柯）栽培和施肥试验，安南漆树栽培试验，橡皮树殖育试验，胶树殖育试验，苏木栽植试验，白檀树栽培试验，油茶树移植试验，以及龙舌兰麻、千岁兰、马尼剌麻、红头屿、琉球丝芭蕉、巴拿马帽草等移植试验，共 20 多种。[2]

林业的殖育试验分为种子调查、养苗试验、造林试验三项。

林木种子的试验调查对于扁柏、红桧、杉肖楠、台湾赤松、琉球黑松、广叶杉、木麻黄、相思树、银合欢、龙眼、茄冬、麻栗树、铁力木等进行了试验，研究的课题包括：单位容积种子的粒数及重量，母树产地及品种间的种子形态、容积与重量，发芽率的调查，母树产地、母树年龄与发芽的关系，种子耐久贮藏试验等。

林木育苗播种试验、移植试验包括：幼树生长期间的生长量调查，对于决定造林作业期非常必要。分别在台北、嘉义、恒春三地范围内的有用树种，调查其发芽、开花、结实、落叶等。

---

① 周宪文：《台湾经济史》，台湾开明书店，1980 年，773 页。
② 台湾省行政长官公署农林处：《台湾农林》第 1 辑，台湾新生报社，1946 年，185～186 页。

广叶杉品种的调查试验。就各品种形态的识别及发芽力、生长量等施行比较研究。

台湾中南部的松树造林试验。松类造林在中南部因气候关系很难成活，除对成活关系加以试验，还试验其播种造林成绩及外国松的造林成绩。

此外，尚有林木种子丰歉的调查，扁柏、红桧天然更新的研究，樟树品种的研究，相思树萌芽更新法的研究，相思树形态的调查及研究，油桐品种的试验，安南漆品种比较试验，日本漆造林试验等。

行道树及观赏植物的试验及调查。行道树林业试验所广罗台湾产及热带各地树种，加以试验，确定其是否适用于行道树。观赏植物试验及调查输入各种热带观赏植物，进行研究。具体为：行道树的剪定整枝试验、观赏植物的适否试验、观赏植物繁殖的试验等。

木材利用试验，对于台湾树木种类进行树枝解剖学、物理性质等试验，进而调查其工艺利用价值与方法。

林业调查研究，包括森林植物带的调查、植物地理的调查、台湾树木志的编写、植物分类鉴定等；台湾植物图谱、植物志及林木总目录的各种试验和调查报告等59册；林产利用及化学，计有台湾产林木、单宁含有量试验报告16册；森林施业部分，计有相思树的主干、侧枝的分歧角及大小的关系研究等4册；森林保护部分，计有笋的虫害调查等4册。

药用植物的研究。毒鱼藤（Derris），具有较大杀虫力，日据时期，栽培面积较广，为台湾新兴事业之一，其块根和粉剂大量输入日本、南洋、朝鲜等地。台湾毒鱼藤的栽培，始于1925年，初系嘉义林业试验支所自琉球糖业试验场引入试种，经研究试验，表明其杀虫效力大，繁殖量由于需要而激增，1937年大量推广栽培。1943年时，已成为台湾的新兴事业之一。

台湾特产的玉藤和红头葛藤，为治肺病的特效药，原系野生。1936年日本人对玉藤加以研究，次年采集野生种苗繁殖，1939年农业试验所亦开始栽培。经研究试验，确定栽培方法，并育成种苗，使其得到繁殖推广。1943年日本人采集红头葛藤种苗，在台东特种作物养成所开始育苗繁殖，栽培面积40公顷。因受战争的影响，当时未取得成绩。①

四、水产试验与调查

台湾水产试验场方面，基隆支场中有水产试验船，从事渔业制造及海洋调查。

① 台湾省行政长官公署农林处：《台湾农林》第1辑，台湾新生报社，1946年。

台南支场的渔业试验船，主要从事鲫鱼试验及新渔场的探险，并进行华南及南洋的渔场调查，另就草虾（牛虾）、鳖、鳗等的饲育进行试验。

地方厅方面的渔业试验，台北州方面从事于北部及东部海岸的鲤鲫等渔场及海洋的试验。新竹、台中、台南各州及澎湖厅的试验船，则从事于拖网等渔业试验。高雄厅的试验船，则从事于近海及南洋方面的鲫渔场及海洋调查。新竹州的淡水养殖试验场，饲育幼鲤及美国食用蛙，兼行淡水养殖试验。台南市的咸水养殖试验场，则研究咸水水族的养殖法。[1]

总督府与各州厅的联合调查。1924 年起，总督府及各州厅出台"连络调查协定"，并在基隆设鲤鱼试验工厂，主要从事鲤鱼的除脂试验及日本内地优良微生菌类的移殖试验等研究工作。

五、蚕业研究

家蚕试验。1896 年，由总督府技师计划推展台湾蚕业。翌年，开始在台北县新店从事民间育蚕奖励工作，施及台中地区。1899 年总督府拨专款兴建蚕室，并由日本输入蚕种、桑苗进行试验。1931 年前后，日本为争霸世界生丝市场，开始不遗余力地改进品质，各公私立蚕业机构对蚕品种的研究无不精心尽力以求改进。于是，日本乃利用台湾作为种茧饲育试制地区，先后派员来台，在台南新营试制普通蚕种，据称成绩优良。

蓖麻蚕试验。1912 年，台湾"中央研究所"及养蚕所即已开始研究输入蓖麻蚕问题，并曾着手推行，但在印度至台湾的输送途中，即行发蛾或孵化而告失败。1938 年，再由中央研究所农业部，用特殊容器从印度载运种茧 118 粒；同年底，总督府养蚕所又由印度输入种茧 500 粒。蓖麻蚕种输入以后，分别由农业试验所、台北帝国大学及总督府养蚕所积极研究，多方试验，获得成功。[2]

天蚕试验。台湾有天蚕，始于日据时代。1908 年，总督府派专家赴广东考察天蚕事业，并由海南岛购回天蚕种茧。其后，又多次从海南购入天蚕茧若干。当局乃在南投厅、台北厅、台中厅繁殖试育，均告失败。1924 年，又有日人崛土氏从海南购入种茧，在台中州进行试育，前后两次均遭失败。后委托台北帝国大学研究有关饲育方法，终获成效，自此奠定了在台湾喂养天蚕的基础。[3]

---

①　陈体诚等：《台湾考察报告》，福建省建设厅，1935 年，223～224 页。
②　周宪文：《台湾经济史》，台湾开明书店，1980 年，79 页。
③　周宪文：《台湾经济史》，台湾开明书店，1980 年，79 页。

第五节　日据时期的对台农业移民

日本是个人多地狭的岛国，长期受到"人口过剩"和"土地饥饿"的困扰。进入明治时期，日渐凋零的农村经济使人口过剩问题变得愈加突出。面对沉重的人口压力，日本朝野上下一致认为，解决问题的唯一办法，就是向海外大量移民。1868年，150名日本农民移民夏威夷，揭开了近代日本海外移民的序幕。1869年，明治政府设立"外务省"，其职能包括海外移民事务。同年3月15日，明治天皇发布了"欲继述祖宗伟业，不问一身艰难辛苦，经营四方，按抚亿兆，冀终开拓万里波涛，宣布国威于四境，置国家于山岳之安"的诏书，号召国民向海外移民。[①]

1894年，日本政府进一步制定了《移民保护规则》，并将移民列为国策。巴西等南美地区是日本早期海外移民的主要去处，但是这些国家路途遥远，风土人情殊异，移民效果并不理想。1895年，已经成为日本殖民地的台湾，自然地成为日本人移民的理想之地。[②]

一、日本对台移民的政策

据台伊始，台湾总督府首任民政局局长水野遵即向总督桦山资纪提交关于日本人移民台湾的报告，具体阐述其经营台湾殖产事业的基本构想。他在报告中写道："台湾土地广大，物产丰富，不过已开发之土地只不过全岛之小部分，未开发的资源仍多，不容怀疑。尤其东部山地（山胞地区）为然，……计划移住内地人（从日本来的人）以开办未兴辟之资源，为经营台湾之急务。"[③] 在时任外相的陆奥宗光看来，日本占领台湾的目的之一就是开拓台湾的资源，移植日本工业，并垄断通商利权。[④] 日本福泽谕吉则认为，"台湾地味丰饶，气候温暖，无比此更适宜殖产之地"。他主张由政府积极主动地开发台湾的天然殖产潜力，使台湾成为日本内地过剩人口的海外移住地。对日本来说，占领台湾的最大意义，在于获得具有殖产潜力的新领地。[⑤]

至于移民的重心，水野遵在据台之初便提出，移民台湾"不应以劳动者为主，

---

① 顾明义：《近代中国外交史略》，吉林文史出版社，1987年，165页。

② 吴本荣：《试析日本据台时期对台农业移民及其危害》，《中国社会经济史研究》2005年3期。

③ 台湾省文献委员会：《台湾总督府档案中译本》第3辑，台湾省文献委员会，1994年，688页。

④ 钟淑敏：《日据初期台湾殖民体制的建立与总督府人事异动初探（1895—1906）（上）》，《史联杂志》1989年14期，84页。

⑤ 吴密察：《台湾近代史研究》，台北稻乡出版社，1990年，101页。

宜让我有力者，能投下充分资本且须完全经营事业不可"①。即主张对台湾进行资本性移民。受此影响，在早期的日本移民中，工商业资本家占有相当比例，而农业移民并不多见。但日本的垄断资本在台湾的发展并不如预期的那样顺利，因而日本政府鼓励的政策移民也开始转向农业移民。

实际推行过台湾农政和日本移民事务官员的东乡实认为，如果采用高压手段的统治，严厉压制被统治民族，必将导致殖民统治的失败。为了长久占有台湾，应进行日本人口的移殖，尤其是农民，鼓励农业移民应成为台湾总督府政策推行的重心。② 日本对台湾实施农业移民还出于国防的考虑，即希望将台湾建成日本"南进"的跳板，从日本要求农业移民一般为退役军人也可略见一斑。日本发动甲午战争的首要目的在于夺取朝鲜的独占性控制，并以此为跳板和基地进一步向中国扩张。因此《马关条约》中，日本提出了割占辽东半岛和台湾的要求，其中辽东半岛主要是为了保障其对朝鲜的控制，而台湾则被视为可借以突入南海，直至菲律宾和荷属东印度的基地。后来因"三国干涉还辽"而只得到了台湾。移民台湾既可改变台湾的人口比例，从而达到永久占据台湾、巩固"南进"基础的目的，同时又可借助日本人在台湾垦殖的经验，实现日本产业向南洋的扩张。

二、日本对台移民的经过

在殖民统治台湾的 50 年中，日本对台湾的农业移民侧重点有所不同。因此，可将其划分为五个时期，即 1895—1905 年的放任时期；1906—1909 年的前期私营农业移民时期；1909—1917 年的前期官营农业移民时期；1917—1930 年的后期私营农业移民时期；1931—1945 年的后期官营农业移民时期。③

1895—1905 年，移住台湾的日本人以无业者、资本家和公务人员为主，农业移民少见。到 1906 年，这种情况才开始有所改变。一方面，1905 年日俄战争之后，日本的对外扩张使欧美国家产生戒心，形成排日运动，因此日本对美国、加拿大以及澳大利亚等地区的移民受到限制。日本移民方向开始转向台湾、朝鲜等殖民地以及东南亚地区。另一方面，日本的人口移住随国家及资本的活动而进行。即官吏、资本家及其从属者的移住，是台湾日本移民的基础和根本。所以，日本资本家兴办煤矿企业，日本人的煤坑夫就来台湾；水产业兴，则有日本的渔夫来台；制糖企业兴，日本的职工及农民随之移住。

---

① 台湾省文献委员会：《台湾总督府档案中译本》第 3 辑，台湾省文献委员会，1994 年，688 页。
② 黄昭堂：《台湾总督府》，黄英哲译，台北自由时代出版社，1989 年，66～67 页。
③ 吴本荣：《试析日本据台时期对台农业移民及其危害》，《中国社会经济史研究》2005 年 3 期。

　　为了实现对台湾的农业移民，台湾总督府以收容日本农民为条件，拨给资本家预约开垦土地，即凡企业申请开垦，都须附带招募内地人才予批准。这一奖励私营企业移殖日本农民的政策以后也一直没变。为了获得台湾总督府拨给的土地，日本资本家开始招募日本农民来台垦殖。1906年，在台湾花莲，日人贺田金三郎获得预约开垦地一万甲，以栽培甘蔗为目的，由日本移入133户、385人。这是私营农业移民进入台湾的开始。

　　1909年，台湾总督府开始办理官营移民，以弥补私营移民在资金和土地上的不足。为了使移民计划顺利进行，台湾总督府还特别设立了移民委员会，专门负责制定章程，严格遴选，并由台湾总督府殖产局设置移民课来执行。此次官营移民，台湾总督府以东部土地调查中获得的所谓"殖民适地"作为官营移民收容地。移民家屋、移民指导所、小学校、医疗所、神社、传教所等建筑、道路、轻便铁路、灌溉排水渠、饮料水供给、野兽防御栅等工程概由官营。移民应募者，则委托日本各地官厅选择；须为纯粹农民，且有家族，再须携带250元以上的资金。[①] 从1909年开始，台湾总督府在台湾东部的花莲港厅先后建设了吉野、丰田及林田三个官营移民村。由于水利设施未尽完善、自然灾害频繁，加之农作物经营偏重经济作物，粮食不能自给等问题，官营农业移民到1917年即告终止。

　　官营农业移民停止后，台湾总督府转而奖励私营移民。1917年6月8日，为鼓励私营农业移民，发布《移民奖励要领》。其中的条文规定，台湾总督府将向移民提供优厚补助，诸如补助移民所需交通费用半额、补助移民住宅建筑费半额、每甲30元开垦费、开垦后五年医药费半额、三年移民子弟小学费用全免等。

　　第一次世界大战爆发后，国际糖价大涨，台东制糖株式会社为乘机从中获利，于1915年设立鹿野移民村，从日本新潟县招募短期移民前来种植甘蔗。新潟县因冬季下雪，农民室外劳动困难，向来都有季节性外出谋生的习俗。台东制糖株式会社以资助来台农民提供往返旅费，付给较日本高的工资等优厚条件，吸引农民来台从事短期垦作。两年间约有2 000个短期移民前来，以后又在短期移民中募集长期移民，陆续建设了鹿野、旭村及鹿寮等私营移民村。在台湾总督府的鼓励下，台东制糖株式会社投下巨资，为移民建造了住宅、医疗所、小学校、神社、青年会馆、公共浴室等设施，对日本农民颇具吸引力。

　　1931年九一八事变后，日本占领中国东北，建立了伪满傀儡政权，东北肥沃的广大地区成为日本帝国主义的新殖民地，于是提出了"北满移民"，对台移民的动力逐渐减弱。1937年，日本发动全面侵华战争，在台湾则积极推动"皇民化运

---

　　① 〔日〕矢内原忠雄：《日本帝国主义下之台湾》，周宪文译，台北帕米尔书店，1987年，125～127页。

动"。为了给台湾农民树立示范，加速台湾人的同化，同时为服务于"南进政策"，积累热带作物的栽种技术经验，台湾总督府决定再次办理官营农业移民。

此次官营农业移民主要集中在台湾西部，在东部仅在台东设立了一个敷岛村。用于农业移民的土地，主要是西部治水工程完成后出现的河流淤积滩地以及原先的保安林解除地。从 1932 年开始，台湾总督府在台中州陆续设立了秋津村、丰里村、香取村、鹿岛村、八洲村、利国村 6 个官营移民村。此外，在台南、高雄等地也出现了若干处日本移民村。鉴于以前官营和私营移民的经验，台中州对应招来台移民提出较严格的要求。例如，应募者应是年满 20 岁以上、50 五岁以下的男子或退役军人，需有务农经验，并须携带 300 元以上现金或邮便贮金。能够符合以上条件者的移民，通常都会安心居住，而且具有较强的开拓兴业的能力。[1]

三、日本移民对台湾社会的影响

到台湾光复时，在台日侨总数为 30.8 万人。[2] 如果仅从移民的绝对数量观察，这个移民量对于缓解日本国内的人口压力，并未形成具有实际上的社会意义。而且历年在台的日本人中，大部分是公务员、自由职业者及工商业者，农民占比并不多，对于解决经营规模过小的日本农业、转移过剩的农业人口，作用也都非常有限。

首先，为了实现对台农业移民，殖民政府侵占了台湾的大片土地。日本侵占台湾之初，台湾总督府即认为，台湾西部地区缺乏连贯的大片土地，不利于移民。为了日本农民能够移民台湾，从 1898 年开始，台湾总督府先后开展了官有土地调查、林野整理，从而侵占了台湾的大片土地。为鼓励日本农民移民台湾，台湾总督府出台了一系列政策帮助日本移民获得土地。如台湾总督府规定：凡来台投资经营农业或林业的日本移民，一律由台湾总督府无偿借给其土地或林地进行垦殖试种，凡经审查后，确认其试种成功者，便可无偿取得其全部垦殖试种地的所有权。[3] 1911年，台湾总督府又公布《土地收买规则》，规定凡由日本国内来台湾进行投资、开拓、殖垦的日本财团、株式会社以及日本国民，均可在台湾总督府特准划定的区域内，以极其低廉的价格收买当地农民的土地。通过巧取豪夺，在台湾全岛总计370.7 万甲的土地中，被台湾总督府强行霸占为官有的土地多达 246.2 万甲，被日本财阀和日本移民强行低价收买的土地多达 18.1 万甲，两项共计 264.3 万甲，占台湾土地总面积的 70% 以上。在台湾实际可直接耕种的 88.6 万甲耕地中，被日本

---

① 〔日〕井出季和太：《台湾治绩志》，台湾日日新报社，1937 年，578、615、1093 页。

② 陈鸣钟、陈兴唐：《台湾光复和光复后五年省情》上，南京出版社，1989 年，245 页。

③ 台湾总督府：《台湾统治概要》，台湾总督府，1945 年，396 页。

财阀和日本移民占有的耕地占 20.4％。另外，在台湾全岛的 365 万甲林地中，被台湾总督府强行霸占为官有林地的竟高达 97％。[1] 而这些被强行霸占为官有的土地和林地，又多以"放领"的名义被无偿地拨给退休后在台定居的日本官吏，或低价出售给来台湾投资的日本垄断财团经营使用。

其次，日本农民移民台湾，加重了对台湾农民的剥削。日据初期，由于移民台湾的日本农民多为年轻家庭，可耕作的劳动力不足，加之，由于殖民者的掠夺，一些台湾农民丧失了原有的土地。部分日本移民便雇佣台湾本地农民为其耕种，收取地租，形成一种租佃关系。更有甚者，在获得土地后，干脆放弃耕作，将土地全部出租给台湾农民耕种，直接收取地租，而自己则去从事工商业。这无疑是加在台湾农民身上的一项新的剥削。

第三，加剧了台湾经济的畸形发展。据台之初，日本对台湾采取无方针主义，随后日本确立了"工业日本，农业台湾"的政策，对台农业移民也正是服务于这一政策。据台初期，由于日本粮食供应紧张，需要台湾为其提供大量粮食，台湾的农业就以生产足够多的粮食来满足日本的需求为目的，甚至将水稻的品种改良为"蓬莱米"，也是为了适合日本人的口味。随着日本以及国际市场对蔗糖的需求上升，台湾的农业又以甘蔗种植为主，以满足制糖工业对原料的需求。日本农业移民始终和制糖公司紧密相连，他们或者直接由制糖公司招募，或者虽由官方招募，但实际上仍是为制糖公司生产提供原料，从而加剧了台湾经济的畸形发展。台湾经济发展中出现的所谓"糖米相克"现象，也是台湾殖民地经济唯日本经济马首是瞻的产物。

第四，日本移民在台湾高高在上，以统治者自居，对台湾民众心理造成伤害。台湾割让给日本后，日本除了掠夺台湾的资源，还对台湾人民实行民族同化政策。特别是殖民统治后期，日本在台湾进行了改名、易俗的"皇民化"运动，试图彻底消灭中华文化使汉民族同化于日本大和民族。日本在台湾建立的农业移民村，一般采取封闭的形式，台湾人不得入内。移民村内，建有日式的房舍以及日本神社，日式的饮食、服饰、信仰等也随着农业移民的到来被带入台湾，移民的生活方式、风俗习惯在潜移默化中感染了一代台湾人，造成部分民众中存在着一种皇民心理，这对台湾光复后，台湾人的国家认同形成障碍。[2]

---

① 陈碧笙：《台湾地方史》，中国社会科学出版社，1990 年，202～203 页。

② 吴本荣：《试析日本据台时期对台农业移民及其危害》，《中国社会经济史研究》2005 年 3 期。

第十七章　日伪沦陷区的农业

　　日本于 1868 年实行明治维新后，国势日渐强盛，于是"开疆拓土"的侵略野心恶性膨胀，不断举兵侵扰四邻，屡次入侵中国，给中国人民造成了深重灾难。1874 年，日本政府通过《台湾番地处分要略》，出兵侵占台湾并建立了都督府，后经清政府严正交涉，日本趁机讹诈中国赔款 50 万两白银。1894 年挑起中日甲午战争，强迫中国签订丧权辱国的《马关条约》，占领台湾全岛及附属各岛屿、澎湖列岛等地，并索取大量赔款。在 19 世纪末列强瓜分中国的狂潮中，划福建为其势力范围。日本是 1900 年八国联军侵华战争的魁首之一，强迫中国签订《辛丑条约》，中国自此沦为半殖民地半封建国家。1905 年日俄战争后，日本从俄国手中夺取了东清铁路长春至旅大的路权，设立伪南满洲铁道株式会社。第一次世界大战期间，日本出兵山东，强占胶济铁路和青岛。1915 年向袁世凯提出灭亡中国的"二十一条"。1918 年起支持军阀发动混战，从中牟取利益。1927 年提出意欲吞并中国、称霸世界的《田中奏折》。1928 年，日军制造济南惨案，杀害中国军民 5 000 余人。1931 年 9 月 18 日，日本关东军发动九一八事变，建立伪满洲国傀儡政权，侵占中国东北。1932 年日军进攻上海，发动一二·八事变。1935 年日本策划华北事变。1937 年 7 月 7 日，日本制造卢沟桥事变，发动全面侵华战争。

第一节　日本在中国东北地区的农业掠夺

一、"满铁"的农业掠夺

1904 年 2 月 8 日，日俄两国为瓜分中国东北地区的利益而爆发战争。1905 年

2月，日军打败俄军于奉天，俄国被迫将其在东北地区所占据的利权一并"转让"给日本。接着日本政府强迫清政府签订承认日本在东北特权的条约，获得了长春以南的铁路以及从旅顺口至大连湾的"租借经营权"，同时在大连设立侵华机构"关东都督府"。

1906年10月，日本在大连成立"南满洲铁道株式会社"（简称"满铁"）。它表面上是一家铁道股份公司，实际上是日本大陆政策的侵略机构。它以其强大的政治经济实体构成了在我国的"国中之国"，成为日本政府对华进行疯狂侵略扩张的战略基地和桥头堡。日本帝国主义在中国所做的大量经济调查和农事活动，多数是由"满铁"来实施完成的。

"满铁"首任总裁是日据台湾总督府民政长官后藤新平。他一到任，就从日本国内招募了一批农林专家来中国东北地区进行农业资源调查。调查成果编成《南满洲在来农业》《南满洲在来农具》等专项报告书9册，于1913—1919年在大连出版。

农业是东北经济的基础，因此"满铁"重视东北农业的改良。1913年，就在地方课内设产业系主管农业，一边从事农业的调查，一边开展农业的试验，同时开展一些农业教育活动。

1913年4月，"满铁"在怀德县公主岭附属地内开设产业试验场总场，从事主要农作物的改良和增产试验。除农事试验场，"满铁"还设有试作场，从事一般性的土壤改良试验和农作物的改良试种。如在1925年开设了凤凰城的烟草试作场，试种了美国的黄烟，以及在后来分别于辽阳、大榆树、抚顺、开原等地试种了棉花、大豆、水稻等。① 1922年1月17日，"满铁"机构内设置农务课，下设农务系、林务系、畜产系、调查系和庶务系。除农务课，还有自成体系的农事试验总场以及分布于铁路沿线附属地的一批试作场、原种圃与苗圃。②

"满铁"利用铁路运输和大连港海运的便捷条件，在东北各地大量廉价收购黄豆运到大连，在当地设厂加工制成豆油、豆饼及其他豆制品，然后运销日本或输往欧洲市场。起初，"满铁"为了引诱中国民族资本转向榨油工业，通常会采取先垫付大豆原料的货款，工厂榨油后还债的方法，因此大连油坊猛增。1919年大连由仅1家土法榨油的作坊发展到80余家，生产额迅速上涨，一度占全中国豆油产量的97.8%。榨油业的"繁荣"反映了地方工业的畸形发展和经济上的殖民属性。经过几年经营，"满铁"和日本资本家在大连的经济势力日渐雄厚，于是掉转头来，一个个地吞并中国民族资本家开设的油坊。"满铁"油厂具有设备和技术的优势，

---

① 日本外务省：《日本外交文书》第39卷第1册，东京国际联合会，1962年，628页。
② 顾明义等：《日本侵占旅大40年史》，辽宁人民出版社，1991年，341页。

当地小油坊无力与其竞争，于是纷纷倒闭，无一幸免。①

东北粮食谷物加工的情形，也大致与豆油相似。"满铁"于 1927 年在大连码头设立了谷类精选干燥工厂，这是当时东北地区最大的谷物精选干燥工厂。此外，"满铁"为促进与东北粮食特别是小米向朝鲜出口，以便将朝鲜大米运往日本，又决定由其商工课提供补助金，在公主岭和四平街设立了粮谷精选工厂。②

1908 年，"满铁"在大连、瓦房店和熊岳城等铁路沿线附属地设置苗圃。到 1931 年，"满铁"直接经营的苗圃共有 18 处，总面积为 148 万米²。③ "满铁"还通过一系列手段，攫取到对大兴安岭林区的采伐权。"满铁"对于兴安岭林区的侵入，并不仅仅是着眼于获取巨利，而是为了在北满建立一个扩张的经济据点。④

"满铁"还积极配合日本关东军的残暴统治，为之提供便利，提供通信、运输设备，协助关东军在"满铁附属地"（即在南满铁路、安奉铁路沿线霸占的大量地区）设立独立的行政系统，负责管辖附属地的市街、农田和矿区，并强行征用农田建设练兵场。许多民房成为关东军的兵营，"满铁"还组织人力协助关东军作战。"满铁"是日本军国主义入侵中国的前哨和基地。日本关东军在东北筹设伪满傀儡政权时，"满铁"又为之输送了大量成员作为伪满各级组织的骨干。⑤

二、日伪对农业生产的控制

1931 年九一八事变后，日军进一步扩大侵略，占领整个东北。1932 年 3 月 9 日，日本扶植废帝溥仪，在长春成立了傀儡政权——伪满洲国。其辖地包括现今中国辽宁、吉林和黑龙江三省全境（不含此前已经被日本占领的"关东州"，即旅大）以及内蒙古东部、河北省承德市。伪满洲国成立后，"满铁"在东北地区设立的农事机构以及移民事项，大多移转伪满政府管理。至此，中国东北全境的农业生产和农产品运销完全处于伪满洲国的管控之下。

1933 年伪满洲国制定的《满洲经济建设纲要》中，把"谋求依赖国外的农产品实现自给"作为农业增产的重要目标，掠夺重点是棉花等原依赖于印度等国供给

---

① ⑤ 丁晨曦：《论满铁对中国"明暗双轨"的经济掠夺》，《辽宁师范大学学报》（社会科学版）1998 年 2 期，85~92 页。

② ④ 王珍仁：《论满铁对华的经济掠夺》，《东北史地》2007 年 4 期。

③ 《第六十回帝国议会说明资料》，267~268 页，转引自苏崇民：《满铁史》，中华书局，1990 年，319 页。

的原料。1937 年后，随着战争的长期化，日本积极推行变东北为亚洲粮食基地的政策。1940 年伪满国务院将金融合作社和农事合作社合并成立"兴农合作社"，遍设分支机构于各地，大力提倡种植日本军需民用最迫切的农作物。"兴农合作社"标榜它主要进行为农业生产服务的各种活动，实际是日伪反动政权在农村的别动队，强迫农民入社，加强对农民的控制。

首先，自 1933 年起，大幅降低输日农产品的关税及日货输入东北的关税，提高中国货物税率，使东北市场成为日货的独占市场。农产品出口绝大部分输往日本。日本控制东北农产品市场的方式是利用其军国主义的政治势力实施农产统制政策。伪满政府在《战时农产品出荷对策要纲》中规定：为确保粮食的供应，对农产品强制的彻底征收；防止黑市贸易。在粮食流通方面，主要手段有两个，一个是"粮谷出荷"[①]，即按照日伪官方价格把指定数量的粮食，在规定的日期内，如数交售给划定所在地区的收购机关。"出荷"数常达到产量的 70%～80%。"出荷"期限异常急迫，必须如期售足，稍迟即罚，而所付官价往往不到市价的十分之一。另一个手段是"粮食配给"。1937 年开始，日本对东北实行严格的粮食配给制度，1942 年，日本、朝鲜居民每月每人配售 8 千克粮食（包括 50%杂粮），中国人几乎得不到大米。[②]

1940 年，伪满政府对农产品实行全面统制，包括主要粮谷和一些特产品，设立所谓"农产品交易场"，同时制定了一系列强制措施。"粮谷出荷"通过"兴农合作社"进行，表面上是"出价收买"，实际所出价格极其低廉。如 100 千克大豆市价为 200 元，出荷只给 17 元；1940 年开始，伪满政府取缔农产品私人交易，严禁私藏粮食。设立了"出荷督励班"，到各地进行监督搜查，禁止农村往城里私运粮食，违者就受到严厉处罚。[③]

1941 年 7 月，伪满政府将"满洲特产专管公社""满洲粮谷株式会社""满洲谷粉管理株式会社"合并，组成"满洲农产公社"，进一步加强对农产品的统制。1942 年，推行强制摊派，规定南满地区每垧农地出荷量 2～2.2 石，北满地区出荷 2.5～3 石。粮食出荷量占粮食产量的比重逐年加大。1943 年，吉林、龙江、北安、滨江、四平、通化、三江、东安、间岛、新京等省市均达 40%以上，其中北安省竟占 53.3%。[④]

为了更多地从农民身上搜刮粮食，日伪政府还巧立名目进行追加。例如要求农

---

① "出荷"源自日文，本意是出售或上市。此处是日本帝国主义强制农民所产的大部分粮食，按照日伪政府规定的收购数量和最低收购价格交售的政策。

② 高晓燕：《略论伪满统治对东北农民的掠夺》，《日本侵华史研究》2014 年 4 卷。

③ 中央档案馆：《伪满洲国的统治与内幕——伪满官员供述》，中华书局，2000 年，178 页。

④ 孔经纬：《东北经济史》，四川人民出版社，1986 年，537 页。

民售卖所谓的报恩粮、支援圣战粮、拥护天皇粮、协和粮等。1944年，以1943年度粮食丰产为由，提出"报恩出荷"，追加了分摊数量。以吉林省为例，仅"报恩出荷"一项，就达到当初分摊量的15％。[①]

1941年太平洋战争爆发后，日伪政权加强了对粮食的掠夺，变本加厉地搜刮粮食，稻米大部分被强行征购。1944年，东北的稻米出荷率高达75.9％。[②] 为保证"粮谷出荷"计划的完成，日伪政权甚至不惜以武力"督励出荷"，强迫农民把口粮和种子作"出荷粮"全部缴纳。农民"出荷"后所剩的粮食不足以维持生活，有的甚至走投无路而自杀。"粮谷出荷"政策给东北农民的水稻产业带来了深重灾难。[③]

三、日伪对农村劳动力的强制掠夺

太平洋战争爆发后，1941年9月10日，伪满国务院颁布《劳务新体制确立要纲》。不久，进行修订改称《劳动统制法》，成立"劳务兴国会"。"劳务兴国会"完全改变此前的劳工协会的性质，彻底成为伪满政权推行劳务统制政策的准政府机构。当时统制的主要内容是强制劳动的推行。强制出劳的形式多样，主要有以下几种方式：

一是"农民紧急就劳"。1940年6月，日伪曾在安东、锦州、热河等劳动资源相对丰裕的地区，由劳工协会进行所谓"专管募集"，这是伪政权介入民间劳动力招募之开始。不久又实行"分配募集"。军方以及有军方背景的"特殊会社"的劳工募集皆由劳工协会负责；重要工矿企业在劳工协会"斡旋"下进行募集。由伪满政府制定重要产业劳动力需要计划，然后将其中由自由市场招募难以完成部分分配给各地区，劳工协会（或由行政机关协助）用劝诱等方法驱使劳动者应募出劳。这种募集"在形式上虽与强制招募有别，但在多数场合造成近似强制劳动的结果"[④]。强制募集始于1941年7月1日伪满政府公布的《国内劳动人募集紧急对策要纲》。劳动力募集开始实行"强力的行政斡旋"，即"向县旗摊派，县旗则指挥劳工协会指导事业人，将摊派之劳动人于期限内供出之"[⑤]。1942年2月9日推出《劳动人紧急就劳规则》，将"紧急募集"转化成"紧急就劳"。凡属18岁以上50岁以下的

① 〔日〕冈部牧夫：《伪满洲国》，郑毅译，吉林文史出版社，1990年，139页。
② 中央档案馆等：《日本帝国主义侵华档案资料选编》第14卷《东北经济掠夺》，中华书局，1991年，589页。
③ 于春英：《伪满时期水稻发展研究》，《社会科学辑刊》2009年3期。
④ "新京"驻在参事：《满洲劳动问题调查》，1942年4月15日。
⑤ 伪满洲国《政府公报》，1941年7月1日。

男子，只要不是军人、学生或官公吏，均将被指定为"就劳者"，不得逃避。① 而被指定的"就劳者"，以县旗为单位组成所谓"劳动报国队"，被送到军事工程或工矿企业强制服劳。这是强制征集的主要形式，征集对象主要是广大农民。

二是"学生勤劳奉仕"。本质上征调学生参加劳动，也是强制劳动的一种形态。这种劳役始于1940年，主要在农业生产方面服劳。驱使中小学生"勤劳奉仕"，并不是为了学生的身心锻炼。1943年6月3日《学生勤劳奉仕规程》公布，规定"编成学校勤劳奉仕队"，"其队长以该学校之长充当之"。大学生服劳称作"勤劳奉公"。1943年1月1日开始执行的《学生勤劳奉公令》规定："学生勤劳奉公之期间每年三十日以上四十五日以下"，"对于无正当之事由未完成学生勤劳奉公之学生，大学之长不得为毕业之认定"。② 1944年10月9日，伪满政府又实施"紧急矿工增产学生勤劳动员"，将奉天、"新京"、哈尔滨三所工业大学和奉天省男女中等学校最高年级紧急动员于"重要事业现场"。③

三是"城市浮浪者活用"。1943年9月18日，伪满政府推出《保安矫正法》和《思想矫正法》。④ 前者是关于将"认为有犯罪危险的人"，送进特别设立的所谓矫正辅导院，对之强制实行"精神训练"，并使其服劳矫正；后者则是对"可能"犯政治罪者实行"预防拘禁"，同时也强迫服劳。伪满政府局将这种办法说成是"决战下的行刑和保安拘置制度"，它既是对中国人民的战时高压政治统治，又可无偿征调大量的战时劳动力。这种法律条文，日本当时的事务官也认为不可思议。因为所谓触犯此两项法律的中国人，并非实际已经犯罪者，而只是"有犯罪之虞者"，而且法律条文"规定又极为抽象，没有明示任何具体事项，因而当执行法律时，全由警察官和检察官、特别是警察官的认定任意行之"。⑤ 据估计，成为《保安矫正法》和《思想矫正法》对象的所谓"浮浪者"，在1942年下半年约有30万人。他们中的大多数是因战时经济统制日趋严酷，在营业上难以为继的小工商业者，和躲避强派劳工的乡下贫雇农，也不乏不堪虐待从工厂、矿山或军事工程中跑出来的工人，他们聚居城市，谋求生业。甚至各地收容的鸦片瘾者的康生院也起着劳动集中营的作用。矫正院收容者服劳时称为"训练工"。与其类似的监狱在押者作为"囚人工"也越来越多地被强迫服劳。此外还有来自华北的被俘抗日军人和人民群众，

① 伪满洲国《政府公报》，1942年2月9日。
② 伪满文教部学务司：《满洲帝国文教关系法规辑览》，伪满洲帝国教育会，1937年，654页。
③ 伪满洲国《政府公报》，1944年10月9日。
④ 中央档案馆等：《日本帝国主义侵华档案资料选编》第14卷《东北经济掠夺》，中华书局，1991年，917～918页。
⑤ 日本战犯古海忠之等侵华罪行自供：《日本帝国主义侵略中国史》，中央档案馆藏手稿，1190～1192页。

成为特殊工人，被强制奴役在军事工程现场和工矿企业。

在《劳动统制法》规定的"强制出劳"压迫下，东北广大农村的农民成了日伪劳务新体制的主要受害者。劳工征用开始后，由伪官吏、村长和警察，按照户籍逐户摊派，凡是符合劳工条件的无一幸免。为了达到征用的数目，伪满政府不惜采用殴打、关押拘留、停止配给食品等卑劣手段。那些没有能力出劳工者，则要付出一笔金额由村公所雇佣劳工。由于劳工供出频繁，所需金额越来越高，广大农民无法承受其负担。1942 年，承德宪兵队曾对喀喇沁中旗 26 个村进行了调查。该年上半年，各村供出劳工达到 3 次之多，总数 2 500 多人，因无人应募，村甲长强制各农户摊派钱款雇佣劳工。仅 6 个月时间，每户农民最多摊派 260 元，最少摊派 30 元。征收的方法，有的村按土地征收，有的村按人口征收。征收的标准按季节而定，冬季到春耕前比较低，农耕开始后逐渐升高。东北广大农村的农民成了日伪劳务新体制的主要受害者。劳工征用开始后，由伪官吏、村长和警察，按照户籍逐户摊派，凡是符合劳工条件的无一幸免。为了达到征用的数目，采用殴打、关押拘留、停止配给食品等手段。[①]

伪满政府推行所谓"国民皆劳"的政策，建立称之为"勤劳奉公队""勤劳奉仕队"的强迫劳动组织，规定 20～30 岁不被征为"国兵"者均有义务参加，服役时间 3 年内共 12 个月。用于军事工程修建、铁道公路建设、土地开发等方面，每年多达数十万人。此外还有"紧急就劳""行政供出"等征集劳动力的方式。其劳动时间每天多在 10 小时以上，长者更超过 14 小时，残酷的压迫、恶劣的条件造成劳动力大批死亡。1945 年 300 万劳工中，死亡率高达 20％。劳动力主要来自农村，掠夺劳动力对农业生产的影响更为直接。

据统计，被强制劳役的一般是以雇农为主的无地的贫苦农民，他们因家庭生活所迫而充当劳工。以锦州省彰武县为例，1941 年度被强制动员者 67％是纯粹的雇农。按照佃农、自耕农兼佃农、自耕农的顺序，上述的各个基层中，耕地规模越小被动员的就越多。从 1943 年吉林长春勤劳奉公队的情况看，雇农占全体人数的 45％，佃农占 25.5％，自耕农占 22％，没有一个是地主。[②]

四、向东北移民

日本对中国东北的移民政策由来已久，但大规模移民的实施，始于九一八事变。1932 年 8 月 30 日，日本第 63 届国会决议：向伪满洲国移民 500 户。于是，在

---

① 滕利贵：《伪满经济统治》，吉林教育出版社，1992 年，187 页。
② 〔日〕冈部牧夫：《伪满洲国》，郑毅译，吉林文史出版社，1990 年，140 页。

日本陆军省和在乡军人会的参与下，日本拓务省从在乡军人中挑选移民，到 1936 年 6 月共进行 5 次移民，将 2 785 户、7 000 余人移入东北北部的桦川、依兰、绥棱、密山等县，[①] 这批移民是"试验性"的武装移民。另外还有由民间团体组织的所谓集合移民，亦称自由移民。如由失业者构成的天照园移民，由天理教主办的青年宗教开拓团天理村移民、镜泊学园移民等。此外，还有以警护铁路为目的的自警村移民。

移民政策是日本帝国主义大陆侵略政策的重要组成部分。1905 年日俄战争后，日本殖民政策制定者儿玉源太郎和后藤新平，就曾鼓吹向中国东北移民 100 万人。九一八事变以后，日本开始推行大规模移民计划。

1932 年 6 月，被称为"满洲开拓之父"的东宫铁男以维持治安为目的、由日本退伍军人组成屯垦队迁入的意见书为关东军采纳。其意见书建议："以日本退伍军人组成吉林屯垦军基干部队，指导和监督吉林军过剩兵的归农化和朝鲜人农业移民，承担吉林省东北部的治安维持任务。"[②] 认为实行"军事的长期镇压，不如移来武装移民团体永久地定居更为彻底"。关东军作战参谋石原莞尔对"意见书"称赞不已。10 月 1 日关东军制定了《关于向满洲移民要纲案》，明确了日本移民以在伪满洲国内"扶植日本的现实势力，充实日满两国国防，维持满洲治安"的目的。

日本更大规模的移民始于"百万户移民计划"，它与"产业五年计划""北边振兴计划"被称为伪满洲国的"三大国策"。1936 年 5 月，关东军正式提出《满洲农业移民百万户移住计划案》。同年 7 月，日本拓务省根据关东军的方案制定了日本政府的移民方案。8 月 25 日，广田弘毅内阁将"满洲移民政策"宣布为日本的"七大国策"之一。

当时的日本政府推测，20 年后伪满洲国人口将达 5 000 万。用 20 年时间把 100 万户、500 万人移送到伪满洲国，以使日本人达到伪满洲国十分之一的比例，建立起以日本人为"指导核心"的"日本秩序"。同时，它也是日本大规模输出贫困、缓解其国内社会经济矛盾的重大举措。当时日本有农民 560 万户，其中缺少耕地的贫农为 200 万户。百万户移民计划就是把"土地饥馑"的贫农，用 20 年时间分批送到伪满洲国。

百万户移民计划从 1937 年起，分四期进行，第一期 1937—1941 年 10 万户，以后每期递增 10 万户。占地标准，每户 10 公顷，100 万户，共计划占 1 000 万公顷，相当于伪满洲国全部人口十分之一的日本移民，将占有伪满洲国全部耕地的三

---

① "满铁"调查部：《满洲农业移民概说》，1938 年，12 页。

② 〔日〕伪满洲移民史研究会：《日本帝国主义在中国东北的移民》，中译本，黑龙江人民出版社，1991 年，13 页。

分之一。而且，日本移民用地，80％分布在东北北部地区。这里不仅是地价低廉，而且也是中国人民进行抗日游击战争的地区，还是与苏联隔江相望的边陲要地。

七七事变后，日本调整了移民侵略计划，扩大了移民机构，重新全面制定移民侵略政策。1939年12月22日，伪满政府公布了《满洲开拓政策基本要纲》，它被称为伪满洲国移民政策的"最高法典"。以这个"要纲"为基础，后来于1940年5月3日推出《开拓团法》、1940年6月20日推出《开拓农业协同组合法》和1941年11月13日推出《开拓农场法》。通过以上的"开拓三法"，日本侵华当局进一步把伪满洲国建设成为其扩大侵略服务的军事基地和经济基地，使日本移民组织成为防止和镇压中国人民反抗、维持残暴统治的军事、政治据点。

"百万户移民计划"规定，日本移民总共需要土地1 000万町步，主要由伪满洲国政府以所谓"国有地""公有地""不明地主的土地"和"其他未利用地"充之。实际上，伪满政府给日本移民准备的用地，很多是民有地，这部分土地在伪满政府的"斡旋"下由"满拓会社"收买。至于所谓"国有地"和伪满政府无偿收取的土地，"满拓会社"采取向伪满政府购买的形式加以管理。所以，日本移民用地的"整备"是由"满拓会社"一手包办的。特别是从"满拓会社"成立到《满洲开拓政策基本要纲》发表的两年间，夺取民有地活动达到巅峰。1939年"满拓会社"拥有的土地已达571万公顷。[①] 截至1941年4月，伪满政府和"满拓会社"共已"整备"移民用地2 000多万公顷[②]，相当于百万户移民计划原定总目标的2倍，为日本耕地总面积（600万町步）的3.7倍。

据统计，1937—1941年，实际移民约为45 000户，加上原有的即试验期移民共为48 000户。其中集团拓民23 366户，47 000余人；集合开拓民5 361户，15 000余人；分散移民435户。[③] 1941年日本农业移民耕地面积为12.5万公顷。因此，大量整备的移民土地被出租了。1941年"满拓会社"出租土地达40多万公顷，佃户8.5万多户。[④] 出租土地一部分由"满拓会社"直营；另一部分实行"承包租佃"。两者都由指定的管理人进行管理。"满拓会社"通过他们榨取广大中国佃户的高额佃租；他们自己也利用其管理人的地位，敲诈勒索，免出劳工。如密山县，直到伪满末期，尚有60％的居民处于"满拓会社"的压榨之下。租佃关系，也是日本开拓团内普遍流行的现象。如以第三次移民团即移入绥棱的瑞穗开拓团为

① 伪满洲移民史研究会：《日本帝国主义在中国东北的移民》，中译本，黑龙江人民出版社，1991年，199页。

② 〔日〕喜多一雄：《伪满洲开拓论》，明文堂，1944年，364页。

③ 《伪满洲开拓年鉴》，伪满洲国通讯社，1944年，192～193页。

④ 伪满洲移民史研究会：《日本帝国主义在中国东北的移民》，中译本，黑龙江人民出版社，1991年，207～208页。

例，农业生产中靠自家劳动力部分占 50% 者，只是总户数的 17.4%。开拓团使用最多的是常工，即年工，占年投入劳动总量的 4.3%，为雇工的 6.1%。[1] 不仅如此，许多日本移民实际上已成为出租土地的地主。如第八次移民团的大八浪开拓团，1939 年，在 2 500 多公顷水旱田中，自耕地只占 10.3%，其余全部出租给中国人佃户。[2]

日本移民擅长水田耕作和水稻种植技术，因此向东北移民，不仅可以巩固其在东北的统治，还可以从中国农民手里夺取大片土地，种植水稻，供应日本军需。所以，随着日本移民大量涌入东北，把水利、水田技术及稻作农耕方法带入了移民区，利用夺取的土地改旱田为水田，或在有水源的地方开辟水田，种植水稻，成为刺激东北水稻开发的一个重要因素。1936 年 7 月，在东北的日本移民已达 72 万人，朝鲜移民也增至 86 万人。[3] 到 1944 年末，日本、朝鲜开拓移民占地达 152.1 万公顷。[4]

1941 年太平洋战争爆发后，为解决战争急需和保证日本国内粮食供应，伪满政府又制定了《第二个产业五年计划》和《战时紧急农产物增产方策要纲》。这两个文件都把水稻的增产放在首位，其主要内容是扩大指定的农作物面积，大量开辟稻田，限制废耕。为此大力营造水田，增加水稻播种面积。日本移民耕作的水田面积也仅占东北水田总面积的 6% 左右，大部分水田耕作要由汉族农民和朝鲜族农民来承担。所以，汉族及朝鲜族农民成为当时东北水稻开发的主力军。日伪政权为了实施移民计划而采取的兴修水利、开发水田等项措施以及政府方面提供的各种便利和援助，成为伪满时期水稻开发的一个重要契机。[5]

第二节　日本对关内沦陷区的农业掠夺

日本侵华期间，在东北、华北、华中、华南等沦陷区建立了亲日的傀儡政权，采取"以华治华""以战养战"策略，既可在对华战争中就地解决庞大的军需供应，又可扶持亲日汉奸维持沦陷区的地方治安。除了上文述及的东北沦陷区的伪满洲国政府还有蒙疆沦陷区的伪蒙疆联合委员会，华北沦陷区的伪中华民国临时政府，华

---

[1]　伪满开拓研究所：《瑞穗村综合调查（满洲移民关系资料集成 10）》，1940 年铅印稿本，245～246 页。

[2]　大东亚省：《第八次大八浪开拓团综合调查报告书》，东京大东亚省，1943 年，2～7 页。

[3]　章有义：《中国近代农业史资料　第 3 辑　1927—1937》，生活·读书·新知三联书店，1957年，509 页。

[4]　伪满国务院弘报处：《旬报》1945 年 166 期，13 页。

[5]　衣保中：《日本移民与伪满洲国的殖民地农业》，《东北亚论坛》1996 年 4 期。

中沦陷区的伪中华民国维新政府,以及 1940 年 3 月成立的汪伪中华民国国民政府。这些傀儡政权均受日本军事首领掌控,沦陷区内的财政、交通、产业、民生等的指挥调度大权都由日军首领主宰。

一、日本掠夺关内农业的三个阶段

第一阶段,从 1937 年七七事变到 1938 年 12 月日本成立"兴亚院"。这个阶段,日本以军事侵略为主,在经济上实行"破坏重于建设"战略,借此摧毁中国军民的抵抗能力。因此,在全面抗日战争爆发初期,日军对关内农村和农业经济进行疯狂的掳掠和破坏,沦陷区内硝烟弥漫,生灵涂炭。日军所到之处,大肆屠杀妇孺平民。史料记载,1937 年 10 月 12 日到 10 月 25 日,日军在河北省藁城、赵县、栾城 3 县交界的梅花镇,就屠杀了无辜群众 1 547 名,占全镇总人数的 60%。1937 年 10 月 7 日至 8 日,日军在河北省正定县的岸下、永安等 13 个村庄,杀害村民 1 506 人,杀伤 103 人,烧房 106 间,抢走牲口 80 头。[1] 1937 年冬,日军在山东省锦川河畔的河东、杨家寨、龙口 3 个村庄制造惨烈的"龙口惨案",共杀死 536 人,烧毁房屋 4 600 余间,烧死大牲畜 400 多头。1938 年 5 月 13—17 日,日军在山东金乡县境内共计屠杀百姓 3 347 名,烧毁民房 670 余间。[2] 1937 年 12 月 15—17 日,日军血洗扬州东郊万福桥,3 天内屠杀了 500 多名中国平民。[3] 据当时的统计,日军发动全面侵华战争的第一年,就在沦陷区内杀害中国民众超过 100 万人。[4]

日军的战争破坏与战争暴行,不仅是屠杀农民,而且抢劫农民的粮食、役畜与财物,焚烧农民的房屋,破坏农民的农具等。当时的调查报告提出,在南京郊县,被日军毁损民房共 30.8 万间,价值 2 400 万元,平均每户损失 129 元;牲畜损失共 12.3 万头(水牛、黄牛、驴),价值 670 万元,平均每户损失 36 元;农具损失 66.1 万件,价值 524 万元,平均每户农家损失 28 元;库存粮食损失总价值 420 万元,平均每户农家损失 22 元;田间农作物损失总价值 78.5 万元,平均每户农家损失 4 元。以上五类农业损失总计将近 4 100 万元,平均每户农家损失 220 元。[5]

第二阶段自"兴亚院"建立到太平洋战争爆发。1938 年 12 月 16 日,日本成立所谓"兴亚院",同时在中国东北、华北和华中,分别成立了"兴亚院"的联络部,开始了对中国经济进行全国性管控和掠夺。抗日战争进入相持阶段后,日本侵

---

① 参见《河北文史资料选辑》第 15 辑,河北人民出版社,1985 年,135、151 页。
② 方正:《日本侵略军在山东的暴行》,山东人民出版社,1989 年,92、111 页。
③ 郭士杰:《日寇侵华暴行录》,联合书店,1951 年,31 页。
④ 张锡昌等:《战时的中国经济》,科学书店,1948 年,263 页。
⑤ 经盛鸿:《日伪时期的南京郊县农业》,《中国农史》2009 年 4 期。

略者政治上采取"以华制华",经济上采取"以战养战"的战略。"以战养战"就是军事上就地取给,榨取沦陷区的战略军需资源,以达到灭亡中国的目的。

1941 年 10 月,日伪政权颁布了《华北合作事业总会暂行条例》,12 月 16 日,在北平怀仁堂举行华北合作事业总会成立大会①,日伪在华北农村建立了掠夺农产品的合作社,凡重要物资如棉花等之买卖运销均由合作社办理,个人不得私自经营。从 1941 年起,实行统制粮食政策,在沦陷区内设立仓库,由合作社担任出纳,强迫人民将所获粮食除留下两个月的口粮,其余全部送存合作社仓库;在接近抗日根据地的地区,则强迫农民将所有粮食全部送存仓库,防止粮食进入抗日根据地。

日本当局从其战争需要与稳定日占区统治秩序出发,提出"适地适产主义",规定"中国之农业,努力确保其国民主食",并供应日本之需要,在农村首先注重粮食生产。但日本侵华战争的破坏与日方屠杀、掠夺的恐怖政策,致使农村的劳动力严重缺乏、役畜锐减、种子等供应不足,水利连年失修。日伪政权对粮食等农产品长期实行严格的"统制"政策,禁止市场流通与自由买卖,只能由日商与伪政府机构压价收购,严重地挫伤了农民的生产积极性。以上种种因素综合作用,导致农业生产耕作失时,种植粗放,有许多地方甚至有大片农田荒芜失种,再加上水旱灾害无力抗拒,使得农作物产量急剧下降。②

日本侵略者还制订了一套庞大的开发计划。"兴亚院"建立后,便拟订出掠夺中国沦陷区的"三年计划"。这个计划预定于 1941 年度华北生产棉花 500 万担,盐 152.55 万吨,羊毛 5 000 万吨。可是,由于中国人民的抵抗,再加上日本本身资本、器材和技术的缺乏,"三年计划"未能完成。在棉产上,原计划 1940 年生产 517.2 万担,实际上该年产棉不过 132.8 万担,仅及原计划的 1/4 强。在盐产上,1940 年实际生产为 89 万吨,尚不及原计划的 60%。由于棉花来源大减,结果青岛纺织业被迫将其开工率减低至 10%,天津纺织业也不得不将其开工率减低至 70%。③ 因此,日本不得已放弃了"三年计划",另行制订"华北产业开发综合五年计划"。1941 年 11 月,日本侵略者更发表"日满支经济建设十年计划"。这个计划中的掠夺对象包括东北、华北、华中和华南。

日本侵华当局通过各地的伪政权,强制改变中国的农业经济结构,片面扩大棉花生产,导致粮、棉两败俱伤。日本在战前拥有发达的纺织工业,但原棉自给率只有1.3%④,棉纺业原料主要仰给于美国、印度与中国。日本发动侵华战争后,英、美实行对日物资禁运,美、印棉的进口几近断绝。日本只能靠加紧掠夺中国的棉麻

① 陈云:《华北合作》,《中联银行月刊》1944 年 1 期,34 页。
② 经盛鸿:《日伪时期的南京郊县农业》,《中国农史》2009 年 4 期。
③ 《解放日报》1942 年 1 月 24 日。
④ 陈介生:《抗战以来敌寇对我经济侵略概观》,重庆(出版者不详),1940 年,18 页。

等纺织原料。但中国的棉产量也因战争而锐减。于是日本当局只得在沦陷区内加强棉花的生产与掠夺。

1939 年 6 月 17 日，由日本棉花栽培协会与南京伪维新政府联合组织"华中棉产改进会"，本部设在上海，在江、浙、皖等地共设了 6 个分会，32 个办事处，日方"由财团法人日本棉花栽培协会给予技术及财政的协助"；伪维新政府则组织农民扩大棉、麻的生产。1940 年 3 月汪伪政府成立后，秉承日本意见，在农矿部专设"棉花生产管理处"。1942 年 11 月，汪伪政府实业部设置 8 个棉业管理区，下令各区要将新开垦的荒地全部用来种植棉、麻及杂粮、油脂作物。

第三阶段自 1941 年太平洋战争爆发至 1945 年 8 月日本战败。太平洋战争爆发后，英美两国在沦陷区的财产事实上都为日本所占有，来自英美的物资进口已被切断，但日本本身也陷入经济被封锁的境地。日军在发动大规模军事进攻的同时，也疯狂地掠夺物资。

随着抗日战争的长期持续，日伪政权日益感到粮、棉等战略物资的紧缺，不仅影响军需供应，而且引发了日本沦陷区内的"米荒"，威胁到日本在中国的殖民统治。这尤其是在太平洋战争爆发后，因"洋米""洋棉"等来源断绝，物资短缺更为严重。日伪政权一方面进一步加紧对粮、棉等农产品的严格"统制"，另一方面推行粮棉生产，扩大粮棉物资的供应。除军事的抢掠和粮食消费的管制，日伪当局还寄希望于统治区粮食产量的增加。1944 年，在日本败局已定，军事和经济都捉襟见肘的时候，他们还幻想在粮食生产上出现奇迹。①

从 1940 年前后开始，在日军当局的督促与支持下，汪伪政府为恢复与扩大农业生产，提高农产品的产量，制定了一系列政策。1941 年 6 月，伪农矿部颁布《稻作增产计划》与《杂粮增产计划》，设立稻作讲习所；1942 年 4 月，伪南京特别市政府颁布《奖励稻麦增收暂行规则》；1943 年 1 月 13 日，汪伪最高国防会议将"粮管会"改组为"粮食部"，不仅管理粮食的购销，而且指导粮食的生产；1943 年 2 月 13 日，汪伪最高国防会议通过《战时经济政策纲领》，要求"改进农业技术，兴修水利，拓辟耕地，以求食粮及其他战时主要农产品之充分增多"；在1943 年 3 月，伪粮食部制订《粮食增产方案》；1943 年 6 月 25 日，伪"全国经济委员会"制订《战时经济施策具体方案》，决定增加工业品及农产品生产；1943 年7 月 12 日，日本政府派出"东京经济恳谈会"会长来华，要求汪伪政府供给日本战时物资，特别是粮食等；1944 年 2 月 8 日，伪行政院决定设置"农业增产策进委员会"，计划在一些地区开展大规模的农业增产运动。②

---

① 陈静：《沦陷时期北平的农村经济》，《北京党史》2002 年 4 期。

② 经盛鸿：《日伪时期的南京郊县农业》，《中国农史》2009 年 4 期。

日伪政府推行的农业增产运动前后进行数年之久，为掠取粮食等战略物资，稳定沦陷区的社会秩序，力图恢复与扩大农业生产，制定了一系列政策，一直维持到1945年8月日本投降前夕。

二、对广大农村的残酷压榨

日伪政府的财政税收中，农业税均占主要部分。日伪对沦陷区农村的疯狂搜刮，使农村经济日渐凋敝，广大农民日益贫困，濒于死亡边缘。伪满农业税，有"国税"的田赋，有地方税的亩捐，还有基层政权的街村费、保甲费等。占农户总数84%的中小土地所有者，担负着几乎全部的田赋（当时大地主和日本官民等只占农户的3%，却占有50%以上的土地，在东北的日本官民享有租税减免特权）。1933年时，东北田赋收入182.8万元，而到1936年竟达到1 144.2万元，增长5倍多[1]，创造了古今税收史上的"奇迹"。伪满洲国的农民，除了要完成各种名目的税费，还要缴纳诸如村会费、兴农会费、协和义勇奉公费、爱路团费、国防献金、飞机献金等，这些都是按土地和户口抽税，仅每顷地按10元计算，总计就达2亿多元。农民只能借高利贷，纷纷破产，濒于死亡边缘。[2]

伪蒙疆政府的财政预算，不仅靠举债维持，其税收实际数额也大多超过了政府预算，尤其是对畜牧业的盘剥，如1940年畜牧税的实收额为31.3万元，是其预算额7.2万元的4.35倍。

日伪对华北沦陷区农村，同样采取了残酷的税收盘剥。由于近代经济不够发达，农产品上市率较低且多供出口，所以统税的收入在全部财政收入中所占比重不大，1936年统税仅为1 084.2万元，是华北关税收入的17.58%，是华北盐税的23.58%。[3] 日伪占领华北后，加强了对工农业产品的税收统制，增设矿山开采税，尤其是1940年后伪华北政务委员会宣布实施增加新的征收所得税的法令后，使华北地区的统税收入大幅度增加。1943年后，日伪在华北农村实行"以粮代赋"，广置苛捐杂税，农村负担的各种捐税竟高达农业收入的80%以上。

日伪对华中、华南农业的压榨和盘剥，最突出的表现是在1942年底，打着"非常时期田赋清理"的幌子，规定田赋额最高以地价10%为限，分上、下两期征收，但地价由大小汉奸把持的"评价委员会"决定，同时按原有科征标准征缴历年所欠田赋，农户一年以上未耕种、经营的土地，也必须按原有赋率缴纳田赋。为达

---

① 戴建兵等：《罪恶的战争之债》，社会科学文献出版社，2005年，75页。
② 章伯锋：《抗日战争》第六卷，四川大学出版社，1997年，61页。
③ 居之芬等：《日本在华北经济统制掠夺史》，天津古籍出版社，1997年，106页。

到最大限度地搜刮农民的目的，日伪进行了"经济清乡"，以武力强征。1943 年 5月后，汪伪政府又宣布对原田赋改征实物税，折价缴纳。这样原本上等田每亩就一元二三角、下等田一元的田赋，从 1942 年度起，每亩最高田赋达 12.3 元，最低也为 9.4 元，据此赋额，按 1：40 的市场米价，强迫农民按田赋征实或田赋征实后再以米谷市价征收现额的办法缴纳。田赋实征并在以价折实时随意打压粮价，无疑是对农民赤裸裸的劫夺。如上海郊区在被占领初期所定的每亩赋金 1 元可折净米 1 斗半，而汪伪政府则声称粮价暴涨，蛮横地以按米价折赋金数十倍甚至上百倍来征收。此外，还以各种借口在田赋征实时附加新的税费，如 1943 年上海在征收当年田赋时附征"军警米"1.5 升。田赋的不断攀升，极大扩充了伪政府的财政收入，以汪伪财政来源主要仰赖地上海来说，在开始清乡以前，"三十年度起，中央补助占 72％，捐税及行政收入占 20％强，田赋不过 7％强"，清乡后（三十一年度）"各区田赋统归财政局派员征收，田赋占 40％，一切捐赋占 40％，中央补助甚少，仅占 20％。……三十二年度中央补助不过百分之八九"①。

三、强迫农民种植罂粟制作毒品

为了增加税收，日伪政府还在各沦陷区强制农民种植罂粟，大规模制毒、贩毒，以此增加财政收入来应付日益巨大的财政支出。通过奖励种植、武装运送、开办烟馆，到层层征收吸、售税及名目繁多的特别费，日伪聚敛了大笔战争经费。

伪满在九一八事变后，将鸦片吸食与贩卖列为合法，许可栽种，致使 3 000 万东北人中有 1/3 的人吸食鸦片，并导致东北全境罂粟种植面积剧增，大片良田被用于种植毒品。1937 年鸦片的栽种，已遍及伪满洲国的 7 省 30 县 1 旗，总面积达106.2 万亩。鸦片税由此增长迅猛，1932 年，伪满洲国从鸦片中获取税收 1 941 万元，1936 年增至 3 769 万元。② 在伪满洲国 1944 年的财政收入中，鸦片税上升到43 000 万元，占税收收入的第一位，其次是烟草税，占第二位，之后才是农业税、牲畜税、营业税、关税、户口税。③ 由于日伪政府的引诱，罂粟栽培面积急剧增加。农民弃粮食生产而种植鸦片，使饶河的农业结构发生了畸形变化，粮食作物生产受到极为严重的破坏。④

在蒙疆地区，伪蒙疆政府早期的财政就是"鸦片财政"，鸦片暴利是伪蒙疆政权的重要财源之一。1935 年绥远省全年财政总收入为 838 万元，而鸦片收入竟达

① 黄美真等：《日伪对华中沦陷区经济的掠夺与统制》，社会科学文献出版社，2005 年，223 页。
② 《中国拒绝毒品——中国禁毒事业纪实》，《人民日报》1999 年 8 月 11 日。
③ 章伯锋：《抗日战争》第六卷，四川大学出版社，1997 年，60 页。
④ 李淑娟：《日伪的鸦片毒化政策对东北农村社会的影响》，《抗日战争研究》2005 年 1 期。

370万元，占全省财政总收入的44％，1938年其所属的三个伪自治政府的鸦片收入达420多万元，占全年收入的25％以上，成为日伪政府的主要财源。1938年蒙疆鸦片种植面积至少有50万亩。1939年以后，伪蒙疆联合自治政府在管辖地大肆推行罂粟种植政策，种植面积达90万亩。1940年后，日本为了筹措发动太平洋战争的经费和因战争爆发带来的毒品短缺，竭力推行"大鸦片"政策，进一步扩大了蒙疆的鸦片种植，1941年，蒙疆地区鸦片种植面积扩大为90余万亩。1942年鸦片收入为7 759.8万元，利润达到3 196万元，是1939年的7倍多。1943年春，日本在东京召开亚洲大陆各地区鸦片会议，会上确定把伪满洲国和蒙疆作为鸦片生产地。蒙疆地区种植面积疯狂扩大，1944年张家口署种植罂粟30.8万亩、大同署种植罂粟39.4万亩、呼和浩特署种植罂粟93.8万亩，张家口近郊的万全县1944年种植罂粟5万余亩。到1945年，仅伪蒙疆银行的鸦片收益就超过4.2亿日元。

日伪在华北、华中、华南沦陷区，也明令划定种植罂粟地带，诱迫农民种植。1939年后，长江中下游地区，广东从化、番禺等地农民被强令种植罂粟，到1941年年底，广州市郊与附近各县遍开罂粟之花。

日本通过鸦片种植和贩卖，攫取了巨额战争所需资金。据统计，日本侵华期间在整个中国贩毒总额为：东北（伪满洲国）年平均鸦片生产额为2 200万两，以每两批发价7元计，每年所获的售毒款额即为1.54亿元。华北每年售毒获利额为1.65亿元，其每年售毒总额约为5.5亿元。华中每年售毒总额10亿元。华南（广州、厦门为重点）的售毒总额估计为华中的1/3，即应为3.33亿元。四者合计，日本在中国沦陷区的毒品贩售总额每年约为20.37亿元（日元）。[①] 当时日本建造一艘翔鹤或瑞鹤级航空母舰（载重25 675吨，舰载飞机84架）所需的费用为8 000万日元，在中国销售毒品的收入足以建造20艘航母。

日伪的鸦片毒化政策作为最毒辣的侵华政策之一，给中国农村社会带来了极其恶劣的影响。第一，烟毒在农村的泛滥。当鸦片毒化政策开始实行的时候，由伪专卖公署印发大量鸦片吸食证，交由各地方伪警察机关代为公告，准许民众请领。在请领之时，没有任何调查与限制，只需交纳5角钱的工本费，随意领取。无吸烟证的人也可以随便出入各零卖所，吸毒很方便。第二，烟毒对农民身心的摧残与破坏。鸦片毒化政策的最大危害，莫过于使中国人民中毒，陷于弱身亡种而不能自拔的境地。以鸦片和毒品毁灭中华民族是日本蓄谋已久的阴谋计划。第三，烟毒对社会道德与社会风气的败坏。吸毒者丧失理智，道德观念淡薄，犯罪率攀升，社会治安混乱，严重败坏了社会风气。由此可见，鸦片瘾者是社会不安定因素之一，吸毒与犯罪同生相伴。

---

① 吴广义：《抗日战争中中国军民的伤亡及经济损失》，《当代军事文摘》2005年11期。

总之，鸦片毒化作为日本的一项国策，一种特殊武器和精神麻醉战略，其影响已渗透到东北农村社会的各个角落，达到了军事进攻所不能替代的作用。作为最恶毒的侵华政策之一，其自始至终在发挥着政治、经济、军事效能，一时达到了日本侵略者的罪恶目的。[1]

第三节　日本对海南岛的农业掠夺

七七事变后，琼崖地区应对日本帝国主义侵略的战争准备就已经开始进行。1938 年 10 月，日军攻陷广州，海南的命运从此跌入了战争的惊涛骇浪之中，危急的形势越来越严重。1939 年日本军队攻陷海南岛。台湾拓殖株式会社是日本在海南岛殖民统治和拓殖机构，主要负责是农林业的开发。日本侵略军队命令台湾拓殖株式会社，在海南岛北端的海口和南端的榆林设立了分公司。台湾总督府派来大批农业、畜产业、林业、建筑业及其他技术人员，按照台湾总督府的海外开拓规划，台湾拓殖株式会社成为协助日本海军"开拓海南岛农林、畜产产业"的重要机构。

日伪农业开发公司遍设于全岛各地，对农业掠夺的方式有二：一是夺取农民的土地建立农场，强迫农民无偿地为农场劳动；二是掠夺农民的农副产品，就地设立工厂进行加工，制成食品供应侵略军。据统计，日本设于海南岛的农场达 92 个，每个农场都设有农畜产品加工厂或化学工业、木材制造厂等。

海南土地肥沃，物产丰富，盛产橡胶、水稻、咖啡、甘蔗、椰子、芒果、菠萝、荔枝、龙眼、灵芝等热带农产品和野生植物。日军侵占期间，仅日本南洋兴发会社就在崖县至九所开辟了 10 万亩田地，种植水稻。

仅制糖业，就有明治制糖会社在感恩农场设的制糖农场、盐水港制糖会社在龙塘设的制糖工厂、日糖会社和三井农林会社在藤桥设的制糖工厂。为把海南变成日本的种植、加工农产品的基地，据不完全统计，日军在海南岛大约建了 60 多个农场。它们分别是日本的明治制糖株式会社、盐水港制糖株式会社、海南拓殖株式会社、日糖兴业株式会社、厚生公司、海南兴业株式会社、海南产业株式会社、东台咖啡株式会社、三井会社、三井农林株式会社、南洋橡胶株式会社、南路产业株式会社、南洋兴发株式会社、武田株式会社以及日本的梅林商店和资生堂等，大致分布在海南的海口、三亚、琼山、文昌、定安、儋州、澄迈、临高、万宁、崖县、东方、乐东、通什、加来等地。除此之外，日本的智慧社还在海南经营畜产品、畜产品加工业和木材加工业。由此可见，日本侵略者经济掠夺的魔爪遍布海南岛各地和

---

① 李淑娟：《日伪的鸦片毒化政策对东北农村社会的影响》，《抗日战争研究》2005 年 1 期，101～126 页。

各个行业。

日本侵琼期间，建立了数十个农场。主要有：陵水农场，面积约 6 万公顷，以约 1 000 公顷水田为中心，还有蔬菜、黄麻、甘薯等旱田作物，养蚕、养鱼，栽培甘蔗，并且经营制糖工厂。三亚农场，面积约 1 000 公顷，在种植水稻之外，还栽培蔬菜、烟草，机关内设碾米厂和各种交易事业。起初，农场土地面积的一半提供给"农业开拓"移民，随着移民人数的增加，到 1944 年时，农场的全部土地都提供给移民使用。南桥农场，面积约 1 500 公顷，有橡胶种植园 100 公顷。在丘陵地带造林种植桐树约 50 公顷，到 1943 年，还栽植了竹子和其他一些热带果树。三十笠分场，面积约 1 600 公顷，栽植甘蔗和制糖工厂。新村分场，面积约 4 000 公顷，以水稻种植为主，也栽植蔬菜，从 1944 年起，着手栽培甘蔗约 180 公顷。马岭分场，面积约 2 万公顷，在种植水稻以及各种蔬菜之外，还生产木炭、养蚕，并兼营农产品贩卖。琼山分场，主要种植甘薯和蔬菜，等等。

海南全岛四面环海，渔场四布，有着得天独厚的海洋资源，特别是海洋生物资源。日本侵占期间，一方面禁止海南渔民出海捕鱼，凡出海被抓获，格杀勿论，任意践踏中国人在自己的领土上生产、生活和生存的权益。另一方面大肆强占海南岛的海洋水产品，仅日本林兼商店在榆林港经营的大规模的渔业，每天可捕鱼 2 000 箱左右，在榆林及红纱等十多个地方也有收买及加工冷冻等设备和机构，每年掠夺的渔业水产，难以计数，经冷冻加工后，运往日本各地。除此之外，日本在海口新英港均有渔业公司。其间，日本在海南岛的渔业公司，以林兼商店、日本水产公司和北海道水产公司业务量最大。[1]

此外，日本还在海南岛建立许多畜牧场。例如，藤桥牧场面积约 2 万公顷，主要牧养大型家畜，生产牛奶供应海口的需要。藤桥牧场在海口设立了业务所，在陵水、临高、那大、澄迈、定安、嘉积等岛内各地设立驻在所，从事鲜肉的配给。在海口、那大、陵水、临高、定安、嘉积设立屠宰场，进行牲畜骨粉、骨胶的制造。畜皮是重要的轻工原料和军需物资，可用于加工制作军用的鞋、包、枪套等，所以皮革业是日本侵琼期间的重要产业之一。1943 年 8 月，海南畜产株式会社成立，与此之前来琼经营的台湾拓殖株式会社所属的海南岛畜产株式会社合并成立海南拓殖株式会社，对海南全岛的畜产事业进行一元化的统一经营。[2]

---

[1] 许明光：《抗日战争时期日本侵略者对海南岛经济掠夺的一些情况》，《历史教学》1962 年 11 期。

[2] 台湾拓殖株式会社在海南岛经营的其他事业还有移民事业、交通事业、制冰业、建筑事业、伐木事业等，各种事业的投资额共约 1 000 万日元。参见〔日〕三日月直之：《台湾拓殖株式会社とその时代》，福冈苇书房，1993 年，472～474 页。有关台湾拓殖株式会社在海南岛的开拓事业，还可参见钟淑敏：《台湾拓殖株式会社在海南岛的事业之研究》，《台湾史研究》2005 年 12 卷 1 期。

日本侵略者在海口、北黎、三亚和那大等市镇上开设 20 多家商店，通过这些商店进行商品垄断。海南出产的鱼、盐、橡胶、椰子、甘蔗以至牛、羊、猪、鸡等，都列为战争物资，不许民间经营；一些生活用品如煤油、火柴和布匹等列为非卖品，禁止私人买卖。市场上除了木器、麻器，其余均为日货，中国的民族工商业全被排挤倒闭，原来繁华的商店有些变成兵营和马厩。农民们卖掉一头壮牛，还买不回来两套衣服。为了搜括尽农民的农副产品，除了低价强购，日本侵略者有时也实行"洋货"换"土货"的不等价交换，农民们用一大堆农副产品换得一点火柴和布匹等类，吃亏几倍到几十倍。

日本侵略者通过遍设于全岛各地的"农业开发公司"，疯狂掠夺海南农业、林业、畜牧业和渔业资源。其方式主要有：一是通过伪政权向全岛民众进行军事征发，征索粮食和各类物资。二是公然掠夺农民的大片土地建立农场，并强迫农民无偿地为农场劳动。据统计，在全岛共建立 12 个农场，每个农场都设有食品加工厂或化学工业、木材制造业等。经营农田水利的机构 17 个，投资达 900 多万日元，灌溉面积约 1.2 万公顷，他们因此夺得粮食 35 812 石。三是利用廉价劳动力和原料就地设厂进行加工，制成食品供应军需。在日本侵占海南几年间，据统计，农民的损失仅耕牛就有 25 万头，猪 37 万头。日军还通过岛田合资株式会社、三井农林株式会社、王子制纸株式会社等在北黎、马鞍岭等 18 个地方开发木材制造业，年采伐木材约 1 万米^3，供筑铁道、修桥梁、制船舶、建兵营之用；在榆林、红纱等 10 多处设机构，收买和加工、冷冻鱼类产品，掠夺数量之巨难以计算。在农村，他们不仅征粮加租、抓丁拉夫，还进行残酷的全面掠夺，再加之水、旱等自然灾害，大批农民不是饿死就是逃亡。无数耕地荒废，不少地方出现"无人村"的惨状，海南农村经济遭到严重破坏。[1]

第四节 日伪政权在沦陷区开展的农业科研

日本帝国主义从 1895 年占据台湾到 1945 年战败投降，在长达半个世纪的时间里，它在中国台湾、"南满"铁路沿线地区、东北地区、华北地区，直到最南部的海南岛，相继设立了大批农事试验机构，进行各种农产资源调查和农事试验研究活动，直接为其殖民统治和掠夺农产服务。

---

① 伦祥文：《抗日战争期间日本侵占海南岛及其经济掠夺》，《历史教学》1992 年 2 期，34～38 页。

一、"满铁"的农业科技活动

"满铁"的首任总裁是从台湾调来的殖民统治老手后藤新平。他一到任，就从日本国内招募了一批农林专家来中国东北地区从事农业资源调查。调查成果编成《"南满洲"在来农业》《"南满洲"在来农具》等专项报告书共九册，于1913—1919年在大连出版。

在进行农业资源调查的同时，"满铁"总部设立了掌管农事试验的农务课，着手组建"南满"铁路沿线地区的农业科研试验机构。1913年首先在公主岭成立"满铁产业试验总场"，次年又在熊岳城成立"满铁产业试验分场"，并以这两个试验场为中心，在南满铁路沿线相继设立了一批试验地、种苗圃、试作场、种畜场等，组成了一个机构庞大、分工明确的农业科研系统。

公主岭试验总场位于奉天省怀德县（今吉林省公主岭市），处于辽河与松花江分水界的高原中心地。场部占地最初为6 000余米^2，1930年已达2 115 296米^2。1920年该场有职员36人（不含农夫杂役，全为日本人，场长是神日胜亥）。该场的主要任务是对东北地区的大豆、高粱、粟及其他作物进行改良选育，引进新作物以及畜产改良等。

熊岳城试验分场位于奉天省盖平县（今辽宁省盖县熊岳镇）。该场原为"满铁"1909年建立的以果树繁殖和蔬菜试验为主的苗圃，1914年改为试验分场。全场占地695 883米^2，主要开展园艺、养蚕、林产、水稻等方面的试验研究。1920年该场有职员16名，全为日本人，主任为渡边柳藏。

以上两场1918年分别改称"公主岭农事试验总场"和"熊岳城农事试验支场"，各自的研究方向、任务不变。

"满铁"在南满铁路沿线建立的农事试验分支机构还有：汤岗子碱土改良试验场、辽阳棉花试验场、长春和铁岭两处苗圃以及郑家屯、凤凰城、大榆树、四平街、开原、海龙、抚顺、奉天、本溪湖、海城、大石桥、得利寺、瓦房店、安东等地的农作试验场。畜牧兽医方面的研究机构有："满铁"奉天兽疫研究所和铁岭、鞍山、抚顺、瓦房店、郑家屯5处种猪场以及公主岭、黑山屯、钱家店3处种羊场，1931年又增设了大石桥、辽阳、开原、四平街、大屯、本溪湖、凤凰城、洮南、海龙9处种猪场和公主岭乳牛育成所、瓦房店种鸡场等。

除上述"满铁"系统的农事试验场圃，日本还在大连设置了"关东农事试验场"。该场1906年建于大连西公园，1918年迁往沙河口，同时将其中的蚕业研究部独立出来，另在旅顺组建蚕业试验场。1911年在金州东门外建立"关东农事试验场金州分场"，1916年改称金州种畜场。1924年，设在大连沙河口的"关东农事试验场"迁往金州，与金州种畜场合并，扩大规模，办成一个综合性的农、畜并重的农事试验场，直属"关东州都督府"管辖，试验成果也多限于大连、旅顺地区推广。

"满铁"农务课在建立农事试验机构时，参照了日本国内对农业科学试验的管理办法，制定了一套严格的管理、指导、监督制度，确保农事试验活动能够有序和有效地进行。根据 1918 年制定的《满铁农事试验场规程》规定，农事试验场的任务是：关于农产、养蚕、畜产及林产的试验及调查；关于土壤、肥料、农产物及林产物之分析鉴定及调查；种畜、种苗之选育及推广；关于农、蚕、畜、林诸业的技术指导和人员养成等。此外，对于场长及职员的职责、试验项目的立项审批、实验结果和业务成绩的验收、建档，都有明确的规定。1918 年制定的《满铁农事试验场处务规程》规定，"满铁"所属的农事试验场设置种艺科、园艺科、农艺化学科、病理科、昆虫科、养蚕科、畜产科、林产科、庶务科 9 科；各科除了从事本专业的研究试验，还负有对地方农试场圃的业务指导、接受委托试验事项、农事答疑、生产技术指导、见习生培养等项任务。[①]

二、伪满洲国设立的农业机构

1931 年九一八事变后，为了进一步掠夺中国的农产资源、建立侵华基地，日本在原"满铁"农事试验的基础上，又相继新建了一批农事试验机构，建立农业大学，培养农业技术人员，以图加快对中国东北的农业掠夺，建成为日本提供充足农产品及原料的"农业满洲"。伪满洲国的农业教育科研机构大致分为科学院系统、"国立"系统和"兴农部"系统三类，所有农业机关全由日本人把持。其科研试验项目则主要是应用、推广前一时期"满铁"的试验成果。

（一）日伪"国立"农事试验场

1933 年 4 月，委任"满洲农业权威"村越信夫为场长，成立了"国立克山农事试验场"。这是第一个以伪满洲国名义设置的农业科研机构。1934 年，又将原中东路所属的"北铁哈尔滨农事试验场"和原"宁安县农事试验场"改组为"国立哈尔滨农事试验支场"。1936 年成立了一个以畜牧业为试验重点的"王爷庙农事试验支场"。

1938 年 4 月 1 日，日本侵略者决定将"满铁"附属地的行政权划归伪满洲国

---

① "满铁"史研究会：《满洲开发四十年史》上卷，王文石等译，东北师范大学出版社，1988年，522 页。

管辖，"满铁"所属的全部农事试验场圃也同时拨归伪满洲国产业部。经过一番"统合整备"，重新组成了一支有相当研究实力和科研基础的农事试验队伍。同年11月，日伪产业部第44号令颁布了"农事试验场分析、试验及鉴定规划"，开始实施庞大的农事试验计划，对中国东北境内的各级农事试验场做了明确的业务分工。

（1）公主岭农事试验总场。该场1938年由"满铁"划归"国立"，满田隆一为场长。当时有技正5名，事务官2名，技佐30名，属官8名，技士55名，委任官试补27名。下设4个研究部共10个科，是一个拥有一流科研设施和强大科研队伍的大型农业科研机关，负有联络、指导、规划各地农事试验活动的职能。该场出版季刊《农事试验场研究时报》。

（2）哈尔滨农事试验支场。位于哈尔滨市王岗，设有种艺科、农艺化学科、病理昆虫科、园艺科和庶务科等。场长突永一枝，各级技术人员36名。该场地处北满寒冷地带，以当地的主作物小麦为研究重点，同时兼作北满土壤改良、农产加工、蔬菜栽培方面的试验研究，是东北北部的农事试验中心。

（3）熊岳城农事试验支场。位于盖平县熊岳城街白杨道。原系"满铁"所建的一个以果蔬种苗繁育为主的苗圃，后为"满铁"农事试验分场，1938年4月拨归伪满洲国。下设种艺科、园艺科、林产科等，以宇野文男、永井乔、松江贤修等为科长。职员有技正2名，技佐6名，技士16名，委任官试补6名，雇员10名，农夫23名。

（4）锦州农事试验支场。位于大岭区范屯。1933年设于锦州西面的小岭子，曾先后作为蓖麻原种圃、棉花原种圃、洋麻原种圃、肥料试验圃、烟草采种场、高粱原种圃、粟原种圃等。1939年移至大岭区范屯，改为锦州农事试验支场，隶属公主岭总场。1941年扩大建制，下设种艺科、劝农科、原种圃、肥料试验圃等。场长高杉秀男，职员有技佐2名，技士4名，雇员、委任试补人员9名。

（5）安东农事试验支场。位于安东县五龙背村，原系"满铁"农事试验场下属的养蚕科，1938年划归伪满洲国，同时将西丰县西丰试验地、盖平县万家岭村试验地附属该场。场长汤川秀夫，职员有技正1名、技佐3名、技士8名、其他职员4名。

（6）克山农事试验支场。位于克山县克山街西区，以农业机械化生产及大型农场经营为试验重点，并在哈尔滨农场指导下进行北满作物麦类、大豆等栽培试验。场长外山德治郎，职员有30余人。

（7）佳木斯农事试验支场。位于佳木斯市南岗区双合屯分区，前身系1935年成立的宁安县农事试验场，1938年移至佳木斯。这里是当时日本移民集中居住地区，以农业开拓调查、新垦区农业经营、农业移民指导等为重点。场长金田一贯之，职员 15 名。设有农艺科和农业经营科。

（8）王爷庙农事试验支场。位于科尔沁右翼前旗，其前身系 1924 年"满铁"成立的押木营子牛马改良试验地。地处牧区，以牛、马、羊等品种改良为重点，同时负责干旱地带农作物栽培试验以及与畜牧业有关的其他试验。场长小松太郎。下设马匹改良科、畜牛改良科、牧场改良科等。

（9）辽阳农事试验支场。位于辽阳市瑞穗区，系"满铁"棉花试验地改组而成。设有种艺室、原原种圃等。场长小岛清重郎，职员 14 名。主要研究项目有洋麻及棉花育种、栽培以及良种繁育、推广等。

（10）兴城农事试验支场。位于兴城街温泉，前身系"满铁"果树试验地。场长白幡喜一，职员 30 余人。[①]

（二）日伪"兴农部"直属研究机构

（1）三江口绵羊改良场。1938 年设立，主要任务是原种绵羊的饲养繁育、种羊推广、绵羊产品的加工制造、绵羊饲料作物栽培、放牧地改良等。有职员 17 名，场长永山龙介。

（2）凤凰城烟草原种圃。1918 年由"满铁"建立，一度改称凤凰城烟草试验所，职员 11 人，主任为沼田德一。

（3）营口水产试验场。清政府始建于 1906 年，先后名称为奉天渔业总局、奉天渔业商船保护总局、营口水产学校、奉天渔业商船保护局、营口水产局、营口水产试验场等。下设渔捞办公室、制造办公室、化学分析室、养殖办公室、调查办公室以及图书、标本、模型室等。场长野泽重一，职员 7 名。

（4）哈尔滨水产试验场。位于哈尔滨埠头区中央大街，1941 年设立。下设水产调查部、水产试验部、水产科学部、水产食品部、指导部等。场长青木三雄，职员 17 人。

（5）永吉水产增殖场。位于吉林市白山区，1940 年设立。主任竹田允源，职员 10 人。该场以水产人工养殖试验为重点，研究试验项目包括淡水鱼类的人工采卵孵化试验、鱼卵及鱼苗养成配对、鱼类饲育及种鱼养殖、优良鱼种的移植、养殖调查以及鱼类生活史调查。

（6）开拓研究所。系综合性农业研究所，研究范围包括农业经济、农村建设、土地利用开发、生产技术、农民生活、农村文化及其他有关问题的研究等。研究所总部设在长春市（新京特别市），另有哈尔滨分所、黑河分所、佳木斯分所等。所长桥本传左卫门，职员 60 余人。

---

① "满铁"农事试验场：《满铁农事试验场要览》，中国农业科学院图书馆藏，1922 年油印稿本。

（三）伪大陆科学院所属农业类研究机构

"大陆科学院"是伪满洲国国务院直属的综合性研究机构，1936年建立，首任院长为直木伦太郎。院总部下设农产化学、林产、畜产、生物、土壤等研究室以及理、化、机、电类研究室共17个，另有哈尔滨分院。总职员达457人。此外，还设立了如下几处专业研究机构：

（1）马疫研究处。1938年在宽城子（长春市）创办，处长为新美倌太郎（后兼任新京畜产兽医大学校长）。设有第一、第二、第三细菌研究室、病理研究室、化学研究室、害虫研究室等，职员45名。主要进行马匹恶性传染病防治研究。

（2）兽疫研究所。设在奉天市（今沈阳市）铁西区，所长实吉吉郎，职员67名。该所前身系"满铁"1923年建立，主要开展家畜疾病病原检索、防疫治疗、兽医血清及疫苗制造等，其中尤以牛、羊、猪、鸡等疫病防治为重点。

（3）地质调查所。是1907年与"满铁"同时创立的研究所，其重点是有关地质、地图、矿产等方面的勘探调查，其中涉及农业工程的内容仅占该所工作很少一部分，如水利工程、地下水利用、土壤肥力调查、土壤工程改良、土壤理化分析等项。

（4）关东农事试验场。位于金州东门外，建于1906年，伪满洲国时期场长为岩田秀夫，职员10余人。下设种艺部、果树部、蔬菜部、昆虫部、农艺化学部等。主要研究"关东州"（大连、旅顺等地）的农事改良问题，重点是棉花、经济作物、粮食作物、苹果及常见蔬菜方面的研究。

（5）关东水产试验场。位于大连市转山屯，建于1909年，伪满洲国时期场长为伏本正树，职员8名。下设渔务系、制造系、养殖系、海洋调查系等。

（四）农事培训机构

农业技术员养成所。伪满洲国成立初期，在东北各地建了一批农事试验场圃，对农业技术人员的需求很大。因此在长春（新京）设置了以培养农事干部为主的"中央农业技术员养成所"，1939年改称"中央农事训练所"，直属伪"兴农部"。该训练所作为伪满洲国农林牧机关职员的中央培训部，负责培训各级官署中的农业官员以及对在任的农业干部进行再培训。

1939年将原属"满铁"的"奉天兽医养成所"改为"中央农事训练所奉天分所"。以培训具有中学程度的农村男青年和在职农业官员为主，同时也接受农事试验技术员、农业合作机构职员等的短期培训。一般经考试合格后入学，学习一年农业专门知识后，即予毕业。

地方性农事训练机构。地方性农事训练机构包括农民修练所、修练农场、农业实习所、农民道场等。当时伪满统治境内有 100 余处此类设施，培训对象为青年农民。培训的方法和时间安排都比较灵活，作物栽培季节以现场参观实习为主，农闲季节则集中授课。

其他农事培训机构。除了上述隶属伪满洲国的农业机构，当时东北地区还有"满铁"的熊岳城农业实习所、公主岭农业学校、奉天农业修练所、富拉尔基农业修练所。这些训练机构都只接收日籍子弟入学。

（五）"劝农模范场"

日伪政府对各级各类农业试验场圃的工作内容做了明确分工，"国立"试验场负责基础性研究和品种选育、人才培训等。原有的"省立"试验场一律改为"劝农模范场"，以技术示范和良种繁育为主，不再承担研究任务。此外还建立了"示范农村"和"示范农户"制度，进行良种良法的示范应用。新育成的良种特设"奖励品种"，以"鼓励"农民采用。与科研推广系统相配套，日伪民生部、日伪文教部建立了各级农业学校，培养各种层次的农业技术人员；另设多种类型的农业培训所，负责训练农业干部和青年农民以及在职农业技术人员的知识更新、提高等。

三、伪满洲国的农业科研活动与农业推广

日本帝国主义通过其一手炮制的伪满洲国，对中国东北实行残暴的军事占领和统治。他们打着"日满经济一体化"的旗号，垄断东北的经济命脉，掠夺东北的经济资源。伪满洲国一成立，日本帝国主义就提出所谓"兴农国策"，建立农业科研机构和各级农业学校，培养为日本殖民统治服务的农业科技人员，开展农业科学实验，以进一步掠夺东北地区的丰富农业资源，达到其"以战养战"的罪恶目的。

伪满洲国的农业科研完全以日本殖民利益为出发点，优先开展周期短、见效快、实用性强、生产上急需的应用性研究。研究试验的内容无所不包，形成了农、林、牧、渔诸业的产前、产中、产后综合技术研究体系。如 1940 年伪满洲国农事试验中枢机关公主岭农事试验场的研究课题名目就相当繁多，如种艺科一系有玉米品种改良及栽培、采收、贮藏，粟品种改良及栽培，小麦秋播，稞麦品种改良及栽培，高粱品种改良、矮性高粱选育，荞麦栽培等试验，种艺科二系有大豆品种改良、大豆品种感光性、大豆品种耐旱性、大豆栽培法等试验以及大豆品种资源调查等。其他如种艺三系四系、病理科、昆虫科、农艺化学科、土壤系、肥料系、农产系、农业经营科、农业机械科、家畜改良科、家畜化学科、畜产卫生科、饲料作物科等，都有各自的研究试验课题。

日伪满洲国将东北地区分为 14 个"省"，原先每"省"都要求建一个农事试验

场，后来又一律改为"劝农模范场"，以推广示范农业新成果为主，不再作研究试验。至 1939 年，共设立了吉林、龙江、热河、通化、锦州等 13 个"劝农模范场"，并规定了各场的工作重点。

"劝农模范场"的示范和向农民提供良种，使部分研究成果得到了应用。如伪满各级农事试验场经过多年的选育，先后育成的大豆良种"黄宝珠""如意珠""康德""福寿""公 555""公 561""西比瓦"等新品种，在东北各地得到推广。至 20 世纪 30 年代，种植大豆良种者，已居十之八九，年产量 400 多万吨，相当于世界年产量的三分之二。公主岭农事试验场将新育成的大豆良种分发给铁道沿线的农户试种，每垧地比普通大豆增产 1 倍。

日伪政府通过农业试验机构在东北地区推广的水稻"奖励品种"有"陆羽 132""万年""农林一号""龟尾三号""嘉笠""熊一号""田泰""公 10 号""青森 5 号""806""808""809""富国""坊主 6 号""走坊主""今田糯""青森糯 5 号""松本糯""小川糯 1 号"等 20 余个品种，这些品种 20 世纪 30—40 年代曾在安东、奉天、吉林、间岛、龙江、北安、黑河等地种植，1941 年，东北水稻种植面积 358 067 垧，产量 717 399 吨。[①]

四、日伪在华北地区的农业机构与科研活动

1936 年 7 月，日本外务省文化事业部在中国的青岛设立"华北产业科学研究所"；次年 4 月，日本"东亚同文会"所属的"天津农事试验场"并入该所，开始进行农业试验研究。1937 年以后，日本侵华当局在中国华北各地组成了一个自成体系的农业研究试验系统，它以华北地区为研究对象，采用研究设计一元化、试验实施分场化、成果推广地方化的办法，使新育成的优良品种在各地原种圃迅速繁育，并很快在附近农户进入农业生产，缩短了农业科研与生产应用之间的距离，加快了日本帝国主义实行经济侵略、掠夺的步伐。

1937—1945 年，日本派遣了大批农业专家来华进行农业科研，并在沦陷区内罗致中国的农业科技人员，组建了当时东亚地区最大的农事试验场。1939 年日伪华北农事试验场共有职员（不含农夫杂役）271 人（其中日本人 183 人，华人 88 人），到 1943 年该场鼎盛时，全场职员人数达 658 人（其中日本人 364 人，华人 294 人）。

除了以日伪华北农事试验场为中心的农业研究系统，日本侵略当局还设置了以"华北交通株式会社"的"中央铁路农场"（设在北京通县）为中心的农业试验研究

---

① 伪南满洲中等教育研究会：《满洲事情》上册，日本三省堂，1934 年。

系统。该农场在华北铁路沿线建立了 15 个以农业技术试验推广为主要内容的所谓"惠民研究所"，负责"指导"铁路沿线辖区农村的农业生产。其系统组成依次是"中央铁路农场""惠民研究所""爱路劝农场""铁路爱护村"。[1] 从已查阅到的档案资料看，这是日本侵略当局在华北组建的另一个庞大的农业试验机构。其研究项目、研究人员构成及研究方法都与日伪华北农事试验场相似；不同的是它更强调农业研究成果的实际推广应用，所选择的研究课题也多属于生产上急需解决且能为农户接受采纳的应用性强的技术问题。这种组织系统既强化了日本帝国主义的殖民统治，又便于它实行对沦陷区农村经济的控制，还可以达到解决军需的目的。[2]

五、日本在华农业科研的终结

日本在中国开展农业研究长达 50 年，其试验设施、试验材料、试验成果以及农业资源调查资料等，都对中国近代农业科学技术产生了影响。

日本帝国主义在中国开展农业试验研究，是直接为其殖民统治和侵略战争服务的，是对中国主权的公然侵犯。日本侵华当局之所如此"重视"在中国开展农业试验，是因为这样做更容易获得中国的农业经济情报，以便更多地榨取中国的农产原料和农产资源，达到其"以战养战""工业日本、农业满洲"的目的。因此，日本帝国主义在侵华期间所作的农业试验，与其武装入侵一样，都对中国人民犯下了罪行，都应当受到一切爱好和平的人们的谴责和反对。

日本战败后，1946 年 7 月国民政府农林部接管日伪公主岭农事试验场，改称"农林部东北农事试验场"。中国接管后继续留在该场的日本农业专家有：荒川左千代（肥料）、池田实（土壤）、石川正宗（大豆）、岩垂吾（植物病理）、冈田重治（畜产）、苅谷正次郎（昆虫）、金田一贯之（稻作）、小佐井元吉（饲料）、小松太郎（畜产）、蔺村光雄（农业机械）、村越信夫（农业经营）等 10 余人。

日本在中国进行的农业科研，无论是在"满铁"时期、伪满时期，还是日本帝国主义入侵华北之后，日伪农事试验机构都由试验总场、各地支场、原种圃、试验地、示范劝农场等系统组成，具有试验设计一元化、试验实施分区化、示范推广分散化的特点。日伪农事试验场一般都能把握中国各地的农业问题，根据生产需要设立研究项目，分别轻重缓急逐步实施，有着清晰的设计思路和明确的方向目标，绝少"趋时则盛，时过则衰"的情况。日伪农事试验场内部系科齐全、设施精良，一

① 伪华北交通中央铁路农场：《试验及事业实施计划》，中国农业科学院图书馆藏，1941 年。
② 中央农业实验所北平农事试验场：《敌伪农事试验场材料》，中国农业科学院图书馆藏，1947 年。

般都达到当时农业科研的先进水平。

　　1945 年 8 月 15 日，日本天皇裕仁宣读《停战诏书》，宣布接受《波茨坦公告》所规定的各项条件，无条件投降。1945 年 9 月 2 日，日本政府正式向中国政府签署投降书，宣告了日本侵略者的彻底失败和世界反法西斯战争的最后胜利。日本在华的农业试验活动也随着战败而终结。

结　语

在近代中国的许多重大社会变革中，农业的变革是最富成效、最富革新意义的一项重要内容。1840 年西方列强发动鸦片战争，使暮气沉沉的清帝国经受了"落后就要挨打"的剧痛。随着内忧外患的日益严重，觉醒的士绅阶层提出了"师夷之长技以制夷"的主张。但是，"夷人"之长在哪里呢？中国人首先注意到的是西方的"坚船利炮"，是强大的军事力量和发达的工商业。于是，朝野上下都热衷于兴办洋务，练兵、开矿、通商成为一时风气。经过一个时期"富国强兵"的艰苦探索，国家依然没有摆脱积贫积弱的局面，这才促使社会贤达们回过头来关注作为社会基础的农业，着手对传统农业进行前所未有的改造，从而使农业行政管理成为近代社会变革中最先举办的领域。

第一节　近代农业新政的体制化

晚清启蒙思想家魏源是农业变革的首倡者，他在《海国图志》中对西洋的先进农业做了赞美式的描述："农器便利，不用耒耜，灌水皆设机关，有如骤雨。"稍后一点的另一位思想家王韬也提出，要购买和仿制西式"火机之纺器织具"和"犁耙播刈诸器"。其后，马建忠、郑观应、陈炽等一批经济思想家也积极主张引进西洋农业科技，以改变农业技术的落后局面，发展中国的农业生产。近代民主革命先驱孙中山在解释"地尽其利"时说："所谓地能尽其利者，在农政有官、农务有学、耕耨有器也。"

1895 年，中国一批觉醒的青年知识分子向清政府提交了一份旨在推动国家变革的请愿书，其中写道："外国讲求树艺，城邑聚落皆有农学会，察土质，辨物宜。入会则自百谷、花木、果蔬、牛羊牧畜，皆比其优劣，旌其异等。……吾地大物博,但讲求未至。宜命使者译其农书,遍于城镇设为农会,督以农官。"这便是影响近代历史进程的《公车上书》。梁启超更具体地说到,改良中国农业,应当"近师日本,以考其通变之所由;远摭欧墨,以得其立法之所自"①。

社会落后沉沦的另一面,就是促使社会的觉醒和奋发改良。以上这些起初只是舆论层面对西方农业科技知识的宣传介绍,汇聚成为一股兴农兴邦的社会潮流,成为维新变法的推动力量。

晚清政府的兴农举措,表现为三点:一是国家在政府机构中设立了管理农业科技和农业教育的部门,使农业科学研究成为国家行政体系的组成部分,而不再是农业科学家个人的事情。政府实施对农业科研、教育、推广的规划、管理和指导。二是建立了纳入国家财政体系的农业科研、教育机构,这些机构接受国家的行政管理,根据国家的农业生产需要来确定研究选题。三是有了专职的农业科学家和农业教育家,他们领取政府或公私机构发给的工资薪酬,并为国家或机构组织的农业发展服务。

这些对后世影响深远的农业变革,为后世直至当代奠定发展的基石。今天的农业现代化,追溯其原点,应当是自1898年光绪帝颁布农业变革的上谕开始的。虽然维新变法运动很快被清廷顽固派推翻而有所挫折反复,但近代农业依然按照它的特定轨迹在前进,并随着历史的发展而日渐壮大。从农业史的角度观察,在半殖民地半封建社会,虽然其间充满曲折和变乱,但中国农业科技发展的趋向,依然是前进的、上升的。

晚清时期对于农业变革的最大贡献莫过于在国家行政序列中设立了农业行政部门。1898年,光绪帝接受维新派的主张,决定实施变法。维新变法的骨干分子康有为建议中央政府设置12个职能部门,其中之一就是综理农业事务的"农局"。当年7月,光绪帝谕令:"农为通商惠工之本,中国向本重农,惟尚无专董其事者,不为倡导,不足以鼓舞振兴,着即于京师设立农工商总局",并指定由端方、徐建寅、吴懋鼎等人负责组建。但事隔不到两个月,9月21日,以慈禧太后为首的顽固守旧派发动政变,推翻了维新变法的一切设施,农工商总局也被撤销。到1903年,清朝政府再次倡行新政,复设商部,其中的"平准司"主管"开垦、农务、蚕桑、山利、水利、树艺、畜牧一切生殖之事",实际上也是一个综理农事的机关。不久又以名实相符为由,改称农工商部。

农工商部甫一成立,立即提出了推行农业变革的四大举措:一是选派赴国外留学的农科留学生;二是翻译出版外国农业科技专著报刊,介绍先进农业科技知识;三是设立农务学堂,推行农业教育科研事业;四是谕令各地举办农业试验场,推动

---

① 梁启超:《农学报》序言,1897年。

农业科研成果的推广。这四项开创性的兴农措施，其影响力一直穿越历史，直达今天。我们常说某某农业大学建校百年，某个农业院所积淀百年成果，都是从晚清时期延续下来的。历史上的人事可以沉沦，但是历史的轨迹，只会一直向前。这就是历史唯物主义的精髓所在。

由于农业科研成果的试验周期长，推广环节多，应用面分散，晚清的农业科研教育未能显示出可以圈点的实效，这应在情理之中。在评估清代农学遗产时，应当看到，对于近代农业科技的确立，清代已经做出了它的历史性贡献。其中最重要的一点，就是完成了近代农业科技从启蒙到体制化的历史转变。

第二节　近代社会转型期的农业变革

一、经验农学向实验农学的转变

近代的农业变革，主要表现在推行农业科技教育方面，其实质就是从传统的经验农学转变为近代的实验农学的历史过程。这次历史性的农业转变，开启了中国农业科技发展的方向，奠定了农业进步的理论基石。

中国古代哲学强调天人合一，讲究天地人的和谐关系。《孟子·公孙丑下》说："天时不如地利，地利不如人和。"《荀子·富国》进一步强调说："上得天时，下得地利，中得人和。"《吕氏春秋·审时》则第一次用"天地人"协调相处的思想来解释农业生产："夫稼，为之者人也，生之者地也，养之者天也。"这是古代农业哲学的核心精髓。这种基于"阴阳协和，五行相生"的农学理论，与传统农业的生产环境和条件要素高度切合，因此能够促进封建社会农业经济的稳定和发展。中国的传统农业技术不仅长期领先于世界，而且曾经是广泛传播的先进农学文化。这种以整体观察、外部描述和经验积累为特点的农学体系，被称之为"经验农学"。

在地球的另一边，欧洲各国于14世纪兴起的文艺复兴运动，冲破了宗教神学和经院哲学的束缚，大批知识精英开始为科学实验而穷思竭虑，甚至为了创立新的理论学说而英勇献身。这种科学精神逐渐渗透到农学之中。经过二三百年的科学探索与学术积累，到18世纪，西方世界确立了一套新的农学体系。它与中国传统农学的本质区别在于，它不是把农业生产作为一个整体来观察，而是将其动植物个体进行解剖分析；不是进行生物个体的外部描述，而是将其内部结构乃至构成生物体的细胞结构进行研究，以便发现生物个体生命活动的本质；不是依赖于长期的生产经验来提高农业生产技术，而是利用人为控制的有限环境（比如试验地或实验室）来进行生物生长过程的模拟实验，从而在较短的时间内发现和抽象出生物个体的生长规律，并以此来指导农业生产，实现产量或品质的提高。这种基于个体观察、内部剖析和科学实验的农学体系，被称之为"实验农学"①。

近代实验农学的产生，需要具备三个条件：一是要有明确的实验对象和技术路线；二是要有严密的实验环境控制和过程记录；三是要有完整的实验数据支持试验结论，并能够让第三方据以重复试验和检验。

中国古代的农学家也采用过一些实验方法，但是与近代的实验农学并不是一回事。比如，5世纪中期《齐民要术》作者贾思勰提出编写农书要"验之行事"；17世纪《农政全书》作者徐光启亲自在涞水县开渠种稻，进行北方地区的水稻栽培试验；明代理学家王阳明为了践行儒家"格物致知"理念，在自家的院子里，端坐木凳上，连续7天观察竹子生长，以致体力不支而晕倒，等等。古人躬身实践的精神可敬可嘉，可是这些做法都不能归入实验农学的范畴。他们只是做了"试验"，但还不是"科学实验"，因为当时都没有严密的实验设计，也没有留下可供第三方检验的"实证数据"。而后面这两点正是"科学实验"的要旨。

由于经验农学与实验农学在人们所追求的高效性效果上的差异，近代西方农学在世界范围内发展成为占主导地位的农学体系。中国在近代引进推广的，正是这一整套西方农学体系。从此，近代农业进入一个变革的时代，一个创新的时代。今天的农学领域许多基础学科，都从近代发展而来。

二、近代农学体系化的确立

所谓农学的体系化，就是农学界内部的组织化、自律化和规范化。它的标志是：构建农学内部的各学科网络架构，形成互相联系又各自独立的门类广泛的农学学科体系；成立不同层级不同专业的学术组织，为农业科学家和专业技术人员提供自律性的学术活动场所；创办不同专业的农学刊物，提供发表农学成果的平台，制定衡量学术水平的规范。中国近代的农学体系化，是在引进国外先进的农学体系的过程中，经过本土化改造和完善，逐渐形成的。

1913年，教育部颁发的《大学规程》，规定农科大学分设四门（相当于四个学部），即农学、农艺化学、林学和兽医学，还规定了每个学门所应开设的科目课程。例如，"农学门"本科在四年中所开设的部颁课程为地质学、农艺物理学、气象学、植物生理学、动物生理学、法学通论、经济学、农学总论、土壤学、农业土木学、农学机械学、植物病理学、肥料学、作物学、园艺学、畜产学、养蚕学、家畜饲养论、酪农论、农产制造学、昆虫学、害虫学、细菌学、生理化学、农政学、农业经

---

① 曹幸穗：《经验农学与实验农学》，《光明日报》2002年5月28日。

济学、殖民学、植物学实验、动物学实验、农艺化学实验、农学实验、农业经济实习、农场实习、林学通论、兽医学通论、水产学通论，共36门课程，初步形成具有中国本土特色的农科大学的课程体系。

近代农业教育的成果主要表现在：一是制定教育法令，把农业教育置于法制保障之中；二是重视建立多类型多层级的农业教育体系，采取适合自己发展的方式和途径，大力发展农学各专业的职业教育，为农业发展提供大量掌握农学技术技能的劳动者和基层技术人才；三是开展农业教育、科研和推广相结合的农学模式，把近代农业教育推上了一个新的发展阶段。

在世界上，1660年英国成立了"皇家学会"，这是人类历史上第一个由政府批准的科学家组织，1723年，英国成立农业知识改进会，它是近代最早的农业协会组织，1838年英国皇家农学会成立。这些学会对世界近代农学的形成和发展产生了巨大影响。

中国于19世纪末，也出现了"农学会"的社团组织，如1895年孙中山在广州发起成立的农学会以及1896年梁启超等人在上海建立的农务会等。但是这些名为农学会的组织，与严格意义上的科学社团还不能等同并提。因为这时候中国还没有农业科研和教育机构，还没有职业化的农业教育家和农业科学家，这些以农学会命名的团体只是由热心农业、关心农事的社会人士所组成。中国出现真正的农学会组织是1917年成立的中华农学会。

中国最早的农学期刊为1897年创刊于上海的《农学报》，从此，中国农学期刊逐年增加，到1949年先后出版了农学期刊数十种。这些农学刊物对中国近代农业乃至现代农业都产生了重要的影响。[①]

纵观19世纪后半期至20世纪前半期的近百年间，中国农业科学技术的发展，大致经历了三代农业科学先驱者的努力。

第一代是旧式的士大夫知识分子。他们本身没有西方近代农学的素养，没有接受过西方近代的教育，但他们真切地感受到了中国农业的落后。他们只是从不同来源的分散的知识信息中，依稀地感觉到西方农学的先进。因此，他们所介绍的西方农学，是一种表象化的农业技术，或者说是一种被物化了的技术，如农业机械和作物良种等。他们还没有揭示农业科技与整体科技文化之间的关系，没有揭示近代农业与资本主义工商业的关系，没有揭示农业科学技术内部的整体性和系统性结构。

第二代是早期学成回国的农科留学生。他们是真正意义上的近代农学事业的奠基者。他们在农业教育、研究、推广等领域，奠定了近代农学的学术基础。他们几

---

① 宇文高峰、黎文丽、姚远：《我国近代农学期刊的特色及其社会职能》，《编辑学报》2005年12期。

乎都参与了中国的农业教育研究机构的创建直至大学科系课程的开设，留下了许许多多的中国农业科技史上"第一"。如第一个创办了某个专业，第一个开设了某门课程，第一个编写某部教科书，等等。但是，由于当时中国各项农业科技工作都处于初创阶段，国内的实验式农学体系还未建立，因此这一代人主要是将国外的农学知识介绍引进到中国来，他们主要利用翻译过来的教材培养学生，科研上也多是照搬国外的做法，既少独创，又少切合中国实际。总之，在近代农业史上，第二代农学家承担了承上启下的历史重任。

第三代是以国内培养的农学人才为主，加上少数学成回国的农科留学生。这一代人承接了前辈的工作基础，无论在科研上还是人才培养上，都做出了较大的成绩。他们在推动农业科技的本土化应用方面，在培养了解中国农业国情的专业人才方面，都写下了近代农学事业的辉煌篇章。需要特别提到的是，第三代中国农学家在他们的事业年华如日中天的时候，很不幸地遇到了长达14年的日本侵华战争和紧接着的3年中国解放战争。他们在战乱的颠沛流离中依然执着地坚持教书育人，坚持科学研究，把农业科学的"接力棒"亲手送进了新中国，送进了新时代。

三、近代农业科技的主要成就

由于农业科研成果的试验周期长，推广环节多，应用面分散，因此在近代未能获得实效性的进展。但是在评估近代农学遗产时，应当看到，自晚清以来，中国近代各个时期都对农业科技的确立，做出了相应的贡献。其中最重要的一点，就是完成了近代农业科技从启蒙到体制化的历史转变。

以辛亥革命结束了长达2 000多年的封建统治作为一个时间界碑，可以看到如下的关于农学方面历史数据：

农业教育方面，高等农业学堂5所，在校生530人；中等农业学堂31所，在校生3 226人；初等农业学堂59所，在校生2 272人。辛亥革命的前一年还在安徽省成立了一所私立高等农业学堂，但是没有史料证明这所私立高等农业学堂在革命的当年已经招生。此外还有一所当时的最高农业学府——京师大学堂农科，但是这个农科（1910年改称农科大学）招生很少，1910年只招收了17名新生，1913年的毕业生人数为农学科25人，农艺化学科17人。农业教育的另一方面是农科留学教育。据不完全的史料统计，辛亥革命时，中国的农科留学生人数是：留学日本112人（其中各级农业学堂58人，帝国大学农科54人）；留学欧洲各国12人；留学美国51人。

农业科研方面，设有国立的农工商部农事试验场，还有省立的如山东农事试验场、保定直隶农事试验场、江西农事试验场、奉天农事试验场等。值得注意的是，

1908年清廷厘定官制时专门设立了一个"劝业道"的机构，归督抚领导，其职责是掌管全省农、工、商、矿、交通数端。因此，各省劝业道实际上也兴办过一些农事试验场或类似于试验场一类的机构。到辛亥革命时，全国约有各级农事试验机构40余处，其建制、规模、经费来源则多种多样。总的说，清末的农学遗产中，农业科研的成效似不如农业教育那样显著。但不管怎么说，它总是已经开启了一个时代的先声，留下了可以写入史书的业绩。

还有一点应当提到，就是清末引进了国外的许多农业科技的物质成果，如新式农业机具，作物良种，牲畜良种，以及化肥农药等。这类引进，除了抽水机在一些地方有了实际的应用，大都只停留在试验阶段，没有在生产实际中应用，但它们的兴风气之先的作用是不可低估的。有人进行过统计，晚清时期，中国各地先后引进国外农作物品种40余次，涉及棉、稻、麦、花生、玉米、烟草、马铃薯及各种蔬菜、水果等。作为生物物种资源，也许它们在后来的农业科研中起了今天所无法估量的作用。[①]

第三节　近代乡村贫困的根源

一、近代中国的农民生活状况

关于近代农民的生活状况，国内外学术界一直存在截然不同的观点。新中国成立后的很长一个时期，在阶级分析和阶级斗争的理论模式下，国内占主导地位的观点是中国近代农村经济和农民生活处于不断恶化状态，广大农民过着极端贫困的生活。与此同时，国外的一些学者以及近年来国内的一些学者，却认为中国近代农民生活处于不断改善之势，甚而认为多数农民过着幸福的生活。显然，这两种观点都是极端之说，都不是历史的真实。

我们在上文说过，近代中国"从主权国家变为半殖民地（半独立），向殖民地演化，这是一个向下沉沦的过程；从封建社会变为半封建（半资本主义），向资本主义演化，这是一个向上发展的过程"。在这个沉沦与发展的过程中，需要运用辩证的方法来观察历史和认识历史。沉沦是已然的表现，发展是未然的方向。沉沦的结果是即时的煎熬，发展的前景是未来的希望。因此，需要具体地分析近代中国农民的遭遇，社会变动带来的结果是眼前的贫困和煎熬。总体上，近代农民处于贫穷之中。

---

① 曹幸穗：《从启蒙到体制化：晚清近代农学的兴起》，《古今农业》2003年2期。

这里加上"总体上"这个限定语，是强调"贫穷"也需要具体分析。首先不是全体农民的生活都一直处于贫穷之中，乡村中经济状况较好的富裕群体应当不能称贫穷的；其次，不同地区的农民生活状况也是不同，交通便利、商品化程度较高地区的农民生活是有所改善和提升的；第三，近代109年中，也不是所有年份里农民的生活水平都是下降的。有研究报告指出，民国时期农民的贫困程度呈波浪状变化趋势。1912—1930年，农村经济发展比较平缓，贫困问题相对而言不如其他时段严重。1931—1934年，由于世界经济危机的侵入，形势急剧恶化。1935—1936年前后，农村经济复苏，农民贫困程度有所减轻。但是这个短暂的转好局面很快被接踵而来的日本全面侵华战争所打断。直至1949年，经济形势与农民贫困程度总体而言是在持续恶化之中。①

近代战争不断、灾荒不绝，对于乡村的破坏，远大于乡村的建设。因此，总体来看，中国近代农民生活不一定比古代就好。已有学者的研究证明，20世纪30年代中期，江南居民的生活消费水平还不如19世纪初期。② 也就是说，农民生活并未随着历史迈入近代而有所改善。因此，从维持生存的绝对意义而言，中国农民的物质生活仍是处于贫苦之中的，是向下恶化的。以20世纪二三十年代的研究而言，无论是激进派马克思主义学者，还是非激进派学者，尽管对"贫困"标准的理解不尽相同，但在实际调查和分析的基础上，几乎都得出了"绝对贫困"的结论。③

二、国民政府复兴农村的举措

20世纪20年代后期，在国共合作④的形势下，轰轰烈烈的国民革命即将取得胜利之时，国民党右派却突然叛变革命，1927年，蒋介石制造四一二反革命政变，汪精卫制造七一五政变，疯狂屠杀共产党员、革命群众和国民党"左"派，国共合作宣告破裂，第一次国内革命战争失败。这时候，一场关于中国社会的去向、中国革命的前途、中国社会的性质以及中国农村的危机的广泛而深入的社会大讨论，在知识界悄然出现。与此同时，新建立的南京国民政府利用时局相对平稳的局势，着

---

① 王蓉：《民国农民贫困问题初探》，武汉大学博士学位论文，2010年，49页。
② 李伯重：《中国的早期近代经济——1820年华亭—娄县地区GDP研究》，中华书局，2010年，255～263页。
③ 李金铮：《中国近代农民何以贫困》，《江海学刊》2013年2期。
④ 中国共产党和中国国民党两党的第一次合作，从1924年1月起至1927年7月止，历时三年半。1924年1月中国国民党第一次全国代表大会的召开，标志着国民党改组的完成和国共合作的正式建立。改组后的国民党由一个资产阶级性质的政党变成工人、农民、小资产阶级和民族资产阶级四个阶级的革命联盟。

手开展近代史上少有的经济建设运动，提出了"复兴农村"的口号，开始关注农村危机问题。国民政府制订实施的兴农举措包括：

第一，农业改良推广。以政府的力量动员社会资源推进现代农业技术应用，促进了生产力获得比较明显的提高。粮食与棉花等主要农作物的产量较大增加，出现了全面抗日战争爆发前最好的农业生产水平。1936 年全国的粮食产量，直到此后的 1957 年才被超过。

第二，扶持农村金融。通过农业合作组织，改进农村金融工作，减轻农民遭受传统的农村高利贷的剥削，与农村合作运动、农业改良运动、农田水利建设一同进行，为农村事业提供资金支持，取得明显成效。

第三，推行赈灾救济。政府动员社会力量积极介入，为当时的防灾救灾工作提供了一定助力，使当时发生的华北大旱、江淮大水的严重灾情有所减缓，维护了社会稳定和生产恢复。不过，限于财政力量不足、官僚机构不力、政局长期动荡等原因，对政府防灾救灾工作的成效估计，不宜过高。

第四，实行"二五减租"。"二五减租"诞生于 20 世纪 20 年代，是革命语境下的土地改良政策。其核心内涵是减轻佃农田租 25％。最早由孙中山于 1924 年提出，在 1926 年正式成为国民党的一项土地政策。它在国民党土地政策体系中占有重要位置。1927 年 5 月，国民政府颁布《佃农保护法》，规定"佃农缴纳租项不得超过所租地收获量百分之四十"，"佃农对于地主除缴纳租项外，所有额外苛例一概取消"，"佃农对于所耕土地有永佃权"。根据这些精神，湖南、湖北、江苏都曾制订过相应条例，但全面抗战前真正实行过的只有浙江省。[①] 抗战胜利后，为复员农村经济，也为争取地主与农民阶层的支持，国民党政府以对地主免赋为基础，在全国范围内积极推行"二五减租"。

三、近代农民贫困的根源

说起近代中国贫穷的原因，最为当今中国学界所熟悉的理论是，由于帝国主义侵略和封建势力压迫剥削所致。在旧中国，持此观点者，既有马克思主义学者，也有从事社会经济研究的学者。

也有学者从更为具体的方面分析了贫穷落后的原因。民国时期的经济学者归廷轾认为有 6 个方面：帝国主义的经济侵略，地主豪绅及商业资本之剥削，捐税之繁重，农作物价格惨落，副业之衰败，天灾人祸频仍。[②] 同一时期的社会学家言心哲

---

① 王蓉：《民国农民贫困问题初探》，武汉大学博士学位论文，2010 年，107 页。
② 归廷轾：《农村经济没落之原因及其救济方案》，《东方杂志》1935 年 32 卷 1 号，81～86 页。

更认为有 9 个方面，包括国际帝国主义经济势力的侵略，农村金融机关的缺乏，赋税繁重，商人、土豪、地主的剥夺，战争的祸害，农村社会缺乏组织，农村不事生产的人口增加，交通不便，水利不讲、灾荒流行。[①]

今世学者李金铮对近代乡村经济问题归纳成 10 个方面，并引述了各方不同的意见观点，对于认识和理解近代农民贫穷的原因，甚至对于认识当前"三农"问题的历史根源，都有助益。

（1）人地关系。包括人地比例关系和土地分配关系两方面。适宜的人地比例应能维持人们最低限度的生活，也即维持人生命最低限度的需要，通常用维持一个人最低限度生活所需的地亩数来衡量，亦称"温饱线"。近代不少学者认为，中国的耕地不能维持农民最低限度的生活，如晚清学者汪士铎力陈"人多之害，田地之力已穷"[②]。至 20 世纪二三十年代，受马尔萨斯人口论影响，持此意见的学者更多。如翁文灏认为，即便利用各种方法增加农产，推广种植，也仅能维持人们最低的生活水平，人口压迫已到世界少见的严重程度。[③] 乔启明认为，中国农村土地不敷分配，人均收入减少，因此形成严重的社会、政治、经济等问题。[④] 也有否认中国人满为患的观点。梁启超认为，中国不仅不存在人满之患，而且有许多荒地未能开垦，已耕土地也没有得到充分利用。因此只要搞好农业，在中国的土地上再增加一倍人口也是可能的。[⑤] 在农村问题的辩论中，马克思主义学者和革命领袖们多执反对中国人口过剩论和节制生育的观点。薛暮桥提出，随着生产技术的进步，农业的劳动生产率将会超过人口的增殖。要想解决中国民食问题，绝不是采取"节制生育""限制人口"的慢性自杀政策。毛泽东 1949 年写就《唯心历史观的破产》，从革命和建设需要出发，强调人口众多是一件极大的好事。在共产党领导下，只要有了人，什么人间奇迹都可以创造出来。[⑥]

（2）土地分配关系。与人地比例关系相比，土地分配关系更受到社会各界的重视。20 世纪二三十年代的绝大多数学者，不论各党派和学派，基本都一致认为中国的土地分配不均，而且呈集中之势，是造成农民贫穷的重要原因。如国民党农民部土地委员会估计，全国 75％以上的无地或少地的贫雇农，仅占有 6％的土地；而

① 言心哲：《农村社会学概论》，中华书局，1939 年，355～359 页。
② 邓之诚辑录：《汪梅翁乙丙日记》卷三，《近代中国史料丛刊》第 13 辑，台北文海出版社，1966 年，148～149 页。
③ 翁文灏：《中国人口分布与土地利用》，《独立评论》1932 年 1 卷 3 号。
④ 乔启明：《中国农村社会经济学》，商务印书馆，1936 年，7、41 页。
⑤ 行龙：《人口问题与近代社会》，人民出版社，1992 年，217～236 页。
⑥ 毛泽东：《毛泽东选集》第 4 卷《唯心历史观的破产》，人民出版社，1991 年，1509～1512 页。

占全国耕地面积 81% 的土地，却集中在 14% 的地主和富农手中。① 学者琢如认为，土地分配不均与土地逐渐集中的趋势，使大部分的农民失掉土地，成为雇农、佃农或失业。②

（3）土地租佃关系。与土地分配相关的社会经济关系有自营经济、租佃经济和雇佣经济等类，后两者所牵扯的关系较为复杂，也最受关注。在二者之中，争论最多的是租佃关系，也就是地主和佃农之间的关系。按照传统观点，它可以反映地主对佃农的剥削和压迫。在 20 世纪二三十年代，全国各处的地租率都很高，农村调查资料显示，地租率都高于 50%，有的甚至达到 70%，佃户生计艰难，主佃关系紧张。租额以外，还有许多附加的剥削，佃农还受地主的人身束缚，甚至遭到地主的审判处罚和屠杀。③ 谢劲键指出，中国佃种制度，千孔万疮，积弊丛生。地租不仅过高，而且近年来更有逐渐上腾趋势。正租以外的种种苛求，更加剧佃农经济的困难。④

（4）农业经营方式。维生型的家庭小农经营是中国最传统、最普遍的农业生产方式，以商品出售为目的的农场经营很少。清末维新派领袖康有为指出，小农经营不能使用机器耕作，农民生活困苦。⑤ 20 世纪二三十年代，多数学者认为，小农经营的效率远比大农场经营低下，阻碍了农业生产力的发展。经营面积愈大，劳动效率愈高。每劳动单位所经营的作物面积，一般与经营规模的大小成正向相关。⑥ 也有观点相反的学者提出，小农经营的单位面积产量不一定低，但劳动生产效率低下是肯定的。每个集约农业的土地单位的净收入要多于每个粗放农业的土地单位。因此，大农场经营是中国农业生产的必然出路。⑦ 冯静远认为，尽管现阶段小农经营仍占优势，但一旦大农场经营出现，采用机器生产，成本低廉而产品优良，具有垄断市场的力量，小农经营不能与之竞争，必然趋于没落。⑧

（5）家庭手工业衰落。在旧中国的乡村经济中，家庭手工业是仅次于农业的重要组成部分。自从 19 世纪中期，西方列强的洋货对中国家庭手工业产生冲击以来，

---

① 中国社会科学院经济研究所中国现代经济史组：《第一、二次国内革命战争时期土地斗争史料选编》，人民出版社，1981 年，142 页。

② 琢如：《中国土地问题及其前途》，《求实月刊》1934 年 1 卷 9 期。

③ 陈翰笙等：《解放前的中国农村》第 1 辑，中国展望出版社，1985 年，400、402 页。

④ 谢劲键：《中国佃种制度之研究及其改革之对策》，《中国经济》1933 年 1 卷 4、5 期。

⑤ 汤志钧：《康有为政论集》上册，中华书局，1981 年，349～350 页。

⑥ 李文海：《民国时期社会调查丛编　第二编　乡村经济卷》上，福建教育出版社，2014 年，328、333 页。

⑦ 陈翰笙：《解放前的地主与农民——华南农村危机研究》，中国社会科学出版社，1984 年，14 页。

⑧ 冯静远等：《农村经济及合作》，黎明书局，1935 年，110 页。

国内朝野对于家庭手工业的衰落就有不同意见。洋布四处泛滥，严重破坏中国手工纺织业。如钱亦石认为，小规模农业与家庭工业结合的纽带被折断和摧毁。① 晏阳初也认为，在机器工业品的竞争下，中国农村手工业遭受打击乃至没落。②

（6）农村高利贷金融。在近代中国乡村，借贷关系所涉及的农户比租佃关系、雇佣关系更为广泛。在中国，从古代到民国建立之初，官方基本都规定月利不得超过 3％，即年利率不超过 36％。到国民政府时期，又规定年利率不得超过 20％。全面抗战时期，中国共产党在根据地规定年利率不准超过 10％～15％。超过官方标准，就是高利贷。费孝通认为，职业放债者以很高利息借钱给农民就是高利贷。③ 孙晓村从农村收益太低的角度，认为年利五六厘以上即为高利贷。④ 至于高利贷对社会经济的危害，自古以来就为社会各界所痛斥，到 20 世纪二三十年代仍是如此。如潘鸿声认为，农民一旦负债，无法清偿，必至衣饰田产，典押始尽，甚至倾家荡产。债务之为害农民，甚于洪水猛兽。⑤ 张镜予也认为，农民愈借愈贫，有产者变为无产，由自种农沦落为佃户，由佃户沦落为雇佣劳动者，更由劳动者沦落而为乞丐盗贼。⑥

（7）农产商品化。近代以后，商品化程度提高，农民与市场的关系越来越密切。商品化给中国农民的生产生活带来了什么？学界有三种意见：一是自从资本主义侵入中国农村以后，农民对于农产物种类的选择，就不能完全自主，而须听命于市场的需要，为国际市场所支配。⑦ 二是农民贫困化提高了商品程度。农民出售米麦，消费杂粮，粜精籴粗，收获时卖出，春荒时买入，是贫困和饥饿的结果。⑧ 三是农民负担沉重，导致贫困型的假性商品化。捐税剥削的增加，迫使农民出售其生活必需的"剩余"农产品。⑨ 正因为此，假性商品化加速了农民的贫困化。陈翰笙认为，在半殖民地半封建的中国，工业原料作物的发展，一般总是导致农民生活水平下降，对于中等农民和贫穷农民来说，更是如此。⑩

---

① 高军：《中国社会性质问题论战（资料选辑）》下，人民出版社，1984 年，793 页。
② 张世文：《定县农村工业调查》，四川民族出版社，1991 年，1 页。
③ 费孝通：《江村经济》，江苏人民出版社，1986 年，194 页。
④ 中国人民政治协商会议全国委员会文史资料委员会：《孙晓村纪念文集》，中国文史出版社，1993 年，350 页。
⑤ 潘鸿声：《中国农民资金之检讨》，《农林新报》1936 年 13 卷 16 期。
⑥ 张镜予：《中国农民经济的困难和补救》，《东方杂志》1929 年 26 卷 9 号。
⑦ 李景汉：《定县土地调查》下，《社会科学》1936 年 1 卷 3 期。
⑧ 薛暮桥：《农产商品化与农村市场》，《中国农村》1935 年 2 卷 7 期。
⑨ 〔匈〕马扎亚尔：《中国农村经济研究》，陈代青、彭桂秋译，神州国光社，1930 年，285 页。
⑩ 汪熙等：《陈翰笙文集》，复旦大学出版社，1985 年，125 页；陈翰笙：《帝国主义工业资本与中国农民》，复旦大学出版社，1984 年，4 页。

（8）农户的经济行为。中国学者对农民经济行为的关注较晚。20 世纪二三十年代，多数人认为，中国农民不以营利为目的，听天由命，不轻易尝试新的农业技术。费孝通从理论上对这一问题有深入的阐述。他认为中国农民勤俭耕植，超出经济打算，甚至到了边际效益以下。也有的农民，尽量减少劳动，减少消耗，以获取心理和闲暇的满足。① 当时，也有个别学者认为，农民并不保守，而是趋于求利。如吴知认为，农民种植经济作物由观望到行动，是趋利避害的行为。②

（9）农业经济的演变。在 20 世纪二三十年代，主流观点是中国近代乡村经济呈衰落和崩溃之势，农民生活日趋贫困。陈翰笙认为，中国沦为半殖民地半封建社会后，农民的生活程度和经济地位还不如在纯封建制之下。③ 梁漱溟认为，民国以来，中国农村日趋破坏，农民的日子大不如前。④ 也有个别学者提出了些许不同的看法。金陵大学的美籍教授卜凯根据 1910—1933 年的调查，认为农民生活水平提高者居多，农民衣食改善，瓦屋代替草屋。有的地区，农民生活程度降低，那是灾荒期间的一种间歇现象，而非趋势。⑤ 但是从绝对意义而言，都认为中国乡村经济是落后的，农民生活相当贫困。

（10）社会经济性质。一种意见认为中国乡村经济性质是资本主义的。曾任中共中央总书记的陈独秀，认为自国际资本主义侵入中国以后，资本主义的矛盾形态渗入了农村，整个农民社会经济构造都为商品经济所支配，城市经济支配了乡村。因此，革命的任务是反帝、反富农、反资本主义。⑥ 另一种意见认为中国乡村经济中封建势力占优势。李立三、瞿秋白、毛泽东等中共领导人和马克思主义学者从生产关系角度阐述中国乡村经济的半殖民地半封建性质，强调封建势力的优势地位，革命的任务是反帝反封建。例如薛暮桥提出，资本主义经营异常脆弱，而封建残渣仍普遍存在，占据绝对优势的小农经营是一种过渡性的半封建的农业生产关系。即便是代表资本主义发展的雇佣经营，也包含着更多的封建性。⑦

正如许多研究成果所指出的那样，近代中国农村发生了许多"进步性"的变化，这是毋庸置疑的。它反映了近代历史中发展的一面，向上的一面。比如，半封建条件下的自然经济趋于解体，资本主义经济要素逐渐增长。从晚清时代起，中央

①　费孝通：《费孝通文集》第 4 卷，群言出版社，1999 年，416 页；费孝通：《费孝通文集》第 2 卷，群言出版社，1999 年，316～322 页。

②　吴知：《山东省棉花之生产与运销》，《政治经济学报》1936 年 5 卷 1 期。

③　汪熙：《陈翰笙文集》，复旦大学出版社，1985 年，127 页。

④　中国文化书院学术委员会：《梁漱溟全集》第 4 卷，山东人民出版社，1992 年，592 页。

⑤　〔美〕卜凯：《中国土地利用》，金陵大学农学院农业经济系，1941 年，656～657 页。

⑥　中国农村经济研究会：《中国农村社会性质论战》，新知书店，1936 年，105 页；何干之：《中国社会性质问题论战》，生活书店，1937 年，152～153 页。

⑦　薛暮桥等：《〈中国农村〉论文选》，人民出版社，1983 年，161、167、173 页。

政府就建立了农业行政管理体系，有了国立的农业院校和科研院所，引进了先进的农业科学技术，推广作物禽畜良种，经济作物专业区域增加，农产品商品化程度提高。在社会层面，近代以来，有一批热心农村改革的知识分子，在各地农村进行一些局部的乡村建设实验，组织了各种类型的农民合作社，也有了救济乡村灾荒的慈善机构，开展了有成效的社会救助。此外，随着近代社会环境的变化，例如，铁道交通的修建、乡村教育的兴起、甚至出国谋生的华侨增多，都不同程度地改善了乡村的生活，增加了乡村农民与外部世界的交往和见识。

总之，与鸦片战争前运行方式比较，近代农业显示了某种新的发展趋势。农业总产量规模的扩大、新技术的试验性应用、农产品商品化水平的提高、自给性生产结构的松动及其一定程度解体，都说明传统农业在近代社会各种新因素的刺激作用下，正在酝酿和萌发一场深刻变革，并在某些方面留下了近代化的印记。①

乡村中或多或少地出现了以上提到的这些变化，但是依然没有给乡村带来生活的改善，或者说，没有实质性的改善。比如，与农业生产水平密切相关的农业科技进步，属于周期较长的渐进式的社会生产变革，需要相应的社会环境条件配合，才能发生效益。而近代中国社会，并不具备社会整体的农业推广条件。其他的条件如乡村教育的进步、农民合作组织的开展，也都是缓慢的社会改造过程，不可能取得立竿见影的效果。

---

① 卢锋：《近代农业的困境及其根源》，《中国农史》1989 年 3 期。

后　记

　　《中国农业通史》是农业农村部重点科研项目，由中国农业历史学会、中国农业博物馆组织实施，中国农业出版社负责出版。

　　根据中国农业历史学会《中国农业通史》编审委员会的安排，《近代卷》主编由南京农业大学郭文韬教授（1930—2005）担任。1999年，郭文韬教授因身体原因向学会提出辞去主编职务。2013年，根据《中国农业通史》后续编撰工作领导小组安排，《近代卷》改由曹幸穗教授、王思明教授共同担任主编，并分别约请中国农业博物馆和南京农业大学的相关专家学者参加编写工作。工作任务的分工是：

　　第一章　世界近代农业与农学体系（中国农业博物馆　曹幸穗）

　　第二章　农业行政建制与资源条件（中国农业博物馆　刘彦威）

　　第三章　乡村改良思潮与实践（中国农业博物馆　苏天旺）

　　第四章　农政机构与农业管理（南京农业大学　夏如冰）

　　第五章　农业教育科研和推广的发展（南京农业大学　王思明）

　　第六章　垦殖与水利（中国农业博物馆　钟萍）

　　第七章　农业生产结构与作物布局（南京农业大学　王思明）

　　第八章　畜牧业与水产业（南京农业大学　李群）

　　第九章　农产品贸易与经营式农业的发展（南京农业大学　周中建）

　　第十章　农村金融（中国农业博物馆　李三谋　曹幸穗）

　　第十一章　土地问题（中国农业博物馆　李三谋）

　　第十二章　田赋与农民生活（中国农业博物馆　徐旺生）

　　第十三章　农村基层组织与宗法制度（中国农业博物馆　徐旺生）

　　第十四章　农村合作事业（中国农业博物馆　曹幸穗）

《近代卷》由曹幸穗和王思明分别对中国农业博物馆和南京农业大学各位学者完成的初稿进行统稿和部分改写后，送交《中国农业通史》后续编撰工作领导小组办公室，先后由中国社会科学院当代中国研究所郑有贵研究员、中国农业出版社穆祥桐编审等专家审阅。由曹幸穗教授根据专家审改意见，逐章逐条做了修改、补充，形成第二、第三修改稿。

《近代卷》是集体智慧的成果。郭文韬先生撰写了全书的编写大纲，并对编撰体例提出了富有创新性的意见。《近代卷》在编写和修改的过程中，先后得到了农业农村部《中国农业通史》后续编撰工作领导小组领导的大力关心和支持，以及领导小组办公室相关同志的倾力帮助，充分吸收郑有贵研究员、穆祥桐编审提出的修改意见，在此一并表示衷心感谢。

由于编者的水平所限，错讹缺漏在所难免，恳请读者批评指正。

编　者
2020 年 5 月